이제 **오르비**가
학원을 재발명합니다

대치 오르비학원 내신관/학습관/입시센터 | 주소 : 서울 강남구 삼성로 61길 15 (은마사거리 도보 3분)
대치 오르비학원 수능입시관 | 주소 : 서울 강남구 도곡로 501 SM TOWER 1층 (은마사거리 위치)
| 대표전화 : 0507-1481-0368

오르비학원은

모든 시스템이 수험생 중심으로 더 강화됩니다.

모든 시설이 최고의 결과가 나올 수 있도록 설계됩니다.

집중을 위해 오르비학원이 수험생 옆으로 다가갑니다.

오르비학원과 시작하면

원하는 대학문이 가장 빠르게 열립니다.

오르비학원은

모든 시스템이 수험생 중심으로 더 강화됩니다.

출발의 습관은 수능날까지 계속됩니다.
형식적인 상담이나
관리하고 있다는 모습만 보이거나
학습에 전혀 도움이 되지 않는
보여주기식의 모든 것을 배척합니다.

쓸모없는 강좌와 할 수 없는 계획을 강요하거나
무모한 혹은 무리한 스케줄로
1년의 출발을 무의미하게 하지 않습니다.
형식은 모방해도 내용은 모방할 수 없습니다.

smart is sexy

Orbi.kr

개인의 능력을 극대화 시킬 모든 계획이 오르비학원에 있습니다.

[   ]

수능대비 BLANK 기출문제집

[문제집을 출간하며..]

저희는 교재를 집필하며 가장 크게 신경 쓴 부분은 딱딱한 해설이 아닌,

"실제로 현장에서 마주한 문항들을 어떻게 뚫어내는가?"
에 초점을 두었습니다.

따라서 해설을 읽다 보면 처음에 틀린 논리로 풀이를 전개하는 부분도 있을 겁니다.

다만, 틀린 길로 들어가서 답이 나오지 않을 때, 당황하지 않고 어떤 부분을 놓쳐서 풀이가 전개됐는지 재점검하는
사고과정들이 서술되어 있으며, 결국에는 정답으로 향하는 과정들을 구체적으로 서술했습니다.

저희는 수학적 엄밀함을 통한 완전무결한 해설을 지향하지 않습니다.
다소 투박하고, 생략되어 있는 지점들이 많을 수 있습니다.
정답으로 향하는 **"사고과정"**을 **"1인칭 시점"**으로 서술했습니다.

시중에는 정말 좋은 책들이 많습니다. 수학적으로 완벽함을 가지고 있습니다.

그럼에도 불구하고 학생들은 독학서나 해설서를 참고해가며 공부하기보다는,
인터넷 강의의 해설을 참고하는 경향이 강합니다.

인터넷 강의의 해설은 직관적이고 쉽게 이해되는 장점이 있습니다.

다만, 너무나도 쉽게 이해되기 때문에 문제에서 주는 교훈을 금방 잊게되는 경험을 다들 한 번쯤은 해보셨을겁니다.

본인 스스로 고군분투해가며 반복해서 해설을 들여다보고 밤낮을 지새워가며 해설을 이해하고,
이 문제가 '내 것'이 되었을 때, 우리는 기억에 강하게 각인됩니다.

에빙하우스의 망각 곡선을 아시나요?
망각 곡선은 시간이 지날수록 학습한 내용을 얼마나 잊는지에 대한 그래프입니다. 이 그래프에서 얻을 수 있는
교훈은 '한 번 학습한 것을 다시 학습한다면 망각 속도가 느려진다.'입니다.

저희의 교재는 **'꾸준히 볼 수록 독자들의 기억에 강한 인상을 남기는 교재**'이고 싶습니다.

여러분들이 이 책을 보는 시기가 언제인지와 무관하게, 11월 14일 목요일에 있을 시험을 위해서 고군분투하고
있다면,
코피를 흘려보기도 하고 졸린 눈을 비벼가며 인생이라는 망망대해 속에서 이리저리 선회하며 원하는 목표를 찾아
항해하시는 분들이라면, 해주고싶은 말이 있습니다.

초지일관(初志一貫) : 처음에 세운 뜻을 이루려고 끝까지 밀고 나감

그 여정에 저희 Team BLANK가 조금이나마 보탬이 되고자 합니다.

저자 및 검토진

[도움을 주신 모든 분들께 감사드립니다.]

저자

염철민

OO대학교 의예과 재학중

이우현

OO대학교 수학과 재학중

수년간 과외경험 多

우승현

서울대학교 의예과 재학중

지인선 N제 검토진

2024 대학수학능력시험 전국석차 5등

조현준

수학 강사 재직중 (guswnsgod0211@naver.com)

성균관대학교 수학과 재학중

이승욱

시대인재 HeLiOS 소속 (시대인재북스 화학1 출제 및 검토)

검토진

한O훈 가톨릭대학교 의예과

박O균 순천향대학교 의예과

김O오 서울대학교 첨단융합학부

윤O빈 OO대학교 컴퓨터공학과

이O하 OO대학교 의예과

이O중 OO대학교 의예과

정O혁 OO대학교 의예과

서평 및 코멘트

우승현 서울대학교 의예과

어떤 시험을 대비하는 기본적인 방법은 전년도 기출을 보는 것입니다. 수능도 마찬가지죠.
시중에 떠도는 수많은 **'문제를 잘 풀기 위한 팁'**은 결국 기존 기출을 베이스로 만들어진 방법입니다.

훌륭한 선생님들이 많기에 인터넷을 조금만 뒤져보면 어려운 문제를 이해하기 쉽게 설명해 주는 강의를 찾을 수
있습니다. 하지만 이와 같은 강의를 듣고 있으면 항상 한 가지 의문이 들었습니다.

"실전에서 이와 같이 사고할 수 있을까?"

결국 시험장에선 혼자서 문제를 풀어야 하고, 이를 위해선 책을펴고 문제를 뚫어내 보는 연습이 필요합니다.
그런 점에서 기존의 기출문제 해설집은 아쉬운 점이 많았습니다. 찬찬히 읽어보면 풀이과정이 이해가 가지만,
어떻게 그런 발상을 떠올렸는지 **사고 흐름이 드러나지 않았죠.** 이를 추리하는 과정에서 시행착오를 많이 겪었습니다.

이 기출문제집은 마치 수학 만점자가 옆에서 과외를 하는 것처럼 **어떻게 해당 풀이과정에 도달했는지까지의 솔직한
과정을 1인칭으로** 보여 줍니다. 처음부터 완벽한 풀이로 들어가는 타 해설집과 달리, 시행착오도 겪고 문제를 푸는
과정에서 생기는 고민거리들을 가감없이 보여줍니다.

시험장에선 최적의 풀이가 자로 잰 마냥 바로나오지 않을 수 있습니다. 그럼에도 불구하고 결국 답을 찾아나가야
하죠. 막히더라도 꾸역꾸역 정답을 찾아나가는 능력치를 기르실 수 있도록 심혈을 기울여 풀이를 작성했습니다.

이 책을 통해 수학에서만큼은 **막히더라도 끝끝내 풀 수 있는 자신감을** 얻어 가셨으면 좋겠습니다.

저자 지인선 지인선 N제

감사하게도, 지인선 N제를 검토해주신 우승현 님을 통해서 원고를 미리 보게 되었습니다.
이 책이 갖는 장점은 아래와 같다고 생각합니다.

 1. **수학 만점자의 사고방식을 고스란히 해설에 녹여내면서도,**
 2. **과하지 않고 간결하게,**
 3. **그러면서도 근거있게 서술되어 있다는 점**

사실 이 3가지 가치는 하나의 책에서 함께 구현해내기 어렵습니다.
수학 만점자의 머릿속 사고과정은 필연적으로, 수학을 잘하지 못하는 학생들에게는 과하거나 어렵게 느껴질 것입니다.
하지만 이 책의 경우 **사고과정의 타당한 근거를 포함하면서도 간결하게 서술**하여, 일반적인 학생들도 소화할 수
있도록 구성되어 있습니다. 본인의 수학적 사고과정에 빈틈이 있는 것은 아닌지 고민하시는 학생분들에게 특히
추천드립니다. 수학 만점자는 기출을 어떤 식으로 바라보는지 참고하시면 향후 수능 수학의 학습에 있어서 믿음직한
이정표를 만드실 수 있을 것입니다.

백승우 기출의 파급효과

수능 수학 GOAT 들이 모여 **실제 시험장에서의 생각과 직관적 풀이**에 초점을 둔 책입니다.
공부할 때는 한 문제를 깊고 완벽하게 분석하면 좋지만 시험장에서는 이를 일일이 따질 시간이 부족한 경우가 많습니다.

이때 직관으로 정답인 상황을 가정하고 조건과 충돌이 없다면 답일 확률이 매우 높습니다.
이런 **직관성에 대한 인사이트**를 배워가고 싶은 학생들에게 추천하는 책입니다.

한승훈 가톨릭대학교 의학과

수능에서 고득점을 하기 위해서 다양한 방법이 있지만 역시 그중 제일은 기출분석이죠.

기출분석을 잘하는 방법을 하나 꼽자면, 저는 **한가지 문제를 놓고 현장에서 이 문제를 어떻게 다룰 것인지 고민해보는 것**이라고 생각합니다. 단순히 '이렇게 풀면 끝이야'가 아닌, **'왜 이렇게 푸는거지?'**에 대한 본인만의 이유를 만들어가는 것이 기출분석의 가장 중요한 부분 중 하나입니다.

저도 수험생 시절 이러한 기출분석을 하기 위해서 함께 공부하던 친구들과 한 문제를 두고 접근법에 대해 다양하게 토론을 했었습니다.

BLANK 기출문제집은, 그 수험생 시절의 토론을 생각나게 합니다. 이 책의 저자들은 최대한 **직관적이고, 현장에서 어떠한 점에서 힌트를 얻어야 할지에 집중**하여 기출문제 풀이를 선보입니다.

그래서 저자의 생각을 책을 읽으며 자연스럽게 받아들일 수 있고, 마치 저자와 친구가 되어서 '나는 이부분을 보고 이렇게 해야겠다 생각해서 이 식을 세웠는데, 너는 이걸 여기를 보고 이런 식을 만들었구나' 하는 이야기를 나누는 듯한 느낌입니다.

이미 기출을 한번쯤 보신 분들은, 이 책이 친구가 되어서 함께 접근법에 대해 토론을 나눠주는 친구가 되어줄 것입니다. 물론, 그러면서도 풀이가 친절하고 완성도 있어 기출을 처음 시작해보는 사람에게도 좋은 길잡이가 될 것이라고 생각합니다.

오민석 서울대학교 의학과

"기출을 봐라, 기출 속에 모든 게 있다."

수험생들이 처음 수능판에 들어오면서부터 수능을 응시하기까지, 끝없이 듣게 되는 말입니다. 하지만 수험생들에게 이 말이 와닿느냐고 질문한다면, 대부분의 수험생들이 그렇지 않다고 대답할 것이라 생각합니다.

평가원은 매해 수능에 새로운 느낌의 문항을 선보여 왔습니다. 많은 수험생들이 기출분석 강의를 듣고, 스스로 기출을 **풀어보지만, 결국 실제 수능에서 이러한 문항에 제대로 대처하지 못합니다.** 이렇게 당해년도 수능에 출제된 새로운 느낌의 문항은 다음 해에는 '기출'로 둔갑하게 됩니다. 실제 수능을 현장에서 응시한 수험생이 구사하기에는 너무나 힘든 풀이들이 '기출분석'이라는 미명 하 '당연히 구사해야 하는 풀이'로 퍼져나가는 것이죠.

그렇기에 기출분석은 단순히 평가원이 낸 문제들의 유형을 외우는 데 그쳐서는 안 됩니다. 기출과 똑같거나 유사한 형태, 똑같거나 유사한 발상만이 수능에 나올 것이라고 판단하는 것 또한 오산입니다. 기출분석은 **수험생 본인이 문항을 풀며 스스로 사고하는 과정 하나하나에 '왜?'를 반문하며, 본인의 사고를 공고히 하는 과정**이어야 합니다.

BLANK의 해설은 이러한 점에서 수험생들에게 좋은 기출분석의 참고 자료가 될 수 있습니다. 단순히 '이 문제는 이렇게 푼다'식의 해설이 아니기 때문입니다. 수험생 입장에서 **충분히 떠올릴 수 있는 논리들과, 이 문항이 이렇게 풀릴 수밖에 없는 이유가 제시된 해설**은 수험생들이 본인의 사고를 교정하고, 스스로 깊게 생각하게끔 할 수 있을 것입니다.

아무쪼록 이 책을 접하는 모든 수험생 분들의 입시 성공을 기원합니다.

목차
[수학 I]

목차
[수학 II]

BLANK

지수함수와 로그함수

*25학년도 6월, 9월, 수능에 전부 4점 문항으로 출제된 단원입니다.

$a > 1$인 실수 a에 대하여 곡선 $y = \log_a x$와 원 $C : \left(x - \dfrac{5}{4}\right)^2 + y^2 = \dfrac{13}{16}$의 두 교점을 P, Q라 하자. 선분 PQ가 원 C의 지름일 때, a의 값은?

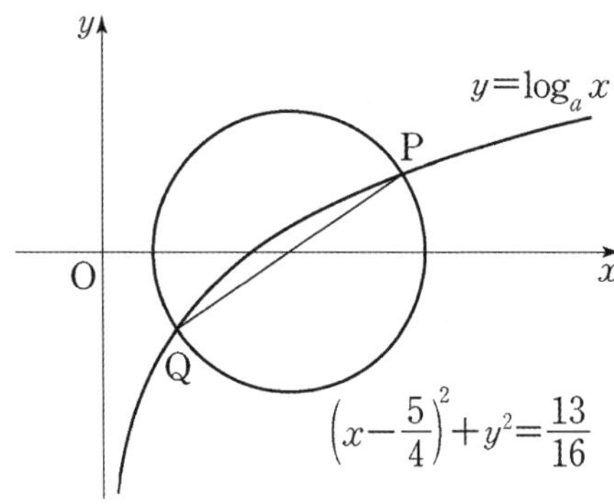

① 3   ② $\dfrac{7}{2}$ ③ 4   ④ $\dfrac{9}{2}$ ⑤ 5

1보다 큰 두 실수 a, b에 대하여

$$\log_{\sqrt{3}} a = \log_9 ab$$

가 성립할 때, $\log_a b$의 값은?

① 1　　　　② 2　　　　③ 3　　　　④ 4　　　　⑤ 5

직선 $x=k$가 두 곡선 $y=\log_2 x$, $y=-\log_2(8-x)$와 만나는 점을 각각 A, B라 하자.
$\overline{\mathrm{AB}}=2$가 되도록 하는 모든 실수 k의 값의 곱은? (단, $0<k<8$)

① $\dfrac{1}{2}$　　　　② 1　　　　③ $\dfrac{3}{2}$　　　　④ 2　　　　⑤ $\dfrac{5}{2}$

이차함수 $y=f(x)$의 그래프와 일차함수 $y=g(x)$의 그래프가 그림과 같을 때, 부등식

$$\left(\frac{1}{2}\right)^{f(x)g(x)} \geq \left(\frac{1}{8}\right)^{g(x)}$$

을 만족시키는 모든 자연수 x의 값의 합은?

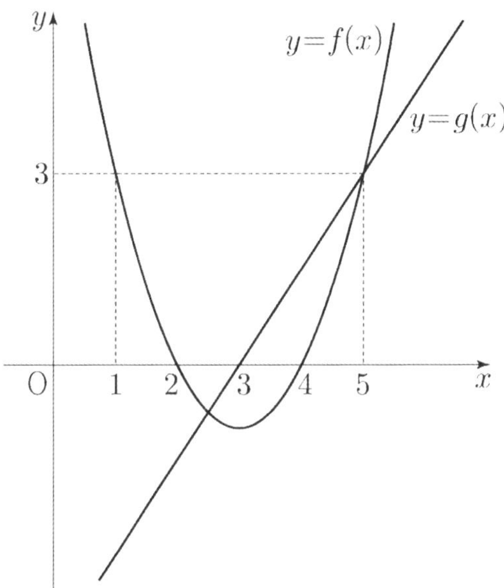

① 7   ② 9   ③ 11   ④ 13   ⑤ 15

2 이상의 자연수 n에 대하여 $5\log_{n}2$의 값이 자연수가 되도록 하는 모든 n의 값의 합은?

① 34　　　② 38　　　③ 42　　　④ 46　　　⑤ 50

네 양수 a, b, c, k가 다음 조건을 만족시킬 때, k^2의 값을 구하시오.

(가) $3^a = 5^b = k^c$

(나) $\log c = \log(2ab) - \log(2a+b)$

지수함수 $y = a^x \, (a > 1)$의 그래프와 직선 $y = \sqrt{3}$이 만나는 점을 A라 하자.
점 B(4, 0)에 대하여 직선 OA와 직선 AB가 서로 수직이 되도록 하는 모든 a의 값의 곱은?
(단, O는 원점이다.)

① $3^{\frac{1}{3}}$ ② $3^{\frac{2}{3}}$ ③ 3 ④ $3^{\frac{4}{3}}$ ⑤ $3^{\frac{5}{3}}$

두 곡선 $y=2^x$과 $y=-2x^2+2$가 만나는 두 점을 $(x_1,\ y_1)$, $(x_2,\ y_2)$라 하자.
$x_1 < x_2$일 때, 〈보기〉에서 옳은 것만을 있는 대로 고른 것은?

〈보 기〉

ㄱ. $x_2 > \dfrac{1}{2}$

ㄴ. $y_2 - y_1 < x_2 - x_1$

ㄷ. $\dfrac{\sqrt{2}}{2} < y_1 y_2 < 1$

① ㄱ　　　② ㄱ, ㄴ　　　③ ㄱ, ㄷ　　　④ ㄴ, ㄷ　　　⑤ ㄱ, ㄴ, ㄷ

곡선 $y=2^{ax+b}$과 직선 $y=x$가 서로 다른 두 점 A, B에서 만날 때, 두 점 A, B에서 x축에 내린 수선의 발을 각각 C, D라 하자. $\overline{AB}=6\sqrt{2}$이고 사각형 ACDB의 넓이가 30일 때, $a+b$의 값은? (단, a, b는 상수이다.)

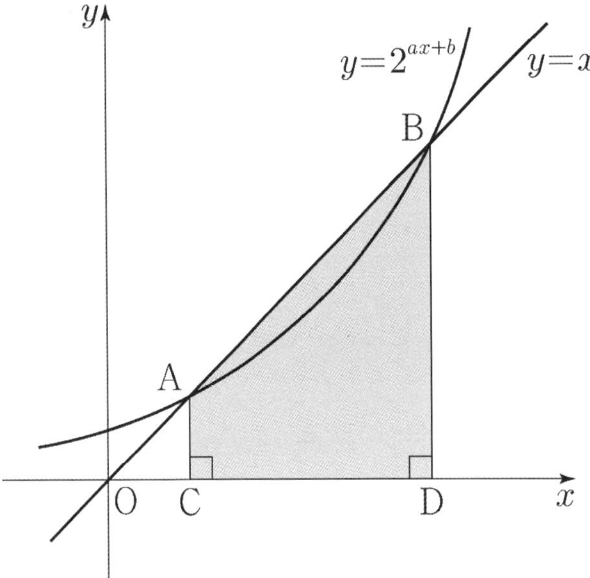

① $\dfrac{1}{6}$　　② $\dfrac{1}{3}$　　③ $\dfrac{1}{2}$　　④ $\dfrac{2}{3}$　　⑤ $\dfrac{5}{6}$

$\angle A = 90\,^\circ$이고 $\overline{AB} = 2\log_2 x$, $\overline{AC} = \log_4 \dfrac{16}{x}$인 삼각형 ABC의 넓이를 $S(x)$라 하자.

$S(x)$가 $x = a$에서 최댓값 M를 가질 때, $a + M$의 값은? (단, $1 < x < 16$)

① 6　　　　② 7　　　　③ 8　　　　④ 9　　　　⑤ 10

$\log_4 2n^2 - \dfrac{1}{2}\log_2 \sqrt{n}$의 값이 40 이하의 자연수가 되도록 하는 자연수 n의 개수를 구하시오.

$\dfrac{1}{4} < a < 1$인 실수 a에 대하여 직선 $y=1$이 두 곡선 $y=\log_a x$, $y=\log_{4a} x$와 만나는 점을 각각 A, B라 하고, 직선 $y=-1$이 두 곡선 $y=\log_a x$, $y=\log_{4a} x$와 만나는 점을 각각 C, D라 하자. 〈보기〉에서 옳은 것만을 있는 대로 고른 것은?

〈보 기〉

ㄱ. 선분 AB를 $1:4$로 외분하는 점의 좌표는 $(0,\ 1)$이다.

ㄴ. 사각형 ABCD가 직사각형이면 $a=\dfrac{1}{2}$이다.

ㄷ. $\overline{AB} < \overline{CD}$이면 $\dfrac{1}{2} < a < 1$이다.

---

① ㄱ   ② ㄷ   ③ ㄱ, ㄴ   ④ ㄴ, ㄷ   ⑤ ㄱ, ㄴ, ㄷ

$\dfrac{1}{2}<\log a<\dfrac{11}{2}$ 인 양수 a에 대하여 $\dfrac{1}{3}+\log\sqrt{a}$ 의 값이 자연수가 되도록 하는 모든 a의 값의 곱은?

① 10^{10}　　　　② 10^{11}　　　　③ 10^{12}　　　　④ 10^{13}　　　　⑤ 10^{14}

$n \geq 2$인 자연수 n에 대하여 두 곡선

$$y = \log_n x, \quad y = -\log_n(x+3)+1$$

이 만나는 점의 x좌표가 1보다 크고 2보다 작도록 하는 모든 n의 값의 합은?

① 30   ② 35   ③ 40   ④ 45   ⑤ 50

다음 조건을 만족시키는 최고차항의 계수가 1인 이차함수 $f(x)$가 존재하도록 하는 모든 자연수 n의 값의 합을 구하시오.

> (가) x에 대한 방정식 $(x^n - 64)f(x) = 0$은 서로 다른 두 실근을 갖고, 각각의 실근은 중근이다.
> (나) 함수 $f(x)$의 최솟값은 음의 정수이다.

$a>1$인 실수 a에 대하여 직선 $y=-x+4$가 두 곡선

$$y=a^{x-1}, \ y=\log_a(x-1)$$

과 만나는 점을 각각 A, B라 하고, 곡선 $y=a^{x-1}$이 y축과 만나는 점을 C라 하자. $\overline{AB}=2\sqrt{2}$일 때, 삼각형 ABC의 넓이는 S이다. $50\times S$의 값을 구하시오.

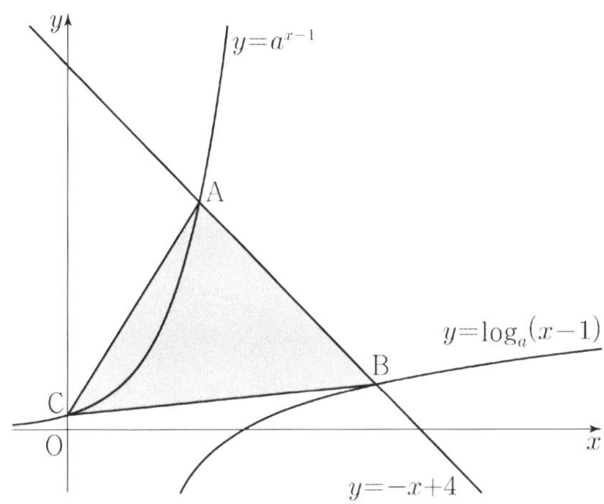

직선 $y=2x+k$가 두 함수

$$y=\left(\frac{2}{3}\right)^{x+3}+1,\ y=\left(\frac{2}{3}\right)^{x+1}+\frac{8}{3}$$

의 그래프와 만나는 점을 각각 P, Q라 하자. $\overline{PQ}=\sqrt{5}$일 때, 상수 k의 값은?

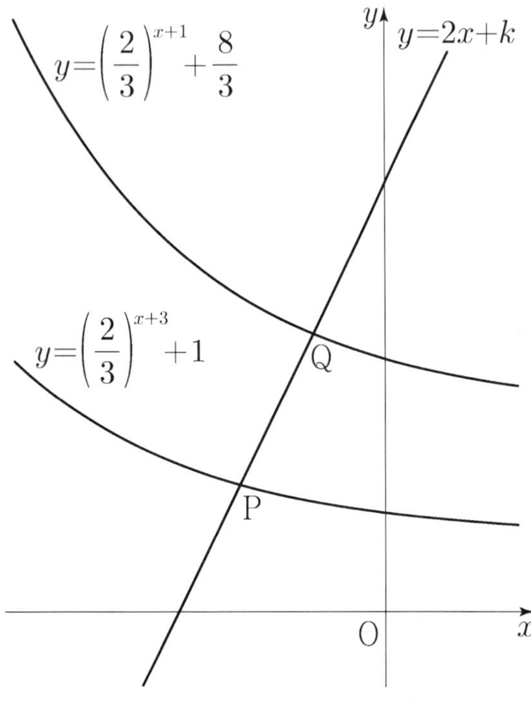

① $\dfrac{31}{6}$　　　② $\dfrac{16}{3}$　　　③ $\dfrac{11}{2}$　　　④ $\dfrac{17}{3}$　　　⑤ $\dfrac{35}{6}$

두 상수 a, b $(1 < a < b)$에 대하여 좌표평면 위의 두 점 $(a, \log_2 a)$, $(b, \log_2 b)$를 지나는 직선의 y절편과 두 점 $(a, \log_4 a)$, $(b, \log_4 b)$를 지나는 직선의 y절편이 같다.

함수 $f(x) = a^{bx} + b^{ax}$에 대하여 $f(1) = 40$일 때, $f(2)$의 값은?

① 760   ② 800   ③ 840   ④ 880   ⑤ 920

자연수 n에 대하여 $4\log_{64}\left(\dfrac{3}{4n+16}\right)$의 값이 정수가 되도록 하는 1000 이하의 모든 n의 값의 합을 구하시오.

함수 $f(x) = -(x-2)^2 + k$에 대하여 다음 조건을 만족시키는 자연수 n의 개수가 2일 때, 상수 k의 값은?

$\sqrt{3^{f(n)}}$ 의 네제곱근 중 실수인 것을 모두 곱한 값이 -9이다.

---

① 8   ② 9   ③ 10   ④ 11   ⑤ 12

그림과 같이 곡선 $y=2^x$ 위에 두 점 $P(a, 2^a)$, $Q(b, 2^b)$이 있다. 직선 PQ의 기울기를 m이라 할 때, 점 P를 지나며 기울기가 $-m$인 직선이 x축, y축과 만나는 점을 각각 A, B라 하고, 점 Q를 지나며 기울기가 $-m$인 직선이 x축과 만나는 점을 C라 하자.

$$\overline{AB} = 4\overline{PB}, \quad \overline{CQ} = 3\overline{AB}$$

일 때, $90 \times (a+b)$의 값을 구하시오.
(단, $0 < a < b$)

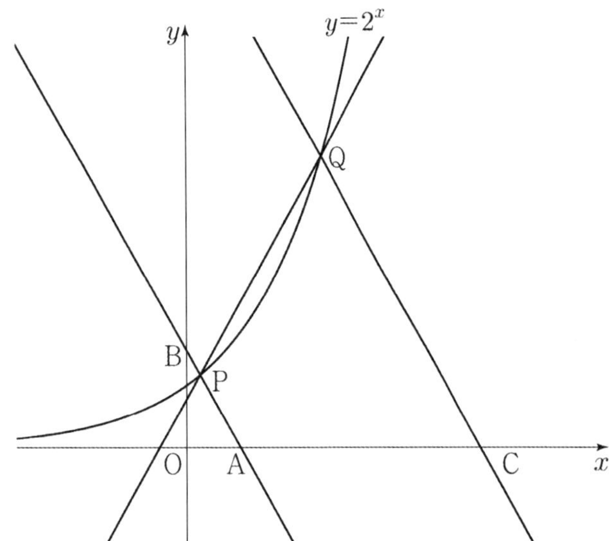

자연수 n에 대하여 함수 $f(x)$를

$$f(x)=\begin{cases} \left|3^{x+2}-n\right| & (x<0) \\[2mm] \left|\log_2(x+4)-n\right| & (x\geq 0)\end{cases}$$

이라 하자. 실수 t에 대하여 x에 대한 방정식 $f(x)=t$의 서로 다른 실근의 개수를 $g(t)$라 할 때, 함수 $g(t)$의 최댓값이 4가 되도록 하는 모든 자연수 n의 값의 합을 구하시오.

실수 t에 대하여 두 곡선 $y = t - \log_2 x$와 $y = 2^{x-t}$이 만나는 점의 x좌표를 $f(t)$라 하자.
〈보기〉의 각 명제에 대하여 다음 규칙에 따라 A, B, C의 값을 정할 때,
$A+B+C$의 값을 구하시오. (단, $A+B+C \neq 0$)

- 명제 ㄱ이 참이면 $A=100$, 거짓이면 $A=0$이다.
- 명제 ㄴ이 참이면 $B=10$, 거짓이면 $B=0$이다.
- 명제 ㄷ이 참이면 $C=1$, 거짓이면 $C=0$이다.

〈보 기〉

ㄱ. $f(1) = 1$이고 $f(2) = 2$이다.

ㄴ. 실수 t의 값이 증가하면 $f(t)$의 값도 증가한다.

ㄷ. 모든 양의 실수 t에 대하여 $f(t) \geq t$이다.

두 자연수 a, b에 대하여 함수

$$f(x) = \begin{cases} 2^{x+a}+b & (x \leq -8) \\ -3^{x-3}+8 & (x > -8) \end{cases}$$

이 다음 조건을 만족시킬 때, $a+b$의 값은?

집합 $\{f(x)|x \leq k\}$의 원소 중 정수인 것의 개수가 2가 되도록 하는 모든 실수 k의 값의 범위는 $3 \leq k < 4$이다.

① 11　　　　② 13　　　　③ 15　　　　④ 17　　　　⑤ 19

수직선 위의 두 점 $\mathrm{P}(\log_5 3)$, $\mathrm{Q}(\log_5 12)$에 대하여 선분 PQ를 $m : (1-m)$으로 내분하는 점의 좌표가 1일 때, 4^m의 값은? (단, m은 $0 < m < 1$인 상수이다.)

① $\dfrac{7}{6}$　　　　　② $\dfrac{4}{3}$　　　　　③ $\dfrac{3}{2}$　　　　　④ $\dfrac{5}{3}$　　　　　⑤ $\dfrac{11}{6}$

26. 2024 수능 **21번** ★★

양수 a에 대하여 $x \geq -1$에서 정의된 함수 $f(x)$는

$$f(x) = \begin{cases} -x^2 + 6x & (-1 \leq x < 6) \\ a\log_4(x-5) & (x \geq 6) \end{cases}$$

이다. $t \geq 0$인 실수 t에 대하여 닫힌구간 $[t-1,\ t+1]$에서의 $f(x)$의 최댓값을 $g(t)$라 하자. 구간 $[0,\ \infty)$에서 함수 $g(t)$의 최솟값이 5가 되도록 하는 양수 a의 최솟값을 구하시오.

그림과 같이 곡선 $y=1-2^{-x}$ 위의 제1사분면에 있는 점 A를 지나고 y축에 평행한 직선이 곡선 $y=2^x$과 만나는 점을 B라 하자. 점 A를 지나고 x축에 평행한 직선이 곡선 $y=2^x$과 만나는 점을 C, 점 C를 지나고 y축에 평행한 직선이 곡선 $y=1-2^{-x}$과 만나는 점을 D라 하자. $\overline{AB}=2\overline{CD}$일 때, 사각형 ABCD의 넓이는?

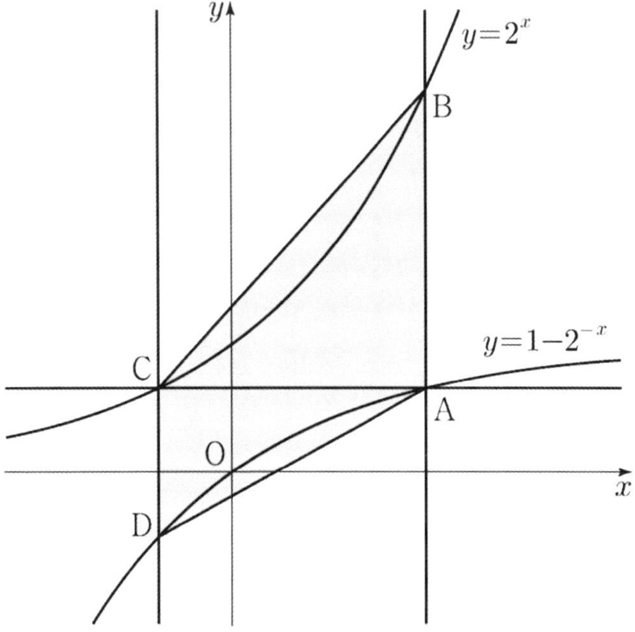

① $\dfrac{5}{2}\log_2 3-\dfrac{5}{4}$ ② $3\log_2 3-\dfrac{3}{2}$ ③ $\dfrac{7}{2}\log_2 3-\dfrac{7}{4}$ ④ $4\log_2 3-2$ ⑤ $\dfrac{9}{2}\log_2 3-\dfrac{9}{4}$

다음 조건을 만족시키는 모든 자연수 k의 값의 합은?

> $\log_2 \sqrt{-n^2+10n+75} - \log_4(75-kn)$의 값이 양수가 되도록 하는 자연수 n의 개수가 12이다.

① 6　　　　　② 7　　　　　③ 8　　　　　④ 9　　　　　⑤ 10

자연수 n에 대하여 곡선 $y=2^x$ 위의 두 점 A_n, B_n이 다음 조건을 만족시킨다.

(가) 직선 A_nB_n의 기울기는 3이다.

(나) $\overline{A_nB_n}=n\times\sqrt{10}$

중심이 직선 $y=x$ 위에 있고 두 점 A_n, B_n을 지나는 원이 곡선 $y=\log_2 x$와 만나는 두 점의 x좌표 중 큰 값을 x_n이라 하자. $x_1+x_2+x_3$의 값은?

① $\dfrac{150}{7}$　　　② $\dfrac{155}{7}$　　　③ $\dfrac{160}{7}$　　　④ $\dfrac{165}{7}$　　　⑤ $\dfrac{170}{7}$

곡선 $y=\left(\dfrac{1}{5}\right)^{x-3}$ 과 직선 $y=x$가 만나는 점의 x좌표를 k라 하자. 실수 전체의 집합에서 정의된 함수 $f(x)$가 다음 조건을 만족시킨다.

$x>k$인 모든 실수 x에 대하여 $f(x)=\left(\dfrac{1}{5}\right)^{x-3}$ 이고 $f(f(x))=3x$이다.

$f\left(\dfrac{1}{k^3\times 5^{3k}}\right)$ 의 값을 구하시오.

지수함수와 로그함수

[빠른 정답]

01. ③	**21.** 220
02. ③	**22.** 33
03. ②	**23.** 110
04. ④	**24.** ②
05. ①	**25.** ④
06. 75	**26.** 10
07. ②	**27.** ③
08. ⑤	**28.** ④
09. ④	**29.** ⑤
10. ①	**30.** 36
11. 13	
12. ③	
13. ①	
14. ②	
15. 24	
16. 192	
17. ④	
18. ②	
19. 426	
20. ②	

삼각함수

* 25학년도 6월, 9월, 수능에 전부 4점 문항으로 출제된 단원입니다.

실수 k에 대하여 함수

$$f(x) = \cos^2\left(x - \frac{3}{4}\pi\right) - \cos\left(x - \frac{\pi}{4}\right) + k$$

의 최댓값은 3, 최솟값은 m이다. $k + m$의 값은?

① 2　　　　② $\dfrac{9}{4}$　　　　③ $\dfrac{5}{2}$　　　　④ $\dfrac{11}{4}$　　　　⑤ 3

$0 \leq \theta < 2\pi$일 때, x에 대한 이차방정식

$$x^2 - (2\sin\theta)x - 3\cos^2\theta - 5\sin\theta + 5 = 0$$

이 실근을 갖도록 하는 θ의 최솟값과 최댓값을 각각 α, β라 하자. $4\beta - 2\alpha$의 값은?

① 3π ② 4π ③ 5π ④ 6π ⑤ 7π

$0 \leq x \leq 4\pi$일 때, 방정식

$$4\sin^2 x - 4\cos\left(\frac{\pi}{2} + x\right) - 3 = 0$$

의 모든 해의 합은?

① 5π ② 6π ③ 7π ④ 8π ⑤ 9π

$-1 \le t \le 1$인 실수 t에 대하여 x에 대한 방정식

$$\left(\sin\frac{\pi x}{2} - t\right)\left(\cos\frac{\pi x}{2} - t\right) = 0$$

의 실근 중에서 집합 $\{x \mid 0 \le x < 4\}$에 속하는 가장 작은 값을 $\alpha(t)$, 가장 큰 값을 $\beta(t)$라 하자.
〈보기〉에서 옳은 것만을 있는 대로 고른 것은?

〈보 기〉

ㄱ. $-1 \le t < 0$인 모든 실수 t에 대하여 $\alpha(t) + \beta(t) = 5$이다.

ㄴ. $\{t \mid \beta(t) - \alpha(t) = \beta(0) - \alpha(0)\} = \left\{t \mid 0 \le t \le \dfrac{\sqrt{2}}{2}\right\}$

ㄷ. $\alpha(t_1) = \alpha(t_2)$인 두 실수 t_1, t_2에 대하여 $t_2 - t_1 = \dfrac{1}{2}$이면 $t_1 \times t_2 = \dfrac{1}{3}$이다.

① ㄱ　　　　② ㄱ, ㄴ　　　　③ ㄱ, ㄷ　　　　④ ㄴ, ㄷ　　　　⑤ ㄱ, ㄴ, ㄷ

두 양수 a, b에 대하여 곡선 $y=a\sin b\pi x\left(0\le x\le\dfrac{3}{b}\right)$이 직선 $y=a$와 만나는 서로 다른 두 점을 A, B라 하자. 삼각형 OAB의 넓이가 5이고 직선 OA의 기울기와 직선 OB의 기울기의 곱이 $\dfrac{5}{4}$일 때, $a+b$의 값은? (단, O는 원점이다.)

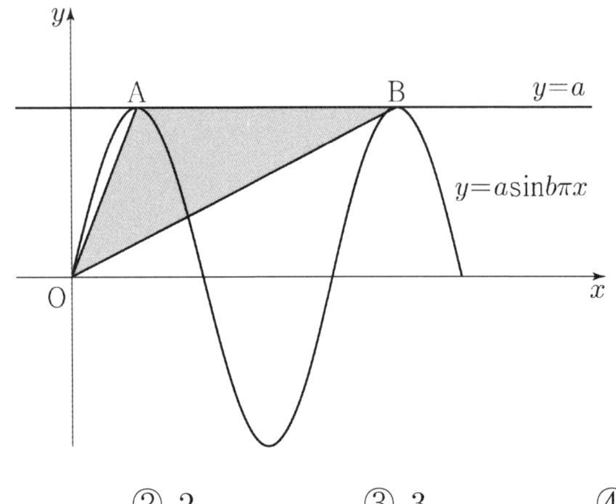

① 1　　　　② 2　　　　③ 3　　　　④ 4　　　　⑤ 5

양수 a에 대하여 집합 $\left\{x \mid -\dfrac{a}{2} < x \le a,\ x \ne \dfrac{a}{2}\right\}$에서 정의된 함수

$$f(x) = \tan\dfrac{\pi x}{a}$$

가 있다. 그림과 같이 함수 $y=f(x)$의 그래프 위의 세 점 O, A, B를 지나는 직선이 있다. 점 A를 지나고 x축에 평행한 직선이 함수 $y=f(x)$의 그래프와 만나는 점 중 A가 아닌 점을 C라 하자. 삼각형 ABC가 정삼각형일 때, 삼각형 ABC의 넓이는? (단, O는 원점이다.)

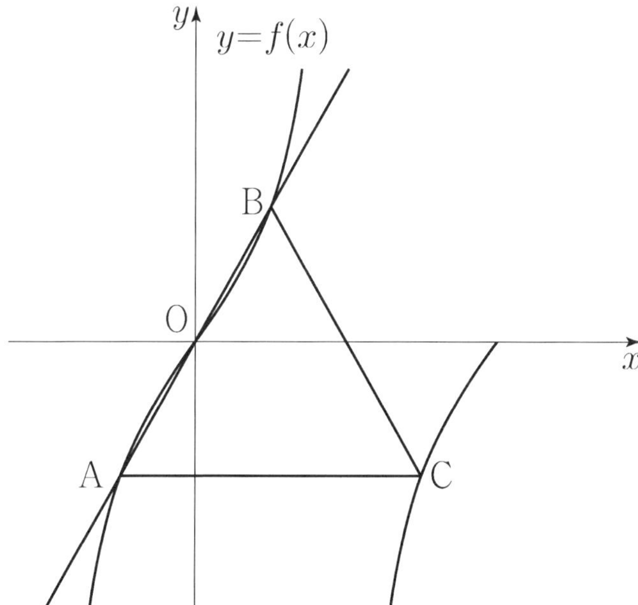

① $\dfrac{3\sqrt{3}}{2}$ ② $\dfrac{17\sqrt{3}}{12}$ ③ $\dfrac{4\sqrt{3}}{3}$ ④ $\dfrac{5\sqrt{3}}{4}$ ⑤ $\dfrac{7\sqrt{3}}{6}$

닫힌구간 $[0, 12]$에서 정의된 두 함수

$$f(x)=\cos\frac{\pi x}{6}, \quad g(x)=-3\cos\frac{\pi x}{6}-1$$

이 있다. 곡선 $y=f(x)$와 직선 $y=k$가 만나는 두 점의 x좌표를 α_1, α_2라 할 때, $|\alpha_1-\alpha_2|=8$이다. 곡선 $y=g(x)$와 직선 $y=k$가 만나는 두 점의 x좌표를 β_1, β_2라 할 때, $|\beta_1-\beta_2|$의 값은? (단, k는 $-1<k<1$인 상수이다.)

① 3　　　　　② $\frac{7}{2}$　　　　　③ 4　　　　　④ $\frac{9}{2}$　　　　　⑤ 5

함수

$$f(x) = a - \sqrt{3}\tan 2x$$

가 닫힌구간 $\left[-\dfrac{\pi}{6}, b\right]$ 에서 최댓값 7, 최솟값 3을 가질 때, $a \times b$의 값은? (단, a, b는 상수이다.)

① $\dfrac{\pi}{2}$　　　　② $\dfrac{5\pi}{12}$　　　　③ $\dfrac{\pi}{3}$　　　　④ $\dfrac{\pi}{4}$　　　　⑤ $\dfrac{\pi}{6}$

$0 \le x \le 2\pi$일 때, 부등식

$$\cos x \le \sin \frac{\pi}{7}$$

를 만족시키는 모든 x의 값의 범위는 $\alpha \le x \le \beta$이다. $\beta - \alpha$의 값은?

① $\dfrac{8}{7}\pi$ ② $\dfrac{17}{14}\pi$ ③ $\dfrac{9}{7}\pi$ ④ $\dfrac{19}{14}\pi$ ⑤ $\dfrac{10}{7}\pi$

5 이하의 두 자연수 a, b에 대하여 열린구간 $(0, 2\pi)$에서 정의된 함수 $y = a\sin x + b$의 그래프가 직선 $x = \pi$와 만나는 점의 집합을 A라 하고, 두 직선 $y = 1$, $y = 3$과 만나는 점의 집합을 각각 B, C라 하자. $n(A \cup B \cup C) = 3$이 되도록 하는 a, b의 순서쌍 (a, b)에 대하여 $a + b$의 최댓값을 M, 최솟값을 m이라 할 때, $M \times m$의 값을 구하시오.

닫힌구간 $[0, 2\pi]$ 에서 정의된 함수

$$f(x) = \begin{cases} \sin x - 1 & (0 \le x < \pi) \\ -\sqrt{2}\sin x - 1 & (\pi \le x \le 2\pi) \end{cases}$$

가 있다. $0 \le t \le 2\pi$ 인 실수 t 에 대하여 x 에 대한 방정식 $f(x) = f(t)$ 의 서로 다른 실근의 개수가 3이 되도록 하는 모든 t 의 값의 합은 $\dfrac{q}{p}\pi$ 이다. $p+q$ 의 값을 구하시오.

(단, p 와 q 는 서로소인 자연수이다.)

닫힌구간 $[0, 2\pi]$에서 정의된 함수 $f(x) = a\cos bx + 3$이 $x = \dfrac{\pi}{3}$에서 최댓값 13을 갖도록 하는 두 자연수 a, b의 순서쌍 (a, b)에 대하여 $a+b$의 최솟값은?

① 12　　　　　② 14　　　　　③ 16　　　　　④ 18　　　　　⑤ 20

[빠른 정답]

01. ③

02. ①

03. ②

04. ②

05. ③

06. ③

07. ③

08. ③

09. ③

10. 24

11. 15

12. ③

삼각함수의 활용

* 25학년도 6월, 9월, 수능에 전부 4점 문항으로 출제된 단원입니다.

$\angle A = \dfrac{\pi}{3}$ 이고 $\overline{AB} : \overline{AC} = 3 : 1$ 인 삼각형 ABC가 있다. 삼각형 ABC의 외접원의 반지름의 길이가 7일 때, 선분 AC의 길이를 k라 하자. k^2 의 값을 구하시오.

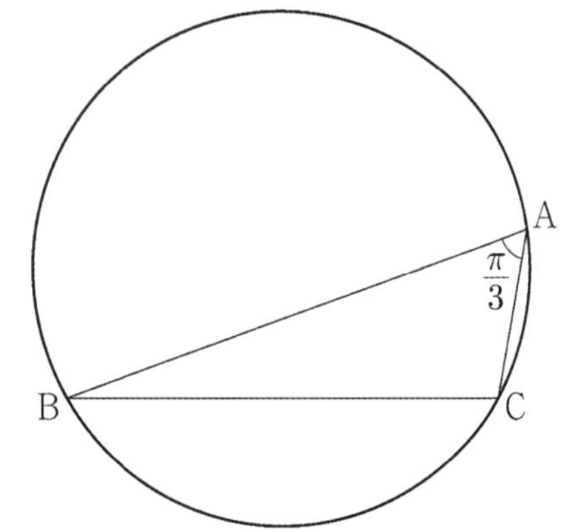

그림과 같이 한 평면 위에 있는 두 삼각형 ABC, ACD의 외심을 각각 O, O′이라 하고 $\angle ABC = \alpha$, $\angle ADC = \beta$라 할 때,

$$\frac{\sin\beta}{\sin\alpha} = \frac{3}{2}, \quad \cos(\alpha+\beta) = \frac{1}{3}, \quad \overline{OO'} = 1$$

이 성립한다. 삼각형 ABC의 외접원의 넓이가 $\dfrac{q}{p}\pi$일 때, $p+q$의 값을 구하시오.

(단, p와 q는 서로소인 자연수이다.)

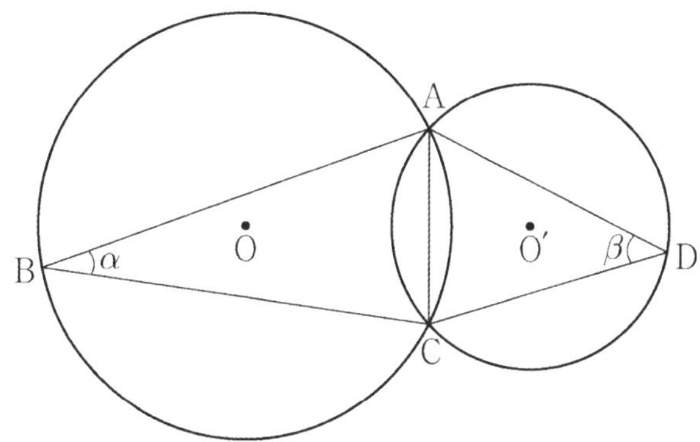

그림과 같이 $\overline{AB}=4$, $\overline{AC}=5$이고 $\cos(\angle BAC)=\dfrac{1}{8}$인 삼각형 ABC가 있다.

선분 AC 위의 점 D와 선분 BC 위의 점 E에 대하여

$$\angle BAC = \angle BDA = \angle BED$$

일 때, 선분 DE의 길이는?

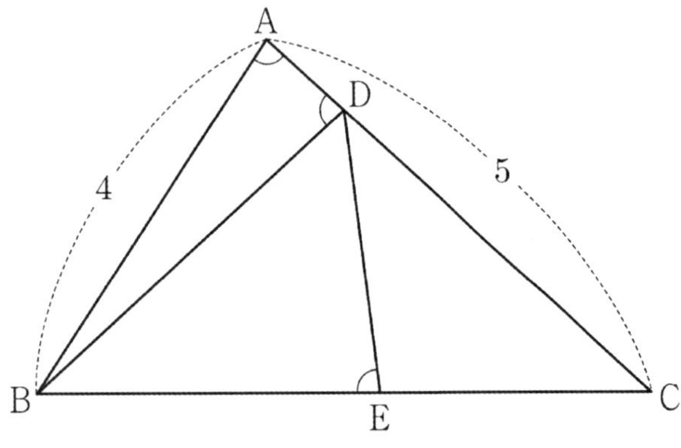

① $\dfrac{7}{3}$　　　② $\dfrac{5}{2}$　　　③ $\dfrac{8}{3}$　　　④ $\dfrac{17}{6}$　　　⑤ 3

반지름의 길이가 $2\sqrt{7}$인 원에 내접하고 $\angle A = \dfrac{\pi}{3}$인 삼각형 ABC가 있다.

점 A를 포함하지 않는 호 BC 위의 점 D에 대하여 $\sin(\angle BCD) = \dfrac{2\sqrt{7}}{7}$일 때, $\overline{BD} + \overline{CD}$의 값은?

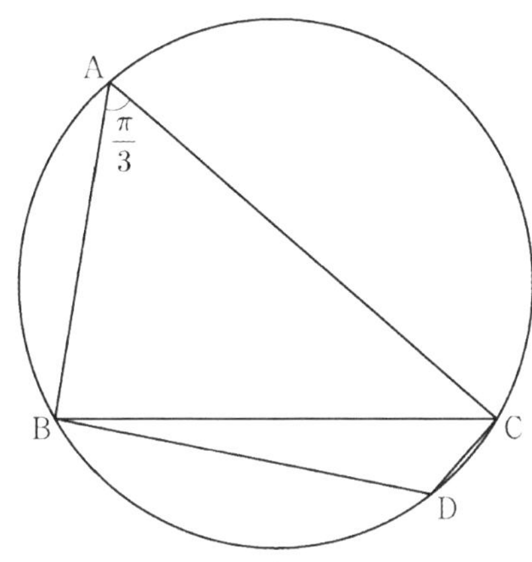

① $\dfrac{19}{2}$ ② 10   ③ $\dfrac{21}{2}$ ④ 11   ⑤ $\dfrac{23}{2}$

두 점 O_1, O_2를 각각 중심으로 하고 반지름의 길이가 $\overline{O_1O_2}$인 두 원 C_1, C_2가 있다.
그림과 같이 원 C_1 위의 서로 다른 세 점 A, B, C와 원 C_2 위의 점 D가 주어져 있고, 세 점
A, O_1, O_2와 세 점 C, O_2, D가 각각 한 직선 위에 있다.
이때 $\angle BO_1A = \theta_1$, $\angle O_2O_1C = \theta_2$, $\angle O_1O_2D = \theta_3$이라 하자.

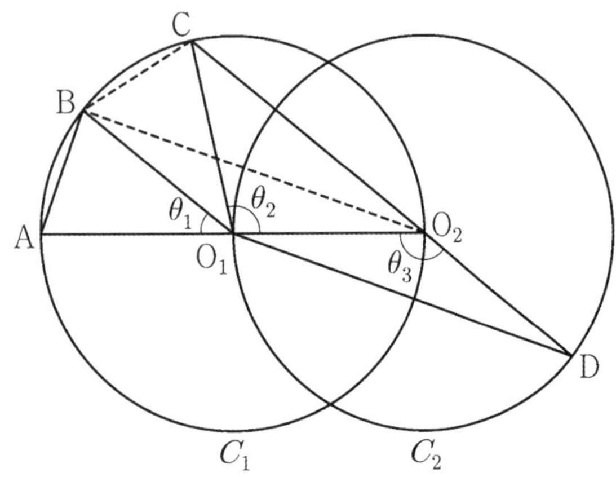

다음은 $\overline{AB} : \overline{O_1D} = 1 : 2\sqrt{2}$이고 $\theta_3 = \theta_1 + \theta_2$일 때, 선분 AB와 선분 CD의 길이의 비를 구하는
과정이다.

$\angle CO_2O_1 + \angle O_1O_2D = \pi$이므로, $\theta_3 = \dfrac{\pi}{2} + \dfrac{\theta_2}{2}$이고 $\theta_3 = \theta_1 + \theta_2$에서 $2\theta_1 + \theta_2 = \pi$이므로

$\angle CO_1B = \theta_1$이다.

이때 $\angle O_2O_1B = \theta_1 + \theta_2 = \theta_3$이므로 삼각형 O_1O_2B와 삼각형 O_2O_1D는 합동이다.

$\overline{AB} = k$라 할 때 $\overline{BO_2} = \overline{O_1D} = 2\sqrt{2}k$이므로 $\overline{AO_2} = \boxed{\text{(가)}}$ 이고,

$\angle BO_2A = \dfrac{\theta_1}{2}$이므로 $\cos\dfrac{\theta_1}{2} = \boxed{\text{(나)}}$ 이다.

삼각형 O_2BC에서 $\overline{BC} = k$, $\overline{BO_2} = 2\sqrt{2}k$, $\angle CO_2B = \dfrac{\theta_1}{2}$이므로

코사인법칙에 의하여 $\overline{O_2C} = \boxed{\text{(다)}}$ 이다.

$\overline{CD} = \overline{O_2D} + \overline{O_2C} = \overline{O_1O_2} + \overline{O_2C}$이므로 $\overline{AB} : \overline{CD} = k : \left(\dfrac{\boxed{\text{(가)}}}{2} + \boxed{\text{(다)}}\right)$이다.

위의 (가), (다)에 알맞은 식을 각각 $f(k)$, $g(k)$라 하고, (나)에 알맞은 수를 p라 할 때, $f(p) \times g(p)$의
값은?

① $\dfrac{169}{27}$ 　　　② $\dfrac{56}{9}$ 　　　③ $\dfrac{167}{27}$ 　　　④ $\dfrac{166}{27}$ 　　　⑤ $\dfrac{55}{9}$

그림과 같이 $\overline{AB} = 3$, $\overline{BC} = 2$, $\overline{AC} > 3$이고 $\cos(\angle BAC) = \dfrac{7}{8}$인 삼각형 ABC가 있다. 선분 AC의 중점을 M, 삼각형 ABC의 외접원이 직선 BM과 만나는 점 중 B가 아닌 점을 D라 할 때, 선분 MD의 길이는?

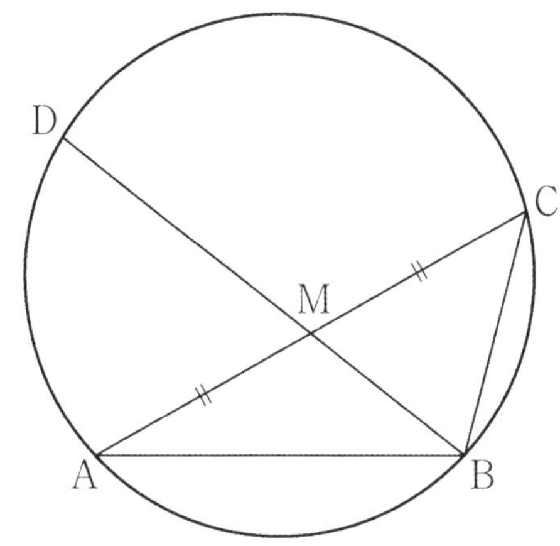

① $\dfrac{3\sqrt{10}}{5}$　　② $\dfrac{7\sqrt{10}}{10}$　　③ $\dfrac{4\sqrt{10}}{5}$　　④ $\dfrac{9\sqrt{10}}{10}$　　⑤ $\sqrt{10}$

그림과 같이 선분 AB를 지름으로 하는 반원의 호 AB 위에 두 점 C, D가 있다.
선분 AB의 중점 O에 대하여 두 선분 AD, CO가 점 E에서 만나고,

$$\overline{CE} = 4, \quad \overline{ED} = 3\sqrt{2}, \quad \angle CEA = \frac{3}{4}\pi$$

이다. $\overline{AC} \times \overline{CD}$의 값은?

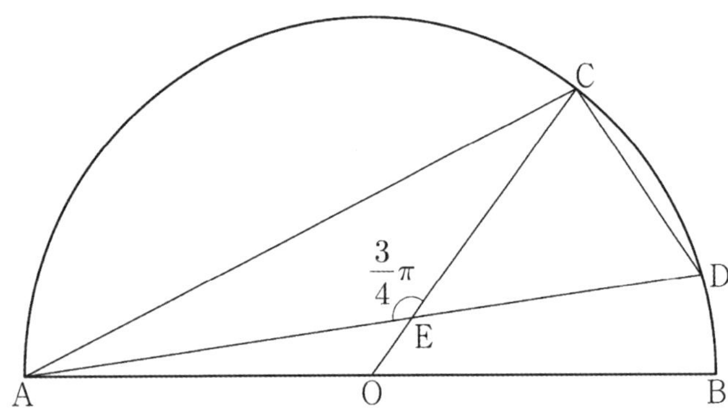

① $6\sqrt{10}$　　　② $10\sqrt{5}$　　　③ $16\sqrt{2}$　　　④ $12\sqrt{5}$　　　⑤ $20\sqrt{2}$

그림과 같이 사각형 ABCD가 한 원에 내접하고

$$\overline{AB} = 5, \quad \overline{AC} = 3\sqrt{5}, \quad \overline{AD} = 7, \quad \angle BAC = \angle CAD$$

일 때, 이 원의 반지름의 길이는?

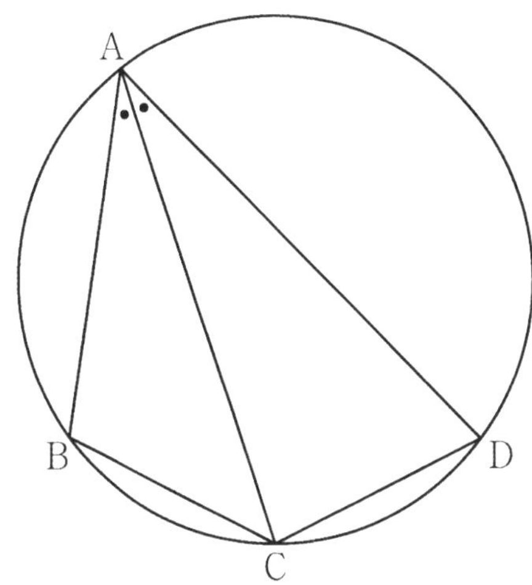

① $\dfrac{5\sqrt{2}}{2}$ ② $\dfrac{8\sqrt{5}}{5}$ ③ $\dfrac{5\sqrt{5}}{3}$ ④ $\dfrac{8\sqrt{2}}{3}$ ⑤ $\dfrac{9\sqrt{3}}{4}$

그림과 같이

$$\overline{BC} = 3,\ \overline{CD} = 2,\ \cos(\angle BCD) = -\frac{1}{3},\ \angle DAB > \frac{\pi}{2}$$

인 사각형 ABCD에서 두 삼각형 ABC와 ACD는 모두 예각삼각형이다. 선분 AC를 1:2로 내분하는 점 E에 대하여 선분 AE를 지름으로 하는 원이 두 선분 AB, AD와 만나는 점 중 A가 아닌 점을 각각 P_1, P_2라 하고, 선분 CE를 지름으로 하는 원이 두 선분 BC, CD와 만나는 점 중 C가 아닌 점을 각각 Q_1, Q_2라 하자. $\overline{P_1P_2} : \overline{Q_1Q_2} = 3 : 5\sqrt{2}$이고 삼각형 ABD의 넓이가 2일 때, $\overline{AB} + \overline{AD}$의 값은? (단, $\overline{AB} > \overline{AD}$)

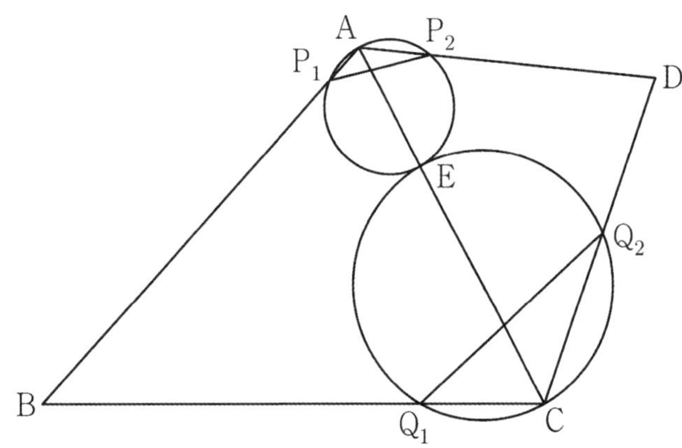

① $\sqrt{21}$　　② $\sqrt{22}$　　③ $\sqrt{23}$　　④ $2\sqrt{6}$　　⑤ 5

그림과 같이

$$\overline{AB} = 2, \ \overline{AD} = 1, \ \angle DAB = \frac{2}{3}\pi, \ \angle BCD = \frac{3}{4}\pi$$

인 사각형 ABCD가 있다. 삼각형 BCD의 외접원의 반지름의 길이를 R_1, 삼각형 ABD의 외접원의 반지름의 길이를 R_2라 하자.

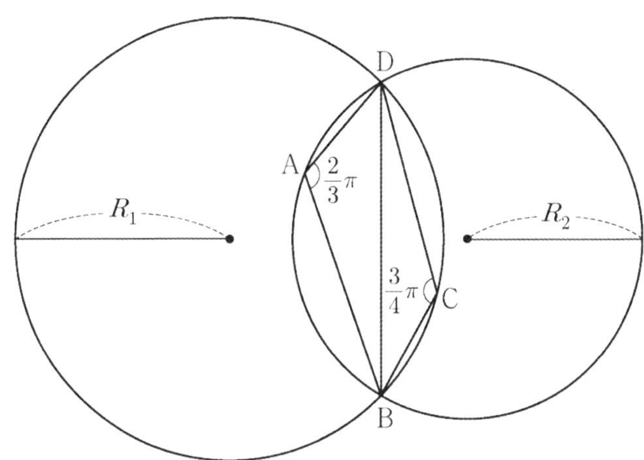

다음은 $R_1 \times R_2$의 값을 구하는 과정이다.

삼각형 BCD에서 사인법칙에 의하여
$$R_1 = \frac{\sqrt{2}}{2} \times \overline{BD}$$

이고, 삼각형 ABD에서 사인법칙에 의하여
$$R_2 = \boxed{\text{(가)}} \times \overline{BD}$$

이다. 삼각형 ABD에서 코사인법칙에 의하여
$$\overline{BD}^2 = 2^2 + 1^2 - (\ \boxed{\text{(나)}}\ )$$

이므로
$$R_1 \times R_2 = \boxed{\text{(다)}}$$

이다.

위의 (가), (나), (다)에 알맞은 수를 각각 p, q, r이라 할 때, $9 \times (p \times q \times r)^2$의 값을 구하시오.

그림과 같이

$$\overline{AB} = 3,\ \overline{BC} = \sqrt{13},\ \overline{AD} \times \overline{CD} = 9,\ \angle BAC = \frac{\pi}{3}$$

인 사각형 ABCD가 있다. 삼각형 ABC의 넓이를 S_1, 삼각형 ACD의 넓이를 S_2라 하고, 삼각형 ACD의 외접원의 반지름의 길이를 R이라 하자. $S_2 = \dfrac{5}{6}S_1$일 때, $\dfrac{R}{\sin(\angle ADC)}$의 값은?

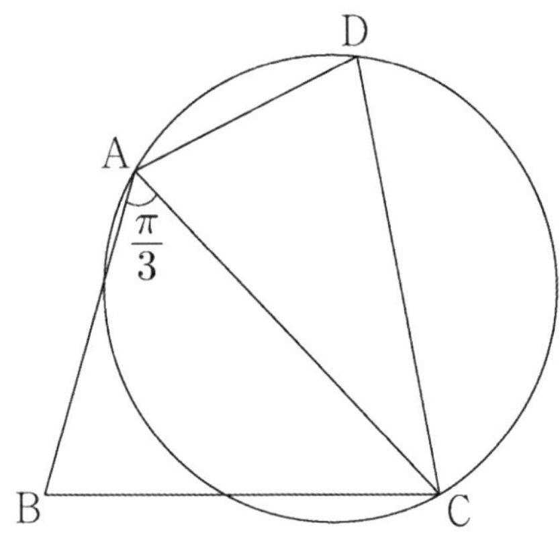

① $\dfrac{54}{25}$　　　② $\dfrac{117}{50}$　　　③ $\dfrac{63}{25}$　　　④ $\dfrac{27}{10}$　　　⑤ $\dfrac{72}{25}$

다음 조건을 만족시키는 삼각형 ABC의 외접원의 넓이가 9π일 때, 삼각형 ABC의 넓이는?

(가) $3\sin A = 2\sin B$

(나) $\cos B = \cos C$

① $\dfrac{32}{9}\sqrt{2}$
② $\dfrac{40}{9}\sqrt{2}$
③ $\dfrac{16}{3}\sqrt{2}$
④ $\dfrac{56}{9}\sqrt{2}$
⑤ $\dfrac{64}{9}\sqrt{2}$

$\angle A > \dfrac{\pi}{2}$ 인 삼각형 ABC의 꼭짓점 A에서 선분 BC에 내린 수선의 발을 H라 하자.

$$\overline{AB} : \overline{AC} = \sqrt{2} : 1, \quad \overline{AH} = 2$$

이고, 삼각형 ABC의 외접원의 넓이가 50π일 때, 선분 BH의 길이는?

① 6   ② $\dfrac{25}{4}$ ③ $\dfrac{13}{2}$ ④ $\dfrac{27}{4}$ ⑤ 7

그림과 같이 삼각형 ABC에서 선분 AB 위에 $\overline{AD}:\overline{DB}=3:2$인 점 D를 잡고, 점 A를 중심으로 하고 점 D를 지나는 원을 O, 원 O와 선분 AC가 만나는 점을 E라 하자. $\sin A : \sin C = 8:5$이고, 삼각형 ADE와 삼각형 ABC의 넓이의 비가 $9:35$이다. 삼각형 ABC의 외접원의 반지름의 길이가 7일 때, 원 O 위의 점 P에 대하여 삼각형 PBC의 넓이의 최댓값은? (단, $\overline{AB} < \overline{AC}$)

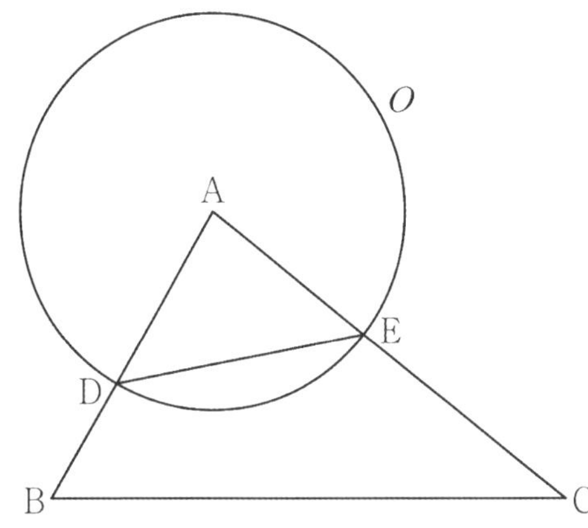

① $18+15\sqrt{3}$ ② $24+20\sqrt{3}$ ③ $30+25\sqrt{3}$ ④ $36+30\sqrt{3}$ ⑤ $42+35\sqrt{3}$

삼각함수의 활용
[빠른 정답]

01. 21

02. 26

03. ③

04. ②

05. ②

06. ③

07. ⑤

08. ①

09. ①

10. 98

11. ①

12. ⑤

13. ①

14. ④

[수학 Ⅰ]

등차수열과 등비수열

공차가 양수인 등차수열 $\{a_n\}$이 다음 조건을 만족시킬 때, a_2의 값은?

(가) $a_6 + a_8 = 0$
(나) $|a_6| = |a_7| + 3$

① -15 ② -13 ③ -11 ④ -9 ⑤ -7

첫째항이 3인 등비수열 $\{a_n\}$에 대하여

$$\frac{a_3}{a_2} - \frac{a_6}{a_4} = \frac{1}{4}$$

일 때, $a_5 = \dfrac{q}{p}$ 이다. $p+q$의 값을 구하시오.

(단, p와 q는 서로소인 자연수이다.)

모든 항이 양수인 등비수열 $\{a_n\}$의 첫째항부터 제 n항까지의 합을 S_n이라 하자.

$$S_4 - S_3 = 2, \quad S_6 - S_5 = 50$$

일 때, a_5의 값을 구하시오.

공차가 2인 등차수열 $\{a_n\}$의 첫째항부터 제 n항까지의 합을 S_n이라 하자. $S_k = -16$, $S_{k+2} = -12$를 만족시키는 자연수 k에 대하여 a_{2k}의 값을 구하시오.

공차가 2인 등차수열 $\{a_n\}$의 첫째항부터 제 n항까지의 합을 S_n이라 하자. $S_k = -16$, $S_{k+2} = -12$를 만족시키는 자연수 k에 대하여 a_{2k}의 값을 구하시오.

등비수열 $\{a_n\}$의 첫째항부터 제n항까지의 합을 S_n이라 하자. 모든 자연수 n에 대하여

$$S_{n+3} - S_n = 13 \times 3^{n-1}$$

일 때, a_4의 값을 구하시오.

$a_2 = -4$이고 공차가 0이 아닌 등차수열 $\{a_n\}$에 대하여 수열 $\{b_n\}$을 $b_n = a_n + a_{n+1}$ $(n \geq 1)$이라 하고, 두 집합 A, B를

$$A = \{a_1,\ a_2,\ a_3,\ a_4,\ a_5\}, \quad B = \{b_1,\ b_2,\ b_3,\ b_4,\ b_5\}$$

라 하자. $n(A \cap B) = 3$이 되도록 하는 모든 수열 $\{a_n\}$에 대하여 a_{20}의 값의 합은?

① 30　　　　② 34　　　　③ 38　　　　④ 42　　　　⑤ 46

삼각함수의 활용

01. ①

02. 19

03. 10

04. 7

05. 9

06. ⑤

수열의 합

첫째항이 4이고 공차가 1인 등차수열 $\{a_n\}$에 대하여 $\displaystyle\sum_{k=1}^{12}\dfrac{1}{\sqrt{a_{k+1}}+\sqrt{a_k}}$ 의 값은?

① 1　　　　② 2　　　　③ 3　　　　④ 4　　　　⑤ 5

자연수 n에 대하여 곡선 $y = \dfrac{3}{x}$ $(x > 0)$ 위의 점 $\left(n, \dfrac{3}{n}\right)$과 두 점 $(n-1, 0)$, $(n+1, 0)$을 세 꼭짓점으로 하는 삼각형의 넓이를 a_n이라 할 때, $\displaystyle\sum_{n=1}^{10} \dfrac{9}{a_n a_{n+1}}$ 의 값은?

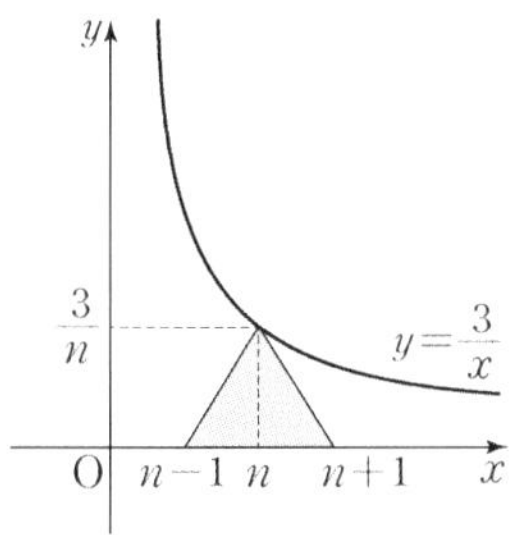

① 410　　　② 420　　　③ 430　　　④ 440　　　⑤ 450

공차가 양수인 등차수열 $\{a_n\}$에 대하여 이차방정식 $x^2 - 14x + 24 = 0$의 두 근이 a_3, a_8이다. $\displaystyle\sum_{n=3}^{8} a_n$의 값은?

① 40　　　　② 42　　　　③ 44　　　　④ 46　　　　⑤ 48

등차수열 $\{a_n\}$이

$$a_5 + a_{13} = 3a_9, \quad \sum_{k=1}^{18} a_k = \frac{9}{2}$$

를 만족시킬 때, a_{13}의 값은?

① 2   ② 1   ③ 0   ④ -1 ⑤ -2

등차수열 $\{a_n\}$이

$$a_5 + a_{13} = 3a_9, \quad \sum_{k=1}^{18} a_k = \frac{9}{2}$$

를 만족시킬 때, a_{13}의 값은?

수열 $\{a_n\}$에 대하여

$$\sum_{k=1}^{10}\left(a_k+1\right)^2 = 28, \quad \sum_{k=1}^{10} a_k\left(a_k+1\right)=16$$

일 때, $\displaystyle\sum_{k=1}^{10}\left(a_k\right)^2$의 값을 구하시오.

등비수열 $\{a_n\}$에 대하여

$$a_3 = 4(a_2 - a_1), \quad \sum_{k=1}^{6} a_k = 15$$

일 때, $a_1 + a_3 + a_5$의 값은?

① 3　　　　② 4　　　　③ 5　　　　④ 6　　　　⑤ 7

첫째항이 자연수이고 공차가 음의 정수인 등차수열 $\{a_n\}$과 첫째항이 자연수이고 공비가 음의 정수인 등비수열 $\{b_n\}$이 다음 조건을 만족시킬 때, $a_7 + b_7$의 값을 구하시오.

(가) $\displaystyle\sum_{n=1}^{5}(a_n + b_n) = 27$

(나) $\displaystyle\sum_{n=1}^{5}(a_n + |b_n|) = 67$

(다) $\displaystyle\sum_{n=1}^{5}(|a_n| + |b_n|) = 81$

첫째항이 2이고 공비가 정수인 등비수열 $\{a_n\}$과 자연수 m이 다음 조건을 만족시킬 때, a_m의 값을 구하시오.

> (가) $4 < a_2 + a_3 \leq 12$
>
> (나) $\displaystyle\sum_{k=1}^{m} a_k = 122$

n이 자연수일 때, x에 대한 이차방정식

$$x^2-(2n-1)x+n(n-1)=0$$

의 두 근을 α_n, β_n이라 하자. $\displaystyle\sum_{n=1}^{81}\dfrac{1}{\sqrt{\alpha_n}+\sqrt{\beta_n}}$ 의 값을 구하시오.

첫째항이 50이고 공차가 -4인 등차수열의 첫째항부터 제 n항까지의 합을 S_n이라 할 때, $\displaystyle\sum_{k=m}^{m+4} S_k$의 값이 최대가 되도록 하는 자연수 m의 값은?

① 8　　　　　② 9　　　　　③ 10　　　　　④ 11　　　　　⑤ 12

자연수 n의 양의 약수의 개수를 $f(n)$이라 하고, 36의 모든 양의 약수를 a_1, a_2, a_3, $\cdots$, a_9라 하자.

$$\sum_{k=1}^{9}\left\{(-1)^{f(a_k)}\times\log a_k\right\}$$ 의 값은?

① $\log 2+\log 3$　　② $2\log 2+\log 3$　　③ $\log 2+2\log 3$　　④ $2\log 2+2\log 3$　　⑤ $3\log 2+2\log 3$

수열 $\{a_n\}$의 일반항은 $a_n = \log_2 \sqrt{\dfrac{2(n+1)}{n+2}}$ 이다. $\displaystyle\sum_{k=1}^{m} a_k$의 값이 100이하의 자연수가 되도록 하는 모든 자연수 m의 값의 합은?

① 150　　　　② 154　　　　③ 158　　　　④ 162　　　　⑤ 166

수열 $\{a_n\}$이 모든 자연수 n에 대하여

$$\sum_{k=1}^{n} \frac{4k-3}{a_k} = 2n^2 + 7n$$

을 만족시킨다. $a_5 \times a_7 \times a_9 = \dfrac{q}{p}$ 일 때, $p+q$의 값을 구하시오.

(단, p와 q는 서로소인 자연수이다.)

수열 $\{a_n\}$ 의 첫째항부터 제n항까지의 합을 S_n 이라 하자.
다음은 모든 자연수 n에 대하여

$$\sum_{k=1}^{n} \frac{S_k}{k!} = \frac{1}{(n+1)!}$$

이 성립할 때, $\displaystyle\sum_{k=1}^{n} \frac{1}{a_k}$ 을 구하는 과정이다.

$n=1$일 때, $a_1 = S_1 = \dfrac{1}{2}$ 이므로 $\dfrac{1}{a_1} = 2$ 이다.

$n=2$일 때, $a_2 = S_2 - S_1 = -\dfrac{7}{6}$ 이므로 $\displaystyle\sum_{k=1}^{2} \frac{1}{a_k} = \frac{8}{7}$ 이다.

$n \geq 3$인 모든 자연수 n에 대하여

$$\frac{S_n}{n!} = \sum_{k=1}^{n} \frac{S_k}{k!} - \sum_{k=1}^{n-1} \frac{S_k}{k!} = -\frac{\boxed{(가)}}{(n+1)!}$$

즉, $S_n = -\dfrac{\boxed{(가)}}{n+1}$ 이므로

$$a_n = S_n - S_{n-1} = -\left(\ \boxed{(나)}\ \right)$$

이다. 한편 $\displaystyle\sum_{k=3}^{n} k(k+1) = -8 + \sum_{k=1}^{n} k(k+1)$ 이므로

$$\sum_{k=1}^{n} \frac{1}{a_k} = \frac{8}{7} - \sum_{k=3}^{n} k(k+1)$$

$$= \frac{64}{7} - \frac{n(n+1)}{2} - \sum_{k=1}^{n} \boxed{(다)}$$

$$= -\frac{1}{3}n^3 - n^2 - \frac{2}{3}n + \frac{64}{7}$$

이다.

위의 (가), (나), (다)에 알맞은 식을 각각 $f(n)$, $g(n)$, $h(k)$ 라 할 때, $f(5) \times g(3) \times h(6)$ 의 값은?

① 3 　　　　② 6 　　　　③ 9 　　　　④ 12 　　　　⑤ 15

공차가 정수인 등차수열 $\{a_n\}$에 대하여

$$a_3 + a_5 = 0, \quad \sum_{k=1}^{6}\left(|a_k| + a_k\right) = 30$$

일 때, a_9의 값을 구하시오.

공차가 정수인 등차수열 $\{a_n\}$에 대하여

$$a_3 + a_5 = 0, \quad \sum_{k=1}^{6}\left(|a_k| + a_k\right) = 30$$

실수 전체의 집합에서 정의된 함수 $f(x)$가 구간 $(0,\ 1]$에서

$$f(x) = \begin{cases} 3 & (0 < x < 1) \\ 1 & (x = 1) \end{cases}$$

이고, 모든 실수 x에 대하여 $f(x+1) = f(x)$를 만족시킨다. $\displaystyle\sum_{k=1}^{20} \frac{k \times f\left(\sqrt{k}\right)}{3}$ 의 값은?

① 150　　　　② 160　　　　③ 170　　　　④ 180　　　　⑤ 190

첫째항이 -45이고 공차가 d인 등차수열 $\{a_n\}$이 다음 조건을 만족시키도록 하는 모든 자연수 d의 값의 합은?

(가) $|a_m| = |a_{m+3}|$인 자연수 m이 존재한다.

(나) 모든 자연수 n에 대하여 $\displaystyle\sum_{k=1}^{n} a_k > -100$이다.

① 44   ② 48   ③ 52   ④ 56   ⑤ 60

공차가 3인 등차수열 $\{a_n\}$이 다음 조건을 만족시킬 때, a_{10}의 값은?

> (가) $a_5 \times a_7 < 0$
>
> (나) $\displaystyle\sum_{k=1}^{6} |a_{k+6}| = 6 + \sum_{k=1}^{6} |a_{2k}|$

① $\dfrac{21}{2}$ ② 11 ③ $\dfrac{23}{2}$ ④ 12 ⑤ $\dfrac{25}{2}$

19. 2023 수능 13번 ★

자연수 m $(m \geq 2)$에 대하여 m^{12}의 n제곱근 중에서 정수가 존재하도록 하는 2 이상의 자연수 n의 개수를 $f(m)$이라 할 때, $\displaystyle\sum_{m=2}^{9} f(m)$의 값은?

① 37　　　　② 42　　　　③ 47　　　　④ 52　　　　⑤ 57

20. 2024 6월 모의고사 **9번** ★★

수열 $\{a_n\}$이 모든 자연수 n에 대하여

$$\sum_{k=1}^{n} \frac{1}{(2k-1)a_k} = n^2 + 2n$$

을 만족시킬 때, $\displaystyle\sum_{n=1}^{10} a_n$의 값은?

① $\dfrac{10}{21}$ ② $\dfrac{4}{7}$ ③ $\dfrac{2}{3}$ ④ $\dfrac{16}{21}$ ⑤ $\dfrac{6}{7}$

모든 항이 자연수인 등차수열 $\{a_n\}$의 첫째항부터 제 n항까지의 합을 S_n이라 하자.

a_7이 13의 배수이고 $\displaystyle\sum_{k=1}^{7} S_k = 644$일 때, a_2의 값을 구하시오.

공차가 0이 아닌 등차수열 $\{a_n\}$에 대하여

$$|a_6| = a_8, \quad \sum_{k=1}^{5} \frac{1}{a_k a_{k+1}} = \frac{5}{96}$$

일 때, $\displaystyle\sum_{k=1}^{15} a_k$의 값은?

① 60   ② 65   ③ 70   ④ 75   ⑤ 80

수열 $\{a_n\}$은 등차수열이고, 수열 $\{b_n\}$은 모든 자연수 n에 대하여

$$b_n = \sum_{k=1}^{n} (-1)^{k+1} a_k$$

를 만족시킨다. $b_2 = -2$, $b_3 + b_7 = 0$일 때, 수열 $\{b_n\}$의 첫째항부터 제9항까지의 합은?

① -22 ② -20 ③ -18 ④ -16 ⑤ -14

$a_1 = 2$인 수열 $\{a_n\}$과 $b_1 = 2$인 등차수열 $\{b_n\}$이 모든 자연수 n에 대하여

$$\sum_{k=1}^{n} \frac{a_k}{b_{k+1}} = \frac{1}{2}n^2$$

을 만족시킬 때, $\displaystyle\sum_{k=1}^{5} a_k$의 값은?

① 120　　　　② 125　　　　③ 130　　　　④ 135　　　　⑤ 140

수열의 합

[빠른 정답]

01. ②

02. ④

03. ②

04. ①

05. 14

06. ③

07. 117

08. 162

09. 9

10. ④

11. ①

12. ④

13. 58

14. ⑤

15. 25

16. ⑤

17. ②

18. ③

19. ③

20. ①

21. 19

22. ①

23. ②

24. ①

[수학 I]

수열의 귀납적 정의

*25학년도 6월, 9월, 수능에 전부 4점 문항으로 출제된 단원입니다.

첫째항이 a인 수열 $\{a_n\}$은 모든 자연수 n에 대하여

$$a_{n+1} = \begin{cases} a_n + (-1)^n \times 2 & (n\text{이 }3\text{의 배수가 아닌 경우}) \\ a_n + 1 & (n\text{이 }3\text{의 배수인 경우}) \end{cases}$$

를 만족시킨다. $a_{15} = 43$일 때, a의 값은?

① 35　　　　② 36　　　　③ 37　　　　④ 38　　　　⑤ 39

첫째항이 a인 수열 $\{a_n\}$은 모든 자연수 n에 대하여

$$a_{n+1} = \begin{cases} a_n + (-1)^n \times 2 & (n\text{이 }3\text{의 배수가 아닌 경우}) \end{cases}$$

공차가 0이 아닌 등차수열 $\{a_n\}$이 있다. 수열 $\{b_n\}$은

$$b_1 = a_1$$

이고, 2 이상의 자연수 n에 대하여

$$b_n = \begin{cases} b_{n-1} + a_n & (n \text{이 } 3\text{의 배수가 아닌 경우}) \\ b_{n-1} - a_n & (n \text{이 } 3\text{의 배수인 경우}) \end{cases}$$

이다. $b_{10} = a_{10}$일 때, $\dfrac{b_8}{b_{10}} = \dfrac{q}{p}$ 이다. $p+q$의 값을 구하시오.

(단, p와 q는 서로소인 자연수이다.)

두 수열 $\{a_n\}$, $\{b_n\}$은 $a_1 = a_2 = 1$, $b_1 = k$이고, 모든 자연수 n에 대하여

$$a_{n+2} = (a_{n+1})^2 - (a_n)^2, \quad b_{n+1} = a_n - b_n + n$$

을 만족시킨다. $b_{20} = 14$일 때, k의 값은?

① -3 ② -1 ③ 1 ④ 3 ⑤ 5

수열 $\{a_n\}$이 모든 자연수 n에 대하여 다음 조건을 만족시킨다.

(가) $a_{2n} = a_n - 1$

(나) $a_{2n+1} = 2a_n + 1$

$a_{20} = 1$일 때, $\displaystyle\sum_{n=1}^{63} a_n$의 값은?

수열 $\{a_n\}$의 일반항은

$$a_n = \left(2^{2n}-1\right) \times 2^{n(n-1)} + (n-1) \times 2^{-n}$$

이다. 다음은 모든 자연수 n에 대하여

$$\sum_{k=1}^{n} a_k = 2^{n(n+1)} - (n+1) \times 2^{-n} \qquad \cdots\cdots \ (*)$$

임을 수학적 귀납법을 이용하여 증명한 것이다.

(i) $n=1$일 때, (좌변)$=3$, (우변)$=3$이므로 $(*)$이 성립한다.

(ii) $n=m$일 때, $(*)$이 성립한다고 가정하면

$$\sum_{k=1}^{m} a_k = 2^{m(m+1)} - (m+1) \times 2^{-m}$$

이다. $n=m+1$일 때,

$$\sum_{k=1}^{m+1} a_k = 2^{m(m+1)} - (m+1) \times 2^{-m}$$

$$+ \left(2^{2m+2}-1\right) \times \boxed{\text{(가)}} + m \times 2^{-m-1}$$

$$= \boxed{\text{(가)}} \times \boxed{\text{(나)}} - \frac{m+2}{2} \times 2^{-m}$$

$$= 2^{(m+1)(m+2)} - (m+2) \times 2^{-(m+1)}$$

이다. 따라서 $n=m+1$일 때도 $(*)$이 성립한다.

(i), (ii)에 의하여 모든 자연수 n에 대하여

$$\sum_{k=1}^{n} a_k = 2^{n(n+1)} - (n+1) \times 2^{-n}$$

이다.

위의 (가), (나)에 알맞은 식을 각각 $f(m)$, $g(m)$이라 할 때, $\dfrac{g(7)}{f(3)}$의 값은?

① 2   ② 4   ③ 8   ④ 16   ⑤ 32

수열 $\{a_n\}$은 $a_1 = 1$이고, 모든 자연수 n에 대하여

$$\begin{cases} a_{3n-1} = 2a_n + 1 \\ a_{3n} = -a_n + 2 \\ a_{3n+1} = a_n + 1 \end{cases}$$

을 만족시킨다. $a_{11} + a_{12} + a_{13}$의 값은?

① 6　　　　② 7　　　　③ 8　　　　④ 9　　　　⑤ 10

모든 자연수 n에 대하여 다음 조건을 만족시키는 x축 위의 점 P_n과 곡선 $y=\sqrt{3x}$ 위의 점 Q_n이 있다.

(가) 선분 OP_n과 선분 $\mathrm{P}_n\mathrm{Q}_n$이 서로 수직이다.

(나) 선분 OQ_n과 선분 $\mathrm{Q}_n\mathrm{P}_{n+1}$이 서로 수직이다.

다음은 점 P_1의 좌표가 $(1,\ 0)$일 때, 삼각형 $\mathrm{OP}_{n+1}\mathrm{Q}_n$의 넓이 A_n을 구하는 과정이다. (단, O는 원점이다.)

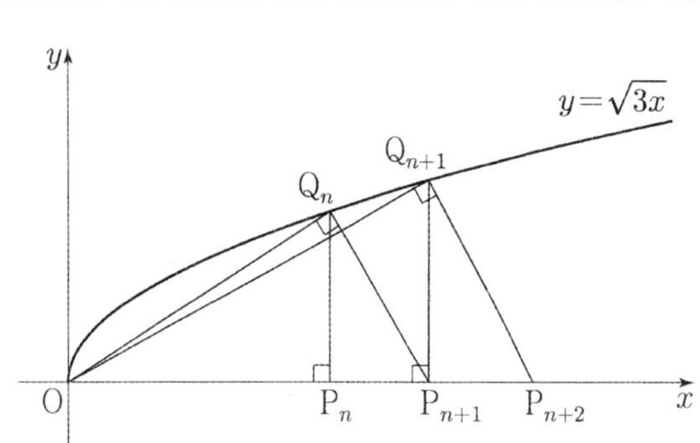

모든 자연수 n에 대하여 점 P_n의 좌표를 $(a_n,\ 0)$이라 하자.

$\overline{\mathrm{OP}_{n+1}} = \overline{\mathrm{OP}_n} + \overline{\mathrm{P}_n\mathrm{P}_{n+1}}$ 이므로

$$a_{n+1} = a_n + \overline{\mathrm{P}_n\mathrm{P}_{n+1}}$$

이다. 삼각형 $\mathrm{OP}_n\mathrm{Q}_n$과 삼각형 $\mathrm{Q}_n\mathrm{P}_n\mathrm{P}_{n+1}$이 닮음이므로

$$\overline{\mathrm{OP}_n} : \overline{\mathrm{P}_n\mathrm{Q}_n} = \overline{\mathrm{P}_n\mathrm{Q}_n} : \overline{\mathrm{P}_n\mathrm{P}_{n+1}}$$

이고, 점 Q_n의 좌표는 $\left(a_n,\ \sqrt{3a_n}\right)$이므로

$$\overline{\mathrm{P}_n\mathrm{P}_{n+1}} = \boxed{\text{(가)}}$$

이다. 따라서 삼각형 $\mathrm{OP}_{n+1}\mathrm{Q}_n$의 넓이 A_n은

$$A_n = \frac{1}{2}\times\left(\boxed{\text{(나)}}\right)\times\sqrt{9n-6}$$

이다.

위의 (가)에 알맞은 수를 p, (나)에 알맞은 식을 $f(n)$이라 할 때, $p+f(8)$의 값은?

① 20   ② 22   ③ 24   ④ 26   ⑤ 28

수열 $\{a_n\}$은 모든 자연수 n에 대하여

$$a_{n+2}=\begin{cases} 2a_n+a_{n+1} & (a_n \le a_{n+1}) \\[2mm] a_n+a_{n+1} & (a_n > a_{n+1}) \end{cases}$$

을 만족시킨다. $a_3=2$, $a_6=19$가 되도록 하는 모든 a_1의 값의 합은?

① $-\dfrac{1}{2}$　　　② $-\dfrac{1}{4}$　　　③ 0　　　④ $\dfrac{1}{4}$　　　⑤ $\dfrac{1}{2}$

상수 k $(k>1)$에 대하여 다음 조건을 만족시키는 수열 $\{a_n\}$이 있다.

모든 자연수 n에 대하여 $a_n < a_{n+1}$이고 곡선 $y = 2^x$ 위의 두 점
$P_n\left(a_n,\ 2^{a_n}\right)$, $P_{n+1}\left(a_{n+1},\ 2^{a_{n+1}}\right)$을 지나는 직선의 기울기는 $k \times 2^{a_n}$이다.

점 P_n을 지나고 x축에 평행한 직선과 점 P_{n+1}을 지나고 y축에 평행한 직선이 만나는 점을
Q_n이라 하고 삼각형 $P_n Q_n P_{n+1}$의 넓이를 A_n이라 하자.

다음은 $a_1 = 1$, $\dfrac{A_3}{A_1} = 16$일 때, A_n을 구하는 과정이다.

두 점 P_n, P_{n+1}을 지나는 직선의 기울기가 $k \times 2^{a_n}$이므로 $2^{a_{n+1} - a_n} = k(a_{n+1} - a_n) + 1$이다.

즉, 모든 자연수 n에 대하여 $a_{n+1} - a_n$은 방정식 $2^x = kx + 1$의 해이다.

$k > 1$이므로 방정식 $2^x = kx + 1$은 오직 하나의 양의 실근 d를 갖는다.

따라서 모든 자연수 n에 대하여 $a_{n+1} - a_n = d$이고, 수열 $\{a_n\}$은 공차가 d인 등차수열이다.

점 Q_n의 좌표가 $\left(a_{n+1},\ 2^{a_n}\right)$이므로

$$A_n = \frac{1}{2}(a_{n+1} - a_n)\left(2^{a_{n+1}} - 2^{a_n}\right)$$

이다. $\dfrac{A_3}{A_1} = 16$이므로 d의 값은 $\boxed{\text{(가)}}$ 이고,

수열 $\{a_n\}$의 일반항은 $a_n = \boxed{\text{(나)}}$ 이다.

따라서 모든 자연수 n에 대하여 $A_n = \boxed{\text{(다)}}$ 이다.

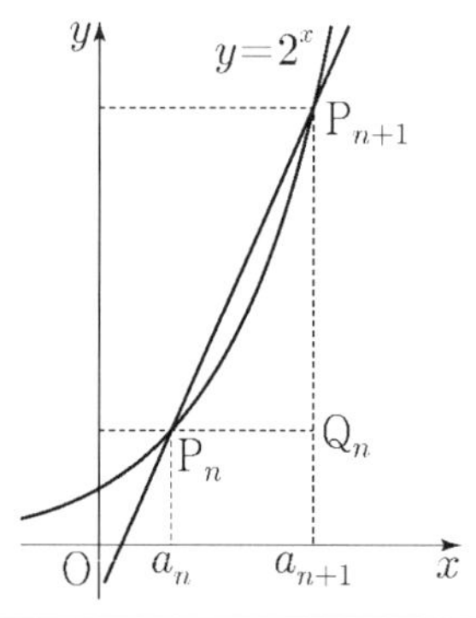

위의 (가)에 알맞은 수를 p, (나)와 (다)에 알맞은 식을 각각 $f(n)$, $g(n)$이라 할 때,
$p + \dfrac{g(4)}{f(2)}$의 값은?

① 118   ② 121   ③ 124   ④ 127   ⑤ 130

수열 $\{a_n\}$은 $0 < a_1 < 1$이고, 모든 자연수 n에 대하여 다음 조건을 만족시킨다.

(가) $a_{2n} = a_2 \times a_n + 1$

(나) $a_{2n+1} = a_2 \times a_n - 2$

$a_8 - a_{15} = 63$일 때, $\dfrac{a_8}{a_1}$의 값은?

① 91   ② 92   ③ 93   ④ 94   ⑤ 95

다음 조건을 만족시키는 모든 수열 $\{a_n\}$ 에 대하여 $\displaystyle\sum_{k=1}^{100} a_k$ 의 최댓값과 최솟값을 각각 M, m 이라 할 때, $M-m$ 의 값은?

(가) $a_5 = 5$

(나) 모든 자연수 n 에 대하여

$$a_{n+1} = \begin{cases} a_n - 6 & (a_n \geq 0) \\ -2a_n + 3 & (a_n < 0) \end{cases}$$

이다.

---

① 64   ② 68   ③ 72   ④ 76   ⑤ 80

수열 $\{a_n\}$이 모든 자연수 n에 대하여

$$a_{n+1} = \begin{cases} \dfrac{1}{a_n} & (n \text{이 홀수인 경우}) \\[2mm] 8a_n & (n \text{이 짝수인 경우}) \end{cases}$$

이고, $a_{12} = \dfrac{1}{2}$일 때, $a_1 + a_4$의 값은?

① $\dfrac{3}{4}$　　　② $\dfrac{9}{4}$　　　③ $\dfrac{5}{2}$　　　④ $\dfrac{17}{4}$　　　⑤ $\dfrac{9}{2}$

수열 $\{a_n\}$은 $|a_1| \le 1$이고, 모든 자연수 n에 대하여

$$a_{n+1} = \begin{cases} -2a_n - 2 & \left(-1 \le a_n < -\dfrac{1}{2}\right) \\[2mm] 2a_n & \left(-\dfrac{1}{2} \le a_n \le \dfrac{1}{2}\right) \\[2mm] -2a_n + 2 & \left(\dfrac{1}{2} < a_n \le 1\right) \end{cases}$$

을 만족시킨다. $a_5 + a_6 = 0$이고 $\displaystyle\sum_{k=1}^{5} a_k > 0$이 되도록 하는 모든 a_1의 값의 합은?

① $\dfrac{9}{2}$ 　　 ② 5 　　 ③ $\dfrac{11}{2}$ 　　 ④ 6 　　 ⑤ $\dfrac{13}{2}$

수열 $\{a_n\}$이 다음 조건을 만족시킨다.

(가) $|a_1| = 2$

(나) 모든 자연수 n에 대하여 $|a_{n+1}| = 2|a_n|$이다.

(다) $\displaystyle\sum_{n=1}^{10} a_n = -14$

$a_1 + a_3 + a_5 + a_7 + a_9$의 값을 구하시오.

두 곡선 $y=16^x$, $y=2^x$과 한 점 $A\left(64,\ 2^{64}\right)$이 있다.

점 A를 지나며 x축과 평행한 직선이 곡선 $y=16^x$과 만나는 점을 P_1이라 하고, 점 P_1을 지나며 y축과 평행한 직선이 곡선 $y=2^x$과 만나는 점을 Q_1이라 하자.

점 Q_1을 지나며 x축과 평행한 직선이 곡선 $y=16^x$과 만나는 점을 P_2라 하고, 점 P_2를 지나며 y축과 평행한 직선이 곡선 $y=2^x$과 만나는 점을 Q_2라 하자.

이와 같은 과정을 계속하여 n번째 얻은 두 점을 각각 P_n, Q_n이라 하고 점 Q_n의 x좌표를 x_n이라 할 때,

$x_n < \dfrac{1}{k}$을 만족시키는 n의 최솟값이 6이 되도록 하는 자연수 k의 개수는?

① 48　　　　② 51　　　　③ 54　　　　④ 57　　　　⑤ 60

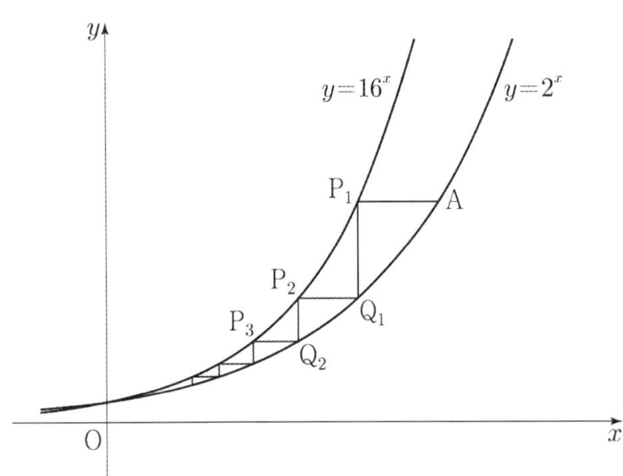

자연수 k에 대하여 다음 조건을 만족시키는 수열 $\{a_n\}$이 있다.

$a_1 = 0$이고, 모든 자연수 n에 대하여

$$a_{n+1} = \begin{cases} a_n + \dfrac{1}{k+1} & (a_n \le 0) \\[2mm] a_n - \dfrac{1}{k} & (a_n > 0) \end{cases}$$

이다.

$a_{22} = 0$이 되도록 하는 모든 k의 값의 합은?

① 12   ② 14   ③ 16   ④ 18   ⑤ 20

수열 $\{a_n\}$이 다음 조건을 만족시킨다.

(가) 모든 자연수 k에 대하여 $a_{4k} = r^k$이다. (단, r는 $0 < |r| < 1$인 상수이다.)

(나) $a_1 < 0$이고, 모든 자연수 n에 대하여

$$a_{n+1} = \begin{cases} a_n + 3 & (|a_n| < 5) \\ -\dfrac{1}{2}a_n & (|a_n| \geq 5) \end{cases} \text{이다.}$$

$|a_m| \geq 5$를 만족시키는 100 이하의 자연수 m의 개수를 p라 할 때, $p + a_1$의 값은?

① 8   ② 10   ③ 12   ④ 14   ⑤ 16

모든 항이 자연수이고 다음 조건을 만족시키는 모든 수열 $\{a_n\}$에 대하여 a_9의 최댓값과 최솟값을 각각 M, m이라 할 때, $M+m$의 값은?

(가) $a_7 = 40$

(나) 모든 자연수 n에 대하여

$$a_{n+2} = \begin{cases} a_{n+1} + a_n & (a_{n+1}\text{이 3의 배수가 아닌 경우}) \\ \dfrac{1}{3}a_{n+1} & (a_{n+1}\text{이 3의 배수인 경우}) \end{cases}$$

이다.

① 216 ② 218 ③ 220 ④ 222 ⑤ 224

자연수 k에 대하여 다음 조건을 만족시키는 수열 $\{a_n\}$이 있다.

$a_1 = k$이고, 모든 자연수 n에 대하여

$$a_{n+1} = \begin{cases} a_n + 2n - k & (a_n \leq 0) \\ a_n - 2n - k & (a_n > 0) \end{cases}$$

이다.

$a_3 \times a_4 \times a_5 \times a_6 < 0$이 되도록 하는 모든 k의 값의 합은?

① 10　　　　　② 14　　　　　③ 18　　　　　④ 22　　　　　⑤ 26

첫째항이 자연수인 수열 $\{a_n\}$이 모든 자연수 n에 대하여

$$a_{n+1} = \begin{cases} a_n + 1 & (a_n \text{이 홀수인 경우}) \\[2mm] \dfrac{1}{2} a_n & (a_n \text{이 짝수인 경우}) \end{cases}$$

를 만족시킬 때, $a_2 + a_4 = 40$이 되도록 하는 모든 a_1의 값의 합은?

① 172　　　　② 175　　　　③ 178　　　　④ 181　　　　⑤ 184

첫째항이 자연수인 수열 $\{a_n\}$이 모든 자연수 n에 대하여

$$a_{n+1} = \begin{cases} 2^{a_n} & (a_n \text{이 홀수인 경우}) \\[2mm] \dfrac{1}{2}a_n & (a_n \text{이 짝수인 경우}) \end{cases}$$

를 만족시킬 때, $a_6 + a_7 = 3$이 되도록 하는 모든 a_1의 값의 합은?

① 139　　　　　② 146　　　　　③ 153　　　　　④ 160　　　　　⑤ 167

수열 $\{a_n\}$은

$$a_2 = -a_1$$

이고, $n \geq 2$인 모든 자연수 n에 대하여

$$a_{n+1} = \begin{cases} a_n - \sqrt{n} \times a_{\sqrt{n}} & (\sqrt{n}\text{이 자연수이고 } a_n > 0\text{인 경우}) \\ a_n + 1 & (\text{그 외의 경우}) \end{cases}$$

를 만족시킨다. $a_{15} = 1$이 되도록 하는 모든 a_1의 값의 곱을 구하시오.

양수 k에 대하여 $a_1 = k$인 수열 $\{a_n\}$이 다음 조건을 만족시킨다.

> (가) $a_2 \times a_3 < 0$
>
> (나) 모든 자연수 n에 대하여 $\left(a_{n+1} - a_n + \dfrac{2}{3}k\right)(a_{n+1} + ka_n) = 0$이다.

$a_5 = 0$이 되도록 하는 서로 다른 모든 양수 k에 대하여 k^2의 값의 합을 구하시오.

모든 항이 정수이고 다음 조건을 만족시키는 모든 수열 $\{a_n\}$에 대하여 $|a_1|$의 값의 합을 구하시오.

(가) 모든 자연수 n에 대하여
$$a_{n+1}=\begin{cases} a_n-3 & (|a_n| \text{이 홀수인 경우}) \\ \dfrac{1}{2}a_n & (a_n=0 \text{ 또는 } |a_n| \text{이 짝수인 경우}) \end{cases}\text{이다.}$$

(나) $|a_m|=|a_{m+2}|$인 자연수 m의 최솟값은 3이다.

수열의 귀납적 정의

[빠른 정답]

01. ⑤

02. 13

03. ①

04. ④

05. ④

06. ③

07. ⑤

08. ②

09. ⑤

10. ②

11. ③

12. ②

13. ①

14. 678

15. ①

16. ②

17. ③

18. ⑤

19. 14

20. ①

21. ③

22. 231

23. 8

24. 64

함수의 극한

최고차항의 계수가 1인 이차함수 $f(x)$가

$$\lim_{x \to a} \frac{f(x) - (x-a)}{f(x) + (x-a)} = \frac{3}{5}$$

을 만족시킨다. 방정식 $f(x) = 0$의 두 근을 α, β라 할 때, $|\alpha - \beta|$의 값은?
(단, a는 상수이다.)

① 1   ② 2   ③ 3   ④ 4   ⑤ 5

다음 조건을 만족시키는 모든 다항함수 $f(x)$에 대하여 $f(1)$의 최댓값은?

$$\lim_{x \to \infty} \frac{f(x)-4x^3+3x^2}{x^{n+1}+1} = 6, \quad \lim_{x \to 0} \frac{f(x)}{x^n} = 4$$인 자연수 n이 존재한다.

① 12   ② 13   ③ 14   ④ 15   ⑤ 16

상수항과 계수가 모두 정수인 두 다항함수 $f(x)$, $g(x)$가 다음 조건을 만족시킬 때, $f(2)$의 최댓값은?

(가) $\displaystyle\lim_{x \to \infty} \frac{f(x)g(x)}{x^3} = 2$

(나) $\displaystyle\lim_{x \to 0} \frac{f(x)g(x)}{x^2} = -4$

① 4   ② 6   ③ 8   ④ 10   ⑤ 12

실수 $t(t>0)$에 대하여 직선 $y=x+t$와 곡선 $y=x^2$이 만나는 두 점을 A, B라 하자. 점 A를 지나고 x축에 평행한 직선이 곡선 $y=x^2$과 만나는 점 중 A가 아닌 점을 C, 점 B에서 선분 AC에 내린 수선의 발을 H라 하자.

$\lim\limits_{t\to 0+}\dfrac{\overline{AH}-\overline{CH}}{t}$의 값은? (단, 점 A의 x좌표는 양수이다.)

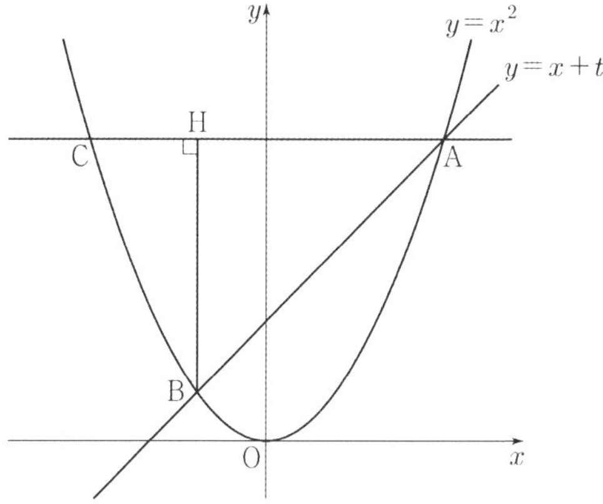

① 1   ② 2   ③ 3   ④ 4   ⑤ 5

그림과 같이 실수 $t\ (0<t<1)$에 대하여 곡선 $y=x^2$ 위의 점 중에서 직선 $y=2tx-1$과의 거리가 최소인 점을 P라 하고, 직선 OP가 직선 $y=2tx-1$과 만나는 점을 Q라 할 때,

$\displaystyle\lim_{t\to1-}\dfrac{\overline{\mathrm{PQ}}}{1-t}$의 값은? (단, O는 원점이다.)

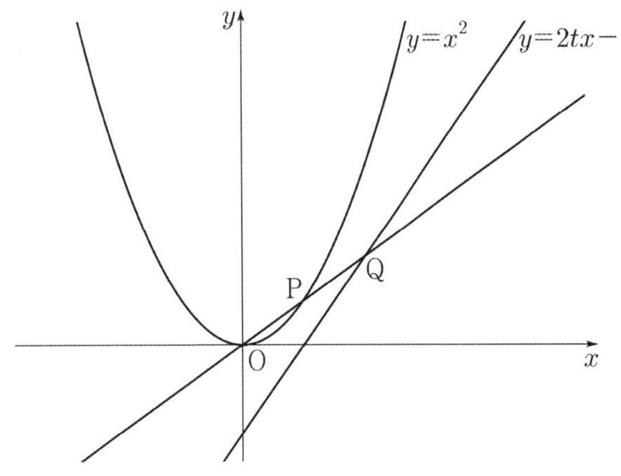

① $\sqrt{6}$ ② $\sqrt{7}$ ③ $2\sqrt{2}$ ④ 3 ⑤ $\sqrt{10}$

최고차항의 계수가 1인 삼차함수 $f(x)$에 대하여 함수 $g(x)$를

$$g(x) = \begin{cases} \dfrac{f(x+3)\{f(x)+1\}}{f(x)} & (f(x) \neq 0) \\[2mm] 3 & (f(x) = 0) \end{cases}$$

이라 하자. $\lim\limits_{x \to 3} g(x) = g(3) - 1$일 때, $g(5)$의 값은?

① 14   ② 16   ③ 18   ④ 20   ⑤ 22

함수

$$f(x)=\begin{cases} x-\dfrac{1}{2} & (x<0) \\ -x^2+3 & (x\geq 0) \end{cases}$$

에 대하여 함수 $(f(x)+a)^2$이 실수 전체의 집합에서 연속일 때, 상수 a의 값은?

① $-\dfrac{9}{4}$ ② $-\dfrac{7}{4}$ ③ $-\dfrac{5}{4}$ ④ $-\dfrac{3}{4}$ ⑤ $-\dfrac{1}{4}$

함수의 극한
[빠른 정답]

01. ④

02. ③

03. ③

04. ②

05. ③

06. ④

07. ③

[수학 Ⅱ]

함수의 연속성

두 함수

$$f(x) = \begin{cases} x^2 - 4x + 6 & (x < 2) \\ 1 & (x \geq 2) \end{cases}$$

$$g(x) = ax + 1$$

에 대하여 함수 $\dfrac{g(x)}{f(x)}$ 가 실수 전체의 집합에서 연속일 때, 상수 a의 값은?

① $-\dfrac{5}{4}$ ② -1 ③ $-\dfrac{3}{4}$ ④ $-\dfrac{1}{2}$ ⑤ $-\dfrac{1}{4}$

함수

$$f(x)=\begin{cases} \dfrac{x^2-5x+a}{x-3} & (x \neq 3) \\ \\ b & (x = 3) \end{cases}$$

이 실수 전체의 집합에서 연속일 때, $a+b$의 값은?
(단, a와 b는 상수이다.)

① 1　　　　　② 3　　　　　③ 5　　　　　④ 7　　　　　⑤ 9

실수 전체의 집합에서 정의된 두 함수 $f(x)$와 $g(x)$에 대하여

$$x < 0 일 때, \quad f(x) + g(x) = x^2 + 4$$
$$x > 0 일 때, \quad f(x) - g(x) = x^2 + 2x + 8$$

이다. 함수 $f(x)$가 $x = 0$에서 연속이고 $\lim\limits_{x \to 0-} g(x) - \lim\limits_{x \to 0+} g(x) = 6$일 때, $f(0)$의 값은?

① -3 　　　　② -1 　　　　③ 0 　　　　④ 1 　　　　⑤ 3

실수 a, b, c와 두 함수

$$f(x)=\begin{cases} x+a & (x<-1) \\ bx & (-1 \le x < 1) \\ x+c & (x \ge 1) \end{cases}$$

$$g(x)=|x+1|-|x-1|-x$$

에 대하여, 합성함수 $g \circ f$는 실수전체의 집합에서 정의된 역함수를 갖는다. $a+b+2c$의 값은?

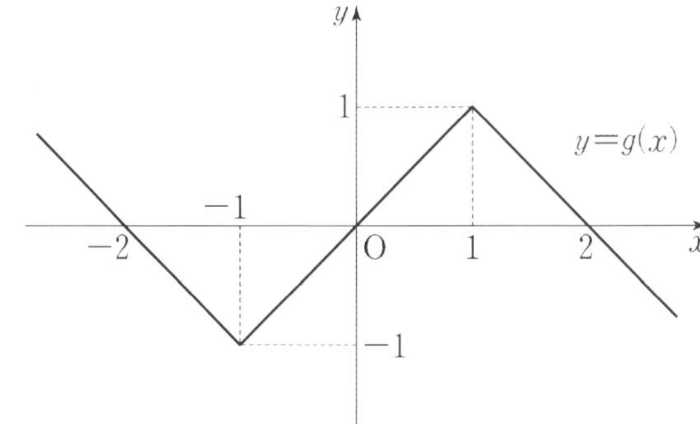

① 2　　　　　② 1　　　　　③ 0　　　　　④ −1　　　　　⑤ −2

이차함수 $f(x)$가 다음 조건을 만족시킨다.

> (가) 함수 $\dfrac{x}{f(x)}$ 는 $x=1$, $x=2$에서 불연속이다.
>
> (나) $\displaystyle\lim_{x\to2}\dfrac{f(x)}{x-2}=4$

$f(4)$의 값을 구하시오.

함수

$$f(x)=\begin{cases} ax+b & (x<1) \\[2mm] cx^2+\dfrac{5}{2}x & (x\geq 1) \end{cases}$$

이 실수 전체의 집합에서 연속이고 역함수를 갖는다. 함수 $y=f(x)$의 그래프와 역함수 $y=f^{-1}(x)$의 그래프의 교점의 개수가 3이고, 그 교점의 x좌표가 각각 -1, 1, 2일 때, $2a+4b-10c$의 값을 구하시오. (단, a, b, c는 상수이다.)

닫힌구간 $[-1,\ 1]$에서 정의된 함수 $y=f(x)$의 그래프가 그림과 같다.

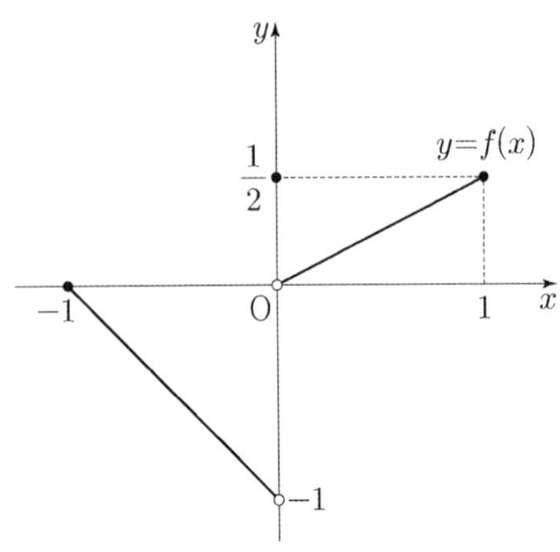

닫힌구간 $[-1,\ 1]$에서 두 함수 $g(x)$, $h(x)$가

$$g(x)=f(x)+|f(x)|,\ \ h(x)=f(x)+f(-x)$$

일 때, 〈보기〉에서 옳은 것만을 있는 대로 고른 것은?

〈보 기〉

ㄱ. $\displaystyle\lim_{x\to 0} g(x)=0$

ㄴ. 함수 $|h(x)|$는 $x=0$에서 연속이다.

ㄷ. 함수 $g(x)|h(x)|$는 $x=0$에서 연속이다.

① ㄱ　　　② ㄷ　　　③ ㄱ, ㄴ　　　④ ㄴ, ㄷ　　　⑤ ㄱ, ㄴ, ㄷ

최고차항의 계수가 1인 삼차함수 $f(x)$에 대하여 실수 전체의 집합에서 연속인 함수 $g(x)$가 다음 조건을 만족시킨다.

(가) 모든 실수 x에 대하여 $f(x)g(x) = x(x+3)$이다.

(나) $g(0) = 1$

$f(1)$이 자연수일 때, $g(2)$의 최솟값은?

① $\dfrac{5}{13}$ ② $\dfrac{5}{14}$ ③ $\dfrac{1}{3}$ ④ $\dfrac{5}{16}$ ⑤ $\dfrac{5}{17}$

두 함수

$$f(x) = \begin{cases} -2x+3 & (x<0) \\ -2x+2 & (x \geq 0) \end{cases}, \quad g(x) = \begin{cases} 2x & (x < a) \\ 2x-1 & (x \geq a) \end{cases}$$

가 있다. 함수 $f(x)g(x)$가 실수 전체의 집합에서 연속이 되도록 하는 상수 a의 값은?

① -2 ② -1 ③ 0 ④ 1 ⑤ 2

함수

$$f(x) = \begin{cases} -3x+a & (x \leq 1) \\[2ex] \dfrac{x+b}{\sqrt{x+3}-2} & (x > 1) \end{cases}$$

이 실수 전체의 집합에서 연속일 때, $a+b$의 값을 구하시오.
(단, a와 b는 상수이다.)

실수 전체의 집합에서 연속인 함수 $f(x)$가 모든 실수 x에 대하여

$$\{f(x)\}^3 - \{f(x)\}^2 - x^2 f(x) + x^2 = 0$$

을 만족시킨다. 함수 $f(x)$의 최댓값이 1이고 최솟값이 0일 때, $f\left(-\dfrac{4}{3}\right) + f(0) + f\left(\dfrac{1}{2}\right)$의 값은?

① $\dfrac{1}{2}$ ② 1 ③ $\dfrac{3}{2}$ ④ 2 ⑤ $\dfrac{5}{2}$

두 양수 a, b $(b>3)$과 최고차항의 계수가 1인 이차함수 $f(x)$에 대하여 함수

$$g(x)=\begin{cases} (x+3)f(x) & (x<0) \\ (x+a)f(x-b) & (x\geq 0) \end{cases}$$

이 실수 전체의 집합에서 연속이고 다음 조건을 만족시킬 때, $g(4)$의 값을 구하시오.

$$\lim_{x\to -3}\frac{\sqrt{|g(x)|+\{g(t)\}^2}-|g(t)|}{(x+3)^2}$$ 의 값이 존재하지 않는 실수 t의 값은 -3과 6뿐이다.

[빠른 정답]

01. ④

02. ④

03. ⑤

04. ②

05. 24

06. 20

07. ③

08. ①

09. ④

10. 6

11. ③

12. 19

미분법 | 미분계수와 도함수

함수 $f(x)$ 는

$$f(x)=\begin{cases} x+1 & (x<1) \\ -2x+4 & (x\geq 1) \end{cases}$$

이고, 좌표평면 위에 두 점 $A(-1,\,-1)$, $B(1,\,2)$가 있다. 실수 x에 대하여 점 $(x,\,f(x))$에서 점 A까지의 거리의 제곱과 점 B까지의 거리의 제곱 중 크지 않은 값을 $g(x)$라 하자.

함수 $g(x)$가 $x=a$에서 미분가능하지 않은 모든 a의 값의 합이 p일 때, $80p$의 값을 구하시오.

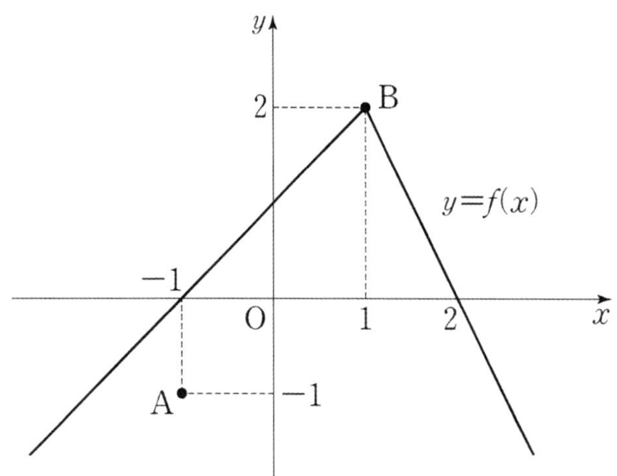

곡선 $y = x^3 - ax + b$ 위의 점 $(1, 1)$에서의 접선과 수직인 직선의 기울기가 $-\dfrac{1}{2}$ 이다.
두 상수 a, b에 대하여 $a+b$의 값을 구하시오.

최고차항의 계수가 1인 삼차함수 $f(x)$와 최고차항의 계수가 2인 이차함수 $g(x)$가 다음 조건을 만족시킨다.

(가) $f(\alpha) = g(\alpha)$이고 $f'(\alpha) = g'(\alpha) = -16$인 실수 α가 존재한다.

(나) $f'(\beta) = g'(\beta) = 16$인 실수 β가 존재한다.

$g(\beta+1) - f(\beta+1)$의 값을 구하시오.

04. 2018 수능 나형 18번 ★★

최고차항의 계수가 1이고 $f(1)=0$인 삼차함수 $f(x)$가

$$\lim_{x \to 2} \frac{f(x)}{(x-2)\{f'(x)\}^2} = \frac{1}{4}$$

을 만족시킬 때, $f(3)$의 값은?

① 4　　　② 6　　　③ 8　　　④ 10　　　⑤ 12

함수 $f(x) = ax^2 + b$가 모든 실수 x에 대하여

$$4f(x) = \{f'(x)\}^2 + x^2 + 4$$

를 만족시킨다. $f(2)$의 값은? (단, a, b는 상수이다.)

① 3　　　　② 4　　　　③ 5　　　　④ 6　　　　⑤ 7

사차함수 $f(x)$가 다음 조건을 만족한다.

(가) 5 이하의 모든 자연수 n에 대하여 $\displaystyle\sum_{k=1}^{n} f(k) = f(n)f(n+1)$ 이다.

(나) $n = 3,\ 4$일 때, $f(x)$에서 x의 값이 n에서 $n+2$까지 변할 때의 평균변화율은 양수가 아니다.

$128 \times f\left(\dfrac{5}{2}\right)$ 의 값을 구하시오.

함수

$$f(x) = \begin{cases} -x & (x \le 0) \\ x-1 & (0 < x \le 2) \\ 2x-3 & (x > 2) \end{cases}$$

와 상수가 아닌 다항식 $p(x)$에 대하여 〈보기〉에서 옳은 것만을 있는 대로 고른 것은?

───────────────── 〈보 기〉 ─────────────────

ㄱ. 함수 $p(x)f(x)$가 실수 전체의 집합에서 연속이면 $p(0)=0$이다.

ㄴ. 함수 $p(x)f(x)$가 실수 전체의 집합에서 미분가능하면 $p(2)=0$이다.

ㄷ. 함수 $p(x)\{f(x)\}^2$이 실수 전체의 집합에서 미분가능하면
   $p(x)$는 $x^2(x-2)^2$으로 나누어떨어진다.

① ㄱ   ② ㄱ, ㄴ   ③ ㄱ, ㄷ   ④ ㄴ, ㄷ   ⑤ ㄱ, ㄴ, ㄷ

함수 $f(x) = x^3 - 3x^2 + 5x$에서 x의 값이 0에서 a까지 변할 때의 평균변화율이 $f'(2)$의 값과 같게
되도록 하는 양수 a의 값을 구하시오.

두 다항함수 $f(x)$, $g(x)$가

$$\lim_{x \to 0} \frac{f(x)+g(x)}{x}=3, \quad \lim_{x \to 0} \frac{f(x)+3}{x\,g(x)}=2$$

을 만족시킨다. 함수 $h(x)=f(x)g(x)$에 대하여 $h'(0)$의 값은?

① 27　　　　② 30　　　　③ 33　　　　④ 36　　　　⑤ 39

최고차항의 계수가 1인 삼차함수 $f(x)$가 다음 조건을 만족시킨다.

> 방정식 $f(x)=9$는 서로 다른 세 실근을 갖고, 이 세 실근은 크기 순서대로 등비수열을 이룬다.

$f(0)=1$, $f'(2)=-2$일 때, $f(3)$의 값은?

① 6　　　　　② 7　　　　　③ 8　　　　　④ 9　　　　　⑤ 10

[빠른 정답]

01. 186

02. 2

03. 243

04. ④

05. ①

06. 65

07. ②

08. 3

09. ①

10. ②

[수학 II]

미분법 | 접선의 방정식

함수

$$f(x) = \frac{1}{3}x^3 - kx^2 + 1 \ (k > 0 인 \ 상수)$$

의 그래프 위의 서로 다른 두 점 A, B에서의 접선 l, m의 기울기가 모두 $3k^2$이다. 곡선 $y = f(x)$에 접하고 x축에 평행한 두 직선과 접선 l, m으로 둘러싸인 도형의 넓이가 24일 때, k의 값은?

① $\dfrac{1}{2}$ ② 1 ③ $\dfrac{3}{2}$ ④ 2 ⑤ $\dfrac{5}{2}$

두 실수 a와 k에 대하여 두 함수 $f(x)$와 $g(x)$는

$$f(x)=\begin{cases} 0 & (x \le a) \\ (x-1)^2(2x+1) & (x > a) \end{cases}$$

$$g(x)=\begin{cases} 0 & (x \le k) \\ 12(x-k) & (x > k) \end{cases}$$

이고, 다음 조건을 만족시킨다.

(가) 함수 $f(x)$는 실수 전체의 집합에서 미분가능하다.

(나) 모든 실수 x에 대하여 $f(x) \ge g(x)$이다.

k의 최솟값이 $\dfrac{q}{p}$일 때, $a+p+q$의 값을 구하시오.

(단, p와 q는 서로소인 자연수이다.)

최고차항의 계수가 1인 사차함수 $f(x)$에 대하여 네 개의 수 $f(-1)$, $f(0)$, $f(1)$, $f(2)$가 이 순서대로 등차수열을 이루고, 곡선 $y = f(x)$ 위의 점 $(-1, f(-1))$에서의 접선과 점 $(2, f(2))$에서의 접선이 점 $(k, 0)$에서 만난다. $f(2k) = 20$일 때, $f(4k)$의 값을 구하시오.
(단, k는 상수이다.)

원점을 지나고 곡선 $y=-x^3-x^2+x$에 접하는 모든 직선의 기울기의 합은?

① 2   ② $\dfrac{9}{4}$ ③ $\dfrac{5}{2}$ ④ $\dfrac{11}{4}$ ⑤ 3

삼차함수 $f(x)$에 대하여 곡선 $y=f(x)$ 위의 점 $(0,\ 0)$에서의 접선과 곡선 $y=xf(x)$위의 점 $(1,\ 2)$에서의 접선이 일치할 때, $f'(2)$의 값은?

① -18 ② -17 ③ -16 ④ -15 ⑤ -14

최고차항의 계수가 1인 삼차함수 $f(x)$와 실수 전체의 집합에서 연속인 함수 $g(x)$가 다음 조건을 만족시킬 때, $f(4)$의 값을 구하시오.

(가) 모든 실수 x에 대하여 $f(x)=f(1)+(x-1)f'(g(x))$이다.

(나) 함수 $g(x)$의 최솟값은 $\dfrac{5}{2}$이다.

(다) $f(0)=-3$, $f(g(1))=6$

최고차항의 계수가 1인 삼차함수 $f(x)$에 대하여 곡선 $y=f(x)$ 위의 점 $(-2, f(-2))$에서의 접선과 곡선 $y=f(x)$ 위의 점 $(2, 3)$에서의 접선이 점 $(1, 3)$에서 만날 때, $f(0)$의 값은?

① 31   ② 33   ③ 35   ④ 37   ⑤ 39

$a > \sqrt{2}$인 실수 a에 대하여 함수 $f(x)$를

$$f(x) = -x^3 + ax^2 + 2x$$

라 하자. 곡선 $y=f(x)$ 위의 점 $O(0, 0)$에서의 접선이 곡선 $y=f(x)$와 만나는 점 중 O가 아닌 점을 A라 하고, 곡선 $y=f(x)$ 위의 점 A에서의 접선이 x축과 만나는 점을 B라 하자. 점 A가 선분 OB를 지름으로 하는 원 위의 점일 때, $\overline{OA} \times \overline{AB}$의 값을 구하시오.

최고차항의 계수가 1이고 $f(0)=0$인 삼차함수 $f(x)$가

$$\lim_{x \to a} \frac{f(x)-1}{x-a}=3$$

을 만족시킨다. 곡선 $y=f(x)$ 위의 점 $(a, f(a))$에서의 접선의 y절편이 4일 때, $f(1)$의 값은? (단, a는 상수이다.)

① -1 ② -2 ③ -3 ④ -4 ⑤ -5

01. ③

02. 32

03. 42

04. ②

05. ⑤

06. 13

07. ③

08. 25

09. ⑤

삼차함수 $y=f(x)$와 일차함수 $y=g(x)$의 그래프가 그림과 같고, $f'(b)=f'(d)=0$이다.

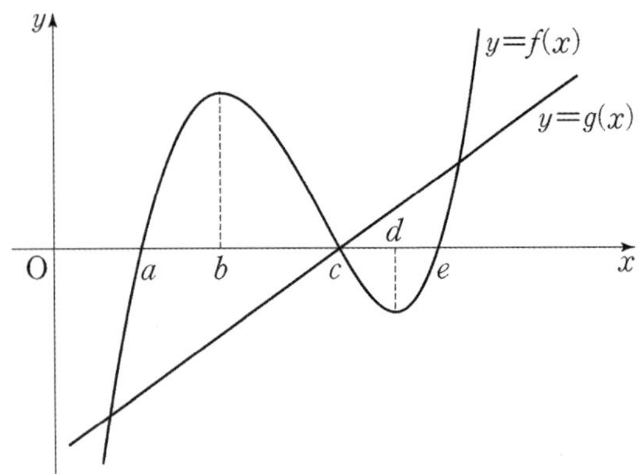

함수 $y=f(x)g(x)$는 $x=p$와 $x=q$에서 극소이다. 다음 중 옳은 것은? (단, $p<q$)

① $a<p<b$이고 $c<q<d$
② $a<p<b$이고 $d<q<e$
③ $b<p<c$이고 $c<q<d$
④ $b<p<c$이고 $d<q<e$
⑤ $c<p<d$이고 $d<q<e$

양수 a에 대하여 함수 $f(x)=x^3+ax^2-a^2x+2$가 닫힌 구간 $[-a,\ a]$에서 최댓값 M, 최솟값 $\dfrac{14}{27}$를 갖는다. $a+M$의 값을 구하시오.

양수 a에 대하여 함수 $f(x)=x^3+ax^2-a^2x+2$가 닫힌 구간 $[-a,\ a]$에서 최댓값 M, 최솟값 $\dfrac{14}{27}$를 갖는다. $a+M$의 값을 구하시오.

삼차함수 $f(x)$ 가 다음 조건을 만족시킨다.

> (가) $x = -2$ 에서 극댓값을 갖는다.
> (나) $f'(-3) = f'(3)$

〈보기〉에서 옳은 것만을 있는 대로 고른 것은?

〈보 기〉

> ㄱ. 도함수 $f'(x)$ 는 $x = 0$ 에서 최솟값을 갖는다.
> ㄴ. 방정식 $f(x) = f(2)$ 는 서로 다른 두 실근을 갖는다.
> ㄷ. 곡선 $y = f(x)$ 위의 점 $(-1, f(-1))$ 에서의 접선은 점 $(2, f(2))$ 를 지난다.

① ㄱ   ② ㄷ   ③ ㄱ, ㄴ   ④ ㄴ, ㄷ   ⑤ ㄱ, ㄴ, ㄷ

다음 조건을 만족시키며 최고차항의 계수가 음수인 모든 사차함수 $f(x)$에 대하여
$f(1)$의 최댓값은?

> (가) 방정식 $f(x)=0$의 실근은 0, 2, 3뿐이다.
>
> (나) 실수 x에 대하여 $f(x)$와 $|x(x-2)(x-3)|$ 중 크지 않은 값을 $g(x)$라 할 때,
>   함수 $g(x)$는 실수 전체의 집합에서 미분가능하다.

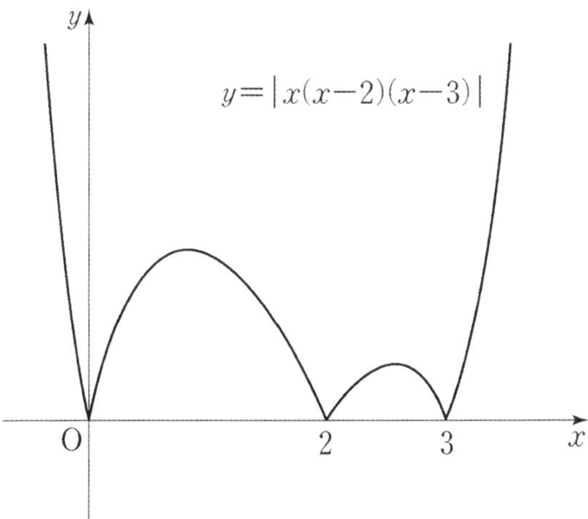

① $\dfrac{7}{6}$　　　　② $\dfrac{4}{3}$　　　　③ $\dfrac{3}{2}$　　　　④ $\dfrac{5}{3}$　　　　⑤ $\dfrac{11}{6}$

두 삼차함수 $f(x)$와 $g(x)$가 모든 실수 x에 대하여

$$f(x)g(x)=(x-1)^2(x-2)^2(x-3)^2$$

을 만족시킨다. $g(x)$의 최고차항의 계수가 3이고, $g(x)$가 $x=2$에서 극댓값을 가질 때,

$f'(0)=\dfrac{q}{p}$ 이다. $p+q$의 값을 구하시오. (단, p와 q는 서로소인 자연수이다.)

최고차항의 계수가 1인 삼차함수 $f(x)$에 대하여 함수 $g(x)$는

$$g(x) = \begin{cases} \dfrac{1}{2} & (x < 0) \\[2mm] f(x) & (x \geq 0) \end{cases}$$

이다. $g(x)$가 실수 전체의 집합에서 미분가능하고 $g(x)$의 최솟값이 $\dfrac{1}{2}$보다 작을 때,
〈보기〉에서 옳은 것만을 있는 대로 고른 것은?

〈보 기〉

ㄱ. $g(0) + g'(0) = \dfrac{1}{2}$

ㄴ. $g(1) < \dfrac{3}{2}$

ㄷ. 함수 $g(x)$의 최솟값이 0일 때, $g(2) = \dfrac{5}{2}$이다.

① ㄱ　　　② ㄱ, ㄴ　　　③ ㄱ, ㄷ　　　④ ㄴ, ㄷ　　　⑤ ㄱ, ㄴ, ㄷ

함수 $f(x) = x^3 - 3ax^2 + 3(a^2-1)x$의 극댓값이 4이고 $f(-2) > 0$일 때, $f(-1)$의 값은? (단, a는 상수이다.)

① 1   ② 2   ③ 3   ④ 4   ⑤ 5

이차함수 $f(x)$는 $x = -1$에서 극대이고,
삼차함수 $g(x)$는 이차항의 계수가 0이다. 함수

$$h(x) = \begin{cases} f(x) & (x \leq 0) \\ g(x) & (x > 0) \end{cases}$$

이 실수 전체의 집합에서 미분가능하고 다음 조건을 만족시킬 때,
$h'(-3) + h'(4)$의 값을 구하시오.

(가) 방정식 $h(x) = h(0)$의 모든 실근의 합은 1이다.

(나) 닫힌구간 $[-2, 3]$에서 함수 $h(x)$의 최댓값과 최솟값의 차는 $3 + 4\sqrt{3}$이다.

삼차함수 $f(x)$가 다음 조건을 만족시킨다.

(가) $f(1)=f(3)=0$
(나) 집합 $\{x \mid x \geq 1$이고 $f'(x)=0\}$의 원소의 개수는 1이다.

상수 a에 대하여 함수 $g(x)=|f(x)f(a-x)|$가 실수 전체의 집합에서 미분가능할 때,
$\dfrac{g(4a)}{f(0)\times f(4a)}$의 값을 구하시오.

함수 $f(x)$는 최고차항의 계수가 1인 삼차함수이고, 함수 $g(x)$는 일차함수이다. 함수 $h(x)$를

$$h(x) = \begin{cases} |f(x) - g(x)| & (x < 1) \\ f(x) + g(x) & (x \geq 1) \end{cases}$$

이라 하자. 함수 $h(x)$가 실수 전체의 집합에서 미분가능하고, $h(0) = 0$, $h(2) = 5$일 때, $h(4)$의 값을 구하시오.

함수

$$f(x)=x^3-3px^2+q$$

가 다음 조건을 만족시키도록 하는 25 이하의 두 자연수 p, q의 모든 순서쌍 $(p,\,q)$의 개수를 구하시오.

> (가) 함수 $|f(x)|$가 $x=a$에서 극대 또는 극소가 되도록 하는 모든 실수 a의 개수는 5이다.
> (나) 닫힌구간 $[-1,\,1]$에서 함수 $|f(x)|$의 최댓값과 닫힌구간 $[-2,\,2]$에서 함수 $|f(x)|$의 최댓값은 같다.

함수

$$f(x)=x^3-3px^2+q$$

두 양수 p, q와 함수 $f(x)=x^3-3x^2-9x-12$에 대하여 실수 전체의 집합에서 연속인 함수 $g(x)$가 다음 조건을 만족시킬 때, $p+q$의 값은?

(가) 모든 실수 x에 대하여 $xg(x)=|\,xf(x-p)+qx\,|$이다.

(나) 함수 $g(x)$가 $x=a$에서 미분가능하지 않는 실수 a의 개수는 1이다.

① 6　　　　　　② 7　　　　　　③ 8　　　　　　④ 9　　　　　　⑤ 10

최고차항의 계수가 1인 삼차함수 $f(x)$에 대하여 함수

$$g(x) = f(x-3) \times \lim_{h \to 0+} \frac{|f(x+h)| - |f(x-h)|}{h}$$

가 다음 조건을 만족시킬 때, $f(5)$의 값을 구하시오.

> (가) 함수 $g(x)$는 실수 전체의 집합에서 연속이다.
> (나) 방정식 $g(x) = 0$은 서로 다른 네 실근 α_1, α_2, α_3, α_4를 갖고 $\alpha_1 + \alpha_2 + \alpha_3 + \alpha_4 = 7$이다.

다항함수 $f(x)$에 대하여 함수 $g(x)$를 다음과 같이 정의한다.

$$g(x) = \begin{cases} x & (x < -1 \text{ 또는 } x > 1) \\ f(x) & (-1 \leq x \leq 1) \end{cases}$$

함수 $h(x) = \lim\limits_{t \to 0+} g(x+t) \times \lim\limits_{t \to 2+} g(x+t)$에 대하여 〈보기〉에서 옳은 것만을 있는 대로 고른 것은?

──────── 〈보 기〉 ────────

ㄱ. $h(1) = 3$

ㄴ. 함수 $h(x)$는 실수 전체의 집합에서 연속이다.

ㄷ. 함수 $g(x)$가 닫힌구간 $[-1, 1]$에서 감소하고 $g(-1) = -2$이면
　　함수 $h(x)$는 실수 전체의 집합에서 최솟값을 갖는다.

① ㄱ　　　　② ㄴ　　　　③ ㄱ, ㄴ　　　　④ ㄱ, ㄷ　　　　⑤ ㄴ, ㄷ

정수 a $(a \neq 0)$에 대하여 함수 $f(x)$를

$$f(x) = x^3 - 2ax^2$$

이라 하자. 다음 조건을 만족시키는 모든 정수 k의 값의 곱이 -12가 되도록 하는 a에 대하여 $f'(10)$의 값을 구하시오.

> 함수 $f(x)$에 대하여
> $$\left\{ \frac{f(x_1) - f(x_2)}{x_1 - x_2} \right\} \times \left\{ \frac{f(x_2) - f(x_3)}{x_2 - x_3} \right\} < 0$$
> 을 만족시키는 세 실수 x_1, x_2, x_3이 열린구간 $\left(k, \ k + \dfrac{3}{2} \right)$에 존재한다.

두 실수 a, b에 대하여 함수

$$f(x) = \begin{cases} -\dfrac{1}{3}x^3 - ax^2 - bx & (x < 0) \\[2mm] \dfrac{1}{3}x^3 + ax^2 - bx & (x \geq 0) \end{cases}$$

이 구간 $(-\infty, -1]$에서 감소하고 구간 $[-1, \infty)$에서 증가할 때,
$a+b$의 최댓값을 M, 최솟값을 m이라 하자. $M-m$의 값은?

① $\dfrac{3}{2}+3\sqrt{2}$ ② $3+3\sqrt{2}$ ③ $\dfrac{9}{2}+3\sqrt{2}$ ④ $6+3\sqrt{2}$ ⑤ $\dfrac{15}{2}+3\sqrt{2}$

두 자연수 a, b에 대하여 함수 $f(x)$는

$$f(x) = \begin{cases} 2x^3 - 6x + 1 & (x \le 2) \\ a(x-2)(x-b) + 9 & (x > 2) \end{cases}$$

이다. 실수 t에 대하여 함수 $y = f(x)$의 그래프와 직선 $y = t$가 만나는 점의 개수를 $g(t)$라 하자.

$$g(k) + \lim_{t \to k-} g(t) + \lim_{t \to k+} g(t) = 9$$

를 만족시키는 실수 k의 개수가 1이 되도록 하는 두 자연수 a, b의 순서쌍 (a, b)에 대하여 $a+b$의 최댓값은?

① 51   ② 52   ③ 53   ④ 54   ⑤ 55

01. ②

02. 12

03. ⑤

04. ②

05. 10

06. ⑤

07. ②

08. 38

09. 105

10. 39

11. 14

12. ③

13. 108

14. ①

15. 380

16. ③

17. ①

미분법 | 방부등식과 직선운동

*25학년도 6월, 9월, 수능에 전부 4점 문항으로 출제된 단원입니다.

*킬러 문항이 빈번히 출제되는 단원입니다.

삼차함수 $f(x)$의 도함수 $y=f'(x)$의 그래프가 그림과 같을 때, 〈보기〉에서 옳은 것만을 있는 대로 고른 것은?

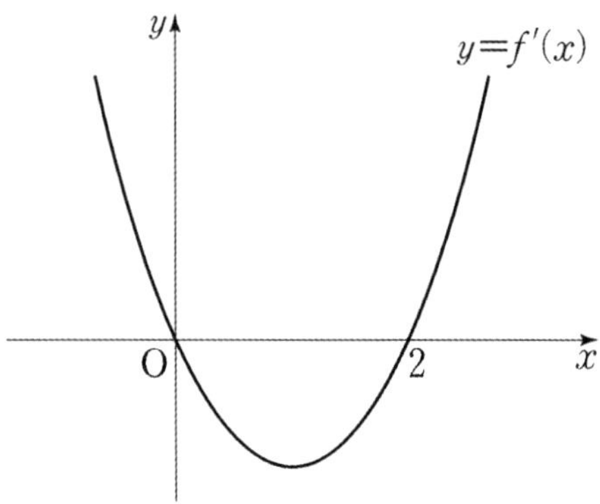

〈보 기〉

ㄱ. $f(0)<0$이면 $|f(0)|<|f(2)|$ 이다.

ㄴ. $f(0)f(2)\geq 0$이면 함수 $|f(x)|$가 $x=a$에서 극소인 a의 값의 개수는 2이다.

ㄷ. $f(0)+f(2)=0$이면 방정식 $|f(x)|=f(0)$의 서로 다른 실근의 개수는 4이다.

① ㄱ 　　② ㄱ, ㄴ 　　③ ㄱ, ㄷ 　　④ ㄴ, ㄷ 　　⑤ ㄱ, ㄴ, ㄷ

실수 k에 대하여 함수 $f(x)=x^3-3x^2+6x+k$의 역함수를 $g(x)$라 하자. 방정식

$$4f'(x)+12x-18=(f'\circ g)(x)$$

가 닫힌 구간 $[0,\,1]$에서 실근을 갖기 위한 k의 최솟값을 m, 최댓값을 M이라 할 때, m^2+M^2의 값을 구하시오.

수직선 위를 움직이는 점 P의 시각 $t\,(t>0)$에서의 위치 x가

$$x = t^3 - 12t + k \ (k\text{는 상수})$$

이다. 점 P의 운동 방향이 원점에서 바뀔 때, k의 값은?

① 10　　　　② 12　　　　③ 14　　　　④ 16　　　　⑤ 18

삼차함수 $f(x)$와 실수 t에 대하여 곡선 $y=f(x)$와 직선 $y=-x+t$의 교점의 개수를 $g(t)$라 하자. 〈보기〉에서 옳은 것만을 있는 대로 고른 것은?

〈보 기〉

ㄱ. $f(x)=x^3$이면 함수 $g(t)$는 상수함수이다.

ㄴ. 삼차함수 $f(x)$에 대하여, $g(1)=2$이면 $g(t)=3$인 t가 존재한다.

ㄷ. 함수 $g(t)$가 상수함수이면, 삼차함수 $f(x)$의 극값은 존재하지 않는다.

---

① ㄱ   ② ㄷ   ③ ㄱ, ㄴ   ④ ㄴ, ㄷ   ⑤ ㄱ, ㄴ, ㄷ

최고차항의 계수가 1인 사차함수 $f(x)$가 다음 조건을 만족시킨다.

(가) $f'(0) = 0$, $f'(2) = 16$
(나) 어떤 양수 k에 대하여 두 열린구간 $(-\infty,\, 0)$, $(0,\, k)$에서 $f'(x) < 0$이다.

〈보기〉에서 옳은 것만을 있는 대로 고른 것은?

―――――〈보 기〉―――――

ㄱ. 방정식 $f'(x) = 0$은 열린구간 $(0,\, 2)$에서 한 개의 실근을 갖는다.

ㄴ. 함수 $f(x)$는 극댓값을 갖는다.

ㄷ. $f(0) = 0$이면, 모든 실수 x에 대하여 $f(x) \geq -\dfrac{1}{3}$이다.

① ㄱ　　　② ㄴ　　　③ ㄱ, ㄷ　　　④ ㄴ, ㄷ　　　⑤ ㄱ, ㄴ, ㄷ

수직선 위를 움직이는 점 P의 시각 $t\ (t \geq 0)$에서의 위치 x가

$$x = t^3 + at^2 + bt \quad (a,\ b \text{는 상수})$$

이다. 시각 $t = 1$에서의 점 P가 운동 방향을 바꾸고, 시각 $t = 2$에서의 점 P의 가속도는 0이다. $a + b$의 값은?

① 3   ② 4   ③ 5   ④ 6   ⑤ 7

상수 a, b에 대하여 삼차함수 $f(x) = x^3 + ax^2 + bx$가 다음 조건을 만족시킨다.

> (가) $f(-1) > -1$
>
> (나) $f(1) - f(-1) > 8$

〈보기〉에서 옳은 것만을 있는 대로 고른 것은?

〈보 기〉

ㄱ. 방정식 $f'(x) = 0$은 서로 다른 두 실근을 갖는다.

ㄴ. $-1 < x < 1$일 때, $f'(x) \geq 0$이다.

ㄷ. 방정식 $f(x) - f'(k)x = 0$의 서로 다른 실근의 개수가 2가 되도록 하는
모든 실수 k의 개수는 4다.

① ㄱ   ② ㄱ, ㄴ   ③ ㄱ, ㄷ   ④ ㄴ, ㄷ   ⑤ ㄱ, ㄴ, ㄷ

수직선 위를 움직이는 점 P의 시각 $t\ (t \geq 0)$에서의 위치 x가

$$x = t^3 - 5t^2 + at + 5$$

이다. 점 P가 움직이는 방향이 바뀌지 않도록 하는 자연수 a의 최솟값은?

① 9　　　　　② 10　　　　　③ 11　　　　　④ 12　　　　　⑤ 13

방정식 $x^3 - 3x^2 - 9x - k = 0$의 서로 다른 실근의 개수가 3이 되도록 하는 정수 k의 최댓값은?

① 2　　　　② 4　　　　③ 6　　　　④ 8　　　　⑤ 10

최고차항의 계수가 양수인 삼차함수 $f(x)$에 대하여 방정식

$$(f \circ f)(x) = x$$

의 모든 실근이 $0,\ 1,\ a,\ 2,\ b$이다.

$$f'(1) < 0,\ f'(2) < 0,\ f'(0) - f'(1) = 6$$

일 때, $f(5)$의 값을 구하시오. (단, $1 < a < 2 < b$)

수직선 위를 움직이는 점 P의 시각 t $(t \geq 0)$에서의 위치 x가

$$x = -\frac{1}{3}t^3 + 3t^2 + k \ (k\text{는 상수})$$

이다. 점 P의 가속도가 0일 때 점 P의 위치는 40이다. k의 값을 구하시오.

최고차항의 계수가 1인 삼차함수 $f(x)$와 최고차항의 계수가 -1인 이차함수 $g(x)$가 다음 조건을 만족시킨다.

(가) 곡선 $y = f(x)$ 위의 점 $(0, 0)$에서의 접선과 곡선 $y = g(x)$ 위의 점 $(2, 0)$에서의 접선은 모두 x축이다.

(나) 점 $(2, 0)$에서 곡선 $y = f(x)$에 그은 접선의 개수는 2이다.

(다) 방정식 $f(x) = g(x)$는 오직 하나의 실근을 가진다.

$x > 0$인 모든 실수 x에 대하여

$$g(x) \le kx - 2 \le f(x)$$

를 만족시키는 실수 k의 최댓값과 최솟값을 각각 α, β라 할 때. $\alpha - \beta = a + b\sqrt{2}$ 이다. $a^2 + b^2$의 값을 구하시오. (단, a, b는 유리수이다.)

두 함수

$$f(x) = x^3 + 3x^2 - k, \ \ g(x) = 2x^2 + 3x - 10$$

에 대하여 부등식

$$f(x) \geq 3g(x)$$

가 닫힌구간 $[-1, \ 4]$에서 항상 성립하도록 하는 실수 k의 최댓값을 구하시오.

최고차항의 계수가 1이고 $f(2)=3$인 삼차함수 $f(x)$에 대하여 함수

$$g(x) = \begin{cases} \dfrac{ax-9}{x-1} & (x < 1) \\[2mm] f(x) & (x \ge 1) \end{cases}$$

이 다음 조건을 만족시킨다.

> 함수 $y = g(x)$의 그래프와 직선 $y = t$가 서로 다른 두 점에서만 만나도록 하는
> 모든 실수 t의 값의 집합은 $\{t \mid t = -1 \text{ 또는 } t \ge 3\}$이다.

$(g \circ g)(-1)$의 값을 구하시오. (단, a는 상수이다.)

곡선 $y = x^3 - 3x^2 + 2x - 3$과 직선 $y = 2x + k$가 서로 다른 두 점에서만 만나도록 하는 모든 실수 k의 값의 곱을 구하시오.

수직선 위를 움직이는 두 점 P, Q의 시각 t $(t \geq 0)$에서의 위치 x_1, x_2가

$$x_1 = t^3 - 2t^2 + 3t, \ x_2 = t^2 + 12t$$

이다. 두 점 P, Q의 속도가 같아지는 순간 두 점 P, Q 사이의 거리를 구하시오.

최고차항의 계수가 양수인 삼차함수 $f(x)$가 다음 조건을 만족시킨다.

> (가) 방정식 $f(x)-x=0$의 서로 다른 실근의 개수는 2이다.
> (나) 방정식 $f(x)+x=0$의 서로 다른 실근의 개수는 2이다.

$f(0)=0$, $f'(1)=1$일 때, $f(3)$의 값을 구하시오.

18. 2021 6월 모의고사 나형 **19번** ★

방정식 $2x^3+6x^2+a=0$이 $-2 \leq x \leq 2$에서 서로 다른 두 실근을 갖도록 하는 정수 a의 개수는?

① 4   ② 6   ③ 8   ④ 10   ⑤ 12

최고차항의 계수가 a인 이차함수 $f(x)$가 모든 실수 x에 대하여

$$|f'(x)| \le 4x^2 + 5$$

를 만족시킨다. 함수 $y = f(x)$의 그래프의 대칭축이 직선 $x = 1$일 때, 실수 a의 최댓값은?

① $\dfrac{3}{2}$ ② 2 ③ $\dfrac{5}{2}$ ④ 3 ⑤ $\dfrac{7}{2}$

20. 2021 9월 모의고사 나형 **26번** ★

방정식 $x^3-x^2-8x+k=0$의 서로 다른 실근의 개수가 2일 때, 양수 k의 값을 구하시오.

삼차함수 $f(x)$가 다음 조건을 만족시킨다.

(가) 방정식 $f(x)=0$의 서로 다른 실근의 개수는 2이다.

(나) 방정식 $f(x-f(x))=0$의 서로 다른 실근의 개수는ㅍ 3이다.

$f(1)=4$, $f'(1)=1$, $f'(0)>1$일 때, $f(0)=\dfrac{q}{p}$이다. $p+q$의 값을 구하시오.

(단, p와 q는 서로소인 자연수이다.)

함수 $f(x) = \dfrac{1}{2}x^3 - \dfrac{9}{2}x^2 + 10x$에 대하여 x에 대한 방정식

$$f(x) + |\, f(x) + x \,| = 6x + k$$

의 서로 다른 실근의 개수가 4가 되도록 하는 모든 정수 k의 값의 합을 구하시오.

두 함수

$$f(x) = x^3 - x + 6, \quad g(x) = x^2 + a$$

가 있다. $x \geq 0$인 모든 실수 x에 대하여 부등식

$$f(x) \geq g(x)$$

가 성립할 때, 실수 a의 최댓값은?

① 1　　　　② 2　　　　③ 3　　　　④ 4　　　　⑤ 5

최고차항의 계수가 1인 삼차함수 $f(x)$가 다음 조건을 만족시킨다.

> 함수 $f(x)$에 대하여
> $$f(k-1)f(k+1) < 0$$
> 을 만족시키는 정수 k는 존재하지 않는다.

$f'\left(-\dfrac{1}{4}\right) = -\dfrac{1}{4}$, $f'\left(\dfrac{1}{4}\right) < 0$일 때, $f(8)$의 값을 구하시오.

최고차항의 계수가 1인 사차함수 $f(x)$가 다음 조건을 만족시킨다.

> (가) $f'(a) \leq 0$인 실수 a의 최댓값은 2이다.
>
> (나) 집합 $\{x \mid f(x) = k\}$의 원소의 개수가 3 이상이 되도록 하는 실수 k의 최솟값은 $\dfrac{8}{3}$이다.

$f(0) = 0$, $f'(1) = 0$일 때, $f(3)$의 값을 구하시오.

수직선 위를 움직이는 두 점 P, Q의 시각 t $(t \geq 0)$에서의 위치가 각각

$$x_1 = t^2 + t - 6, \quad x_2 = -t^3 + 7t^2$$

이다. 두 점 P, Q의 위치가 같아지는 순간 두 점 P, Q의 가속도를 각각 p, q라 할 때, $p - q$의 값은?

① 24   ② 27   ③ 30   ④ 33   ⑤ 36

최고차항의 계수가 1인 삼차함수 $f(x)$가 모든 정수 k에 대하여

$$2k-8 \leq \frac{f(k+2)-f(k)}{2} \leq 4k^2 + 14k$$

를 만족시킬 때, $f'(3)$의 값을 구하시오.

시각 $t=0$일 때 출발하여 수직선 위를 움직이는 점 P의 시각 $t\ (t \geq 0)$에서의 위치 x가

$$x = t^3 - \frac{3}{2}t^2 - 6t$$

이다. 출발한 후 점 P의 운동 방향이 바뀌는 시각에서의 점 P의 가속도는?

① 6 　　　　　 ② 9 　　　　　 ③ 12 　　　　　 ④ 15 　　　　　 ⑤ 18

상수 a $\left(a\neq 3\sqrt{5}\right)$와 최고차항의 계수가 음수인 이차함수 $f(x)$에 대하여 함수

$$g(x)=\begin{cases} x^3+ax^2+15x+7 & (x\leq 0) \\ f(x) & (x>0) \end{cases}$$

이 다음 조건을 만족시킨다.

(가) 함수 $g(x)$는 실수 전체의 집합에서 미분가능하다.

(나) x에 대한 방정식 $g'(x)\times g'(x-4)=0$의 서로 다른 실근의 개수는 4이다.

$g(-2)+g(2)$의 값은?

① 30   ② 32   ③ 34   ④ 36   ⑤ 38

함수 $f(x)=x^3+ax^2+bx+4$가 다음 조건을 만족시키도록 하는 두 정수 $a,\ b$에 대하여 $f(1)$의 최댓값을 구하시오.

> 모든 실수 α에 대하여 $\displaystyle\lim_{x\to\alpha}\frac{f(2x+1)}{f(x)}$ 의 값이 존재한다.

미분법 | 방부등식과 직선운동
[빠른 정답]

01. ⑤	**21.** 61
02. 65	**22.** 21
03. ④	**23.** ⑤
04. ③	**24.** 483
05. ③	**25.** 15
06. ①	**26.** ①
07. ③	**27.** 31
08. ①	**28.** ②
09. ②	**29.** ②
10. 40	**30.** 16
11. 22	
12. 5	
13. 3	
14. 19	
15. 21	
16. 27	
17. 51	
18. ③	
19. ②	
20. 12	

[수학 II]

적분법 | 정적분과 부정적분

* 25학년도 6월, 9월, 수능에 전부 4점 문항으로 출제된 단원입니다.

두 함수 $f(x)$ 와 $g(x)$ 가

$$f(x) = \begin{cases} 0 & (x \leq 0) \\ x & (x > 0) \end{cases}, \quad g(x) = \begin{cases} x(2-x) & (|x-1| \leq 1) \\ 0 & (|x-1| > 1) \end{cases}$$

이다. 양의 실수 k, a, b $(a < b < 2)$에 대하여, 함수 $h(x)$를

$$h(x) = k\{f(x) - f(x-a) - f(x-b) + f(x-2)\}$$

라 정의하자. 모든 실수 x에 대하여 $0 \leq h(x) \leq g(x)$일 때, $\displaystyle\int_0^2 \{g(x) - h(x)\}dx$의 값이 최소가 되게 하는 k, a, b에 대하여 $60(k+a+b)$의 값을 구하시오.

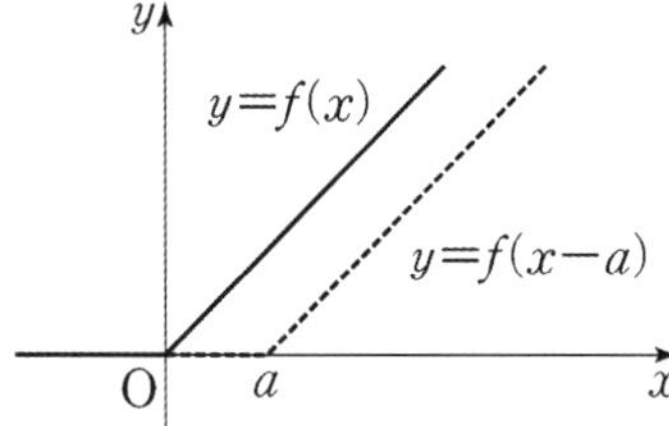

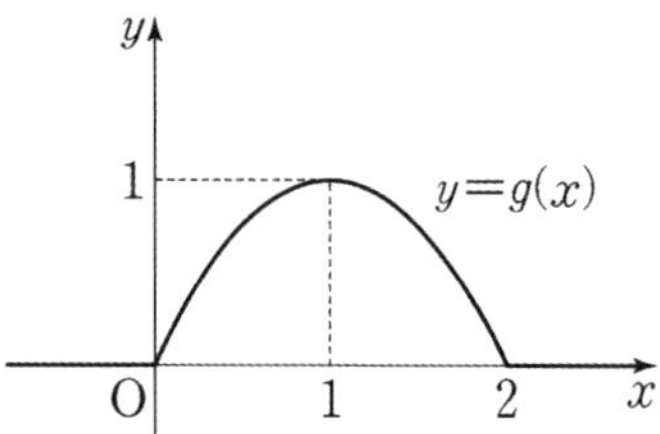

실수 전체의 집합에서 연속인 두 함수 $f(x)$와 $g(x)$가 모든 실수 x에 대하여 다음 조건을 만족시킨다.

> (가) $f(x) \geq g(x)$
>
> (나) $f(x) + g(x) = x^2 + 3x$
>
> (다) $f(x)\,g(x) = (x^2+1)(3x-1)$

$\displaystyle\int_0^2 f(x)\,dx$의 값은?

① $\dfrac{23}{6}$ ② $\dfrac{13}{3}$ ③ $\dfrac{29}{6}$ ④ $\dfrac{16}{3}$ ⑤ $\dfrac{35}{6}$

$0 < a < b$인 모든 실수 a, b에 대하여

$$\int_a^b (x^3 - 3x + k)\,dx > 0$$

이 성립하도록 하는 실수 k의 최솟값은?

① 1   ② 2   ③ 3   ④ 4   ⑤ 5

$0 < a < b$인 모든 실수 a, b에 대하여

$$\int_a^b (x^3 - 3x + k)\,dx > 0$$

닫힌구간 $[0,\ 1]$에서 연속인 함수 $f(x)$가

$$f(0) = 0,\ f(1) = 1,\ \int_0^1 f(x)dx = \frac{1}{6}$$

을 만족시킨다. 실수 전체의 집합에서 정의된 함수 $g(x)$가 다음 조건을 만족시킬 때,
$\displaystyle\int_{-3}^2 g(x)dx$의 값은?

(가) $g(x) = \begin{cases} -f(x+1)+1 & (-1 < x < 0) \\ f(x) & (0 \le x \le 1) \end{cases}$

(나) 모든 실수 x에 대하여 $g(x+2) = g(x)$이다.

① $\dfrac{5}{2}$ ② $\dfrac{17}{6}$ ③ $\dfrac{19}{6}$ ④ $\dfrac{7}{2}$ ⑤ $\dfrac{23}{6}$

최고차항의 계수가 1이고 $f'(0)=f'(2)=0$인 삼차함수 $f(x)$와 양수 p에 대하여 함수 $g(x)$를

$$g(x)=\begin{cases} f(x)-f(0) & (x\le 0) \\ f(x+p)-f(p) & (x>0) \end{cases}$$

이라 하자. 〈보기〉에서 옳은 것만을 있는 대로 고른 것은?

〈보 기〉

ㄱ. $p=1$일 때, $g'(1)=0$이다.

ㄴ. $g(x)$가 실수 전체의 집합에서 미분가능하도록 하는 양수 p의 개수는 1이다.

ㄷ. $p\ge 2$일 때, $\displaystyle\int_{-1}^{1} g(x)dx\ge 0$이다.

① ㄱ   ② ㄱ, ㄴ   ③ ㄱ, ㄷ   ④ ㄴ, ㄷ   ⑤ ㄱ, ㄴ, ㄷ

최고차항의 계수가 $\dfrac{1}{2}$ 인 삼차함수 $f(x)$와 실수 t에 대하여 방정식 $f'(x)=0$이 닫힌구간 $[t,\ t+2]$에서 갖는 실근의 개수를 $g(t)$라 할 때, 함수 $g(t)$는 다음 조건을 만족시킨다.

(가) 모든 실수 a에 대하여 $\displaystyle\lim_{t\to a+}g(t)+\lim_{t\to a-}g(t)\leq 2$이다.

(나) $g(f(1))=g(f(4))=2,\ g(f(0))=1$

$f(5)$의 값을 구하시오.

최고차항의 계수가 1인 이차함수 $f(x)$에 대하여 함수

$$g(x) = \int_0^x f(t)dt$$

가 다음 조건을 만족시킬 때, $f(9)$의 값을 구하시오.

> $x \geq 1$인 모든 실수 x에 대하여 $g(x) \geq g(4)$이고 $|g(x)| \geq |g(3)|$이다.

최고차항의 계수가 1인 삼차함수 $f(x)$와 상수 k $(k \geq 0)$에 대하여 함수

$$g(x)=\begin{cases} 2x-k & (x \leq k) \\ f(x) & (x > k) \end{cases}$$

가 다음 조건을 만족시킨다.

(가) 함수 $g(x)$는 실수 전체의 집합에서 증가하고 미분가능하다.

(나) 모든 실수 x에 대하여

$\displaystyle\int_0^x g(t)\{|t(t-1)|+t(t-1)\}dt \geq 0$이고

$\displaystyle\int_3^x g(t)\{|(t-1)(t+2)|-(t-1)(t+2)\}dt \geq 0$이다.

$g(k+1)$의 최솟값은?

① $4-\sqrt{6}$　　　② $5-\sqrt{6}$　　　③ $6-\sqrt{6}$　　　④ $7-\sqrt{6}$　　　⑤ $8-\sqrt{6}$

함수 $f(x) = x^2 + x$에 대하여

$$5\int_0^1 f(x)\,dx - \int_0^1 (5x + f(x))\,dx$$

의 값은?

① $\dfrac{1}{6}$ ② $\dfrac{1}{3}$ ③ $\dfrac{1}{2}$ ④ $\dfrac{2}{3}$ ⑤ $\dfrac{5}{6}$

함수 $f(x)=3x^2-16x-20$에 대하여

$$\int_{-2}^{a} f(x)\,dx = \int_{-2}^{0} f(x)\,dx$$

일 때, 양수 a의 값은?

① 16　　　　② 14　　　　③ 12　　　　④ 10　　　　⑤ 8

01. 200

02. ③

03. ②

04. ②

05. ⑤

06. 9

07. 39

08. ②

09. ⑤

10. ④

적분법 | 정적분으로 정의된 함수

구간 $[0, 8]$에서 정의된 함수 $f(x)$는

$$f(x)=\begin{cases} -x(x-4) & (0 \le x < 4) \\ x-4 & (4 \le x \le 8) \end{cases}$$

이다. 실수 $a\ (0 \le a \le 4)$에 대하여 $\displaystyle\int_{a}^{a+4} f(x)dx$의 최솟값은 $\dfrac{q}{p}$이다. $p+q$의 값을 구하시오. (단, p와 q는 서로소인 자연수이다.)

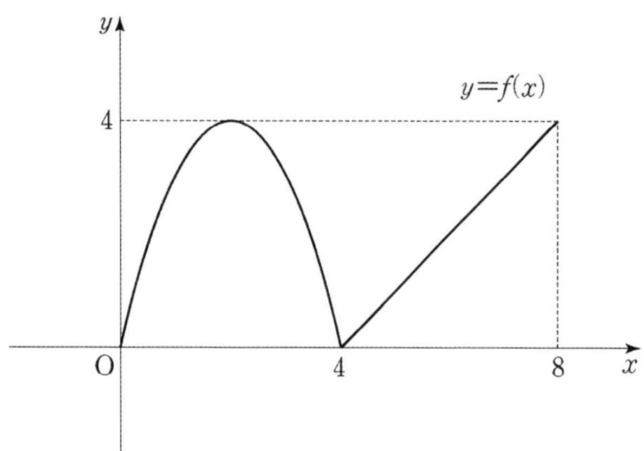

최고차항의 계수가 양수인 삼차함수 $f(x)$가 다음 조건을 만족시킨다.

> (가) 함수 $f(x)$는 $x=0$에서 극댓값, $x=k$에서 극솟값을 가진다. (단, k는 상수이다.)
>
> (나) 1보다 큰 모든 실수 t에 대하여 $\displaystyle\int_0^t |f'(x)|\,dx = f(t)+f(0)$이다.

〈보기〉에서 옳은 것만을 있는 대로 고른 것은?

〈 보 기 〉

ㄱ. $\displaystyle\int_0^k f'(x)\,dx < 0$

ㄴ. $0 < k \le 1$

ㄷ. 함수 $f(x)$의 극솟값은 0이다.

① ㄱ　　　② ㄷ　　　③ ㄱ, ㄴ　　　④ ㄴ, ㄷ　　　⑤ ㄱ, ㄴ, ㄷ

함수 $f(x) = a\cos(\pi x^2)$에 대하여

$$\lim_{x \to 0}\left\{\frac{x^2+1}{x}\int_1^{x+1}f(t)\,dt\right\} = 3$$

일 때, $f(a)$의 값은? (단, a는 상수이다.)

① 1　　　　② $\dfrac{3}{2}$　　　　③ 2　　　　④ $\dfrac{5}{2}$　　　　⑤ 3

사차함수 $f(x) = x^4 + ax^2 + b$ 에 대하여 $x \geq 0$ 에서 정의된 함수

$$g(x) = \int_{-x}^{2x} \{f(t) - |f(t)|\}\,dt$$

가 다음 조건을 만족시킨다.

(가) $0 < x < 1$ 에서 $g(x) = c_1$ (c_1은 상수)

(나) $1 < x < 5$ 에서 $g(x)$는 감소한다.

(다) $x > 5$ 에서 $g(x) = c_2$ (c_2는 상수)

$f(\sqrt{2})$ 의 값은? (단, a, b는 상수이다.)

① 40　　　② 42　　　③ 44　　　④ 46　　　⑤ 48

다항함수 $f(x)$가 모든 실수 x에 대하여

$$\int_1^x \left\{ \frac{d}{dt} f(t) \right\} dt = x^3 + ax^2 - 2$$

를 만족시킬 때, $f'(a)$의 값은? (단, a는 상수이다.)

① 1   ② 2   ③ 3   ④ 4   ⑤ 5

함수 $f(x)=x^3+x^2+ax+b$에 대하여 함수 $g(x)$를

$$g(x)=f(x)+(x-1)f'(x)$$

라 하자. 보기에서 옳은 것만을 있는 대로 고른 것은? (단, a, b는 상수이다.)

〈보기〉

ㄱ. 함수 $h(x)$가 $h(x)=(x-1)f(x)$이면 $h'(x)=g(x)$이다.

ㄴ. 함수 $f(x)$가 $x=-1$에서 극값 0을 가지면 $\displaystyle\int_0^1 g(x)dx=-1$이다.

ㄷ. $f(0)=0$이면 방정식 $g(x)=0$은 열린구간 $(0,\ 1)$에서 적어도 하나의 실근을 갖는다.

① ㄱ　　　　　② ㄴ　　　　　③ ㄱ, ㄴ　　　　　④ ㄱ, ㄷ　　　　　⑤ ㄱ, ㄴ, ㄷ

다항함수 $f(x)$가 다음 조건을 만족시킨다.

(가) 모든 실수 x에 대하여 $\displaystyle\int_1^x f(t)dt = \dfrac{x-1}{2}\{f(x)+f(1)\}$ 이다.

(나) $\displaystyle\int_0^2 f(x)dx = 5\int_{-1}^1 xf(x)dx$

$f(0)=1$일 때, $f(4)$의 값을 구하시오.

08. 2021 6월 모의고사 나형 **17번** ★　　　　　　　　　　　　　　적분법 | 정적분으로 정의된 함수

함수 $f(x)$가 모든 실수 x에 대하여

$$f(x) = 4x^3 + x\int_0^1 f(t)dt$$

를 만족시킬 때, $f(1)$의 값은?

① 6　　　　② 7　　　　③ 8　　　　④ 9　　　　⑤ 10

함수 $f(x) = -x^2 - 4x + a$에 대하여 함수

$$g(x) = \int_0^x f(t)dt$$

가 닫힌구간 $[0,\ 1]$에서 증가하도록 하는 실수 a의 최솟값을 구하시오.

실수 a $(a>1)$에 대하여 함수 $f(x)$를 $f(x)=(x+1)(x-1)(x-a)$라 하자.

함수 $g(x)=x^2\displaystyle\int_0^x f(t)dt-\int_0^x t^2 f(t)dt$가 오직 하나의 극값을 갖도록 하는 a의 최댓값은?

① $\dfrac{9\sqrt{2}}{8}$ 　　　　② $\dfrac{3\sqrt{6}}{4}$ 　　　　③ $\dfrac{3\sqrt{2}}{2}$ 　　　　④ $\sqrt{6}$ 　　　　⑤ $2\sqrt{2}$

실수 a와 함수 $f(x) = x^3 - 12x^2 + 45x + 3$에 대하여 함수

$$g(x) = \int_a^x \{f(x) - f(t)\} \times \{f(t)\}^4 \, dt$$

가 오직 하나의 극값을 갖도록 하는 모든 a의 값의 합을 구하시오.

다항함수 $f(x)$가 모든 실수 x에 대하여

$$xf(x) = 2x^3 + ax^2 + 3a + \int_1^x f(t)\,dt$$

를 만족시킨다. $f(1) = \displaystyle\int_0^1 f(t)\,dt$일 때, $a + f(3)$의 값은? (단, a는 상수이다.)

① 5   ② 6   ③ 7   ④ 8   ⑤ 9

실수 전체의 집합에서 미분가능한 함수 $f(x)$가 다음 조건을 만족시킨다.

(가) 닫힌구간 $[0,\ 1]$에서 $f(x)=x$이다.

(나) 어떤 상수 $a,\ b$에 대하여 구간 $[0,\ \infty)$에서 $f(x+1)-xf(x)=ax+b$이다.

$60 \times \displaystyle\int_{1}^{2} f(x)\,dx$의 값을 구하시오.

실수 전체의 집합에서 연속인 함수 $f(x)$와 최고차항의 계수가 1인 삼차함수 $g(x)$가

$$g(x) = \begin{cases} -\displaystyle\int_0^x f(t)\,dt & (x < 0) \\[3mm] \displaystyle\int_0^x f(t)\,dt & (x \geq 0) \end{cases}$$

을 만족시킬 때, 〈보기〉에서 옳은 것만을 있는 대로 고른 것은?

〈보 기〉

ㄱ. $f(0) = 0$

ㄴ. 함수 $f(x)$는 극댓값을 갖는다.

ㄷ. $2 < f(1) < 4$일 때, 방정식 $f(x) = x$의 서로 다른 실근의 개수는 3이다.

---

① ㄱ   ② ㄷ   ③ ㄱ, ㄴ   ④ ㄱ, ㄷ   ⑤ ㄱ, ㄴ, ㄷ

최고차항의 계수가 2인 이차함수 $f(x)$에 대하여 함수 $g(x) = \int_{x}^{x+1} |f(t)|\,dt$는 $x = 1$과 $x = 4$에서 극소이다. $f(0)$의 값을 구하시오.

최고차항의 계수가 1이고 $f(0) = 0$, $f(1) = 0$인 삼차함수 $f(x)$에 대하여 함수 $g(t)$를

$$g(t) = \int_t^{t+1} f(x)\,dx - \int_0^1 |f(x)|\,dx$$

라 할 때, 〈보기〉에서 옳은 것만을 있는 대로 고른 것은?

〈보 기〉

ㄱ. $g(0) = 0$이면 $g(-1) < 0$이다.

ㄴ. $g(-1) > 0$이면 $f(k) = 0$을 만족시키는 $k < -1$인 실수 k가 존재한다.

ㄷ. $g(-1) > 1$이면 $g(0) < -1$이다.

---

① ㄱ   ② ㄱ, ㄴ   ③ ㄱ, ㄷ   ④ ㄴ, ㄷ   ⑤ ㄱ, ㄴ, ㄷ

실수 전체의 집합에서 연속인 함수 $f(x)$가 다음 조건을 만족시킨다.

$n-1 \leq x < n$일 때, $|f(x)| = |6(x-n+1)(x-n)|$이다. (단, n은 자연수이다.)

열린구간 $(0, 4)$에서 정의된 함수

$$g(x) = \int_0^x f(t)\,dt - \int_x^4 f(t)\,dt$$

가 $x = 2$에서 최솟값 0을 가질 때, $\displaystyle\int_{\frac{1}{2}}^4 f(x)\,dx$의 값은?

① $-\dfrac{3}{2}$ ② $-\dfrac{1}{2}$ ③ $\dfrac{1}{2}$ ④ $\dfrac{3}{2}$ ⑤ $\dfrac{5}{2}$

18. 2024 9월 모의고사 **22번** ★★

두 다항함수 $f(x)$, $g(x)$에 대하여 $f(x)$의 한 부정적분을 $F(x)$라 하고 $g(x)$의 한 부정적분을 $G(x)$라 할 때, 이 함수들은 모든 실수 x에 대하여 다음 조건을 만족시킨다.

(가) $\displaystyle\int_1^x f(t)dt = xf(x) - 2x^2 - 1$

(나) $f(x)G(x) + F(x)g(x) = 8x^3 + 3x^2 + 1$

$\displaystyle\int_1^3 g(x)dx$의 값을 구하시오.

두 다항함수 $f(x)$, $g(x)$는 모든 실수 x에 대하여 다음 조건을 만족시킨다.

> (가) $\displaystyle\int_1^x tf(t)\,dt + \int_{-1}^x tg(t)\,dt = 3x^4 + 8x^3 - 3x^2$
>
> (나) $f(x) = xg'(x)$

$\displaystyle\int_0^3 g(x)\,dx$의 값은?

① 72   ② 76   ③ 80   ④ 84   ⑤ 88

01. 43

02. ⑤

03. ⑤

04. ④

05. ⑤

06. ⑤

07. 7

08. ①

09. 5

10. ④

11. 8

12. ④

13. 110

14. ④

15. 13

16. ⑤

17. ②

18. 10

19. ①

적분법 | 정적분의 활용

곡선 $y = -2x^2 + 3x$ 와 직선 $y = x$ 로 둘러싸인 부분의 넓이가 $\dfrac{q}{p}$ 일 때, $p+q$ 의 값을 구하시오. (단, p 와 q 는 서로소인 자연수이다.)

시각 $t = 0$일 때 동시에 원점을 출발하여 수직선 위를 움직이는 두 점 P, Q의
시각 $t\ (t \geq 0)$에서의 속도가 각각

$$v_1(t) = 3t^2 + t, \ v_2(t) = 2t^2 + 3t$$

이다. 출발한 두 점 P, Q의 속도가 같아지는 순간 두 점 P, Q 사이의 거리를 a라 할 때,
$9a$의 값을 구하시오.

실수 전제의 집합에서 증가하는 연속함수 $f(x)$가 다음 조건을 만족시킨다.

(가) 모든 실수 x에 대하여 $f(x) = f(x-3) + 4$이다.

(나) $\displaystyle\int_0^6 f(x)dx = 0$

함수 $y = f(x)$의 그래프와 x축 및 두 직선 $x = 6$, $x = 9$로 둘러싸인 부분의 넓이는?

① 9   ② 12   ③ 15   ④ 18   ⑤ 21

함수 $f(x) = x^2 - 2x$에 대하여 두 곡선 $y = f(x)$, $y = -f(x-1)-1$로 둘러싸인 부분의 넓이는?

① $\dfrac{1}{6}$ ② $\dfrac{1}{4}$ ③ $\dfrac{1}{3}$ ④ $\dfrac{5}{12}$ ⑤ $\dfrac{1}{2}$

두 함수

$$f(x) = \frac{1}{3}\,x(4-x),\ \ g(x) = |\,x-1\,|-1$$

의 그래프로 둘러싸인 부분의 넓이를 S라 할 때, $4S$의 값을 구하시오.

수직선 위를 움직이는 점 P의 시각 t $(t \geq 0)$에서의 속도 $v(t)$가

$$v(t) = -4t+5$$

이다. 시각 $t=3$에서 점 P의 위치가 11일 때, 시각 $t=0$에서 점 P의 위치는?

① 11　　　　② 12　　　　③ 13　　　　④ 14　　　　⑤ 15

수직선 위를 움직이는 점 P의 시각 t $(t \geq 0)$에서의 속도 $v(t)$가

$$v(t) = 2t - 6$$

이다. 점 P가 시각 $t = 3$에서 $t = k$ $(k > 3)$까지 움직인 거리가 25일 때, 상수 k의 값은?

① 6 　　　　② 7 　　　　③ 8 　　　　④ 9 　　　　⑤ 10

곡선 $y = x^2 - 7x + 10$ 과 직선 $y = -x + 10$ 으로 둘러싸인 부분의 넓이를 구하시오.

곡선 $y = x^2 - 7x + 10$ 과 직선 $y = -x + 10$ 으로 둘러싸인 부분의 넓이를 구하시오.

수직선 위를 움직이는 점 P의 시각 t에서의 가속도가

$$a(t) = 3t^2 - 12t + 9 \ (t \geq 0)$$

이고, 시각 $t = 0$에서의 속도가 k일 때, 〈보기〉에서 옳은 것만을 있는 대로 고른 것은?

〈보 기〉

ㄱ. 구간 $(3, \infty)$에서 점 P의 속도는 증가한다.

ㄴ. $k = -4$이면 구간 $(0, \infty)$에서 점 P의 운동 방향이 두 번 바뀐다.

ㄷ. 시각 $t = 0$에서 시각 $t = 5$까지 점 P의 위치의 변화량과 점 P가 움직인 거리가
　　같도록 하는 k의 최솟값은 0이다.

① ㄱ　　　　② ㄴ　　　　③ ㄱ, ㄴ　　　　④ ㄱ, ㄷ　　　　⑤ ㄱ, ㄴ, ㄷ

수직선 위를 움직이는 점 P의 시각 t $(t>0)$에서의 속도 $v(t)$가

$$v(t) = -4t^3 + 12t^2$$

이다. 시각 $t=k$에서 점 P의 가속도가 12일 때, 시각 $t=3k$에서 $t=4k$까지 점 P가 움직인 거리는? (단, k는 상수이다.)

① 23　　　　　② 25　　　　　③ 27　　　　　④ 29　　　　　⑤ 31

수직선 위를 움직이는 점 P의 시각 t에서의 위치 $x(t)$가 두 상수 $a,\ b$에 대하여

$$x(t) = t(t-1)(at+b)\ (a \neq 0)$$

이다. 점 P의 시각 t에서의 속도 $v(t)$가 $\displaystyle\int_0^1 |v(t)|\,dt = 2$를 만족시킬 때, 〈보기〉에서 옳은 것만을 있는 대로 고른 것은?

〈보 기〉

ㄱ. $\displaystyle\int_0^1 v(t)\,dt = 0$

ㄴ. $|x(t_1)| > 1$인 t_1이 열린구간 $(0,\ 1)$에 존재한다.

ㄷ. $0 \leq t \leq 1$인 모든 t에 대하여 $|x(t)| < 1$이면 $x(t_2) = 0$인 t_2가 열린구간 $(0,\ 1)$에 존재한다.

① ㄱ   ② ㄱ, ㄴ   ③ ㄱ, ㄷ   ④ ㄴ, ㄷ   ⑤ ㄱ, ㄴ, ㄷ

수직선 위를 움직이는 점 P의 시각 t에서의 위치 $x(t)$가 두 상수 $a,\ b$에 대하여

$$x(t) = t(t-1)(at+b)\ (a \neq 0)$$

시각 $t=0$일 때 동시에 원점을 출발하여 수직선 위를 움직이는 두 점 P, Q의 시각 t $(t \geq 0)$에서의 속도가 각각

$$v_1(t) = 2-t, \quad v_2(t) = 3t$$

이다. 출발한 시각부터 점 P가 원점으로 돌아올 때까지 점 Q가 움직인 거리는?

① 16 ② 18 ③ 20 ④ 22 ⑤ 24

수직선 위의 점 $A(6)$과 시각 $t = 0$일 때 원점을 출발하여 이 수직선 위를 움직이는 점 P가 있다.
시각 t $(t \geq 0)$에서의 점 P의 속도 $v(t)$를

$$v(t) = 3t^2 + at \ \ (a > 0)$$

이라 하자. 시각 $t = 2$에서 점 P와 점 A 사이의 거리가 10일 때, 상수 a의 값은?

① 1   ② 2   ③ 3   ④ 4   ⑤ 5

상수 $k \ (k < 0)$에 대하여 두 함수

$$f(x) = x^3 + x^2 - x, \quad g(x) = 4|x| + k$$

의 그래프가 만나는 점의 개수가 2일 때, 두 함수의 그래프로 둘러싸인 부분의 넓이를 S라 하자. $30 \times S$의 값을 구하시오.

두 곡선 $y = x^3 + x^2$, $y = -x^2 + k$와 y축으로 둘러싸인 부분의 넓이를 A, 두 곡선 $y = x^3 + x^2$, $y = -x^2 + k$와 직선 $x = 2$로 둘러싸인 부분의 넓이를 B라 하자. $A = B$일 때, 상수 k의 값은? (단, $4 < k < 5$)

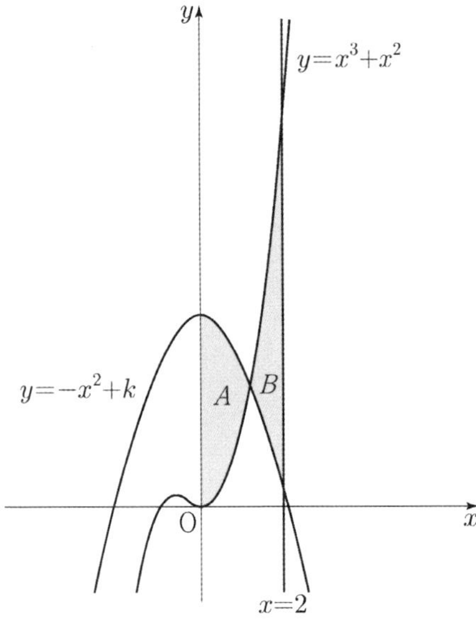

① $\dfrac{25}{6}$ 　 ② $\dfrac{13}{3}$ 　 ③ $\dfrac{9}{2}$ 　 ④ $\dfrac{14}{3}$ 　 ⑤ $\dfrac{29}{6}$

수직선 위를 움직이는 점 P의 시각 t $(t \geq 0)$에서의 속도 $v(t)$와 가속도 $a(t)$가 다음 조건을 만족시킨다.

(가) $0 \leq t \leq 2$일 때, $v(t) = 2t^3 - 8t$이다.

(나) $t \geq 2$일 때, $a(t) = 6t + 4$이다.

시각 $t = 0$에서 $t = 3$까지 점 P가 움직인 거리를 구하시오.

양수 k에 대하여 함수 $f(x)$는

$$f(x) = kx(x-2)(x-3)$$

이다. 곡선 $y = f(x)$와 x축이 원점 O와
두 점 P, Q $(\overline{\text{OP}} < \overline{\text{OQ}})$에서 만난다. 곡선 $y = f(x)$와 선분 OP로 둘러싸인 영역을 A, 곡선
$y = f(x)$와 선분 PQ로 둘러싸인 영역을 B라 하자.

$$(A의\ 넓이) - (B의\ 넓이) = 3$$

일 때, k의 값은?

① $\dfrac{7}{6}$　　　　② $\dfrac{4}{3}$　　　　③ $\dfrac{3}{2}$　　　　④ $\dfrac{5}{3}$　　　　⑤ $\dfrac{11}{6}$

실수 $a\ (a \geq 0)$에 대하여 수직선 위를 움직이는 점 P의 시각 $t\ (t \geq 0)$에서의 속도 $v(t)$를

$$v(t) = -t(t-1)(t-a)(t-2a)$$

라 하자. 점 P가 시각 $t=0$일 때 출발한 후 운동 방향을 한 번만 바꾸도록 하는 a에 대하여, 시각 $t=0$에서 $t=2$까지 점 P의 위치의 변화량의 최댓값은?

① $\dfrac{1}{5}$ 　　　　② $\dfrac{7}{30}$ 　　　　③ $\dfrac{4}{15}$ 　　　　④ $\dfrac{3}{10}$ 　　　　⑤ $\dfrac{1}{3}$

두 점 P와 Q는 시각 $t=0$일 때 각각 점 A(1)과 점 B(8)에서 출발하여 수직선 위를 움직인다. 두 점 P, Q의 시각 t $(t \geq 0)$에서의 속도는 각각

$$v_1(t) = 3t^2 + 4t - 7, \quad v_2(t) = 2t + 4$$

이다. 출발한 시각부터 두 점 P, Q 사이의 거리가 처음으로 4가 될 때까지 점 P가 움직인 거리는?

① 10　　　　　② 14　　　　　③ 19　　　　　④ 25　　　　　⑤ 32

20. 2024 수능 10번 ★

시각 $t = 0$일 때 동시에 원점을 출발하여 수직선 위를 움직이는 두 점 P, Q의 시각 t $(t \geq 0)$에서의 속도가 각각

$$v_1(t) = t^2 - 6t + 5, \quad v_2(t) = 2t - 7$$

이다. 시각 t에서의 두 점 P, Q 사이의 거리를 $f(t)$라 할 때, 함수 $f(t)$는 구간 $[0, a]$에서 증가하고, 구간 $[a, b]$에서 감소하고, 구간 $[b, \infty)$에서 증가한다. 시각 $t = a$에서 $t = b$까지 점 Q가 움직인 거리는? (단, $0 < a < b$)

① $\dfrac{15}{2}$　　　② $\dfrac{17}{2}$　　　③ $\dfrac{19}{2}$　　　④ $\dfrac{21}{2}$　　　⑤ $\dfrac{23}{2}$

함수 $f(x) = \dfrac{1}{9}x(x-6)(x-9)$ 와 실수 t $(0 < t < 6)$ 에 대하여 함수 $g(x)$ 는

$$g(x) = \begin{cases} f(x) & (x < t) \\ -(x-t)+f(t) & (x \geq t) \end{cases}$$

이다. 함수 $y = g(x)$ 의 그래프와 x 축으로 둘러싸인 영역의 넓이의 최댓값은?

① $\dfrac{125}{4}$ ② $\dfrac{127}{4}$ ③ $\dfrac{129}{4}$ ④ $\dfrac{131}{4}$ ⑤ $\dfrac{133}{4}$

곡선 $y=\dfrac{1}{4}x^3+\dfrac{1}{2}x$와 직선 $y=mx+2$ 및 y축으로 둘러싸인 부분의 넓이를 A, 곡선 $y=\dfrac{1}{4}x^3+\dfrac{1}{2}x$와

두 직선 $y=mx+2$, $x=2$로 둘러싸인 부분의 넓이를 B라 하자. $B-A=\dfrac{2}{3}$일 때, 상수 m의 값은?

(단, $m<-1$)

① $-\dfrac{3}{2}$ 　　　　② $-\dfrac{17}{12}$ 　　　　③ $-\dfrac{4}{3}$ 　　　　④ $-\dfrac{5}{4}$ 　　　　⑤ $-\dfrac{7}{6}$

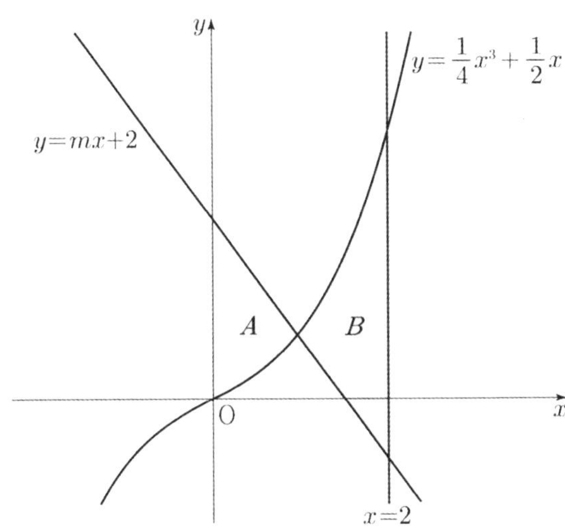

함수

$$f(x)=\begin{cases} -x^2-2x+6 & (x<0) \\ -x^2+2x+6 & (x\geq 0) \end{cases}$$

의 그래프가 x축과 만나는 서로 다른 두 점을 P, Q라 하고, 상수 $k\,(k>4)$에 대하여 직선 $x=k$가 x축과 만나는 점을 R이라 하자. 곡선 $y=f(x)$와 선분 PQ로 둘러싸인 부분의 넓이를 A, 곡선 $y=f(x)$와 직선 $x=k$ 및 선분 QR로 둘러싸인 부분의 넓이를 B라 하자. $A=2B$일 때, k의 값은? (단, 점 P의 x좌표는 음수이다.)

① $\dfrac{9}{2}$　　　　② 5　　　　③ $\dfrac{11}{2}$　　　　④ 6　　　　⑤ $\dfrac{13}{2}$

최고차항의 계수가 1인 삼차함수 $f(x)$가

$$f(1) = f(2) = 0, \ f'(0) = -7$$

을 만족시킨다. 원점 O와 점 P$(3, f(3))$에 대하여 선분 OP가 곡선 $y = f(x)$와 만나는 점 중 P가 아닌 점을 Q라 하자. 곡선 $y = f(x)$와 y축 및 선분 OQ로 둘러싸인 부분의 넓이를 A, 곡선 $y = f(x)$와 선분 PQ로 둘러싸인 부분의 넓이를 B라 할 때, $B - A$의 값은?

① $\dfrac{37}{4}$ ② $\dfrac{39}{4}$ ③ $\dfrac{41}{4}$ ④ $\dfrac{43}{4}$ ⑤ $\dfrac{45}{4}$

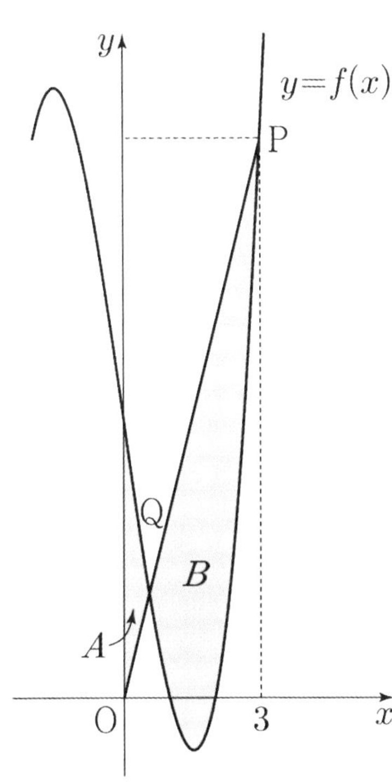

적분법 | 정적분의 활용

01. 4		**21.** ③
02. 12		**22.** ③
03. ④		**23.** ④
04. ③		**24.** ⑤
05. 14		
06. ④		
07. ③		
08. 36		
09. ④		
10. ③		
11. ③		
12. ⑤		
13. ④		
14. 80		
15. ④		
16. 17		
17. ②		
18. ③		
19. ⑤		
20. ②		

수능대비 BLANK 기출문제집

[문제집을 출간하며..]

저희는 교재를 집필하며 가장 크게 신경 쓴 부분은 딱딱한 해설이 아닌,

"실제로 현장에서 마주한 문항들을 어떻게 뚫어내는가?"
에 초점을 두었습니다.

따라서 해설을 읽다 보면 처음에 틀린 논리로 풀이를 전개하는 부분도 있을 겁니다.

다만, 틀린 길로 들어가서 답이 나오지 않을 때, 당황하지 않고 어떤 부분을 놓쳐서 풀이가 전개됐는지 재점검하는
사고과정들이 서술되어 있으며, 결국에는 정답으로 향하는 과정들을 구체적으로 서술했습니다.

저희는 수학적 엄밀함을 통한 완전무결한 해설을 지향하지 않습니다.
다소 투박하고, 생략되어 있는 지점들이 많을 수 있습니다.
정답으로 향하는 **"사고과정"**을 **"1인칭 시점"**으로 서술했습니다.

시중에는 정말 좋은 책들이 많습니다. 수학적으로 완벽함을 가지고 있습니다.

그럼에도 불구하고 학생들은 독학서나 해설서를 참고해가며 공부하기보다는,
인터넷 강의의 해설을 참고하는 경향이 강합니다.

인터넷 강의의 해설은 직관적이고 쉽게 이해되는 장점이 있습니다.

다만, 너무나도 쉽게 이해되기 때문에 문제에서 주는 교훈을 금방 잊게되는 경험을 다들 한 번쯤은 해보셨을겁니다.

본인 스스로 고군분투해가며 반복해서 해설을 들여다보고 밤낮을 지새워가며 해설을 이해하고,
이 문제가 '내 것'이 되었을 때, 우리는 기억에 강하게 각인됩니다.

에빙하우스의 망각 곡선을 아시나요?
망각 곡선은 시간이 지날수록 학습한 내용을 얼마나 잊는지에 대한 그래프입니다. 이 그래프에서 얻을 수 있는
교훈은 '한 번 학습한 것을 다시 학습한다면 망각 속도가 느려진다.'입니다.

저희의 교재는 '꾸준히 볼 수록 독자들의 기억에 강한 인상을 남기는 교재 이고 싶습니다.

여러분들이 이 책을 보는 시기가 언제인지와 무관하게, 11월 14일 목요일에 있을 시험을 위해서 고군분투하고
있다면,
코피를 흘려보기도 하고 졸린 눈을 비벼가며 인생이라는 망망대해 속에서 이리저리 선회하며 원하는 목표를 찾아
항해하시는 분들이라면, 해주고싶은 말이 있습니다.

초지일관(初志一貫) : 처음에 세운 뜻을 이루려고 끝까지 밀고 나감

그 여정에 저희 Team BLANK가 조금이나마 보탬이 되고자 합니다.

저자 및 검토진

[도움을 주신 모든 분들께 감사드립니다.]

저자

염철민

OO대학교 의예과 재학중

이우현

OO대학교 수학과 재학중

수년간 과외경험 多

우승현

서울대학교 의예과 재학중

지인선 N제 검토진

2024 대학수학능력시험 전국석차 5등

조현준

수학 강사 재직중 (guswnsgod0211@naver.com)

성균관대학교 수학과 재학중

이승욱

시대인재 HeLiOS 소속 (시대인재북스 화학1 출제 및 검토)

검토진

한O훈 가톨릭대학교 의예과

박O균 순천향대학교 의예과

김O오 서울대학교 첨단융합학부

윤O빈 OO대학교 컴퓨터공학과

이O하 OO대학교 의예과

이O중 OO대학교 의예과

정O혁 OO대학교 의예과

<h1 align="center">서평 및 코멘트</h1>

우승현 서울대학교 의예과

어떤 시험을 대비하는 기본적인 방법은 전년도 기출을 보는 것입니다. 수능도 마찬가지죠.
시중에 떠도는 수많은 **'문제를 잘 풀기 위한 팁'**은 결국 기존 기출을 베이스로 만들어진 방법입니다.

훌륭한 선생님들이 많기에 인터넷을 조금만 뒤져보면 어려운 문제를 이해하기 쉽게 설명해 주는 강의를 찾을 수 있습니다. 하지만 이와 같은 강의를 듣고 있으면 항상 한 가지 의문이 들었습니다.

"실전에서 이와 같이 사고할 수 있을까?"

결국 시험장에선 혼자서 문제를 풀어야 하고, 이를 위해선 책을펴고 문제를 뚫어내 보는 연습이 필요합니다.
그런 점에서 기존의 기출문제 해설집은 아쉬운 점이 많았습니다. 찬찬히 읽어보면 풀이과정이 이해가 가지만,
어떻게 그런 발상을 떠올렸는지 **사고 흐름이 드러나지 않았죠.** 이를 추리하는 과정에서 시행착오를 많이 겪었습니다.

이 기출문제집은 마치 수학 만점자가 옆에서 과외를 하는 것처럼 **어떻게 해당 풀이과정에 도달했는지까지의 솔직한 과정을 1인칭으로** 보여 줍니다. 처음부터 완벽한 풀이로 들어가는 타 해설집과 달리, 시행착오도 겪고 문제를 푸는 과정에서 생기는 고민거리들을 가감없이 보여줍니다.

시험장에선 최적의 풀이가 자로 잰 마냥 바로나오지 않을 수 있습니다. 그럼에도 불구하고 결국 답을 찾아나가야 하죠. 막히더라도 꾸역구역 정답을 찾아나가는 능력치를 기르실 수 있도록 심혈을 기울여 풀이를 작성했습니다.

이 책을 통해 수학에서만큼은 **막히더라도 끝끝내 풀 수 있는 자신감**을 얻어 가셨으면 좋겠습니다.

저자 지인선 지인선 N제

감사하게도, 지인선 N제를 검토해주신 우승현 님을 통해서 원고를 미리 보게 되었습니다.
이 책이 갖는 장점은 아래와 같다고 생각합니다.

  1. 수학 만점자의 사고방식을 고스란히 해설에 녹여내면서도,
  2. 과하지 않고 간결하게,
  3. 그러면서도 근거있게 서술되어 있다는 점

사실 이 3가지 가치는 하나의 책에서 함께 구현해내기 어렵습니다.
수학 만점자의 머릿속 사고과정은 필연적으로, 수학을 잘하지 못하는 학생들에게는 과하거나 어렵게 느껴질 것입니다.
하지만 이 책의 경우 **사고과정의 타당한 근거를 포함하면서도 간결하게 서술**하여, 일반적인 학생들도 소화할 수 있도록 구성되어 있습니다. 본인의 수학적 사고과정에 빈틈이 있는 것은 아닌지 고민하시는 학생분들에게 특히 추천드립니다. 수학 만점자는 기출을 어떤 식으로 바라보는지 참고하시면 향후 수능 수학의 학습에 있어서 믿음직한 이정표를 만드실 수 있을 것입니다.

백승우 기출의 파급효과

수능 수학 GOAT 들이 모여 **실제 시험장에서의 생각과 직관적 풀이**에 초점을 둔 책입니다.
공부할 때는 한 문제를 깊고 완벽하게 분석하면 좋지만 시험장에서는 이를 일일이 따질 시간이 부족한 경우가
많습니다.

이때 직관으로 정답인 상황을 가정하고 조건과 충돌이 없다면 답일 확률이 매우 높습니다.
이런 **직관성에 대한 인사이트**를 배워가고 싶은 학생들에게 추천하는 책입니다.

한승훈 가톨릭대학교 의학과

수능에서 고득점을 하기 위해서 다양한 방법이 있지만 역시 그중 제일은 기출분석이죠.

기출분석을 잘하는 방법을 하나 꼽자면, 저는 **한가지 문제를 놓고 현장에서 이 문제를 어떻게 다룰 것인지
고민해보는 것**이라고 생각합니다. 단순히 '이렇게 풀면 끝이야'가 아닌, **'왜 이렇게 푸는거지?'**에 대한 본인만의 이유를
만들어가는 것이 기출분석의 가장 중요한 부분 중 하나입니다.

저도 수험생 시절 이러한 기출분석을 하기 위해서 함께 공부하던 친구들과 한 문제를 두고 접근법에 대해 다양하게
토론을 했었습니다.

BLANK 기출문제집은, 그 수험생 시절의 토론을 생각나게 합니다. 이 책의 저자들은 최대한 **직관적이고, 현장에서
어떠한 점에서 힌트를 얻어야 할지에 집중**하여 기출문제 풀이를 선보입니다.

그래서 저자의 생각을 책을 읽으며 자연스럽게 받아들일 수 있고, 마치 저자와 친구가 되어서 '나는 이부분을 보고
이렇게 해야겠다 생각해서 이 식을 세웠는데, 너는 이걸 여기를 보고 이런 식을 만들었구나' 하는 이야기를 나누는
듯한 느낌입니다.

이미 기출을 한번쯤 보신 분들은, 이 책이 친구가 되어서 함께 접근법에 대해 토론을 나눠주는 친구가 되어줄
것입니다. 물론, 그러면서도 풀이가 친절하고 완성도 있어 기출을 처음 시작해보는 사람에게도 좋은 길잡이가 될
것이라고 생각합니다.

오민석 서울대학교 의학과

"기출을 봐라, 기출 속에 모든 게 있다."

수험생들이 처음 수능판에 들어오면서부터 수능을 응시하기까지, 끝없이 듣게 되는 말입니다. 하지만 수험생들에게 이
말이 와닿느냐고 질문한다면, 대부분의 수험생들이 그렇지 않다고 대답할 것이라 생각합니다.

평가원은 매해 수능에 새로운 느낌의 문항을 선보여 왔습니다. 많은 수험생들이 기출분석 강의를 듣고, 스스로 기출을
풀어보지만, **결국 실제 수능에서 이러한 문항에 제대로 대처하지 못합니다.** 이렇게 당해년도 수능에 출제된 새로운

느낌의 문항은 다음 해에는 '기출'로 둔갑하게 됩니다. 실제 수능을 현장에서 응시한 수험생이 구사하기에는 너무나 힘든 풀이들이 '기출분석'이라는 미명 하 '당연히 구사해야 하는 풀이'로 퍼져나가는 것이죠.

그렇기에 기출분석은 단순히 평가원이 낸 문제들의 유형을 외우는 데 그쳐서는 안 됩니다. 기출과 똑같거나 유사한 형태, 똑같거나 유사한 발상만이 수능에 나올 것이라고 판단하는 것 또한 오산입니다. 기출분석은 **수험생 본인이 문항을 풀며 스스로 사고하는 과정 하나하나에 '왜?'를 반문하며, 본인의 사고를 공고히 하는 과정**이어야 합니다.

BLANK의 해설은 이러한 점에서 수험생들에게 좋은 기출분석의 참고 자료가 될 수 있습니다. 단순히 '이 문제는 이렇게 푼다'식의 해설이 아니기 때문입니다. 수험생 입장에서 **충분히 떠올릴 수 있는 논리들과, 이 문항이 이렇게 풀릴 수밖에 없는 이유가 제시된 해설**은 수험생들이 본인의 사고를 교정하고, 스스로 깊게 생각하게끔 할 수 있을 것입니다.

아무쪼록 이 책을 접하는 모든 수험생 분들의 입시 성공을 기원합니다.

목차
[수학 I]

목차
[수학 II]

지수함수와 로그함수

* 25학년도 6월, 9월, 수능에 전부 4점 문항으로 출제된 단원입니다.

$a > 1$인 실수 a에 대하여 곡선 $y = \log_a x$와 원 $C : \left(x - \dfrac{5}{4}\right)^2 + y^2 = \dfrac{13}{16}$의 두 교점을 P, Q라 하자. 선분 PQ가 원 C의 지름일 때, a의 값은?

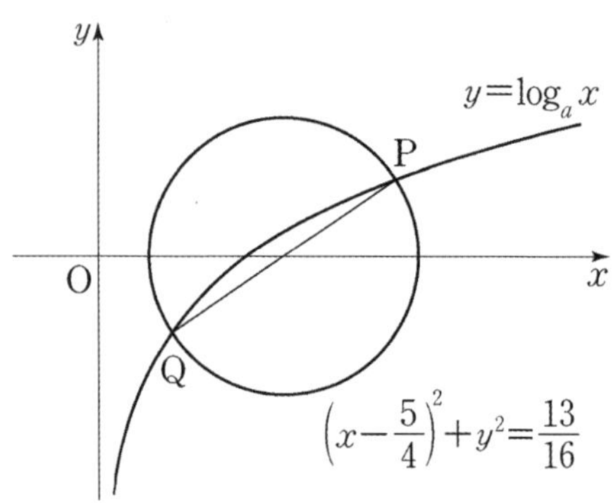

① 3   ② $\dfrac{7}{2}$ ③ 4   ④ $\dfrac{9}{2}$ ⑤ 5

원 C의 지름이 주어졌다. 지름이 나오면 필수적으로 해야 하는 생각이 무엇일까? 바로 원의 중심이다.

"지름 $\overline{PQ}$의 중점은 원의 중심 $\left(\dfrac{5}{4},\ 0\right)$이니, 원의 중심을 기준으로 P와 Q를 구하는 것이 깔끔하겠다."

$\mathrm{P}\left(\dfrac{5}{4} + p,\ q\right),\ \mathrm{Q}\left(\dfrac{5}{4} - p,\ -q\right)$라 하자.

이때, $p^2 + q^2 = \dfrac{13}{16} \cdots \text{㉠}$

또한, $y = \log_a x$에 점 P, Q를 대입해보면,

$\log_a\left(\dfrac{5}{4} + p\right) = q,\ \log_a\left(\dfrac{5}{4} - p\right) = -q$이므로

$\log_a\left(\dfrac{5}{4} + p\right)\left(\dfrac{5}{4} - p\right) = \log_a\left(\dfrac{25}{16} - p^2\right) = 0$

$\therefore\ p = \dfrac{3}{4}$

이후, ㉠에 p를 대입하면, $\left(\dfrac{3}{4}\right)^2 + q^2 = \dfrac{13}{16} \ \Rightarrow\ q = \dfrac{1}{2}$이다.

마지막으로, $\log_a\left(\dfrac{5}{4} + p\right) = q \ \Rightarrow\ \log_a 2 = \dfrac{1}{2}$

$$\therefore \ a = 4$$

답: ③

| 무엇을 기준으로 학생들을 변별했는가?

1. **로그함수**와 **원의 성질**로부터 문제에서 준 세 가지 정보
   1) P, Q의 중점 대칭성
   2) $y = \log_a x$
   3) 원의 반지름
   을 전부 뽑아내 사용할 수 있는가?

2. **중점의 좌표**, **두 점 사이의 거리** 등 기본적인 고등수학 개념을 다룰 수 있는가?

| NOTES

- 원의 지름이 나올 때 필수적으로 해야 하는 몇 가지 생각들이 있다.
  지름과 한 점이 이루는 직각삼각형, 그리고 **원의 중심**이다.

- 로그함수 및 지수함수 단원에서는 좌표를 바탕으로 로그함수 또는 지수함수에 **대입해서 답을 구하는 과정**이 대부분
  포함되어 있으니 이 조건을 빼먹지 않도록 주의하자.

- 계산과정을 최소화하기 위해 **원의 중점을 기준**으로 좌표를 잡아두는 것이 편리하다.
  (경우에 따라 다르니 무엇을 기준으로 좌표를 잡는 것이 가장 편리할지 생각하자.)

  물론 $(P_x, \ P_y)$와 같이 설정해도 무리 없이 풀리지만, 원의 중점을 기준으로 좌표를 잡아두면 이미 하나의 조건을 이용한 채로
  문제를 시작한 셈이 되어 시간과 계산과정을 획기적으로 단축할 수 있다.

1보다 큰 두 실수 a, b에 대하여

$$\log_{\sqrt{3}} a = \log_9 ab$$

가 성립할 때, $\log_a b$의 값은?

① 1   ② 2   ③ 3   ④ 4   ⑤ 5

로그의 성질을 이용하여 계산해보도록 하자.

1) $\log_{\sqrt{3}} a = \log_{3^{\frac{1}{2}}} a = 2\log_3 a$

2) $\log_9 ab = \dfrac{1}{2}\left(\log_3 a + \log_3 b\right)$ 이다.

따라서 $2\log_3 a = \dfrac{1}{2}\log_3 a + \dfrac{1}{2}\log_3 b \;\Rightarrow\; 3\log_3 a = \log_3 b$이다.

밑변환공식에 의해 $\dfrac{\log_3 b}{\log_3 a} = \log_a b$이므로,

$3\log_3 a = \log_3 b \;\Rightarrow\; \log_a b = 3$

답: ③

직선 $x=k$가 두 곡선 $y=\log_2 x$, $y=-\log_2(8-x)$와 만나는 점을 각각 A, B라 하자. $\overline{AB}=2$가 되도록 하는 모든 실수 k의 값의 곱은? (단, $0<k<8$)

① $\dfrac{1}{2}$ ② 1 ③ $\dfrac{3}{2}$ ④ 2 ⑤ $\dfrac{5}{2}$

"그래프를 그려서 상황파악을 하자."

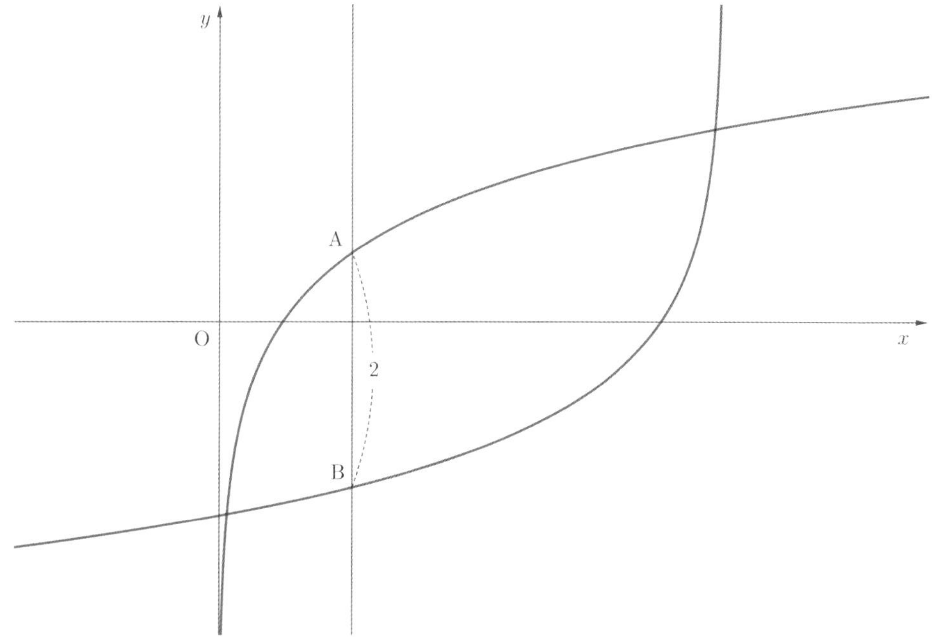

문제의 상황을 식으로 바꾸어서 해석하면 끝나겠군.

$A(k,\ \log_2 k)$, $B(k,\ -\log_2(8-k))$이므로
$$\overline{AB}=\left|\log_2 x+\log_2(8-x)\right|$$

$$\left|\log_2 x+\log_2(8-x)\right|=2$$
단, 식에서 나오는 근이 열린구간 구간 $(0,\ 8)$에 있는지는 확인해 주자.

$i)\ \log_2 x+\log_2(8-x)=2$일 경우,

$$\log_2 x+\log_2(8-x)=\log_2 x(8-x)=2\ \Rightarrow\ x(8-x)=4$$

$$\therefore\ x^2-8x+4=0$$

이를 만족하는 두 근이 k_1, k_2라 할 경우, 근과 계수의 관계에 의해 $k_1 k_2 = 4$이다.

"두 근이 전부 열린구간 $(0, 8)$에 존재하므로 문제 없군."

$ii)$ $\log_2 x + \log_2 (8-x) = -2$일 경우,

$$\log_2 x + \log_2 (8-x) = \log_2 x(8-x) = -2 \implies x(8-x) = \frac{1}{4}$$

$$\therefore \; x^2 - 8x + \frac{1}{4} = 0$$

이를 만족하는 두 근이 k_3, k_4라 할 경우, 근과 계수의 관계에 의해 $k_3 k_4 = \dfrac{1}{4}$이다.

"마찬가지로, 두 근이 전부 열린구간 $(0, 8)$에 존재하므로 문제 없군."

마지막으로, $i)$와 $ii)$에서 구한 근들을 전부 곱해주면, $k_1 k_2 k_3 k_4 = 1$

$\therefore$ 모든 실수 k의 값의 곱은 1이다.

답: ②

| 무엇을 기준으로 학생들을 변별했는가?

1. 좌표평면에서 두 점 사이의 거리를 수식으로 표현할 수 있는가?

| NOTES

- 이 문제에선 모든 근이 유효한 범위 안에 들어와서 문제가 없었지만, 로그함수가 나올 때 **정의역**은 항상 먼저 확인하고 들어가자!

이차함수 $y=f(x)$의 그래프와 일차함수 $y=g(x)$의 그래프가 그림과 같을 때, 부등식

$$\left(\frac{1}{2}\right)^{f(x)g(x)} \geq \left(\frac{1}{8}\right)^{g(x)}$$

을 만족시키는 모든 자연수 x의 값의 합은?

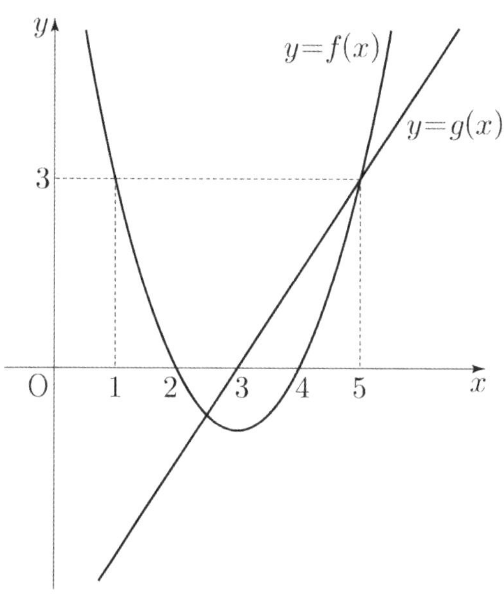

① 7   ② 9   ③ 11   ④ 13   ⑤ 15

"지수를 활용하는 부등식의 문제이다. 밑의 조건에 따라 부등호의 범위가 바뀌니 주의하자."

$\left(\frac{1}{2}\right)^{f(x)g(x)} \geq \left(\frac{1}{2}\right)^{3g(x)}$ 이고, $f(x)g(x) \leq 3g(x)$이므로 $g(x)\{f(x)-3\} \leq 0$

$g(x)$와 $f(x)-3$의 곱이 0 혹은 음수이므로 부호는 서로 다르거나 둘 중 하나는 0일 것이다.

$i)$ $g(x) \geq 0 , f(x)-3 \leq 0$인 경우

$g(x) \geq 0$을 만족하는 x는 $x=3,\ 4,\ 5,\ ...$이고
$f(x)-3 \leq 0$을 만족시키는 x는 $x=1,\ 2,\ 3,\ 4,\ 5$이므로 주어진 부등식을 만족하는 x는 $x=3,\ 4,\ 5$이다. ⋯ ㉠

$ii)$ $g(x) \leq 0 , f(x)-3 \geq 0$인 경우

$g(x) \leq 0$을 만족하는 x는 $x=1,\ 2,\ 3$이고
$f(x)-3 \geq 0$을 만족시키는 x는 $x=1,\ 5$이므로 주어진 부등식을 만족하는 x는 $x=1$이다 ⋯ ㉡

$\therefore$ ㉠, ㉡에 의해 모든 자연수 x의 값의 합은 13이다.

답: ④

2 이상의 자연수 n에 대하여 $5\log_n 2$의 값이 자연수가 되도록 하는 모든 n의 값의 합은?

① 34   ② 38   ③ 42   ④ 46   ⑤ 50

어떠한 값이 자연수가 된다는 것은 매우 특수한 조건이다.

$5\log_n 2 = k$라 하자. (k는 자연수)

로그의 정의를 이용하여 $n^k = 2^5$임을 알 수 있다.

만약 $n = 2$라면, k는 5이다.

만약 $n = 2^2$이라면, k는 $\dfrac{5}{2}$이므로 k가 자연수라는 조건에 모순이다.

그렇다면 $n^k = 2^5 = 32$이면서, 동시에 n과 k가 자연수가 되도록 하는 경우는 **두 가지 뿐**이다.

조금만 생각해보면 $(n,\ k) = (2,\ 5),\ (32,\ 1)$임을 쉽게 알 수 있다.
(k가 5의 약수가 되는 경우 뿐이다.)

따라서 $k = 1$이면 $n = 32$이고, $k = 5$이면 $n = 2$이다.

답: ①

네 양수 a, b, c, k가 다음 조건을 만족시킬 때, k^2의 값을 구하시오.

> (가) $3^a = 5^b = k^c$
>
> (나) $\log c = \log(2ab) - \log(2a+b)$

(가) $3^a = 5^b = k^c$

이 형태를 보자마자, 반사적으로 $3^a = 5^b = k^c = t$라 두어야 한다.
이후, 다음 관계식이 성립된다.

$$3 = t^{\frac{1}{a}}, \ 5 = t^{\frac{1}{b}}, \ k = t^{\frac{1}{c}} \ \cdots \ \text{㉠}$$

(나) $\log c = \log(2ab) - \log(2a+b)$

로그의 성질에 의하여 $\log c = \log \dfrac{2ab}{2a+b}$ 이므로, 양변의 로그를 제거하면

$c = \dfrac{2ab}{2a+b}$ 임을 알 수 있다.

그런데, 식을 자세히 보면 $2a$와 b가 분자$(2a \times b)$에서는 **곱해져 있고**, 분모$(2a+b)$에서는 **더해져 있다**.
(꼭 이 느낌이 아니더라도, 식에서 약간의 부자연스러운 느낌이 난다.)

그렇다면, 양변의 **분모와 분자를 뒤집어**볼 수 있을 것 같다.

$$c = \frac{2ab}{2a+b} \ \Rightarrow \ \frac{1}{c} = \frac{2a+b}{2ab} \ \Rightarrow \ \frac{1}{c} = \frac{1}{2a} + \frac{1}{b}$$

이제, ㉠의 관계식들과 엮을 접점이 보인다.

"$\dfrac{1}{c} = \dfrac{1}{2a} + \dfrac{1}{b}$ 를 지수들끼리의 사칙연산이라고 생각해보자."

$$\frac{1}{c} = \frac{1}{2a} + \frac{1}{b} \ \Rightarrow \ t^{\frac{1}{c}} = t^{\frac{1}{2a} + \frac{1}{b}}$$

"이제 ㉠만 대입하면 되겠네."

$$t^{\frac{1}{c}} = t^{\frac{1}{2a} + \frac{1}{b}} \ \Rightarrow \ t^{\frac{1}{c}} = t^{\frac{1}{2a}} \times t^{\frac{1}{b}} \ \Rightarrow \ k = 5\sqrt{3}$$

$$\therefore\ k^2 = 75$$

답: 75

| NOTES

- $3^a = 5^b = k^c$와 같이 **밑과 지수가 모두 다른 관계식**을 본다면 $3^a = 5^b = k^c = t$라 두고 **밑을 t로 맞추어야 한다**.
  ($A = B = C$꼴)

이는 내신에서도 많이 다뤘던 유형이기에 크게 어려움은 없었을 것으로 보인다.

지수함수 $y=a^x\,(a>1)$의 그래프와 직선 $y=\sqrt{3}$이 만나는 점을 A라 하자.
점 B$(4,\,0)$에 대하여 직선 OA와 직선 AB가 서로 수직이 되도록 하는 모든 a의 값의 곱은?
(단, O는 원점이다.)

① $3^{\frac{1}{3}}$ ② $3^{\frac{2}{3}}$ ③ 3 ④ $3^{\frac{4}{3}}$ ⑤ $3^{\frac{5}{3}}$

지수함수 $y=a^x$와 직선 $y=\sqrt{3}$가 만나는 점이 A이므로, A$\left(\log_a\sqrt{3},\,\sqrt{3}\right)$이라 두자.

직선 OA와 직선 AB가 서로 수직이므로, 두 기울기의 곱은 -1이다.

$$\therefore\ \frac{\sqrt{3}}{\log_a\sqrt{3}}\times\frac{\sqrt{3}}{\log_a\sqrt{3}-4}=-1 \ \Rightarrow\ \left(\log_a\sqrt{3}\right)^2-4\log_a\sqrt{3}+3=(\log_a\sqrt{3}-1)(\log_a\sqrt{3}-3)=0$$

방정식을 만족시키려면 $\log_a\sqrt{3}=1,\,3 \ \Rightarrow\ \log_a3=2,\,6$이 되어야 하므로,
$a=3^{\frac{1}{2}}$ 또는 $a=3^{\frac{1}{6}}$ 이다.

따라서, 가능한 모든 a의 값의 곱은 $3^{\frac{2}{3}}$이다.

$$\therefore\ 3^{\frac{2}{3}}$$

답: ②

두 곡선 $y=2^x$과 $y=-2x^2+2$가 만나는 두 점을 $(x_1, \ y_1)$, $(x_2, \ y_2)$라 하자.
$x_1 < x_2$일 때, 〈보기〉에서 옳은 것만을 있는 대로 고른 것은?

〈 보 기 〉

ㄱ. $x_2 > \dfrac{1}{2}$

ㄴ. $y_2 - y_1 < x_2 - x_1$

ㄷ. $\dfrac{\sqrt{2}}{2} < y_1 y_2 < 1$

---

① ㄱ　　　　② ㄱ, ㄴ　　　③ ㄱ, ㄷ　　　④ ㄴ, ㄷ　　　⑤ ㄱ, ㄴ, ㄷ

문제를 들어가기 앞서, 다항함수와 초월함수의 교점은 일반적으로 구하기 어렵다.

예를 들어 $e^x = x+1$의 실근이 $x=0$임을 대입을 통해서 알 수 있듯이
직접적으로 근을 구하기 힘들 땐 **간접적으로 주변 정보를 활용**할 수 있어야 한다.

우선 $y=2^x$와 $y=-2x^2+2$의 그래프를 그려보도록 하자.

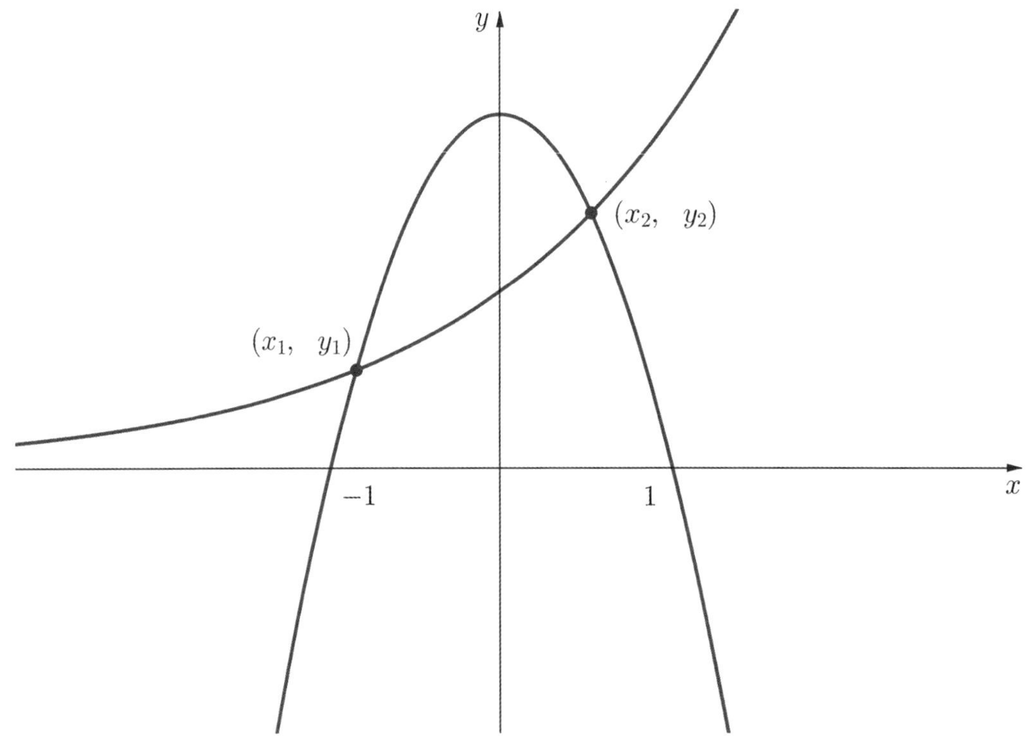

ㄱ. $x_2 > \dfrac{1}{2}$

$x = x_2$일 때 $y = 2^x$와 $y = -2x^2 + 2$가 교점을 가진다.
그리고 $x = x_2$**를 기준으로 두 그래프의 위치관계가 변하므로** 이를 활용하자.

$x = \dfrac{1}{2}$를 $y = 2^x$와 $y = -2x^2 + 2$에 각각 대입하면 $y = 2^{\frac{1}{2}}$, $y = \dfrac{3}{2}$ 이다.

이때 $2^{\frac{1}{2}} < \dfrac{3}{2}$ 이므로 $x = \dfrac{1}{2}$일 때 $y = -2x^2 + 2$가 더 위에 있다. 이를 통해 $x_2 > \dfrac{1}{2}$임을 간접적으로 알 수 있다. $\cdots$ (참)

ㄴ. $y_2 - y_1 < x_2 - x_1$

$x_2 - x_1 > 0$이므로 양변에 $x_2 - x_1$을 나눠주면 $\dfrac{y_2 - y_1}{x_2 - x_1} < 1$이므로 다음과 같이 해석할 수 있다.

'$(x_1, \, y_1)$에서 $(x_2, \, y_2)$까지의 기울기가 1보다 작다.'

이제 **기울기가 1인 직선**을 찾아 두 기울기를 비교해보도록 하자.

$y = 2^x$ 위를 지나는 $(0, \, 1)$에서 $(1, \, 2)$까지의 기울기가 1이므로,
오른쪽으로 갈수록 가파라지는 $y = 2^x$의 특성을 보아 $(x_1, \, y_1)$에서 $(x_2, \, y_2)$까지의 기울기와 비교해보면

$(x_1, \, y_1)$에서 $(x_2, \, y_2)$까지의 기울기가 더 완만한 것을 알 수 있다. $\cdots$ (참)

ㄷ. $\dfrac{\sqrt{2}}{2} < y_1 y_2 < 1$

$y_1 = 2^{x_1}$, $y_2 = 2^{x_2}$이므로 $y_1 y_2 = 2^{x_1 + x_2}$이다.
따라서, ㄷ선지는 $-\dfrac{1}{2} < x_1 + x_2 < 0$와 동치라고 볼 수 있다.

$i\,)$ $x_1 + x_2 < 0$

이차함수의 그래프 위의 점 $(x_1, \, y_1)$이 점 $(x_2, \, y_2)$보다 더 아래에 있으므로 $|x_1| > |x_2|$ 이다.
따라서 $x_1 + x_2 < 0$이다.

$ii\,)$ $x_1 + x_2 > -\dfrac{1}{2}$

ㄱ에서 $x_2 > \dfrac{1}{2}$ 라고 했고, $x_1 > -1$이므로 두 부등식을 더하면 $x_1 + x_2 > -\dfrac{1}{2}$ 이다. $\cdots$ (참)

답: ⑤

1. **주변 정보들을 활용**하여 답을 구할 수 있는가?

2. ㄷ에서 $y_1 y_2$의 범위를 $-\dfrac{1}{2} < x_1 + x_2 < 0$로 변형하여 구할 수 있는가?

곡선 $y=2^{ax+b}$과 직선 $y=x$가 서로 다른 두 점 A, B에서 만날 때, 두 점 A, B에서 x축에 내린 수선의 발을 각각 C, D라 하자. $\overline{AB}=6\sqrt{2}$이고 사각형 ACDB의 넓이가 30일 때, $a+b$의 값은? (단, a, b는 상수이다.)

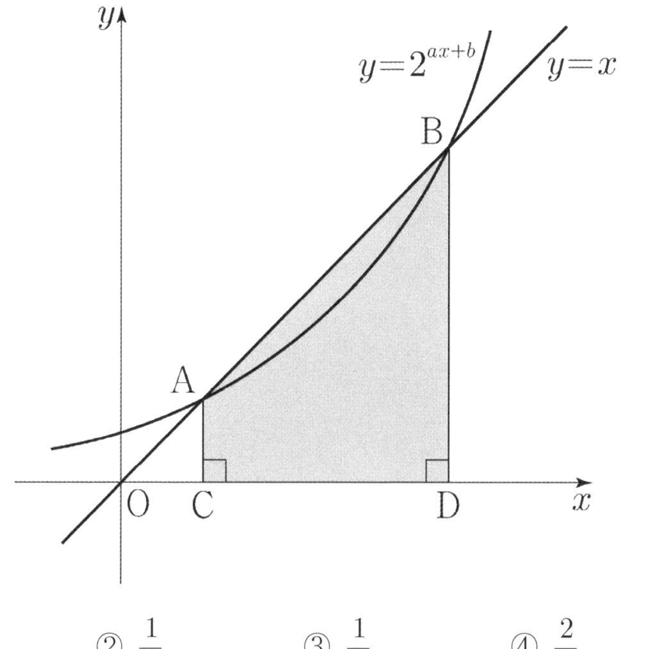

① $\dfrac{1}{6}$ 　 ② $\dfrac{1}{3}$ 　 ③ $\dfrac{1}{2}$ 　 ④ $\dfrac{2}{3}$ 　 ⑤ $\dfrac{5}{6}$

도형의 **기하학적 성질**을 이용하여 문제를 해결하자.

우선 점 A에서 선분 BD에 내린 수선의 발을 H라 하자.
그러면 점 A, B가 $y=x$ 위에 있고, $\overline{AB}=6\sqrt{2}$ 라고 했으므로 $\overline{AH}=6$이고 $\overline{BH}=6$이다.

사각형 ACDB의 넓이가 30이라고 했으니 $\overline{AC}=k$라 두고 문제를 해결해보자.

$\overline{AC}=k$이고 $\overline{BD}=k+6$, $\overline{CD}=6$이므로 사각형의 넓이는 $(k+k+6)\times 6\div 2=30$

$\therefore \ k=2$

점 $\mathrm{A}(2,\,2)$와 점 $\mathrm{B}(8,\,8)$은 $y=2^{ax+b}$를 지나므로 계산해주면 $a=\dfrac{1}{3}$이고 $b=\dfrac{1}{3}$이다.

$\therefore \ a+b=\dfrac{2}{3}$

답: ④

$\angle A = 90°$이고 $\overline{AB} = 2\log_2 x$, $\overline{AC} = \log_4 \dfrac{16}{x}$인 삼각형 ABC의 넓이를 $S(x)$라 하자. $S(x)$가 $x = a$에서 최댓값 M를 가질 때, $a + M$의 값은? (단, $1 < x < 16$)

① 6　　　　　② 7　　　　　③ 8　　　　　④ 9　　　　　⑤ 10

$\angle A = 90°$이므로 $S(x) = \dfrac{1}{2} \times 2\log_2 x \times \log_4 \dfrac{16}{x} = \dfrac{1}{2} \times \log_2 x \times \log_2 \dfrac{16}{x}$

이 문제를 $\log_2 x$가 반복되고 있으므로 $\log_2 x = t$로 치환하자.

하지만 $1 < x < 16$에서 $\log_2 x > 0$, $\log_2 \dfrac{16}{x} > 0$이고,

곱의 최대를 묻고 있으므로 산술기하평균으로 접근해도 좋다.

산술기하평균에 의해 $\log_2 x + \log_2 \dfrac{16}{x} \geq 2\sqrt{\log_2 x \times \log_2 \dfrac{16}{x}}$ 이고 $\log_2 x + \log_2 \dfrac{16}{x} = 4$이므로

$\therefore \ \log_2 x \times \log_2 \dfrac{16}{x} \leq 4$

여기서 등호가 성립되는 경우는 $\log_2 x = \log_2 \dfrac{16}{x}$일 때이므로 $x = 4$이다.

따라서 $S(x)$는 $x = 4$에서 최댓값 2를 갖는다.

$\therefore \ a + M = 6$

답: ①

$\log_4 2n^2 - \dfrac{1}{2}\log_2 \sqrt{n}$ 의 값이 40 이하의 자연수가 되도록 하는 자연수 n의 개수를 구하시오.

일단 문제에 보이는 식부터 간단하게 하자.

$$\log_4 2n^2 - \frac{1}{2}\log_2 \sqrt{n} = \log_4 2n^2 - \log_4 \sqrt{n} = \log_4 2n^{\frac{3}{2}} = N \ (N\text{은 자연수})$$

$$2n^{\frac{3}{2}} = 4^N \ \Rightarrow \ n^{\frac{3}{2}} = 2^{2N-1}$$

정리하면, $n^3 = 2^{4N-2}$이다.

여기서 n^3은 **어떤 자연수의 세제곱**으로, 우변 또한 **어떤 자연수의 세제곱** 꼴이 되어야한다.

따라서, $4N - 2 = 3k$ (k는 자연수)라고 결정지을 수 있다.

$N = 2, \ 5, \ 8, \ \cdots, \ 38$이므로 총 개수는 13개다.

답: 13

| 무엇을 기준으로 학생들을 변별했는가?

1. **밑변환 공식**을 통해 서로 다른 밑을 가진 로그함수의 합을 하나로 정리할 수 있는가?

2. 부정방정식에서 **자연수 조건**과 **거듭제곱 꼴 조건**을 통해 주어진 경우를 만족하는 해를 구할 수 있는가?

| NOTES

- 자연수 조건은 항상 예민하게 받아들이자. 문제를 푸는 핵심 단서인 경우가 많다.

$\dfrac{1}{4}<a<1$인 실수 a에 대하여 직선 $y=1$이 두 곡선 $y=\log_a x$, $y=\log_{4a} x$와 만나는 점을 각각 A, B라 하고, 직선 $y=-1$이 두 곡선 $y=\log_a x$, $y=\log_{4a} x$와 만나는 점을 각각 C, D라 하자. 〈보기〉에서 옳은 것만을 있는 대로 고른 것은?

───────────────── 〈보 기〉 ─────────────────

ㄱ. 선분 AB를 $1:4$로 외분하는 점의 좌표는 $(0,\ 1)$이다.

ㄴ. 사각형 ABCD가 직사각형이면 $a=\dfrac{1}{2}$이다.

ㄷ. $\overline{\text{AB}}<\overline{\text{CD}}$이면 $\dfrac{1}{2}<a<1$이다.

① ㄱ   ② ㄷ   ③ ㄱ, ㄴ   ④ ㄴ, ㄷ   ⑤ ㄱ, ㄴ, ㄷ

로그함수의 개형을 결정하는 건 밑의 크기이다.

$\dfrac{1}{4}<a<1$이고, $4a>1$이다.

그림을 그려보면 다음과 같다.

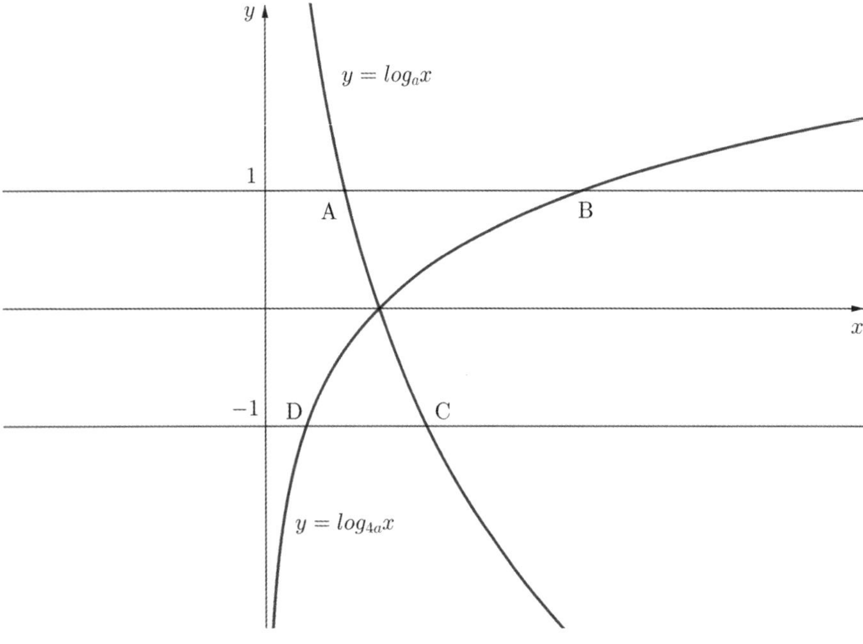

ㄱ. 선분 AB를 $1:4$로 외분하는 점의 좌표는 $(0,\ 1)$이다.

$A(a,\ 1)$이고 $B(4a,\ 1)$이다. 그림 상 $(0,\ 1)$이 선분 AB를 $1:4$로 외분함을 바로 볼 수 있다. … (참)

ㄴ. 사각형 ABCD가 직사각형이면 $a = \dfrac{1}{2}$이다.

직사각형이라는 뜻은 A의 x좌표, 그리고 D의 x**좌표가 같다**는 뜻이다.

따라서 $a = \dfrac{1}{4a} \Rightarrow a = \dfrac{1}{2}$ … (참)

ㄷ. $\overline{\mathrm{AB}} < \overline{\mathrm{CD}}$이면 $\dfrac{1}{2} < a < 1$이다.

$\overline{\mathrm{AB}} = 4a - a = 3a$

$\overline{\mathrm{CD}} = \dfrac{1}{a} - \dfrac{1}{4a} = \dfrac{3}{4a}$

이를 대입하면 $\overline{\mathrm{AB}} < \overline{\mathrm{CD}} \Rightarrow 3a < \dfrac{3}{4a}$ 이고,

정리하면 $a^2 < \dfrac{1}{4} \Rightarrow -\dfrac{1}{2} < a < \dfrac{1}{2}$이다.

이 범위와 발문에서 주어진 범위 $\dfrac{1}{4} < a < 1$를 종합하면, $\dfrac{1}{4} < a < \dfrac{1}{2}$이다. … (거짓)

답: ③

┃ 무엇을 기준으로 학생들을 변별했는가?

1. 로그함수 밑의 크기에 따라 달라지는 그래프의 개형을 구분할 수 있는가?

┃ NOTES

- 문제에서 외분점의 좌표를 물어본다는 외분점 공식을 통해 값을 구해야 한다.
  하지만 이처럼 옳고 그름을 물어보는 문제는 그냥 대입한 후 외분이 맞는지 확인만 하면 된다.

$\dfrac{1}{2} < \log a < \dfrac{11}{2}$ 인 양수 a에 대하여 $\dfrac{1}{3} + \log \sqrt{a}$ 의 값이 자연수가 되도록 하는 모든 a의 값의 곱은?

① 10^{10}　　② 10^{11}　　③ 10^{12}　　④ 10^{13}　　⑤ 10^{14}

"$\log a$의 주어진 범위를 이용해, $\dfrac{1}{3} + \log \sqrt{a}$의 범위를 구해야겠다."

$$\frac{7}{12} < \frac{1}{3} + \log \sqrt{a} < \frac{37}{12}$$

따라서, $\dfrac{1}{3} + \log \sqrt{a}$의 값이 자연수가 되는 경우는 $\dfrac{1}{3} + \log \sqrt{a}$가 1, 2, 3인 경우뿐이다.

$$\frac{1}{3} + \log \sqrt{a} = 1, \quad \frac{1}{3} + \log \sqrt{a} = 2, \quad \frac{1}{3} + \log \sqrt{a} = 3$$

조건을 만족하는 모든 a의 값의 곱을 구해야 하므로 3개의 방정식을 일일이 다 풀지 말고, 3개의 방정식을 다 더해보자.

세 실수 a_1, a_2, a_3에 대해 $\dfrac{1}{3} + \log \sqrt{a_1} = 1$, $\dfrac{1}{3} + \log \sqrt{a_2} = 2$, $\dfrac{1}{3} + \log \sqrt{a_3} = 3$라고 하자.

$$\left(\frac{1}{3} + \log \sqrt{a_1} \right) + \left(\frac{1}{3} + \log \sqrt{a_2} \right) + \left(\frac{1}{3} + \log \sqrt{a_3} \right) = 6$$

$$1 + \frac{1}{2} \log a_1 a_2 a_3 = 6$$

$$\therefore \ a_1 a_2 a_3 = 10^{10}$$

답: ①

$n \geq 2$인 자연수 n에 대하여 두 곡선

$$y = \log_n x, \ \ y = -\log_n (x+3) + 1$$

이 만나는 점의 x좌표가 1보다 크고 2보다 작도록 하는 모든 n의 값의 합은?

① 30   ② 35   ③ 40   ④ 45   ⑤ 50

두 곡선의 교점에 대한 정보가 나와 있으므로 이를 이용하여 관계식을 세워야 한다.

방정식 $\log_n x = -\log_n (x+3) + 1$의 실근이 1보다 크고 2보다 작으면 되므로
(항상 방정식에서 진수조건을 잊지 말자! 진수조건: $x > 0$)

방정식을 계산하면 $\log_n x + \log_n (x+3) = 1$, $\log_n x(x+3) = \log_n n$ 이다.

따라서 $x(x+3) = n$을 만족하는 x가 1보다 크고 2보다 작아야 한다.

진수조건에 의해 $x > 0$일 때 $y = x(x+3)$의 그래프와 $y = n$의 교점의 x좌표가 1보다 크고 2보다 작아야 하므로 $y = n$이 $x = 1$에서의 함숫값과 $x = 2$에서의 함숫값 사이에 존재해야 한다.

$y = x(x+3)$가 $(1, 4)$와 $(2, 10)$ 사이에 있으므로 $4 < n < 10$ 이다.

따라서 $n = 5, 6, 7, 8, 9$이므로 합은 35 이다.

답: ②

다음 조건을 만족시키는 최고차항의 계수가 1인 이차함수 $f(x)$가 존재하도록 하는 모든 자연수 n의 값의 합을 구하시오.

(가) x에 대한 방정식 $(x^n - 64)f(x) = 0$은 서로 다른 두 실근을 갖고, 각각의 실근은 중근이다.

(나) 함수 $f(x)$의 최솟값은 음의 정수이다.

(가) x에 대한 방정식 $(x^n - 64)f(x) = 0$은 서로 다른 두 중근을 갖는다.

여기서 $64 = 2^6$이므로 다음과 같이 식을 바꿔보자.
$(x^n - 2^6)f(x) = 0$

여기서 두 실근은 $x^n - 2^6 = 0$과 $f(x) = 0$으로 나눌 수 있다.
여기서 $x^n - 2^6 = 0$을 살펴보면

n이 홀수일 때 $(0, -2^6)$에 대해 점대칭으로 오직 한 개의 실근 $x = 2^{\frac{6}{n}}$을 가지고,

n이 짝수일 때 $x = 0$에 대해 대칭으로 두 개의 실근 $x = \pm 2^{\frac{6}{n}}$을 가진다.

$x^n - 2^6 = 0$은 그 자체로 절대 중근을 가질 수 없으므로

두 실근이 전부 중근이기 위해서는 $x^n - 2^6 = 0$이 두 개의 실근 $x = \pm 2^{\frac{6}{n}}$을 갖고,

$f(x)$ 또한 두 개의 실근 $x = \pm 2^{\frac{6}{n}}$을 갖게 되어 결과적으로 중근을 만드는 방법밖에 없다.

$\therefore$ n은 짝수, $f(x) = x^2 - 2^{\frac{12}{n}}$

(나) 함수 $f(x)$의 최솟값은 음의 정수이다.

$f(x) = x^2 - 2^{\frac{12}{n}}$이므로 $f(x)$는 $x = 0$에서 최솟값 $f(0) = -2^{\frac{12}{n}}$을 갖는다.

여기서 $-2^{\frac{12}{n}}$는 음의 정수가 되어야하므로
따라서 n은 짝수이면서 12의 약수여야 한다.

$\therefore$ $n = 2, 4, 6, 12$

답: 24

1. $x^n - 64$는 n이 홀수인지 짝수인지에 따라 다른 개형을 가짐을 파악하고,
n이 짝수일 때만 성립됨을 알아낼 수 있는가?

2. $f(x)$의 최솟값이 음의 정수라는 조건을 통해 n이 12의 약수임을 알 수 있는가?

| NOTES

- $x^n = a\,(a > 0)$일 때 n이 홀수라면 실근은 1개이고 n이 짝수라면 실근은 2개다.
n이 홀수일 때 실근은 $x = a^{\frac{1}{n}}$, n이 짝수일 때 실근은 $x = \pm a^{\frac{1}{n}}$ 이다.

$a>1$인 실수 a에 대하여 직선 $y=-x+4$가 두 곡선

$$y=a^{x-1}, \ y=\log_a(x-1)$$

과 만나는 점을 각각 A, B라 하고, 곡선 $y=a^{x-1}$이 y축과 만나는 점을 C라 하자. $\overline{AB}=2\sqrt{2}$일 때, 삼각형 ABC의 넓이는 S이다. $50\times S$의 값을 구하시오.

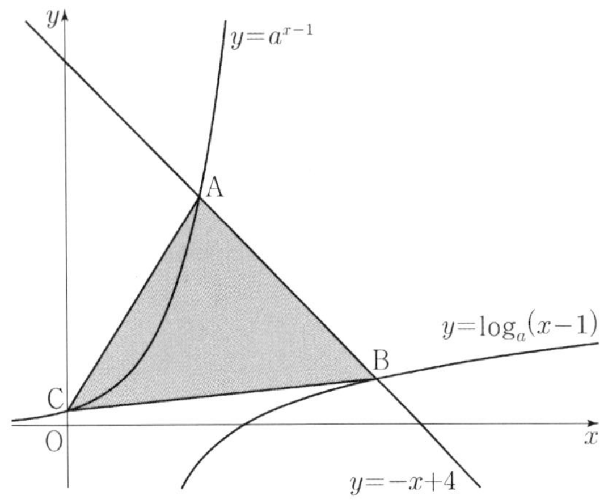

"로그함수와 지수함수가 그려져 있고 기울기 -1인 직선이 있네? A, B는 일단 대칭인 관계겠다."

"로그, 지수함수 둘 다 x방향으로 1씩 평행이동 되어 있다. 그러면 두 함수는 $y=x-1$에 대해 대칭이겠구나."

$y=x-1$과 $y=-x+4$의 교점은 A, B의 중점이다. 점 M이라 하고 좌표를 구해 보자.

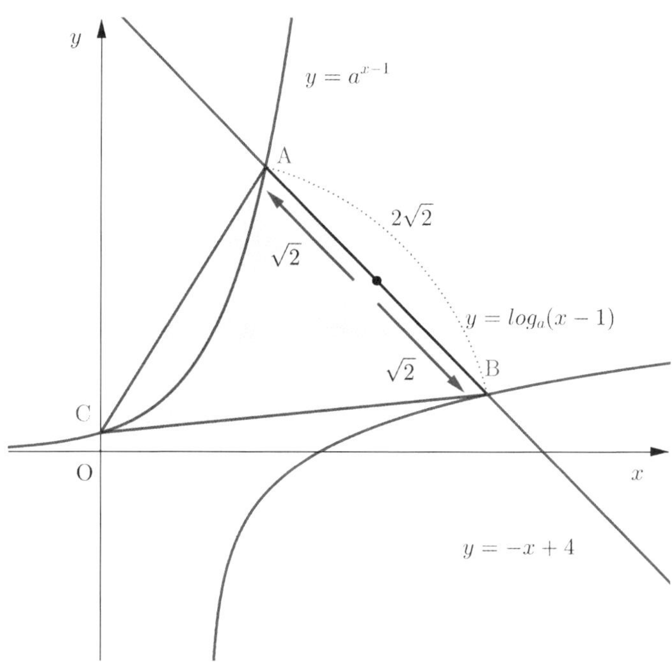

$M\left(\dfrac{5}{2},\ \dfrac{3}{2}\right)$

"$\overline{AB} = 2\sqrt{2}$ 네. 기울기는 -1이니까, A, B의 좌표도 바로 구할 수 있겠군."

$A\left(\dfrac{5}{2}-1,\ \dfrac{3}{2}+1\right),\ B\left(\dfrac{5}{2}+1,\ \dfrac{3}{2}-1\right) \Rightarrow A\left(\dfrac{3}{2},\ \dfrac{5}{2}\right),\ B\left(\dfrac{7}{2},\ \dfrac{1}{2}\right)$

점의 좌표를 구했으니 $y = a^{x-1}$에 $A\left(\dfrac{3}{2},\ \dfrac{5}{2}\right)$를 대입하면,

$a^{\frac{1}{2}} = \dfrac{5}{2} \Rightarrow a = \dfrac{25}{4}$

a를 구했으니 점 C를 구하자.

$C\left(0,\ \dfrac{1}{a}\right)$므로, 앞서 구한 $a = \dfrac{25}{4}$을 대입하자.

$\therefore\ C\left(0,\ \dfrac{4}{25}\right)$

"$\triangle ABC$의 넓이를 구하기 가장 쉬운 방법은 뭘까..?"

우리는 $\overline{AB} = 2\sqrt{2}$ 이고, $\overline{AB}$의 기울기가 -1임을 알고 있다.
그렇다면, $\underline{\overline{AB}\textbf{를 밑변으로 생각}}$한 뒤 기울기가 1인 $\textbf{높이를 설정}$하여 구하면 $\underline{\triangle ABC\textbf{의 넓이}}$를 구할 수 있겠다.

C에서 $x + y - 4 = 0$에 내린 수선의 발을 H라 하자.

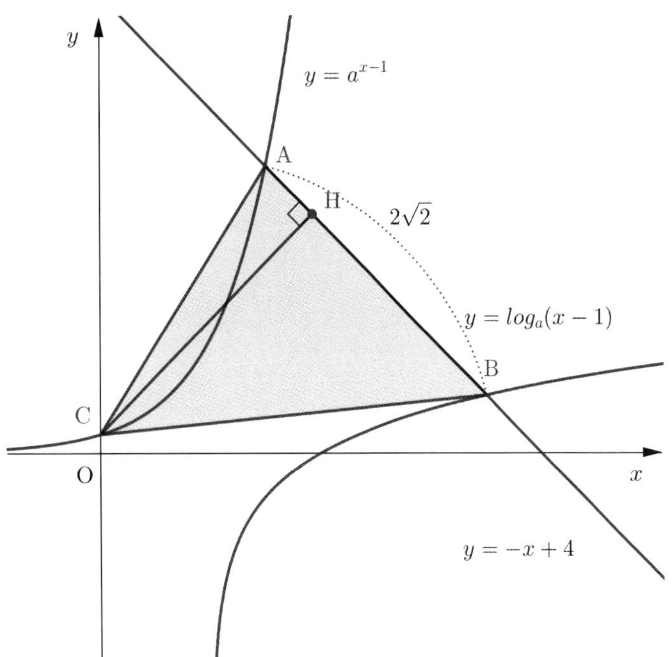

여기서 H는 $y = x + \dfrac{4}{25}$ 와 $y = -x + 4$의 교점일 것이다.

$$\therefore \ \text{H}\left(\dfrac{48}{25}, \ \dfrac{48}{25} + \dfrac{4}{25}\right)$$

$C\left(0, \ \dfrac{4}{25}\right)$이므로, $\overline{\text{CH}} = \dfrac{48\sqrt{2}}{25}$

$$S = \dfrac{1}{2}\overline{\text{AB}} \times \overline{\text{CH}} = \dfrac{96}{25}$$

$$\therefore \ 50 \times S = 192$$

답: 192

| 무엇을 기준으로 학생들을 변별했는가?

1. 로그함수와 지수함수의 대칭성을 활용할 수 있다.

2. 함수가 평행이동된 상황을 해석할 수 있다.

- 밑이 같은 로그함수와 지수함수가 쌍으로 등장할 때, 항상 대칭성을 떠올리도록 하자.
 특히 기울기가 -1인 직선을 등장시킨 다음 길이를 구해서 좌표를 구하는 형태의 문제는 자주 등장한다.

- 좌표평면에서 길이, 넓이 등을 다룰 때 고1 수학은 기본 소양이다. 삼각형의 넓이를 구할 때 상황에 따라 어떤 방법으로 구하는 것이 가장 편리할지 직관적으로 파악할 수 있어야 한다.

직선 $y=2x+k$가 두 함수

$$y=\left(\frac{2}{3}\right)^{x+3}+1, \quad y=\left(\frac{2}{3}\right)^{x+1}+\frac{8}{3}$$

의 그래프와 만나는 점을 각각 P, Q라 하자. $\overline{PQ}=\sqrt{5}$일 때, 상수 k의 값은?

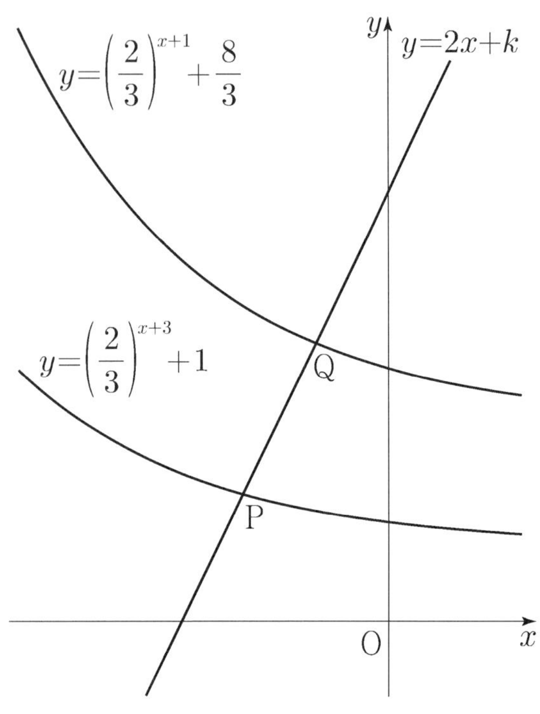

① $\dfrac{31}{6}$ ② $\dfrac{16}{3}$ ③ $\dfrac{11}{2}$ ④ $\dfrac{17}{3}$ ⑤ $\dfrac{35}{6}$

기울기가 2인 직선과 두 지수함수의 그래프가 그려져 있다.

여기서 $\overline{PQ}=\sqrt{5}$이고 점 P와 점 Q를 지나는 직선의 기울기가 2이므로
P와 Q의 x좌표의 차가 1이고 y좌표의 차가 2임을 알 수 있다. (직각삼각형의 성질을 이용하자.)

따라서 점 P를 $(p,\ 2p+k)$, 점 Q를 $(p+1,\ 2(p+1)+k)$라 두자.

이 때,
$$2p+k=\left(\frac{2}{3}\right)^{p+3}+1$$
$$2(p+1)+k=\left(\frac{2}{3}\right)^{p+2}+\frac{8}{3}\ \text{을 만족한다.}$$

이제 두 식을 빼보면, 다음과 같다.
$$\left(\frac{2}{3}\right)^{p+2}-\left(\frac{2}{3}\right)^{p+3}=\frac{1}{3}\ \Rightarrow\ \left(\frac{2}{3}\right)^{p+2}=1$$

$$\therefore \ p = -2$$

이제 $2(p+1)+k = \left(\dfrac{2}{3}\right)^{p+2} + \dfrac{8}{3}$ 에 $p = -2$를 대입하면,

$$k = \dfrac{17}{3}$$

답: ④

| 무엇으로 학생들을 변별했는가?

1. **기울기가 2인 직선** 위의 두 점 P와 Q가 $\overline{\mathrm{PQ}} = \sqrt{5}$임을 이용하여 $\underline{x, y}$ **좌표의 차가 각각** $1, 2$임을 파악할 수 있다.

두 상수 a, b $(1<a<b)$에 대하여 좌표평면 위의 두 점 $(a, \log_2 a)$, $(b, \log_2 b)$를 지나는 직선의 y절편과 두 점 $(a, \log_4 a)$, $(b, \log_4 b)$를 지나는 직선의 y절편이 같다.

함수 $f(x) = a^{bx} + b^{ax}$에 대하여 $f(1) = 40$일 때, $f(2)$의 값은?

① 760　　　　② 800　　　　③ 840　　　　④ 880　　　　⑤ 920

먼저, 두 직선은 굉장히 비슷한 방식으로 정의가 되어있다.
그러니 먼저 **두 직선 사이의 관계**를 살펴보자.

두 점 $(a, \log_2 a)$와 $(b, \log_2 b)$를 지나는 직선을 l이라고 하면,
l은 $y = \log_2 x$ 위의 두 점을 지나는 직선이다.

두 점 $(a, \log_4 a)$와 $(b, \log_4 b)$를 지나는 직선을 m이라고 하면,
m은 $y = \log_4 x \;\Rightarrow\; y = \dfrac{1}{2}\log_2 x$ 위의 두 점을 지나는 직선이다.

따라서, m은 두 점 $\left(a, \dfrac{1}{2}\log_2 a\right)$와 $\left(b, \dfrac{1}{2}\log_2 b\right)$를 지난다고 할 수 있다.

이를 통해, **직선 l의 기울기는 직선 m의 기울기의 2배**임을 알 수 있다.
따라서, 다음과 같이 식을 세워보자.

$l:\; y = 2px + 2q$
$m:\; y = px + q$

이때, l과 m의 y절편이 같기 위해서 $q = 0$이어야 한다.

$\therefore\; q = 0$

이제, $l:\; y = 2px$는 **원점**과 $(a, \log_2 a)$, $(b, \log_2 b)$를 지나므로,

$\dfrac{\log_2 a}{a} = \dfrac{\log_2 b}{b} = 2p$이다. 이를 정리하면, $b\log_2 a = a\log_2 b \;\Rightarrow\; \log_2 a^b = \log_2 b^a \;\Rightarrow\; a^b = b^a$

$f(1) = a^b + b^a$이므로, $a^b = b^a = 20$이다.

마지막으로, $f(2) = a^{2b} + b^{2a} = 800$

답: ②

| 무엇으로 학생들을 변별했는가?

1. 첫 번째 직선의 y좌표가 두 번째 직선의 2배임을 이용하여 식을 세울 수 있다.

2. 원점을 지나는 직선에서, 직선 위의 점의 y**좌표에서** x**좌표를 나눈 값이 기울기**임을 이용해 방정식을 도출할 수 있다.

3. 주어진 $f(x)$를 보고 직관을 이용해 a와 b로 이루어진 방정식을 a^b와 b^a 꼴로 바꿀 수 있다.

| NOTES

- 미지수가 a, b로 2개 있고, 'y절편이 같다'와 '$f(1)=40$'라는 2개의 정보가 있으므로 결국엔 반드시 a, b에 대한 답을 찾을 수 있을 것이다.

  계산이 복잡하고 길어지더라도 결국엔 풀 수 있다는 믿음을 가지고, 미지수를 어떻게 줄여나갈 수 있을까에 대한 고민을 해보자.

자연수 n에 대하여 $4\log_{64}\!\left(\dfrac{3}{4n+16}\right)$의 값이 정수가 되도록 하는 1000 이하의 모든 n의 값의 합을 구하시오.

물어보는 것이 굉장히 직설적이고 단순하다. 하지만 이런 문항일수록 다채로운 풀이가 나올 수 있다.
반대로 생각해보면, 뭔가 명확한 가이드라인이 없다는 것이고 이것저것 시도만 하다가 못 푸는 경우 또한 많다는 것이다.

$$4\log_{64}\!\left(\frac{3}{4n+16}\right)=\frac{2}{3}\log_2\!\left(\frac{3}{4n+16}\right)=N$$ 이다. (단, N은 정수)

이를 지수 형태로 바꾸면 $\dfrac{3}{4n+16}=2^{\frac{3}{2}N}$ 이다.

이때 좌변과 우변을 각각 살펴보면,

1) $\dfrac{3}{4n+16}$ 은 유리수이고,

2) $2^{\frac{3}{2}N}$ 은 N이 짝수일 때 $\underline{2^3\text{의 거듭제곱}}$이, N이 홀수일 때 **무리수**가 된다.

(여기서부터 생각을 잘 해야한다. 계속해서 **꼬리에 꼬리를 물게끔 추론들이 이어지므로**, 내가 처음에 어떤 식으로 사고했는지 까먹고 중간 과정을 다시 하게 되는 불상사가 없도록 정신을 바짝 차리고 본인이 동치로 간소화하는 과정에서 **오류가 없는지 살펴봐야 한다**.)

따라서, 좌변과 우변이 같아지기 위해 $\dfrac{3}{4n+16}$ 또한 2^3의 거듭제곱이 되어야한다.

따라서, $4n+16=3\times2^{3k}$ (단, k는 자연수)이다.

"어, 양변을 4로 나눠도 되겠는데..?"

$\therefore\ n+4=3\times2^{3k-2}$ (단, k는 자연수)

"조건들을 동치로 바꾸었더니, 미지수가 두 개네."

"확정적으로 미지수를 구하려면 독립적인 관계식 두 개가 필요한데, 내가 조건을 빠뜨리지 않았다는 전제 하에 하나밖에 없고, n에는 **자연수 조건**이, k에는 **정수 조건**이 붙어있으니 **부정방정식의 해**를 통해 풀 수 있겠다."

"k에다 1부터 차례로 자연수들을 대입해보면, 가능한 n의 목록을 추출할 수 있겠다."

$n+4=3\times2^{1}$
$n+4=3\times2^{4}$
$n+4=3\times2^{7}$
$n+4=3\times2^{10}$ ⋯ 여기서부터는 $\underline{n\text{이 } 1000\text{을 초과}}$하네..?

이를 통해 1000 이하의 자연수 n을 구해보면 $n = 2,\ 44,\ 380$이다.

따라서, 모든 n의 값의 합은 426이다.

답: 426

| 무엇을 기준으로 학생들을 변별했는가?

1. 로그함수로 이루어진 식을 **지수함수 형태**로 변형해야한다는 판단을 했는가?

2. **유리수 / 정수 / 자연수 조건**을 자유자재로 활용하여 식을 변형하거나, 케이스를 한정시킬 수 있는가?

3. 식의 특정 부분이 **2의 거듭제곱이 되어야 함**을 알고 활용할 수 있는가?

| NOTES

- 학생마다 문제를 풀 때 걸리는 시간은 다양하다. 특히 이 문항이 그러한데, 푸는 방법 자체가 뭔가 정형화 된 느낌이
  아니기에, **접근하는 방법이 다양**하기 때문이다.
  (수학과에 가게 된다면 정수론을 배우는데, 고등학교에서 정수론을 체험한다면 이런 느낌이 아닐까 싶다.)

- 본인이 조건들을 계속해서 동치로 바꿔나가는 과정에서 확신이 있어야한다.

  또한 다 해석해놓고 "아니 그래서 나보고 어쩌라고?" 라고 생각이 들수도 있는데, 이 때 어떻게 하면 과도하게 복잡해지지
  않고 n을 깔끔하게 구할 수 있을지 생각해보자.

- 보통 '(단, 자연수)'와 같은 조건들을 등한시하는 경우가 있는데, 그런 습관이 있다면 당장 바꾸려고 노력하자.
  자연수, 정수 등과 같은 조건들은 문항을 풀 때 **식을 하나 더 준 것 만큼**이나 중요한 역할을 하기 때문이다.

함수 $f(x)=-(x-2)^2+k$에 대하여 다음 조건을 만족시키는 자연수 n의 개수가 2일 때, 상수 k의 값은?

> $\sqrt{3^{f(n)}}$ 의 네제곱근 중 실수인 것을 모두 곱한 값이 -9이다.

① 8   ② 9   ③ 10   ④ 11   ⑤ 12

$\sqrt{3^{f(n)}}$ 네제곱근으로 가능한 값은 오직 $3^{\frac{f(n)}{8}}$, $-3^{\frac{f(n)}{8}}$ 이렇게 **두 개 뿐**이다.

발문에 따르면 $\sqrt{3^{f(n)}}$의 네제곱근 중 실수인 것을 **모두 곱한 값이** -9이므로,

이를 통해 $\sqrt{3^{f(n)}}$의 실수 네제곱근은 3**과** -3**임**을 알 수 있다.

$$\therefore\ f(n)=8\ \cdots\ \text{㉠}$$

여기서 $f(n)=8$을 만족시키는 자연수 n의 개수가 2이다.

$y=f(x)$의 대칭축은 $x=2$이므로, $f(n)=8$을 만족시키는 자연수 n의 개수가 2가 되기 위해서는
n**은 1 또는 3이어야 한다.**
(이외의 경우에서 n이 자연수가 되지 못한다.)

마지막으로, ㉠을 만족시키도록 $y=f(x)$에 $(1,\ 8)$ 또는 $(3,\ 8)$을 대입하면 $k=9$이다.

답: ②

| 무엇을 기준으로 학생들을 변별했는가?

1. 모든 양수에 대해 실수인 **짝수 제곱근**$(\sqrt[2n]{\ \ })$**의 개수는 항상 2개**임을 이용해 각각의 네제곱근을 유추할 수 있는가?

그림과 같이 곡선 $y=2^x$ 위에 두 점 $P(a,\,2^a)$, $Q(b,\,2^b)$이 있다. 직선 PQ의 기울기를 m이라 할 때, 점 P를 지나며 기울기가 $-m$인 직선이 x축, y축과 만나는 점을 각각 A, B라 하고, 점 Q를 지나며 기울기가 $-m$인 직선이 x축과 만나는 점을 C라 하자.

$$\overline{AB}=4\overline{PB},\quad \overline{CQ}=3\overline{AB}$$

일 때, $90\times(a+b)$의 값을 구하시오.
(단, $0<a<b$)

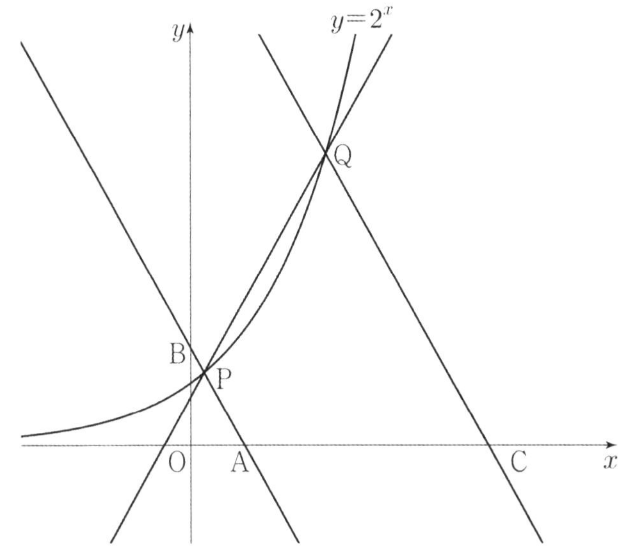

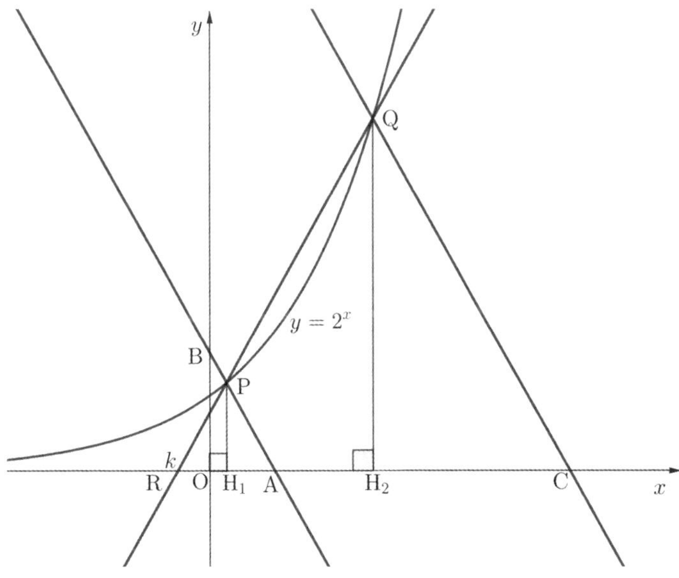

위와 같이 점 R을 표시하고, 수선의 발을 내려보자.
이제, 수많은 **합동과 닮음**이 보인다.

1) $\triangle PRH_1$와 $\triangle PAH_1$는 합동이다.

2) $\triangle QRH_2$와 $\triangle QCH_2$는 합동이다.

3) $\triangle PRH_1$와 $\triangle QRH_2$는 닮음이다.

여기서, $\overline{AP} : \overline{CQ} = \dfrac{3}{4}\overline{AB} : 3\overline{AB} = 1:4$이므로, $\triangle PRH_1$와 $\triangle QRH_2$의 길이비는 $1:4$이다.

4) $\triangle PAH_1$와 $\triangle BAO$는 닮음이고, 길이비는 $3:4$이다.

이 중에서 3)을 통해, Q의 y좌표가 P의 y좌표의 **4배임을 알 수 있다.**

"그런데, 점 P와 Q 모두 $y = 2^x$ 위에 있잖아..? 만약에 점 $P(x, 2^x)$라면, $Q(x+2, 4\times 2^x)$겠네..!"

따라서, 점 P와 Q의 x**좌표 간격은 2이다.**

$$\therefore \ \overline{H_1 H_2} = 2$$

$\triangle PRH_1$와 $\triangle QRH_2$는 닮음이고, 그 길이비가 $1:4$이므로, $\overline{RH_1} : \overline{RH_2} = 1:4$

$\overline{H_1 H_2} = \overline{RH_2} - \overline{RH_1} = 2$이므로,

$\overline{PH_1} = l$이라고 하면 $\overline{RH_2} - \overline{RH_1} = 3l = 2 \Rightarrow l = \dfrac{2}{3}$

$$\therefore \ \overline{RH_1} = \dfrac{2}{3}, \ \overline{RH_2} = \dfrac{8}{3}$$

"이제, 두 점 P와 Q를 **각각 $y = 2^x$에 대입**시키고, 남은 조건인 4)를 통해 **기울기 m을 구할** 수 있을 것 같다."

$R(k, 0)$이라고 하자.

이때, $P\left(k + \dfrac{2}{3}, \ 2^{k + \frac{2}{3}}\right)$이고 $Q\left(k + \dfrac{8}{3}, \ 4 \times 2^{k + \frac{2}{3}}\right)$이므로, 직선 PQ의 기울기 m에 관한 식을 세울 수 있다.

$$m = \dfrac{\left(4 \times 2^{k + \frac{2}{3}}\right) - \left(2^{k + \frac{2}{3}}\right)}{\left(k + \dfrac{8}{3}\right) - \left(k + \dfrac{2}{3}\right)} = 3 \times 2^{k - \frac{1}{3}} \ \cdots \ \unicode{x1F150}$$

$P\left(k + \dfrac{2}{3}, \ 2^{k + \frac{2}{3}}\right)$와 4)에 의해, $A\left(4\left(k + \dfrac{2}{3}\right), \ 0\right)$, $B\left(0, \ \dfrac{4}{3} \times 2^{k + \frac{2}{3}}\right)$라고 할 수 있다.

이를 통해 직선 AB의 기울기 $-m$에 관한 식을 세울 수 있다.

$$-m = \dfrac{-\dfrac{4}{3} \times 2^{k + \frac{2}{3}}}{4\left(k + \dfrac{2}{3}\right)} \ \Rightarrow \ m = \dfrac{2^{k + \frac{2}{3}}}{3k + 2} \ \cdots \ \unicode{x24C1}$$

㉠과 ㉡을 연립하면, $k = -\dfrac{4}{9}$이다.

따라서, 각각 점 P, Q의 x좌표 a, b에 대해

$$a = -\frac{4}{9} + \frac{2}{3} = \frac{2}{9}, \quad b = -\frac{4}{9} + \frac{8}{3} = \frac{20}{9} \ \text{이다.}$$

$$\therefore \ 90(a+b) = 220$$

답: 220

46

| 무엇을 기준으로 학생들을 변별했는가?

1. Q의 y좌표가 P의 y좌표의 4배라는 사실을 발견한 뒤,
   P와 Q의 x**좌표 간격은 2일 것**이라는 생각으로 이어질 수 있는가?

2. 두 점을 이용해 **기울기 m과 $-m$에 대한 식 두 개**를 세우고, 이를 **연립**할 수 있는가?

| NOTES

- 이러한 비율관계를 반복해서 활용하는 문제가 나올 때, 수식으로 접근하기보다는 따로 단위$(d,\ l)$ 등을 설정하여
  그 단위를 기준으로 생각하다보면 훨씬 과정이 간단해진다.

자연수 n에 대하여 함수 $f(x)$를

$$f(x) = \begin{cases} \left|3^{x+2}-n\right| & (x<0) \\ \left|\log_2(x+4)-n\right| & (x \geq 0) \end{cases}$$

이라 하자. 실수 t에 대하여 x에 대한 방정식 $f(x)=t$의 서로 다른 실근의 개수를 $g(t)$라 할 때, 함수 $g(t)$의 최댓값이 4가 되도록 하는 모든 자연수 n의 값의 합을 구하시오.

'$f(x)=t$의 서로 다른 실근의 개수를 $g(t)$라 할 때'

이 문구를 보자마자, 다음과 같은 판단을 할 수 있어야 한다.

"$f(x)$의 그래프를 그려놓고, $y=t$와 **어디서 몇 개의 실근을 갖는지**를 관찰해야겠네."

여태껏 기출문항을 푸는 이유는 위와 같은 감각을 기르기 위해서이다.

여기서부터 풀이가 두 가지로 나뉜다.

SOL1) $f(x)$를 어떤 구간함수와 $y=n$ 사이의 거리로 해석할 경우

$f(x)$를 자세히 관찰해보자.

"$f(x)$의 두 구간에 공통적으로 절댓값과 $-n$가 포함된 꼴이 관찰된다.
그렇다면 $f(x)$는 **어떤 구간함수와** $y=n$ **사이의 거리**라고 볼 수 있지 않을까..?

그 **구간함수를 먼저 그려서,** $y=n$과의 **교점을 파악**한 다음에, $y=n$ 밑에 있는 $f(x)$를 **뒤집어 올려주면** 되겠네."

"먼저 $h(x)$라는 함수를 만들어서 $h(x) = \begin{cases} 3^{x+2} & (x<0) \\ \log_2(x+4) & (x \geq 0) \end{cases}$ 라고 해보자."

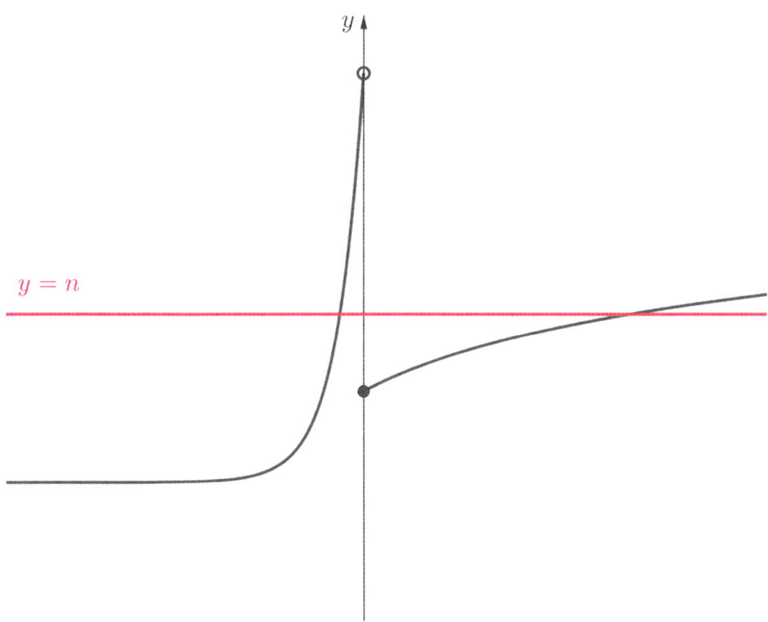

"이제, $h(x)$에서 $y=n$을 뺀 뒤, 음수가 되는 구간만을 위로 접어올려보자."

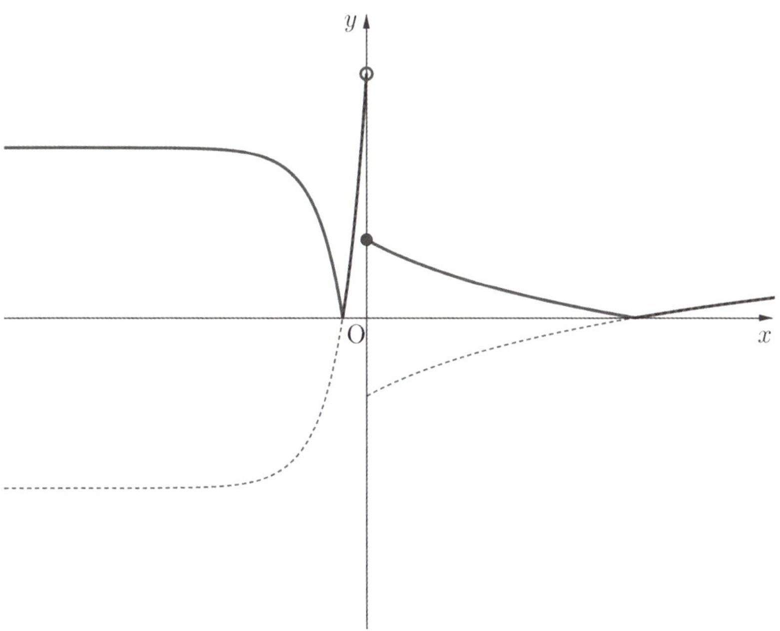

"아, 가장 일반적인 개형을 그려보았는데, 이 개형에서는 $g(t)$의 최댓값이 4네..?"

"이 개형에서 $f(x)=t$의 실근의 개수가 최대 4인 이유를 살펴보면, $y=n$과의 교점 **좌우로 함수가 뒤집혀지기 때문**이네."

이제, $h(x)$와 $y=n$을 그려놓은 첫 번째 그래프를 다시 살펴보자.

$y=n$을 위아래로 옮겨보면서 교점의 양상에 따라 $h(x)$가 $y=n$을 기준으로 뒤집힌 모습을 상상해보자.
($y=n$의 아랫부분이 반대로 접혀 올라간 모습을 뜻한다.)

$g(t)$의 최댓값이 4가 되는 경우는 당연하게도 구간함수 $y=h(x)$와 $y=n$이 **왼쪽 구간**$(x<0)$, **오른쪽 구간**$(x \geq 0)$에서 전부 **교점을 가질 때** 뿐이다.

(그리고, 그 교점은 구간의 경계가 되어서는 안된다. 실제로 절댓값에 의해 반대로 **뒤집어지는 부분이 존재**해야한다.)

"그렇다면 $y=n$은 $y=2$와 $y=9$ 사이에 있어야겠구나. 가능한 n은 $2<n<9$일 때 밖에 없겠네."

$\therefore\ n=3,\ 4,\ 5,\ 6,\ 7,\ 8$

$3+4+5+6+7+8=3\times11=33$

$SOL2)$ 케이스를 나누어 관찰할 경우

"$g(t)$의 최댓값, 즉 실근의 개수의 최댓값이 4가 되도록 해야하므로, n은 실근의 개수와 관련해서 어떤 역할을 하는지 $n=1,\ 2,\ 3,\ \cdots$을 대입해가며 관찰해야겠다."

먼저 주어진 $f(x)$의 개형을 관찰하자.

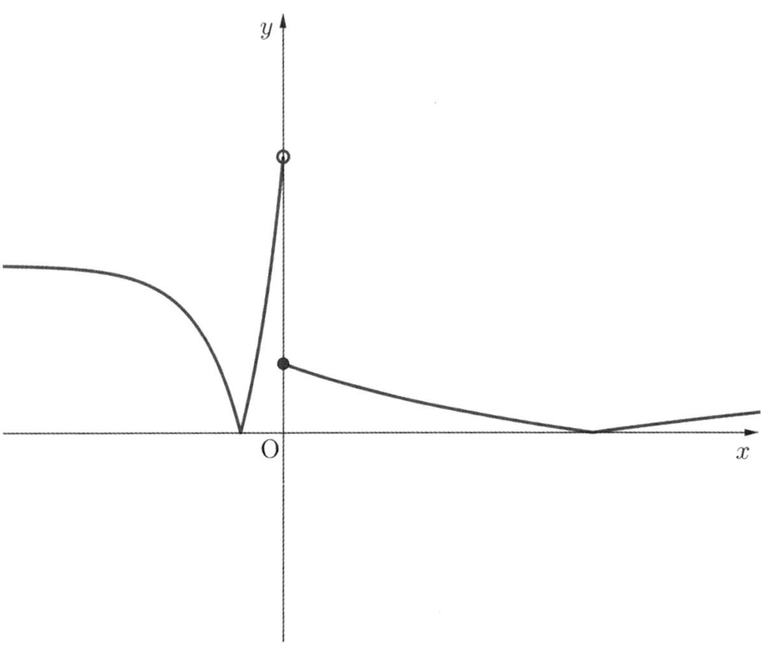

아직 n값이 얼마인지는 모르지만, 대략적으로 그래프를 살펴보면 위와 같다.

그래프를 살펴보면, n은 함수가 y축 방향으로 **얼마나 평행이동할 지를 결정**하는 역할임을 알 수 있다.

이때, $g(t)\leq4$가 되도록 만들어야한다. 그렇다고 해서, $n=1,\ 2,\ 3,\ \cdots$을 전부 대입해볼 수는 없다.
그렇다면, **무엇을 기준으로 관찰**할 것인가?

특수한 경우를 찾아야 한다. 그 순간을 기준으로 케이스를 분류할 것이기에 꼼꼼히 살펴보아야한다.

먼저, y**축을 기준**으로 $f(x)$의 구간이 바뀌는 것에 집중해보았다.
또한 함수에 절댓값이 있으므로, x**축을 기준**으로 꺾여 올라가는 것에 집중해보았다.

"그럼, 한번 x축과 y축의 교점인 **원점을 기준**으로 케이스를 분류해볼까..?"

"$n = 9$일 때, $f(x)$의 **왼쪽 구간**$(x < 0)$에 대응하는 $y = \left| 3^{x+2} - n \right|$이 **원점을 지나므로** $n = 9$를 기준으로 관찰해야겠네."
(엄밀하게 따지면 왼쪽 구간은 $x < 0$이므로, 원점을 '지난다'고 볼 수는 없지만 편의상 지난다는 표현을 사용했다.)

i) $n = 9$일 때, 그래프를 관찰해보자.

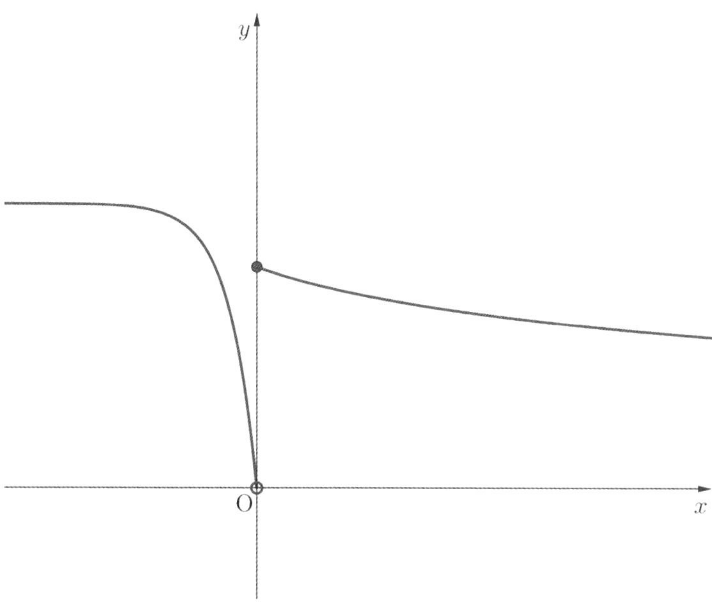

위 그래프에서 $f(x) = t$의 실근의 개수는 4개가 될 수 없다.

ii) $n > 9$일 때, 그래프를 관찰해보자.

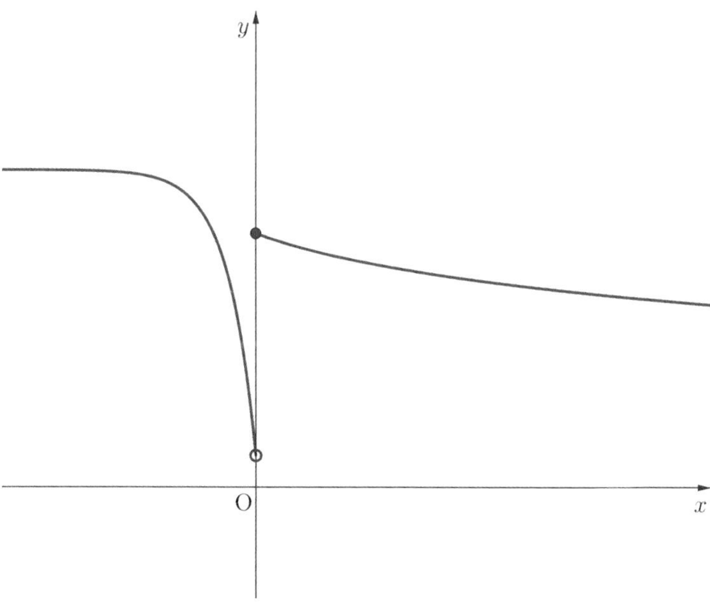

위 그래프 또한 실근의 개수가 4개가 될 수 없다.

"그럼 이제, 남은 건 $1 \leq n < 9$일 때 밖에 없네."

$iii)$ $1 \leq n < 9$일 때, 그래프를 관찰하자.

앞서 $i)$, $ii)$, $iii)$는 $f(x)$의 왼쪽 구간$(x < 0)$의 개형이 바뀌는 것을 기준으로 분류된 케이스이다.
따라서, 이번에는 **오른쪽 구간**$(x \geq 0)$에서 $f(x)$**가 원점을 지나는 순간**을 기준으로 케이스를 분류해보자.

$n = 2$일 때, 그래프를 관찰해보자.

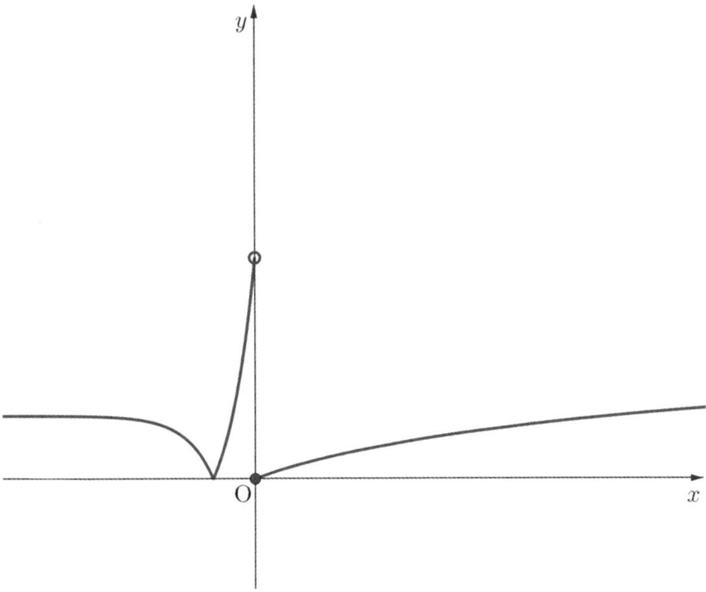

위 그래프 또한 실근의 개수가 4개가 될 수 없다.

"아, 이제 어느정도 파악이 된다. $x > 0$에서도 **그래프가 한번 꺾여야** 실근의 개수가 최대 4개가 될 수 있겠네."

$2 < n < 9$일 때, $x = 0$을 기준으로 좌우 그래프 모두 x축을 기준으로 한번씩 꺾여, 실근의 개수가 최대 4개가 된다.

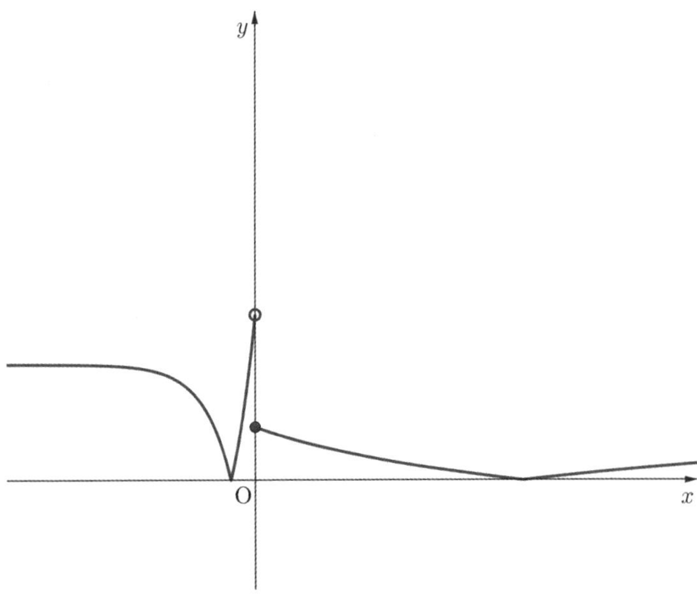

따라서, 조건을 만족하는 자연수 n은 $n = 3,\ 4,\ 5,\ 6,\ 7,\ 8$이다.

따라서 모든 자연수 n의 값의 합은 33이다.

답: 33

| 무엇을 기준으로 학생들을 변별했는가?

1. '**구간함수와** $y = n$ **사이의 거리**', '**구간함수를** $-n$**만큼 평행이동한 뒤 절댓값을 씌운 결과**' 등 $f(x)$를 해석하고,
   n의 값에 따라 $f(x)$의 개형이 어떻게 변하는지 파악할 수 있는가?

2. 최대 네 개의 실근을 갖기 위해서는 $f(x)$가 **왼쪽 구간**$(x < 0)$, **오른쪽 구간**$(x \geq 0)$에서 각각 **한번씩 꺾여야 함**을
   파악할 수 있는가?

| NOTES

- 케이스를 나눌 경우, **왼쪽 구간**$(x < 0)$, **오른쪽 구간**$(x \geq 0)$이 각각 원점을 지나도록 하는 n을 기준으로 케이스를 구분하는
  것이 관건이었다.

  원점을 기준으로 그래프를 관찰하는 것은, n의 값을 빠르게 이리저리 바꿔가며 머릿속으로 **왼쪽 구간**$(x < 0)$에서 그래프는
  어떻게 변하고, 꺾이는 지점은 어디인지, **오른쪽 구간**$(x \geq 0)$에서 그래프는 어떻게 변하는지 등을 살펴보면 그리 어렵지
  않았을 것이다.

- $f(x)$를 '**구간함수와** $y = n$ **사이의 거리**'로 해석했다면, 굳이 케이스를 나누어보지 않아도 $y = h(x)$와 $y = n$을 그려봄으로써
  자연스럽게 '$y = n$은 $y = 2$와 $y = 9$ 사이에 있어야겠구나'라는 생각으로 이어질 수 있다.

실수 t에 대하여 두 곡선 $y = t - \log_2 x$와 $y = 2^{x-t}$이 만나는 점의 x좌표를 $f(t)$라 하자.
〈보기〉의 각 명제에 대하여 다음 규칙에 따라 A, B, C의 값을 정할 때,
$A + B + C$의 값을 구하시오. (단, $A + B + C \neq 0$)

- 명제 ㄱ이 참이면 $A = 100$, 거짓이면 $A = 0$이다.
- 명제 ㄴ이 참이면 $B = 10$, 거짓이면 $B = 0$이다.
- 명제 ㄷ이 참이면 $C = 1$, 거짓이면 $C = 0$이다.

〈보 기〉

ㄱ. $f(1) = 1$이고 $f(2) = 2$이다.

ㄴ. 실수 t의 값이 증가하면 $f(t)$의 값도 증가한다.

ㄷ. 모든 양의 실수 t에 대하여 $f(t) \geq t$이다.

지수함수와 로그함수의 교점을 $f(t)$라고 하였다.

두 함수는 초월함수이므로, **직접 연립하여 x좌표를 구하는 것은 불가능**해보인다.
따라서 **기하학적 관점**에서 풀이를 진행해보자.

먼저 각 그래프를 그려보면 다음과 같다.

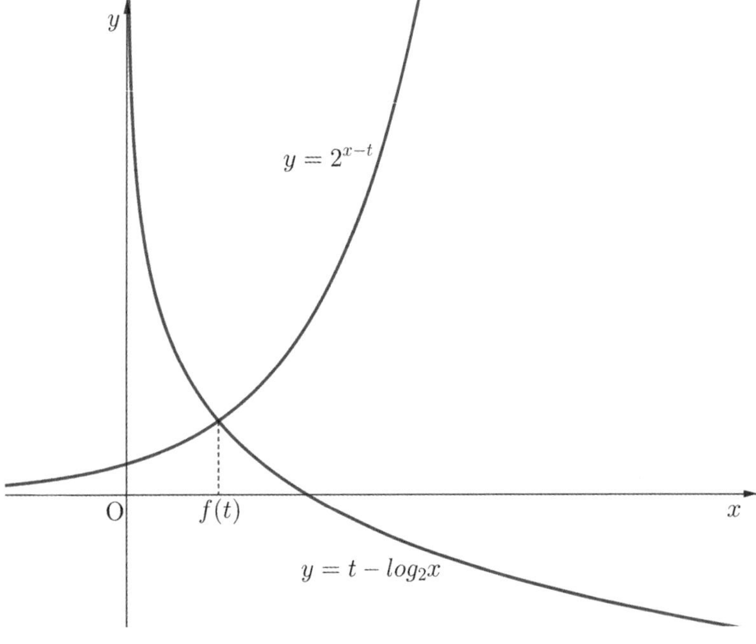

앞으로 두 함수의 관계를 파악할 일이 많아보이니,
$g(x) = t - \log_2 x$, $h(x) = 2^{x-t}$라고 해두자.

ㄱ. $f(1) = 1$이고 $f(2) = 2$이다. 일단 $g(x) = t - \log_2 x$와 $h(x) = 2^{x-t}$에 직접 대입해보자.

1) $t = 1$일 때, 두 함수에 $x = 1$을 대입해보면
$\quad g(1) = t = 1$, $h(1) = 2^{1-t} = 1$로, 두 함수 모두 점 $(1, 1)$을 지난다.

2) $t = 2$일 때 마찬가지로 $x = 2$을 대입해보면
$\quad g(2) = t - 1 = 1$, $h(2) = 2^{2-t} = 1$로, 두 함수 모두 점 $(2, 1)$을 지난다.

따라서 ㄱ은 참이다 … (참)

ㄴ. 실수 t의 값이 증가하면 $f(t)$의 값도 증가한다.

두 그래프의 교점이 $f(t)$이므로, $x = f(t)$를 대입하면
$t - \log_2 f(t) = 2^{f(t)-t}$ $\Rightarrow$ $2^{f(t)-t} + \log_2 f(t) = t$라고 식을 세울 수 있다.

그러나, 정리하여 $f(t)$만 따로 좌변에 떼놓고 표현하기는 어려울 것 같다.
따라서 $f(t)$가 증가함수임을 **대수적으로 접근하기는 어려워보인다**.

"그렇다면 남은 방법은.. **직접 t를 움직여**보는 수 밖에 없겠네."

각 그래프에서 t를 점점 증가시켜가며 $y = t$를 **점점 위로**, $x = t$를 **점점 오른쪽**으로 움직여보며 교점의 위치를 관찰해보자.

관찰해보면 $y = 2^{x-t}$ 그래프가 우측으로 이동하고 $y = t - \log_2 x$ 그래프가 위로 이동하므로,
교점은 **우상향하며 증가함**을 알 수 있다. 따라서 실수 t의 값이 증가하면 $f(t)$의 값도 증가한다. … (참)

ㄷ. 모든 양의 실수 t에 대하여 $f(t) \geq t$이다.

위에서 $f(1) = 1$, $f(2) = 2$임을 확인했다.
즉, $t = 1, 2$일 때 $f(t) = t$를 만족시킨다는 것이다.

"$f(t) = t$인 순간이 두 개나 있다. 그럼에도 모든 양수 t에 대해 $f(t) \geq t$이려면,
$t = 1$, $t = 2$일 때 모두 $f'(t) = 1$이어야 할텐데..? **그러한 상황이 나오기는 쉽지 않겠다**."

"따라서, ㄷ이 **거짓임을 밝혀내는 것**을 풀이의 방향성으로 삼고,
만약 여기서 더 이상 풀이가 생각나지 않는다면 (거짓)으로 찍고 넘어가야겠다."

그러나, 혹여나 $f(t) \geq t$가 정말로 모든 양의 실수 t에 대하여 성립할 수도 있으니 확실하게 확인해보자.

먼저, $g(x) = t - \log_2 x$는 감소함수이고, $h(x) = 2^{x-t}$는 증가함수이다.

교점$(x = f(t))$에서 $g(t) = h(t)$이므로,
교점을 기준으로 좌우를 살펴보면

1) **교점보다 왼쪽**$(x < f(t))$에서, $g(x) > h(x)$를 만족하고
2) **교점보다 오른쪽**$(x > f(t))$에서, $g(x) < h(x)$를 만족한다. $\cdots$ ㉠

"그렇다면, 특정 x좌표에서 $g(x)$**와** $h(x)$**의 대소관계를 비교**하여,
이를 통해 역으로 그 지점이 교점$(x = f(t))$보다 **왼쪽에 있는지**$(x < f(t))$, **오른쪽에 있는지**$(x > f(t))$ 파악할 수 있겠다."

만약 $x = t$를 대입하여 $g(t)$와 $h(t)$를 비교한다면, 이를 통해 t**와** $f(t)$**의 대소를 간접적으로 비교**할 수 있을 것이다.
만약 적어도 한 양수 t에 대해 $g(t) < h(t)$라면, ㉠의 경우와 같으므로 $t > f(t)$를 만족할 것이다.

즉, ㄷ이 거짓이 되는 것이다.

$g(t) = t - \log_2 t,\ h(t) = 1$이므로,
$g(t) < h(t) \implies t - 1 < \log_2 t$로 바꿔서 그래프로 그려보자.

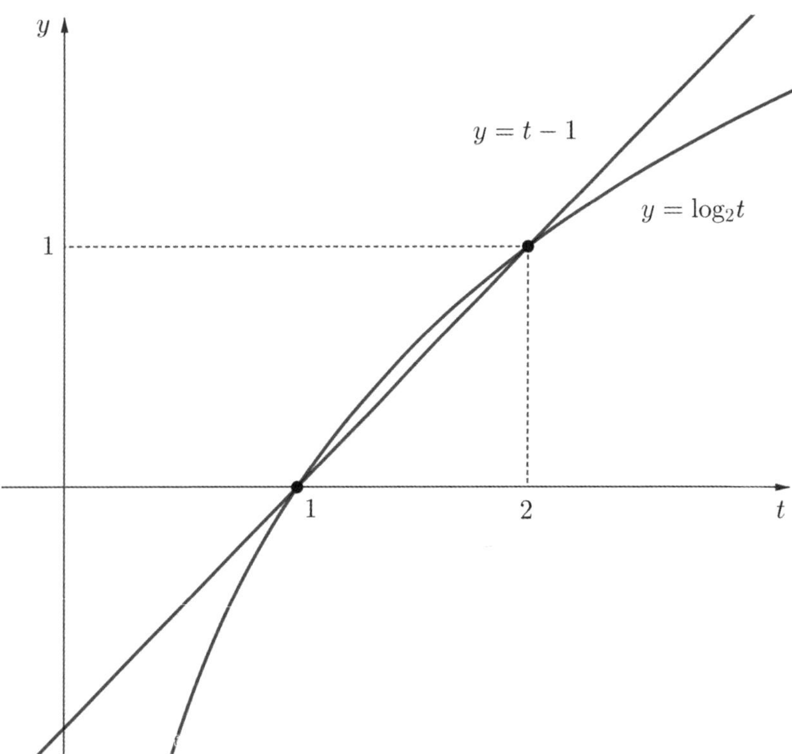

이때, $1 < t < 2$에서 $t - 1 < \log_2 t \implies g(t) < h(t) \implies t > f(t)$이므로, ㄷ은 거짓이다. $\cdots$ (거짓)

따라서 $A = 100,\ B = 10,\ C = 0$이다.

$\therefore\ A + B + C = 110$

답: 110

| 무엇을 기준으로 학생들을 변별했는가?

1. t를 직접 움직여보면서, **교점의 위치가 변화하는 양상**을 관찰할 수 있는가?

2. 두 그래프를 그린 뒤, 교점의 좌표의 **대략적인 추이**를 확인할 수 있는가?

3. 두 그래프에 $x = t$를 대입한 뒤 대소비교를 통해, 교점의 x좌표$(f(t))$와 t간의 **대소관계**를 간접적으로 파악할 수 있는가?

| NOTES

- 위 문항에서 나온 두 함수는 초월함수이므로, 특수한 상황 이외의 **교점의 정확한 위치**를 찾는 것은
  고등학교 교육과정 수준에서 불가능하다.

  직관적으로 두 그래프를 바로 그린 후에 교점의 변화 추이를 살펴보는 방향으로 접근해야한다.

두 자연수 a, b에 대하여 함수

$$f(x) = \begin{cases} 2^{x+a}+b & (x \leq -8) \\ -3^{x-3}+8 & (x > -8) \end{cases}$$

이 다음 조건을 만족시킬 때, $a+b$의 값은?

> 집합 $\{f(x) \,|\, x \leq k\}$의 원소 중 정수인 것의 개수가 2가 되도록 하는 모든 실수 k의 값의
> 범위는 $3 \leq k < 4$이다.

① 11   ② 13   ③ 15   ④ 17   ⑤ 19

먼저, $f(x)$의 개형을 그려보자.

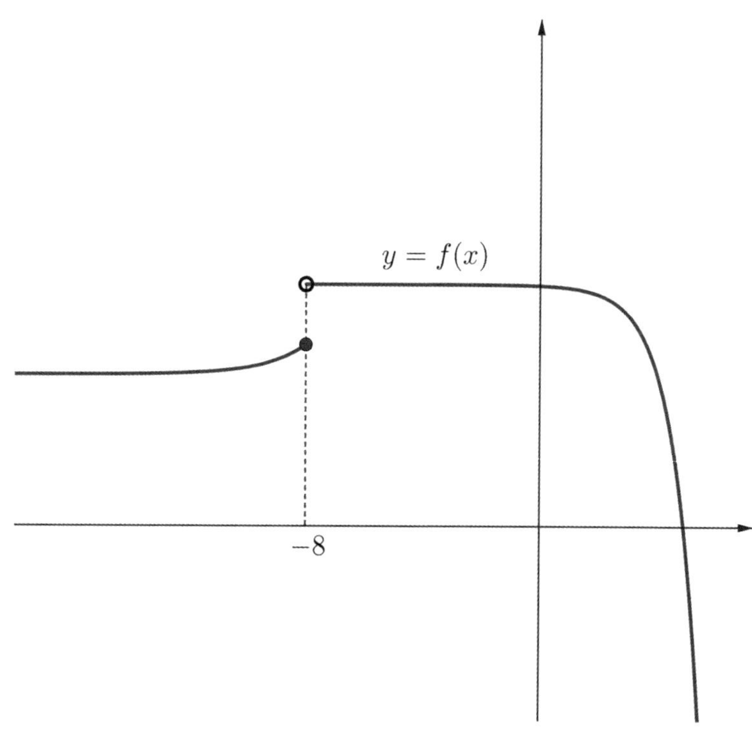

'집합 $\{f(x) \,|\, x \leq k\}$의 원소 중 정수인 것의 개수가 2'

이를 해석하면, $x \leq k$에서 $f(x)$의 치역 중 **정수의 개수는 오직 2개**이다.
(앞으로는 편의를 위해 '**정수 치역**'으로 부르겠다.)

발문에 따르면 오직 $3 \leq k < 4$일 때만 '**정수 치역**'이 2개다. ⋯ ㉠

"오른쪽 구간($x > -8$)을 먼저 살펴보자."

먼저 $f(x)$가 점 $(3, 7)$과 $(4, 5)$를 지나고 있다.
그렇다면, $f(x)$는 $3 < p < 4$인 어떤 실수 p에 대해 **점 $(p, 6)$을 지날 것**이다.

그렇다면 오른쪽 구간$(x > -8)$에서 가지는 **'정수 치역'**만을 고려했을 때, 구간별로 다음과 같을 것이다.

1) $3 \leq k < p$일 때, '정수 치역' 1개 (7)

2) $p \leq k < 4$일 때, '정수 치역' 2개 $(6, 7)$

그런데 문제에 따르면 $3 \leq k < 4$일 때 '정수 치역'은 **일관되게 2개**여야 한다.

즉, 왼쪽 구간$(x \leq -8)$까지 포함시켜 보았을 때
1)과 2)에서 '정수 치역'의 **개수가 달라서는 안된다**. ⋯ ㉡

"어떻게 해야 $k = p$에서도 **정수 치역의 개수가 변하지 않도록** 할 수 있을까..?"

"$3 \leq k < p$일 때, 오른쪽 구간에서 7밖에 갖고 있지 않으니, 왼쪽 구간$(x \leq -8)$에서 **6을 가지면** 되지 않을까..?
그렇게 되면 1)과 2)에서 가지는 **'정수 치역'이 6, 7로 동일**해지겠다."

"이를 염두한 채로, 이제 $x \leq -8$인 경우를 살펴보자."

$y = 2^{x+a} + b \; (x < -8)$의 치역은 $b < x \leq 2^{a-8} + b$이다.

1) $a \leq 7$이라면, '정수 치역'은 존재하지 않는다.

2) $a = 8$이라면, 치역은 $b < x \leq b+1$, 정수 치역 1개 $(b+1)$

3) $a = 9$이라면, 치역은 $b < x \leq b+2$, 정수 치역 2개 $(b+1, \; b+2)$

우리가 필요한 것은, $a = 8$일 때 **왼쪽 구간**$(x \leq -8)$에서 정수 치역 **6을 갖는 것**이다.

3)의 경우, $k < -8$에서 **이미 '정수 치역'이 2개**가 되어버리므로 ㉠을 위배하고,

1)의 경우 ㉡을 해결할 수 있는 **'정수 치역' 자체를 가질 수 없으므로** 불가능하다.

따라서 성립하는 것은 오직 $a = 8$일 때고,
이때 $b + 1 = 6$이 되어야 **왼쪽 구간**$(x \leq -8)$에서 **정수 치역** 6을 갖게 되어 ㉡을 해결할 수 있다.

$\therefore \; a + b = 13$

답: ②

1. ㉠, ㉡을 만족하기 위해 왼쪽 구간$(x \leq -8)$에서 **'정수 치역' 6만을 가져야한다**는 것을 해석할 수 있는가?

| NOTES

- 집합을 표현할 때, 값이 동일한 원소들은 중복되지 않는다. 따라서 원소 6, 7을 중복하여 갖더라도 원소의 개수는 2개임을 인지해놓는 것이 좋다.

  (예를 들어, $\{6, 6, 7\}$와 같은 집합은 존재하지 않는다. 대신, $\{6, 7\}$이 될 뿐이다.)

25.　　2024 수능 9번 ★★

수직선 위의 두 점 $\mathrm{P}(\log_5 3)$, $\mathrm{Q}(\log_5 12)$에 대하여 선분 PQ를 $m:(1-m)$으로 내분하는 점의 좌표가 1일 때, 4^m의 값은? (단, m은 $0<m<1$인 상수이다.)

① $\dfrac{7}{6}$　　　　② $\dfrac{4}{3}$　　　　③ $\dfrac{3}{2}$　　　　④ $\dfrac{5}{3}$　　　　⑤ $\dfrac{11}{6}$

"내분점 공식 묻는 문제네."

내분점의 좌표가 1이므로

$$\frac{(1-m)\log_5 3 + m\log_5 12}{(1-m)+m} = \log_5 3 + m(\log_5 12 - \log_5 3) = \log_5 3 + m\log_5 4 = \log_5(3\times 4^m) = 1 \;\Rightarrow\; 3\times 4^m = 5$$

$$\therefore\; 4^m = \frac{5}{3}$$

답: ④

양수 a에 대하여 $x \geq -1$에서 정의된 함수 $f(x)$는

$$f(x) = \begin{cases} -x^2 + 6x & (-1 \leq x < 6) \\ a\log_4(x-5) & (x \geq 6) \end{cases}$$

이다. $t \geq 0$인 실수 t에 대하여 닫힌구간 $[t-1,\ t+1]$에서의 $f(x)$의 최댓값을 $g(t)$라 하자. 구간 $[0,\ \infty)$에서 함수 $g(t)$의 최솟값이 5가 되도록 하는 양수 a의 최솟값을 구하시오.

"문제의 주인공은 구간 내에서의 최댓값이네. 일단 그래프 개형부터 그려보자.
$f(6) = 0$으로 연속이고, 두 구간 모두 익숙한 함수이니 바로 그릴 수 있겠다."

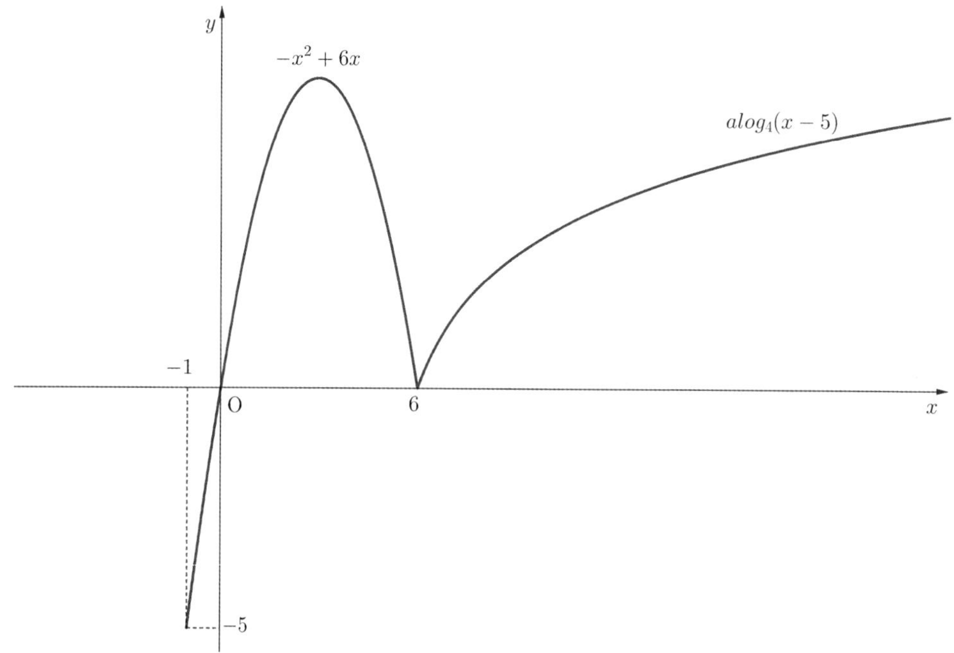

우선 폐구간 $[t-1,\ t+1]$ 내 최댓값이 가장 작아지도록 t를 잘 잡아보자.

$[t-1,\ t+1]$를 서서히 오른쪽으로 밀어보면서 **최댓값이 가장 작게 나올 만한 구간**을 찾으면 2가지가 있다.

i) $[-1,\ 1]\ (t=0)$
ii) $5 < t < 7$에서 $g(t) = f(t-1) = f(t+1)$이 되는 순간

i)는 이차함수의 부분의 최솟값이 존재하는 가장 왼쪽 구간,
ii)는 그래프 개형상 가장 움푹 들어간 **'골짜기'**가 포함된 구간이다.

i) $t=0$일 때, $g(0) = f(1) = 5$

ii) $g(t) = f(t-1) = f(t+1) \implies g(t) = -t^2 + 8t - 7 = a\log_4(t-4)$

그런데, 여기서 $g(t) \geq 5$가 되어야하므로

1) $-t^2 + 8t - 7 \geq 5 \implies (t-2)(t-6) \leq 0 \implies 2 \leq t \leq 6$

2) $a \log_4 (t-4) \geq 5 \implies a \geq \dfrac{5}{\log_4 (t-4)}$

따라서, t가 클수록 a의 최솟값이 작아지며, $t \leq 6$이므로

$t = 6$일때 $a \geq \dfrac{5}{\log_4 (t-4)} = 10$이며, 이때 a의 최솟값은 10이다.

답: 10

그림과 같이 곡선 $y=1-2^{-x}$ 위의 제1사분면에 있는 점 A를 지나고 y축에 평행한 직선이 곡선 $y=2^x$과 만나는 점을 B라 하자. 점 A를 지나고 x축에 평행한 직선이 곡선 $y=2^x$과 만나는 점을 C, 점 C를 지나고 y축에 평행한 직선이 곡선 $y=1-2^{-x}$과 만나는 점을 D라 하자. $\overline{AB}=2\overline{CD}$일 때, 사각형 ABCD의 넓이는?

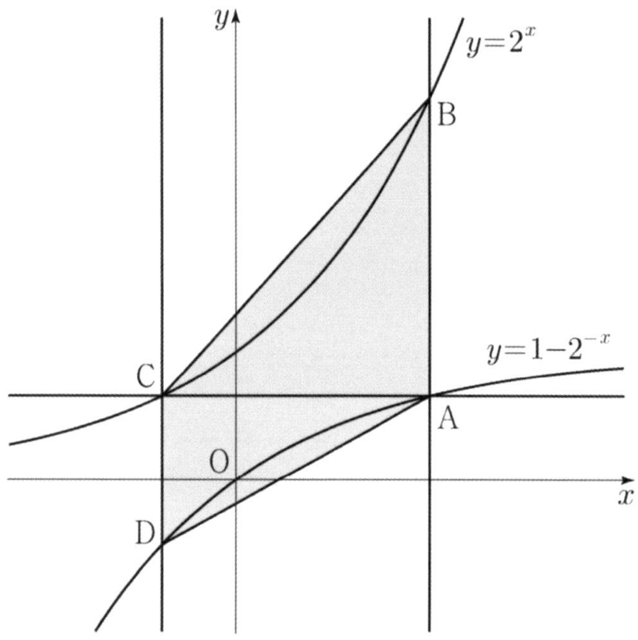

① $\dfrac{5}{2}\log_2 3 - \dfrac{5}{4}$ ② $3\log_2 3 - \dfrac{3}{2}$ ③ $\dfrac{7}{2}\log_2 3 - \dfrac{7}{4}$ ④ $4\log_2 3 - 2$ ⑤ $\dfrac{9}{2}\log_2 3 - \dfrac{9}{4}$

"두 곡선 사이에 $\left(0, \dfrac{1}{2}\right)$ 점대칭이 보이는데? 당장 쓸 방법은 안 보이니 일단 인지만 해 놓자."

"문제에서 함수의 식은 다 줬네. 결국 각 점의 정확한 위치를 계산해야 하네."

점 A의 x좌표를 k라 하자.

$$\overline{AB}=2^k-(1-2^{-k})=2^k+\dfrac{1}{2^k}-1$$

$$y_C=1-2^{-k}=1-\dfrac{1}{2^k}$$

$$y_D=1-\dfrac{1}{1-2^{-k}}=\dfrac{-2^{-k}}{1-2^{-k}}=-\dfrac{1}{2^k-1}$$

$$\overline{\text{CD}} = 1 - \frac{1}{2^k} + \frac{1}{2^k - 1} = 1 + \frac{1}{2^k(2^k - 1)}$$

$\overline{\text{AB}} = 2\overline{\text{CD}}$로 식을 세워주면,

$$2^k + \frac{1}{2^k} - 1 = 2\left\{ 1 + \frac{1}{2^k(2^k - 1)} \right\}$$

보기 힘드니 $2^k = X$로 놓고 계산하자.

$$X + \frac{1}{X} - 1 = 2 + \frac{2}{X(X-1)} \;\Rightarrow\; X^2(X-1) + X - 1 - X(X-1) = 2X(X-1) + 2 \;\text{(양변에 } X(X-1) \text{ 곱하기)}$$

$$\Rightarrow\; X^3 - 4X^2 + 4X - 3 \;\Rightarrow\; X = 2^k = 3, \; k = \log_2 3$$

$$\therefore\; \overline{\text{AB}} = 2^k + \frac{1}{2^k} - 1 = \frac{7}{3}, \quad \overline{\text{CD}} = 1 + \frac{1}{2^k(2^k - 1)} = \frac{7}{6}$$

또한 $y_C = 2^{x_C} = 1 - \frac{1}{2^k} = \frac{2}{3}$ 이므로, $x_C = \log_2 \frac{2}{3}$

$$\therefore\; \overline{\text{AC}} = \log_2 3 - \log_2 \frac{2}{3} = 2\log_2 3 - 1$$

따라서, 사각형 ABCD의 넓이를 S라고 하면,

$$S = \frac{1}{2}\left(\frac{7}{3} + \frac{7}{6} \right) \times (2\log_2 3 - 1) = \frac{7}{2}\log_2 3 - \frac{7}{4} \;\text{이다.}$$

답: ③

| NOTES

- 지수 / 로그함수 문제에서 **계산을 위주로 변별**하는 문제들은 자주 출제되어 왔다.
  대칭성이나 기하적인 성질을 이용해서 푸는 것이 멋있고 효율적이긴 하지만, 안 통할 수도 있기에 언제든지 계산을 할 '각오'를 하는 게 좋다.

다음 조건을 만족시키는 모든 자연수 k의 값의 합은?

$\log_2 \sqrt{-n^2+10n+75} - \log_4(75-kn)$의 값이 양수가 되도록 하는 자연수 n의 개수가 12이다.

① 6   ② 7   ③ 8   ④ 9   ⑤ 10

실수하지 않도록 로그 안 진수조건들을 미리 체크하고 넘어가자.

정리하면

1) $kn < 75$

2) $(n-15)(n+5) < 0 \implies -5 < n < 15$

식부터 간단하게 하자.

$$\log_2\sqrt{-n^2+10n+75} - \log_4(75-kn) = \log_4 \frac{-n^2+10n+75}{75-kn} > 0$$

로그 안의 식이 1보다 커지게 하면 되겠다.

$-n^2+10n+75 > 75-kn \implies n^2-(10+k)n < 0$

$\implies n(n-10-k) < 0$

$\implies 0 < n < 10+k$

그렇다면, 다음 조건을 모두 만족시키는 n의 개수가 12가 되도록 하는 k를 찾으면 된다.

1) $kn < 75 \implies n < \dfrac{75}{k}$

2) $(n-15)(n+5) < 0 \implies -5 < n < 15$

3) $0 < n < 10+k$

종합해보면,

$n < \min\left(\dfrac{75}{k},\ 15,\ 10+k\right)$이다. (단, $\min()$은 주어진 숫자 중 최솟값을 의미한다.)

n의 개수가 12가 되기 위해서,

$12 < \min\left(\dfrac{75}{k},\ 15,\ 10+k\right) \leq 13$을 만족해야한다.

즉, $\dfrac{75}{k}$, $10+k$ 중 더 작은 값이

12보다 크고, 13보다 작거나 같으면 된다.

i) $12 < k+10 \leq 13$일 경우, $k=3$이다.

이후 k가 커질수록 $\dfrac{75}{k}$가 작아지므로, 다음 경우를 살펴보자.

ii) $12 < \dfrac{75}{k} \leq 13$일 경우, $\dfrac{75}{13} \leq k < \dfrac{75}{12}$이다.

$\dfrac{75}{13} = 5.\text{xxx}$, $\dfrac{75}{12} = 6.\text{xxx}$ 꼴이므로, $k=6$이다.

따라서, 모든 자연수 k의 값의 합은 $3+6=9$이다.

답: ④

자연수 n에 대하여 곡선 $y=2^x$ 위의 두 점 A_n, B_n이 다음 조건을 만족시킨다.

> (가) 직선 A_nB_n의 기울기는 3이다.
>
> (나) $\overline{A_nB_n}=n\times\sqrt{10}$

중심이 직선 $y=x$ 위에 있고 두 점 A_n, B_n을 지나는 원이 곡선 $y=\log_2 x$와 만나는 두 점의 x좌표 중 큰 값을 x_n이라 하자. $x_1+x_2+x_3$의 값은?

① $\dfrac{150}{7}$　　　　② $\dfrac{155}{7}$　　　　③ $\dfrac{160}{7}$　　　　④ $\dfrac{165}{7}$　　　　⑤ $\dfrac{170}{7}$

STEP 1.

(가), (나)를 통해 빗변이 $\sqrt{10}\,n$이고, 밑변과 높이가 각각 n, $3n$인 **직각삼각형**을 만들 수 있다. ⋯ ㉠

이후, 발문 아래쪽을 살펴본 뒤 문제의 상황을 그래프로 그려보자.

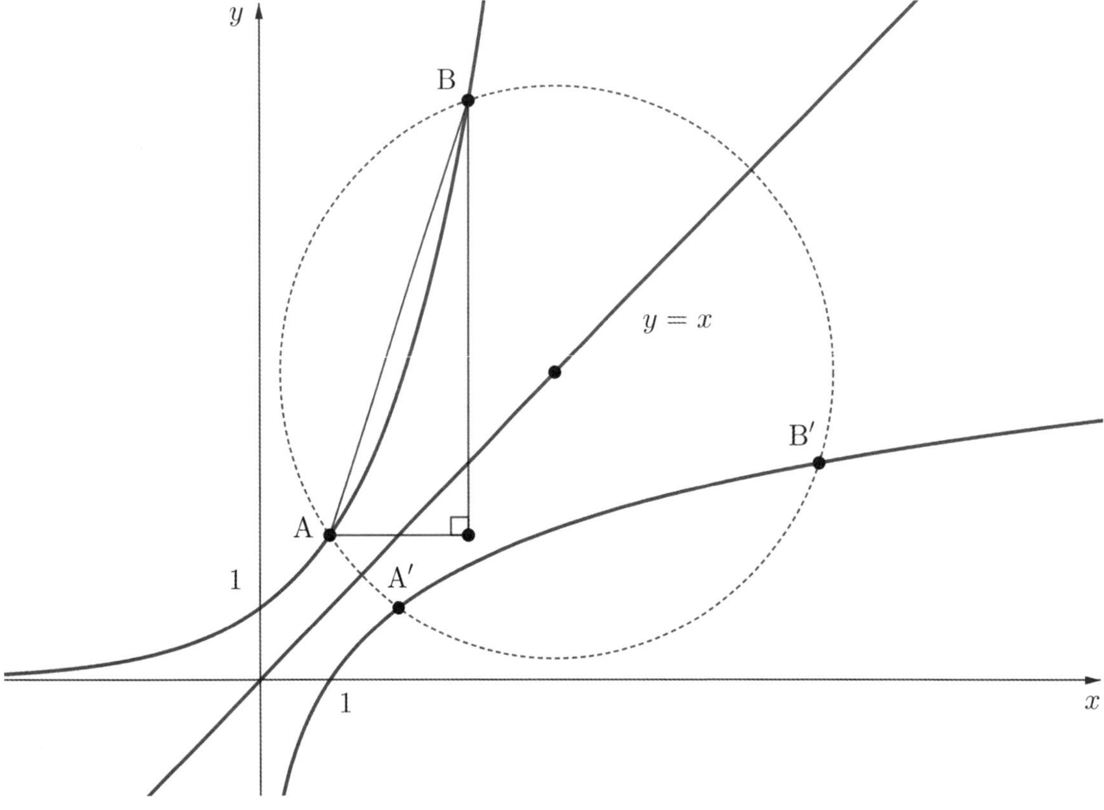

STEP 2.

그런데, 점 A_n과 B_n을 지나는 **원의 중심이** $y=x$ **위에 있다**는 것은,

해당 원이 $y=2^x$의 역함수인 $y=\log_2 x$에서도 각각 $\underline{A_n\text{과 } B_n\text{에 대응하는 점}}(A_n{}', B_n{}')\underline{\text{을 지날 것}}$이라는 것이다.

(원함수와 역함수는 $y=x$**를 기준으로 서로 대칭**이고, 주어진 원도 중심이 $y=x$ 위에 있기에 $y=x$**에 대해 대칭**이

다. 따라서, 이 원은 필연적으로 점$(\mathrm{A}_n{}', \mathrm{B}_n{}')$을 지날 수 밖에 없는 것이다.)

이때, 원과 $y = \log_2 x$가 만나는 두 교점 중 x좌표가 더 큰 점은 $\mathrm{B}_n{}'$일 것이고,
이때 $\mathrm{B}_n{}'$의 x좌표는 $\underline{\mathrm{B}_n\textbf{의 }y\textbf{좌표}}$와 같다.

따라서, $\mathrm{B}_n(\log_2 x_n,\ x_n)$이라고 할 수 있고, ㉠에서 만들어두었던 직각삼각형을 참고하면
$\mathrm{A}_n(\log_2 x_n - n,\ x_n - 3n)$임을 알 수 있다.

A_n 또한 곡선 $y = 2^x$ 위의 점이므로, 대입하여 정리하면
$$x_n - 3n = 2^{\log_2 x_n - n} = x_n \times 2^{-n} \implies x_n = \frac{3n}{1 - 2^{-n}}$$임을 알 수 있다.

따라서, $x_1 + x_2 + x_3 = 6 + 8 + \dfrac{72}{7} = \dfrac{170}{7}$ 이다.

답: ⑤

곡선 $y=\left(\dfrac{1}{5}\right)^{x-3}$ 과 직선 $y=x$가 만나는 점의 x좌표를 k라 하자. 실수 전체의 집합에서 정의된 함수 $f(x)$가 다음 조건을 만족시킨다.

$x>k$인 모든 실수 x에 대하여 $f(x)=\left(\dfrac{1}{5}\right)^{x-3}$ 이고 $f(f(x))=3x$이다.

$f\left(\dfrac{1}{k^3\times5^{3k}}\right)$의 값을 구하시오.

"문제에서 주어진 k의 정의를 바탕으로 주어진 박스의 조건을 해석해야겠다."

"$x>k$일 때 $f(x)<k$이고, $f(x)=t$라고 치환하면 $t<k$일 때 $f(t)=3x$구나."

그 다음 $f\left(\dfrac{1}{k^3\times5^{3k}}\right)$를 살펴보자.

"$\dfrac{1}{k^3\times5^{3k}}$은 어떻게 나온거지?"

문제에서 곡선 $y=\left(\dfrac{1}{5}\right)^{x-3}$ 과 직선 $y=x$가 만나는 점의 x좌표를 k라 하였으므로

$k=\left(\dfrac{1}{5}\right)^{k-3}$, $k\times5^k=5^3$

즉 $\dfrac{1}{k^3\times5^{3k}}$은 $\dfrac{1}{5^9}$임을 알 수 있다.

따라서 $f\left(\dfrac{1}{k^3\times5^{3k}}\right)=f\left(\dfrac{1}{5^9}\right)$이고, $k>\dfrac{1}{5^9}$이므로 $x<k$인 $f(x)$에 $x=\dfrac{1}{5^9}$를 대입해야 한다는 것을 알 수 있다.

$f(X)=\dfrac{1}{5^9}$을 만족하는 X에 대해 $f\left(\dfrac{1}{5^9}\right)=3X$이고, $f(X)=\dfrac{1}{5^9}$을 만족하는 $X=12$이므로

$f\left(\dfrac{1}{k^3\times5^{3k}}\right)=f\left(\dfrac{1}{5^9}\right)=3X=36$이다.

답: 36

| 무엇을 기준으로 학생들을 변별했는가?

1. 주어진 박스의 합성함수를 치환을 통해 해석할 수 있다.

2. 문제에서 주어진 함수를 이용해 $\dfrac{1}{k^3 \times 5^{3k}}$의 의미를 파악할 수 있다.

| NOTES

- 곡선 $y = \left(\dfrac{1}{5}\right)^{x-3}$와 직선 $y = x$에 $x = 1$을 대입하면 함숫값은 각각 25, 1이므로 $k > 1$임을 알 수 있다. 이를 통해 $k > \dfrac{1}{5^9}$를 도출할 수 있다.

지수함수와 로그함수

[빠른 정답]

01. ③	**21.** 220
02. ③	**22.** 33
03. ②	**23.** 110
04. ④	**24.** ②
05. ①	**25.** ④
06. 75	**26.** 10
07. ②	**27.** ③
08. ⑤	**28.** ④
09. ④	**29.** ⑤
10. ①	**30.** 36
11. 13	
12. ③	
13. ①	
14. ②	
15. 24	
16. 192	
17. ④	
18. ②	
19. 426	
20. ②	

[수학 I]

삼각함수

* 25학년도 6월, 9월, 수능에 전부 4점 문항으로 출제된 단원입니다.

실수 k에 대하여 함수

$$f(x) = \cos^2\left(x - \frac{3}{4}\pi\right) - \cos\left(x - \frac{\pi}{4}\right) + k$$

의 최댓값은 3, 최솟값은 m이다. $k + m$의 값은?

① 2   ② $\dfrac{9}{4}$ ③ $\dfrac{5}{2}$ ④ $\dfrac{11}{4}$ ⑤ 3

"삼각함수가 포함된 이차함수 문제네."

각이 $\dfrac{\pi}{2}$만큼 차이 나니 잘 변환해서 **같은 종류의 삼각함수**로 바꾸어 주고, 삼각함수 범위를 구하자.

$$\cos\left(x - \frac{3}{4}\pi\right) = \sin\left(x - \frac{\pi}{4}\right) \ \dots \ \text{㉠}$$

㉠을 주어진 식에 대입하면

$$f(x) = \cos^2\left(x - \frac{3}{4}\pi\right) - \cos\left(x - \frac{\pi}{4}\right) + k = \sin^2\left(x - \frac{\pi}{4}\right) - \cos\left(x - \frac{\pi}{4}\right) + k = -\cos^2\left(x - \frac{\pi}{4}\right) - \cos\left(x - \frac{\pi}{4}\right) + k + 1$$

$\cos\left(x - \dfrac{1}{4}\pi\right) = X$로 치환하면 $-1 \le X \le 1$이므로, 문제는 다음과 같이 바뀐다.

'$g(X) = -X^2 - X + k + 1$ $(-1 \le X \le 1)$일 때, $g(X)$의 최댓값이 3이고 최솟값이 m일 때 $k + m$을 구하시오.'

따라서 $g(X)$는 최댓값을 $X = -\dfrac{1}{2}$일 때 갖고, $g\left(-\dfrac{1}{2}\right) = -\dfrac{1}{4} + \dfrac{1}{2} + k + 1 = k + \dfrac{5}{4} = 3 \ \Rightarrow \ k = \dfrac{7}{4}$이다.

또한 $X = -\dfrac{1}{2}$에서 가장 멀리 떨어진, $X = 1$일 때 **최솟값**을 가진다.

따라서 $g(1) = -1 - 1 + k + 1 = k - 1 = \dfrac{3}{4} = m$

$$\therefore \ k + m = \frac{5}{2}$$

답: ③

| 무엇을 기준으로 학생들을 변별했는가?

1. **각변환**을 통해 여러 삼각함수를 **한 가지 종류로 통일**시킬 수 있는가?

2. **폐구간**이 주어졌을 때 **이차함수의 최대 / 최소**를 구할 수 있는가?

| NOTES

- 흔하게 나오는 유형이다. 여러 가지 삼각함수가 주어졌다면 일단 **동일한 각을 가진 한 가지 종류의 삼각함수**로 통일시킬 생각을 하자.

- 삼각함수가 등장했을 때 x**의 범위는 항상 생각하고 있어야 한다**.

$0 \le \theta < 2\pi$일 때, x에 대한 이차방정식

$$x^2 - (2\sin\theta)x - 3\cos^2\theta - 5\sin\theta + 5 = 0$$

이 실근을 갖도록 하는 θ의 최솟값과 최댓값을 각각 α, β라 하자. $4\beta - 2\alpha$의 값은?

① 3π　　　② 4π　　　③ 5π　　　④ 6π　　　⑤ 7π

이차방정식이 실근을 갖기 위한 조건은 $D \ge 0$이다.

따라서 $D/4 = \sin^2\theta + 3\cos^2\theta + 5\sin\theta - 5 = -2\sin^2\theta + 5\sin\theta - 2 \ge 0,$
$-(2\sin\theta - 1)(\sin\theta - 2) \ge 0$

이때 $-1 \le \sin\theta \le 1$이므로 $-3 \le \sin\theta - 2 \le -1$이다. (항상 음수라는 의미)

그렇다면 $-(2\sin\theta - 1)(\sin\theta - 2) \ge 0$를 만족하기 위해서는 $2\sin\theta - 1 \ge 0$이어야 한다.

$\therefore \ \dfrac{\pi}{6} \le \theta \le \dfrac{5\pi}{6} \ \Rightarrow \ \alpha = \dfrac{\pi}{6}, \ \beta = \dfrac{5\pi}{6}$

답: ①

$0 \le x \le 4\pi$일 때, 방정식

$$4\sin^2 x - 4\cos\left(\frac{\pi}{2}+x\right) - 3 = 0$$

의 모든 해의 합은?

① 5π ② 6π ③ 7π ④ 8π ⑤ 9π

$$4\sin^2 x - 4\cos\left(\frac{\pi}{2}+x\right) - 3 = 0$$

삼각함수를 한 종류로 통일하자.

이를 위해 $\cos\left(\frac{\pi}{2}+x\right) = -\sin x$를 대입하면

$$4\sin^2 x + 4\sin x - 3 = 0$$
$$(2\sin x + 3)(2\sin x - 1) = 0$$

$$\therefore \;\; \sin x = \frac{1}{2}$$

이를 만족하는 x값의 합을 범위 내에서 찾아보면 $\alpha + \beta = \pi$ 이므로,

$$(\alpha + \beta) + (\alpha + 2\pi + \beta + 2\pi) = 6\pi$$

답: ②

| 무엇을 기준으로 학생들을 변별했는가?

1. 삼각함수의 각변환을 통해 주어진 식을 한 가지 종류의 삼각함수로 정리할 수 있는가?

| NOTES

- 삼각함수의 특수각에 해당하는 값이므로 일일이 값을 구해서 계산할 수도 있다. 하지만 삼각함수는 대칭성과 주기성을 활용해서 계산을 줄이겠다는 생각을 언제나 하고 있어야 한다.

$-1 \le t \le 1$인 실수 t에 대하여 x에 대한 방정식

$$\left(\sin\frac{\pi x}{2}-t\right)\left(\cos\frac{\pi x}{2}-t\right)=0$$

의 실근 중에서 집합 $\{x \mid 0 \le x < 4\}$에 속하는 가장 작은 값을 $\alpha(t)$, 가장 큰 값을 $\beta(t)$라 하자.
〈보기〉에서 옳은 것만을 있는 대로 고른 것은?

〈보 기〉

ㄱ. $-1 \le t < 0$인 모든 실수 t에 대하여 $\alpha(t)+\beta(t)=5$이다.

ㄴ. $\{t \mid \beta(t)-\alpha(t)=\beta(0)-\alpha(0)\}=\left\{t \ \middle| \ 0 \le t \le \dfrac{\sqrt{2}}{2}\right\}$

ㄷ. $\alpha(t_1)=\alpha(t_2)$인 두 실수 t_1, t_2에 대하여 $t_2-t_1=\dfrac{1}{2}$이면 $t_1 \times t_2=\dfrac{1}{3}$이다.

---

① ㄱ   ② ㄱ, ㄴ   ③ ㄱ, ㄷ   ④ ㄴ, ㄷ   ⑤ ㄱ, ㄴ, ㄷ

방정식 $\left(\sin\dfrac{\pi x}{2}-t\right)\left(\cos\dfrac{\pi x}{2}-t\right)=0$의 해는 다음과 같다.

$\sin\dfrac{\pi x}{2}=t$ 이거나 $\cos\dfrac{\pi x}{2}=t$를 만족하는 x의 값과 동일하다. (이 때 $\sin\dfrac{\pi x}{2}$ 와 $\cos\dfrac{\pi x}{2}$ 의 주기는 4 이다.)

이 때 $y=\sin\dfrac{\pi x}{2}$ 과 $y=t$ 의 교점의 x좌표, $y=\cos\dfrac{\pi x}{2}$ 과 $y=t$ 의 교점의 x좌표 중 가장 작은 값을 α, 가장 큰 값을 β로 볼 수 있다.

ㄱ. $-1 \le t < 0$인 모든 실수 t에 대하여 $\alpha(t)+\beta(t)=5$ 이다.

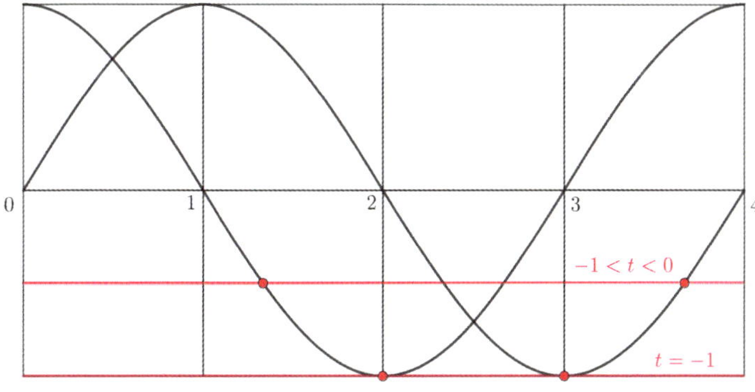

$t=-1$일 때 $\alpha(-1)=2$ 이고 $\beta(-1)=3$ 이므로 성립된다.

$-1 < t < 0$일 때 그래프의 대칭성에 의해 $\alpha + \beta = 5$가 유지됨을 알 수 있다. $\cdots$ (참)

ㄴ. $\{t \,|\, \beta(t) - \alpha(t) = \beta(0) - \alpha(0)\} = \left\{ t \,\middle|\, 0 \le t \le \dfrac{\sqrt{2}}{2} \right\}$

$\beta(0) - \alpha(0) = 3$이므로 $\beta(t) - \alpha(t) = 3$를 만족하는 t가 $0 \le t \le \dfrac{\sqrt{2}}{2}$ 인지를 파악해보자.

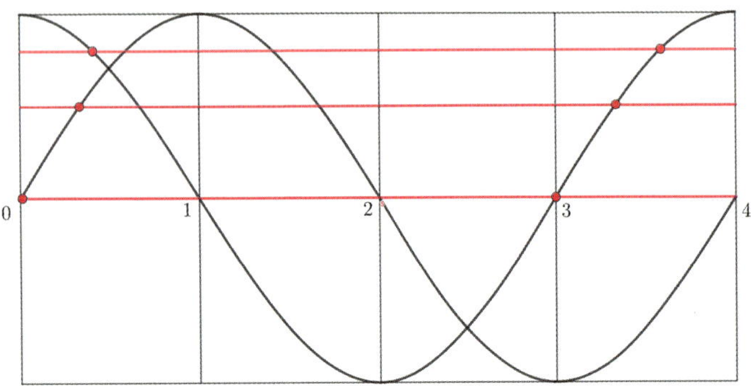

위 그래프와 같이 $y = t$를 $t = 0$에서부터 서서히 위로 올려보면

$y = t$가 $y = \sin\dfrac{\pi x}{2}$와 $y = \cos\dfrac{\pi x}{2}$의 교점 $\left(\dfrac{1}{2}, \dfrac{\sqrt{2}}{2} \right)$을 지날 때까지 $\beta(t) - \alpha(t) = 3$가 유지된다.

이후 $t = \dfrac{\sqrt{2}}{2}$를 기준으로 위로 올라가면 $\alpha(t)$는 다시 0에 가까워지므로

$\beta(t) - \alpha(t) > 3$ 이다. $\cdots$ (참)

ㄷ. $\alpha(t_1) = \alpha(t_2)$인 두 실수 t_1, t_2에 대하여 $t_2 - t_1 = \dfrac{1}{2}$이면 $t_1 \times t_2 = \dfrac{1}{3}$이다.

$\alpha(t_1) = \alpha(t_2)$를 만족하기 위해 다음과 같이 볼 수 있다.

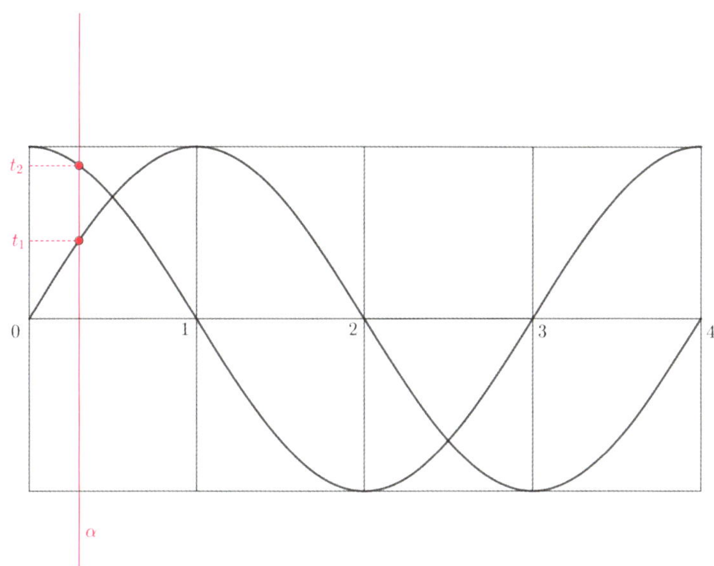

한 점은 $y=\sin\dfrac{\pi x}{2}$ 위의 점, 나머지 한 점은 $y=\cos\dfrac{\pi x}{2}$ 위의 점임을 파악할 수 있다.

$t_2-t_1=\left|\cos\dfrac{\pi\alpha}{2}-\sin\dfrac{\pi\alpha}{2}\right|=\dfrac{1}{2}$ 이고 양변을 제곱하면 $\left(\cos\dfrac{\pi\alpha}{2}-\sin\dfrac{\pi\alpha}{2}\right)^2=\dfrac{1}{4}$ 이다.

$\cos^2\dfrac{\pi\alpha}{2}-2\sin\dfrac{\pi\alpha}{2}\cos\dfrac{\pi\alpha}{2}+\sin^2\dfrac{\pi\alpha}{2}=1-2\sin\dfrac{\pi\alpha}{2}\cos\dfrac{\pi\alpha}{2}=\dfrac{1}{4}$

$\sin\dfrac{\pi\alpha}{2}\cos\dfrac{\pi\alpha}{2}=\dfrac{3}{8}=t_1\times t_2$ $\cdots$ (거짓)

답: ②

| 무엇으로 학생들을 변별했는가?

1. 방정식 $\left(\sin\dfrac{\pi x}{2}-t\right)\left(\cos\dfrac{\pi x}{2}-t\right)=0$ 의 해를 두 삼각함수 그래프와 $y=t$ 의 교점으로 해석할 수 있는가?

2. 그래프와 $y=t$ 를 통해 $\alpha(t)$ 와 $\beta(t)$ 가 어떻게 변화하는지를 판단할 수 있는가?

3. 마지막 ㄷ 에서 교점의 x 좌표는 동일하지만 y 좌표가 다른 상황을 그래프를 통해 파악할 수 있는가?

4. $\sin$ 함수의 그래프와 $\cos$ 함수의 그래프는 평행이동 관계이므로 그래프 모양은 일치함을 파악할 수 있는가?

두 양수 a, b에 대하여 곡선 $y=a\sin b\pi x\left(0\le x\le\dfrac{3}{b}\right)$이 직선 $y=a$와 만나는 서로 다른 두 점을 A, B라 하자. 삼각형 OAB의 넓이가 5이고 직선 OA의 기울기와 직선 OB의 기울기의 곱이 $\dfrac{5}{4}$일 때, $a+b$의 값은? (단, O는 원점이다.)

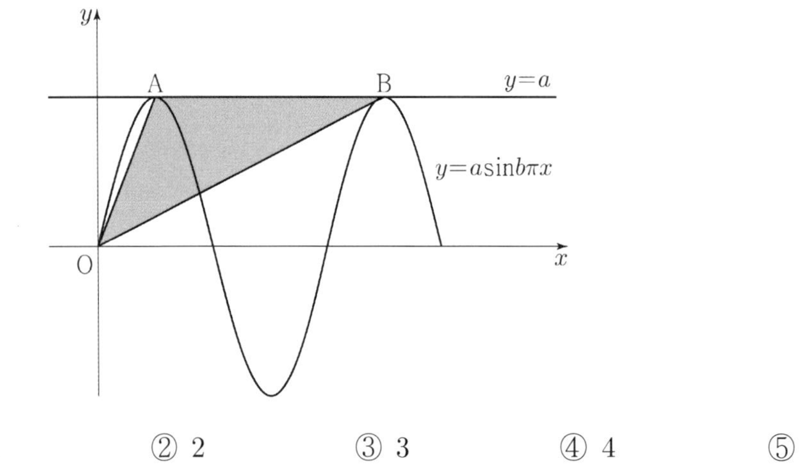

① 1   ② 2   ③ 3   ④ 4   ⑤ 5

"삼각형의 넓이, 기울기의 곱 두 가지 정보를 줬네. 연립해서 a, b를 구해내면 되겠다."

$\triangle$OAB에서 높이 $h=a$, 삼각함수의 주기를 통해 $\overline{\text{AB}}=\dfrac{2}{b}$

$$\triangle\text{OAB}=\dfrac{1}{2}\times\dfrac{2a}{b}=5$$

$\therefore\ a=5b\ \cdots\ \text{㉠}$

점 A, B에 대응하는 x에 대해 $y=a\sin b\pi x=a\ \Rightarrow\ \sin b\pi x=1$이므로

$$\text{A}\left(\dfrac{1}{2b},\ a\right),\ \text{B}\left(\dfrac{5}{2b},\ a\right)$$

(직선 OA의 기울기) $=2ab$

(직선 OB의 기울기) $=\dfrac{2ab}{5}$

$\therefore\ 2ab\times\dfrac{2ab}{5}=\dfrac{5}{4}$

정리하면 $ab=\dfrac{5}{4}\ \cdots\ \text{㉡}$

㉠, ㉡을 연립하면

$$a = \frac{5}{2}, \ b = \frac{1}{2}$$

$$\therefore \ a + b = 3$$

답: ③

| 무엇을 기준으로 학생들을 변별했는가?

1. 계수(a)에 상수(b)가 곱해져 있는 삼각함수에서 주기를 통해 함수를 활용할 수 있다.

2. 좌표평면에서 기울기, 도형의 넓이 등을 문자로 표현해서 식을 세우고 활용할 수 있다.

양수 a에 대하여 집합 $\left\{ x \mid -\dfrac{a}{2} < x \le a, \ x \ne \dfrac{a}{2} \right\}$에서 정의된 함수

$$f(x) = \tan\frac{\pi x}{a}$$

가 있다. 그림과 같이 함수 $y = f(x)$의 그래프 위의 세 점 O, A, B를 지나는 직선이 있다. 점 A를 지나고 x축에 평행한 직선이 함수 $y = f(x)$의 그래프와 만나는 점 중 A가 아닌 점을 C라 하자. 삼각형 ABC가 정삼각형일 때, 삼각형 ABC의 넓이는? (단, O는 원점이다.)

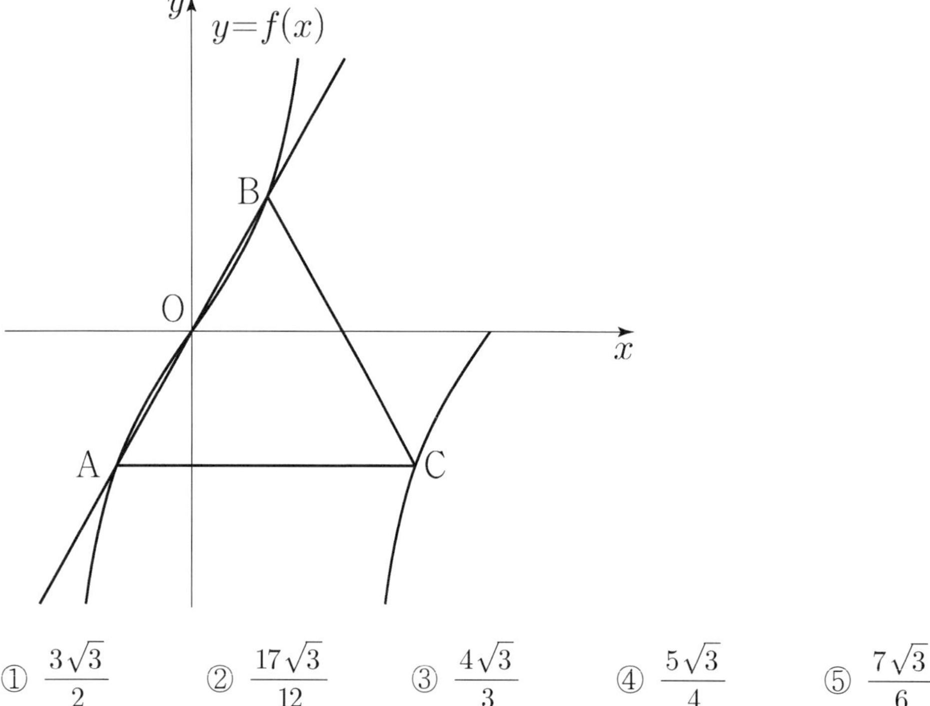

① $\dfrac{3\sqrt{3}}{2}$ ② $\dfrac{17\sqrt{3}}{12}$ ③ $\dfrac{4\sqrt{3}}{3}$ ④ $\dfrac{5\sqrt{3}}{4}$ ⑤ $\dfrac{7\sqrt{3}}{6}$

$\tan$ 함수의 **주기성 및 대칭성**과, 삼각형 ABC가 **정삼각형**인 것에 주목을 해보자.

우선 $f(x) = \tan\dfrac{\pi x}{a}$ 의 주기가 a이므로 $\overline{\text{AC}} = a$임을 알 수 있다.

삼각형 $\triangle$ABC가 정삼각형이므로 모든 변의 길이는 a이다.

$$\therefore \ \triangle\text{ABC} = \frac{\sqrt{3}}{4}a^2 \ \cdots \ \text{㉠}$$

$f(x) = \tan\dfrac{\pi x}{a}$ 는 원점대칭이므로 점 A와 B 또한 원점대칭이다.

$$\overline{\text{AO}} = \overline{\text{BO}} = \frac{a}{2}$$

점 B에서 x축에 그은 수선의 발을 점 H라고 하자.

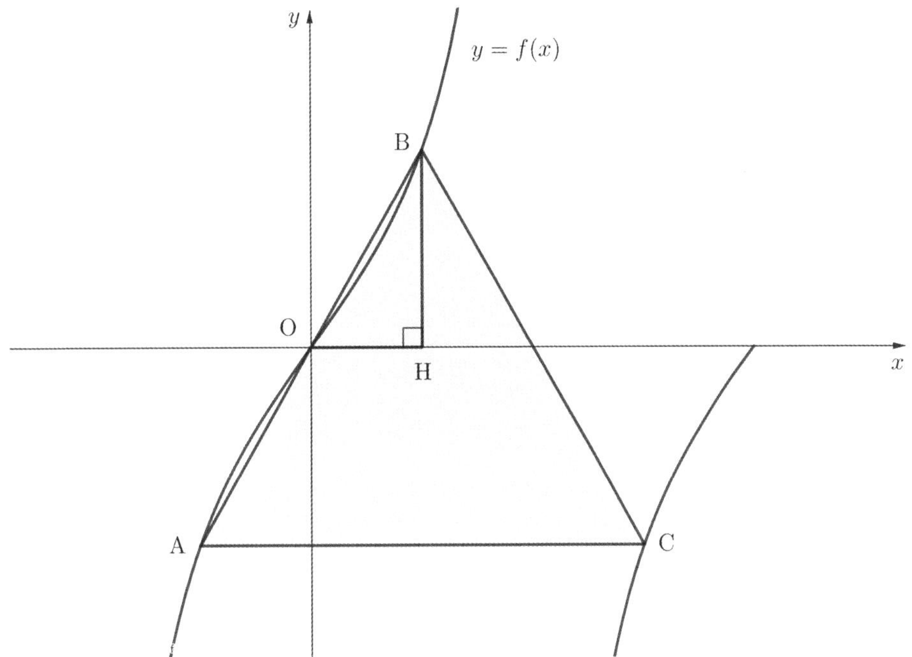

이때, $\overline{\mathrm{OH}} = \dfrac{a}{4}$ 이고 $\overline{\mathrm{BH}} = \dfrac{\sqrt{3}}{4}a$ 이다.

(삼각형 ABC가 정삼각형이므로 $\overline{\mathrm{OB}} : \overline{\mathrm{OH}} : \overline{\mathrm{BH}} = 2 : 1 : \sqrt{3}$)

$$\therefore \ \mathrm{B}\left(\dfrac{a}{4}, \ \dfrac{\sqrt{3}}{4}a\right)$$

또한 점 B는 $f(x) = \tan\dfrac{\pi x}{a}$ 를 지나므로 $\mathrm{B}\left(\dfrac{a}{4}, \ \dfrac{\sqrt{3}}{4}a\right)$ 를 대입하여 계산하면 $a = \dfrac{4}{\sqrt{3}}$ 이다.

$$\therefore \ \triangle\mathrm{ABC} = \dfrac{\sqrt{3}}{4}a^2 = \dfrac{4\sqrt{3}}{3}$$

답: ③

| 무엇으로 학생들을 변별했는가?

1. 삼각함수의 그래프의 **대칭성과 주기성**을 활용하여 정삼각형의 한 변의 길이를 구할 수 있다.

2. **정삼각형의 높이와 빗변의 길이비**, 점 A와 B가 **원점 대칭**임을 이용하여 점 B의 좌표를 설정하고,
   $f(x)$에 대입하여 a를 구할 수 있다.

닫힌구간 $[0, 12]$에서 정의된 두 함수

$$f(x) = \cos\frac{\pi x}{6}, \quad g(x) = -3\cos\frac{\pi x}{6} - 1$$

이 있다. 곡선 $y = f(x)$와 직선 $y = k$가 만나는 두 점의 x좌표를 α_1, α_2라 할 때, $|\alpha_1 - \alpha_2| = 8$이다. 곡선 $y = g(x)$와 직선 $y = k$가 만나는 두 점의 x좌표를 β_1, β_2라 할 때, $|\beta_1 - \beta_2|$의 값은? (단, k는 $-1 < k < 1$인 상수이다.)

① 3　　　　　② $\dfrac{7}{2}$　　　　　③ 4　　　　　④ $\dfrac{9}{2}$　　　　　⑤ 5

$f(x)$와 $g(x)$의 개형을 파악하기 위해 두 함수의 주기를 구하자.

$f(x)$, $g(x)$ 모두 주기는 $\dfrac{2\pi}{\frac{\pi}{6}} = 12$임을 알 수 있다.

'$y = f(x)$와 $y = k$가 만나는 두 점의 x좌표를 α_1, α_2라 할 때, $|\alpha_1 - \alpha_2| = 8$'을 보고

"α_1, α_2를 대입해서 빼야 하나?" 혹은 "$y = k$가 무엇인지 모르는데 α_1, α_2를 어떻게 구하지?" 와 같은 생각을 할 수도 있다.

그러나, 삼각함수의 그래프를 그리지 않아도 <u>$\cos$**함수의 대칭성을 이해하고 있다면**</u> $\alpha_1 + \alpha_2 = 12$임을 바로 파악할 수 있다.

$f(x) = \cos\dfrac{\pi x}{6} \ (0 \leq x \leq 12)$은 $x = 6$에 대해 대칭이기 때문이다.

따라서, $\alpha_1 + \alpha_2 = 12$와 $|\alpha_1 - \alpha_2| = 8$를 연립하면

$\alpha_1 = 2$, $\alpha_2 = 10$이라는 것을 쉽게 알 수 있다. ($\alpha_1 < \alpha_2$일 때를 기준으로 한다.)

$$\therefore \ \cos\frac{\pi \alpha_1}{6} = k \ \Rightarrow \ k = \frac{1}{2}$$

이제 $y = g(x)$와 $y = k$가 만나는 두 점의 x좌표를 β_1, β_2라 할 때, $|\beta_1 - \beta_2|$를 구해야 하므로,

$y = g(x)$와 $y = \dfrac{1}{2}$를 연립하면

$$g(x) = -3\cos\frac{\pi x}{6} - 1 = \frac{1}{2} \ \Rightarrow \ \cos\frac{\pi x}{6} = -\frac{1}{2}$$

β_1, β_2는 결국 $\cos\dfrac{\pi x}{6}=-\dfrac{1}{2}$ 의 실근이고, $\beta_1=4$, $\beta_2=8$이므로 ($\beta_1<\beta_2$일 때를 기준으로 한다.)

$\left|\beta_1-\beta_2\right|=4$이다.

답: ③

❘ 무엇을 기준으로 학생들을 변별했는가?

1. **삼각함수의 대칭성**을 이용할 수 있는가?

❘ NOTES

- 삼각함수의 그래프를 그리지 않아도 답을 구하는데 어려움이 없어야 한다. 삼각함수의 성질을 항상 떠올리자.

함수

$$f(x) = a - \sqrt{3}\tan 2x$$

가 닫힌구간 $\left[-\dfrac{\pi}{6},\, b\right]$ 에서 최댓값 7, 최솟값 3을 가질 때, $a \times b$의 값은? (단, a, b는 상수이다.)

① $\dfrac{\pi}{2}$ ② $\dfrac{5\pi}{12}$ ③ $\dfrac{\pi}{3}$ ④ $\dfrac{\pi}{4}$ ⑤ $\dfrac{\pi}{6}$

$f(x)$는 $\tan$함수 그래프를 기본으로 x축 대칭시킨 뒤 a만큼 평행이동 한 그래프이다.
따라서 정확하게 그릴 필요 없이 한 주기 내에서 **감소함수임을 알 수 있다.** $\cdots$ ㉠

또한 닫힌구간에서 **최댓값과 최솟값을 가지므로,**
닫힌구간 $\left[-\dfrac{\pi}{6},\, b\right]$ 는 두 점근선 $x = -\dfrac{\pi}{4}$ 와 $x = \dfrac{\pi}{4}$ 사이에 존재함을 알 수 있다.
($f(x)$가 점근선 $x = \dfrac{\pi}{4}$ 에서 $-\infty$로 발산하므로, 만약 닫힌구간 $\left[-\dfrac{\pi}{6},\, b\right]$ 내에 $x = \dfrac{\pi}{4}$ 가 존재한다면
닫힌구간에서 최솟값이 존재할 수 없다..)

이후 ㉠을 통해 $x = -\dfrac{\pi}{6}$ 에서 최댓값, $x = b$ 에서 최솟값을 가짐을 알 수 있다.

최댓값과 최솟값 사이의 차이는 4, 최댓값은 $f\left(-\dfrac{\pi}{6}\right) = a + 3$이므로, 최솟값 $f(b)$에 대하여 $f(b) = a - 1$이다. $\cdots$ ㉡

$$\therefore\ a = 4$$

"이제, $a - 1$이라는 **함숫값과 $\tan$함수를 이용**하여 역으로 b를 **추정**해보자."

$f(b) = a - \sqrt{3}\tan 2b$, ㉡에 의해 $f(b) = a - 1 = a - \sqrt{3} \times \dfrac{1}{\sqrt{3}} = a - \sqrt{3}\tan\dfrac{\pi}{6}$ 이므로,

이를 통해 b를 추정하면 $b = \dfrac{\pi}{12}$ 임을 알 수 있다.

따라서, $a = 4$, $b = \dfrac{\pi}{12}$ 이다.

$$\therefore\ a \times b = \dfrac{\pi}{3}$$

답: ③

$0 \le x \le 2\pi$일 때, 부등식

$$\cos x \le \sin \frac{\pi}{7}$$

를 만족시키는 모든 x의 값의 범위는 $\alpha \le x \le \beta$이다. $\beta - \alpha$의 값은?

① $\dfrac{8}{7}\pi$ ② $\dfrac{17}{14}\pi$ ③ $\dfrac{9}{7}\pi$ ④ $\dfrac{19}{14}\pi$ ⑤ $\dfrac{10}{7}\pi$

'$\cos x \le \sin \dfrac{\pi}{7}$'

$\sin \dfrac{1}{7}\pi = \cos\left(\dfrac{\pi}{2} - \dfrac{\pi}{7}\right) = \cos \dfrac{5}{14}\pi$이므로, 주어진 부등식은 $\cos x \le \cos \dfrac{5}{14}\pi$와 같이
코사인으로 통일하여 파악하는 것이 좋을 것 같다.

"그렇다면 이제 $0 \le x \le 2\pi$에서의 $y = \cos x$와 $y = \cos \dfrac{5}{14}\pi$를 그려보도록 하자."

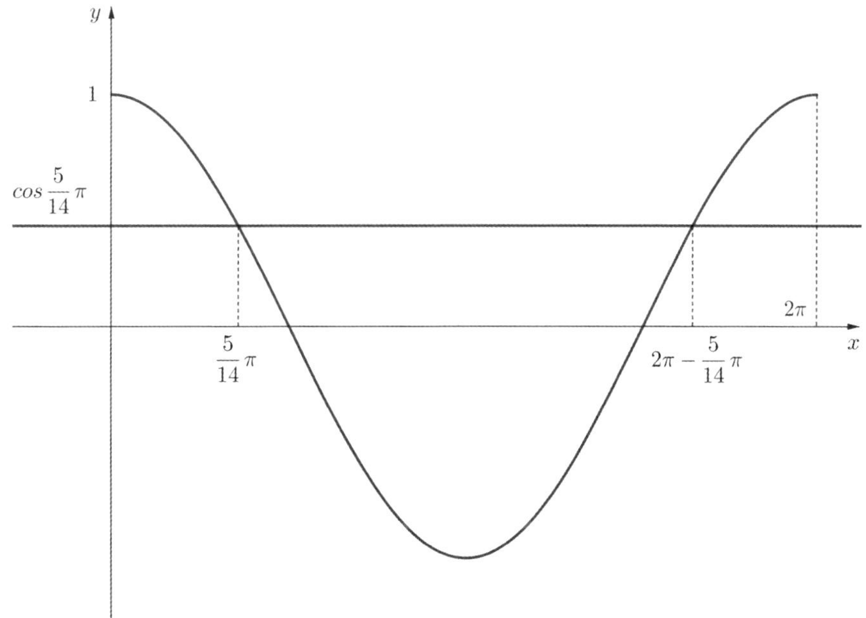

삼각함수 그래프의 대칭성을 이용하여,
$\alpha = \dfrac{5}{14}\pi$이고 $\beta = 2\pi - \dfrac{5}{14}\pi$임을 알 수 있다.

$\therefore \beta - \alpha = \dfrac{9}{7}\pi$

답: ③

5 이하의 두 자연수 a, b에 대하여 열린구간 $(0, 2\pi)$에서 정의된 함수 $y = a\sin x + b$의 그래프가 직선 $x = \pi$와 만나는 점의 집합을 A라 하고, 두 직선 $y = 1$, $y = 3$과 만나는 점의 집합을 각각 B, C라 하자. $n(A \cup B \cup C) = 3$이 되도록 하는 a, b의 순서쌍 (a, b)에 대하여 $a + b$의 최댓값을 M, 최솟값을 m이라 할 때, $M \times m$의 값을 구하시오.

$a + b$의 최대 / 최소를 구하는 문제인데, a, b가 각각 5이하의 자연수이다.

$\sin$함수의 한 주기 개형을 살펴보며,
x축과 평행한 직선과 주어진 함수가 가지는 교점의 개수를 살펴보자.

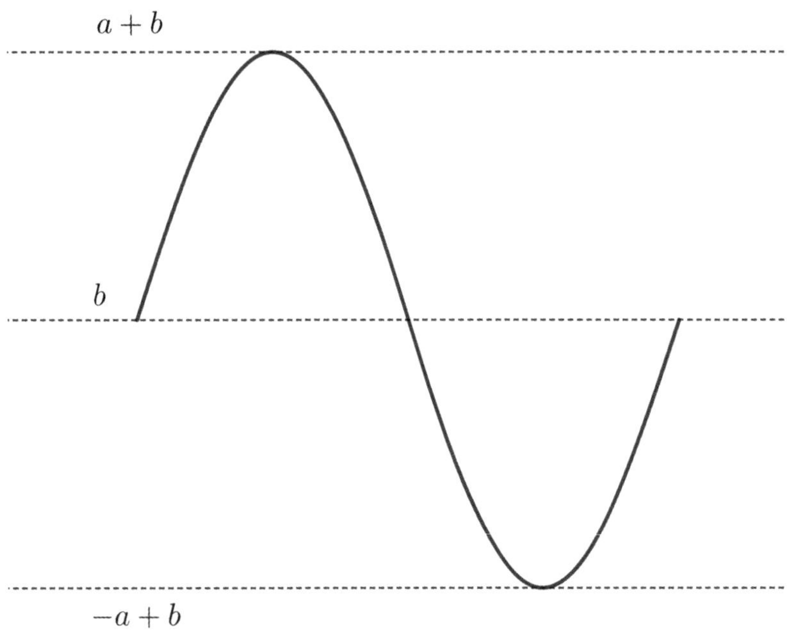

1) $y = a + b$, b, $-a + b$일 때 **교점 1개** ⋯ ㉠
2) $-a + b < y < b$, $b < y < a + b$에서 각각 **교점 2개** ⋯ ㉡
를 갖는다.

"여기서 케이스 분류를 할 수도 있겠으나, 상황이 오히려 복잡해질 것 같다."

"일단은, **최대 지점$(5, 5)$에서 조금씩 줄여나가며** 되는 케이스 발견해서 최대를 찾고,
반대로 **최소 지점$(1, 1)$에서 조금씩 키워나가서** 되는 케이스 발견해서 최소를 찾자."
먼저, (a, b)가 $(5, 5)$인 경우를 살펴보면,

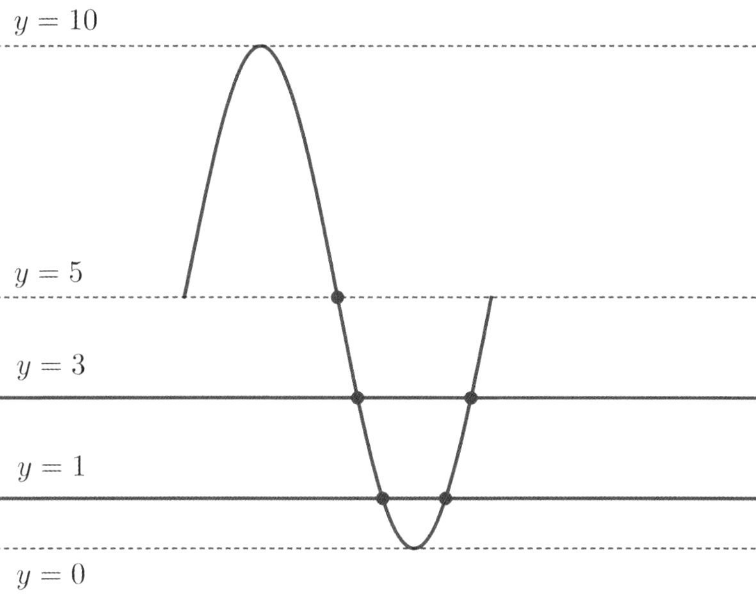

$y=1$과 $y=3$에서 가지는 교점의 개수만 따져보아도 벌써 4개다.

이를 통해 알 수 있는 것은,
적어도 최대를 구할 때, $y=a\sin x+b$의 최솟값$(-a+b)$가 1보다 작아서는 안된다는 것이다.

그리고, b가 3보다 크다면, 최솟값$(-a+b)$이 2일 때,
아래의 그림과 같이 $n(A\cup B\cup C)=3$이 될 수 있을 것 같다.

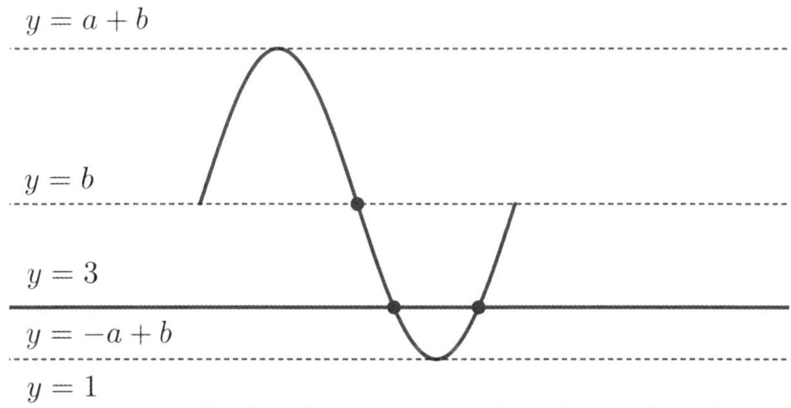

최대인 경우를 구하기 위해 $b=5$라고 하면, 이때 $a=3$일 것이다.

따라서, $a+b$의 최댓값은 8이다.

이제, 반대로 $(1,\ 1)$인 경우도 살펴보자.

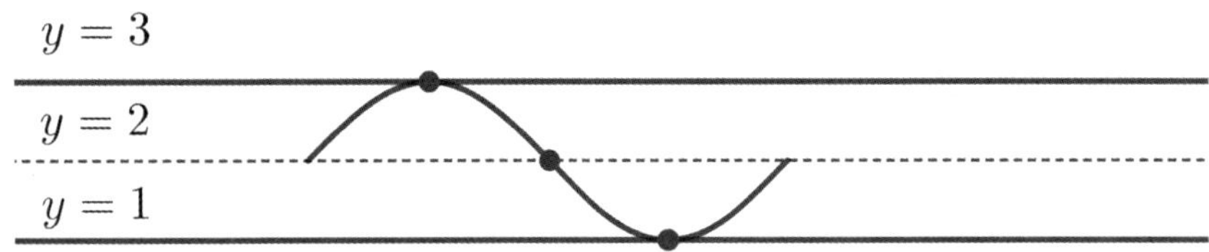

이 상태에서는 $n(A \cup B \cup C) = 1$이다.

그 이유는, 최댓값$(a+b)$가 3보다 작고, $b = 1$이기 때문에 $y = 1$과의 교점이 $x = \pi$와의 교점과 겹치기 때문이다.

그렇다면, 살짝만 더 크게, $(a,\ b)$가 $(1,\ 2)$일 때를 살펴보자.
($a+b = 3$이 되고, $b \neq 1$이기 때문에 $n(A \cup B \cup C)$이 **2개 정도 더 커질 것이라는 예측**을 할 수 있다.)

이때, 위와 같이 $n(A \cup B \cup C) = 3$이 됨을 확인할 수 있다.

따라서, $a+b$의 최솟값은 3이다.

$\therefore\ 8 \times 3 = 24$

답: 24

닫힌구간 $[0, 2\pi]$ 에서 정의된 함수

$$f(x) = \begin{cases} \sin x - 1 & (0 \le x < \pi) \\ -\sqrt{2}\sin x - 1 & (\pi \le x \le 2\pi) \end{cases}$$

가 있다. $0 \le t \le 2\pi$ 인 실수 t에 대하여 x에 대한 방정식 $f(x) = f(t)$의 서로 다른 실근의 개수가 3이 되도록 하는 모든 t의 값의 합은 $\dfrac{q}{p}\pi$이다. $p+q$의 값을 구하시오.

(단, p와 q는 서로소인 자연수이다.)

STEP 1.

'$f(x) = f(t)$의 서로 다른 실근의 개수가 3이 되도록 한'다는 것은,
<u>x**축과 평행한 직선**</u>$(y = f(t))$을 그었을 때 $f(x)$와의 <u>**교점의 개수가**</u> 3이라는 것이다."

일단, $f(x)$의 대략적인 개형을 그려보자.

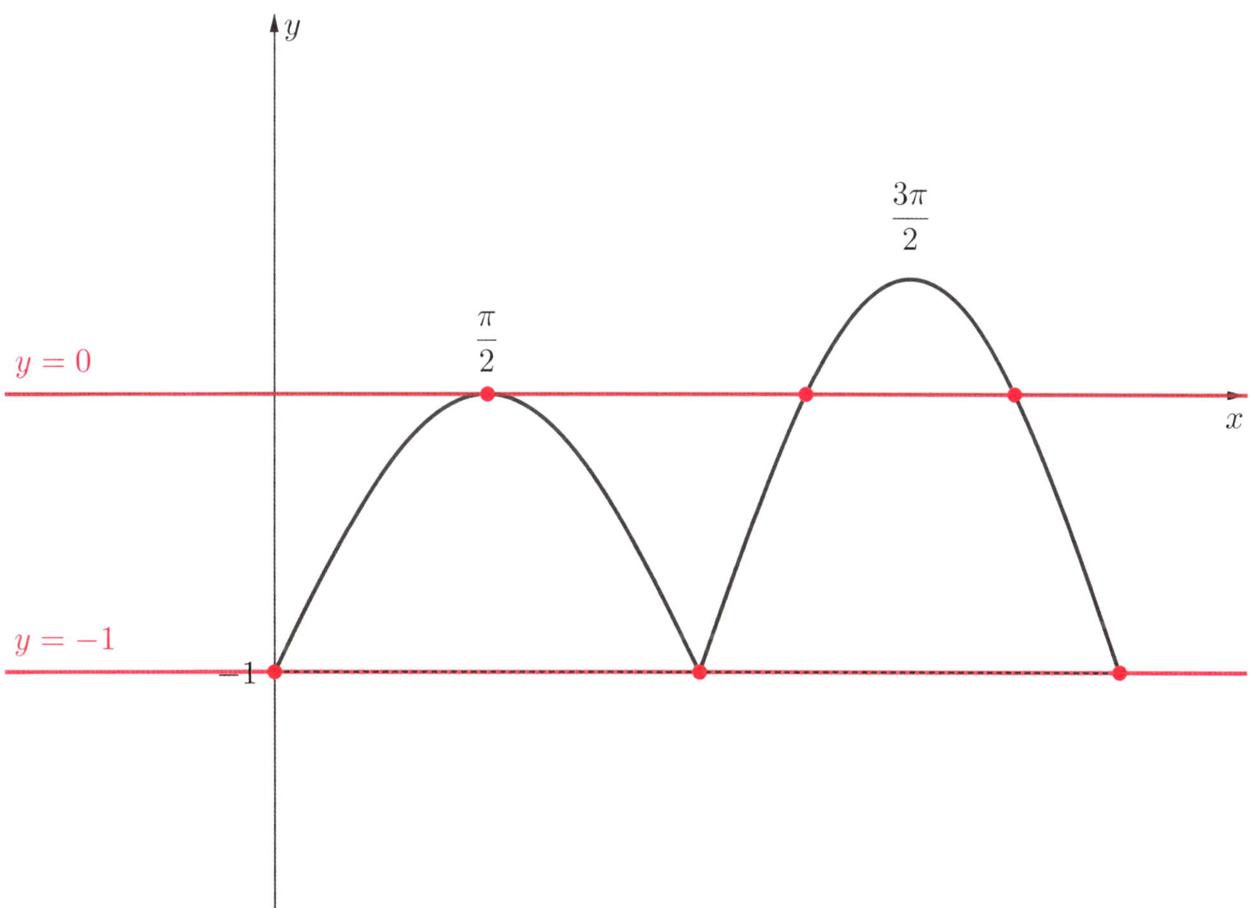

"여기서, <u>**동일한 y값을 갖는 서로 다른 점이 3개**</u>가 될 만한 y값은 -1과 0 정도가 있겠다."

STEP 2.

이제 모든 t의 값의 합을 구해보자.

1) $y=0$과의 교점(x좌표)의 합은 $\dfrac{\pi}{2}+\dfrac{3\pi}{2}\times 2=\dfrac{7}{2}\pi$이고, (오른쪽 두 교점은 x좌표의 평균이 $\dfrac{3\pi}{2}$임을 이용해 계산)

2) $y=-1$과의 교점(x좌표)의 합은 $0+\pi+2\pi=3\pi$이므로,

모든 t의 값의 합은 $\dfrac{7}{2}\pi+3\pi=\dfrac{13}{2}\pi$이다.

$\therefore\ p+q=15$

답: 15

닫힌구간 $[0, 2\pi]$ 에서 정의된 함수 $f(x) = a\cos bx + 3$ 이 $x = \dfrac{\pi}{3}$ 에서 최댓값 13을 갖도록 하는 두 자연수 a, b의 순서쌍 (a, b)에 대하여 $a+b$의 최솟값은?

① 12　　　　　② 14　　　　　③ 16　　　　　④ 18　　　　　⑤ 20

a, b는 모두 자연수이므로 $a > 0$

∴ $f(x)$의 최댓값은 $a+3$

$a + 3 = 13$
$a = 10$

이제 b의 최솟값을 찾아보자.

$f(x)$가 $x = \dfrac{\pi}{3}$ 에서 최댓값을 갖기 위해서는

$\cos bx = 1$ 이어야만 한다.

이에 따라 어떤 자연수 n에 대해

$\dfrac{b\pi}{3} = 2n\pi$ 라는 결론이 나온다.

∴ $b = 6n$

그 중 최솟값은 $b = 6$이므로, $a+b$의 최솟값은
$10 + 6 = 16$ 이다.

답: ③

삼각함수

[빠른 정답]

01. ③

02. ①

03. ②

04. ②

05. ③

06. ③

07. ③

08. ③

09. ③

10. 24

11. 15

12. ③

삼각함수의 활용

* 25학년도 6월, 9월, 수능에 전부 4점 문항으로 출제된 단원입니다.

$\angle A = \dfrac{\pi}{3}$ 이고 $\overline{AB} : \overline{AC} = 3 : 1$ 인 삼각형 ABC가 있다. 삼각형 ABC의 외접원의 반지름의 길이가 7일 때, 선분 AC의 길이를 k라 하자. k^2의 값을 구하시오.

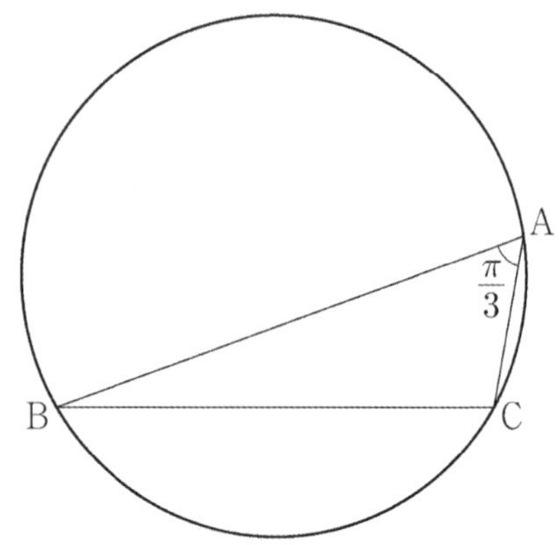

외접원의 반지름을 줬고, **원주각**까지 줬네. 일단 구할 수 있는 것을 다 표시해 놓자.

(A 가 **원 위에 있는 점**이라는 사실과, 점 B와 C를 **연결하여 호를 만들 수 있음** 등을 근거로, $\angle A = \dfrac{\pi}{3}$ 를 원주각으로 인식하는 것이 중요하다.)

먼저, **사인 법칙**을 이용해 $\overline{BC}$를 구해보자.

$$\overline{BC} = 2R\sin\frac{\pi}{3} = 14 \times \frac{\sqrt{3}}{2} = 7\sqrt{3} \quad (R은\ 반지름)$$

$\overline{AC} = k$, $\overline{AB} = 3k$라고 하자.

"k를 구해야하니 식이 하나 더 필요하겠네. **코사인 법칙**을 쓰면 되겠다."

$$\overline{BC}^2 = \overline{AB}^2 + \overline{AC}^2 - 2\overline{AB} \times \overline{AC}\cos\frac{\pi}{3} = 9k^2 + k^2 - 6k^2\left(\frac{1}{2}\right) = 7k^2 = 147$$

$$\therefore\ k^2 = 21$$

답: 21

| 무엇을 기준으로 학생들을 변별했는가?

1. ∠A가 **원주각임을 인식**하고, **사인 법칙**을 통해 현의 길이를 구할 수 있는가?

2. 두 변의 길이비와, **코사인 법칙**을 통해 모든 삼각형의 변의 길이를 구할 수 있는가?

| NOTES

- 도형 문제가 나오면 문제에서 사인 법칙, 코사인 법칙을 통해 구할 수 있는 '대놓고 준 정보'들부터 전부 구해놓자.

그림과 같이 한 평면 위에 있는 두 삼각형 ABC, ACD의 외심을 각각 O, O′이라 하고 $\angle ABC = \alpha$, $\angle ADC = \beta$라 할 때,

$$\frac{\sin\beta}{\sin\alpha} = \frac{3}{2}, \quad \cos(\alpha+\beta) = \frac{1}{3}, \quad \overline{OO'} = 1$$

이 성립한다. 삼각형 ABC의 외접원의 넓이가 $\dfrac{q}{p}\pi$일 때, $p+q$의 값을 구하시오.
(단, p와 q는 서로소인 자연수이다.)

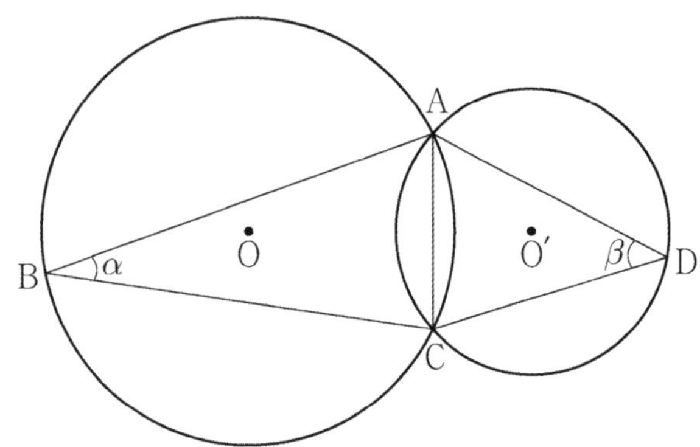

큰 원의 반지름을 R, 작은 원의 반지름을 r라 하자.
우리는 큰 원의 넓이를 구해야 하므로 R을 구해야한다.

"$\overline{AC}$는 공통인데 이 변과 마주보는 두 각이 α, β네..?"

이를 통해 우리는 직감적으로 **사인법칙을 써야함**을 알 수 있다.

$\dfrac{\sin\beta}{\sin\alpha} = \dfrac{R}{r} = \dfrac{3}{2}$, 즉 $r = \dfrac{2}{3}R$이다.

"나머지 두 조건을 통해 R, r에 관한 식 한 개를 더 얻어내자."

'$\cos(\alpha+\beta) = \dfrac{1}{3}$'를 보면, 이런 생각이 든다.

"주어진 그림에서 $\alpha+\beta$라는 각도를 어떻게 만들 수 있을까?"

가장 먼저 할 수 있는 것은 **중심각과 원주각 관계**를 이용해
$\angle AOC = 2\alpha$와 $\angle AO'C = 2\beta$를 떠올리는 것이다.

이후, $\overline{OO'} = 1$가 주어졌으니 O와 O′을 이어보면,
$\overline{OO'}$을 기준으로 **사각형 AOCO′가 합동인 두 삼각형으로 이등분됨**을 알 수 있다.

그 중 윗부분인 $\triangle \text{AOO}'$를 살펴보면 $\angle \text{AOO}' = \alpha$, $\angle \text{AO}'\text{O} = \beta$이므로 $\angle \text{OAO}' = \pi - (\alpha + \beta)$이다.

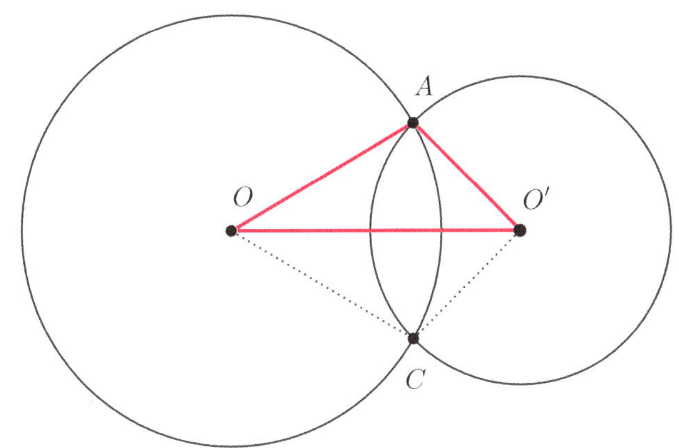

우리는 $\underline{\triangle \text{AOO}'\textbf{의 모든 변}}(1,\ r,\ R)$을 나타낼 수 있고, $\underline{\angle \text{OAO}' = \pi - (\alpha + \beta)}$임을 구했다.

즉, '$\cos(\alpha + \beta) = \dfrac{1}{3}$' ...이 조건을 사용할 수 있게 된 것이다.

"그럼 이제, $\underline{\triangle \text{AOO}'\textbf{에 대해 코사인법칙을 이용해야겠다}}$."

코사인법칙을 이용하면 $1 = R^2 + r^2 + 2Rr \times \dfrac{1}{3}$이다.

$r = \dfrac{2}{3}R$과 연립하면

$R^2 = \dfrac{9}{17}$이다.

따라서 $p = 17,\ q = 9$

$\therefore\ p + q = 26$

답: 26

| 무엇을 기준으로 학생들을 변별했는가?

1. 서로 다른 **두 원 사이의 반지름 비율**$(r : R = 2 : 3)$을 사인법칙을 통해 알아낼 수 있는가?
(하나의 원 내부가 아닌, 두 원 사이에도 사인법칙을 적용할 수 있어야 한다.)

2. 조건$\left(\cos(\alpha + \beta) = \dfrac{1}{3}\right)$에 언급된 각$(\alpha + \beta)$을 찾기 위해 시도하고,
이를 통해 $\triangle \text{AOO}'$을 찾아낼 수 있는가?

- **두 원 사이의 반지름 비율을 알고 있다면**, 서로 다른 두 원 사이에도 사인법칙을 적용할 수 있다.

이는 사인법칙 그 자체를 통해 알 수 있는데,

사인법칙 $\dfrac{a}{\sin A} = 2r$ 을

$$a = 2r\sin A$$

위와 같이 **한 변의 길이에 대한 식**으로 바꿔보면, 다음과 같이 생각할 수 있다.
삼각형의 **한 변의 길이**(a)는 외접원의 **반지름**(r)과 마주보는 각이 차지하는 **각도**$(\sin A)$의 곱에 의해 결정된다.

03. 2022 6월 모의고사 12번 ★★

그림과 같이 $\overline{AB}=4$, $\overline{AC}=5$이고 $\cos(\angle BAC)=\dfrac{1}{8}$ 인 삼각형 ABC가 있다.

선분 AC 위의 점 D와 선분 BC 위의 점 E에 대하여

$$\angle BAC = \angle BDA = \angle BED$$

일 때, 선분 DE의 길이는?

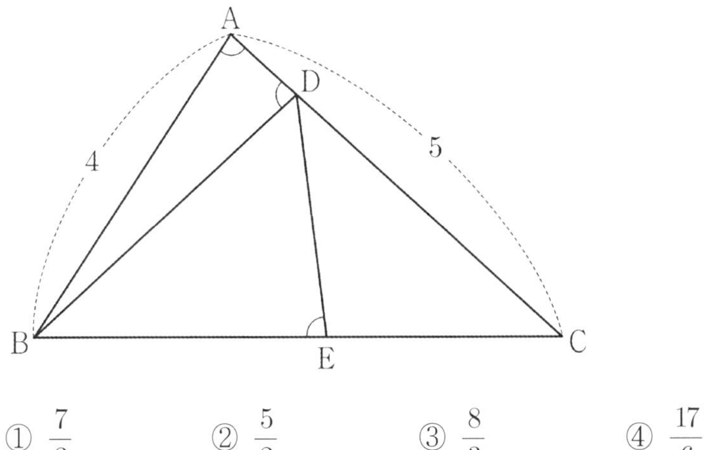

① $\dfrac{7}{3}$　　② $\dfrac{5}{2}$　　③ $\dfrac{8}{3}$　　④ $\dfrac{17}{6}$　　⑤ 3

"문제를 읽어보면 각에 대한 정보가 많다. 이 정보들을 활용하여 변에 대한 정보도 찾아보자."

"현재 육안으로 확인되는 도형이 굉장히 많네? 여러 도형 중 **코사인 각에 대한 조건이 주어졌으니**, 가장 기본 도형인 **삼각형을 기준으로** 도형들의 각과 길이 정보를 찾아야겠다."

우선 $\overline{AB}=4$, $\overline{AC}=5$, $\cos(\angle BAC)=\dfrac{1}{8}$ 이므로 코사인법칙을 이용하여 $\overline{BC}=6$임을 알 수 있다.

다음으로는 $\angle BAC = \angle BDA$ 이므로 $\triangle ADB$**는 이등변삼각형이다.**

$\therefore \ \overline{BD}=4$

이등변삼각형 ADB, 점 B에서 선분 AD로 그은 수선의 발을 H라고 하자.

그렇다면 $\overline{AH}=\overline{AB}\times\cos(\angle BAC)=\dfrac{1}{2}=\overline{HD}$ 이고

$\overline{DC}=\overline{AC}-\overline{AD}=4$이므로 **삼각형 BDC도 이등변삼각형임을 알 수 있다.**

이등변삼각형 BDC, 점 D에서 선분 BC에 그은 수선의 발을 H′이라 두자.
$\overline{BD}=4$, $\overline{BH'}=3$이므로 피타고라스의 정리를 이용하면 $\overline{DH'}=\sqrt{7}$ 이다.

삼각형 DH′E가 직각삼각형이고 $\cos(\angle BED)=\dfrac{1}{8}$이므로 $\sin(\angle BED)=\dfrac{3\sqrt{7}}{8}$ 이다.

$\overline{\mathrm{DH'}} = \sin(\angle \mathrm{BED}) \times \overline{\mathrm{DE}} = \sqrt{7}$ 이므로 $\overline{\mathrm{DE}} = \dfrac{8}{3}$ 이다.

답: ③

| 무엇으로 학생들을 변별했는가?

1. $\overline{\mathrm{DC}} = 4$임을 이용하여 삼각형 BDC가 이등변삼각형임을 찾을 수 있는가?

| NOTES

- 도형에서 보조선 및 연장선의 역할이 굉장히 크다. 이등변삼각형에서는 꼭짓점에서 수선을 긋는 수선을 보조선으로 잡아보자.

- 이등변삼각형에서의 수선은 수직이등분선이다. 이는 도형 문제를 풀 때 종종 중요한 단서가 된다.

반지름의 길이가 $2\sqrt{7}$ 인 원에 내접하고 $\angle A = \dfrac{\pi}{3}$ 인 삼각형 ABC가 있다.

점 A를 포함하지 않는 호 BC 위의 점 D에 대하여 $\sin(\angle BCD) = \dfrac{2\sqrt{7}}{7}$ 일 때, $\overline{BD} + \overline{CD}$ 의 값은?

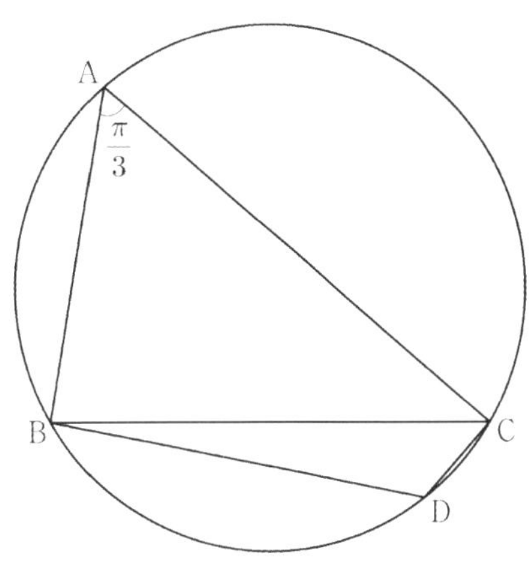

① $\dfrac{19}{2}$ ② 10 ③ $\dfrac{21}{2}$ ④ 11 ⑤ $\dfrac{23}{2}$

"$\sin(\angle BCD) = \dfrac{2}{\sqrt{7}}$ 을 통해 **사인법칙으로** $\overline{BD}$ 를, $\angle A = \dfrac{\pi}{3}$ 을 통해 **사인법칙으로** $\overline{BC}$ 를 구할 수 있다."

"이후에는 $\overline{BC}$, $\overline{BD}$ 와 **코사인법칙을 통해** $\overline{CD}$ 를 구할 수 있겠다."

먼저, 사인법칙을 사용해 $\overline{BC}$, $\overline{BD}$ 를 구해보자.
문제에서 반지름은 $R = 2\sqrt{7}$ 이므로

$$\overline{BC} = 2R\sin\frac{\pi}{3} = 2\sqrt{21}$$

$$\overline{BD} = 2R\sin(\angle BCD) = 8$$

먼저, 코사인법칙을 이용하기 위해 $\sin(\angle BCD) = \dfrac{2}{\sqrt{7}}$ 을 통해 $\angle BCD$ 의 $\cos$ 값을 구해보면

$$\cos(\angle BCD) = \sqrt{\frac{3}{7}}$$

이제 $\triangle BCD$ 에 대해 코사인법칙을 적용해보면,
$$\overline{BC}^2 + \overline{CD}^2 - 2\overline{BC} \times \overline{CD} \times \cos(\angle BCD) = \overline{BD}^2$$
$$\Rightarrow \overline{CD}^2 - 12 \times \overline{CD} + 20 = (\overline{CD} - 2)(\overline{CD} - 10) = 0$$

주어진 그림을 볼 때, $\overline{CD} = 2$ 이다. (NOTES 참고)

$$\therefore \ \overline{BD}+\overline{CD}=10$$

답: ②

| NOTES

- 삼각함수 활용 문제는 필연적으로 사인법칙과 코사인법칙을 사용한다. 이를 인지했음에도 풀이가 잘 안 보인다면 중등 기하에 약점이 있는 것이므로 중등 기하를 복습하도록 하자.

- 조금 더 엄밀하게 생각해보면, $\overline{CD}=10$일 경우 점 D는 **점 A를 포함하는** 호 BC에 위치하게 되어 성립할 수 없다. 그러나, 이차방정식에서 구한 변의 두 길이 중 하나를 구해야 할 때는 **주어진 그림에 부합하는 길이를 선택하는 것이   편하다**.

두 점 O_1, O_2를 각각 중심으로 하고 반지름의 길이가 $\overline{O_1O_2}$인 두 원 C_1, C_2가 있다.

그림과 같이 원 C_1 위의 서로 다른 세 점 A, B, C와 원 C_2 위의 점 D가 주어져 있고, 세 점 A, O_1, O_2와 세 점 C, O_2, D가 각각 한 직선 위에 있다.

이때 $\angle BO_1A = \theta_1$, $\angle O_2O_1C = \theta_2$, $\angle O_1O_2D = \theta_3$이라 하자.

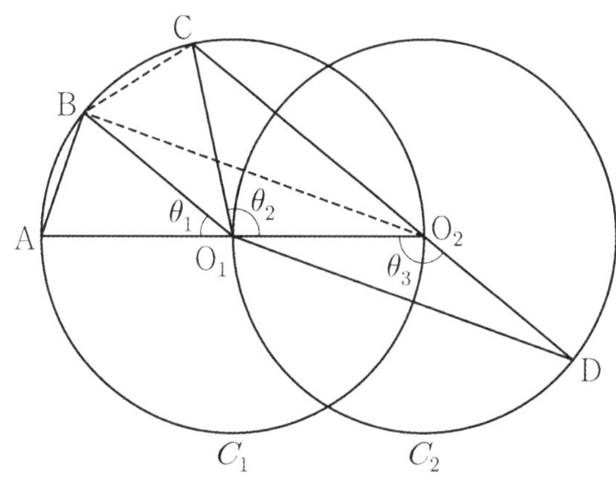

다음은 $\overline{AB} : \overline{O_1D} = 1 : 2\sqrt{2}$이고 $\theta_3 = \theta_1 + \theta_2$일 때, 선분 AB와 선분 CD의 길이의 비를 구하는 과정이다.

$\angle CO_2O_1 + \angle O_1O_2D = \pi$이므로, $\theta_3 = \dfrac{\pi}{2} + \dfrac{\theta_2}{2}$이고 $\theta_3 = \theta_1 + \theta_2$에서 $2\theta_1 + \theta_2 = \pi$이므로

$\angle CO_1B = \theta_1$이다.

이때 $\angle O_2O_1B = \theta_1 + \theta_2 = \theta_3$이므로 삼각형 O_1O_2B와 삼각형 O_2O_1D는 합동이다.

$\overline{AB} = k$라 할 때 $\overline{BO_2} = \overline{O_1D} = 2\sqrt{2}\,k$이므로 $\overline{AO_2} = \boxed{\text{(가)}}$ 이고,

$\angle BO_2A = \dfrac{\theta_1}{2}$이므로 $\cos\dfrac{\theta_1}{2} = \boxed{\text{(나)}}$ 이다.

삼각형 O_2BC에서 $\overline{BC} = k$, $\overline{BO_2} = 2\sqrt{2}\,k$, $\angle CO_2B = \dfrac{\theta_1}{2}$이므로

코사인법칙에 의하여 $\overline{O_2C} = \boxed{\text{(다)}}$ 이다.

$\overline{CD} = \overline{O_2D} + \overline{O_2C} = \overline{O_1O_2} + \overline{O_2C}$이므로 $\overline{AB} : \overline{CD} = k : \left(\dfrac{\boxed{\text{(가)}}}{2} + \boxed{\text{(다)}} \right)$이다.

위의 (가), (다)에 알맞은 식을 각각 $f(k)$, $g(k)$라 하고, (나)에 알맞은 수를 p라 할 때, $f(p) \times g(p)$의 값은?

① $\dfrac{169}{27}$ ② $\dfrac{56}{9}$ ③ $\dfrac{167}{27}$ ④ $\dfrac{166}{27}$ ⑤ $\dfrac{55}{9}$

"도형의 모든 요소를 고려하기엔 구할 것이 너무 많은데..?"

"일단, 박스 안의 문장들을 읽어보며 **필요한 정보만을 이용해** 빈칸을 구해보자."

'$\overline{AB} = k$라 할 때 $\overline{BO_2} = \overline{O_1D} = 2\sqrt{2}\,k$이므로 $\overline{AO_2} = $ (가)이고,'
$\triangle ABO_2$는 지름을 빗변으로 하는 직각삼각형이다. 따라서 피타고라스 정리에 의하여 $\overline{AO_2} = 3k$이다.

'$\angle BO_2A = \dfrac{\theta_1}{2}$ 이므로 $\cos\dfrac{\theta_1}{2} = $ (나) 이다.'

$\angle BO_1A = \theta_1$ 가 호 AB에 대한 중심각이고, $\angle BO_2A$가 호 AB에 대한 원주각이므로 $\angle BO_2A = \dfrac{\theta_1}{2}$ 이다.

$$\therefore \ \cos\frac{\theta_1}{2} = \cos\angle BO_2A = \frac{\overline{BO_2}}{\overline{AO_2}} = \frac{2\sqrt{2}}{3} \ \cdots \ \bigcirc$$

'$\overline{BC} = k$, $\overline{BO_2} = 2\sqrt{2}\,k$, $\angle CO_2B = \dfrac{\theta_1}{2}$ 이므로 코사인법칙에 의하여 $\overline{O_2C} = $ (다)이다.'

$\overline{O_2C} = x$라 하면, $\triangle O_2BC$에서 코사인법칙에 의하여 $x^2 + 8k^2 - 4\sqrt{2}\,kx \times \cos\dfrac{\theta_1}{2} = k^2$

$\bigcirc$을 대입하면, $x^2 - \dfrac{16}{3}kx + 7k^2 = 0 \ \Rightarrow \ x = 3k$ 또는 $x = \dfrac{7}{3}k$

여기서 $x = 3k$이라면, 지름이 아닌 현 $\overline{O_2C}$ 와 지름인 $\overline{AO_2}$의 길이가 같아지므로 모순이다.

$$\therefore \ \overline{O_2C} = \frac{7}{3}k$$

빈칸을 모두 채웠으므로 다음은 읽을 필요가 없다.

$$f(k) = 3k, \ p = \frac{2\sqrt{2}}{3}, \ g(k) = \frac{7}{3}k$$

$$\therefore \ f(p) \times g(p) = \frac{56}{9}$$

답: ②

| 무엇으로 학생들을 변별했는가?

1. 도형이 복잡하게 그려져 있고 미지수가 많은 상황에서 당황하지 않고
   필요한 정보만을 뽑아 (가), (나), (다)를 구할 수 있는가?

| NOTES

- 모든 도형의 정보를 구하려다보면 시간이 길어진다.

  그러나, **빈칸을 구하는데 꼭 필요한 정보**들만 이용한다면 복잡한 과정 없이도 충분히 답을 구할 수 있다.
  필요하다면 박스 안의 문장들을 정독하는 대신, 훑어보면서 필요한 단서들만 추출하는 것도 한 방법이다.
  (성향에 따라 다를 수 있다.)

그림과 같이 $\overline{AB} = 3$, $\overline{BC} = 2$, $\overline{AC} > 3$이고 $\cos(\angle BAC) = \dfrac{7}{8}$인 삼각형 ABC가 있다. 선분 AC의 중점을 M, 삼각형 ABC의 외접원이 직선 BM과 만나는 점 중 B가 아닌 점을 D라 할 때, 선분 MD의 길이는?

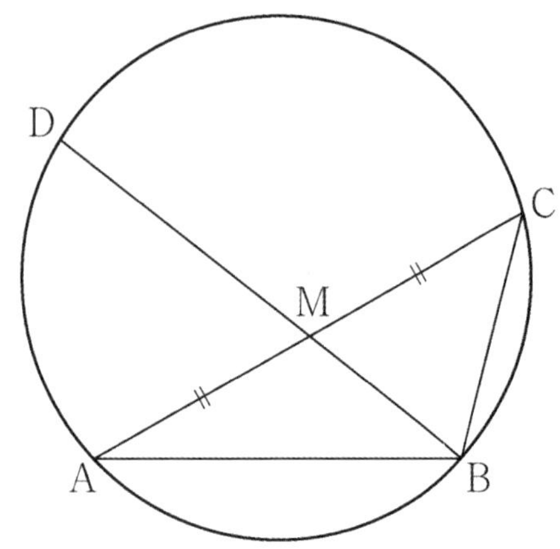

① $\dfrac{3\sqrt{10}}{5}$ ② $\dfrac{7\sqrt{10}}{10}$ ③ $\dfrac{4\sqrt{10}}{5}$ ④ $\dfrac{9\sqrt{10}}{10}$ ⑤ $\sqrt{10}$

"일단 $\cos(\angle BAC) = \dfrac{7}{8}$과 △ABC의 두 변 $\overline{AB}$, $\overline{BC}$가 주어졌으니, 먼저 코사인법칙으로 $\overline{AC}$를 구할 수 있겠다."

"그 다음엔.. △ABC만 파악하면 $\overline{MB}$를 구하는 건 쉬워보이니, 일단 $\overline{MD} = \overline{BD} - \overline{MB}$로 풀이의 방향을 잡고 들어가보자."
··· ㉠

$\overline{AC} = x$라 하면, $4 = 9 + x^2 - 2 \times x \times 3 \times \cos(\angle BAC) \Rightarrow 4x^2 - 21x + 20 = (x-4)(4x-5) = 0$
발문을 보면 $\overline{AC} > 3$이므로, $x = 4$이다.

$\therefore \ \overline{AC} = 4$

"이제 △ABC를 파악했으니, $\overline{MB}$를 구해볼까? 점 M은 $\overline{AC}$의 절반이니 $\overline{MA} = \overline{MC} = 2$네."

"아, 그럼 $\overline{MC} = \overline{BC} = 2$이니까, △MBC가 **이등변삼각형**이겠네..!
그런데, 일단 우리는 $\overline{MB}$를 구해야하니 이 조건은 나중에 활용해야겠다." ··· ㉡

"이제, $\overline{MA} = 2$임을 이용해 △MBA에 **코사인법칙**을 사용하여 $\overline{MB}$를 구해보자."

$\overline{MB} = y$라 하면, $y^2 = 4 + 9 - 2 \times 2 \times 3 \times \cos(\angle BAC) = \dfrac{5}{2} \Rightarrow y = \dfrac{\sqrt{10}}{2}$

$\therefore \ \overline{MB} = \dfrac{\sqrt{10}}{2}$

"이제 $\overline{\mathrm{BD}}$를 구해야하니, 주변 도형들을 살펴볼까..? 원 위의 점을 다른 점들과 이어 관계를 살펴봐야 하므로
선분 $\overline{\mathrm{AD}}, \overline{\mathrm{DC}}$를 잇는 것이 최우선인 것 같다."

"그 다음, **두 원주각 $\angle\mathrm{ADB}$와 $\angle\mathrm{ACB}$가 같음**을 표시해보자."

"생각해보니, 맞꼭지각으로 $\angle\mathrm{DMA} = \angle\mathrm{CMB}$이다."

"아, 그럼 $\triangle\mathrm{MAD}$**와** $\triangle\mathrm{MBC}$**가 닮음이구나**..!
게다가 ⓛ에 따르면 $\triangle\mathrm{MBC}$가 이등변삼각형이니, **닮음비와 길이비**를 통해 $\overline{\mathrm{MD}}$를 구할 수 있을 것 같은데..?"

"그럼 ㉠의 $\overline{\mathrm{MD}} = \overline{\mathrm{BD}} - \overline{\mathrm{MB}}$는 굳이 사용할 필요가 없겠다."

$\overline{\mathrm{MD}} : \overline{\mathrm{MA}} = \overline{\mathrm{MC}} : \overline{\mathrm{MB}}$ 이므로 계산하면 아래와 같다.

$$\overline{\mathrm{MD}} : 2 = 2 : \frac{\sqrt{10}}{2}$$

$$\therefore \ \overline{\mathrm{MD}} = \frac{4\sqrt{10}}{5}$$

답: ③

| 무엇을 기준으로 학생들을 변별했는가?

1. **닮음의 성질**과 **길이비**를 이용하여, 주어지지 않은 나머지 길이를 구할 수 있는가?

| NOTES

- 보통 도형 문제를 포함한 대부분의 수학문제는 손을 대기 전에 **머릿속으로 어떤 식으로 풀지 구상을 하고 푸는 것**이,
  당장 손부터 대고 푸는 것보다 훨씬 효율적이다.

  설령 처음의 방향성이 수정되더라도, 아무 계획 없이 손을 대는 것보다 시간이 훨씬 적게 걸릴 뿐더러 풀이가 이상한 곳으로
  흘러가는 경우가 현저히 적다.

  따라서 머릿속으로 **주어진 조건들을 가지고 어떻게 해야 선분 $\overline{\mathrm{MD}}$의 길이를 구할 수 있을지** 생각해보자.

그림과 같이 선분 AB를 지름으로 하는 반원의 호 AB 위에 두 점 C, D가 있다.
선분 AB의 중점 O에 대하여 두 선분 AD, CO가 점 E에서 만나고,

$$\overline{CE} = 4, \quad \overline{ED} = 3\sqrt{2}, \quad \angle CEA = \frac{3}{4}\pi$$

이다. $\overline{AC} \times \overline{CD}$의 값은?

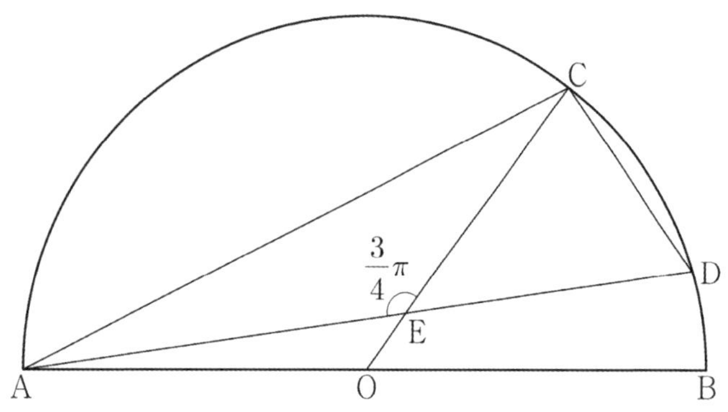

① $6\sqrt{10}$ ② $10\sqrt{5}$ ③ $16\sqrt{2}$ ④ $12\sqrt{5}$ ⑤ $20\sqrt{2}$

"두 변의 곱이기에 넓이의 관점에서 접근할 수도 있을 것 같지만..
넓이에 관한 단서가 없으니 일단 $\overline{AC}$와 $\overline{CD}$를 한번 각각 구해보자."

"이상한 곳에 끼인각을 줘서 조금 당황스러운데..?
일단, $\overline{CE}$와 $\overline{ED}$의 길이가 주어졌으므로 <u>△CDE**에서 코사인법칙**</u>을 쓰면 $\overline{CD}$는 구할 수 있겠다."

먼저, $\cos(\angle CED) = \dfrac{\sqrt{2}}{2}$ 이다. 이제 코사인법칙을 사용해보자.

$\overline{CD}^2 = \overline{CE}^2 + \overline{ED}^2 - 2 \times \overline{CE} \times \overline{ED} \times \cos(\angle CED)$에 $\overline{CE} = 4$와 $\overline{ED} = 3\sqrt{2}$를 대입하면,

$\overline{CD} = \sqrt{10}$ 이다.

"이제 $\overline{AC}$만 구하면 된다. △CDE에서 세 변의 길이를 전부 알고 있으므로 이 삼각형을 이용해보는게 좋을텐데.."

"사인법칙을 이용하여 $\sin(\angle CDE)$를 구한 뒤, △CDA에서 사인법칙을 통해 $\overline{AC}$에 대한 식을 세울 수 있겠다."

$$\frac{\overline{CE}}{\sin(\angle CDE)} = \frac{\overline{CD}}{\sin\dfrac{\pi}{4}} \;\Rightarrow\; \sin(\angle CDE) = \frac{2}{\sqrt{5}}$$

이제 반지름의 길이를 r이라고 하고, <u>△CDA**에서 사인법칙을 사용**</u>해
$\overline{AC}$를 반지름 r에 관한 식으로 표현할 수 있다.

$$\frac{\overline{AC}}{\sin(\angle CDA)} = 2r \;\Rightarrow\; \overline{AC} = \frac{4r}{\sqrt{5}} \cdots \text{㉠}$$

"이제 반지름만 구하면 모든게 끝난다."

D는 원 위의 한 점이므로 **원의 중심과 이어** $\overline{DO}$를 만들어보자. (필연적인 보조선이다.)

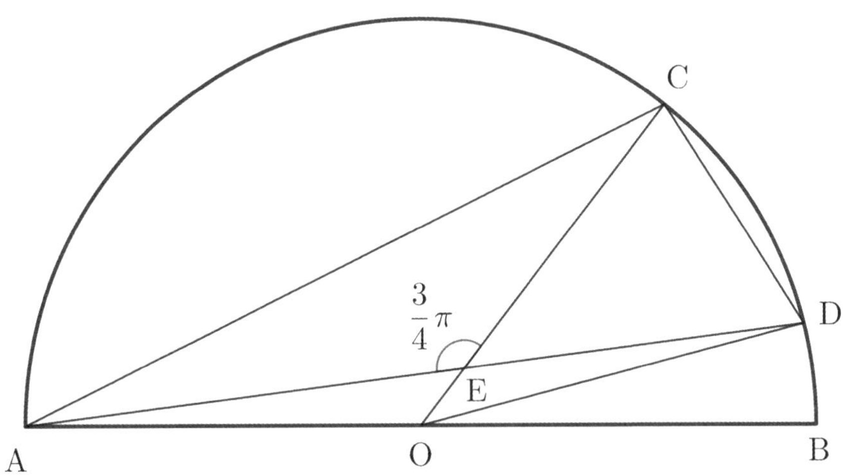

그럼, △COD**이 두 길이가 전부 반지름인 이등변삼각형**임을 확인할 수 있다.

"△CDE의 모든 **변의 길이를 알고 있으니까**,
먼저 △CDE**에서 코사인법칙**을 사용해 $\cos(\angle ECD)$를 구하고,
그 다음 $\cos(\angle ECD)$를 이용해 △COD**에서 코사인법칙**을 쓰면
반지름을 구할 수 있겠는데.,?"

1) △CDE에서 코사인법칙을 사용해보면, $\cos(\angle ECD) = \dfrac{1}{\sqrt{10}}$

2) $\cos(\angle ECD) = \dfrac{1}{\sqrt{10}}$를 이용해 △COD에서 코사인법칙 식을 세워보면,

$$r^2 = r^2 + 10 - 2\sqrt{10}\,r \times \cos(\angle ECD) \;\Rightarrow\; r = 5$$

따라서, 외접원의 **반지름의 길이는** 5**임**을 알 수 있다.

㉠에 반지름 $r = 5$를 대입하면 $\overline{AC} = 2 \times 5 \times \dfrac{2\sqrt{5}}{5} = 4\sqrt{5}$ 이므로

$\overline{AC} \times \overline{CD} = 20\sqrt{2}$ 이다.

답: ⑤

| 무엇을 기준으로 학생들을 변별했는가?

1. **끼인각**을 이용해 **주변 삼각형**의 변의 길이나 각을 파악할 수 있는가?

2. **점 D를 원의 중심과 이어** 이등변삼각형을 만들 수 있는가?

| NOTES

- 주어진 끼인각이 애매한 위치에 있어 처음 문제를 직면했을 때 당황스러울 수 있다.
  이럴 땐, 침착하게 끼인각 주변의 삼각형부터 접근해보는 것이 좋다.

- 원 위의 점과 원의 중심을 잇는 접근법은 항상 염두에 두어야 한다.

08. 2023 수능 11번 ★★

그림과 같이 사각형 ABCD가 한 원에 내접하고

$$\overline{AB} = 5, \quad \overline{AC} = 3\sqrt{5}, \quad \overline{AD} = 7, \quad \angle BAC = \angle CAD$$

일 때, 이 원의 반지름의 길이는?

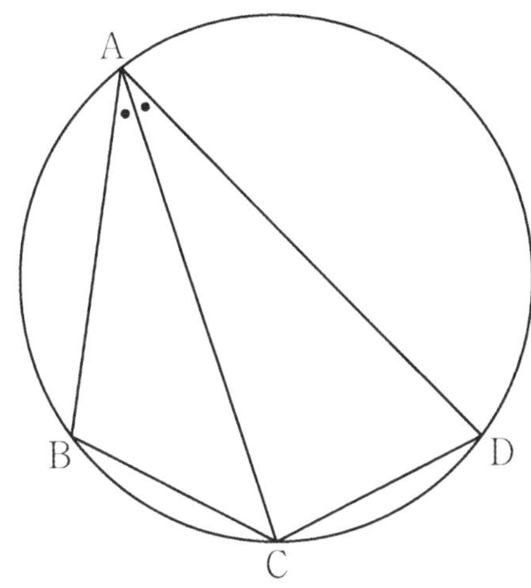

① $\dfrac{5\sqrt{2}}{2}$ ② $\dfrac{8\sqrt{5}}{5}$ ③ $\dfrac{5\sqrt{5}}{3}$ ④ $\dfrac{8\sqrt{2}}{3}$ ⑤ $\dfrac{9\sqrt{3}}{4}$

"사각형이 원에 **내접**하고 있다고 하니, 마주보는 **대각의 합은** π겠다."

"또한, $\angle BAC = \angle CAD$이므로 **현의 길이와 호의 길이**는 전부 같겠네. 따라서 $\overline{BC} = \overline{CD}$이겠다."

위 정보들을 토대로 반지름을 구해보자.
먼저, 원의 반지름과 관련있는 관계식은 사인법칙이므로 **어떻게 하면 사인법칙을 쓸 수 있을지**를 고민해봐야한다.

사인법칙을 쓰기 위해서는 **한 각**과 그 **각에 대응하는 변**을 알고있으면 된다.

"그런데, 우리는 **한 각**(α)과 **각에 대응하는 변**($\overline{BC}$, $\overline{CD}$)를 전부 모르잖아..?
그렇다면 **식이 두 개**가 필요한데.."

" $\angle BAC = \angle CAD = \alpha$라 하고, α와 $\overline{BC}$를 구하기 위해서 **코사인법칙**을 사용한 **식 두 개를 세워서 연립**해보자."
($\triangle ABC$, $\triangle ACD$에서 각각 **코사인법칙**을 사용해서 식 두 개를 세우자.)

$$\overline{BC}^2 = 25 + 45 - 30\sqrt{5}\cos\alpha \ \cdots \ \text{㉠}$$
$$\overline{CD}^2 = 45 + 49 - 42\sqrt{5}\cos\alpha$$

$\overline{BD}^2 = \overline{CD}^2$이므로 두 식을 연립하면 $\cos\alpha = \dfrac{2}{\sqrt{5}}$, $\sin\alpha = \dfrac{1}{\sqrt{5}}$ 이다.

이제, 구한 α를 ㉠에 대입해보자.

$$\overline{BC}^2 = 10 \;\Rightarrow\; \overline{BC} = \sqrt{10}$$

"이제 마지막으로, 현 $\overline{BC}$와 **사인법칙**을 통해 반지름을 구하자."

$$\frac{\overline{BC}}{\sin\alpha} = 2r \;\Rightarrow\; r = \frac{5\sqrt{2}}{2}$$

답: ①

| NOTES

- 위 과정을 머릿속으로 **단계별로 사고**하는 것이 가장 좋다.
  물론 위 과정들이 논리정연하게 이루어지지 않아도 좋다. 대략적으로 머릿속에 둥둥 떠다니는 그 **'느낌'**을 가지고
  풀이를 진행해도 전혀 문제될 것이 없다.

  (수능장에서 저렇게 논리적인 사고를 하기 위해서는 **어느정도의 실전 경험**을 쌓아두는 것이 좋다.
  단계적인 사고는 **충분한 시간과 여유**를 요구하기 때문이다.)

- 수학은 **'직관'**이다. 그 직관은 틀릴 수도, 맞을 수도 있다.

  우리는 1년에 단 한 번의 시험을 위해 공부하고 있다.
  그 시험을 위해 객관식의 경우 5번의 판단을 하고, 주관식에서는 확신을 갖고 푸는 생각을 한다.
  독자 여러분이 하고 있는 수많은 판단 속에서 올바른 길로 가장 빠르게 도달할 수 있도록, 우리 팀이 함께하고 싶다.
  수많은 선지들에 둘러싸여 오늘 하루도 끝없이 정진하고 있는 여러분들에게 해주고 싶은 말이 있다.

  정사필중

  올바르게 쏘면, 반드시 명중한다.

그림과 같이

$$\overline{BC} = 3, \ \overline{CD} = 2, \ \cos(\angle BCD) = -\frac{1}{3}, \ \angle DAB > \frac{\pi}{2}$$

인 사각형 ABCD에서 두 삼각형 ABC와 ACD는 모두 예각삼각형이다. 선분 AC를 1:2로 내분하는 점 E에 대하여 선분 AE를 지름으로 하는 원이 두 선분 AB, AD와 만나는 점 중 A가 아닌 점을 각각 P_1, P_2라 하고, 선분 CE를 지름으로 하는 원이 두 선분 BC, CD와 만나는 점 중 C가 아닌 점을 각각 Q_1, Q_2라 하자. $\overline{P_1P_2} : \overline{Q_1Q_2} = 3 : 5\sqrt{2}$이고 삼각형 ABD의 넓이가 2일 때, $\overline{AB} + \overline{AD}$의 값은? (단, $\overline{AB} > \overline{AD}$)

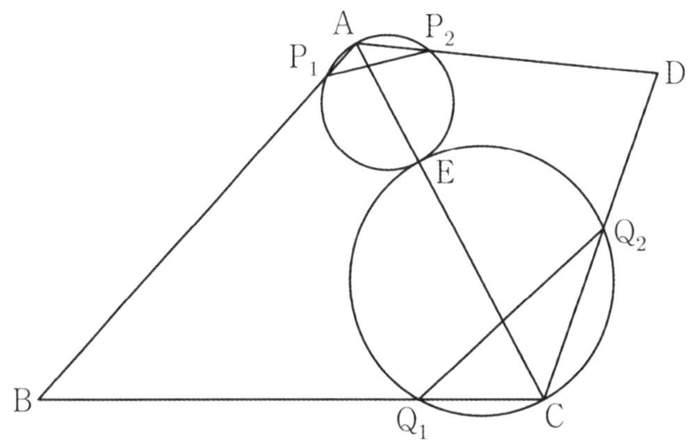

① $\sqrt{21}$　　　　② $\sqrt{22}$　　　　③ $\sqrt{23}$　　　　④ $2\sqrt{6}$　　　　⑤ 5

"조건들이 상당히 복잡하게 얽혀있는 것 같다. 구할 수 있는 것이 무엇인지 살펴보아야겠다."

"일단 변 $\overline{BC}$, $\overline{CD}$가 주어졌으니, $\cos(\angle BCD) = -\frac{1}{3}$을 통해 코사인법칙을 사용하여 △BCD에서 $\overline{BD}$를 구할 수 있겠다."

코사인법칙을 적용하면, $-\dfrac{1}{3} = \dfrac{3^2 + 2^2 - \overline{BD}^2}{12} \ \Rightarrow \ \overline{BD} = \sqrt{17}$

"그 다음, 점 E가 $1:2$ 내분점임을 이용해보자."

먼저 $\overline{AE} = 2r$, $\overline{EC} = 4r$이라 하자. 이후 각 삼각형 △P_1AP_2와 △Q_1CQ_2에서 사인법칙을 적용한 다음,

$$\frac{\overline{Q_1Q_2}}{\sin(\angle BCD)} = \frac{3\overline{Q_1Q_2}}{2\sqrt{2}} = 4r \ \Rightarrow \ \overline{Q_1Q_2} = \frac{8\sqrt{2}}{3}r \ \ \dots \ \text{㉠}$$

$$\frac{\overline{P_1P_2}}{\sin(\angle BAD)} = 2r \ \Rightarrow \ \overline{P_1P_2} = 2r\sin(\angle BAD) \ \ \dots \ \text{㉡}$$

㉠, ㉡과 $\overline{P_1P_2} : \overline{Q_1Q_2} = 3 : 5\sqrt{2}$ 임을 이용하면

$$2r\sin(\angle BAD) : \frac{8\sqrt{2}}{3}r = 3 : 5\sqrt{2} \implies \sin(\angle BAD) = \frac{4}{5}$$ 임을 알 수 있다.

이제, $\sin(\angle BAD) = \frac{4}{5}$ 를 이용하여 $\overline{AB} + \overline{AD}$ 의 길이를 구해보자.

"$\overline{AB} = b$, $\overline{AD} = d$ 라고 하면, **사인 넓이공식**과 **코사인법칙**을 통해 b와 d에 대한 연립방정식을 세울 수 있겠다."

1) 먼저 $\triangle ABD$ 에서 코사인법칙을 사용하면, $\cos(\angle BAD) = \dfrac{b^2 + d^2 - 17}{2bd} \implies b^2 + d^2 + \dfrac{6}{5}bd - 17 = 0$

2) 발문에 주어진 $\triangle ABD = 2$ 를 이용해, $\dfrac{1}{2}\sin(\angle BAD) \times b \times d = 2 \implies bd = 5$

두 식을 연립하기 전, $b^2 + d^2 = 11$, $bd = 5$ 와 같이 정리할 수 있다.

따라서, $(b+d)^2 = b^2 + d^2 + 2bd = 21 \implies b + d = \sqrt{21}$

답: ①

❙ 무엇을 기준으로 학생들을 변별했는가?

1. 비례식 $\overline{P_1P_2} : \overline{Q_1Q_2} = 3 : 5\sqrt{2}$ 을 통해 서로 다른 두 원의 반지름이 $1 : 2$ 임과 엮어 **사인법칙**을 사용할 수 있는가?

2. 하나의 삼각형 내 하나의 각에 대해, **사인법칙**과 **코사인법칙**을 둘 다 사용함으로써 **연립방정식**을 세울 수 있는가?

그림과 같이

$$\overline{AB} = 2, \ \overline{AD} = 1, \ \angle DAB = \frac{2}{3}\pi, \ \angle BCD = \frac{3}{4}\pi$$

인 사각형 ABCD가 있다. 삼각형 BCD의 외접원의 반지름의 길이를 R_1, 삼각형 ABD의 외접원의 반지름의 길이를 R_2라 하자.

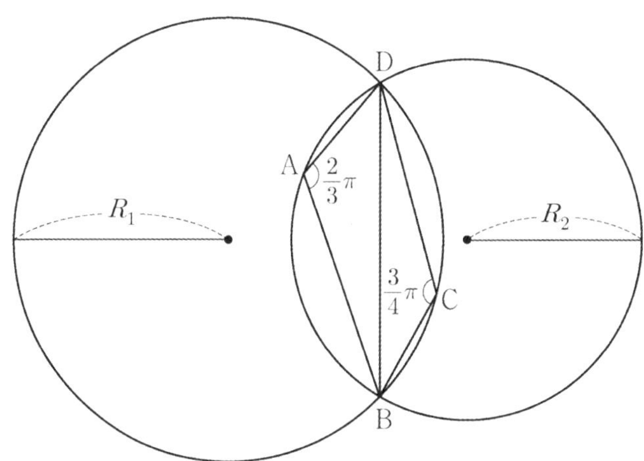

다음은 $R_1 \times R_2$의 값을 구하는 과정이다.

삼각형 BCD에서 사인법칙에 의하여

$$R_1 = \frac{\sqrt{2}}{2} \times \overline{BD}$$

이고, 삼각형 ABD에서 사인법칙에 의하여

$$R_2 = \boxed{(가)} \times \overline{BD}$$

이다. 삼각형 ABD에서 코사인법칙에 의하여

$$\overline{BD}^2 = 2^2 + 1^2 - (\ \boxed{(나)}\ )$$

이므로

$$R_1 \times R_2 = \boxed{(다)}$$

이다.

위의 (가), (나), (다)에 알맞은 수를 각각 p, q, r이라 할 때, $9 \times (p \times q \times r)^2$의 값을 구하시오.

"삼각형 BCD에서 사인법칙에 의하여"

$$\frac{\overline{BD}}{\sin\frac{3}{4}\pi} = 2R_1 \text{이므로} \quad R_1 = \frac{\sqrt{2}}{2}\overline{BD}$$

"삼각형 ABD에서 사인법칙에 의하여"

$$\frac{\overline{BD}}{\sin\frac{2}{3}\pi} = 2R_2 \text{이므로} \quad R_2 = \frac{1}{\sqrt{3}}\overline{BD}$$

$$\therefore \ (\text{가}) = \frac{1}{\sqrt{3}}$$

"삼각형 ABD에서 코사인법칙에 의하여"

$$\overline{BD}^2 = \overline{AB}^2 + \overline{AD}^2 - 2\overline{AB}\times\overline{AD}\times\cos\frac{2}{3}\pi = 2^2 + 1^2 + 2 = 7$$

$$\therefore \ (\text{나}) = -2$$

$$R_1 \times R_2 = \frac{\sqrt{2}}{2}\times\frac{1}{\sqrt{3}}\times\overline{BD}^2 = \frac{7\sqrt{2}}{2\sqrt{3}} \text{이다.}$$

$$\therefore \ (\text{다}) = \frac{7\sqrt{2}}{2\sqrt{3}}$$

따라서, $9\times(p\times q\times r)^2 = 98$이다.

답: 98

그림과 같이

$$\overline{AB} = 3, \quad \overline{BC} = \sqrt{13}, \quad \overline{AD} \times \overline{CD} = 9, \quad \angle BAC = \frac{\pi}{3}$$

인 사각형 ABCD가 있다. 삼각형 ABC의 넓이를 S_1, 삼각형 ACD의 넓이를 S_2라 하고,

삼각형 ACD의 외접원의 반지름의 길이를 R이라 하자. $S_2 = \dfrac{5}{6}S_1$일 때, $\dfrac{R}{\sin(\angle ADC)}$의 값은?

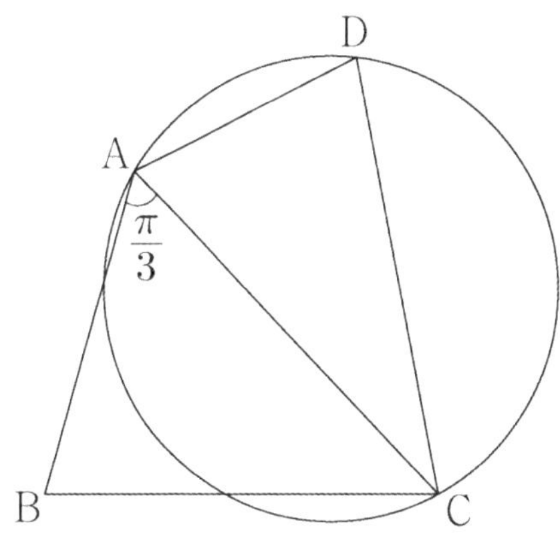

① $\dfrac{54}{25}$ ② $\dfrac{117}{50}$ ③ $\dfrac{63}{25}$ ④ $\dfrac{27}{10}$ ⑤ $\dfrac{72}{25}$

문제에서 많은 정보가 이미 주어져 있다.

도형 문제에서는 **웬만하면 사인, 코사인 법칙을 쓰기 마련이다.** 일단 보이는 것부터 쓰자.

$\triangle ABC$에 대해 **코사인 법칙**을 쓰면,

$$9 + \overline{AC}^2 - 3\overline{AC} = 13$$

$$\therefore \ \overline{AC} = 4$$

두 변의 길이와 끼인각을 구했으므로 S_1도 바로 나온다.

$$S_1 = \frac{1}{2}\sin(\angle A) \times \overline{AB} \times \overline{AC} = 3\sqrt{3}$$

"$\overline{AD} \times \overline{CD} = 9$로 주어져 있네. 동시에 **두 삼각형의 넓이 관계**가 주어져 있다.

그렇다면, $\overline{AD}$와 $\overline{CD}$를 직접 구하기보다는 방금과 같이 **사인 넓이 공식**을 쓰면 단서가 나오겠다."

$$S_2 = \frac{1}{2}\overline{AD} \times \overline{AC} \times \sin(\angle D) = \frac{9}{2}\sin(\angle D)$$

$$S_2 = \frac{5}{6}S_1 = \frac{5\sqrt{3}}{2} = \frac{9}{2}\sin(\angle D)$$

$$\therefore \ \sin(\angle D) = \frac{5\sqrt{3}}{9}$$

"구해야하는 답에는 **외접원의 반지름**을 다루고 있네. △ACD에 대해 **사인 법칙**을 써 반지름만 구하면 문제가 끝나겠다."

$$2R = \frac{\overline{AC}}{\sin \angle D} = \frac{4}{\sin \angle D}$$
$$R = \frac{2}{\sin(\angle D)}$$

"이제 문제를 끝내자."

$$\frac{R}{\sin(\angle D)} = \frac{2}{\sin^2(\angle D)} = \frac{54}{25}$$

답: ①

| 무엇을 기준으로 학생들을 변별했는가?

1. 두 변의 곱을 준 것으로부터 **삼각형의 넓이 공식**을 이용해 여러 변의 길이를 구할 수 있는가?

2. **사인 법칙**을 이용해 외접원의 반지름을 구할 수 있는가?

| NOTES

- 문제에서 각과 변의 길이 등 정보를 많이 주었을 때는 코사인 법칙 등 우선적으로 해야 하는 행동들부터 하자.
  그 다음에 문제의 풀이 방향을 고민해보면 더 방향성이 잘 보일 것이다.

- 수능의 도형 파트는 웬만하면 **사인 법칙, 코사인 법칙**을 적재적소에 쓰면 풀린다.
  문제를 만나면 지레 겁먹지 말고 어떻게 해야 이 법칙들을 쓸 수 있을지 생각하자.

12. 2025 6월 모의고사 **10번** ★

다음 조건을 만족시키는 삼각형 ABC의 외접원의 넓이가 9π일 때, 삼각형 ABC의 넓이는?

(가) $3\sin A = 2\sin B$

(나) $\cos B = \cos C$

① $\dfrac{32}{9}\sqrt{2}$ ② $\dfrac{40}{9}\sqrt{2}$ ③ $\dfrac{16}{3}\sqrt{2}$ ④ $\dfrac{56}{9}\sqrt{2}$ ⑤ $\dfrac{64}{9}\sqrt{2}$

"발문에는 **외접원의 넓이**를, (가)에서는 **두 각의 사인비**를, (나)에서는 **두 각이 같음**을 줬네.
사인 법칙, 코사인 법칙을 적당히 잘 써서 삼각형의 정보를 알아내면 되겠다."

"$\sin A : \sin B = 2 : 3$이라고? $\overline{BC} : \overline{AC} = 2 : 3$이겠군."

또한, $\cos B = \cos C$이므로, $\triangle ABC$는 $\angle B = \angle C$인 이등변삼각형이다.

이를 바탕으로 그림을 그려보면 다음과 같다.

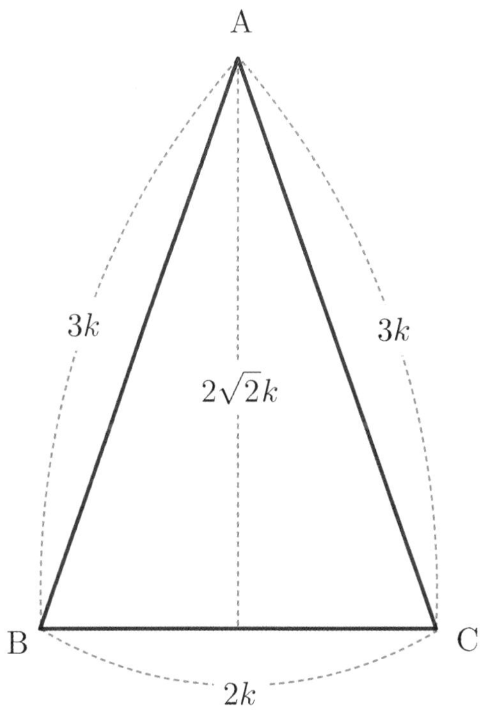

또한 발문에 따르면 외접원의 넓이가 9π이므로, 지름은 6이다.

$$\frac{3k}{\frac{2\sqrt{2}}{3}}=\frac{9}{2\sqrt{2}}k=6 \quad \text{(사인법칙, 지름이 6임을 이용)}$$

$$\Rightarrow k=\frac{4\sqrt{2}}{3}$$

마지막으로 $\triangle ABC$의 넓이를 k로 표현하고, 대입해서 마무리하자.

$$\triangle ABC=\frac{1}{2}\times 2k\times 2\sqrt{2}\,k=2\sqrt{2}\,k^2=\frac{64}{9}\sqrt{2}$$

답: ⑤

$\angle A > \dfrac{\pi}{2}$ 인 삼각형 ABC의 꼭짓점 A에서 선분 BC에 내린 수선의 발을 H라 하자.

$$\overline{AB} : \overline{AC} = \sqrt{2} : 1, \quad \overline{AH} = 2$$

이고, 삼각형 ABC의 외접원의 넓이가 50π일 때, 선분 BH의 길이는?

① 6   ② $\dfrac{25}{4}$ ③ $\dfrac{13}{2}$ ④ $\dfrac{27}{4}$ ⑤ 7

STEP 1.

" $\angle A$가 둔각이므로, 둔각삼각형을 그려 해결하자."

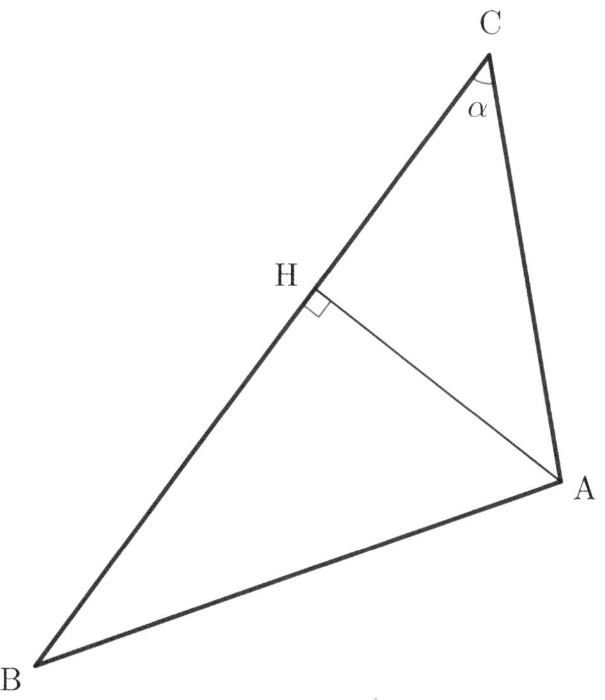

"**외접원의 넓이**를 주었으니, **사인법칙**을 써야겠네."

$\overline{AC} = k$, $\overline{AB} = \sqrt{2}\,k$라 하고, $\angle C = \alpha$라 하자.

외접원의 넓이가 50π이므로, 외접원의 반지름은 $5\sqrt{2}$이고,

따라서 사인법칙에 따라 $\dfrac{\overline{AB}}{\sin\alpha} = 10\sqrt{2}$ $\Rightarrow$ $\sin\alpha = \dfrac{k}{10}$이다. … ㉠

STEP 2.

그런데, $\sin$의 정의($\frac{\text{높이}}{\text{빗변}}$)에 따라 $\sin\alpha = \angle C = \dfrac{\overline{AH}}{\overline{AC}} = \dfrac{2}{k}$ 이므로,

이를 ㉠에 대입하면 $\sin\alpha = \dfrac{k}{10} = \dfrac{2}{k} \ \Rightarrow \ k = 2\sqrt{5}$ 이다.

마지막으로, **피타고리스의 정리**를 사용하면 $\overline{BH}^2 = \overline{AB}^2 - \overline{AH}^2 = 36$

$\therefore \ \overline{BH} = 6$

답: ①

| 무엇을 변별하였는가?

- $\sin$의 정의($\frac{\text{높이}}{\text{빗변}}$)를 이용하여 $\sin\alpha = \dfrac{\overline{AH}}{\overline{AC}}$ 임을 이끌어낼 수 있는가?

그림과 같이 삼각형 ABC에서 선분 AB 위에 $\overline{AD} : \overline{DB} = 3 : 2$인 점 D를 잡고, 점 A를 중심으로 하고 점 D를 지나는 원을 O, 원 O와 선분 AC가 만나는 점을 E라 하자. $\sin A : \sin C = 8 : 5$이고, 삼각형 ADE와 삼각형 ABC의 넓이의 비가 9 : 35이다. 삼각형 ABC의 외접원의 반지름의 길이가 7일 때, 원 O 위의 점 P에 대하여 삼각형 PBC의 넓이의 최댓값은? (단, $\overline{AB} < \overline{AC}$)

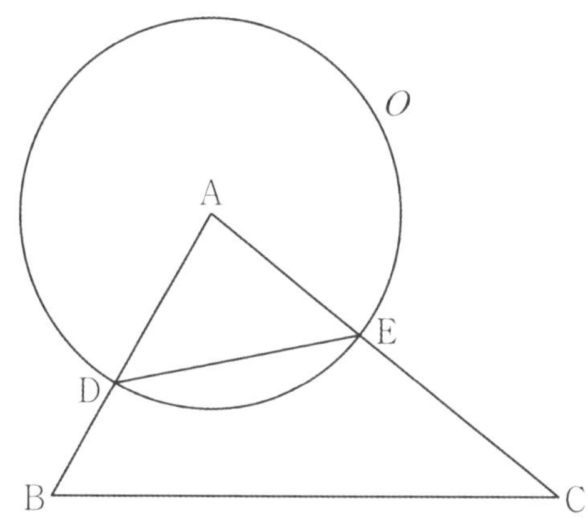

① $18 + 15\sqrt{3}$ ② $24 + 20\sqrt{3}$ ③ $30 + 25\sqrt{3}$ ④ $36 + 30\sqrt{3}$ ⑤ $42 + 35\sqrt{3}$

STEP 1.

먼저 $\overline{AD} = 3k$, $\overline{DB} = 2k$라고 하자.

이때 주어진 원 O의 반지름의 길이 또한 $3k$이고,

$\sin A : \sin C = 8 : 5$
$\Rightarrow \overline{BC} : \overline{AB} = 8 : 5$

여기서 $\overline{AB} = \overline{AD} + \overline{DB} = 5k$이므로, $\overline{BC} = 8k$이다.

또한, 삼각형 ADE와 삼각형 ABC의 넓이의 비가 9 : 35이고,
두 삼각형의 넓이비를 선분에 대해 나타내면

$\triangle ADE : \triangle ABC = \overline{AD} \times \overline{AE} : \overline{AB} \times \overline{AC}$
$\Rightarrow 3k \times 3k : 5k \times \overline{AC} = 9 : 35$

$\therefore \overline{AC} = 7k$

STEP 2.

"이제 삼각형 ABC의 세 변의 길이비를 구했으니, k**의 값**을 구해보자."

먼저 **코사인 법칙**을 이용해보면
$2\overline{AB} \times \overline{BC} \times \cos B = \overline{AB}^2 + \overline{BC}^2 - \overline{CA}^2$

$$\Rightarrow 80k^2\cos B = 25k^2 + 64k^2 - 49k^2 = 40k^2$$

$$\therefore \ \cos B = \frac{1}{2} \ \cdots \ \text{㉠}$$

마지막으로, 삼각형 ABC의 외접원의 반지름의 길이가 7이라고 하였으므로, **사인 법칙**을 사용하면

$$\frac{\overline{AC}}{\sin B} = \frac{2 \times 7k}{\sqrt{3}} = 14$$

$$\therefore \ k = \sqrt{3}$$

STEP 3.

"이제 삼각형 ABC의 세 변의 길이를 모두 구했으니, **삼각형 PBC의 넓이의 최댓값**을 구해보자."

삼각형 PBC의 넓이를 (밑변) $\times$ (높이) 꼴로 나타내면
밑변을 $\overline{BC}$라고 할 수 있다.

이후, 점 P에서 밑변 $\overline{BC}$에 내린 수선의 발을 H라고 할 때,
높이 $\overline{PH}$가 최대가 되도록 하는 경우가 곧 삼각형 PBC의 넓이의 최댓값일 것이다.

높이 $\overline{PH}$가 최대가 되도록 하기 위해서는 $\overline{PH}$가 점 A를 통과하여야 한다.

따라서, 이때 $\overline{PH}$의 길이는 $\overline{PH} = \overline{AH} + \overline{AP}$

㉠에 따라 $\angle B = 60^\circ$ 이므로 $\overline{AH} = \dfrac{\sqrt{3}}{2} \times \overline{AB} = \dfrac{5\sqrt{3}}{2}k = \dfrac{15}{2}$
$\overline{AP}$는 원 O의 반지름이므로 $\overline{AP} = 3k = 3\sqrt{3}$ 이다.

따라서 $\overline{PH}$의 길이의 최댓값은 $\overline{PH} = \overline{AH} + \overline{AP} = \dfrac{15}{2} + 3\sqrt{3}$ 이다.

마지막으로 삼각형 PBC의 넓이를 구해보자.
$$\triangle PBC = \frac{1}{2} \times \overline{BC} \times \overline{PH}$$

여기서 $\overline{BC} = 8k = 8\sqrt{3}$ 이므로,
$$\triangle PBC = \frac{1}{2} \times 8\sqrt{3} \times \left(\frac{15}{2} + 3\sqrt{3} \right) = 36 + 30\sqrt{3}$$

답: ④

삼각함수의 활용

[빠른 정답]

01. 21

02. 26

03. ③

04. ②

05. ②

06. ③

07. ⑤

08. ①

09. ①

10. 98

11. ①

12. ⑤

13. ①

14. ④

공차가 양수인 등차수열 $\{a_n\}$이 다음 조건을 만족시킬 때, a_2의 값은?

> (가) $a_6 + a_8 = 0$
> (나) $|a_6| = |a_7| + 3$

① -15 ② -13 ③ -11 ④ -9 ⑤ -7

공차를 d라 하자.
등차수열이 주어졌으므로 귀납적 관찰보다는 식 변형을 통해 동치의 식으로 바꾼 후 접근하자.

먼저 (가)를 보자마자 $a_7 = 0$임을 알 수 있다.
(a_6과 a_8의 등차중항이 a_7인 것으로 바로 알아내야 한다.)

$d > 0$임에 따라 $a_6 < 0$, $a_8 > 0$이고,

(나)에서 $|a_6| = |a_7| + 3 = 3 \implies a_6 = -3$이고,
이에 따라 $d = 3$임을 알 수 있다.

$$\therefore \ a_2 = a_6 - 4d = -15$$

답: ①

| NOTES

- 등차수열과 등비수열은 익히 잘 알려진 수열이기에, 귀납적 관찰보다는 **식 변형**을 통해,
  해석하기 쉬운 식으로 바꿔놓는 것이 유리하다.

첫째항이 3인 등비수열 $\{a_n\}$에 대하여

$$\frac{a_3}{a_2} - \frac{a_6}{a_4} = \frac{1}{4}$$

일 때, $a_5 = \dfrac{q}{p}$ 이다. $p+q$의 값을 구하시오.
(단, p와 q는 서로소인 자연수이다.)

발문에 따라 $a_1 = 3$이고 공비를 r이라 하면,

$\dfrac{a_3}{a_2} = r,\ \dfrac{a_6}{a_4} = r^2$이므로 $\dfrac{a_3}{a_2} - \dfrac{a_6}{a_4} = \dfrac{1}{4}$ 이다.

이를 정리하면

$r^2 - r + \dfrac{1}{4} = \left(r - \dfrac{1}{2}\right)^2 = 0$, 즉 $r = \dfrac{1}{2}$ 이다.

따라서 $a_5 = a_1 r^4 = 3 \times \left(\dfrac{1}{2}\right)^4 = \dfrac{3}{16}$ 이므로 $p = 16,\ q = 3$이다.

$\therefore\ p + q = 19$

답: 19

모든 항이 양수인 등비수열 $\{a_n\}$ 의 첫째항부터 제 n 항까지의 합을 S_n 이라 하자.

$$S_4 - S_3 = 2, \ S_6 - S_5 = 50$$

일 때, a_5 의 값을 구하시오.

$S_4 - S_3 = a_4 = 2, \ S_6 - S_5 = a_6 = 50$ 이므로
$a_4 a_6 = a_5^2 = 100$ 이다.

모든 항이 양수이므로, $a_5 = 10$

답: 10

| 무엇을 기준으로 학생들을 변별했는가?

1. **급수의 차를 수열로 바꾸어** 해석할 수 있는가?

| NOTES

- 항상 **급수의 차는 수열의 값임**을 기억하자. 이 문제처럼 직접적으로 주지 않더라도 능동적으로 활용해야 할 때가 생긴다.

- 등차수열이 직선이라면, 등비수열은 $y = ka^x$ 꼴의 함수이다. 이 또한 **변수가 2개밖에 없으므로** 수열에 대한 **정보가 2개 주어져 있으면** 전부 알 수 있다.

- 물론 공비를 구하고 풀어도 별 시간 차이가 나지 않는 문제지만, 등비중항의 활용은 항상 머릿속에 넣고 다니면 좋다.

공차가 2인 등차수열 $\{a_n\}$의 첫째항부터 제 n항까지의 합을 S_n이라 하자.
$S_k = -16$, $S_{k+2} = -12$를 만족시키는 자연수 k에 대하여 a_{2k}의 값을 구하시오.

첫째항을 a라 두면 $a_n = a + 2(n-1)$이다.

$$\therefore \ S_k = \frac{2a + 2(k-1)}{2} \times k = ak + k^2 - k = -16 \ \cdots \text{㉠}$$

$$S_{k+2} - S_k = a_{k+2} + a_{k+1} = 2a + 2(2k+1) = 4$$
정리하면 $a + 2k = 1 \ \cdots \text{㉡}$

㉠과 ㉡을 연립하여 계산하면 $k = 4$, $a = -7$이다.

$$\therefore \ a_n = 2n - 9, \ a_{2k} = a_8 = 7$$

답: 7

등비수열 $\{a_n\}$의 첫째항부터 제n항까지의 합을 S_n이라 하자. 모든 자연수 n에 대하여

$$S_{n+3} - S_n = 13 \times 3^{n-1}$$

일 때, a_4의 값을 구하시오.

$S_{n+3} - S_n = 13 \times 3^{n-1}$의 관계식을 살펴보자.

이 때 수열 a_n이 등비수열임을 이용하기 위해 $S_{n+3} - S_n = a_{n+3} + a_{n+2} + a_{n+1}$로 변형하자.

a_n은 등비수열이라고 했으므로 $a_n = ar^{n-1}$이라 하자.

$a_{n+3} + a_{n+2} + a_{n+1} = ar^{n+2} + ar^{n+1} + ar^n = 13 \times 3^{n-1}$이므로 우변과 형태를 맞추면
$ar^{n+2} + ar^{n+1} + ar^n = r^{n-1}(ar^3 + ar^2 + ar) = 13 \times 3^{n-1}$

따라서 $r = 3$, $a = \dfrac{1}{3}$ 이다.

$$\therefore\ a_4 = \frac{1}{3} \times 3^3 = 9$$

답: 9

$a_2 = -4$이고 공차가 0이 아닌 등차수열 $\{a_n\}$에 대하여 수열 $\{b_n\}$을 $b_n = a_n + a_{n+1}$ $(n \geq 1)$이라 하고, 두 집합 A, B를

$$A = \{a_1, \ a_2, \ a_3, \ a_4, \ a_5\}, \quad B = \{b_1, \ b_2, \ b_3, \ b_4, \ b_5\}$$

라 하자. $n(A \cap B) = 3$이 되도록 하는 모든 수열 $\{a_n\}$에 대하여 a_{20}의 값의 합은?

① 30　　　　　② 34　　　　　③ 38　　　　　④ 42　　　　　⑤ 46

"$b_n = a_n + a_{n+1}$이므로 b_n 또한 등차수열이겠네? a_n의 공차를 d라고 한다면 b_n의 공차는 $2d$겠다."

집합 A와 B를 나열해보자.

구조화하면 다음과 같다.

$A = \{a_1, \ a_2, \ a_3, \ a_4, \ a_5\} = \{-4-d, \ -4, \ -4+d, \ -4+2d, \ -4+3d\}$
$B = \{b_1, \ b_2, \ b_3, \ b_4, \ b_5\} = \{-8-d, \ -8+d, \ -8+3d, \ -8+5d, \ -8+7d\}$

"**공차가 두 배 차이**가 나니까, $a_1 = b_1$라면 $a_3 = b_2$, $a_5 = b_3$ $\cdots$
이런식으로 a_n에선 **두 항 이후가** b_n에서 **바로 다음항**과 같다는 형태로 전개되겠지..?"

"그렇다면, $n(A \cap B) = 3$이 되기 위해선 **무조건 a_1과 같은 값을 가지는 b_n이 있어야겠다.**"
(그래야만 $a_1 = b_n$, $a_3 = b_{n+1}$, $a_5 = b_{n+2}$가 되기 때문이다.)

"이제 케이스를 나눠보자."

i) $a_1 = b_1$일 때, $-4-d = -8-d$이므로 성립하지 않는다.

ii) $a_1 = b_2$일 때, $-4-d = -8+d \ \Rightarrow \ d = 2$이다. 이때, $a_{20} = -4 + 2 \times 18 = 32$

iii) $a_1 = b_3$일 때, $-4-d = -8+3d \ \Rightarrow \ d = 1$이다. 이때, $a_{20} = -4 + 1 \times 18 = 14$

$a_5 = b_{n+2}$을 만족하려면 $n \leq 3$이어야하므로, 오직 위 경우만 가능하다.

따라서, 가능한 모든 a_{20}의 값의 합은 $32 + 14 = 46$이다.

답: ⑤

삼각함수의 활용

[빠른 정답]

01. ①

02. 19

03. 10

04. 7

05. 9

06. ⑤

[수학 I]

수열의 합

첫째항이 4이고 공차가 1인 등차수열 $\{a_n\}$에 대하여 $\displaystyle\sum_{k=1}^{12} \frac{1}{\sqrt{a_{k+1}}+\sqrt{a_k}}$ 의 값은?

① 1　　　　　② 2　　　　　③ 3　　　　　④ 4　　　　　⑤ 5

'첫째항이 4이고 공차가 1인 등차수열'을 통해 $a_n = n+3$ 임을 알 수 있다.

$a_{n+1} = n+4$ 이므로 $\displaystyle\sum_{k=1}^{12} \frac{1}{\sqrt{a_{k+1}}+\sqrt{a_k}} = \sum_{k=1}^{12} \frac{1}{\sqrt{k+4}+\sqrt{k+3}}$ 이다.

분모의 유리화를 거치면,

$$\sum_{k=1}^{12} \sqrt{k+4}-\sqrt{k+3} = (\sqrt{5}-\sqrt{4})+(\sqrt{6}-\sqrt{5})+\cdots+(\sqrt{16}-\sqrt{15}) = 4-2$$ 이므로

$$\therefore \sum_{k=1}^{12} \frac{1}{\sqrt{a_{k+1}}+\sqrt{a_k}} = 2$$ 이다.

답: ②

자연수 n에 대하여 곡선 $y=\dfrac{3}{x}$ $(x>0)$ 위의 점 $\left(n, \dfrac{3}{n}\right)$ 과 두 점 $(n-1,\,0)$, $(n+1,\,0)$ 을

세 꼭짓점으로 하는 삼각형의 넓이를 a_n 이라 할 때, $\displaystyle\sum_{n=1}^{10}\dfrac{9}{a_n a_{n+1}}$ 의 값은?

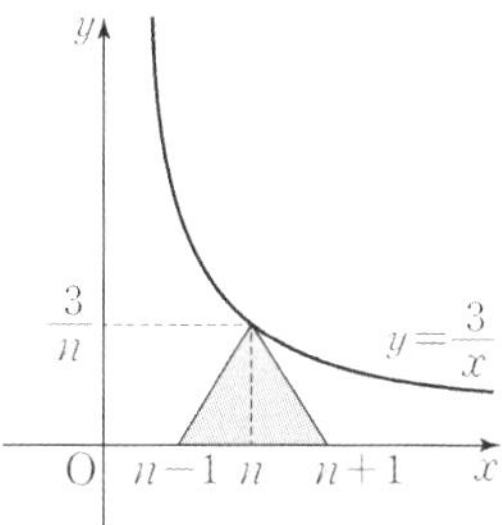

① 410   ② 420   ③ 430   ④ 440   ⑤ 450

다음 그림과 같은 삼각형의 넓이를 n에 대한 식으로 표현하자.

삼각형의 밑변은 $(n+1)-(n-1)=2$, 높이는 $\dfrac{3}{n}$ 이므로

삼각형의 넓이 $a_n=\dfrac{1}{2}\times 2\times\dfrac{3}{n}=\dfrac{3}{n}$ 이다.

$a_{n+1}=\dfrac{3}{n+1}$ 이므로 $\displaystyle\sum_{n=1}^{10}\dfrac{9}{a_n a_{n+1}}=\sum_{n=1}^{10}\dfrac{9}{\dfrac{3}{n}\times\dfrac{3}{n+1}}=\sum_{n=1}^{10}n(n+1)=440$ 이다.

답: ④

공차가 양수인 등차수열 $\{a_n\}$에 대하여 이차방정식 $x^2 - 14x + 24 = 0$의 두 근이 a_3, a_8이다. $\displaystyle\sum_{n=3}^{8} a_n$의 값은?

① 40　　　　　② 42　　　　　③ 44　　　　　④ 46　　　　　⑤ 48

이차방정식을 인수분해하자.

$$x^2 - 14x + 24 = (x-2)(x-12) = 0$$

이 방정식의 두 근이 a_3, a_8이고, $a_3 < a_8$이므로 (공차는 양수이기 때문이다.) $a_3 = 2$, $a_8 = 12$이다.

"마침 문제에서 초항과 끝항이 각각 a_3과 a_8이네. 공차를 구할 필요가 없겠다."

$$\therefore \ \sum_{n=3}^{8} a_n = \frac{6(a_3 + a_8)}{2} = 42$$

답: ②

| NOTES

- 이 문제의 경우 초항 a_3과 끝항 a_8을 공차 없이도 구할 수 있으므로 공차를 알 필요가 없다.
  만약 초항과 끝항이 각각 a_3, a_8이 아닌 다른 항이었다면 공차를 구해야 했을 것이다.
  (초항과 끝항을 이용한 등차수열의 합 공식은 미리 숙지해두자.)

$$\sum_{n=k}^{l} a_n = (l-k+1)\left(\frac{a_l + a_k}{2}\right)$$

- 공차를 d라고 한 뒤 구해보면 $a_8 - a_3 = 5d = 10 \implies d = 2$이다.

등차수열 $\{a_n\}$ 이

$$a_5 + a_{13} = 3a_9, \quad \sum_{k=1}^{18} a_k = \frac{9}{2}$$

를 만족시킬 때, a_{13} 의 값은?

① 2 　　　　② 1 　　　　③ 0 　　　　④ -1 　　　　⑤ -2

첫째항을 a, 공차를 d 라 하자.

먼저, $a_5 + a_{13} = 2a_9 = 3a_9$ 이므로 $a_9 = 0$ ⋯ ㉠
(NOTES 참고)

또한 $\displaystyle\sum_{k=1}^{18} a_k = 18 \times a_{9.5} = 18 \times 0.5d = \frac{9}{2} \;\Rightarrow\; d = \frac{1}{2}$ ⋯ ㉡

㉠과 ㉡을 통해, $a_{13} = a_9 + 4d = 2$

답: ①

| NOTES

- 등차수열의 두 항 사이의 합을 구할 때, **두 항 사이의 중앙항**을 이용하면 더욱 빠르게 계산할 수 있다.

  이 문제에서, a_5 와 a_{13} 의 중앙항은 $\dfrac{5+13}{2} = 9$ 번째 항이므로, $a_5 + a_{13} = 2a_9$

  이는 세 항 이상의 합을 구할 때에도 적용할 수 있다.
  $\displaystyle\sum_{k=1}^{18} a_k$ 는 첫째항부터 18번째 항까지의 합이므로, 두 항의 중앙항(평균)인 9.5번째 항 18개가 더해진 것과 같다.

  $\therefore \displaystyle\sum_{k=1}^{18} a_k = a_{9.5}$

수열 $\{a_n\}$ 에 대하여

$$\sum_{k=1}^{10}\left(a_k+1\right)^2 = 28, \quad \sum_{k=1}^{10} a_k\left(a_k+1\right) = 16$$

일 때, $\displaystyle\sum_{k=1}^{10}\left(a_k\right)^2$ 의 값을 구하시오.

$$\sum_{k=1}^{10}\left(a_k+1\right)^2 = \sum_{k=1}^{10}\left(a_k^{\,2}+2a_k+1\right) = 28$$

$$\sum_{k=1}^{10} a_k\left(a_k+1\right) = \sum_{k=1}^{10}\left(a_k^{\,2}+a_k\right) = 16$$

"$\displaystyle\sum_{k=1}^{10} a_k$ 에 대한 정보는 알 필요가 없잖아..? 연립해서 제거해야겠다."

$$\sum_{k=1}^{10} a_k^{\,2} = \alpha, \quad \sum_{k=1}^{10} a_k = \beta \,\text{라 하면,}$$

$$\sum_{k=1}^{10}\left(a_k^{\,2}+2a_k+1\right) = \alpha+2\beta+10 = 28 \ \cdots \ \textcircled{\small ㄱ}$$

$$\sum_{k=1}^{10}\left(a_k^{\,2}+a_k\right) = \alpha+\beta = 16 \ \cdots \ \textcircled{\small ㄴ}$$

따라서 $\textcircled{\small ㄱ}$, $\textcircled{\small ㄴ}$을 연립하면 $\alpha = 14$, $\beta = 2$ 이다.

$$\therefore \ \sum_{k=1}^{10}\left(a_k\right)^2 = 14$$

답: 14

06. 2019 6월 모의고사 나형 **15번** ★★

등비수열 $\{a_n\}$에 대하여

$$a_3 = 4(a_2 - a_1), \quad \sum_{k=1}^{6} a_k = 15$$

일 때, $a_1 + a_3 + a_5$의 값은?

① 3 　　　　② 4 　　　　③ 5 　　　　④ 6 　　　　⑤ 7

"등비수열은 **하나의 항**과 **공비**만 알면 끝나잖아? 식이 두 개 있으니 잘 연립하면 끝나겠다."

공비를 r이라 하자. 첫 번째 식은 모두 등비수열(a_n)을 포함하고 있으므로, 초항(a_1)으로 나눌 수 있겠다는 생각이 든다.

$$a_3 = 4(a_2 - a_1)$$

양변을 a_1로 나누자.

$$r^2 = 4r - 4 \implies r^2 - 4r + 4 = 0$$

$$\therefore \ r = 2$$

이제 두 번째 식을 보자.

$$\sum_{k=1}^{6} a_k = 15$$

여기서 일반적으로 두 번째 식을 등비수열의 합 공식으로 표현할 수도 있다.

"그러나, 이 식은 **연속된 6개의 항**의 합이고 구해야 하는 답은 **2항 간격의 3개의 항**이다.
식을 잘 조작하면 **직접 일반항을 구하지 않고도** 문제에서 원하는 답의 형태$(a_1 + a_3 + a_5)$를 뽑아낼 수 있을 것 같다."

"6개의 항을 $a_1 + a_3 + a_5$와 $a_2 + a_4 + a_6$으로 쪼개면 되겠네."

$$\sum_{k=1}^{6} a_k = a_1 + a_2 + a_3 + a_4 + a_5 + a_6 = (1+r)(a_1 + a_3 + a_5) = 3(a_1 + a_3 + a_5) = 15$$

$$\therefore \ a_1 + a_3 + a_5 = 5$$

답: ③

- 두 번째 식을 그냥 등비수열의 합 공식으로 표현해서 초항을 구한 다음 답을 구해도 된다.

하지만 이 문제에서는 비효율적인 풀이이다. 수열의 합을 공식에 나온 형태 그대로 볼지, 아니면 인수를 잘 묶어서 다른 형태로 표현할지는 자유이다. 문제를 많이 풀어 보면서 식을 보는 관점의 자유도를 늘리길 바란다.

첫째항이 자연수이고 공차가 음의 정수인 등차수열 $\{a_n\}$ 과 첫째항이 자연수이고 공비가 음의 정수인 등비수열 $\{b_n\}$ 이 다음 조건을 만족시킬 때, $a_7 + b_7$ 의 값을 구하시오.

> (가) $\displaystyle\sum_{n=1}^{5}(a_n + b_n) = 27$
>
> (나) $\displaystyle\sum_{n=1}^{5}(a_n + |b_n|) = 67$
>
> (다) $\displaystyle\sum_{n=1}^{5}(|a_n| + |b_n|) = 81$

"자연수 및 정수 조건이 있네. 그리고, (가), (나), (다)에 걸쳐 a_n, $|a_n|$, b_n, $|b_n|$ 이 반복적으로 나타난다."

"그렇다면 주어진 식끼리 연립해서 같은 수열끼리 묶고, 자연수 및 정수 조건으로 추론해나가는 과정이 있겠다.
일단 뺐을 때 항끼리 소거되도록 (가)와 (나), (나)와 (다) 이렇게 두 개의 연립방정식을 세워보자."

$$\sum_{n=1}^{5}(a_n - |a_n|) = -14 \ \cdots \ \textcircled{\scriptsize ㄱ}$$

$$\sum_{n=1}^{5}(b_n - |b_n|) = -40 \ \cdots \ \textcircled{\scriptsize ㄴ}$$

이 식들을 각각 분석해보자.

1) $\textcircled{\scriptsize ㄱ}$에서 양수항$(a_n > 0)$은 전부 소거된다. 음수항에 대해서 $a_n - |a_n| = 2a_n$이 되므로,
이 식이 나타내는 것은 **모든 음수항들의 합**에서 2를 곱한 값이 -14인 것이다.

물론, 이 식을 통해서 $2 \le n \le 5$**에서** 적어도 하나의 **음수항이 존재**한다는 것을 알 수 있다. $\cdots$ $\textcircled{\scriptsize ㄷ}$

2) $\textcircled{\scriptsize ㄴ}$에서 홀수항$(b_{2n-1})$은 양수, 짝수항$(b_{2n})$은 음수이므로, **홀수항은 전부 소거**된다.

따라서, $\displaystyle\sum_{n=1}^{5}(b_n - |b_n|) = 2b_2 + 2b_4 - 40 \ \Rightarrow \ b_2 + b_4 = -20$이다.

이때 공비를 r이라 하면, $b_2(1 + r^2) = -20$이고, $1 + r^2$에서 r**이 음의 정수**임을 고려하면
가능한 $1 + r^2$은 $2,\ 5,\ 10,\ 17,\ \cdots$이다. 또한 b_2는 음의 정수이므로,

가능한 $(b_2,\ 1 + r^2)$의 순서쌍은 다음과 같이 오직 세 가지가 나온다.

$(-2,\ 10),\ (-4,\ 5),\ (-10,\ 2)$

i) $(-2,\ 10)$의 경우, $r=-3$, $b_1=\dfrac{2}{3}$이다. 이때, 첫째 항(b_1)이 자연수라는 문제 조건에 위배된다. $\cdots$ $(\times)$

ii) $(-4,\ 5)$인 경우, $r=-2$, $b_1=2$이다. 이때, 모든 조건이 충족된다. $\cdots$ $(\bigcirc)$

iii) $(-10,\ 2)$인 경우, $r=-1$, $b_1=10$이다. 이때, 모든 조건이 충족된다. $\cdots$ $(\bigcirc)$

이제, ii), iii)의 경우에 r, b_1을 (가)에 대입해보자.
(귀찮은 절댓값이 없기 때문에, b_n을 이용해 a_n을 유추할 때 가장 편하다.)

먼저, (가)의 식을 변형해보면 $\displaystyle\sum_{n=1}^{5}(a_n+b_n)=5a_3+\dfrac{b_1(r^5-1)}{r-1}$이다.

ii) $r=-2$, $b_1=2$이므로, $\displaystyle\sum_{n=1}^{5}(a_n+b_n)=5a_3+\dfrac{b_1(r^5-1)}{r-1}=5a_3+22=27\ \Rightarrow\ a_3=1$이다. $\cdots$ $(\bigcirc)$

iii) $r=-1$, $b_1=10$이므로, $\displaystyle\sum_{n=1}^{5}(a_n+b_n)=5a_3+\dfrac{b_1(r^5-1)}{r-1}=5a_3+10=27\ \Rightarrow\ a_3=\dfrac{17}{5}$이다.

이는 첫째항이 자연수이고 공차가 음의 정수는 문제 조건에 위배된다. $\cdots$ $(\times)$
(두 문제 조건을 종합하면, **모든 항이 정수**여야한다.)

따라서, 오직 ii)에서 모든 문제 조건이 성립한다.

$\therefore\ r=-2$, $b_1=2$, $a_3=1$

"이제 구한 a_3을 ㉠에 대입하기만 하면 문제가 끝나겠다."

$\displaystyle\sum_{n=1}^{5}(a_n-|a_n|)=-14$에서, $a_3=1$이고 발문에 의해 공차가 음의 정수이므로, $a_4\leq0$일 것이다.

따라서, $\displaystyle\sum_{n=1}^{5}(a_n-|a_n|)=2(a_4+a_5)=-14$이다. 이 식을 a_3을 이용해서 다시 표현하면,

$2(a_4+a_5)=2(2a_3+3d)=-14\ \Rightarrow\ 2a_3=-7-3d$라고 할 수 있다. (단, d는 공차이다.)
이제 $a_3=1$을 대입하면 $d=-3$이다.

이를 통해 문제에서 요구하는 값을 구하면, $a_7=-11$이고 $b_7=128$이므로 $a_7+b_7=117$이다.

답: 117

| 무엇을 기준으로 학생들을 변별했는가?

1. 서로 다른 수열을 포함하고 있는 식끼리 빼서, 오직 **한 수열에 관한 식을 도출**하여 방향성을 잡을 수 있는가?

2. 등차수열에선 **부호가 최대 한번 바뀌고**, 등비수열에선 공비가 음수일 때 **부호가 홀수 / 짝수항끼리 같음**을 깨닫고,
   이를 이용해 **절댓값 속의 식을 계산**할 수 있는가?

2. **자연수 / 정수 조건**을 이용하여 성립하지 않는 케이스를 구별할 수 있는가?

| NOTES

- $\displaystyle\sum_{n=1}^{5} \frac{a_n + |a_n|}{2} = 12$ 꼴과 같이 Max, Min 함수라는 것이 있다.

  이것은 **양수일 때는 있는 그대로** 나오고, **음수일 때는 0이** 나오게끔 하는 함수다.
  이러한 형태를 알고있다면, 문제를 풀 때 조금 더 수월하다.

첫째항이 2이고 공비가 정수인 등비수열 $\{a_n\}$과 자연수 m이 다음 조건을 만족시킬 때, a_m의 값을 구하시오.

(가) $4 < a_2 + a_3 \leq 12$

(나) $\displaystyle\sum_{k=1}^{m} a_k = 122$

공비를 r이라 하자.

(가)를 살펴보면, $a_1 = 2$이므로, (가)는 $4 < 2r + 2r^2 \leq 12$이다.

r은 정수이므로, 가능한 r은 -3, 2 뿐이다.

(나) $\displaystyle\sum_{k=1}^{m} a_k = \frac{2(r^m - 1)}{r - 1} = 122$이므로, $\dfrac{r^m - 1}{r - 1} = 61$이다.

i) $r = -3$일 때, $\dfrac{r^m - 1}{r - 1} = 61 \Rightarrow r^m = -243 \Rightarrow m = 5$

ii) $r = 2$일 때. $\dfrac{r^m - 1}{r - 1} = 61 \Rightarrow r^m = 62$

$\quad$ 62는 2의 저듭제곱 꼴이 아니므로, $r = 2$일 때 자연수 m은 존재하지 않는다.

따라서, 첫째항은 2, $r = -3$이므로 $a_5 = 2 \times (-3)^4 = 162$이다.

답: 162

n이 자연수일 때, x에 대한 이차방정식

$$x^2 - (2n-1)x + n(n-1) = 0$$

의 두 근을 α_n, β_n이라 하자. $\displaystyle\sum_{n=1}^{81} \frac{1}{\sqrt{\alpha_n} + \sqrt{\beta_n}}$ 의 값을 구하시오.

문제를 읽어보면 $x^2 - (2n-1)x + n(n-1) = 0$의 두 근을 α_n, β_n이라고 했으므로, 근과 계수의 관계를 이용해야 하지 않을까 생각할 수 있다.

그러나, $\sqrt{\alpha_n} + \sqrt{\beta_n}$의 형태를 보면 근과 계수의 관계와는 거리가 멀어보인다.

그렇다면 다른 방법으로 접근해보자. 방정식을 잘 보면 **인수분해가 되는 형태**이다.

$$x^2 - (2n-1)x + n(n-1) = (x-n)(x-n+1) = 0$$

즉 $\alpha_n = n$, $\beta_n = n-1$이다.

$$\sum_{n=1}^{81} \frac{1}{\sqrt{n} + \sqrt{n-1}} = \sum_{n=1}^{81} \left(\sqrt{n} - \sqrt{n-1} \right) = 9$$

답: 9

첫째항이 50이고 공차가 -4인 등차수열의 첫째항부터 제 n항까지의 합을 S_n이라 할 때, $\displaystyle\sum_{k=m}^{m+4} S_k$의 값이 최대가 되도록 하는 자연수 m의 값은?

① 8   ② 9   ③ 10   ④ 11   ⑤ 12

첫째항이 50이고 공차가 -4인 등차수열의 첫째항부터 제n항까지의 합을 S_n이라 하였으므로,
$S_n = -2n^2 + 52n$이다.

S_n을 **이차함수의 관점**에서 바라본다면, S_n는 $n=13$일 때 최댓값을 갖는다.

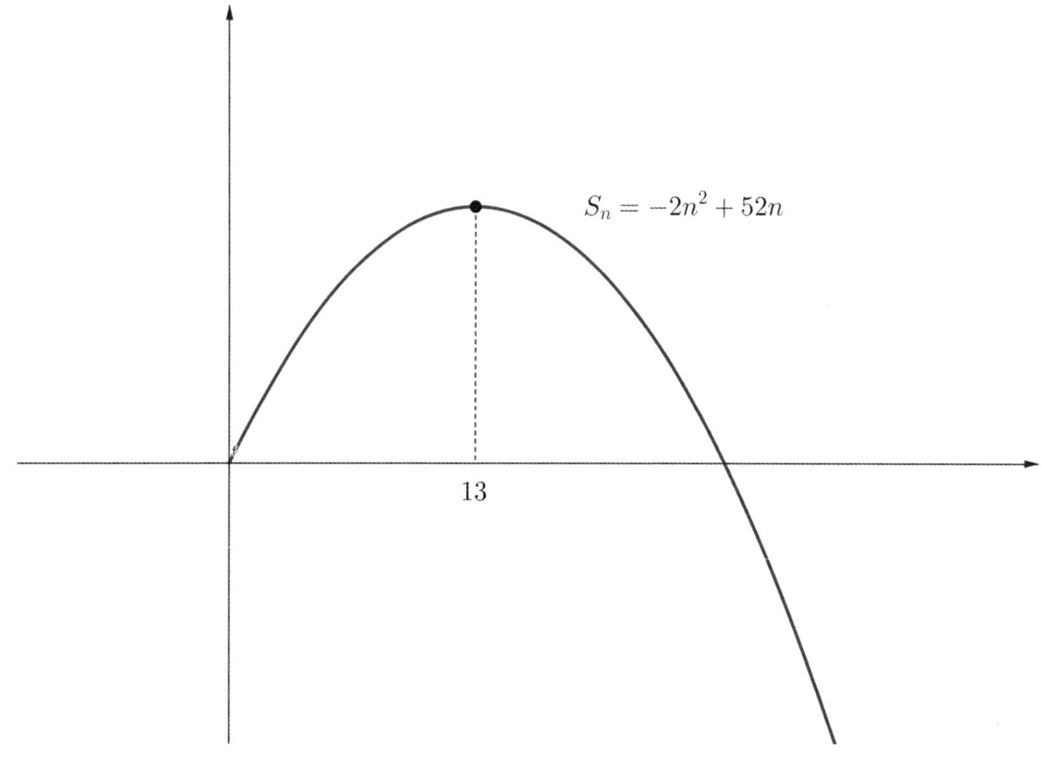

$\displaystyle\sum_{k=m}^{m+4} S_k = S_m + S_{m+1} + S_{m+2} + S_{m+3} + S_{m+4}$의 최대를 묻고 있으므로

대칭축 $n=13$을 중심항(S_{m+2})으로 다섯 항을 더할 때, $\displaystyle\sum_{k=m}^{m+4} S_k$가 최대임을 알 수 있다.

따라서 $m+2 = 13 \ \Rightarrow\ m = 11$이다.

답: ④

| 무엇으로 학생들을 변별했는가?

1. S_n을 <u>**이차함수의 관점**</u>으로 바라보고, 축을 기준으로 <u>**좌, 우로 뻗어나가는 항들의 합**</u>이 최대임을 파악할 수 있는가?

| NOTES

- 등차수열의 일반항을 알 때, 수열의 합을 빠르게 계산하는 방법은 다음과 같다.

$a_n = a_1 + (n-1)d$라고 두면, $S_n = \dfrac{2a+(n-1)d}{2}n = \dfrac{d}{2}n^2 + \mathrm{A}\,n$이다.

이 때 n^2의 계수를 안다면, $S_1 = a_1$임을 이용하여 A의 값을 찾아낼 수 있다.

이 문제의 경우, 공차가 -4이므로 $S_n = -2n^2 + \mathrm{A}\,n$이라 두면, $a_1 = S_1 = 50$이므로 $\mathrm{A} = 52$이다.

자연수 n의 양의 약수의 개수를 $f(n)$이라 하고, 36의 모든 양의 약수를 a_1, a_2, a_3, $\cdots$, a_9라 하자. $\displaystyle\sum_{k=1}^{9}\left\{(-1)^{f(a_k)}\times\log a_k\right\}$의 값은?

① $\log 2+\log 3$　　② $2\log 2+\log 3$　　③ $\log 2+2\log 3$　　④ $2\log 2+2\log 3$　　⑤ $3\log 2+2\log 3$

우선 36의 양의 약수부터 구해보자.

1, 2, 3, 4, 6, 9, 12, 18, 36은 각각 $a_1, a_2, \ldots, a_9$이다.

어떤 자연수가 제곱수일 때만 약수의 개수가 홀수개이고, 이외에는 짝수개이다.
그렇다면, $\underline{a_n\textbf{이 제곱수}}$일 때 $(-1)^{f(a_n)}$의 값이 -1, 그 외에는 1일 것이다.

이제 $(-1)^{f(a_n)}$의 값에 따라 $\displaystyle\sum_{k=1}^{9}\left\{(-1)^{f(a_k)}\times\log a_k\right\}$를 나누어 계산해보자.

$(-1)^{f(a_n)}=1$을 만족하는 $a_n=2, 3, 6, 12, 18$이고, $(-1)^{f(a_n)}=-1$을 만족하는 $a_n=1, 4, 9, 36$이므로

$$\sum_{k=1}^{9}\left\{(-1)^{f(a_k)}\times\log a_k\right\}=\log 2+\log 3+\ldots+\log 18-(\log 1+\log 4+\log 9+\log 36)$$

이 계산 또한 **소인수분해**를 통해 **지수법칙**을 적용하면 쉽게 찾을 수 있다.

$$\therefore\ \sum_{k=1}^{9}\left\{(-1)^{f(a_k)}\times\log a_k\right\}=\log 2+\log 3$$

답: ①

| 무엇으로 학생들을 변별했는가?

1. $(-1)^{f(a_n)}$을 기준으로 나누어, $\displaystyle\sum_{k=1}^{9}\left\{(-1)^{f(a_k)}\times\log a_k\right\}$를 계산할 수 있는가?

| NOTES

- 문제 해석 및 규칙이 그리 복잡하지 않기에 **복잡한 계산을 보다 효율적으로 계산할 수 있는 방법**에 초점을 두도록 하자.

수열 $\{a_n\}$의 일반항은 $a_n = \log_2 \sqrt{\dfrac{2(n+1)}{n+2}}$ 이다. $\displaystyle\sum_{k=1}^{m} a_k$의 값이 100이하의 자연수가 되도록 하는 모든 자연수 m의 값의 합은?

① 150 ② 154 ③ 158 ④ 162 ⑤ 166

"일반항이 주어져 있고, m번째 항까지의 합이 100이하의 자연수가 되도록... 무슨 규칙이 있을 것 같다."

우선은 $n = 1, 2, 3, ...$를 전부 대입하여 더해보자.

$$\sum_{k=1}^{m} a_k = \log_2 \sqrt{\frac{2\times 2}{3}} \times \sqrt{\frac{2\times 3}{4}} \times \sqrt{\frac{2\times 4}{5}} \times ...$$

규칙이 조금씩 보이는 것 같다.
분모와 그 다음 항의 분자가 서로 약분되고, 분자에 2가 하나 남는다.

$m = 3$일 때라고 가정해보자.

$$\sum_{k=1}^{3} a_k = \log_2 \sqrt{\frac{2\times 2}{3}} \times \sqrt{\frac{2\times 3}{4}} \times \sqrt{\frac{2\times 4}{5}}$$ 이고 마지막 항의 분모는 약분되지 않고 남는다.

분자는 2의 거듭제곱만 남을 것이고, 마지막 항의 분모가 약분되어야 조건을 만족시킬 수 있을 것이다.
그렇다면 마지막 항의 분모는 2의 거듭제곱이어야 한다.

마지막 항 $\sqrt{\dfrac{2(m+1)}{m+2}}$ 의 분모가 $m+2$이므로 $m+2 = 2^k$일 때를 생각하자. (k는 자연수)

$i)$ $m+2 = 2^2$

$$\sum_{k=1}^{2} a_k = \log_2 \sqrt{\frac{2\times 2}{3}} \times \sqrt{\frac{2\times 3}{4}} = \log_2 \sqrt{\frac{2^3}{2^2}} = \frac{1}{2} \implies 성립되지 않는다.$$

$ii)$ $m+2 = 2^3$

$$\sum_{k=1}^{6} a_k = \log_2 \sqrt{\frac{2\times 2}{3}} \times \sqrt{\frac{2\times 3}{4}} \times ... \times \sqrt{\frac{2\times 7}{8}} = \log_2 \sqrt{\frac{2^7}{2^3}} = 2 \implies 성립된다.$$

이렇게 계산하면, $m = 6, 30, 126$일 때 성립함을 알 수 있다.

답: ④

$ADD)$ 다른 풀이도 생각해보자.

분자의 2의 개수는 $m+1$개이고 분모의 2의 개수는 k개다. ($m+2=2^k$일 때)

$$\sum_{k=1}^{m} a_k = \log_2 \sqrt{2^{m+1-k}}$$ 가 자연수가 되려면 $m+1-k$가 짝수가 되어야한다.

$m+1-k=2^k-k-1$가 짝수이려면 k는 1이상인 홀수여야 한다.

따라서 $k=3,\ 5,\ 7,\ \dots$일 때, $m=6,\ 30,\ 126,\ \dots$

| 무엇으로 학생들을 변별했는가?

1. 로그의 성질을 이용하여 낯선 규칙을 찾아낼 수 있는가?

2. $m+2$가 2의 거듭제곱일 때 $\sum_{k=1}^{m} a_k$가 자연수가 될 수 있으므로 케이스를 나누어 m의 값을 찾을 수 있는가?

수열 $\{a_n\}$이 모든 자연수 n에 대하여

$$\sum_{k=1}^{n} \frac{4k-3}{a_k} = 2n^2 + 7n$$

을 만족시킨다. $a_5 \times a_7 \times a_9 = \dfrac{q}{p}$일 때, $p+q$의 값을 구하시오.
(단, p와 q는 서로소인 자연수이다.)

모든 자연수 n에 대하여 $\sum_{k=1}^{n} \dfrac{4k-3}{a_k} = 2n^2 + 7n$을 만족한다.

$\sum_{k=1}^{n} \dfrac{4k-3}{a_k} = S_n$이라 하면 S_n은 상수가 없는 이차식이므로 수열 $\dfrac{4n-3}{a_n}$은 등차수열임을 알 수 있다.

$S_n - S_{n-1} = 4n+5$이므로 $\dfrac{4n-3}{a_n} = 4n+5$이다. $(\because \ n \geq 2)$

$\therefore \ a_n = \dfrac{4n-3}{4n+5} \ (n \geq 2)$

$\therefore \ a_5 = \dfrac{17}{25}, \ a_7 = \dfrac{25}{33}, \ a_9 = \dfrac{33}{41} \ \Rightarrow \ a_5 \times a_7 \times a_9 = \dfrac{17}{41}$

답: 58

수열 $\{a_n\}$ 의 첫째항부터 제 n 항까지의 합을 S_n 이라 하자.
다음은 모든 자연수 n 에 대하여

$$\sum_{k=1}^{n} \frac{S_k}{k!} = \frac{1}{(n+1)!}$$

이 성립할 때, $\sum_{k=1}^{n} \frac{1}{a_k}$ 을 구하는 과정이다.

$n=1$ 일 때, $a_1 = S_1 = \dfrac{1}{2}$ 이므로 $\dfrac{1}{a_1} = 2$ 이다.

$n=2$ 일 때, $a_2 = S_2 - S_1 = -\dfrac{7}{6}$ 이므로 $\displaystyle\sum_{k=1}^{2} \frac{1}{a_k} = \frac{8}{7}$ 이다.

$n \geq 3$ 인 모든 자연수 n 에 대하여

$$\frac{S_n}{n!} = \sum_{k=1}^{n} \frac{S_k}{k!} - \sum_{k=1}^{n-1} \frac{S_k}{k!} = -\frac{\boxed{(가)}}{(n+1)!}$$

즉, $S_n = -\dfrac{\boxed{(가)}}{n+1}$ 이므로

$$a_n = S_n - S_{n-1} = -\left(\boxed{(나)}\right)$$

이다. 한편 $\displaystyle\sum_{k=3}^{n} k(k+1) = -8 + \sum_{k=1}^{n} k(k+1)$ 이므로

$$\sum_{k=1}^{n} \frac{1}{a_k} = \frac{8}{7} - \sum_{k=3}^{n} k(k+1)$$

$$= \frac{64}{7} - \frac{n(n+1)}{2} - \sum_{k=1}^{n} \boxed{(다)}$$

$$= -\frac{1}{3}n^3 - n^2 - \frac{2}{3}n + \frac{64}{7}$$

이다.

위의 (가), (나), (다)에 알맞은 식을 각각 $f(n)$, $g(n)$, $h(k)$ 라 할 때, $f(5) \times g(3) \times h(6)$ 의 값은?

① 3　　　　　② 6　　　　　③ 9　　　　　④ 12　　　　　⑤ 15

주어진 조건이 복잡하고 길어 보여도, (가), (나), (다)만 구하면 문제가 풀리므로 차근차근 읽어나가면서
(가), (나), (다)를 구하는 것에만 집중하자.

$\dfrac{S_n}{n!} = \displaystyle\sum_{k=1}^{n} \frac{S_k}{k!} - \sum_{k=1}^{n-1} \frac{S_k}{k!}$ 이고, 문제의 발문에서 $\displaystyle\sum_{k=1}^{n} \frac{S_k}{k!} = \frac{1}{(n+1)!}$ 이므로

$$\frac{S_n}{n!} = \sum_{k=1}^{n} \frac{S_n}{k!} - \sum_{k=1}^{n-1} \frac{S_n}{k!} = \frac{1}{(n+1)!} - \frac{1}{n!} = -\frac{n}{(n+1)!}$$

즉, (가)는 n이다.

$$S_n = -\frac{\text{(가)}}{n+1} = -\frac{n}{n+1}$$

$$a_n = S_n - S_{n-1} = -\frac{n}{n+1} + \frac{n-1}{n} = -\frac{1}{n(n+1)} \text{ 이므로, (나)는 } \frac{1}{n(n+1)} \text{ 이다.}$$

$$\sum_{k=1}^{n} \frac{1}{a_k} = \frac{8}{7} - \sum_{k=3}^{n} k(k+1) = \frac{8}{7} + 8 - \sum_{k=1}^{n}(k^2 + k) = \frac{64}{7} - \frac{n(n+1)}{2} - \sum_{k=1}^{n} k^2 \text{이므로, (다)는 } k^2 \text{이다.}$$

$$\therefore\ f(5) = 5,\ g(3) = \frac{1}{12},\ h(6) = 36 \text{이므로 } f(5) \times g(3) \times h(6) = 15 \text{이다.}$$

답: ⑤

| NOTES

- $\displaystyle\sum_{k=1}^{n} k(k+1) = \frac{n(n+1)(n+2)}{3}$ 를 기억해두자.

공차가 정수인 등차수열 $\{a_n\}$에 대하여

$$a_3 + a_5 = 0, \quad \sum_{k=1}^{6}\left(\left|a_k\right| + a_k\right) = 30$$

일 때, a_9의 값을 구하시오.

$a_3 + a_5 = 0$이므로 $a_4 = 0$이다.

"구하는 값은 a_9이므로 공차만 구하면 다 풀리겠다. 문제의 답은 자연수이므로 공차는 양수겠구나."
(공차가 양수인지 발견하지 못했다면 공차를 양수, 음수일 때로 나누어 풀이를 이어가자.)

공차는 양수이고 $a_4 = 0$이라면, $a_n = (n-4)d$와 같이 표현할 수 있다.

$$\sum_{k=1}^{6}\left(\left|a_k\right| + a_k\right) = 3d + 2d + d + d + 2d + 6 \times (-0.5d) = 6d = 30$$이므로 $d = 5$

따라서, $a_n = 5(n-4)$이다.

$$\therefore \ a_9 = 25$$

답: 25

실수 전체의 집합에서 정의된 함수 $f(x)$가 구간 $(0,\ 1]$에서

$$f(x) = \begin{cases} 3 & (0 < x < 1) \\[2mm] 1 & (x = 1) \end{cases}$$

이고, 모든 실수 x에 대하여 $f(x+1) = f(x)$를 만족시킨다. $\displaystyle\sum_{k=1}^{20} \frac{k \times f(\sqrt{k})}{3}$ 의 값은?

① 150　　　　② 160　　　　③ 170　　　　④ 180　　　　⑤ 190

모든 실수 x에 대하여 $f(x+1)= f(x)$를 만족시킨다.

"주기가 1인 주기함수이네."

"그렇다면 x의 값이 정수일 때는 $f(x)=1$이고, 정수 사이의 무리수라면 $f(x)=3$이구나."

그리고 문제에서 요구하는 답에 $f(\sqrt{k})$를 보면

"아, $\sqrt{k}$가 정수인 경우 $f(\sqrt{k})=1$일테고, 아닌 경우 전부 $f(\sqrt{k})=3$이겠군."

$\displaystyle\sum_{k=1}^{20} \frac{k \times f(\sqrt{k})}{3}$ 에서 $k=1,\ 4,\ 9,\ 16$일 때만 $f(\sqrt{k})=1$이다.

이제 $\displaystyle\sum_{k=1}^{20} \frac{k \times f(\sqrt{k})}{3}$ 을 계산해보자.

$k=1,\ 4,\ 9,\ 16$일 때 $\dfrac{k}{3}$이고 그 외에는 k인데

$\displaystyle\sum_{k=1}^{20} k$을 먼저 계산한 뒤 $k=1,\ 4,\ 9,\ 16$인 경우를 빼서 다시 계산하자.

$$\sum_{k=1}^{20} \frac{k \times f(\sqrt{k})}{3} = \sum_{k=1}^{20} k - (1+4+9+16) + \left(\frac{1}{3} + \frac{4}{3} + \frac{9}{3} + \frac{16}{3} \right)$$

$$\therefore \sum_{k=1}^{20} \frac{k \times f(\sqrt{k})}{3} = 190$$

답: ⑤

1. $\sqrt{k}$ 가 정수일 때와 아닐 때를 구분지어 $f\left(\sqrt{k}\right)$ 를 파악할 수 있는가?

첫째항이 -45이고 공차가 d인 등차수열 $\{a_n\}$이 다음 조건을 만족시키도록 하는
모든 자연수 d의 값의 합은?

> (가) $|a_m| = |a_{m+3}|$인 자연수 m이 존재한다.
>
> (나) 모든 자연수 n에 대하여 $\displaystyle\sum_{k=1}^{n} a_k > -100$이다.

① 44   ② 48   ③ 52   ④ 56   ⑤ 60

(가) $|a_m| = |a_{m+3}|$인 자연수 m이 존재한다.

a_n이 등차수열이고 공차 d가 자연수이므로 a_m과 a_{m+3}이 서로 같지는 않을 것이다.
따라서 a_m과 a_{m+3}은 절댓값이 같지만 부호가 반대이다.
"그럼 중간 지점$(a_{m+1.5})$**이 0이겠네."**

식으로 표현하면 다음과 같다.
$$a_{m+1.5} = -45 + \left(m + \frac{1}{2}\right)d = 0$$

정리하면 $d = \dfrac{90}{2m+1}$ (m, d는 자연수) ... ㉠

여기서, d는 자연수가 되기 위해 $2m+1$은 90의 약수일 것이다. 그러나, $2m+1$는 홀수이므로 45의 약수일 것이다.

$\therefore\ 2m+1 = 3,\ 5,\ 9,\ 18,\ 45$

따라서 **가능한 m의 후보는 오직** 1, 2, 4, 7, 22**이다.** ... ㉡

"이제 이 후보들 중 (나)를 만족하는 m을 찾아야겠다."

여기서 두 가지 생각을 할 수 있다.

$SOL1)$ 나열을 사용할 경우

㉡에서 가능한 m을 차례대로 나열해보자.

$i)\ m = 1$일 때,
㉠에 의해 $d = 30$, a_n을 나열하면
$-45,\ -15,\ 15,\ \cdots$

$$\sum_{k=1}^{n} a_k$$ 의 최솟값이 -60이다. $\cdots$ $(\bigcirc)$

$ii)$ $m=2$

㉠에 의해 $d=18$, a_n을 나열하면

$-45, \ -27 \ -9, \ 9, \ \cdots$

$$\sum_{k=1}^{n} a_k$$ 의 최솟값이 -81이다. $\cdots$ $(\bigcirc)$

$iii)$ $m=4$

$m=4$일 때는 $d=10$, a_n을 나열하면

$-45, \ -35, \ -25, \ -15, \ \cdots$

최솟값이 $$\sum_{k=1}^{n} a_k$$ 의 -100보다 작다. $\cdots$ $(\times)$

$m=19$인 경우에는 공차가 $m=4$일 때보다도 작으므로
a_n을 나열하면 최솟값이 -100보다 훨씬 작을 것이다.

따라서 가능한 공차 d은 18, 30밖에 없음을 알 수 있다.

$\therefore \ 30+18=48$

$SOL2)$ 등차수열의 합의 특성을 이용할 경우

(나)에서 등차수열의 합이 항상 -100보다 크다. a_n은 첫째항이 -45고 공차가 자연수인 등차수열로,

$$\sum_{k=1}^{n} a_k$$ 는 **원점을 지나고, 마지막 음수항에서 최솟값을 가지는 이차함수**일 것이다. (NOTES 참고)

그런데, $a_{m+1.5}=0$, 즉 $n=m+1.5$에서 이차함수가 극소이므로 $$\sum_{k=1}^{n} a_k$$ 는 $n=m+1$**에서 최솟값을 가진다.**

여기서 $a_1 \sim a_{m+1}$까지의 모든 함수는 다음과 같이 나열될 수 있다.

$$-(2m+1)\frac{d}{2}, \ -(2m-1)\frac{d}{2}, \ -(2m-3)\frac{d}{2}, \ \cdots \ -\frac{5}{2}d, \ -\frac{3}{2}d, \ -\frac{1}{2}d$$

따라서, $$\sum_{k=1}^{m+1} a_k$$ 는 아래와 같이 표현할 수 있다.

$$\sum_{k=1}^{m+1} a_k = \sum_{k=1}^{m+1} -(2k-1)\frac{d}{2} = -\frac{d}{2} \times \sum_{k=1}^{m+1}(2k-1) = -\frac{d}{2}(m+1)^2$$

여기서 ⑦$\left(d=\dfrac{90}{2m+1}\right)$를 대입하면 $\displaystyle\sum_{k=1}^{n} a_k$의 최소인 $\displaystyle\sum_{k=1}^{m+1} a_k$에 대해

$$\sum_{k=1}^{m+1} a_k = -\frac{45(m+1)^2}{(2m+1)} > -100$$을 만족시켜야한다.

즉, 정리하면 ⓒ에서 구한 각각의 m**의 후보에 대해**
$9m^2-22m-11<0$**가 성립하는지를 파악하면 된다.**

여기서, $9m^2-22m-11$에

$m=1$을 대입하면 -24,
$m=2$를 대입하면 -19,
$m=4$을 대입하면 45이다.

이후 m이 커질수록 함숫값은 증가하므로
가능한 m은 오직 1, 2 뿐이다.

⑦$\left(d=\dfrac{90}{2m+1}\right)$에 대입하면 이때의 d는 각각 30, 18이다.

$$\therefore \ d=18, \ 30$$

답: ②

| 무엇을 기준으로 학생들을 변별했는가?

1. 등차수열의 합의 성질을 파악할 수 있다.

2. 자연수 조건을 주었을 때 케이스가 몇 가지로 한정되는 것을 파악하고 이를 이용하여 나열할 수 있다.

| NOTES

- 등차수열의 두 항이 절댓값이 같다면 **서로 부호가 다르고, 그 사이의 중간값이 0임**을 의미한다.

- 등차수열 $a_n = a + (n-1)d$의 합 S_n은 **최고차항의 계수가 $\dfrac{d}{2}$이고, 원점을 지나는 이차함수 형태**로 정의된다.

  (외우기보다는 $\displaystyle\sum_{k=1}^{n} k = \dfrac{n(n+1)}{2}$임을 이용하여 도출하면 편하다.)

$$S_n = \frac{d}{2}n^2 + \left(a - \frac{d}{2}\right)n$$

- 등차수열 a_n에서 n이 자연수가 아닌 항은($a_{m+1.5}$, $a_{2.5}$ 등) 정의되지 않지만,
  편의를 위해 풀이에 사용해도 오류가 발생하지는 않는다. 이는 **등차수열이 자연수를 정의역으로 가지는 직선과 일치**하기
  때문이다.

- 어떤 경우에도 자연수 조건, 정수 조건은 체크하고 넘어가자. 문제를 풀 수 있게 하는 핵심적인 조건이다.

공차가 3인 등차수열 $\{a_n\}$이 다음 조건을 만족시킬 때, a_{10}의 값은?

> (가) $a_5 \times a_7 < 0$
>
> (나) $\displaystyle\sum_{k=1}^{6} |a_{k+6}| = 6 + \sum_{k=1}^{6} |a_{2k}|$

① $\dfrac{21}{2}$　　　　② 11　　　　③ $\dfrac{23}{2}$　　　　④ 12　　　　⑤ $\dfrac{25}{2}$

"(가)를 먼저 살펴보자. 공차가 3이니, $a_5 < 0$, $a_7 > 0$이겠네. **자연스레 a_6의 부호가 궁금해진다.**"

일단 $a_1, a_2, \cdots, a_5 < 0$이고, $a_7, a_8, \cdots, a_{12} > 0$이므로 (나)는 다음과 같이 풀어낼 수 있다.

$a_7 + a_8 + a_9 + a_{10} + a_{11} + a_{12} = 6 - a_2 - a_4 + |a_6| + a_8 + a_{10} + a_{12}$이고, 정리하면

$a_7 + a_9 + a_{11} = 6 - a_2 - a_4 + |a_6|$ 이다.

"현재 a_6이 양수인지 음수인지 모르는 상태니, 전부 a_6으로 바꿔서 표현하면 **둘 중 하나는 모순되겠다.**"

$3a_6 + 27 = -2a_6 + |a_6| + 24 \implies 5a_6 - |a_6| = -3$

$i)$ $a_6 \geq 0$일 때, 계산하면 $a_6 = -\dfrac{3}{4}$이 나오므로, 성립할 수 없다.

$ii)$ $a_6 < 0$일 때, 계산하면 $a_6 = -\dfrac{1}{2}$이 나온다.

따라서, $ii)$일 때 문제의 모든 조건을 만족한다.

$\therefore\ a_{10} = a_6 + 4 \times 3 = -\dfrac{1}{2} + 12 = \dfrac{23}{2}$

답: ③

| 무엇을 기준으로 학생들을 변별했는가?

1. 등차수열에서 공차 또는 첫째항을 이용해 **등차수열로 이루어진 식을 유연하게 조작**할 수 있는가?

2. a_6의 부호에 따라 케이스를 나누어보고, 둘 중 모순인 경우를 찾아낼 수 있는가?

| NOTES

- 등차수열은 이미 잘 알려진 수열이기에, 일반적인 수열과 같은 추론을 통한 관찰보다는
  능숙한 식 변형과 같은 수학적 스킬을 적재적소로 사용하는 것이 더 중요하다.

  따라서 (나)의 경우, a_6을 제외한 모든 항의 부호를 알고 있으므로
  절댓값을 벗긴 후 나머지 항들을 a_6으로 표현해야겠다는 생각은 자연스럽다.

- 나에게 남은 것이 a_6라는 **미지수 한 개**와 **관계식 한 개**이므로 무조건 구할 수 있다는 확신까지 있으면 매우 훌륭하다.

19. 2023 수능 **13번** ★

자연수 m $(m \geq 2)$에 대하여 m^{12}의 n제곱근 중에서 정수가 존재하도록 하는 2 이상의 자연수 n의 개수를 $f(m)$이라 할 때, $\displaystyle\sum_{m=2}^{9} f(m)$의 값은?

① 37   ② 42   ③ 47   ④ 52   ⑤ 57

주어진 발문을 살펴보자.

"주어진 발문을 통해 식을 세워보면, $x^n = m^{12}$의 실근이 정수가 되도록 하는 n의 개수를 구해야겠네. 어떻게 해야하지..?"

자연수 n의 개수를 $f(m)$이라 한다는 것은 곧, m의 값에 따라 n의 개수를 관찰하자는 의미로 받아들이면 된다.

따라서,

"아, $\underline{m을\ 하나씩\ 대입}$해가며 어떤 상황일 때 정수근이 나오는지 관찰하면 되겠네."

$m = 2$일 때, $x^n = 2^{12}$이므로 $x = 2^{\frac{12}{n}}$ 이다. 따라서 x가 정수가 되기 위해 $\underline{n은\ 12의\ 약수}$여야 한다. $\therefore\ f(2) = 5$

$m = 3$일 때, $x = 3^{\frac{12}{n}}$ 이므로 마찬가지로 $f(3) = 5$이다.

$m = 4$일 때, $x^n = 4^{12} = 2^{24}$이므로, $x = 2^{\frac{24}{n}}$ 이다. 따라서 $\underline{n은\ 24의\ 약수}$여야한다. $\therefore\ f(4) = 7$ ... ㉠

"아 그러니까, 제곱수를 제외한 수들은 전부 $f(n) = 5$이고, **제곱수일 때**만 주의하면 되겠다."

따라서 $n = 2,\ 3,\ 5,\ 6,\ 7$일 때는 전부 $f(n) = 5$이다. ... ㉡

$m = 8$, $x = 2^{\frac{36}{n}}$ 이므로 $f(8) = 8$ ... ㉢

$m = 9$, $x = 3^{\frac{24}{n}}$ 이므로 $f(9) = 7$ ... ㉣

따라서 ㉠, ㉡, ㉢, ㉣에 의해 $\displaystyle\sum_{m=2}^{9} f(m) = 47$이다.

답: ③

1. $f(m)$은 기본적으로 <u>12**의 약수의 개수**</u>임을 알고, 오직 **제곱수일 때** $f(m)$이 변함을 알 수 있는가?

수열 $\{a_n\}$이 모든 자연수 n에 대하여

$$\sum_{k=1}^{n} \frac{1}{(2k-1)a_k} = n^2 + 2n$$

을 만족시킬 때, $\displaystyle\sum_{n=1}^{10} a_n$의 값은?

① $\dfrac{10}{21}$　　　　② $\dfrac{4}{7}$　　　　③ $\dfrac{2}{3}$　　　　④ $\dfrac{16}{21}$　　　　⑤ $\dfrac{6}{7}$

$$`\sum_{k=1}^{n} \frac{1}{(2k-1)a_k} = n^2 + 2n`$$

"$n^2 + 2n$이 원점을 지나는 이차함수 꼴이네. 그럼 $\dfrac{1}{(2n-1)a_n}$는 **첫째항이** 3이고 **공차가** 2인 **등차수열**이겠다."
(NOTES 참고)

$$\therefore \ \frac{1}{(2n-1)a_n} = 2n+1 \ \Rightarrow \ a_n = \frac{1}{(2n-1)(2n+1)} = \frac{1}{2}\left(\frac{1}{2n-1} - \frac{1}{2n+1}\right) \ \text{(합을 구해야 한다는 것을 염두해두자.)}$$

따라서, $\displaystyle\sum_{n=1}^{10} a_n = \dfrac{1}{2}\left(1 - \dfrac{1}{21}\right) = \dfrac{10}{21}$ 이다.

답: ①

| NOTES

- 어떤 수열의 합이 **원점을 지나는 이차함수**의 꼴을 지니고 있다면, 그 수열은 **등차수열**이다.

$$\sum_{k=1}^{n} = an^2 + bn \text{이 주어졌다면, } a_n = 2an - a + b \text{이다.}$$

모든 항이 자연수인 등차수열 $\{a_n\}$의 첫째항부터 제 n항까지의 합을 S_n이라 하자.

a_7이 13의 배수이고 $\displaystyle\sum_{k=1}^{7} S_k = 644$일 때, a_2의 값을 구하시오.

우선 a_7이 13의 배수라고 하였지만, a_n에 대한 정보가 없으므로 아직은 해석하기 이르다.

$$\sum_{k=1}^{7} S_k = 644$$

여기서, S_n은 등차수열의 합이므로 $a_n = pn + q$라고 하면,
수열의 합 공식을 통해 S_n을 아래와 같이 나타낼 수 있다.

$$S_n = \frac{p}{2}n(n+1) + qn$$

"여기서 **수열의 합 공식**을 한 번 더 사용하면, $\displaystyle\sum_{k=1}^{7} S_k$를 p, q로 표현할 수 있겠다."

$\displaystyle\sum_{k=1}^{n} S_k = \frac{p}{6}n(n+1)(n+2) + \frac{q}{2}n(n+1)$이고, 이 식에 $n = 7$을 대입하면 (NOTES 참고)

$\displaystyle\sum_{k=1}^{7} S_k = 84p + 28q = 644 \ \Rightarrow\ 3p + q = 23$

($\displaystyle\sum_{k=1}^{7} S_k$는 1부터 7까지의 합이므로, 644가 7의 배수일 것이라고 생각하고 약분하면 쉽다.)

$$\therefore\ 3p + q = 23$$

"이제 a_7이 __13의 배수__가 되도록 해야하는데.. $a_7 = 7p + q$니까, 결국 $a_7 = 4p + (3p + q) = 4p + 23$이잖아..?"

그럼 이제 $4p + 23$이 13의 배수가 되도록 하면 되겠네.

가장 그럴듯한 p를 대입하다보면,
$p = 4$일 때 $4p + 23 = 39$가 되어 13의 배수가 된다.

또한, 이 때 $3p + q = 23$에 $p = 4$를 대입하면 $q = 11$이므로, **모든 항이 자연수**가 된다는 조건 또한 만족한다.

"이제 a_2를 구해서 문제를 끝내자."

$$a_2 = 2p + q = 19$$

답: 19

1. 다소 복잡할 수 있는 식과 **'이걸 계산해?'**라는 심리로 문제풀이를 망설이게 만들었다.

| NOTES

- 실제 현장에서 긴장하여 $\displaystyle\sum_{k=1}^{7} S_k$를 $\displaystyle\sum_{k=1}^{7} a_k$로 착각하여 잘못 풀었다는 학생들도 많았다. 실수하지 않게 유의하자.

- 아래는 수열의 합 응용 공식이다. 나머지 공식들보다 쓰이는 빈도가 적어 가물가물할 수 있지만,
  적재적소에 활용하면 풀이시간을 단축시킬 수 있으니 꼭 기억하도록 하자.

$$\sum_{k=1}^{n} k(k+1) = \frac{n(n+1)(n+2)}{3}$$

공차가 0이 아닌 등차수열 $\{a_n\}$에 대하여

$$|a_6| = a_8, \quad \sum_{k=1}^{5} \frac{1}{a_k a_{k+1}} = \frac{5}{96}$$

일 때, $\displaystyle\sum_{k=1}^{15} a_k$의 값은?

① 60　　　　② 65　　　　③ 70　　　　④ 75　　　　⑤ 80

"첫 번째 식을 보니 $a_7 = 0$이네.
두 번째 식을 보니 **부분분수의 합**이니까 계산만 수행하면 되겠다."

첫 번째 식에서 $|a_6| = a_8$이므로 우리는 다음과 같은 직선의 그래프를 떠올릴 수 있다.

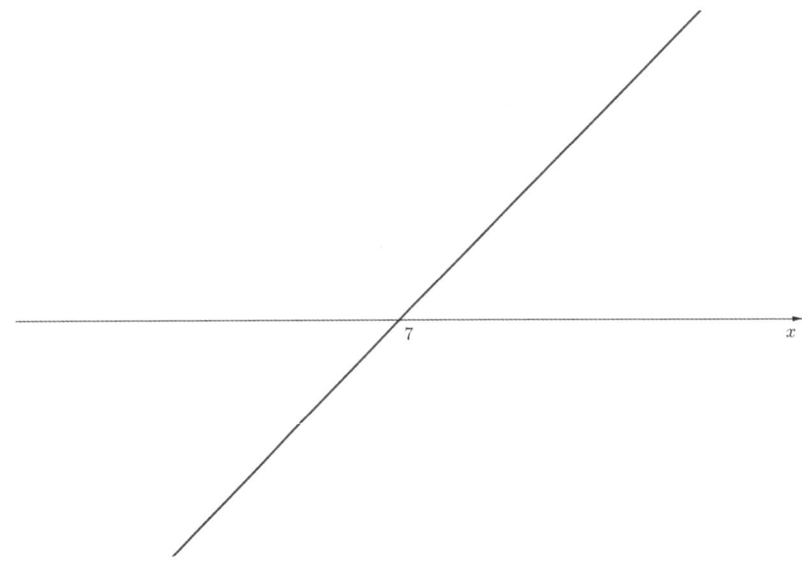

$\therefore\ a_7 = 0$

$a_8 = |a_6| > 0$이므로 공차 또한 양수이다.

두 번째 식에서 분모가 서로 곱해져 있는 건 부분분수의 합 형태를 숨기기 위해 기출에서 자주 나오는 모양의 식이다.
이제 이 식을 정리해보자. 공차를 $d\ (d > 0)$라 하면

$$\sum_{k=1}^{5} \frac{1}{a_k a_{k+1}} = \sum_{k=1}^{5} \frac{1}{(a_{k+1} - a_k)}\left(\frac{1}{a_k} - \frac{1}{a_{k+1}}\right) = \sum_{k=1}^{5} \frac{1}{d}\left(\frac{1}{a_k} - \frac{1}{a_{k+1}}\right) = \frac{1}{d}\left(\frac{1}{a_1} - \frac{1}{a_6}\right) = \frac{5}{96}$$

$a_7 = 0$이므로

$$a_1 = -6d, \ a_6 = -d$$

정리하면

$$\frac{1}{d}\left(-\frac{1}{6d} + \frac{1}{d}\right) = \frac{5}{6d^2} = \frac{5}{96}$$

$$\therefore \ d = 4$$

"마저 계산을 마치고 문제를 마무리하자."

$$\sum_{k=1}^{5} a_k = 15a_8 = 15d = 60$$

답: ①

| 무엇을 기준으로 학생들을 변별했는가?

- 절댓값이 씌워진 식에서 등차수열에 대한 정보를 추출할 수 있는가?

- 분모가 두 항의 곱 형태로 이루어진 식을 **부분분수의 합**으로 볼 수 있는가?

| NOTES

- 등차수열은 직선이자 일차함수이다.
  그러므로, 등차수열에 대한 **정보 2개만 주어진다면** 해당 수열에 대한 모든 정보를 알 수 있다.

수열 $\{a_n\}$은 등차수열이고, 수열 $\{b_n\}$은 모든 자연수 n에 대하여

$$b_n = \sum_{k=1}^{n} (-1)^{k+1} a_k$$

를 만족시킨다. $b_2 = -2$, $b_3 + b_7 = 0$일 때, 수열 $\{b_n\}$의 첫째항부터 제9항까지의 합은?

① -22 ② -20 ③ -18 ④ -16 ⑤ -14

STEP 1.

"b_n은 대충 봤을 때 **더하고 빼고가 반복**될 것 같은데.. 일단 나열해보면서 관찰해보자."

$b_n = a_1 - a_2 + a_3 - a_4 \cdots$이므로,

$b_1 = a_1$

$b_2 = a_1 - a_2 = -d$ (여기서, $b_2 = 2$이므로 $d = 2$임을 알 수 있다.)
$b_3 = a_1 - a_2 + a_3 = -d + a_3$

$b_4 = a_1 - a_2 + a_3 - a_4 = -2d$
$b_5 = a_1 - a_2 + a_3 - a_4 + a_5 = -2d + a_5$

"아, **두 항씩 진행**될 때마다 $-d$**가 하나씩 쌓이는 구조**구나. 게다가 홀수항(b_{2n-1})에는 $+a_{2n-1}$이 하나씩 더 붙네."

그렇다면, $b_7 = -3d + a_7$일 것이다.

따라서, $b_3 + b_7 = -4d + a_3 + a_7 = -8 + 2a_5 = 0$이다.

$\therefore \ a_5 = 4$

STEP 2.

이제 $d = 2$와 $a_5 = 4$를 구했으니, $b_1 + b_2 + b_3 + \cdots + b_9$의 **구조를 분석**해보자.

$b_1 + b_2 + b_3 + \cdots + b_9$은,
두 항(a_{2n-1}, a_{2n})씩 끊어져서 나오는
$-d, \ -2d, \ -3d, \ -4d$와,
홀수항(a_{2n-1})에서만 나오는
$a_1, \ a_3, \ \cdots, \ a_9$의 합으로 구성되어 있다.

따라서,

$$b_1 + b_2 + b_3 + \cdots + b_9 = 2(-d - 2d - 3d - 4d) + a_1 + a_3 + \cdots + a_9$$
$$= -20d + 5a_5 = -20 \text{이다.}$$

답: ②

┃ 무엇을 변별하였는가?

- 나열을 통해 수열 b_n**의 규칙을 파악**할 수 있는가?

- $b_1 + b_2 + b_3 + \cdots + b_9$의 구조를 분석한 뒤, **등차수열의 합의 원리를 응용**하여 답을 구할 수 있는가?

$a_1 = 2$인 수열 $\{a_n\}$과 $b_1 = 2$인 등차수열 $\{b_n\}$이 모든 자연수 n에 대하여

$$\sum_{k=1}^{n} \frac{a_k}{b_{k+1}} = \frac{1}{2}n^2$$

을 만족시킬 때, $\displaystyle\sum_{k=1}^{5} a_k$의 값은?

① 120 ② 125 ③ 130 ④ 135 ⑤ 140

먼저, 주어진 식이 **수열의 합 형태**로 주어져 있으므로, 이를 토대로 **일반항**을 도출해보자.

$$\sum_{k=1}^{n} \frac{a_k}{b_{k+1}} - \sum_{k=1}^{n-1} \frac{a_k}{b_{k+1}} = \frac{a_n}{b_{n+1}} = n - \frac{1}{2} \ (n \geq 2) \ \cdots \ \text{㉠}$$

여기서, $n = 1$일 때에는

$$\sum_{k=1}^{1} \frac{a_k}{b_{k+1}} = \frac{a_1}{b_2} = \frac{1}{2}$$

여기서 **두 가지 사실**을 도출할 수 있다.

1) $a_1 = 2$이므로, $b_2 = 4$이다.

$\Rightarrow b_1 = 2$이고 b_n은 등차수열이므로, $b_n = 2n$이다.

2) ㉠의 식이 $n = 1$부터 성립한다.

이제, 다시 ㉠로 돌아와서 $\underline{b_n\textbf{의 일반항}(b_n = 2n)\textbf{을 대입}}$해보면

$$\frac{a_n}{b_{n+1}} = \frac{a_n}{2n+2} = n - \frac{1}{2} \ \Rightarrow \ a_n = (n+1)(2n-1) = 2n^2 + n - 1$$

이제 수열의 합 공식을 이용해 $\displaystyle\sum_{k=1}^{n} a_n$을 구해보면,

$$\sum_{k=1}^{n} a_n = \frac{n(n+1)(2n+1)}{3} + \frac{n(n+1)}{2} - n = \frac{2n^3}{3} + \frac{3}{2}n^2 - \frac{n}{6}$$

$n = 5$일 때, $\displaystyle\sum_{k=1}^{5} a_n = \frac{250}{3} + \frac{75}{2} - \frac{5}{6} = 120$

답: ①

1. 수열의 합($\sum$)으로 이루어진 식으로부터 일반항을 도출(㉠)한 뒤, $n = 1$을 대입함으로써 b_n의 일반항을 구할 수 있는가?

2. b_n의 일반항을 ㉠에 대입하여 a_n의 일반항을 구하고, 수열의 합 공식을 통해 $\sum\limits_{k=1}^{n} a_n$를 도출할 수 있는가?

| NOTES

- 열의 합($\sum$)으로 이루어진 식을 $\sum\limits_{1}^{n} - \sum\limits_{1}^{n-1}$ 형태로 빼서 일반항을 도출할 경우, $n \geq 2$에서부터 성립함을 간과하지 말자.

수열의 합

[빠른 정답]

01. ②	21. 19
02. ④	22. ①
03. ②	23. ②
04. ①	24. ①
05. 14	
06. ③	
07. 117	
08. 162	
09. 9	
10. ④	
11. ①	
12. ④	
13. 58	
14. ⑤	
15. 25	
16. ⑤	
17. ②	
18. ③	
19. ③	
20. ①	

[수학 I]

수열의 귀납적 정의

* 25학년도 6월, 9월, 수능에 전부 4점 문항으로 출제된 단원입니다.

첫째항이 a인 수열 $\{a_n\}$은 모든 자연수 n에 대하여

$$a_{n+1} = \begin{cases} a_n + (-1)^n \times 2 & (n \text{이 3의 배수가 아닌 경우}) \\ a_n + 1 & (n \text{이 3의 배수인 경우}) \end{cases}$$

를 만족시킨다. $a_{15} = 43$일 때, a의 값은?

① 35   ② 36   ③ 37   ④ 38   ⑤ 39

n이 **3의 배수인지 아닌지**로 다음 항이 결정되기에, **3주기로 규칙성**이 보일 것 같다.

$a_2 = a - 2$
$a_3 = a_2 + 2 = a$

$a_4 = a_3 + 1$
$a_5 = a_4 + 2$
$a_6 = a_5 - 2 = a_4$

$a_6 = a_4,\ a_4 = a_3 + 1$이므로

$a_6 = a_3 + 1$

"이제 어느정도 규칙성이 보일 것 같네."

모든 자연수 k에 대해
1) $a_{3k} = a_{3k-2}$
2) $a_{3k+3} = a_{3k} + 1$
을 만족하는 것 같다.

그렇다면, $a_{15} = a_3 + 4 = a + 4$일 것이다.
$a_{15} = 43$이므로, $a = 39$

$\therefore\ a = 39$

답: ⑤

| **무엇을 기준으로 학생들을 변별했는가?**

1. 나열을 통해 **낯선 수열의 규칙성**을 파악할 수 있는가?

공차가 0이 아닌 등차수열 $\{a_n\}$이 있다. 수열 $\{b_n\}$은

$$b_1 = a_1$$

이고, 2 이상의 자연수 n에 대하여

$$b_n = \begin{cases} b_{n-1} + a_n & (n\text{이 }3\text{의 배수가 아닌 경우}) \\ b_{n-1} - a_n & (n\text{이 }3\text{의 배수인 경우}) \end{cases}$$

이다. $b_{10} = a_{10}$일 때, $\dfrac{b_8}{b_{10}} = \dfrac{q}{p}$ 이다. $p+q$의 값을 구하시오.
(단, p와 q는 서로소인 자연수이다.)

주어진 조건은 등차수열 a_n을 통해 b_n과 b_{n-1}의 관계를 서술하고 있다.

"그렇다면, $b_n - b_{n-1}$과 a_n의 관계식으로 변환하는 것이 좋지 않을까?"

$$b_n - b_{n-1} = \begin{cases} a_n & (n\text{이 }3\text{의 배수가 아닌 경우}) \\ -a_n & (n\text{이 }3\text{의 배수인 경우}) \end{cases} , \ (n \geq 2)$$

이제 $n = 1$인 경우부터 나열하면

$b_1 = a_1$
$b_2 - b_1 = a_2$
$b_3 - b_2 = -a_3$

$b_4 - b_3 = a_4$
$b_5 - b_4 = a_5$
$b_6 - b_5 = -a_6$

··· 이렇게 <u>**3항 주기**</u>로 위와 같이 전개된다.

최종적으로 b_8, b_{10}을 구해야 하지만, 3항 주기로 b_n이 전개되기에
3의 배수인 동시에 8, 10과 가장 가까운 9번째 항, 즉 b_9를 먼저 알아보도록 하자.

a_n의 공차를 d라고 하면
$$b_9 = (a_1 + a_2 - a_3) + (a_4 + a_5 - a_6) + (a_7 + a_8 - a_9) = (a_1 - d) + (a_4 - d) + (a_7 - d) = 3a_3 \text{이고,}$$

이를 통해 b_8, b_{10}을 구하면

$$b_9 = b_8 - a_9 \implies b_8 = b_9 + a_9 = 3a_3 + a_9$$

$b_{10} = b_9 + a_{10} = 3a_3 + a_{10} \ \cdots \ \text{㉠}$

여기서 $b_{10} = a_{10}$를 ㉠에 대입하면 $a_3 = 0$이다.

$\therefore \ b_8 = a_9 = 6d, \ b_{10} = a_{10} = 7d$

따라서, $\dfrac{b_8}{b_{10}} = \dfrac{6}{7}$ 이다.

$\therefore \ p + q = 13$

답: 13

| 무엇을 기준으로 학생들을 변별했는가?

1. **나열과 관찰**을 통해 규칙성을 파악할 수 있는가?

2. **등차수열에 의존하여 정의한 수열**의 구조를 파악할 수 있는가?

두 수열 $\{a_n\}$, $\{b_n\}$은 $a_1 = a_2 = 1$, $b_1 = k$이고, 모든 자연수 n에 대하여

$$a_{n+2} = (a_{n+1})^2 - (a_n)^2, \quad b_{n+1} = a_n - b_n + n$$

을 만족시킨다. $b_{20} = 14$일 때, k의 값은?

① -3　　　　② -1　　　　③ 1　　　　④ 3　　　　⑤ 5

"수열 문제네? 일단 a_n을 쭉 써 보자."

$a_1 = 1$

$a_2 = 1$

$a_3 = 1^2 - 1^2 = 0$

$a_4 = 0^2 - 1^2 = -1$

$a_5 = (-1)^2 - 0^2 = 1$

$a_6 = 1^2 - (-1)^2 = 0$

$a_7 = 0^2 - 1^2 = -1$

...

a_2부터 $\{1, 0, -1\}$ 순서로 **주기가 반복된다**는 것을 알 수 있다.

결국 a_n은 다음과 같이 재정의할 수 있다.

$a_{3n-1} = 1$

$a_{3n} = 0$

$a_{3n+1} = -1$

이제 다음 조건을 다시 살펴보면

$b_{n+1} = a_n - b_n + n$

정리하면 $b_{n+1} + b_n = a_n + n$

"여기서 n 대신 $n+1$을 대입하여 만든 식과 연립해볼까..?"

$b_{n+2} + b_{n+1} = a_{n+1} + n + 1$

$b_{n+1} = a_n - b_n + n$

이 두 식을 연립하면

$b_{n+2} - b_n = a_{n+1} - a_n + 1$

"여기서 **2항 간격으로 더하면** 소거되겠다."

n대신 $2n$을 대입하면

$$b_{2n+2} - b_{2n} = a_{2n+1} - a_{2n} + 1$$

이제 $n=1$부터 $n=9$까지 더해보면

$$b_{20} - b_2 = \sum_{k=1}^{9} a_{2n+1} - \sum_{k=1}^{9} a_{2n} + 9$$

여기서 a_{2n+1}과 a_{2n} 또한 3항 주기로 각각 $\{0,\, 1,\, -1\}$과 $\{1,\, -1,\, 0\}$이 반복되므로
$b_{20} - b_2 = 9$이다.

$$\therefore \ b_2 = 5$$

$b_1 + b_2 = a_1 + 1 = 2$이므로
$$b_1 = k = -3$$

답: ①

| 무엇을 기준으로 학생들을 변별했는가?

1. 수열에 수를 직접 대입해서 **귀납적으로 주기성을 발견**할 수 있는가?

2. 인접 항 간의 관계를 목적에 맞게 **변형**할 수 있는가?

| NOTES

- 수열 문제의 기본적인 해결 방식은 **"일단 쓰고, 특징 발견하기"**이다. 만약 식 자체에서 규칙성을 발견하지 못했다면, 써본 다음 수열이 어떤 성질을 가지는지 확인하자. 주기성은 가장 흔하게 나오는 소재이다.

- 인접 항 간의 관계식이 나왔을 때, 우리가 원하는 모양으로 이를 변형하는 것은 문제풀이의 과정을 단축시켜준다. 위 문제의 경우 b_n과 b_{n+1}의 관계만을 사용하면 과정이 복잡해지기에 b_n과 b_{n+2}의 관계로 변형하였다.

수열 $\{a_n\}$이 모든 자연수 n에 대하여 다음 조건을 만족시킨다.

> (가) $a_{2n} = a_n - 1$
>
> (나) $a_{2n+1} = 2a_n + 1$

$a_{20} = 1$일 때, $\displaystyle\sum_{n=1}^{63} a_n$의 값은?

문제에서 (가)와 (나) 조건을 통해 수열의 모든 항을 찾아낼 수 있다.

(가)를 통해 짝수항들의 값을 찾을 수 있고,
(나)를 통해 홀수항들의 값을 찾을 수 있다.

$$a_{20} = 1 = a_{10} - 1 \implies a_{10} = 2$$
$$a_{10} = a_5 - 1 = 2 \implies a_5 = 3$$
$$a_5 = 2a_2 + 1 = 3 \implies a_2 = 1$$
$$a_2 = a_1 - 1 = 1 \implies a_1 = 2$$

$\underline{a_1\textbf{의 값}}$을 찾았으니, 이제 이론상 **수열의 모든 항**을 구할 수 있다.

그러나, 문제에서 요구하는 답은 $\displaystyle\sum_{n=1}^{63} a_n$이므로 일일이 모든 항을 구해서 더하기엔 너무 많은 항의 값을 구해야 한다.

"그렇다면 규칙이 있는 것일까? 몇 번 해보면 규칙성이 보이는 수들이 존재하겠지만, 복잡할 것 같다."

"(가), (나) 점화식을 서로 더했더니, $a_{2n} + a_{2n+1} = 3a_n$가 성립한다. $\sum$을 조금 변형시켜볼까?"

$\displaystyle\sum_{n=1}^{63} a_n = a_1 + \sum_{n=1}^{31}(a_{2n} + a_{2n+1})$이고, $a_{2n} + a_{2n+1} = 3a_n$이므로 이를 적용하면

$\displaystyle\sum_{n=1}^{63} a_n = a_1 + 3\sum_{n=1}^{31} a_n$이다.

더해야 할 항들이 많이 줄어들었다. 계속해서 $\sum$ 안의 수열을 변형시켜 항들을 줄여보도록 하자.

$$a_1 + 3\sum_{n=1}^{31} a_n = a_1 + 3\left(a_1 + 3\sum_{n=1}^{15} a_n\right) = 4a_1 + 9\sum_{n=1}^{15} a_n$$

$$4a_1 + 9\sum_{n=1}^{15} a_n = 4a_1 + 9\left(a_1 + 3\sum_{n=1}^{7} a_n\right) = 13a_1 + 27\sum_{n=1}^{7} a_n$$

$$13a_1 + 27\sum_{n=1}^{7} a_n = 13a_1 + 27\left(a_1 + 3\sum_{n=1}^{3} a_n\right) = 40a_1 + 81\sum_{n=1}^{3} a_n$$

$$40a_1 + 81 \sum_{n=1}^{3} a_n = 40a_1 + 81\left(a_1 + 3\sum_{n=1}^{1} a_n\right) = 364a_1$$

이 때 $a_1 = 2$이므로, 이를 대입해 계산하면

$$\therefore \sum_{n=1}^{63} a_n = 364a_1 = 728$$

답: ④

| 무엇으로 학생들을 변별했는가?

1. a_{2n}과 a_n의 관계식, a_{2n+1}과 a_n의 관계식을 통해, 이론상 **수열의 모든 항을 추론할 수 있음**을 파악할 수 있는가?

2. (가), (나)에서 **주어진 관계식을 변형**하여, $\sum_{n=1}^{63} a_n$을 간소화시킬 수 있는가?

수열 $\{a_n\}$의 일반항은

$$a_n = \left(2^{2n} - 1\right) \times 2^{n(n-1)} + (n-1) \times 2^{-n}$$

이다. 다음은 모든 자연수 n에 대하여

$$\sum_{k=1}^{n} a_k = 2^{n(n+1)} - (n+1) \times 2^{-n} \qquad \cdots\cdots \ (*)$$

임을 수학적 귀납법을 이용하여 증명한 것이다.

(i) $n=1$일 때, (좌변)$=3$, (우변)$=3$이므로 $(*)$이 성립한다.

(ii) $n=m$일 때, $(*)$이 성립한다고 가정하면

$$\sum_{k=1}^{m} a_k = 2^{m(m+1)} - (m+1) \times 2^{-m}$$

이다. $n=m+1$일 때,

$$\sum_{k=1}^{m+1} a_k = 2^{m(m+1)} - (m+1) \times 2^{-m}$$
$$+ \left(2^{2m+2} - 1\right) \times \boxed{\text{(가)}} + m \times 2^{-m-1}$$
$$= \boxed{\text{(가)}} \times \boxed{\text{(나)}} - \frac{m+2}{2} \times 2^{-m}$$
$$= 2^{(m+1)(m+2)} - (m+2) \times 2^{-(m+1)}$$

이다. 따라서 $n=m+1$일 때도 $(*)$이 성립한다.

(i), (ii)에 의하여 모든 자연수 n에 대하여

$$\sum_{k=1}^{n} a_k = 2^{n(n+1)} - (n+1) \times 2^{-n}$$

이다.

위의 (가), (나)에 알맞은 식을 각각 $f(m)$, $g(m)$이라 할 때, $\dfrac{g(7)}{f(3)}$의 값은?

① 2　　　　　② 4　　　　　③ 8　　　　　④ 16　　　　　⑤ 32

(i) $n=1$일 때 (좌변)$=3$, (우변)$=3$이므로 $(*)$이 성립한다.

$$a_1 = \left(2^2 - 1\right) \times 2^0 + 0 = \sum_{k=1}^{1} a_k = 2^{1 \times 2} - 2 \times 2^{-1} = 3$$

(ii) $n=m$일 때, $(*)$이 성립한다고 가정할 때, $n=m+1$이 성립됨을 보이면 수학적 귀납법으로 증명할 수 있다.

$$\sum_{k=1}^{m} a_k = 2^{m(m+1)} - (m+1)\times 2^{-m}$$

$$\sum_{k=1}^{m+1} a_k = \sum_{k=1}^{m} a_k + a_{m+1} = 2^{m(m+1)} - (m+1)\times 2^{-m} + \left(2^{2m+1}-1\right)\times 2^{m(m+1)} + m\times 2^{-m-1}$$

위 식을 $2^{m(m+1)}$로 묶어주면

$2^{m(m+1)}\times\left(2^{2m+2}\right) - \dfrac{m+2}{2}\times 2^{-m}$ 이다.

빈칸에 들어갈 식을 모두 구했다. 더 구할 필요 없으므로 답을 구해보도록 하자.

$f(m)=2^{m(m+1)}$ 이고, $g(m)=2^{2m+2}$ 이다.

$$\therefore\ \frac{g(7)}{f(3)}=\frac{2^{16}}{2^{12}}=16$$

답: ④

수열 $\{a_n\}$은 $a_1=1$이고, 모든 자연수 n에 대하여

$$\begin{cases} a_{3n-1}=2a_n+1 \\[4pt] a_{3n}=-a_n+2 \\[4pt] a_{3n+1}=a_n+1 \end{cases}$$

을 만족시킨다. $a_{11}+a_{12}+a_{13}$의 값은?

① 6　　　　　② 7　　　　　③ 8　　　　　④ 9　　　　　⑤ 10

"일단 한 번 $n=1$을 대입해보자."

$a_1=1$이므로 $a_2=3$, $a_3=1$, $a_4=2$이다.

$a_{11}=2a_4+1=5$
$a_{12}=-a_4+2=0$
$a_{13}=a_4+1=3$

$\therefore\ a_{11}+a_{12}+a_{13}=8$

답: ③

모든 자연수 n에 대하여 다음 조건을 만족시키는 x축 위의 점 P_n과 곡선 $y=\sqrt{3x}$ 위의 점 Q_n이 있다.

> (가) 선분 OP_n과 선분 P_nQ_n이 서로 수직이다.
>
> (나) 선분 OQ_n과 선분 Q_nP_{n+1}이 서로 수직이다.

다음은 점 P_1의 좌표가 $(1,\ 0)$일 때, 삼각형 $OP_{n+1}Q_n$의 넓이 A_n을 구하는 과정이다. (단, O는 원점이다.)

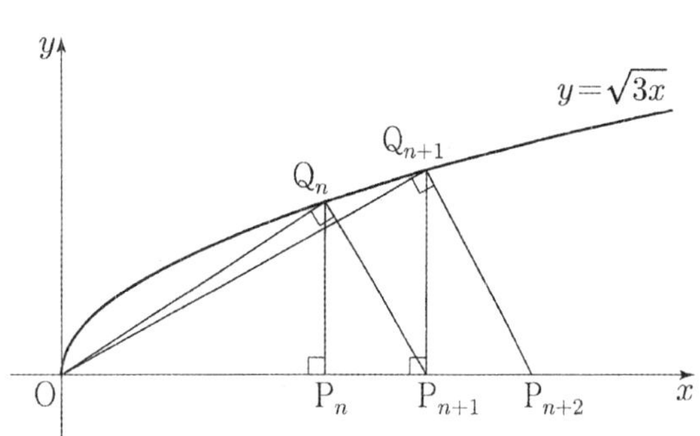

모든 자연수 n에 대하여 점 P_n의 좌표를 $(a_n,\ 0)$이라 하자.

$\overline{OP_{n+1}} = \overline{OP_n} + \overline{P_nP_{n+1}}$이므로

$$a_{n+1} = a_n + \overline{P_nP_{n+1}}$$

이다. 삼각형 OP_nQ_n과 삼각형 $Q_nP_nP_{n+1}$이 닮음이므로

$$\overline{OP_n} : \overline{P_nQ_n} = \overline{P_nQ_n} : \overline{P_nP_{n+1}}$$

이고, 점 Q_n의 좌표는 $\left(a_n,\ \sqrt{3a_n}\right)$이므로

$$\overline{P_nP_{n+1}} = \boxed{\text{(가)}}$$

이다. 따라서 삼각형 $OP_{n+1}Q_n$의 넓이 A_n은

$$A_n = \frac{1}{2} \times \left(\boxed{\text{(나)}}\right) \times \sqrt{9n-6}$$

이다.

위의 (가)에 알맞은 수를 p, (나)에 알맞은 식을 $f(n)$이라 할 때, $p+f(8)$의 값은?

① 20   ② 22   ③ 24   ④ 26   ⑤ 28

빈칸 추론의 문제는 문제를 이해한 후 주어진 문장을 읽어가면서 생략되는 계산에 포커스를 맞추어야 한다.

"삼각형 OP_nQ_n과 삼각형 $Q_nP_nP_{n+1}$이 닮음이므로 $\overline{OP_n} : \overline{P_nQ_n} = \overline{P_nQ_n} : \overline{P_nP_{n+1}}$ 이고 점 Q_n의 좌표는 $\left(a_n,\ \sqrt{3a_n}\right)$ "

여기서 $\overline{\mathrm{OP}_n}=a_n$이고 $\overline{\mathrm{P}_n\mathrm{Q}_n}=\sqrt{3a_n}$ 이므로 대입하면

$$a_n : \sqrt{3a_n}= \sqrt{3a_n} : \overline{\mathrm{P}_n P_{n+1}}$$

즉 $\overline{\mathrm{P}_n P_{n+1}}=3$이다.

"따라서 삼각형 $\mathrm{OP}_{n+1}Q_n$의 넓이 A_n은 ..."

A_n을 n에 대한 식으로 표현해야 한다.

$$\mathrm{A}_n = \frac{1}{2}\times \overline{\mathrm{OP}_{n+1}}\times \overline{\mathrm{P}_n\mathrm{Q}_n} = \frac{1}{2}\times(3+a_n)\times \sqrt{3a_n}\;\text{이다.}$$

이제 a_n을 구한다면 식을 표현하는 것은 어렵지 않을 것이다.

$\overline{\mathrm{OP}_{n+1}}=a_{n+1}=a_n+3$이므로 a_n은 공차가 3인 등차수열임을 알 수 있다.

점 P_1의 x좌표가 1이므로 $a_1=1$이다. 따라서 $a_n=3n-2$이다.

$$\mathrm{A}_n = \frac{1}{2}\times(3+a_n)\times \sqrt{3a_n} = \frac{1}{2}\times(3n+1)\times \sqrt{9n-6}$$

$\therefore\ p=3$이고 $f(n)=3n+1$이므로 $p+f(8)=28$

답: ⑤

수열 $\{a_n\}$은 모든 자연수 n에 대하여

$$a_{n+2}=\begin{cases} 2a_n+a_{n+1} & (a_n \le a_{n+1}) \\[2mm] a_n+a_{n+1} & (a_n > a_{n+1}) \end{cases}$$

을 만족시킨다. $a_3=2$, $a_6=19$가 되도록 하는 모든 a_1의 값의 합은?

① $-\dfrac{1}{2}$　　　② $-\dfrac{1}{4}$　　　③ 0　　　④ $\dfrac{1}{4}$　　　⑤ $\dfrac{1}{2}$

3항과 6항에 대한 정보가 주어졌으므로 3항에서 시작해보자.

관계식을 보면 이웃하는 세 개의 항을 필요로 하므로 $a_4=a$이라 하자.
a_3와 비교해야 하는데 a의 값을 모르므로 케이스를 나누어 비교해보자.

i) $a<2$일 때

$a_5=a+2$

여기서 a_5가 a_4보다 크므로 $a_6=3a+2$이다. 따라서 $a=\dfrac{17}{3}$이다. $\cdots$ **모순**

ii) $a \ge 2$일 때

$a_5=a+4$
여기서 a_5가 a_4보다 크므로 $a_6=3a+4$이다. 따라서 $a=5$이다. $\cdots$ **성립**

이제 역으로 a_1을 구해보도록 하자.

i) $a_2>2$일 때

$a_2+a_3=a_4$이므로 $a_2=3$ $\cdots$ **성립**
$a_1>a_2$라면 $a_1+a_2=a_3$이므로 $a_1=-1$이다. $\cdots$ **모순**
$a_1 \le a_2$라면 $2a_1+a_2=a_3$이므로 $a_1=-\dfrac{1}{2}$이다. $\cdots$ **성립**

ii) $a_2 \le 2$일 때

$2a_2+a_3=a_4$이므로 $a_2=\dfrac{3}{2}$ $\cdots$ **성립**

$a_1>a_2$라면 $a_1+a_2=a_3$이므로 $a_1=\dfrac{1}{2}$이다. $\cdots$ **모순**

$a_1 \leq a_2$라면 $2a_1 + a_2 = a_3$이므로 $a_1 = \dfrac{1}{4}$이다. $\cdots$ **성립**

$\therefore$ 모든 a_1의 값의 합은 $-\dfrac{1}{2}+\dfrac{1}{4}=-\dfrac{1}{4}$

답: ②

상수 $k\,(k>1)$에 대하여 다음 조건을 만족시키는 수열 $\{a_n\}$이 있다.

> 모든 자연수 n에 대하여 $a_n < a_{n+1}$이고 곡선 $y = 2^x$ 위의 두 점
> $\mathrm{P}_n\big(a_n,\ 2^{a_n}\big)$, $\mathrm{P}_{n+1}\big(a_{n+1},\ 2^{a_{n+1}}\big)$을 지나는 직선의 기울기는 $k \times 2^{a_n}$이다.

점 P_n을 지나고 x축에 평행한 직선과 점 P_{n+1}을 지나고 y축에 평행한 직선이 만나는 점을
Q_n이라 하고 삼각형 $\mathrm{P}_n\mathrm{Q}_n\mathrm{P}_{n+1}$의 넓이를 A_n이라 하자.

다음은 $a_1 = 1,\ \dfrac{A_3}{A_1} = 16$일 때, A_n을 구하는 과정이다.

> 두 점 P_n, P_{n+1}을 지나는 직선의 기울기가 $k \times 2^{a_n}$이므로 $2^{a_{n+1}-a_n} = k(a_{n+1}-a_n)+1$이다.
>
> 즉, 모든 자연수 n에 대하여 $a_{n+1}-a_n$은 방정식 $2^x = kx+1$의 해이다.
>
> $k > 1$이므로 방정식 $2^x = kx+1$은 오직 하나의 양의 실근 d를 갖는다.
>
> 따라서 모든 자연수 n에 대하여 $a_{n+1}-a_n = d$이고, 수열 $\{a_n\}$은 공차가 d인 등차수열이다.
>
> 점 Q_n의 좌표가 $\big(a_{n+1},\ 2^{a_n}\big)$이므로
>
> $$A_n = \frac{1}{2}\big(a_{n+1}-a_n\big)\big(2^{a_{n+1}}-2^{a_n}\big)$$
>
> 이다. $\dfrac{A_3}{A_1} = 16$이므로 d의 값은 $\boxed{\text{(가)}}$ 이고,
>
> 수열 $\{a_n\}$의 일반항은 $a_n = \boxed{\text{(나)}}$ 이다.
>
> 따라서 모든 자연수 n에 대하여 $A_n = \boxed{\text{(다)}}$ 이다.

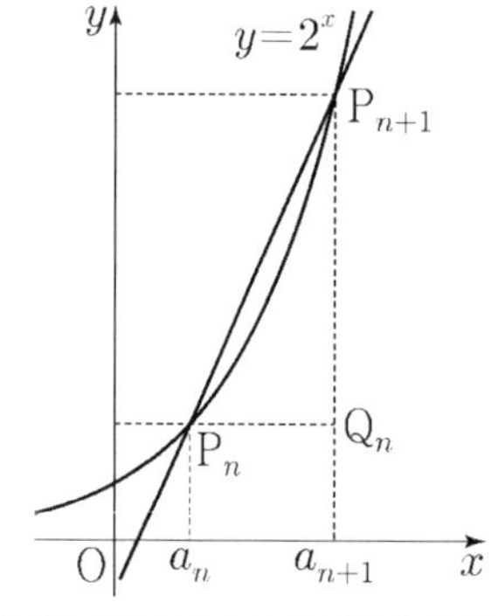

위의 (가)에 알맞은 수를 p, (나)와 (다)에 알맞은 식을 각각 $f(n)$, $g(n)$이라 할 때,
$p + \dfrac{g(4)}{f(2)}$의 값은?

① 118   ② 121   ③ 124   ④ 127   ⑤ 130

"설명을 따라가면 되겠다. 문제 상황을 파악하고, 박스 안의 흐름을 납득하면서 읽어보자."

기울기가 $k \times 2^{a_n}$이다. 이를 바탕으로 식을 세우면

$$k \times 2^{a_n} = \frac{2^{a_{n+1}}-2^{a_n}}{a_{n+1}-a_n}$$

양변을 2^{a_n}을 나누고 정리하면 설명대로

$2^{a_{n+1}-a_n}=k(a_{n+1}-a_n)+1$이 나온다.

$a_{n+1}-a_n=x$로 치환하고, 박스 안의 설명과 같이 $2^x=kx+1$을 그려보자.

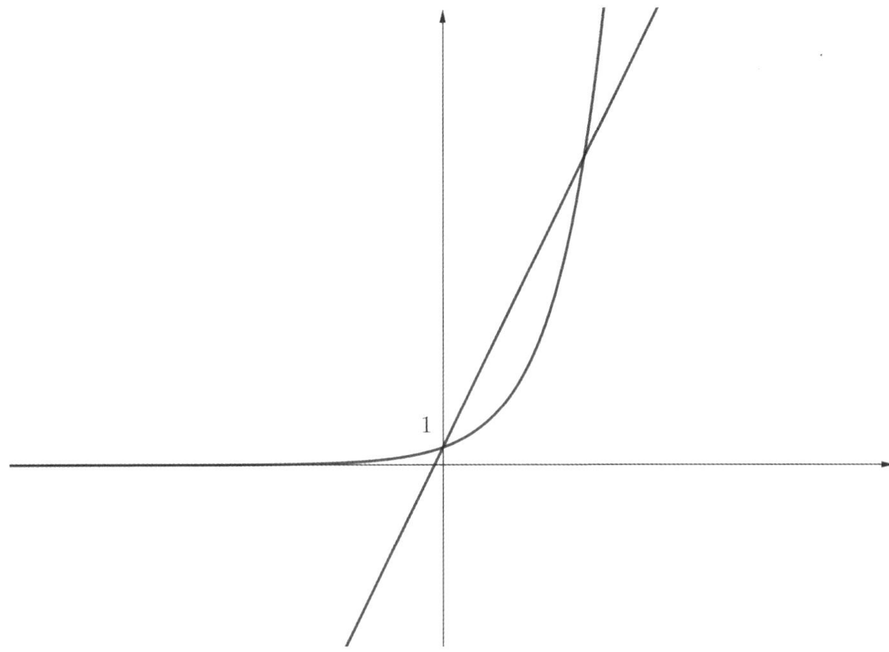

교점의 x좌표를 d라 하면, $a_{n+1}-a_n=d$로 일정함을 알 수 있고, 따라서 수열 $\{a_n\}$은 **공차가 d인 등차수열**이다.

문제에서 말하는 A_n에 관심을 돌려 보자. 삼각형의 넓이를 (높이)×(밑변)으로 구해보면

$$A_n=\frac{1}{2}\left(a_{n+1}-a_n\right)\left(2^{a_{n+1}}-2^{a_n}\right)\ (n\geq 1)\ \dots\ \bigcirc$$

쭉 따라가자.

$$\frac{A_3}{A_1}=\frac{2^{a_4}-2^{a_3}}{2^{a_2}-2^{a_1}}=\frac{2^{a_2+2d}-2^{a_1+2d}}{2^{a_2}-2^{a_1}}=2^{2d}=16\ \Rightarrow\ d=2$$

$$\therefore\ p=2$$

발문에 따라 $a_1=1$이고, $d=2$이므로
$$f(n)=a_n=2n-1$$
$$f(2)=3$$
(문제를 대충 읽다보면 $a_1=1$ 조건을 놓칠 수 있으니, 주의하도록 하자.)

$\bigcirc$에 대입하면

$$g(n)=A_n=\frac{1}{2}\left(a_{n+1}-a_n\right)\left(2^{a_{n+1}}-2^{a_n}\right)=\frac{1}{2}\times d\times\left(2^{2n+1}-2^{2n-1}\right)=2^{2n+1}-2^{2n-1}$$

$$\therefore\ g(4)=2^9-2^7=384$$

"이제 계산을 완료하고 문제를 끝내자."

$$p + \frac{g(4)}{f(2)} = 2 + \frac{384}{3} = 130$$

답: ⑤

| 무엇을 기준으로 학생들을 변별했는가?

1. 설명을 따라가면서 a_n**이 등차수열**임을 이해하고, 주어진 정보를 통해 **공차를 밝혀낼 수 있는가?**

2. 좌표평면 안의 기울기, 넓이 등을 식으로 자유롭게 나타내고 이를 통해 문제를 해결할 수 있는가?

| NOTES

- 이러한 **박스 안의 설명을 따라가는 문제**에서 말하는 내용을 납득하면서 읽어 보면 쉽게 해결이 가능하다. 물론 굳이 설명을 읽지 않아도 **필요한 정보만을 추출**하여 구할 수도 있겠으나, 박스 안의 설명에 발상적인 사고를 요구하는 과정이 포함되어 있을 경우, 내용을 정독해보는 것이 안전하다.

  수학 문제가 어려운 이유는 직접 발상을 해서 풀이를 떠올려야 하기 때문인데, 이 유형은 풀이를 직접 제시해 주었기 때문에 그러한 어려움이 없다.

- 이런 유형에 어려움을 겪는다면, **난이도 높은 문제들의 해설을 읽어보면서 문제의 흐름을 이해하는 연습**을 해보면 좋다. 그러나 **잡다한 계산은 우리가 직접 해야하는 경우**가 꽤 많으므로 **계산을 할 마음의 준비**는 해 두는 것이 좋다.

수열 $\{a_n\}$은 $0 < a_1 < 1$이고, 모든 자연수 n에 대하여 다음 조건을 만족시킨다.

(가) $a_{2n} = a_2 \times a_n + 1$

(나) $a_{2n+1} = a_2 \times a_n - 2$

$a_8 - a_{15} = 63$일 때, $\dfrac{a_8}{a_1}$의 값은?

① 91   ② 92   ③ 93   ④ 94   ⑤ 95

문제에서 준 정보는 $0 < a_1 < 1$이다. 그리고 수열 간의 관계식도 주어져 있다.

결국 모든 식을 a_1로 표현해서 식을 풀어내는 것이 해법으로 보인다.

일단 (가)식에 $n = 1$을 대입해 보자.

$a_2 = a_2 a_1 + 1$ ... ㉠

일단 a_2와 a_1의 관계를 구했다. (가), (나)에 a_2가 들어가 있으므로 필연적으로 a_8이나 a_{15}는 a_1이나 a_2가 들어간 형태로 표현될 텐데, ㉠을 이용해 한 문자로 정리한 뒤 연립하자.

이제 (가), (나)의 식이 어떻게 수열 간 관계를 표현하는지 생각해 보자.

(가)의 식은 어떤 n의 2배에 해당하는 수열의 값을 구하는 것이다. 이진수로 표현하면 0을 뒤에 붙이는 것과 같다.

(나)의 식은 어떤 n의 2배를 한 뒤 1을 더한 값에 해당하는 수열의 값을 구하는 것이다. 이진수로 표현하면 1을 뒤에 붙이는 것과 같다. 이를 바탕으로 어떻게 8, 15를 만들어나갈지 계획을 세워 보자.

a_8을 구해 보자. 8은 이진수로 표현하면 $1000_{(2)}$이다. (가)의 식을 쓰면 a_8을 구할 수 있을 것 같다.

$a_4 = a_2 \times a_2 + 1$

$a_8 = a_4 \times a_2 + 1 = (a_2)^3 + a_2 + 1$ ... ㉡

a_{15}를 구해 보자. 15는 이진수로 표현하면 $1111_{(2)}$이다. (나) 식을 쓰면 a_{15}를 구할 수 있을 것 같다.

$a_3 = a_2 a_1 - 2 = a_2 - 3$ (㉠을 통해 a_2로 문자를 통일하자.)

$a_7 = a_2 \times a_3 - 2 = (a_2)^2 - 3a_2 - 2$

$a_{15} = a_2 \times a_7 - 2 = (a_2)^3 - 3(a_2)^2 - 2a_2 - 2$ ... ㉢

이제, ⓛ에서 ⓒ을 뺌으로써 조건 $a_8 - a_{15} = 63$을 적용해보면,

$$a_8 - a_{15} = 3(a_2)^2 + 3a_2 + 3 = 63 \;\Rightarrow\; (a_2)^2 + a_2 - 20 = (a_2 - 4)(a_2 + 5) = 0 \;\Rightarrow\; a_2 = -5, \; 4$$

그러나, ㉠에 의하면, $a_2 = \dfrac{1}{1-a_1}$이고, $0 < a_1 < 1$이므로 $a_2 > 1$이다.

$$\therefore \; a_2 = 4$$

$a_1 = \dfrac{3}{4}$ 이다.

$$a_8 = 4^3 + 4 + 1 = 69$$

$$\frac{a_8}{a_1} = 69 \times \frac{4}{3} = 92$$

답: ②

| 무엇을 기준으로 학생들을 변별했는가?

1. 수열 간 관계식을 바탕으로 주어진 조건을 만족하는 수열의 값을 구할 수 있는가?

| NOTES

- 이 문제의 경우 1부터 시작해서 관계식을 이용해 8, 15라는 숫자를 추적해 나가는 것이 핵심이다.

- 문제가 막히다던지 하면, 내가 안 쓴 조건이 있는지 문제를 다시 한 번 살펴보자.
  평가원은 말이 안 되는 문제를 만들어놓진 않았을 것이다.

다음 조건을 만족시키는 모든 수열 $\{a_n\}$에 대하여 $\displaystyle\sum_{k=1}^{100} a_k$의 최댓값과 최솟값을 각각 M, m이라 할 때, $M-m$의 값은?

> (가) $a_5 = 5$
> (나) 모든 자연수 n에 대하여
> $$a_{n+1} = \begin{cases} a_n - 6 & (a_n \geq 0) \\ -2a_n + 3 & (a_n < 0) \end{cases}$$
> 이다.

① 64   ② 68   ③ 72   ④ 76   ⑤ 80

"(나)에 수열 a_n이 정의되어 있네.
우리가 일반적으로 아는 등차, 등비수열이 아니니 **나열하고 관찰함**으로써 규칙성을 발견하자."

(가), (나)를 통해 $a_5 = 5$, $a_6 = -1$, $a_7 = 5$, $a_8 = -1 \cdots$임을 알 수 있다. (5, -1이 반복된다.)

이제 $a_5 \sim a_{100}$의 합은 일정하므로 $a_1 \sim a_4$의 합으로 $\displaystyle\sum_{k=1}^{100} a_k$의 최댓값과 최솟값을 결정되고,

구하는 것은 $M-m$이므로 $\displaystyle\sum_{k=1}^{4} a_k$의 최댓값과 최솟값만 구하면 문제가 풀리겠다는 생각을 해야 한다.

이제 $a_1 \sim a_4$를 구해보자.

(나)에 주어진 식을 a_n의 식으로 변형해보자.

$$a_n = \begin{cases} a_{n+1} + 6 & (a_{n+1} \geq -6) \\ \dfrac{3 - a_{n+1}}{2} & (a_{n+1} > 3) \end{cases}$$

이제, 이 규칙에 따라 수형도를 그려보자.

위에서 구한 $a_1 \sim a_4$의 합중에서 최댓값, 최솟값은 각각 80, 8이므로 $M-m = 72$이다.

답: ③

수열 $\{a_n\}$이 모든 자연수 n에 대하여

$$a_{n+1}=\begin{cases} \dfrac{1}{a_n} & (n\text{이 홀수인 경우}) \\[2ex] 8a_n & (n\text{이 짝수인 경우}) \end{cases}$$

이고, $a_{12}=\dfrac{1}{2}$일 때, a_1+a_4의 값은?

① $\dfrac{3}{4}$ ② $\dfrac{9}{4}$ ③ $\dfrac{5}{2}$ ④ $\dfrac{17}{4}$ ⑤ $\dfrac{9}{2}$

낯선 수열을 본다면 대입하여 규칙성을 파악해야 한다.

$a_1=\alpha$라 하자.

그리고 다음과 같이 나열하면 $a_2=\dfrac{1}{\alpha}$, $a_3=\dfrac{8}{\alpha}$, $a_4=\dfrac{\alpha}{8}$, $a_5=\alpha\cdots$

$a_1=a_5=\alpha$이므로 4주기로 반복되는 수열임을 알 수 있다.

따라서 $a_{12}=a_8=a_4=\dfrac{\alpha}{8}$이고 $a_{12}=\dfrac{1}{2}$이므로 $\alpha=4$임을 알 수 있다.

$\therefore\ a_1+a_4=4+\dfrac{1}{2}=\dfrac{9}{2}$

| NOTES

다른 풀이는 다음과 같다. $a_{12}=\dfrac{1}{2}$이므로 역으로 나열해보도록 하자.

$a_{11}=2$, $a_{10}=\dfrac{1}{4}$, $a_9=4$, $a_8=\dfrac{1}{2}\cdots$ a_8부터 4주기로 반복됨을 알 수 있다.

따라서 $a_4=a_{12}=\dfrac{1}{2}$이고 $a_1=4$이다.

답: ②

수열 $\{a_n\}$은 $|a_1| \leq 1$이고, 모든 자연수 n에 대하여

$$
a_{n+1} = \begin{cases}
-2a_n - 2 & \left(-1 \leq a_n < -\dfrac{1}{2}\right) \\[2mm]
2a_n & \left(-\dfrac{1}{2} \leq a_n \leq \dfrac{1}{2}\right) \\[2mm]
-2a_n + 2 & \left(\dfrac{1}{2} < a_n \leq 1\right)
\end{cases}
$$

을 만족시킨다. $a_5 + a_6 = 0$이고 $\displaystyle\sum_{k=1}^{5} a_k > 0$이 되도록 하는 모든 a_1의 값의 합은?

① $\dfrac{9}{2}$ ② 5 ③ $\dfrac{11}{2}$ ④ 6 ⑤ $\dfrac{13}{2}$

*SOL*1) 그래프를 사용하지 않을 경우

이 문제에서 a_n의 구간 별로 a_{n+1}이 정의되어 있다.
그러나, 우리는 $a_5 + a_6 = 0$임을 이용해 **역으로** a_1을 **구해야한다**.

"먼저, a_n이 각각 $-1 \leq a_n < -\dfrac{1}{2}$, $-\dfrac{1}{2} \leq a_n \leq \dfrac{1}{2}$, $\dfrac{1}{2} < a_n \leq 1$일 때 a_{n+1}이 가지는 범위를 구해볼까?"

직접 구해보면 다음과 같다.

$$-1 \leq a_n < -\frac{1}{2} \;\Rightarrow\; -1 < a_{n+1} \leq 0$$
$$-\frac{1}{2} \leq a_n \leq \frac{1}{2} \;\Rightarrow\; -1 \leq a_{n+1} \leq 1$$
$$\frac{1}{2} < a_n \leq 1 \;\Rightarrow\; 0 \leq a_{n+1} \leq 1$$

이제 반대로, a_{n+1}**의 값에 따른** a_n**을 구해보자.**

$$
a_n = \begin{cases}
-\dfrac{a_{n+1}}{2} - 1 & (-1 < a_{n+1} \leq 0) \\[2mm]
\dfrac{a_{n+1}}{2} & (-1 \leq a_{n+1} \leq 1) \;\cdots\; ㉠ \\[2mm]
-\dfrac{a_{n+1}}{2} + 1 & (0 \leq a_{n+1} \leq 1)
\end{cases}
$$

이에 따르면

1) a_{n+1}이 양수일 때, a_n도 양수이고,

2) a_{n+1}이 음수일 때, a_n도 음수이다.

3) $a_{n+1}=0$일 때, a_n은 음수이거나, 0이거나, 양수이다. $\cdots$ ⓛ

즉, a_1부터 a_n까지 항상 부호가 일정하다.

따라서, $\sum\limits_{k=1}^{5} a_k > 0$이 되기 위해 $a_6 = a_5 = 0$이고, $0 < a_1 \le 1$ $(\because |a_1| \le 1)$을 만족시키면 된다.

ⓛ을 참고하면, 5번째 이전의 항들(a_4, a_3, $\cdots$등)도 0일 수 있다.

따라서, 양수가 되는 마지막 항을 k번째 항이라고 하고, $a_{k+1}=0$부터 ⓐ을 따라 역추적을 시작해보자.

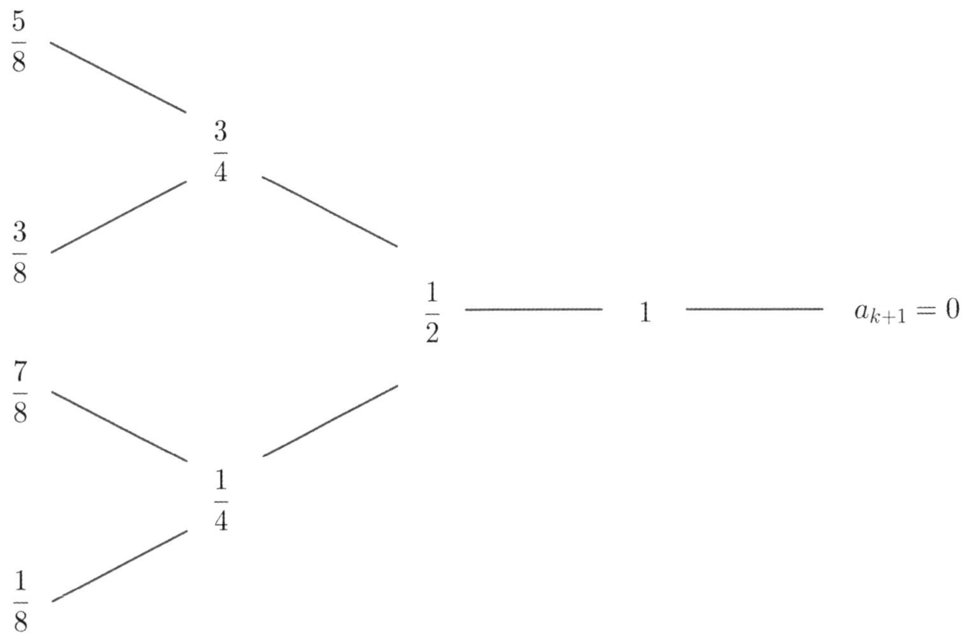

여기서 우리는 $k=1,\ 2,\ 3,\ 4$인 경우로 나누어 생각해볼 수 있다.

$k=1$일 때, $a_1 = 1$

$k=2$일 때, $a_1 = \dfrac{1}{2}$

$k=3$일 때, $a_1 = \dfrac{1}{4},\ \dfrac{3}{4}$ $\Rightarrow$ 성립하는 a_1의 합: 1

$k=4$일 때, $a_1 = \dfrac{1}{8},\ \dfrac{3}{8},\ \dfrac{5}{8},\ \dfrac{7}{8}$ $\Rightarrow$ 성립하는 a_1의 합: 2

$\therefore$ 모든 a_1의 합은 $\dfrac{9}{2}$이다.

$SOL2)$ 그래프를 사용할 경우
(현장에서는 주로 $SOL1)$의 방법으로 푸는 도중 원리를 깨닫고 $SOL2)$에 진입하게 되는 경우가 많다.)

a_{n+1}이 정의된 부분을 살펴보자.

$$a_{n+1} = \begin{cases} -2a_n - 2 & \left(-1 \le a_n < -\dfrac{1}{2}\right) \\[2mm] 2a_n & \left(-\dfrac{1}{2} \le a_n \le \dfrac{1}{2}\right) \\[2mm] -2a_n + 2 & \left(\dfrac{1}{2} < a_n \le 1\right) \end{cases}$$

a_{n+1}이 a_n에 따라 구간 별로 정의되어있다.

"마치 x, y로 구성된 구간함수같이 생겼네."

"그렇다면, <u>a_n을 정의역</u>, <u>a_{n+1}을 치역</u>으로 생각할 수 있지 않을까..?"
(실제로, a_n에 x를, a_{n+1}에 y를 대입해보면 구간함수가 된다.)

이러한 생각을 토대로 x축에 a_n을, y축에 a_{n+1}을 세팅해놓고 그래프를 그려보면 다음과 같다.

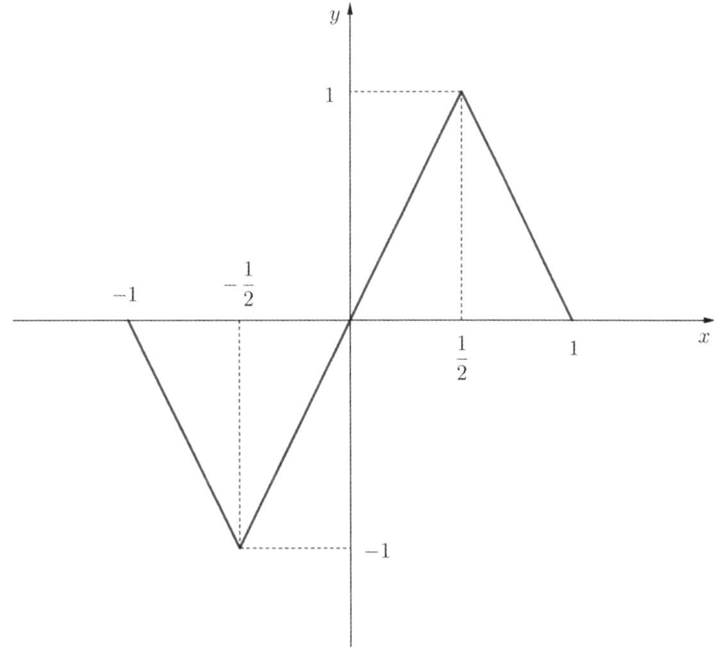

$a_6 = -a_5$이므로, $y = -x$을 그려 보니 **교점이 오직 원점밖에 없다**.

$\therefore \ a_5 = a_6 = 0$

이제, <u>$y = a_{n+1}$을 그어 생기는 교점의 x좌표가 a_n일 것이다.</u>

$a_5 = 0$이므로 $y = 0$과 그래프의 교점은 $(-1, 0)$, $(0, 0)$, $(1, 0)$로,

$a_4 = 1, 0 -1$이다.

이제 다음과 같은 세 경우로 나눠보자.

i) $a_4 = 1$일 경우

$y = 1$과 그래프의 교점은 $\left(\dfrac{1}{2}, 1 \right)$으로 유일하다.

$\therefore a_3 = \dfrac{1}{2}$

$y = \dfrac{1}{2}$와 그래프의 교점은 $\left(\dfrac{1}{4}, \dfrac{1}{2} \right)$과 $\left(\dfrac{3}{4}, \dfrac{1}{2} \right)$로 2개다. 그리고 두 교점은 $x = \dfrac{1}{2}$에 대해 대칭이다.

$\therefore a_2 = \dfrac{1}{4}, \dfrac{3}{4}$

$y = \dfrac{1}{4}$를 그려보면 교점이 2개 나온다. 그리고 두 교점은 $x = \dfrac{1}{2}$에 대해 대칭이므로

이때 발생하는 a_1 쌍의 값의 합은 1이다. … ㉠

$y = \dfrac{3}{4}$ 또한 동일하게 a_1 쌍의 값의 합은 1이다. ($a_2 = \dfrac{1}{4}$와 $a_2 = \dfrac{3}{4}$에서 a_1이 중복될 일은 없다.) … ㉡

ii) $a_4 = 0$일 경우,

$a_5 = 0$에서 a_4을 역추적했을 때 가능한 값이 $\{1, 0, -1\}$가 나온 것과 같이

$a_4 = 0$이므로 a_3도 $\{1, 0, -1\}$ 중 하나를 가진다.

$a_3 = 1$이라면 i)의 경우와 동일한 원리로 역추적해보자.

이때 $a_2 = \dfrac{1}{2}$, $a_1 = \dfrac{1}{4}, \dfrac{3}{4}$가 나오므로 a_1의 합은 1이다. … ㉢

$a_3 = 0$이라면 다시 a_2가 $\{1, 0, -1\}$ 중 하나를 가진다.

$a_2 = 1$이면 $a_1 = \dfrac{1}{2}$이다. … ㉣

$a_2 = 0$이면 a_1이 $\{1, 0, -1\}$이고, 이때 $a_1 = 1$이어야만 $\displaystyle\sum_{k=1}^{5} a_k > 0$이다. … ㉤

$a_3 = -1$일 경우, 조건을 만족하지 않는다. 역추적 시 그래프를 통해 모든 이전 항들(a_1, a_2)이 음수가 나옴을 알 수 있다.

따라서 $\displaystyle\sum_{k=1}^{5} a_k < 0$이므로 a_1이 존재하지 않는다.

$iii)$ $a_4 = -1$일 경우,

이전 ii)에서 $a_3 = -1$일 경우와 같은 논리로, 모든 이전 항들(a_1, a_2, a_3)이 음수가 나오기에 a_1이 존재하지 않는다.

따라서 ㉠, ㉡, ㉢, ㉣, ㉤에서 나온 a_1들을 전부 더하면

$$1+1+1+1+\frac{1}{2}=\frac{9}{2}$$

답: ①

| 무엇을 기준으로 학생들을 변별했는가?

1. 수열의 귀납적 정의가 주어졌을 때 **문제 조건을 만족하는 케이스**를 수형도 등을 통해
   빠짐없이 전부 찾아낼 수 있다.

2. n번째 수열의 값이 주어졌을 때 앞 순서의 수열($n-1$, $n-2$, …등)의 값을 역추적할 수 있다.

| NOTES

- 귀납적으로 정의된 수열에서의 기본적인 접근 방식은 나열이다. 다만 위 문제처럼 그래프를 통한 해석이 훨씬 용이한 경우도 있으니 여러 풀이 방법을 익혀 놓자.

- **직선 $y=a_{n+1}$과 수열을 나타내는 그래프의 교점**의 x좌표(a_n)를 찾는 것은 수열을 역추적하는 기본 메커니즘 중 하나이다.

수열 $\{a_n\}$이 다음 조건을 만족시킨다.

(가) $|a_1| = 2$

(나) 모든 자연수 n에 대하여 $|a_{n+1}| = 2|a_n|$이다.

(다) $\displaystyle\sum_{n=1}^{10} a_n = -14$

$a_1 + a_3 + a_5 + a_7 + a_9$의 값을 구하시오.

(가) $|a_1| = 2 \Leftrightarrow a_1 = \pm 2$

(나) 모든 자연수 n에 대하여 $|a_{n+1}| = 2|a_n|$ 이다.

"$|a_n|$은 첫째항이 2이고, **공비가 2인 등비수열**을 이루고 있군."

$\therefore \ |a_n| = 2^n$

"그렇다면, a_n의 부호에 관한 조건은 없으니 첫째항부터 10번째 항까지의 합이 -14가 되도록 **우리가 a_n의 부호를 정하면 되겠다.**"

"분명 $|a_9| = 512$, $|a_{10}| = 1024$ 등 $|a_n|$은 매우 큰 숫자를 가질텐데,

정작 그 합인 $\displaystyle\sum_{n=1}^{10} a_n$은 -14밖에 되지 않네..?"

"그렇다면 먼저 $\displaystyle\sum_{n=1}^{10} |a_n|$를 가늠한 뒤에, 음수가 되는 항들을 $(+)$에서 $(-)$로 바꿔주자."

(n번째 항이 음수라면 $\displaystyle\sum_{n=1}^{10} |a_n|$에서 2^n을 두 번 빼주면 된다.)

$$\sum_{n=1}^{10} |a_n| = \frac{2(2^{10}-1)}{2-1} = 2046$$

나머지 모든 항이 양수이고 **오직 $a_{10} = -1024$만 음수**라면,

$$\sum_{n=1}^{10} a_n = 2046 - 2 \times 1024 = -2$$이다.

실제로는 이 값보다 12만큼 합이 더 작아져야하므로,

"**a_1과 a_2를 추가로 음수**로 만들면 될 것 같다."

($|a_1|=2$, $|a_2|=4$, $12=2\times(2+4)$이므로 숫자 감각을 통해 직관적으로 파악할 수 있다. 또는, 대충 숫자가 작다는 생각을 통해 유추할 수도 있다.)

$$\sum_{n=1}^{10} a_n = \sum_{n=1}^{10} |a_n| - 2(2^1 + 2^2 + 2^{10}) = 2046 - 4 - 8 - 2048 = -14$$

$$\therefore\ a_1 + a_3 + a_5 + a_7 + a_9 = -2^1 + 2^3 + 2^5 + 2^7 + 2^9 = 678$$

답: 678

| 무엇으로 학생들을 변별했는가?

1. (가)와 (나) 조건을 통해 $|a_n|$은 **공비가 2인 등비수열**임을 알고,
   수열의 합이 -14가 되도록 **적절한 a_n의 부호를 유추**하면 된다는 문제의 방향성을 파악할 수 있다.

2. a_n**의 합**이 $|a_n|$의 합에 비해 **비정상적으로 작음**을 파악하고,
   이를 통해 **마지막 항인 a_{10}을 음수로 만들어야겠다**는 생각으로 이어질 수 있다.

두 곡선 $y=16^x$, $y=2^x$과 한 점 $A(64,\ 2^{64})$이 있다.

점 A를 지나며 x축과 평행한 직선이 곡선 $y=16^x$과 만나는 점을 P_1이라 하고, 점 P_1을 지나며 y축과 평행한 직선이 곡선 $y=2^x$과 만나는 점을 Q_1이라 하자.

점 Q_1을 지나며 x축과 평행한 직선이 곡선 $y=16^x$과 만나는 점을 P_2라 하고, 점 P_2를 지나며 y축과 평행한 직선이 곡선 $y=2^x$과 만나는 점을 Q_2라 하자.

이와 같은 과정을 계속하여 n번째 얻은 두 점을 각각 P_n, Q_n이라 하고 점 Q_n의 x좌표를 x_n이라 할 때,

$x_n < \dfrac{1}{k}$을 만족시키는 n의 최솟값이 6이 되도록 하는 자연수 k의 개수는?

① 48　　　　　② 51　　　　　③ 54　　　　　④ 57　　　　　⑤ 60

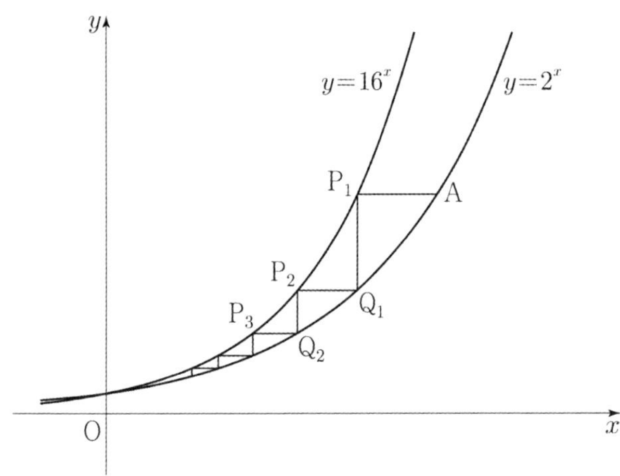

"두 지수함수를 줬네. 근데 $y=16^x$를 다시 생각해보면 $y=2^{4x}$이다."

"그렇다면, $y=2^x$와 $y=2^{4x}$ 이 두 함수를 준 것이니 **뭔가 4배와 관련이 있지 않을까..?**"

*SOL*1) 나열을 사용할 때

맨 처음 주어진 조건들을 따라 점의 좌표를 구해보면 다음과 같다.

$Q_1(16,\ 2^{16})$, $Q_2(4,\ 2^4)$, $Q_3(1,\ 2^1)$, $\cdots$

이를 통해 x_n을 일반화해보면, 다음과 같다.

$x_n = 4^{3-n}\ \cdots\ \text{㉠}$

"아하, x_n은 **공비가 $\dfrac{1}{4}$인 등비수열**이구나..!"

이제 발문을 다시 살펴보면, 특정 상황에서 $x_n < \dfrac{1}{k}$를 만족시켜야 한다.

㉠을 대입해보면, $x_n < \dfrac{1}{k} \;\Rightarrow\; k < 4^{n-3}$이다.

"4^{n-3}은 n이 커짐에 따라 같이 커지므로,
$k < 4^{n-3}$가 $n=5$에서 성립하지 않고 $\underline{n=6\text{에서 처음으로 성립하도록 }k\text{를 설정}}$하면 되겠다."

따라서, 주어진 부등식을 만족하는 n의 최솟값이 6이 되도록 하려면
$k \geq 4^2,\; k < 4^3 \;\Rightarrow\; 16 \leq k < 64$이어야한다.

이를 통해 k의 개수가 48임을 알 수 있다.

$SOL2)$ 두 함수 간의 관계를 이용할 때

"$y = 2^{4x}$는 $y = 2^x$가 $\underline{\text{4배 빠르게 전개된 형태}}$니,
동일한 y좌표에 대해서 $y = 2^{4x}$의 x좌표가 $y = 2^x$의 $\dfrac{1}{4}$배겠다."

"$\mathrm{P}_n \to \mathrm{Q}_n$으로 옮겨갈 때 x좌표는 동일하고,
$\mathrm{Q}_n \to \mathrm{P}_{n+1}$로 옮겨갈 때 같은 y좌표에 대해 $y = 2^x$에서 $y = 2^{4x}$로 옮겨가므로, $\cdots$ ㉡

종합해보면 $\mathrm{P}_n \to \mathrm{P}_{n+1}$로 옮겨갈 때 x좌표는 $\dfrac{1}{4}$배가 된다.

또한, $\mathrm{A}(64, 2^{64})$는 Q_0과 비슷한 역할을 하므로, ㉡에 따라 $x_1 = 64 \times \dfrac{1}{4}$임을 쉽게 알 수 있다.

$\therefore \; x_n = 4^{3-n}$

이후 풀이는 $SOL1)$과 같다.

답: ①

| 무엇을 기준으로 학생들을 변별했는가?

1. **나열** 또는 두 **함수 간의 관계**를 통해 x_n을 일반화하고, 이것이 **등비수열**임을 파악할 수 있는가?

자연수 k에 대하여 다음 조건을 만족시키는 수열 $\{a_n\}$이 있다.

> $a_1 = 0$이고, 모든 자연수 n에 대하여
> $$a_{n+1} = \begin{cases} a_n + \dfrac{1}{k+1} & (a_n \le 0) \\[2ex] a_n - \dfrac{1}{k} & (a_n > 0) \end{cases}$$
> 이다.

$a_{22} = 0$이 되도록 하는 모든 k의 값의 합은?

① 12   ② 14   ③ 16   ④ 18   ⑤ 20

수열 a_n과 그 부호에 따라 a_{n+1}이 정의되어있다.

그러나, 이 수열은 단순히 이전 항에서 정해진 값을 **더하거나 빼는 형태**이므로,
조금만 나열하다보면 금방 규칙성을 찾을 수 있을 것 같다.

$a_1 = 0$부터 나열해보자.

$a_1 = 0$

$a_2 = \dfrac{1}{k+1}$

$a_3 = -\dfrac{1}{k(k+1)}$

$a_4 = -\dfrac{1}{k(k+1)} + \dfrac{1}{k+1}$

$a_5 = -\dfrac{2}{k(k+1)}$

$a_6 = -\dfrac{2}{k(k+1)} + \dfrac{1}{k+1}$

$a_7 = -\dfrac{3}{k(k+1)}$

$a_8 = -\dfrac{3}{k(k+1)} + \dfrac{1}{k+1}$

$\dots$

이 과정을 일반화해보면 홀수 번째 항$(2n+1)$에서

$a_{2n+1} = -\dfrac{n}{k(k+1)}$ 을 유지하다가,

$2k+1$번째 항에서 비로소 $a_{2k+1} = -\dfrac{1}{k+1}$ 이 된다.

역시나 다음 항을 살펴보면, $a_{2k+2} = a_{2k+1} + \dfrac{1}{k+1} = 0$

즉, 다음 항인 $2k+2$**번째 항에서 처음으로 다시 0이 된다**.

이후에도 이전의 $a_1 \sim a_{2k+1}$과 같은 과정이 계속 반복된다.

$$a_{2k+3} = \frac{1}{k+1}$$
$$a_{2k+4} = -\frac{1}{k(k+1)}$$
$\cdots$

즉, a_n은 $2k+1$을 주기로 반복된다.

따라서 $a_1 = a_{2k+2} = a_{4k+3} = a_{6k+4} \cdots$는 전부 0이다.

이렇게 0이 되는 항들을 일반화하면,
모든 자연수 n에 대해 $2nk+n+1$번째 항에서 0이다. (NOTES 참고)

문제의 조건에서 $a_{22} = 0$를 만족시키는 자연수 k를 찾아야하므로, 이 k에 대해 $\underline{22 = 2nk+n+1}$**를 만족시켜야한다**.

$2nk+n+1 = 22 \implies n(2k+1) = 21$이므로, $\underline{2k+1}$**이 21의 약수**가 되어야한다.

21의 약수는 $1,\ 3,\ 7,\ 21$이므로, $k = 1,\ 3,\ 10$

따라서 모든 자연수 k의 합은 14이다.

답: ②

▎무엇을 기준으로 학생들을 변별했는가?

1. 단순한 나열 뿐만이 아닌 **나열의 결과를 일반화하는 과정을** 통해 함수의 **주기성과 규칙성**을 파악할 수 있는가?

▎NOTES

- 혹여나 $a_1 = a_{2k+2} = a_{4k+3} = a_{6k+4} \cdots$를 일반화시킬 생각을 하지 못했더라도,
  $2k+2 = 22,\ 6k+4 = 22,\ 14k+8 = 22$ 등을 직접 대입함으로써 답을 도출할 수 있다.

수열 $\{a_n\}$이 다음 조건을 만족시킨다.

(가) 모든 자연수 k에 대하여 $a_{4k}=r^k$이다. (단, r는 $0<|r|<1$인 상수이다.)

(나) $a_1<0$이고, 모든 자연수 n에 대하여

$$a_{n+1}=\begin{cases} a_n+3 & (|a_n|<5) \\ -\dfrac{1}{2}a_n & (|a_n|\geq 5) \end{cases}\ 이다.$$

$|a_m|\geq 5$를 만족시키는 100 이하의 자연수 m의 개수를 p라 할 때, $p+a_1$의 값은?

① 8　　　　② 10　　　　③ 12　　　　④ 14　　　　⑤ 16

a_1에 대한 정보는 오직 음수 뿐이지만,

(가)를 통해 $a_4=r\ \Rightarrow\ -1<a_4<1$라는 **대략적인 범위**를 알고 있다.

a_n**의 범위**로 다음 항이 결정되므로, a_4부터 나열해보자.

$a_4=r$

$a_5=r+3$

$a_6=r+6$

$a_7=-\dfrac{1}{2}r-3$

$a_8=-\dfrac{1}{2}r$

여기서, (가)에 의해 $a_8=r^2$이므로, $a_8=r^2=-\dfrac{1}{2}r\ \Rightarrow\ r=-\dfrac{1}{2}$

"이제 r을 구했고, 이 과정에서 수열 a_n이 어떻게 흘러갈지도 대략적으로 파악한 것 같다."

$a_{4n}=r^n$

$a_{4n+1}=r^n+3$

$a_{4n+2}=r^n+6$

$a_{4n+3}=r^{n+1}-3$

$a_{4n+4}=r^{n+1}$

모든 자연수 n에서 위와 같은 흐름을 가질 것이다.

따라서, **모든 자연수** n**에 대해** $a_{4n+2}>5$**일 것**이다.

그렇다면 자연수 m의 개수 p는 적어도 24일 것이다.
그러나, 선지를 보면 **가장 큰 답**$(p+a_1)$**이** 16**이다.**

이를 통해, $a_1 \leq -8$임을 알 수 있다. ($|a_1| \geq 5$까지 고려하면 사실상 $a_1 \leq -9$이다.)

따라서, $a_2 = -\dfrac{1}{2}a_1$이다. $\cdots$ ㉠

또한, $a_4 = -\dfrac{1}{2}$에서 a_3을 역추적해보면 $a_4 = a_3 + 3 \Rightarrow a_3 = -\dfrac{7}{2}$임을 알 수 있다.

($a_3 = 1$인 경우는 성립되지 않음)

이제 마지막으로 a_2와 a_3의 관계를 파악해보자.

$i)$ $a_3 = -\dfrac{1}{2}a_2$인 경우, $a_3 = -\dfrac{7}{2}$과 ㉠을 대입하면

$$-\frac{7}{2} = \left(-\frac{1}{2}\right) \times \left(-\frac{1}{2}a_1\right) \Rightarrow a_1 = -14$$

$ii)$ $a_3 = a_2 + 3$인 경우, $a_3 = -\dfrac{7}{2}$과 ㉠을 대입하면

$$-\frac{7}{2} = -\frac{1}{2}a_1 + 3 \Rightarrow a_1 = 13$$인데, $a_1 < 0$이므로 성립되지 않는다.

따라서, $a_1 = -14$, $a_2 = 7$, $a_3 = -\dfrac{7}{2}$이다.
또한, 모든 자연수 n에 대해 $a_{4n+2} > 5$이므로, p는 26이다.
($|a_1| > 5$, $|a_2| > 5$로 2개, $|a_{4n+2}| > 5$로 24개, 총 26개)

$\therefore$ $p + a_1 = 12$

답: ③

| 무엇을 기준으로 학생들을 변별했는가?

1. r의 범위를 통해 수열이 펼쳐지는 양상이 r과 무관하게 고정되어 있음을 알고,
   이를 통해 수열을 나열하여 **수열의 규칙성과 주기성**을 파악할 수 있는가?

2. a_4로부터의 **역추적**을 통해 a_1을 구할 수 있는가?
   (우리는 선지를 통해 힌트를 얻음으로써 이보다 한발 앞서나갈 수 있다.)

모든 항이 자연수이고 다음 조건을 만족시키는 모든 수열 $\{a_n\}$에 대하여 a_9의 최댓값과 최솟값을 각각 M, m이라 할 때, $M+m$의 값은?

(가) $a_7 = 40$

(나) 모든 자연수 n에 대하여

$$a_{n+2} = \begin{cases} a_{n+1}+a_n & (a_{n+1}\text{이 3의 배수가 아닌 경우}) \\[2mm] \dfrac{1}{3}a_{n+1} & (a_{n+1}\text{이 3의 배수인 경우}) \end{cases}$$

이다.

① 216　　　　　② 218　　　　　③ 220　　　　　④ 222　　　　　⑤ 224

*SOL*1) 역추적을 통해 케이스를 분류할 경우

"수열의 값이 <u>3의 배수인지 아닌지</u>에 따라서 경우가 달라지네. **케이스 구분**을 해야겠다."

$a_7 = 40$
$a_8 = a_7 + a_6 = 40 + a_6$

a_6을 <u>3으로 나눈 나머지</u>에 따라서 a_8의 <u>3의 배수 유무</u>가 달라질 것이고, 그에 따라 <u>a_9의 값</u>도 달라질 것이다.

이렇게 **배수 유무**에 따라 수열의 항이 달라지는 경우 **해당 정수로 나눈 나머지**에 따라 **경우를 분류**하면 케이스를 전부 셀 수 있다는 장점이 있다.

i) $a_6 = 3k+2$인 경우

$a_8 = a_7 + a_6 = 42 + 3k$
$a_9 = \dfrac{1}{3}a_8 = 14 + k$

역추적으로 k를 구해 보자.

a_6은 3의 배수가 아니므로, $a_7 = a_6 + a_5$
$\Rightarrow 40 = 3k + 2 + a_5$

$\therefore a_5 = 38 - 3k$

$a_5 = 38 - 3k = 3(12-k) + 2$이므로, a_5도 3의 배수가 아니다.

따라서, $a_6 = a_5 + a_4$

$\Rightarrow 3k+2 = 38-3k+a_4$

$\therefore \ a_4 = 6k-36$

"$\underline{a_4\textbf{가 3의 배수}}$구나."

$a_5 = 38-3k = \dfrac{1}{3}(6k-36) = 2k-12 \ \Rightarrow \ k=10$

$\therefore \ a_9 = 24$

나머지 항들$(a_1 \sim a_3)$이 **자연수 조건을 만족**하는지 확인해야 끝나지만, 일단 a_9를 정해 놓고 나머지 경우를 살펴보자.

$ii)\ a_6 = 3k+1$인 경우

$a_8 = a_7 + a_6 = 41+3k$
$a_9 = a_8 + a_7 = 81+3k$

역추적으로 k를 구해 보자.

a_6는 3의 배수가 아니므로, $a_7 = a_6 + a_5$
$\Rightarrow \ 40 = 3k+1+a_5$

$\therefore \ a_5 = 39-3k$

"$\underline{a_5\textbf{가 3의 배수}}$구나."

$3k+1 = \dfrac{1}{3}(39-3k) = 13-k \ \Rightarrow \ k=3$

$\therefore \ a_9 = 90$

이 역시 나머지 항들$(a_1 \sim a_4)$이 **자연수 조건을 만족**하는지 확인하기 전에 나머지 케이스를 점검하자.

$iii)\ a_6 = 3k$인 경우

$a_7 = \dfrac{1}{3}a_6 = k$

$a_7 = 40$이므로, $k = 40$이다.

$a_8 = a_7 + a_6 = 120 + 40 = 160$

$a_9 = a_8 + a_7 = 200$

총 3가지 경우가 나왔고, 이 각각의 경우에 **나머지 항들**$(a_1 \sim a_5)$**의 자연수 조건을 만족**시킨다고 하면
$M + m = 224$가 나온다.

어느 한 경우가 자연수 조건을 만족시키지 못할 경우 객관식 보기를 만족시키는 답이 나올 수가 없으므로,
일단 답을 확정짓고 넘어가자.

나머지 항들에 대한 자연수 조건 만족 유무는 검토할 때 확인하자.

답: ⑤

ADD) 이제 나머지 항들에 대한 자연수 조건을 살펴보자.

"한번 역추적해볼까..? 일반화된 a_{n+2}에 대응하는 a_{n+1}과 a_n을 찾아내야하는데.."

"잠깐, a_{n+2}가 무슨 값을 가지든, a_{n+1}을 3의 배수로 만들면 $a_{n+2} = \dfrac{1}{3} a_{n+1}$을 만족하도록 할 수 있잖아..?

"그 말은 현재 항이 무엇이든 **이전 항을 현재 항의** 3**배로 설정**하면 된다는 뜻이네.
예를 들어, $a_5 = x$라고 하면 $a_4 = 3x,\ a_3 = 9x,\ a_2 = 27x\ \cdots$로 설정하면 **자연수 조건을 걱정할 필요가 없겠다.**"

$SOL2$) 일반화된 흐름을 파악한 뒤 a_9을 구할 경우

"수열의 값이 3**의 배수인지 아닌지**에 따라서 경우가 달라지네."

$a_7 = 40$
$a_8 = a_7 + a_6 = 40 + a_6$

"일단, **역추적 방법**을 사용해야하나..? 근데 케이스가 너무 많이 나올 것 같다. 언제 역추적이 끝날지도 모르겠고..
그렇다고 특정 항을 기준으로 **순방향으로 전개**하기에는, 어느 항들이 3의 배수를 가지는지조차 모르고,
안다고 한들 그 항에 $\dfrac{1}{3}$을 곱했을 때 또 다시 3의 배수가 나올지 아닐지조차 모르는데.."

"그럼 일단, 3의 배수이면서, $\dfrac{1}{3}$을 곱했을 때 더 이상 3의 배수가 아니게 되는 어떤 항을

k번째 항이라고 가정해놓고, **거기서부터 나열**해보자."

$a_k = 3p$라고 해보자. (단, p는 3의 배수가 아닌 자연수)

$a_{k+1} = p$
$a_{k+2} = a_{k+1} + a_k = 4p$
$a_{k+3} = a_{k+2} + a_{k+1} = 5p$
$a_{k+4} = a_{k+3} + a_{k+2} = 9p$
$a_{k+5} = \dfrac{1}{3} a_{k+4} = 3p$
$\cdots$ ㉠

"어, $a_{k+5} = a_k$잖아..? 5항 주기로 **수열이 반복**되네?"

"그러면, 3의 배수이면서 $\dfrac{1}{3}$을 곱했을 때 더 이상 3의 배수가 아니게 되는

최초의 항이 있다면, 그 이후에는 **5항을 주기로 수열이 반복**되는 것이라고 볼 수 있겠다."

"일단 a_7만 해도 3의 배수가 아니니, 그 이전에 분명 위 조건을 만족하는 **최초의 항**이 있을 것이다.
그 말은, a_7을 **반복되는 ㉠ 중 하나의 항**으로 취급할 수 있다는 뜻이다."

일단 40은 ㉠ 중에서 1, 4, 5의 배수이므로, $a_{k+1} = p$, $a_{k+2} = 4p$, $a_{k+3} = 5p$ 중 하나를 만족할 수 있다.

i) $k = 6$인 경우, $a_7 = a_{k+1} = p = 40 \;\Rightarrow\; a_9 = 5p = 200$

ii) $k = 5$인 경우, $a_7 = a_{k+2} = 4p = 40 \;\Rightarrow\; a_9 = 9p = 90$

iii) $k = 4$인 경우, $a_7 = a_{k+3} = 5p = 40 \;\Rightarrow\; a_9 = 3p = 24$

따라서, $M + m = 224$이다.

| 무엇을 기준으로 학생들을 변별했는가?

1. **특정 값의 배수 유무**로 정의된 수열을, **역추적**과 **케이스를 구분**을 통해, 혹은 **일반화**를 통해 파악할 수 있는가?

2. 수열이 가질 수 있는 값의 경우의 수가 여러 가지일 때, 문제에서 물어보는 **최댓값**과 **최솟값** 케이스를 구분해서 답을 낼 수 있는가?

| NOTES

- 풀이에서도 언급했지만, 위와 같은 상황에서 **어떤 수열을 해당 값으로 나눈 나머지**를 활용하는 방법은 유용하다.

자연수 k에 대하여 다음 조건을 만족시키는 수열 $\{a_n\}$이 있다.

$a_1 = k$이고, 모든 자연수 n에 대하여

$$a_{n+1} = \begin{cases} a_n + 2n - k & (a_n \leq 0) \\ a_n - 2n - k & (a_n > 0) \end{cases}$$

이다.

$a_3 \times a_4 \times a_5 \times a_6 < 0$이 되도록 하는 모든 k의 값의 합은?

① 10　　　　② 14　　　　③ 18　　　　④ 22　　　　⑤ 26

이 문제에서 모든 케이스를 가르는 핵심 요소는 a_n의 부호다.

그렇다면, 이 문제를 접근할 때 항상 a_n**의 부호가 어떻게 전개될지**에 초점을 맞추어보자.
이제 a_1부터 나열해보면,

$a_1 = k$
$a_2 = -2$
$a_3 = 2 - k$

..."여기서부터는 a_3**의 부호에 따라** 다르게 전개될 것 같다."

$k = 1$일 때,

$a_3 = 1,$
$a_4 = -6,$
$a_5 = 1,$
$a_6 = -10$이다.

$a_3,\ a_4,\ a_5,\ a_6$의 부호를 나타내보면
$(+,\ -,\ +,\ -)$이므로 $a_3 \times a_4 \times a_5 \times a_6 > 0 \ \cdots \ (\times)$

"앞으로 $k = 2,\ 3\ \cdots$등 계속 대입해야하는데, 일일이 구하는 것은 지나치게 오래 걸릴 것 같은데..."

"a_{n+1}과 a_n 사이에 어떤 규칙성이 있지 않을까..?"

$$a_{n+1} - a_n = \begin{cases} 2n - k & (a_n \leq 0) \\ -2n - k & (a_n > 0) \end{cases}$$

"그렇다면, a_n의 부호가 음수(또는 0)인 $a_{n+1}-a_n$들끼리 공차가 2인 등차수열을 이루겠네." … ㉠

"그렇다면 a_n의 부호가 바뀌는 지점들 사이에도 어떠한 규칙성이 있는 걸까..?"

만약 p번째 항에 대해서 $a_p \leq 0$, $a_{p+1} > 0$이라고 해보자.

이때, $a_{p+1} = a_p + 2p - k$이므로,
$a_{p+1} \leq 2p - k$일 것이다.

그렇다면, $a_{p+2} = a_{p+1} - 2(p+1) - k$이므로,
$a_{p+2} \leq -2 - 2k < 0$이다.

그 후, $a_n \geq 0$이 되는 그 순간까지 다시
$a_{n+1} - a_n = b_n$을 만족할 것이다.

**즉, 어떠한 p번째 항에서 $p+1$번째 항으로 갈 때 음수항(또는 0)에서 양수항으로 부호가 바뀐다면,
$p+2$번째 항은 다시 음수항이 된다.** … ㉡

또한, $a_3,\ a_4,\ a_5,\ a_6$ 중 하나라도 0이 된다면 $a_3 \times a_4 \times a_5 \times a_6 = 0$이므로 더 생각할 필요가 없어진다. … ㉢

마지막으로, $k \geq 2$일 때, $a_4 = 8 - 2k$이다.
이제부터, a_3과 a_4는 k만 대입하면 될 것 같다.

"이 이상의 규칙성은 보이지 않는다.. 이제 다시 전개해보자."

㉠, ㉡, ㉢을 염두해둔 채로 전개해보면,

$k = 2$일 때, $a_3 = 0$이므로 ㉢에 의해 더 고려할 필요 없이 $a_3 \times a_4 \times a_5 \times a_6 = 0$이다. … ($\times$)

$k = 3$일 때,
$a_3 = -1$,
$a_4 = 2$,
$a_5 = -9$,
$a_6 = -2$이다.

$(-,\ +,\ -,\ -)$이므로 $a_3 \times a_4 \times a_5 \times a_6 < 0$ … ($\bigcirc$)

$k = 4$일 때,
$a_3 = -2$,
$a_4 = 0$이므로 ㉢에 의해 $a_3 \times a_4 \times a_5 \times a_6 = 0$이다. … ($\times$)

$k=5$일 때,
$a_3 = -3$,
$a_4 = -2$, ㉠을 참고하여
$a_5 = 1$, ㉡을 참고하여
$a_6 < 0$이다.

$(-, \ -, \ +, \ -)$이므로 $a_3 \times a_4 \times a_5 \times a_6 < 0$ $\cdots$ $(\bigcirc)$

$k=6$일 때,
$a_3 = -4$,
$a_4 = -4$, ㉠을 참고하여
$a_5 = -2$,
$a_6 = 2$이다.

$(-, \ -, \ -, \ +)$이므로 $a_3 \times a_4 \times a_5 \times a_6 < 0$ $\cdots$ $(\bigcirc)$

$k=7$일 때,
$a_3 = -5$,
$a_4 = -6$, ㉠을 참고하여
$a_5 = -5$,
$a_6 = -2$이다.

$(-, \ -, \ -, \ -)$이므로 $a_3 \times a_4 \times a_5 \times a_6 > 0$ $\cdots$ $(\times)$

$k > 7$일 때에도 전부 $(-, \ -, \ -, \ -)$일 것이다.
따라서 가능한 k는 오직 3, 5, 6 뿐이다.

답: 14

| 무엇을 기준으로 학생들을 변별했는가?

1. k에 따라 $a_3, \ a_4, \ a_5, \ a_6$을 나열할 수 있는가?

2. 수열을 나열하는 과정에서 몇 가지 규칙성을 찾아내어, 나열하는 과정을 단축시킬 수 있는가?

| NOTES

- 익숙하지 않은 수열에서 '**일단 나열해보기**'는 기본적인 접근방식이다. 그러나, 나열의 과정이 지나치게 길어진다면,
  숨겨진 규칙성은 없는지, 나열 과정을 단축시킬 수 있는 방법은 없는지 살펴볼 필요가 있다.

첫째항이 자연수인 수열 $\{a_n\}$이 모든 자연수 n에 대하여

$$a_{n+1} = \begin{cases} a_n + 1 & (a_n \text{이 홀수인 경우}) \\ \dfrac{1}{2}a_n & (a_n \text{이 짝수인 경우}) \end{cases}$$

를 만족시킬 때, $a_2 + a_4 = 40$이 되도록 하는 모든 a_1의 값의 합은?

① 172　　　　② 175　　　　③ 178　　　　④ 181　　　　⑤ 184

수열 사이의 관계식을 살펴보면 다음과 같이 볼 수 있다.

1) 항이 홀수면 1을 더한다. 이때, **다음 항은 짝수**이다.

2) 항이 짝수면 2로 나눈다. 이때, **다음 항은 짝수일 수도, 홀수일 수도** 있다,

따라서 짝수항을 2로 나누었을 때, 그 **다음 항이 홀수일지, 짝수일지**에 따라 케이스가 구분될 것이다.

"$a_2 + a_4 = 40$이 되는 모든 경우를 살펴보아야하나..?
어, 근데 $a_2 + a_4$가 짝수니까 $\underline{a_2\textbf{와 } a_4\textbf{는 모두 짝수거나 모두 홀수}}$겠네."

$i)$ a_2와 a_4가 모두 **짝수**인 경우,

$a_2 = a$라고 하면,

$a_3 = \dfrac{a}{2}$

$a_4 = \dfrac{a}{4}$ 또는 $\dfrac{a}{2} + 1$

$\therefore$ $a_2 + a_4 = \dfrac{5}{4}a$ 또는 $\dfrac{3}{2}a + 1$

$a_2 + a_4 = \dfrac{5}{4}a$일 때, $a = 32$이고 $a_2 = 32$, $a_3 = 16$, $a_4 = 8$이므로 성립된다. 이 경우, $a_1 = 31$ 또는 64이다.

$a_2 + a_4 = \dfrac{3}{2}a + 1$일 때, $a = 26$이고 $a_2 = 26$, $a_3 = 13$, $a_4 = 14$이므로 성립된다. 이 경우, $a_1 = 25$ 또는 52이다.

$i)$ a_2와 a_4가 모두 **홀수**인 경우,

$a_2 = a$라고 하면,
$a_3 = a + 1$

$$a_4 = \frac{a+1}{2}$$

$$\therefore \ a_2 + a_4 = \frac{3a+1}{2}$$

이때 $a = \dfrac{79}{3}$ 이므로 모든 항이 자연수라는 조건에 위배되어 성립할 수 없다.

따라서, 성립하는 모든 a_1를 더해보면

$31 + 64 + 25 + 52 = 172$

답: ①

| 무엇으로 학생들을 변별했는가?

1. 항이 짝수일 때 그 **다음 항이 홀수인지 짝수인지**로 케이스를 구분하여 a_4를 찾을 수 있는가?

첫째항이 자연수인 수열 $\{a_n\}$이 모든 자연수 n에 대하여

$$a_{n+1} = \begin{cases} 2^{a_n} & (a_n \text{이 홀수인 경우}) \\[2mm] \dfrac{1}{2}a_n & (a_n \text{이 짝수인 경우}) \end{cases}$$

를 만족시킬 때, $a_6 + a_7 = 3$이 되도록 하는 모든 a_1의 값의 합은?

① 139　　　　　② 146　　　　　③ 153　　　　　④ 160　　　　　⑤ 167

수열 문제다. 노가다하겠지만, 노가다를 줄일 만한 성질들 발견할 수 있으면 최대한 발견해 보자.

수열 정의를 보니 2^{a_n}도 자연수이고, 짝수의 절반도 자연수이므로 수열의 모든 값은 자연수이다.

$a_6 + a_7 = 3$이려면 가능한 자연수 경우는

$a_6 = 1,\ a_7 = 2$
$a_6 = 2,\ a_7 = 1$

이렇게 두 가지이다. 두 가지 경우 모두 수열의 규칙을 만족하는 것을 알 수 있다.

시험장에서 마음이 급하다면 이렇게 생각하고 문제를 풀어도 좋다.

"그러면 저렇게 두 가지 경우 놓고 역추적으로 a_1값을 모두 구하면 답을 구할 수 있겠다."

그런데 과연 **두 가지 모두 따로따로 두고 역추적을 해야 할까?** 시간을 절약하기 위해 좀 더 수열의 규칙을 파헤쳐 보자.

먼저 한 번 1이나 2를 찍으면 $2 \to 1 \to 2 \to 1 \dots$이 반복된다는 것은 쉽게 알 수 있다.

수열의 값이 홀수이면 2^{a_n} 연산을 통해 2의 거듭제곱 꼴로 바뀔 것이고, 이는 $\dfrac{1}{2}a_n$ 연산을 통해 결국 $2 \to 1 \to 2 \to 1 \dots$ 꼴로 바뀔 것이다.

수열의 값이 짝수이면 처음부터 $\dfrac{1}{2}a_n$ 연산을 통해 마지막에 $2 \to 1 \to 2 \to 1 \dots$ 꼴로 바뀔 것이다.

이렇듯 **수열은 결국 마지막에** $2 \to 1 \to 2 \to 1 \cdots$ **로 반복**되고, 이것이 문제에서 원하는 상황이다.
그러므로 우리는 아래의 사실을 알 수 있다.

$\underline{a_k = 2\ (k \le 6)}$ **이 경우만 발견하면 문제의 조건을 만족시킨다.**
쉽게 말하면 a_1에서 쭉 수열을 써나갈 때 6번째 항 전에 숫자 2를 발견하면 조건을 만족시킨다는 것이다.

그러면 역추적할 때 다음과 같은 결론을 내릴 수 있다.

a_6에서 a_1까지 역추적할 때 중간에 나온 모든 수도 결국 $2-1-2-1\ldots$ 로 귀결되고 조건을 만족하는 a_1이 될 것이다.

"$a_6 = 2$로 놓고, 그 전 항들을 역추적하되 a_1까지 나온 모든 서로 다른 a_k $(k \leq 6)$들이
조건을 만족하는 a_1이 될 수 있겠군."

이 생각으로 수형도를 그려 보자.

가능한 모든 값들은 수형도를 그렸을 때 등장하는 모든 서로 다른 값들의 합과 같다.

$1+2+3+4+5+6+8+12+16+32+64 = 153$

답: ③

| 무엇을 기준으로 학생들을 변별했는가?

1. 자연수 조건과 수열의 성질을 통해 문제에서 **물어본 조건**$(a_6 + a_7 = 3)$**이 의미하는 바**가 무엇인지 추론할 수 있다.

2. 수열의 귀납적 성질을 통해 규칙성을 발견하고 **모든 경우를 빠짐없이 발견**할 수 있다.

| NOTES

- 수열 문제를 만났을 때 **기본적으로 노가다**를 할 준비를 하는 게 좋다.
  하지만 무조건 문제를 노가다로 해결해야겠다는 생각은 지양하자.

  기본적으로 노가다를 통해 꼼꼼하게 모든 경우를 세되, 문제에서 **물어보는 상황과 관련있는 성질**을 중심으로
  규칙성을 발견해서 최대한 문제를 간단하게 만드는 것도 중요하다.

- 귀납적으로 정의된 수열에서 **반복되는 주기가 있을 경우 보통 문제 풀이의 핵심**이 되므로 매우 중요하다.

수열 $\{a_n\}$은

$$a_2 = -a_1$$

이고, $n \geq 2$인 모든 자연수 n에 대하여

$$a_{n+1} = \begin{cases} a_n - \sqrt{n} \times a_{\sqrt{n}} & (\sqrt{n}\text{이 자연수이고 } a_n > 0\text{인 경우}) \\ a_n + 1 & (\text{그 외의 경우}) \end{cases}$$

를 만족시킨다. $a_{15} = 1$이 되도록 하는 모든 a_1의 값의 곱을 구하시오.

초항을 물어보고 있으므로, **수열을 역추적**하는 문제이다.

a_n을 좌변에 빼놓고 식을 다시 세워보면,

$$a_n = \begin{cases} a_{n+1} + \sqrt{n} \times a_{\sqrt{n}} & (\sqrt{n}\text{이 자연수}, \ a_n > 0) \\ a_{n+1} - 1 & (\text{그 외의 경우}) \end{cases}$$

"이제 $a_{15} = 1$에서부터 역추적해보자.
대략적으로 추측해보면, <u>4, **9번째 항**(제곱수)**의 부호**</u>에 따라 케이스를 나눠가면서 역추적하는 형태가 될 것 같다."

15에서부터 9까진 **제곱수**가 나오지 않으므로,
두 번째 경로($a_{n+1} - 1$)로 역추적하면

$a_{10} = 1 - 5 = -4$이다.

이제, a_9의 부호에 따라 케이스를 나누어야한다.

i) $a_9 \leq 0$일 경우,

$$a_9 = a_{10} - 1 = -5 \ \Rightarrow \ a_5 = -9$$

  1) $a_4 \leq 0$일 때, $a_4 = -10 \ \Rightarrow \ a_2 = -12, \ a_1 = 12$

  2) $a_4 > 0$일 때, $a_4 = a_5 + 2a_2 = -9 + 2a_2 \left(a_2 < \dfrac{9}{2}\right)$이고, a_2에서부터 순방향으로 a_4를 구해보면

     $a_4 = a_2 + 2$이므로, $-9 + 2a_2 = a_2 + 2 \ \Rightarrow \ a_2 = 11, \ a_1 = -11$

ii) $a_9 > 0$일 경우,

$$a_9 = a_{10} + 3a_3 = 3a_3 - 4 \ \left(a_3 > \frac{4}{3}\right) \implies a_5 = 3a_3 - 8$$

1) $a_4 \leq 0$일 때, $a_4 = 3a_3 - 9 \ (a_3 \leq 3)$이고, $a_3 = a_4 - 1 = 3a_3 - 10 \implies a_3 = 5$이므로, 모순된다.

2) $a_4 > 0$일 때, $a_4 = a_5 + 2a_2 = (3a_3 - 8) + 2a_2 = 5a_2 - 5 \ (a_2 > 1)$이고,

$a_2 = 5a_2 - 7 \implies a_2 = \dfrac{7}{4}$, $a_1 = -\dfrac{7}{4}$이다.

$$\therefore \ 12 \times (-11) \times \left(-\frac{7}{4}\right) = 231$$

답: 231

양수 k에 대하여 $a_1 = k$인 수열 $\{a_n\}$이 다음 조건을 만족시킨다.

> (가) $a_2 \times a_3 < 0$
>
> (나) 모든 자연수 n에 대하여 $\left(a_{n+1} - a_n + \dfrac{2}{3}k\right)\left(a_{n+1} + ka_n\right) = 0$이다.

$a_5 = 0$이 되도록 하는 서로 다른 모든 양수 k에 대하여 k^2의 값의 합을 구하시오.

"(나)를 통해 간접적으로 점화식을 줬군."

STEP 1.
이를 점화식으로 표현해보면 다음과 같다.

$$a_{n+1} = \begin{cases} a_n - \dfrac{2}{3}k \\[2mm] -ka_n \end{cases}$$

1) 우리에게는 첫째항(a_1)이 주어져 있으니, 다음과 같은 구도로 $a_1 \sim a_3$까지 **순방향으로 전개**해보자.

$$a_n \begin{cases} a_n - \dfrac{2}{3}k \\[2mm] -ka_n \end{cases}$$

2) 그 다음, 우리에게는 $a_5 = 0$이라는 조건 또한 주어져 있으므로, $a_4 \sim a_5$를 **역방향으로 전개**해보자.

그렇다면, 최종적으로 아래와 같은 수형도가 만들어질 것이다.

$$k \begin{cases} \dfrac{k}{3} \begin{cases} -\dfrac{k}{3} \\[2mm] -\dfrac{k^2}{3} \end{cases} \\[4mm] -k^2 \longrightarrow k^3 \end{cases} \qquad \dfrac{2k}{3} \searrow \atop 0 \nearrow \ 0$$

(여기서, $a_2 \times a_3 < 0$이므로, 두 번째 항의 $-k^2 \;\to\; -k^2 - \dfrac{2}{3}k$로 넘어갈 수 없다.)

STEP 2.
이제 남은 일은, <u>a_3와 a_4가 잘 이어지도록 하는 양수</u> k의 값들을 찾는 것이다.

점화식 $a_{n+1} = \begin{cases} a_n - \dfrac{2}{3}k \\[2mm] -ka_n \end{cases}$ 을 잘 이용해보자.

여기서, 미리 **점화식을 분석**하여$(a_n \to a_{n+1})$

1) (음수 $\to$ 양수)가 되기 위해서는 $a_{n+1} = -ka_n$을 이용할 수 밖에 없으며 $\cdots$ ㉠

2) (양수 $\to$ 0) 혹은 (양수 $\to$ 양수)가 되기 위해서는 $a_{n+1} = a_n - \dfrac{2}{3}k$를 이용할 수 밖에 없고, $\cdots$ ㉡

3) (음수 $\to$ 0)은 불가능하다는 것을 알아두면 좋다. $\cdots$ ㉢

i) $a_4 = \dfrac{2}{3}k$일 때,

$\quad$ 1) $-\dfrac{k}{3} \to \dfrac{2}{3}k$: ㉠에 의해 $\dfrac{k^2}{3} = \dfrac{2k}{3} \Rightarrow k = 2$

$\quad$ 2) $-\dfrac{k^2}{3} \to \dfrac{2}{3}k$: ㉠에 의해 $\dfrac{k^3}{3} = \dfrac{2k}{3} \Rightarrow k = \sqrt{2}$

$\quad$ 3) $k^3 \to \dfrac{2}{3}k$: ㉡에 의해 $k^3 - \dfrac{2}{3}k = \dfrac{2}{3}k \Rightarrow k = \dfrac{2}{\sqrt{3}}$

ii) $a_4 = 0$일 때,

$\quad$ 1) ㉢에 의해 $-\dfrac{k}{3} \to 0$과 $-\dfrac{k^2}{3} \to 0$은 불가능

$\quad$ 2) $k^3 \to 0$: ㉡에 의해 $k^3 - \dfrac{2}{3}k = 0 \Rightarrow k = \dfrac{\sqrt{2}}{\sqrt{3}}$

따라서, 가능한 모든 양수 k에 대한 k^2의 합은

$$2^2 + (\sqrt{2})^2 + \left(\dfrac{2}{\sqrt{3}}\right)^2 + \left(\dfrac{\sqrt{2}}{\sqrt{3}}\right)^2 = 8$$이다.

답: 8

| 무엇을 변별하였는가?

- 케이스 분류를 최소화하기 위해, 주어진 $a_1 = k$와 $a_5 = 0$을 토대로 $a_1 \sim a_3$까지 **순방향**으로, $a_4 \sim a_5$를 **역방향**으로 전개할 수 있는가? (혹은 $a_1 \sim a_2$까지 **순방향**으로, $a_3 \sim a_5$를 **역방향**으로 전개해도 된다. 그 외에는 케이스가 너무 많아져 문제가 복잡해지게 된다.)

- a_3과 a_4가 **잘 이어지도록 하는 양수** k의 값을 실수 없이 찾아낼 수 있는가? (혹은 a_2와 a_3)

모든 항이 정수이고 다음 조건을 만족시키는 모든 수열 $\{a_n\}$에 대하여 $|a_1|$의 값의 합을 구하시오.

> (가) 모든 자연수 n에 대하여
> $$a_{n+1} = \begin{cases} a_n - 3 & (|a_n|\text{이 홀수인 경우}) \\ \dfrac{1}{2}a_n & (a_n = 0 \text{ 또는 } |a_n|\text{이 짝수인 경우}) \end{cases} \text{이다.}$$
> (나) $|a_m| = |a_{m+2}|$인 자연수 m의 최솟값은 3이다.

문제를 읽고 수열 a_n의 모든 항이 정수라는 것을 인지한 후 풀이를 시작하자.

(가)를 읽고 "$|a_k|$이 홀수라면 $|a_{k+1}|$은 짝수겠구나. $|a_k|$이 $2^p \times a$(a는 2와 서로소)꼴이라면 $\dfrac{1}{2}a_n$을 p번 거친 후 $a_n - 3$으로 넘어가겠구나. $a_n = 0$이라면 그 후에 나오는 모든 항은 다 0이겠구나."

(나)를 읽고 "$|a_1| \neq |a_3| = |a_5|$, $|a_2| \neq |a_4|$이구나."

문제의 조건을 통해 $|a_3| = |a_5|$임을 알게 되었으므로 a_3을 기준으로 case를 분류하자.

i) a_3이 홀수일 때

$$a_4 = a_3 - 3$$
$$a_5 = \frac{1}{2}(a_3 - 3)$$
$|a_3| = |a_5|$이므로 $a_3 + a_5 = 0$ 또는 $a_3 - a_5 = 0$

따라서 $a_3 = 1$ 또는 -3이다.

ii) a_3이 짝수일 때

$$a_4 = \frac{1}{2}a_3$$
$$a_5 = \frac{1}{4}a_3 \text{ 또는 } \frac{1}{2}a_3 - 3$$
$|a_3| = |a_5|$이므로 $a_3 + a_5 = 0$ 또는 $a_3 - a_5 = 0$

따라서 $a_3 = 0$ 또는 2 또는 -6이다.

이제 가능한 a_1, a_2를 구해보자.
(a_3의 값이 작은 것부터 차례대로 나열하자.)

$a_3 = -6$일 때 $a_2 = -3$ 또는 -12, $a_1 = -6$ 또는 -9 또는 -24

$a_3 = -3$일 때 $a_2 = -6$, $a_1 = -3$ 또는 -12

$a_3 = 0$일 때 $a_2 = 3$ 또는 0, $a_1 = 6$ 또는 3 또는 0

$a_3 = 1$일 때 $a_2 = 2$, $a_1 = 5$ 또는 4

$a_3 = 2$일 때 $a_2 = 5$ 또는 4, $a_1 = 10$ 또는 7 또는 8

이때 $|a_1| \neq |a_3| = |a_5|$, $|a_2| \neq |a_4|$를 만족하는 경우를 찾으면

$a_3 = -6$일 때 $a_2 = -12$, $a_1 = -9$ 또는 -24

$a_3 = 0$일 때 $a_2 = 3$, $a_1 = 6$

$a_3 = 2$일 때 $a_2 = 5$ 또는 4, $a_1 = 10$ 또는 7 또는 8 이므로

주어진 조건을 만족시키는 모든 수열 a_n에 대하여 $|a_1|$의 값의 합은 64이다.

답: 64

| 무엇을 기준으로 학생들을 변별했는가?

1. case를 잘 분류하고 역추적을 이용하여 문제의 조건을 만족시키는 경우를 찾을 수 있다.

| NOTES

- 경우의 수가 많아도 차근차근 정리해나가면 문제의 조건을 만족시키는 경우를 찾을 수 있으니 시간을 신경 쓰지 말고 천천히 접근하자.

- (가)와 (나)를 읽고 해야 하는 생각을 정리해놨으니 이를 앞으로 풀 점화식 문제에서도 적용해보자.

수열의 귀납적 정의

[빠른 정답]

01. ⑤	**21.** ③
02. 13	**22.** 231
03. ①	**23.** 8
04. ④	**24.** 64
05. ④	
06. ③	
07. ⑤	
08. ②	
09. ⑤	
10. ②	
11. ③	
12. ②	
13. ①	
14. 678	
15. ①	
16. ②	
17. ③	
18. ⑤	
19. 14	
20. ①	

함수의 극한

최고차항의 계수가 1인 이차함수 $f(x)$가

$$\lim_{x \to a} \frac{f(x) - (x-a)}{f(x) + (x-a)} = \frac{3}{5}$$

을 만족시킨다. 방정식 $f(x) = 0$의 두 근을 α, β라 할 때, $|\alpha - \beta|$의 값은?
(단, a는 상수이다.)

① 1   ② 2   ③ 3   ④ 4   ⑤ 5

"$f(a) \neq 0$이면 $\displaystyle\lim_{x \to a} \frac{f(x) - (x-a)}{f(x) + (x-a)} = \frac{f(a)}{f(a)} = 1$이 되어 무조건 1이 나오므로,

결국 $f(a) = 0$일 수 밖에 없겠다."

따라서 $a = \alpha$라고 할 수 있고, $f(x) = (x-a)(x-\beta)$이므로

$$\lim_{x \to a} \frac{(x-a)(x-\beta) - (x-a)}{(x-a)(x-\beta) + (x-a)} = \lim_{x \to a} \frac{(x-a)(x-1-\beta)}{(x-a)(x+1-\beta)} = \frac{3}{5}$$

$a - 1 - \beta : a + 1 - \beta = (a-\beta) - 1 : (a-\beta) + 1 = 3 : 5$이므로,

$$\therefore \ \alpha - \beta = 4$$

답: ④

다음 조건을 만족시키는 모든 다항함수 $f(x)$에 대하여 $f(1)$의 최댓값은?

$$\lim_{x \to \infty} \frac{f(x)-4x^3+3x^2}{x^{n+1}+1} = 6, \quad \lim_{x \to 0} \frac{f(x)}{x^n} = 4\text{인 자연수 } n\text{이 존재한다.}$$

① 12   ② 13   ③ 14   ④ 15   ⑤ 16

"극한식 2개만 해석하면 문제가 풀리겠다."

$\lim\limits_{x \to \infty} \dfrac{f(x)-4x^3+3x^2}{x^{n+1}+1} = 6$를 살펴보자.

i) $f(x)$가 **일차 또는 이차함수**일 때,

$\lim\limits_{x \to \infty} \dfrac{f(x)-4x^3+3x^2}{x^{n+1}+1} = \lim\limits_{x \to \infty}\left(-\dfrac{4x^3}{x^{n+1}}\right)$이 될 것이고, n과는 무관하게 극한값이 6이 나올 수 없다.

따라서, $f(x)$는 **삼차 이상의 함수**임을 알 수 있다.

ii) $f(x)$가 **삼차함수**일 때, 최고차항의 계수를 h라고 하자.

이때, $\lim\limits_{x \to \infty} \dfrac{f(x)-4x^3+3x^2}{x^{n+1}+1} = \lim\limits_{x \to \infty} \dfrac{(h-4)x^3}{x^{n+1}}$이고, $n=2$일 때 극한값 $h-4$를 가질 것이다.

$\therefore \ n=2, \ h=10$

또한, $\lim\limits_{x \to 0} \dfrac{f(x)}{x^n} = \lim\limits_{x \to 0} \dfrac{f(x)}{x^2} = 4$이므로, $f(x) = 10x^3 + 4x^2$

$\therefore \ f(1) = 14$

iii) $f(x)$가 **사차함수**일 때, 최고차항의 계수를 h라고 하자.

$\lim\limits_{x \to \infty} \dfrac{f(x)-4x^3+3x^2}{x^{n+1}+1} = \lim\limits_{x \to \infty} \dfrac{hx^4}{x^{n+1}}$이고, $n=3$일 때 극한값 h를 가질 것이다.

$\therefore \ n=3, \ h=6$

또한, $\displaystyle\lim_{x\to 0}\frac{f(x)}{x^n}=\lim_{x\to 0}\frac{f(x)}{x^3}=4$이므로, $f(x)=6x^4+4x^3$

$\therefore\ f(1)=10$

이후, $f(x)$의 차수가 증가해도, $f(x)=6x^{n+1}+4x^n$을 만족한다.

따라서, $f(1)$의 최댓값은 14이다. ($f(x)$가 삼차함수)

답: ③

상수항과 계수가 모두 정수인 두 다항함수 $f(x)$, $g(x)$가 다음 조건을 만족시킬 때,
$f(2)$의 최댓값은?

> (가) $\lim\limits_{x \to \infty} \dfrac{f(x)g(x)}{x^3} = 2$
>
> (나) $\lim\limits_{x \to 0} \dfrac{f(x)g(x)}{x^2} = -4$

① 4　　　　　② 6　　　　　③ 8　　　　　④ 10　　　　　⑤ 12

(가) $\lim\limits_{x \to \infty} \dfrac{f(x)g(x)}{x^3} = 2$

$f(x)g(x)$는 최고차항의 계수가 2인 삼차식임을 알 수 있다.
$f(x)$와 $g(x)$는 모두 다항함수이므로, 둘 중 하나는 일차식이고 하나는 이차식이다.

(나) $\lim\limits_{x \to 0} \dfrac{f(x)g(x)}{x^2} = -4$

극한값이 존재하기 위해 $f(x)g(x)$는 x^2을 인수로 가져야 한다.

지금까지의 정보들을 가지고 식을 세워보면,
$f(x)g(x) = 2x^2(x+a)$라 둘 수 있다.

(나)에 대입하면 $\lim\limits_{x \to 0} \dfrac{f(x)g(x)}{x^2} = \lim\limits_{x \to 0} \dfrac{2x^2(x+a)}{x^2} = 2a = -4 \ \Rightarrow \ a = -2$이다.

$\therefore \ f(x)g(x) = 2x^2(x-2)$

문제에서 $f(2)$의 최대를 묻고 있으므로, 객관식 선지들을 보면 전부 자연수이므로,
$f(x)$는 $(x-2)$를 인수로 가져서는 안된다.

따라서, $f(x) = 2x^2$일 때 $f(2)$는 **최댓값 8을 갖는다.**

답: ③

실수 $t(t>0)$에 대하여 직선 $y=x+t$와 곡선 $y=x^2$이 만나는 두 점을 A, B라 하자. 점 A를 지나고 x축에 평행한 직선이 곡선 $y=x^2$과 만나는 점 중 A가 아닌 점을 C, 점 B에서 선분 AC에 내린 수선의 발을 H라 하자.

$\lim\limits_{t\to 0+}\dfrac{\overline{\text{AH}}-\overline{\text{CH}}}{t}$의 값은? (단, 점 A의 x좌표는 양수이다.)

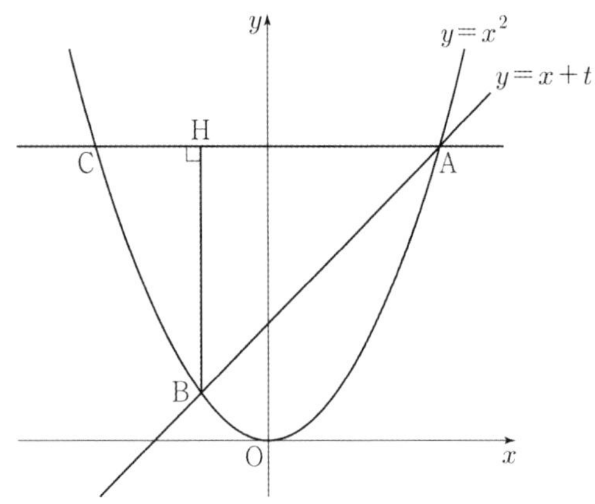

① 1   ② 2   ③ 3   ④ 4   ⑤ 5

"선분이나, 직각삼각형을 이용해볼 수도 있겠지만, 그보다 간단하게 계산할 수 있는 것이 없을까..?"

"점 H가 수선의 발이니까, $\overline{\text{AH}}$는 **점 A와 B의 x좌표 차**, $\overline{\text{CH}}$는 **점 B와 C의 x좌표 차**라는 것에 초점을 맞춰보자."

점 A, B, C의 x좌표를 각각 a, b, c라 하면, $\overline{\text{AH}}-\overline{\text{CH}}=(a-b)-(b-c)=a+c-2b$이다.

그런데 점 A와 C의 관계를 살펴보면, y축에 대해 대칭이므로, $a+c=0$이다.

$\therefore\ \overline{\text{AH}}-\overline{\text{CH}}=-2b$

점 B는 $y=x^2$과 $y=x+t$의 두 실근 중 작은 것으로,
$x^2-x-t=0$에 대해 근의 공식을 이용하면

$$b=\frac{1-\sqrt{1+4t}}{2}\ \Rightarrow\ -2b=\sqrt{1+4t}-1\text{이다.}$$

$$\therefore\ \lim\limits_{t\to 0+}\frac{\overline{\text{AH}}-\overline{\text{CH}}}{t}=\frac{\sqrt{1+4t}-1}{t}=\frac{4t}{t\times(\sqrt{1+4t}+1)}=2$$

답: ②

| 무엇을 기준으로 학생들을 변별했는가?

1. $\overline{\mathrm{AH}} - \overline{\mathrm{CH}}$를, x**좌표의 차이**의 관점에서 보고, 이를 통해 식을 세울 수 있는가?

2. 근의 공식을 이용하여 직접 **점 B의 좌표를** t**에 관한 식**으로 나타낼 수 있는가?

그림과 같이 실수 $t\ (0<t<1)$에 대하여 곡선 $y=x^2$ 위의 점 중에서 직선 $y=2tx-1$과의 거리가 최소인 점을 P라 하고, 직선 OP가 직선 $y=2tx-1$과 만나는 점을 Q라 할 때,

$\displaystyle\lim_{t\to 1-}\dfrac{\overline{\mathrm{PQ}}}{1-t}$의 값은? (단, O는 원점이다.)

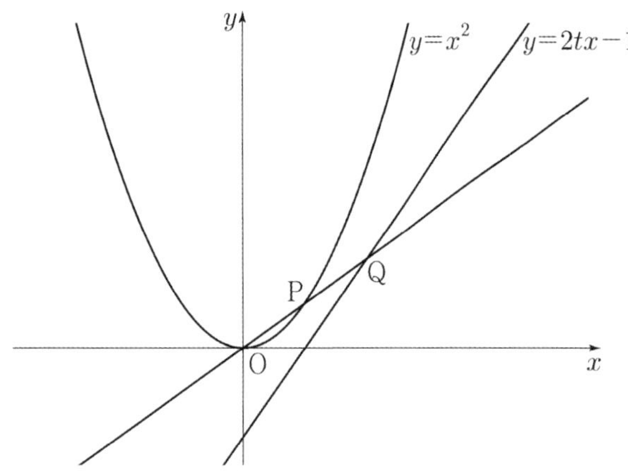

① $\sqrt{6}$　　　② $\sqrt{7}$　　　③ $2\sqrt{2}$　　　④ 3　　　⑤ $\sqrt{10}$

곡선 위의 **점과 직선 사이의 거리**는,
직관적으로 해당 **직선의 기울기와 같은 접선의 기울기를 갖는 점**에서 최소를 갖는다.

따라서 점 P에서의 접선의 기울기는 $2t$일 것이고,
$\dfrac{dy}{dx}=2x$이므로, $\mathrm{P}(t,\ t^2)$이다.

따라서 직선 OP의 방정식은 $y=tx$이고,
이 직선이 $y=2tx-1$과 만나는 교점이 Q이므로

두 직선을 연립하면 $\mathrm{Q}\left(\dfrac{1}{t},\ 1\right)$이다.

따라서 마지막으로 $\overline{\mathrm{PQ}}$를 계산해보면, $\overline{\mathrm{PQ}}=\sqrt{\left(\dfrac{1}{t}-t\right)^2+(1-t^2)^2}=(1-t^2)\sqrt{\dfrac{1}{t^2}+1}$ 이다.

따라서, $\displaystyle\lim_{t\to 1-}\dfrac{\overline{\mathrm{PQ}}}{1-t}=\lim_{t\to 1-}\dfrac{(1-t)(1+t)\sqrt{\dfrac{1}{t^2}+1}}{1-t}=2\sqrt{2}$

답: ③

| 무엇을 기준으로 학생들을 변별했는가?

1. 직선과 접선이 **평행한 상태**에서 거리가 최소가 됨을 파악할 수 있다.

최고차항의 계수가 1인 삼차함수 $f(x)$에 대하여 함수 $g(x)$를

$$g(x) = \begin{cases} \dfrac{f(x+3)\{f(x)+1\}}{f(x)} & (f(x) \neq 0) \\[4mm] 3 & (f(x) = 0) \end{cases}$$

이라 하자. $\lim\limits_{x \to 3} g(x) = g(3) - 1$일 때, $g(5)$의 값은?

① 14   ② 16   ③ 18   ④ 20   ⑤ 22

$g(x)$는 <u>$f(x) = 0$의 여부</u>를 기준으로 구간을 나눈 구간함수이다.

$\lim\limits_{x \to 3} g(x) = g(3) - 1$는 다시 말해 $\lim\limits_{x \to 3} g(x) \neq g(3)$, 즉 $g(x)$가 $x = 3$에서 불연속임을 의미한다.

$f(x) \neq 0$일 때, $g(x)$는 모든 실수 x에 대하여 연속이다.
따라서 $x = 3$에서 $g(x)$가 불연속이라는 것은, 곧 $f(3) = 0$을 의미하는 것이다. $\cdots$ ㉠

$\therefore\ g(3) = 3$

$\lim\limits_{x \to 3} g(x) = g(3) - 1$에 $g(3) = 3$을 대입하면, $\lim\limits_{x \to 3} g(x) = \lim\limits_{x \to 3} \dfrac{f(x+3)\{f(x)+1\}}{f(x)} = 2 \ \cdots$ ㉡

㉠에 따라 $f(3) = 0$이므로, 위 식은 $\dfrac{0}{0}$꼴이 되어야한다.

그런데, 위 식의 분자를 살펴보면 $\lim\limits_{x \to 3}\{f(x)+1\} = f(3)+1 \neq 0$이므로, $\lim\limits_{x \to 3} f(x+3) = f(6) = 0$이다.

지금까지의 정보들을 종합하여 $f(x)$의 식을 세우면,

$f(x) = (x-3)(x-6)(x-\alpha)$

이제, ㉡을 이용하여 마지막으로 α를 계산해보자.

$\lim\limits_{x \to 3} \dfrac{f(x+3)\{f(x)+1\}}{f(x)} = \lim\limits_{x \to 3} \dfrac{x(x-3)(x+3-\alpha)\{f(x)+1\}}{(x-3)(x-6)(x-\alpha)} = \lim\limits_{x \to 3} \dfrac{3(6-\alpha)}{-3(3-\alpha)} = 2$이므로, 정리하면 $\alpha = 4$이다.

$\therefore\ f(x) = (x-3)(x-4)(x-6)$

$f(5) \neq 0$이므로, $g(5) = \dfrac{f(8)\{f(5)+1\}}{f(5)} = 20$

답: ④

1. $\lim_{x \to 3} g(x) = g(3) - 1$를 $g(x)$가 $x = 3$에서 불연속이라고 해석한 뒤, 이를 통해 $f(3) = 0$이라는 판단으로 이어질 수 있는가?

함수

$$f(x)=\begin{cases} x-\dfrac{1}{2} & (x<0) \\[2mm] -x^2+3 & (x\geq 0) \end{cases}$$

에 대하여 함수 $(f(x)+a)^2$이 실수 전체의 집합에서 연속일 때, 상수 a의 값은?

① $-\dfrac{9}{4}$ ② $-\dfrac{7}{4}$ ③ $-\dfrac{5}{4}$ ④ $-\dfrac{3}{4}$ ⑤ $-\dfrac{1}{4}$

$(f(x)+a)^2$가 실수 전체의 집합에서 연속이라고 하였으므로,
구간의 경계($x=0$)를 살펴보면 $f(0-)+a=f(0)+a$ 또는 $f(0-)+a=-f(0)-a$

즉, $f(0-)=f(0)$ 또는 $f(0-)+f(0)=-2a$이다. $\cdots$ ㉠

$f(0-)=0-\dfrac{1}{2}=-\dfrac{1}{2}$, $f(0+)=-0^2+3=3$이므로,

㉠에 의해 $f(0-)+f(0)=-\dfrac{1}{2}+3=-2a$

$\Rightarrow a=-\dfrac{5}{4}$ 이다.

답: ③

함수의 극한

[빠른 정답]

01. ④

02. ③

03. ③

04. ②

05. ③

06. ④

07. ③

함수의 연속성

두 함수

$$f(x) = \begin{cases} x^2 - 4x + 6 & (x < 2) \\ 1 & (x \geq 2) \end{cases}$$
$$g(x) = ax + 1$$

에 대하여 함수 $\dfrac{g(x)}{f(x)}$ 가 실수 전체의 집합에서 연속일 때, 상수 a의 값은?

① $-\dfrac{5}{4}$　　　② -1　　　③ $-\dfrac{3}{4}$　　　④ $-\dfrac{1}{2}$　　　⑤ $-\dfrac{1}{4}$

$f(x)$는 $x = 2$에서 **불연속**이고, $x = 2$에서의 좌극한과 우극한 모두 <u>0이 아닌 상수</u>이므로

$\dfrac{g(x)}{f(x)}$ 가 실수 전체의 집합에서 연속이기 위해서는 $g(2) = 0$이 되어야 한다.

$\therefore \ g(2) = 2a + 1 \ \Rightarrow \ a = -\dfrac{1}{2}$

답: ④

함수

$$f(x)=\begin{cases} \dfrac{x^2-5x+a}{x-3} & (x \neq 3) \\[2mm] b & (x=3) \end{cases}$$

이 실수 전체의 집합에서 연속일 때, $a+b$의 값은?
(단, a와 b는 상수이다.)

① 1   ② 3   ③ 5   ④ 7   ⑤ 9

$f(x)$는 실수 전체의 집합에서 연속이므로 $\displaystyle\lim_{x \to 3} f(x) = f(3)$이다.

따라서 $\displaystyle\lim_{x \to 3} f(x) = \lim_{x \to 3} \frac{x^2-5x+a}{x-3}$ 이 수렴하므로

$x=3$에서 $x^2-5x+a=0$을 만족한다.

$\therefore \ a=6$

$a=6$을 대입하면

$\displaystyle\lim_{x \to 3} \frac{x^2-5x+6}{x-3} = \lim_{x \to 3} \frac{(x-2)(x-3)}{x-3} = 1$이므로 $b=1$이다.

$\therefore \ a+b=7$

답: ④

실수 전체의 집합에서 정의된 두 함수 $f(x)$와 $g(x)$에 대하여

$$x < 0 \text{일 때, } f(x)+g(x)=x^2+4$$
$$x > 0 \text{일 때, } f(x)-g(x)=x^2+2x+8$$

이다. 함수 $f(x)$가 $x=0$에서 연속이고 $\displaystyle\lim_{x\to0-}g(x)-\lim_{x\to0+}g(x)=6$일 때, $f(0)$의 값은?

① -3　　　② -1　　　③ 0　　　④ 1　　　⑤ 3

"$f(x)$가 연속이네? $f(0+)=f(0)=f(0-)$이겠다."

"우극한, 좌극한이 같음을 이용하면 답이 나오겠다."

$f(0-)+g(0-)=4$
$f(0+)-g(0+)=8$ ⋯ ㉠

$f(0+)=f(0-)$임을 이용해 연립하면,
$g(0-)+g(0+)=-4$ ⋯ ㉡

$g(0-)-g(0+)=6$이라고 주어져 있으므로,
㉡과 연립하면 $g(0-)=1$, $g(0+)=-5$

이제 $g(0+)=-5$를 ㉠에 대입하면 $f(0+)=f(0)=3$

답: ⑤

| **무엇을 기준으로 학생들을 변별했는가?**

1. **연속의 정의**를 활용할 수 있는가?

실수 a, b, c와 두 함수

$$f(x)=\begin{cases} x+a & (x<-1) \\ bx & (-1\le x<1) \\ x+c & (x\ge 1) \end{cases}$$

$$g(x)=|x+1|-|x-1|-x$$

에 대하여, 합성함수 $g\circ f$는 실수전체의 집합에서 정의된 역함수를 갖는다. $a+b+2c$의 값은?

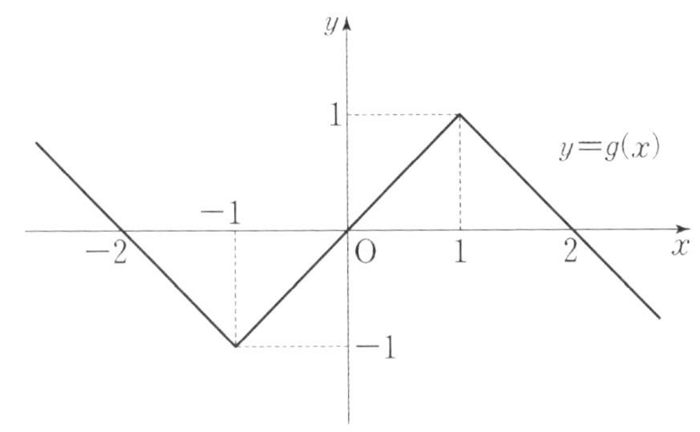

① 2　　　　　② 1　　　　　③ 0　　　　　④ -1　　　　　⑤ -2

$g\circ f$가 실수 전체의 집합에서 정의된다는 뜻은 두 가지 의미가 있다.

1) 그래프가 **빵꾸 없이 모든 실수를 치역으로 갖는다**는 의미
2) $g\circ f$는 연속함수이므로 **증가만 하거나, 감소만 한다**는 의미이다.

"x가 양의 무한으로 발산할 때 $g\circ f$는 기울기 -1로 감소하는 함수이므로, $g\circ f$가 전 실수 영역에서 감소하네."

문제에서 가장 눈에 띄는 증가 구간부터 관찰해 보자.

$[-1,\,1]$에서 $g\circ f=bx$이다.

"감소함수이므로 $b<0$이네."

그리고 해당 구간에서 $-1\le bx\le 1$ 구간을 벗어나면 증감이 바뀌므로, 역함수 조건에 위배된다.

$\therefore\ b\ge -1$이네.

$\therefore\ 0<g\circ f(-1)=-b\le 1,\ -1\le g\circ f(1)=b<0\ \cdots\ \bigcirc$

좀 더 관찰해 보자. 직관적으로 $x=-1$, $x=1$구간이 핵심 지점이 될 것이다.

$(-\infty, -1)$에서도 $g \circ f$ 비슷한 논리를 적용할 수 있다.

$f(x)$가 해당 구간에서 -1보다 커지는 순간, 증감이 바뀌므로 역함수 조건에 위배된다.

$$g \circ f(-1-) = -2 + 1 - a = -a - 1 \ \dots \ \text{ⓛ}$$

1)에 의해 $x = -1$에서 함수가 연속이다.

㉠, ㉡에 의해 $b = a + 1 \ \dots \ \text{ⓒ}$

동일한 논리로 $[1, \infty)$에서도 $f(x)$가 해당 구간에서 1보다 작아지면 안 된다.

$$g \circ f(1+) = 2 - 1 - c = 1 - c \ \dots \ \text{ⓔ}$$

㉠, ㉣에 의해 $b = -c + 1 \ \dots \ \text{ⓜ}$

㉢, ㉤에 의해 $a + b + 2c = 1$

답: ②

▎ 무엇을 기준으로 학생들을 변별했는가?

- 역함수 조건을 해석하여 함수의 증가/감소 여부를 판단할 수 있는가?

- 합성함수에서 함수의 증가/감소 여부를 판단할 수 있는가?

- '실수 전체'에서 역함수를 가진다는 의미를 통해 합성함수가 연속성을 가져야 한다는 것을 판단할 수 있는가?

▎ NOTES

- 해당 방법을 기하적으로 해석할 수도 있다. $g \circ f$은 $g(x)$의 양 끝을 위아래로 움직이고, $g(x)$의 중간을 기울기 b에 따라 잘 기울여서 빵꾸가 안 나게 연결하는 느낌이다. 단, 감소 조건은 그대로 가져간다.

- 문제에서 깨달았듯이 a, b, c가 한 값으로 확정되지 않는다. 문제의 갈피를 못 잡겠으면 조건을 만족하는 특정한 케이스 (ex. $g \circ f(x) = -x$인 경우) 로 만들어서 값을 구해도 된다. 중요한 건 시험장에서 답을 맞추는 것이다.

이차함수 $f(x)$ 가 다음 조건을 만족시킨다.

> (가) 함수 $\dfrac{x}{f(x)}$ 는 $x=1$, $x=2$ 에서 불연속이다.
>
> (나) $\displaystyle\lim_{x\to 2}\dfrac{f(x)}{x-2}=4$

$f(4)$ 의 값을 구하시오.

"$\dfrac{x}{f(x)}$ 에서 $f(x)$ 가 이차함수네?"

"분자(x)는 연속이니까, 불연속 지점은 **분모$(f(x))$가 0이 될 때** 뿐이네.
따라서 $f(x)$가 $x=1$, $x=2$를 근으로 가진다고 볼 수 있겠다."

$$f(x)=m(x-1)(x-2)$$

(나)에서 $\displaystyle\lim_{x\to 2}\dfrac{f(x)}{x-2}=\lim_{x\to 2}\dfrac{m(x-1)(x-2)}{x-2}=m=4 \;\Rightarrow\; m=4$

$$\therefore\; f(4)=4\times 3\times 2=24$$

답: 24

| 무엇을 기준으로 학생들을 변별했는가?

1. 함수가 **불연속인 지점에서** $f(x)=0$임을 알아낼 수 있는가?

| NOTES

- 분수함수에서 분모가 0이 되는 조건으로 불연속 조건을 주는 것은 자주 등장하는 유형이다. 꼭 알아두자.

함수

$$f(x)=\begin{cases} ax+b & (x<1) \\[2mm] cx^2+\dfrac{5}{2}x & (x\geq 1) \end{cases}$$

이 실수 전체의 집합에서 연속이고 역함수를 갖는다. 함수 $y=f(x)$의 그래프와 역함수 $y=f^{-1}(x)$의 그래프의 교점의 개수가 3이고, 그 교점의 x좌표가 각각 -1, 1, 2일 때, $2a+4b-10c$의 값을 구하시오. (단, a, b, c는 상수이다.)

"$f(x)$가 연속이라고 하네? 일단 **연속 조건**부터 써 놓고 시작하자."

$$a+b=c+\dfrac{5}{2}$$

"문제를 보니 역함수를 갖고, 동시에 연속함수니까 **증가함수**거나, **감소함수**겠군.
근데 $f(x)$와 $f^{-1}(x)$의 교점이 3개네?"

"물론 증가함수와 그 역함수의 교점이 3개일 수도 있겠지만,
우리는 **감소함수에서 $f(x)$와 $f^{-1}(x)$의 교점의 개수가 항상 홀수**임을 알고 있다.
교점의 개수를 3으로 준 이유가 있지 않을까? 일단 **감소함수라고 가정**하고 함수를 추론해 보자.
만약 안 되면 증가함수로 다시 계산해보지 뭐."

감소함소에서 교점이 3개인 경우, **중간 교점은 $y=x$ 위**에 있으며 나머지 두 점은 $y=x$을 기준으로 서로 대칭이다.

$\therefore$ $f(x)$는 $(-1, 2)$, $(1, 1)$, $(2, -1)$을 지난다.

일단 **왼쪽 구간**$(x<1)$에 $(1, 1)$과 $(-1, 2)$를 대입하자.
(연속함수이기 때문에 왼쪽 구간에도 $(1, 1)$을 대입할 수 있다. 정확히는 좌극한이다.)

$f(-1)=-a+b=2$
$f(1-)=a+b=1$ (1의 좌극한)

$\therefore$ $a=-\dfrac{1}{2}$, $b=\dfrac{3}{2}$

"a가 음수니 왼쪽 구간$(x<1)$에서 $f(x)$는 감소함수를 만족하네.
이제 **오른쪽 구간**$(x\geq 1)$에 $(1, 1)$과 $(2, -1)$을 대입하자."

$f(1)=c+\dfrac{5}{2}=1$
$f(2)=4c+5=-1$

$$\therefore \ c = -\frac{3}{2}$$

"오른쪽 구간$(x \geq 1)$에서도 $f'(x) = -3x + \dfrac{5}{2}$ 니까, $f(x)$는 감소함수를 만족한다.

이제 구하는 식에 a, b, c를 대입하여 문제를 끝내자."

$$\therefore \ 2a + 4b - 10c = 20$$

이 과정에서 어떠한 모순이나, 맞지 않는 조건은 없었으니 $f(x)$가 **증가함수일 경우**는 나중에 검토할 때 고려하자.

답: 20

| 무엇을 기준으로 학생들을 변별했는가?

1. 함수의 **연속 조건**을 통해 식을 세울 수 있는가?

2. 감소함수가 **역함수를 가질 때** 함수와 **역함수의 교점**이 어떤 상황에서 생기는지 파악할 수 있는가?
   (감소함수와 역함수의 **교점의 개수는 홀수**, 중앙에 $y = x$**와의 교점**, $y = x$ **대칭쌍 교점** 등)

| NOTES

- 이 문제에서는 '**감소함수와 역함수의 교점**'이라는 개념을 사용했다.
  감소함수의 경우 역함수와의 교점의 개수가 항상 홀수 개이며, 다음과 같이 분포해있다.

  1) 중앙에 $y = x$와의 **교점 한 개**
  2) $y = x$에 대해 대칭인 **교점 한 쌍 이상**

  알아두길 바란다. 유사 기출로는 2019학년도 9월 나형 30번이 있으므로 풀어보길 권한다.

닫힌구간 $[-1,\ 1]$에서 정의된 함수 $y=f(x)$의 그래프가 그림과 같다.

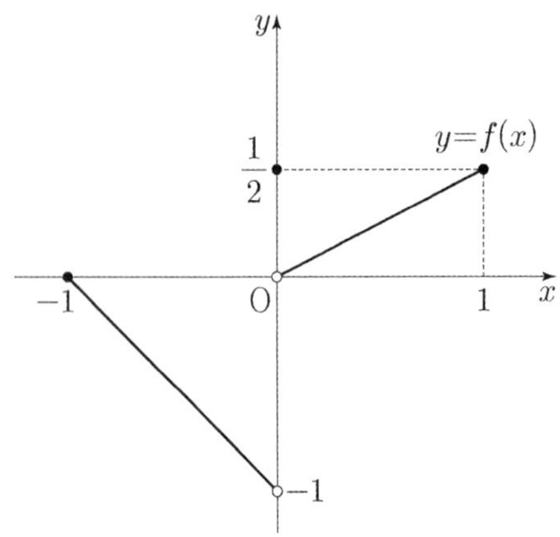

닫힌구간 $[-1,\ 1]$에서 두 함수 $g(x)$, $h(x)$가

$$g(x)=f(x)+|f(x)|,\quad h(x)=f(x)+f(-x)$$

일 때, 〈보기〉에서 옳은 것만을 있는 대로 고른 것은?

〈보 기〉

ㄱ. $\displaystyle\lim_{x\to 0} g(x)=0$

ㄴ. 함수 $|h(x)|$는 $x=0$에서 연속이다.

ㄷ. 함수 $g(x)|h(x)|$는 $x=0$에서 연속이다.

① ㄱ   ② ㄷ   ③ ㄱ, ㄴ   ④ ㄴ, ㄷ   ⑤ ㄱ, ㄴ, ㄷ

주어진 그림을 바탕으로 함수 $f(x)$의 식을 써보자.

$$f(x)=\begin{cases} -x-1 & (-1 \le x < 0) \\[2mm] \dfrac{1}{2} & (x=0) \\[2mm] \dfrac{1}{2}x & (0 < x \le 1) \end{cases}$$

이를 바탕으로 $g(x)$와 $h(x)$를 구해 보자.

$$g(x)=\begin{cases} 0 & (-1 \le x < 0) \\ 1 & (x=0) \\ x & (0 < x \le 1) \end{cases}$$

그림으로 나타내면 다음과 같다.

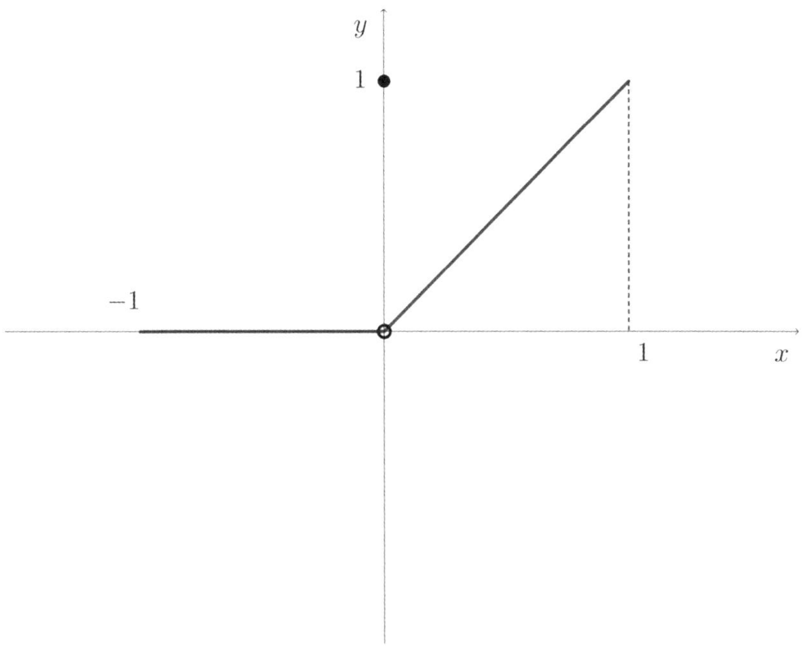

$$h(x) = \begin{cases} -\dfrac{3}{2}x - 1 & (-1 \le x < 0) \\[2mm] 1 & (x = 0) \\[2mm] \dfrac{3}{2}x - 1 & (0 < x \le 1) \end{cases}$$

그림으로 나타내면 다음과 같다.

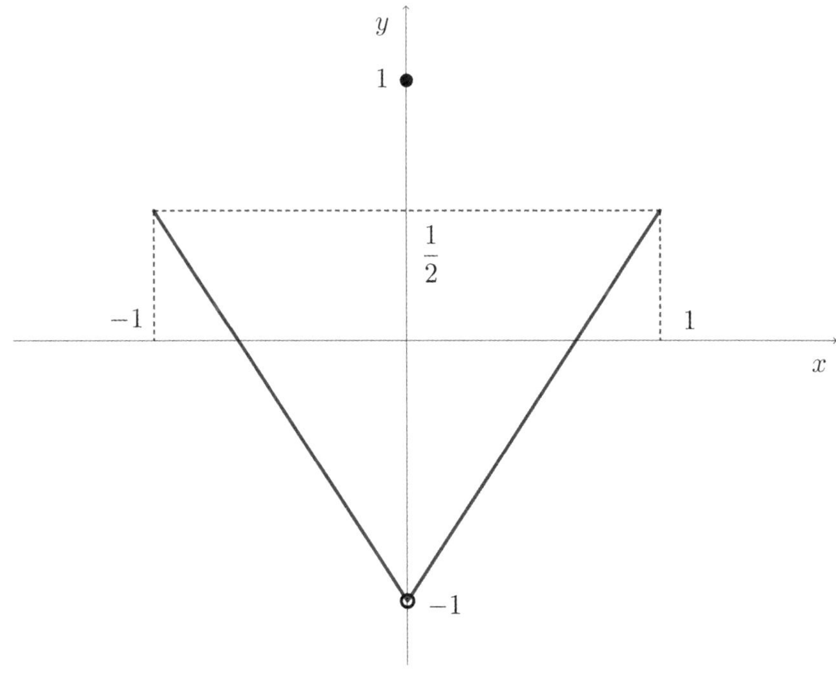

따라서

ㄱ. $\lim\limits_{x\to 0-} g(x) = \lim\limits_{x\to 0+} g(x) = 0$

ㄴ. $\lim\limits_{x\to 0-} |h(x)| = \lim\limits_{x\to 0+} |h(x)| = |h(0)| = 1$

ㄷ. $g(0)|h(0)| = g(0) = 1$, $\lim\limits_{x\to 0} g(x)|h(x)| = 0$

따라서, ㄱ, ㄴ만 참이다.

답: ③

| 무엇을 기준으로 학생들을 변별했는가?

1. 함수의 **연속 조건**을 해석할 수 있는가?

2. **구간별로 나누어진 함수**를 해석할 수 있는가?

| NOTES

- $f(x) + |f(x)|$는 $f(x) < 0$일 때는 0, $f(x) \geq 0$일 때는 $2f(x)$인 함수이다.
  굉장히 자주 등장하는 함수니 익혀두도록 하자.

- $f(x) + f(-x)$와 같은 함수는 x대신 $-x$를 넣어도 같다. 즉, 우함수이다. 그걸 바탕으로 식을 구하지 않아도 개형을 추론할 수 있다.

최고차항의 계수가 1인 삼차함수 $f(x)$에 대하여 실수 전체의 집합에서 연속인 함수 $g(x)$가 다음 조건을 만족시킨다.

(가) 모든 실수 x에 대하여 $f(x)g(x) = x(x+3)$이다.

(나) $g(0) = 1$

$f(1)$이 자연수일 때, $g(2)$의 최솟값은?

① $\dfrac{5}{13}$ ② $\dfrac{5}{14}$ ③ $\dfrac{1}{3}$ ④ $\dfrac{5}{16}$ ⑤ $\dfrac{5}{17}$

"내가 구해야하는 것이 $g(2)$의 최솟값이므로 (가)의 식을 $g(x)$**에 대한 식**으로 변형해보자."
($f(x) \neq 0$이라는 조건을 빼먹지 않도록 꼭 유의하자.)

$$g(x) = \frac{x(x+3)}{f(x)} \quad (f(x) \neq 0)$$

여기서 $g(x)$가 $x \to 0$으로 수렴할 때, 분자가 0으로 수렴하는데, $g(0) = 1$이므로 **분모 또한 0으로 수렴**하여 $\dfrac{0}{0}$ 꼴이 되어야한다.

따라서, $f(x) = x(x^2 + mx + n)$으로 놓을 수 있다.
그럼 이제 $g(x)$를 다음과 같이 **표현할 수 있다.**

$$g(x) = \frac{x+3}{x^2 + mx + n} \quad (x^2 + mx + n \neq 0)$$

이제 이 식에 $x = 0$을 대입하면, $g(0) = \dfrac{3}{n} = 1$

$$\therefore n = 3$$

따라서 $f(x) = x(x^2 + mx + 3)$이다.

또한, $f(1) = 4 + m$이 자연수이므로 m의 **후보군은** $-3, \ -2, \ -1, \ 0, \ 1, \ 2, \ 3, ...$**이다**. ... ㉠

"어? 근데 $g(x)$는 실수 전체의 집합에서 연속이어야하니까 $f(x)$는 더 이상의 실근을 가지면 안되겠다."

"설령 $(x+3)$을 인수로 가져서 분자랑 약분되더라도, $(x+3)(x+\alpha)$ 꼴이 되어 **또 하나의 실근(또는 중근)을 갖게 되니** 결국 $f(x)$는 절대 다른 인수를 가지면 안되겠네."

"즉, $f(x)$는 더 이상 실근을 가지면 안되니까 $D = m^2 - 12 < 0$이 되어야 하겠다." ... ㉡

이제 문제에서 요구하는 $g(2)$를 직접 나타내보면 $g(2) = \dfrac{5}{7+2m}$ 이므로,

m이 최댓값일 때가 곧 $g(2)$가 최솟값일 때이다. 따라서 ㉠, ㉡에 의해 $m=3$이다.

$$\therefore \ g(2) \geq \frac{5}{13}$$

답: ①

| 무엇을 기준으로 학생들을 변별했는가?

1. 함수가 **실수 전체의 집합에서 연속**임을 이용하여 주어진 식을 $g(x)$**에 대한 식**으로 나타내고,

   이 과정에서, $f(x)$가 분모에 해당하므로 분자와 **약분되지 않는 실근을 가져서는 안된다**는 것을 파악할 수 있는가?

2. **자연수 조건**과 **판별식**을 통해 가능한 **미정계수의 후보군**을 추론할 있는가?

| NOTES

- 양변을 $f(x)$로 나눌 때, $f(x)=0$이 되도록 하는 x는 꼭 **정의역에서 빼주어야한다.**

$$g(x) = \frac{x(x+3)}{f(x)} \ \ (f(x) \neq 0)$$

두 함수

$$f(x) = \begin{cases} -2x+3 & (x<0) \\ -2x+2 & (x \geq 0) \end{cases}, \quad g(x) = \begin{cases} 2x & (x < a) \\ 2x-1 & (x \geq a) \end{cases}$$

가 있다. 함수 $f(x)g(x)$가 실수 전체의 집합에서 연속이 되도록 하는 상수 a의 값은?

① -2 ② -1 ③ 0 ④ 1 ⑤ 2

함수 $f(x)g(x)$가 실수 전체의 집합에서 연속이 되도록 하려면,

1) $f(x)$가 불연속일 때, $g(x)=0$이 되어야하고,
2) $g(x)$가 불연속일 때, $f(x)=0$이 되어야한다.

주어진 조건을 통해 $f(x)$의 불연속 지점은 $x=0$, $g(x)$의 불연속 지점은 $x=a$라는 것을 알 수 있다.

따라서, $f(x)g(x)$가 실수 전체의 집합에서 연속이 되려면
$f(a)=0$, $g(0)=0$을 만족해야 한다.

$f(x)=0$을 만족시키는 실근은 오직 $x=1$ 뿐이므로, $a=1$이다.

답: ④

| **NOTES**

- $f(x)=0$을 만족시키는 유일한 실근이 $x=1$이기 때문에 결과적으로 쓸모는 없었지만,
  $a \leq 0$이라면 $g(0)=0$이 될 수 없으므로, $a>0$이 되어야한다는 숨겨진 조건이 존재했다.

함수

$$f(x) = \begin{cases} -3x+a & (x \le 1) \\[2mm] \dfrac{x+b}{\sqrt{x+3}-2} & (x > 1) \end{cases}$$

이 실수 전체의 집합에서 연속일 때, $a+b$의 값을 구하시오.
(단, a와 b는 상수이다.)

"구간함수의 연속성을 파악하는 문제구나.
두 구간에 각각 $x=1$을 대입해서 **같은 값이 나오게** 하면 되겠다."

(양극한, 음극한을 각각 대입하면 된다.)

$$f(1-) = f(1) = -3 + a \;\cdots\; ㉠$$
$$f(1+) = \lim_{x \to 1+} \frac{x+b}{\sqrt{x+3}-2}$$

"양극한에서 분모가 0으로 가네..? 양극한이 값을 갖기 위해 분자도 0으로 수렴해서 $\dfrac{0}{0}$ 꼴을 이루어야한다."

따라서, $b+1 = 0$이다.

$$\therefore \; b = -1$$

이제 $f(1+)$를 유리화해서 계산하자.

$$f(1+) = \lim_{x \to 1+} \frac{x-1}{\sqrt{x+3}-2} = \lim_{x \to 1+} \frac{(x-1)(\sqrt{x+3}+2)}{(\sqrt{x+3}-2)(\sqrt{x+3}+2)} = \lim_{x \to 1+} \frac{(x-1)(\sqrt{x+3}+2)}{x-1} = \lim_{x \to 1+} \sqrt{x+3}+2 = 4$$

$f(1-) = f(1+)$이므로, ㉠과 앞서 구한 양극한을 대입하면 $-3+a = 4$

$$\therefore \; a = 7$$

따라서, $a+b = 6$이다.

답: 6

| 무엇을 기준으로 학생들을 변별했는가?

1. 극한식을 해석하여 문제에서 물어보는 상수를 구할 수 있다.

2. **함수의 연속성**을 이용해 식을 세우고 문제를 해결할 수 있다.

| NOTES

- 구간별로 정의된 함수, 그리고 연속 조건이 주어지면 극한식 먼저 세우고 생각해도 나쁘지 않다.

실수 전체의 집합에서 연속인 함수 $f(x)$가 모든 실수 x에 대하여

$$\{f(x)\}^3 - \{f(x)\}^2 - x^2 f(x) + x^2 = 0$$

을 만족시킨다. 함수 $f(x)$의 최댓값이 1이고 최솟값이 0일 때, $f\left(-\dfrac{4}{3}\right) + f(0) + f\left(\dfrac{1}{2}\right)$의 값은?

① $\dfrac{1}{2}$ ② 1 ③ $\dfrac{3}{2}$ ④ 2 ⑤ $\dfrac{5}{2}$

문제를 읽어보면 $\{f(x)\}^3 - \{f(x)\}^2 - x^2 f(x) + x^2 = 0$을 해석하는 것이 가장 중요하다고 판단된다.

"이 식을 보면, $f(x)-1$로 묶을 수 있을 것 같다."
($\{f(x)\}^2 - x^2$로 묶을 수 있다고 판단해도 좋다.)

$$\{f(x)\}^3 - \{f(x)\}^2 - x^2 f(x) + x^2 = \{f(x)-1\}\{\{f(x)\}^2 - x^2\}$$

$$= \{f(x)-1\}\{f(x)+x\}\{f(x)-x\}$$

$$\therefore \ f(x)=1 \ \text{또는} \ f(x)=x \ \text{또는} \ f(x)=-x$$

이는 즉, $f(x)$를 x의 구간에 따라 $f(x)=1$ 또는 $f(x)=x$ 또는 $f(x)=-x$로 나눌 수 있다는 뜻이다.

다시 문제를 읽어보면 $f(x)$의 최댓값이 1이고 최솟값이 0이다.

이를 만족시키기 위해서는 $f(x)=x$는 오직 $-1 \le x \le 0$에서, $f(x)=-x$는 $0 \le x \le 1$에서만 가능하다.

$\therefore \ x>1, \ x<-1$에서 $f(x)=1$이다. … ㉠

또한, 최솟값이 0이고, 오직 $f(x)=x$ 또는 $f(x)=-x$일 때만 $f(x)=0$을 만족할 수 있다.

$\therefore \ x=0$일 때 $f(x)=x$ 또는 $f(x)=-x$ … ㉡

$f(x)$는 연속함수이므로, $f(x)=1$, $f(x)=x$, $f(x)=-x$의 교점은 오직 $x=-1, \ 0, \ 1$에서만 발생할 수 있다.

종합적으로 ㉠, ㉡과 $f(x)$가 연속임을 이용하여 그래프를 추론하면 다음과 같다.

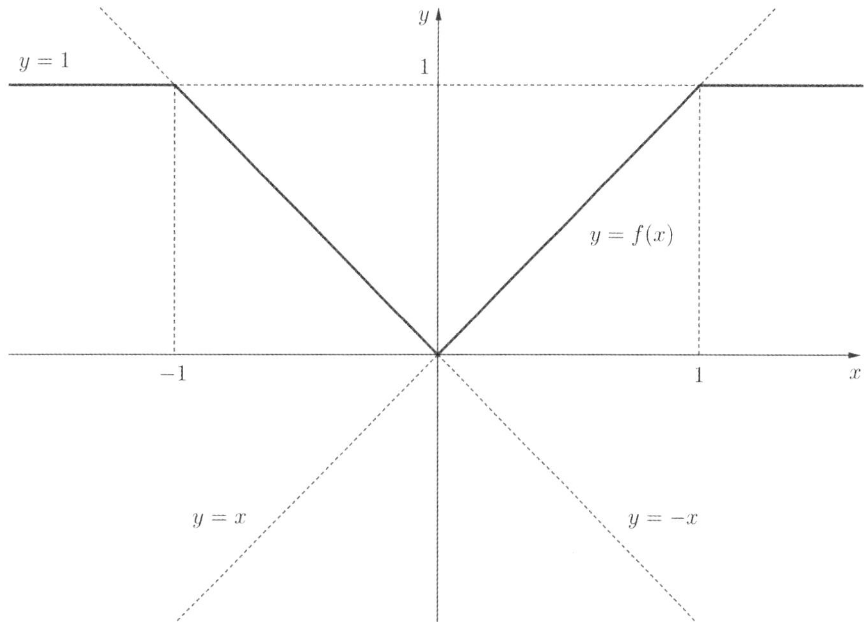

$$\therefore \ f\left(-\frac{4}{3}\right)=1, \ f(0)=0, \ f\left(\frac{1}{2}\right)=\frac{1}{2}$$

답: ③

| 무엇으로 학생들을 변별했는가?

1. $\{f(x)\}^3 - \{f(x)\}^2 - x^2 f(x) + x^2 = 0$를 $f(x)-1$ 또는 다른 항으로 묶어 인수분해할 수 있다.

2. $f(x)$에 대한 주어진 정보를 이용하여 $f(x)$의 그래프를 추론할 수 있다.

두 양수 a, b $(b>3)$과 최고차항의 계수가 1인 이차함수 $f(x)$에 대하여 함수

$$g(x)=\begin{cases}(x+3)f(x) & (x<0)\\(x+a)f(x-b) & (x\geq 0)\end{cases}$$

이 실수 전체의 집합에서 연속이고 다음 조건을 만족시킬 때, $g(4)$의 값을 구하시오.

$$\lim_{x\to -3}\frac{\sqrt{|g(x)|+\{g(t)\}^2}-|g(t)|}{(x+3)^2}\ \text{의 값이 존재하지 않는 실수 }t\text{의 값은 }-3\text{과 }6\text{뿐이다.}$$

먼저, 구간함수 $g(x)$에 '**연속**'이라는 조건이 주어졌다.
따라서 구간의 경계인 $x=0$에서 **연속성을 파악**해보자.

$$\therefore\ g(0-)=g(0+)\ \Rightarrow\ 3f(0)=af(-b)\ \cdots\ \text{㉠}$$

"당장은 이 방정식이 쓸모없어보인다. 이후 풀이에서 보조적으로 사용될 것 같으니 기억해두자."

이후, $\displaystyle\lim_{x\to -3}\frac{\sqrt{|g(x)|+\{g(t)\}^2}-|g(t)|}{(x+3)^2}$ 를 해석해보자.

"$\sqrt{}$ 기호와 반복되는 함수 $g(t)$를 보니, **유리화를 해야할 것 같다.**"

$$\lim_{x\to -3}\frac{\sqrt{|g(x)|+\{g(t)\}^2}-|g(t)|}{(x+3)^2}\ \Rightarrow\ \lim_{x\to -3}\frac{|g(x)|}{(x+3)^2\{\sqrt{|g(x)|+\{g(t)\}^2}+|g(t)|\}}$$

여기서 $\displaystyle\lim_{x\to -3}g(x)=0$이므로, 위 식을 다음과 같이 변형할 수 있다.
($g(t)$가 아닌 $g(x)$에 0을 대입해야한다. t, x를 헷갈리지 않도록 조심하자.)

$$\lim_{x\to -3}\frac{|g(x)|}{(x+3)^2\{\sqrt{|g(x)|+\{g(t)\}^2}+|g(t)|\}}=\lim_{x\to -3}\frac{|g(x)|}{(x+3)^2\{\sqrt{0+\{g(t)\}^2}+|g(t)|\}}$$
$$=\lim_{x\to -3}\frac{|g(x)|}{2(x+3)^2|g(t)|}$$

보다 간단해진 식을 한번 살펴보자.

"$\underline{g(x)\text{가 }(x+3)^2\text{을 인수로 가짐}}$으로써 분모의 $(x+3)^2$이 0으로 수렴하는 것을 막아 발산하지 않을 것이고,
주어진 극한값이 존재하지 않는 경우는 $\underline{|g(t)|=0\text{이 될 때}}$ 라고 볼 수 있다."

이는 아래와 같은 생각으로 이어질 수 있다.

1) $g(x)$가 $(x+3)^2$을 인수로 가진다.

$\Rightarrow$ 음수 구간을 살펴보면 $g(x) = (x+3)f(x)$이므로, $f(-3) = 0$이다. $\cdots$ ㉡

2) $|g(t)| = 0$이 될 때 값이 존재하지 않는다.

$\Rightarrow$ 그런데, 발문을 보면 오직 $t = -3$, $t = 6$일 때만 값이 존재하지 않으므로,
   $|g(t)| = 0$의 실근은 오직 $t = -3$, $t = 6$ 뿐이다.

이제 $g(t)$에 $t = -3$, $t = 6$을 대입해보면,

$g(-3) = 0$
$g(6) = (6+a)f(6-b) = 0$이다.

$(6+a)f(6-b) = 0$이지만 a는 양수이므로 $f(6-b) = 0$ $(b > 3)$ $\cdots$ ㉢

이 외의 t에서는 $g(t)$가 0이 되어서는 안된다.

"㉡과 ㉢을 고려하면, $f(x)$가 **중근 $x = -3$만 갖는다면** $g(t)$가 다른 실근을 가질 걱정 없이 깔끔할 것 같은데.."

따라서, 가장 유리한 경우인 $\underline{f(x)$**가 중근을 갖는 경우**}를 먼저 살펴보자.

$f(x) = (x+3)(x-6+b) = (x+3)^2$이므로 $b = 9$이다.
이제 $f(x) = (x+3)^2$, $b = 9$를 처음에 함수의 연속성을 통해 뽑아놓았던 **식 ㉠에 대입**해보자.

$$3f(0) = af(-b) \Rightarrow a = \frac{3}{4}$$

"모든 조건이 들어맞는 $f(x)$, a, b를 찾았네..? 나머지 케이스는 나중에 검토할 때 살펴보아야겠다."
(두 실근을 갖는 경우에 대한 해설은 답 뒤를 참고)

$$\therefore \ g(4) = (4+a)f(4-b) = 19$$

답: 19

ADD) 이제 $f(t)$가 중근이 아닌 두 개의 실근을 갖는 경우를 살펴보자.

$f(x) = (x+3)(x-6+b)$이고, $b \neq 9$이다.

나머지 조건은 다 성립하지만, 유일하게 문제가 될 수 있는 것은
$g(t)=0$이 $\underline{-3,\ 6}$ **이외의 실근**을 갖는 것이다.

"과연 $g(t)=0$은 정말로 다른 실근을 갖지 않을까..?"

그러나 우리는 $f(-3)=0$임을 염두에 두어야 한다.

$g(x)$는 양수 구간에서 $f(x-b)$를 인수로 갖는다.
따라서, 여기서 $f(x-b)$가 $f(-3)$이 될 경우 또 다른 실근을 갖게 되는 것이다.

결국 $t=b-3$일 때 $g(b-3)=(b-3+a)f(-3)=0$이다.

여기서 $b \neq 9$라면, $t=b-3$는 $\underline{-3,\ 6}$ **이외의 실근**이 된다.
(또한, $b>3$이므로 $t=b-3>0$이 되어 어떻게든 또 다른 실근을 피해갈 수는 없다.)

$$\therefore\ b=9$$

| 무엇을 기준으로 학생들을 변별했는가?

1. 구간함수에서 '연속'이라는 조건이 주어졌을 때, **구간의 경계**(이 문제에서는 $x=0$)**를 대입**하여 연속성을 확인할 수 있는가?

2. 복잡한 식을 직관을 통해 **유리화**할 수 있는가?

3. 극한식이 값을 가지기 위해 필요한 조건을 명확히 알고 있고, 이를 통해 여러 숨겨진 조건들을 파악할 수 있는가?

4. $f(x)$의 실근이 $g(x)$의 실근과 밀접한 관련이 있음을 알고, -3과 6 **이외의 실근을 갖는 경우**를 찾아낼 수 있는가?

| NOTES

- 주어진 식에서 x와 t가 중구난방으로 등장한다. 우리가 살펴보아야 할 것은 t이고, x는 언제나 -3의 극한값이다.
  굉장히 헷갈리기 쉬우니 풀면서 항상 주의하도록 하자.

- 현장에서 이 문제를 직면한 학생들은 **중근인 경우를 먼저 고려**하여 바로 푼 경우가 많다.

  그러나, 이 문제에서 **오직 중근인 경우만 성립할 수 있는 이유**를 살펴보는 것은 앞으로의 수학 실력에 큰 도움을 주기에,
  문제를 푼 이후에는 꼭 두 실근을 갖는 경우도 추가로 살펴보도록 하자.

함수의 연속성

[빠른 정답]

01. ④

02. ④

03. ⑤

04. ②

05. 24

06. 20

07. ③

08. ①

09. ④

10. 6

11. ③

12. 19

미분법 ㅣ 미분계수와 도함수

함수 $f(x)$ 는

$$f(x)=\begin{cases} x+1 & (x<1) \\ -2x+4 & (x\geq 1) \end{cases}$$

이고, 좌표평면 위에 두 점 A$(-1,\,-1)$, B$(1,\,2)$가 있다. 실수 x에 대하여 점 $(x,\,f(x))$에서 점 A까지의 거리의 제곱과 점 B까지의 거리의 제곱 중 크지 않은 값을 $g(x)$라 하자.

함수 $g(x)$가 $x=a$에서 미분가능하지 않은 모든 a의 값의 합이 p일 때, $80p$의 값을 구하시오.

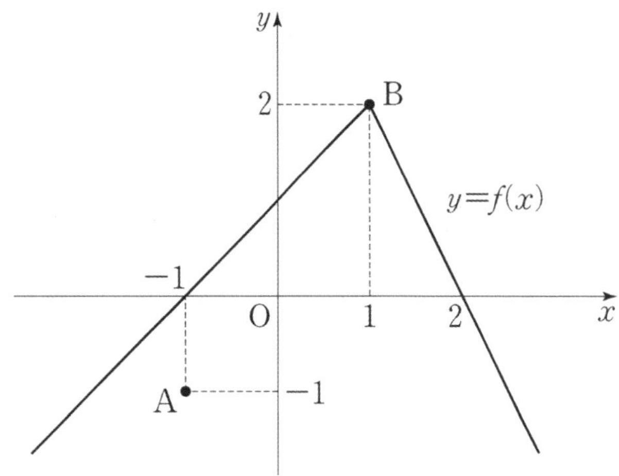

점 $(x,\,f(x))$와 점 A 사이의 거리의 제곱을 $a(x)$,
점 $(x,\,f(x))$와 점 B 사이의 거리의 제곱을 $b(x)$라고 하자.

식을 세워보면 아래와 같다.
$$a(x)=(x+1)^2+\{f(x)+1\}^2$$
$$b(x)=(x-1)^2+\{f(x)-2\}^2$$

여기서 $g(x)$는 $a(x)$, $b(x)$ 중 크지 않은 값으로 정의되기에,
<u>$a(x)$와 $b(x)$가 접하지 않는 교점을 갖는다면</u>, 그 순간에 $g(x)$는 미분불가능하다.

또한, $f(x)$의 구간의 경계인 <u>$x=1$일 때</u>도 살펴볼 필요가 있다.

"먼저, <u>$a(x)$와 $b(x)$의 접하지 않는 교점</u>을 살펴보자."

이를 구하기 위해
$a(x)-b(x)=6f(x)+4x-3$를 세워두자.

$f(x)$를 대입하여 전개하면
$$a(x)-b(x)=\begin{cases} 10x+3 & (x<1) \\ -8x+21 & (x\geq 1) \end{cases}$$

일단, $a(x)-b(x)=0$은 어떠한 중근도 가질 수 없을 것 같다.
(두 구간이 전부 직선으로 이루어져 있기 때문이다.)

따라서 $g(x)$는 $a(x)-b(x)=0$의 실근인

$x=-\dfrac{3}{10},\ \dfrac{21}{8}$에서 미분불가능하다.

"이제 $x=1$을 살펴보자."

먼저, $a(x)-b(x)$는 $x=1$ 양옆에서 양수 값을 갖기에,
$x=1$ 부근에서 $a(x)>b(x) \Rightarrow g(x)=b(x)$이다.

따라서, 우리는 $b'(1-)$ (좌미분계수)과 $b'(1+)$ (우미분계수)를 비교해보아야한다.

$b'(x)=2(x-1)+2f'(x)\{f(x)-2\}$
$\Rightarrow b'(x)=2(x-1)+2(x-1)\ (x<1)$
$\Rightarrow b'(x)=2(x-1)+8(x-1)\ (x>1)$

$\therefore\ b'(1-)=b'(1+)=0$

따라서, $g(x)$는 $x=1$에서 미분가능하다.

종합해보면, $g(x)$는 오직 $x=-\dfrac{3}{10},\ \dfrac{21}{8}$에서 미분불가능하다.

$80\times\left(-\dfrac{3}{10}+\dfrac{21}{8}\right)=186$

답: 186

❘ 무엇을 기준으로 학생들을 변별했는가?

1. 점과 점 사이의 거리를 식으로 표현할 수 있는가?

2. **두 거리가 같아지는 지점**에서 미분불가능할 수 있음을 알고 있는가?

3. 구간별로 정의된 함수에서 **구간의 경계에서의 미분가능성**을 알아보기 위해 식을 미분한 뒤,
   좌극한과 우극한을 비교해볼 수 있는가?

❘ NOTES

- 기하적으로 접근하면, 점 $X(x,\ f(x))$라고 한 뒤 $\triangle XAB$**가 이등변삼각형이 되도록 하는** $X(x,\ f(x))$**를 찾음**으로써 미분
불가능한 지점을 찾는 방법도 있다.

곡선 $y = x^3 - ax + b$ 위의 점 $(1, 1)$에서의 접선과 수직인 직선의 기울기가 $-\dfrac{1}{2}$ 이다.
두 상수 a, b에 대하여 $a+b$의 값을 구하시오.

$f'(1) = 3 - a$이므로, $(1, 1)$에서의 접선의 방정식은 다음과 같다.

$y = (3-a)(x-1)+1$

이때, 발문에 따르면 접선의 기울기와 수직인 직선의 기울기가 $-\dfrac{1}{2}$이므로, $3 - a = 2$이다.

$\therefore\ a = 1$

또한, 주어진 곡선 $y = x^3 - ax + b$는 $(1,\ 1)$을 지나므로 $1 - a + b = 1$

$\therefore\ b = 1$

따라서, $a+b = 2$이다.

답: 2

최고차항의 계수가 1인 삼차함수 $f(x)$와 최고차항의 계수가 2인 이차함수 $g(x)$가 다음 조건을 만족시킨다.

(가) $f(\alpha) = g(\alpha)$이고 $f'(\alpha) = g'(\alpha) = -16$인 실수 α가 존재한다.

(나) $f'(\beta) = g'(\beta) = 16$인 실수 β가 존재한다.

$g(\beta+1) - f(\beta+1)$의 값을 구하시오.

(가)에서 "$f(x)$와 $g(x)$는 $x = \alpha$에서 접한다.",
(나)에서 "$x = \beta$에서 $f(x)$와 $g(x)$의 접선의 기울기는 같다."는 사실을 알 수 있다.

여기서 $f(x)$와 $g(x)$를 각각 구하려는 시도를 하기 전에, **주어진 모든 조건들의 공통점**을 살펴보자.

모든 조건들은 $f(x)$**와** $g(x)$**간의 관계**를 서술하고 있다.
심지어 문제 또한 $f(x)$나 $g(x)$와 같은 개별 함수가 아닌 $g(x) - f(x)$, 즉 $f(x)$**와** $g(x)$**간의 관계**를 묻고 있다.

"그렇다면, $f(x)$와 $g(x)$를 각각 구하는 것보다 $g(x) - f(x)$를 구하는 것이 더 합리적이지 않을까?"

$g(x) - f(x) = p(x)$라고 하자. 여기서 $p(x)$는 최고차항의 계수가 -1인 삼차함수일 것이다.

이제 주어진 모든 조건들을 $p(x)$에 대한 조건으로 변형하면,
(가) $p(\alpha) = p'(\alpha) = 0$
(나) $p'(\beta) = 0$

그렇다면 $p(x)$의 개형은 다음과 같을 것이다.

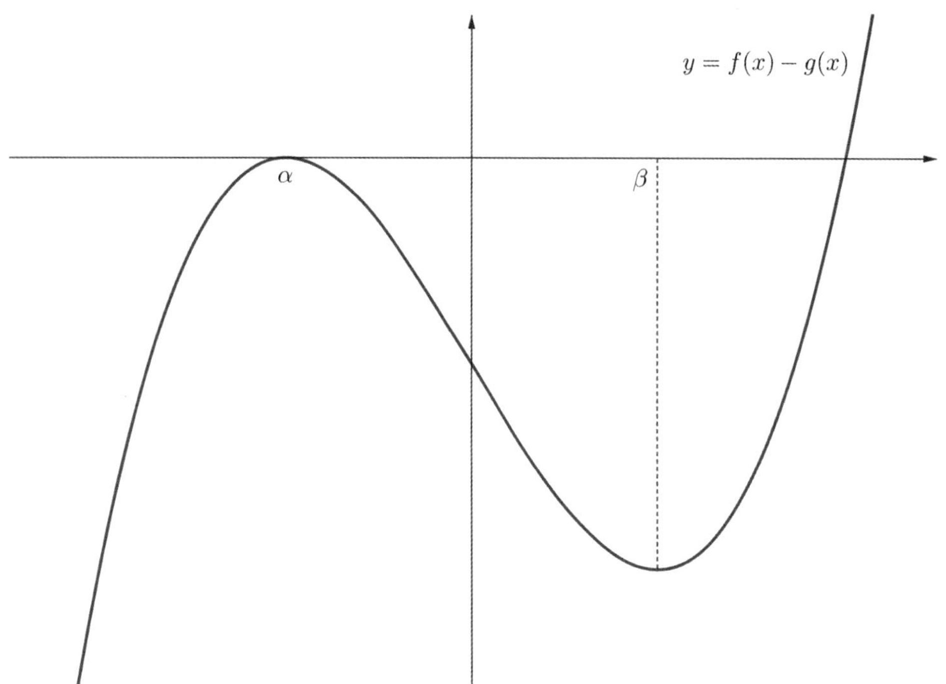

α, β는 각각 $p(x)$가 극소, 극대가 되는 x값임을 알 수 있다.

"이제 $p(x)$의 개형과 최고차항을 파악했으니, α, β만 구하면 되겠다."

그러나, 문제의 어떤 조건을 살펴봐도 α, β 각각의 값을 구할 수 있는 단서는 없어 보인다.
심지어 답 또한 $g(x) - f(x)$에 특정한 숫자가 아닌, $\beta + 1$이라는 상수를 대입한 값을 묻고 있다.

"그렇다면 α, β를 각각 알지는 못하더라도 α와 β의 **상대적 관계**를 파악하면 되지 않을까?"
(NOTES 참고)

아직 온전히 사용하지 않은 두 조건 $f'(\alpha) = g'(\alpha) = -16$, $f'(\beta) = g'(\beta) = 16$은
$f'(x)$와 $g'(x)$ **각각의 정보**를 포함하고 있다.

두 조건을 각각 살펴보면 문제가 복잡해지겠지만,
이 조건이 $g'(x)$, 즉 **일차함수 또는 직선에 관한 서술**이라고 생각해보자.

$g'(\alpha) = -16$, $g'(\beta) = 16$이다.

$g'(x)$는 직선이기에, $g'\left(\dfrac{\alpha + \beta}{2}\right) = 0$이다.

"이 $x = \dfrac{\alpha + \beta}{2}$를 $x = 0$으로 설정한 채, $\alpha = -d$, $\beta = d$와 같이 치환하여 $p(x)$를 간단하게 나타내자"

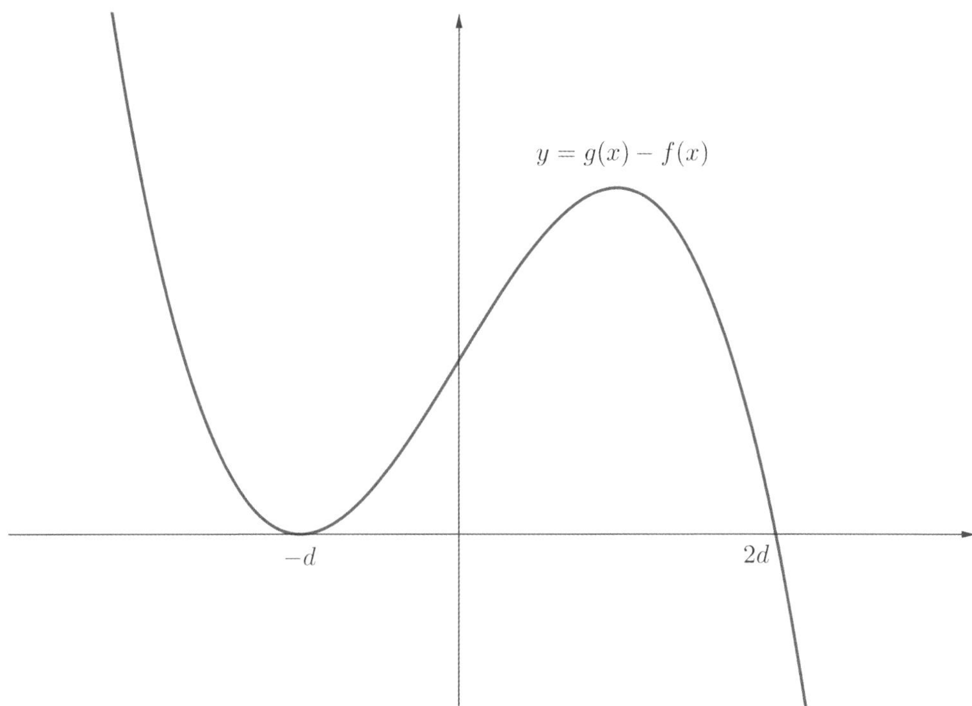

이때, $p(x) = -(x+d)^2(x-2d)$이다.

또한, $g(x)$는 최고차항이 2인 이차함수이고, $g'(0) = 0$이므로 $g'(x) = 4x$이다.
$g'(-d) = -4d = 16$, $g'(d) = 4d = 16$이다.

$\therefore d = 4$

따라서 $p(x) = -(x+4)^2(x-8)$이고, $x = \beta + 1 = 5$를 대입하면

$g(\beta+1) - f(\beta+1) = p(5) = 243$

답: 243

❙ 무엇을 기준으로 학생들을 변별했는가?

1. **삼차함수의 비율관계**, **함수의 대칭성**을 이용할 수 있는가?

2. α와 β의 절대적인 값을 구할 수 없음을 인지하고, α와 β간의 **상대적 위치**를 이용하여 답을 구할 수 있는가?
   (2017년도 대수능 가형 30번과 동일)

3. 두 함수(이 문제에서는 $f(x)$, $g(x)$) 사이의 관계를 **또 다른 함수**$(p(x))$**로 정의**하여 중점적으로 살펴볼 수 있는가?

❙ NOTES

- α와 β를 직접 구하는 것이 아닌, **둘 사이의 상대적 위치를 이용해 답을 구하는 유형**의 문제는
  이전 기출 문항인 **2017년도 대수능 가형 30번**에서 먼저 사용되었다. 따라서 이 기출을 충분히 복습한 채로
  위 문제를 현장에서 직면한 학생들은 어렵지 않게 위와 같은 생각을 도출할 수 있었을 것이다.

최고차항의 계수가 1 이고 $f(1)=0$ 인 삼차함수 $f(x)$ 가

$$\lim_{x \to 2} \frac{f(x)}{(x-2)\{f'(x)\}^2} = \frac{1}{4}$$

을 만족시킬 때, $f(3)$ 의 값은?

① 4   ② 6   ③ 8   ④ 10   ⑤ 12

$x=2$ 에서 극한값이 존재하도록 하기 위해 $f(2)=0$ 이고, $f(1)=0$ 이라고 조건을 주었으므로,
$f(x)=(x-1)(x-2)(x-\alpha)$ 라고 둘 수 있다.

이를 대입하면 다음과 같다.

$$\lim_{x \to 2} \frac{(x-1)(x-2)(x-\alpha)}{(x-2)\{f'(x)\}^2} = \lim_{x \to 2} \frac{(x-1)(x-\alpha)}{\{f'(x)\}^2}$$

여기서, $f'(2)=2-\alpha$ 이므로,

$$\lim_{x \to 2} \frac{(x-1)(x-\alpha)}{\{f'(x)\}^2} = \frac{2-\alpha}{(2-\alpha)^2} = \frac{1}{2-\alpha} = \frac{1}{4}$$

따라서 $\alpha=-2$ 이다. 마지막으로 $f(x)=(x-1)(x-2)(x+2)$ 에 $x=3$ 을 대입하면,

$$\therefore f(3) = 10$$

답: ④

| NOTES

- 만약 어떤 다항함수 $f(x)$ 에 대해 $f(x)=(x-a)p(x)$ 와 같이 <u>$(x-a)$**를 인수로 가지고 있다면**</u>,
  $f'(x)=p(x)+(x-a)p'(x)$ 이므로
  $\Rightarrow f'(a)=p(a)$ 이다.

  즉, $f(x)$ 에서 $(x-a)$ 를 제외한 나머지 항에 $x=a$ 를 대입하면 된다.
  예를 들면, 이 문제에서는 $f'(2)$ 가 이 경우에 해당한다.

  $f(x)$ 는 $(x-2)$ 를 인수로 가지고 있으므로, $f'(2)$ 를 구할 때 그저 $(x-1)(x-a)$ 에 $x=2$ 를 대입하면 된다.

  $$\therefore f'(2) = 2-\alpha$$

  굉장히 자주 등장하는 데다가, 계산 과정을 드라마틱하게 줄여주므로 꼭 익숙해지도록 하자.

함수 $f(x) = ax^2 + b$ 가 모든 실수 x 에 대하여

$$4f(x) = \{f'(x)\}^2 + x^2 + 4$$

를 만족시킨다. $f(2)$ 의 값은? (단, a, b 는 상수이다.)

① 3　　　　② 4　　　　③ 5　　　　④ 6　　　　⑤ 7

"함수를 구하는 문제네? 함수 $f(x)$ 는 이차함수고, 상수 a, b만 구하면 끝나겠다."

"모든 실수에 대한 식이니까 항등식이네. 둘이 아예 동일한 식이라는 뜻이다."

"그렇다면, **좌변과 우변을 전개**해서 **계수 비교법**으로 풀면 되겠다."

$f(x) = ax^2 + b$
$f'(x) = 2ax$

대입하자.

$4f(x) = \{f'(x)\}^2 + x^2 + 4$
$4ax^2 + 4b = (2ax)^2 + x^2 + 4$
$4ax^2 + 4b = (4a^2 + 1)x^2 + 4$

1) **이차항 계수**로부터, $4a = 4a^2 + 1 \implies 4a^2 - 4a + 1 = 0$

$$\therefore\ a = \frac{1}{2}$$

2) **상수항 계수**로부터, $4b = 4$

$$\therefore\ b = 1$$

따라서, $f(x) = \dfrac{1}{2}x^2 + 1$ 이다.

$$\therefore\ f(2) = 3$$

답: ①

1. 항등식을 이용해 **식을 전개**하고, 좌변과 우변의 **계수 비교**를 통해 함수를 구할 수 있는가?

| NOTES

- '모든 실수 x' 또는 '임의의 x' 등의 조건이 나오면 **항등식이라는 뜻**임을 항상 기억해두자.

사차함수 $f(x)$가 다음 조건을 만족한다.

(가) 5 이하의 모든 자연수 n에 대하여 $\sum_{k=1}^{n} f(k) = f(n)f(n+1)$ 이다.

(나) $n=3,\ 4$일 때, $f(x)$에서 x의 값이 n에서 $n+2$까지 변할 때의 평균변화율은 양수가 아니다.

$128 \times f\left(\dfrac{5}{2}\right)$의 값을 구하시오.

"(가) 조건을 일일이 다 쓰긴 귀찮다. 수열에서 하듯이, $\sum_{k=1}^{n} f(k)$에서 $\sum_{k=1}^{n-1} f(k)$를 빼서 $f(n)$으로 한 번 표현해 보자."

$$f(n) = \sum_{k=1}^{n} f(k) - \sum_{k=1}^{n-1} f(k) = f(n)f(n+1) - f(n-1)f(n)$$
$$\Rightarrow f(n)\{f(n+1) - f(n-1) - 1\} = 0 \quad (n \geq 2) \ \dots \ ㉠$$

$$\therefore \ f(n) = 0 \ \text{또는} \ f(n+1) - f(n-1) = 1 \quad (n \geq 2)$$

우리는 $n=2$부터 $n=5$까지 모든 자연수에 대해 **다음의 둘 중 하나 이상**을 만족시켜야 한다.

1) $f(n) = 0 \ \cdots \ ㉡$
2) $f(n+1) - f(n-1) = 1 \ \cdots \ ㉢$

이제 (나)를 보자.

"어? (나)가 의미하는 건 $n=3,\ 4$일 때 $f(n+2) - f(n) \leq 0$이라는 건데,
n 대신 $n-1$을 대입해서 생각해보면 $n=4,\ 5$일 때 $f(n+1) - f(n-1) \leq 0$이잖아..?"

"그러면 $n=4,\ 5$에 대해 ㉢이 아님을 알 수 있겠네."

$$\therefore \ f(4) = f(5) = 0 \ \cdots \ ㉣$$

이제 남은 건 식 3개이니, 경우를 잘 따져 보자.

"일단, ㉠에는 $n=1$일 때가 고려되지 않으므로 (가)의 **주어진 식에** $n=1$을 **대입**해보자."

$$f(1) = f(1)f(2)$$
$$f(1)\{f(2) - 1\} = 0$$
$$\therefore \ f(1) = 0 \ \text{또는} \ f(2) = 1$$

i) $f(1)=0$일 경우

㉠에 $n=2$, 3을 대입해보자.

$$f(2)\{f(3)-f(1)-1\}=f(2)\{f(3)-1\}=0 \;\Rightarrow\; f(2)=0 \text{ 또는 } f(3)=1$$
$$f(3)\{f(4)-f(2)-1\}=-f(3)\{f(2)+1\}=0 \;\Rightarrow\; f(3)=0 \text{ 또는 } f(2)=-1 \;(\text{㉣에 의해 } f(4)=0\text{이다.})$$

첫 번째 식에서 $f(2)=0$이면 두 번째 식에서 $f(2)\neq-1 \;\Rightarrow\; f(3)=0$이다.

얼핏 보면 별 문제가 없어보이지만, **지금까지의 단서들을 종합**해보면
$f(1)=f(2)=f(3)=f(4)=f(5)=0$이 되므로 **실근이 5개**가 되어 $f(x)$**가 사차함수라는 조건**과 모순이다.

따라서, 첫 번째 식에서 $f(3)=1$이고 두 번째 식에서 $f(3)\neq0 \;\Rightarrow\; f(2)=-1$이다.
한번 그래프를 그려 보자.

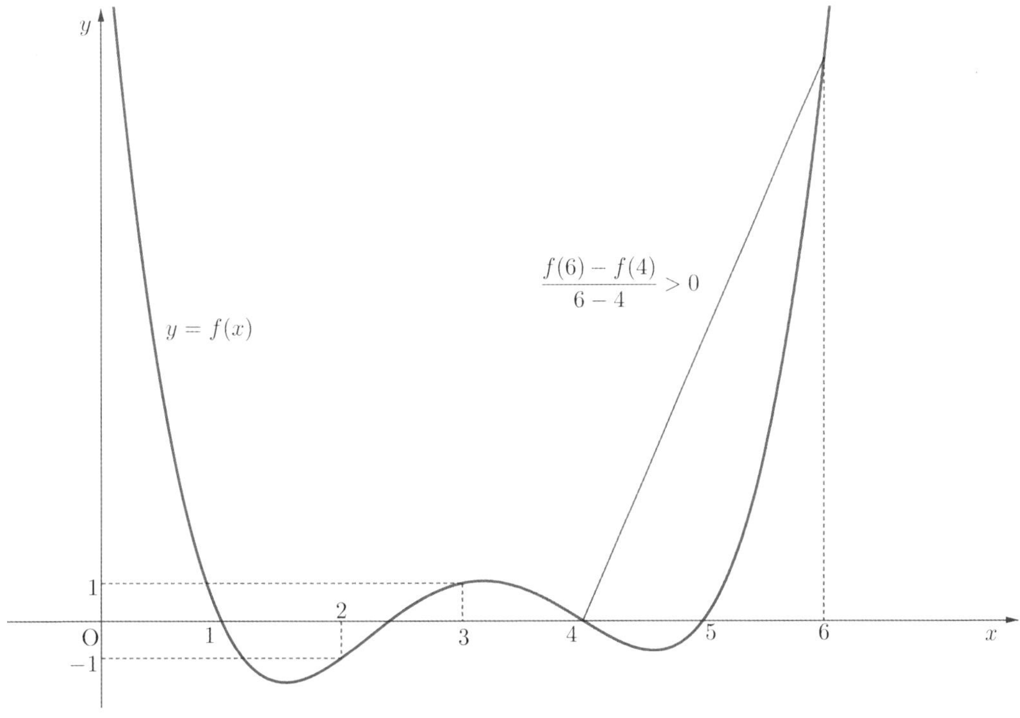

x의 값이 4에서 6까지 변할 때 **평균변화율이 양수**이다. 이는 **(나)에 위배**되므로 모순이다.

ii) $f(2)=1$일 때,

㉠에 $n=2$, 3을 대입해보자.

$$f(2)\{f(3)-f(1)-1\}=f(3)-f(1)-1=0$$
$$f(3)\{f(4)-f(2)-1\}=-2f(3)=0$$
$$\therefore\; f(3)=0,\; f(1)=-1 \;\dots\; ㉢$$

그래프를 그려 보자.

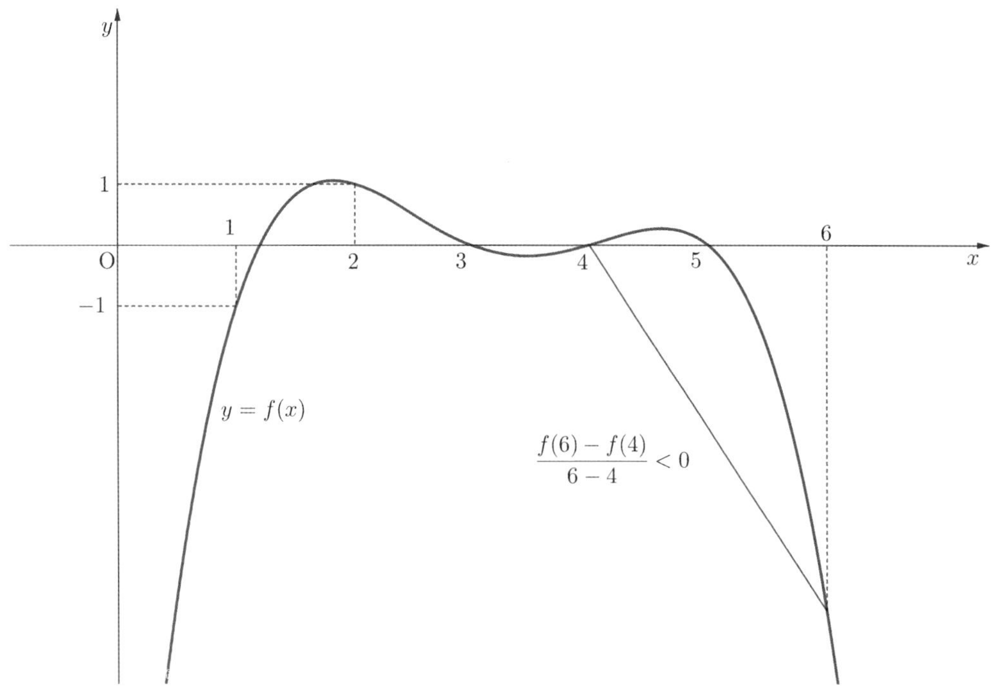

(나)의 조건을 전부 만족시킨다.

"$f(x)$에 관한 단서를 전부 밝혀냈다. 이제 계산을 하고 끝내자."

㉡, ㉢에 의해
$$f(x) = (x-3)(x-4)(x-5)(ax+b)$$
$$f(1) = -24(a+b) = -1$$
$$f(2) = -6(2a+b) = 1$$

연립하면, $a = -\dfrac{5}{24}$, $b = \dfrac{1}{4}$ 이다.

$$\therefore\ f(x) = (x-3)(x-4)(x-5)\left(-\dfrac{5}{24}x + \dfrac{1}{4}\right)$$

마지막으로, $x = \dfrac{5}{2}$ 를 대입하면 $f\left(\dfrac{5}{2}\right) = \dfrac{65}{128}$

$$\therefore\ 128 \times f\left(\dfrac{5}{2}\right) = 65 \text{이다.}$$

답: 65

| **무엇을 기준으로 학생들을 변별했는가?**

1. **평균변화율**의 의미를 통해 $n = 4, 5$에서의 **케이스를 파악**할 수 있는가?

2. 문제에서 얻어낸 **여러 단서를 종합**하고, 이를 통해 케이스를 구분할 때 **모순이 있는지를 파악**할 수 있는가?

| **NOTES**

- 문제에서 '**모든 자연수 n에 대하여**' 라는 발문과 함께 **식의 추론**을 요구한다면 **모든 정보를 다 활용하라**는 뜻이다. 여기서 약간의 센스를 발휘해서 정보의 활용을 **얼마나 효율적으로 하는지**가 문제를 푸는 데 중요하다.

- $\displaystyle\sum_{k=1}^{n} f(k)$꼴에서 $f(n)$을 추출해내는 변형은 수열 외의 단원에서도 종종 쓰인다. 항상 기억해 두자.

07. 2020 수능 나형 **20번** ★★

함수

$$f(x) = \begin{cases} -x & (x \le 0) \\ x-1 & (0 < x \le 2) \\ 2x-3 & (x > 2) \end{cases}$$

와 상수가 아닌 다항식 $p(x)$에 대하여 〈보기〉에서 옳은 것만을 있는 대로 고른 것은?

─────────── 〈보 기〉 ───────────

ㄱ. 함수 $p(x)f(x)$가 실수 전체의 집합에서 연속이면 $p(0)=0$이다.

ㄴ. 함수 $p(x)f(x)$가 실수 전체의 집합에서 미분가능하면 $p(2)=0$이다.

ㄷ. 함수 $p(x)\{f(x)\}^2$이 실수 전체의 집합에서 미분가능하면
   $p(x)$는 $x^2(x-2)^2$으로 나누어떨어진다.

① ㄱ   ② ㄱ, ㄴ   ③ ㄱ, ㄷ   ④ ㄴ, ㄷ   ⑤ ㄱ, ㄴ, ㄷ

문제를 들어가기에 앞서 다음 명제를 이해하도록 하자. (NOTES 참고)

i) $f(x)g(x)$가 연속일 때, $f(x)$가 $x=a$에서 **불연속**이고 $g(x)$는 $x=a$에서 연속이면 $g(a)=0$이어야한다.

ii) $f(x)g(x)$가 미분가능할 때, $f(x)$가 $x=a$에서 **연속이면서 미분불가능**하고 $g(x)$는 미분가능하다면 $g(a)=0$이다.

iii) $f(x)g(x)$가 미분가능할 때, $f(x)$가 $x=a$에서 **불연속이면서 미분불가능**하고 $g(x)$는 미분가능하다면
   $g(a)=0$, $g'(a)=0$이다.

우선 $f(x)$의 그래프는 다음과 같다.

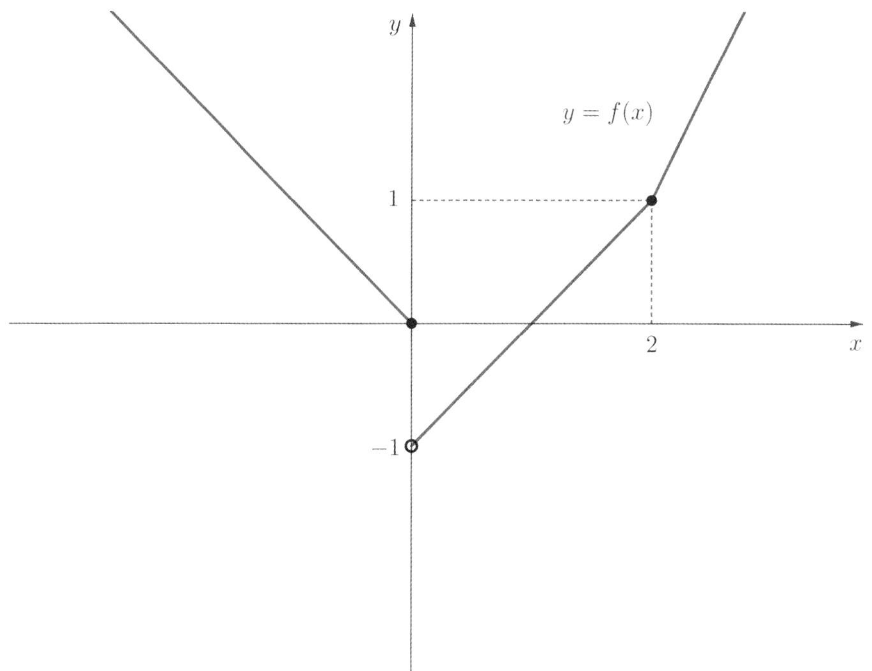

ㄱ. 함수 $p(x)f(x)$가 실수 전체의 집합에서 연속이면 $p(0)=0$이다.

$f(x)$가 $x=0$에서 **불연속**이므로 i)에 의하여 $p(0)=0$이다. ⋯ (참)

ㄴ. 함수 $p(x)f(x)$가 실수 전체의 집합에서 미분가능하면 $p(2)=0$이다.

$p(x)f(x)$가 실수 전체의 집합에서 미분가능하면,
$x=2$에서 $f(x)$가 **연속이면서 미분불가능**하므로, ii)에 의하여 $p(2)=0$이다. ⋯ (참)

ㄷ. 함수 $p(x)\{f(x)\}^2$이 실수 전체의 집합에서 미분가능하면 $p(x)$는 $x^2(x-2)^2$으로 나누어떨어진다.

$p(x)$가 $x^2(x-2)^2$으로 나누어떨어진다는 것은 x^2과 $(x-2)^2$을 인수로 갖는다는 것이다.

우선 $\{f(x)\}^2$을 구하면, $\{f(x)\}^2 = \begin{cases} x^2 & (x \leq 0) \\ (x-1)^2 & (0 < x \leq 2) \\ (2x-3)^2 & (x > 2) \end{cases}$이다.

$\{f(x)\}^2$는 $x=0$에서 여전히 **불연속**이고 $x=2$에선 **연속이면서 미분불가능**하다.

$p(x)\{f(x)\}^2$이 미분가능하면,
iii)에 의하여 $x=0$에서 $p(0)=0$, $p'(0)=0$이므로 $p(x)$는 x^2을 인수로 갖고,
$x=2$에서 ii)에 의하여 $p(2)=0$이므로 $(x-2)$를 인수로 갖는다. ⋯ (거짓)

답: ②

| 무엇으로 학생들을 변별했는가?

1. 곱함수의 **연속성**과 **미분가능성**을 판단할 수 있는가?

| NOTES

- 위 세 명제에 대한 증명을 해보자.

i) $f(x)g(x)$가 연속일 때, $f(x)$가 $x=a$에서 불연속이고 $g(x)$는 $x=a$에서 연속이면 $g(a)=0$이어야한다.

$f(x)$의 $x=a$에서 좌극한과 우극한, 함숫값이 다르므로, $g(x)$의 좌극한과 우극한, 함숫값이 모두 0이 되어야 $f(x)g(x)$가 연속이다.

ii) $f(x)g(x)$가 미분가능할 때, $f(x)$가 $x=a$에서 연속이면서 미분불가능하고 $g(x)$는 미분가능하다면 $g(a)=0$이다.

$f(x)g(x)$를 미분하면 $f'(x)g(x)+f(x)g'(x)$이다. 이 때, $f(x)$가 연속이므로 $f(x)g'(x)$은 연속이다. 하지만 $f'(x)g(x)$에서 $f'(x)$가 불연속이므로 i)와 같은 논리로 $g(a)=0$이어야 한다.

iii) $f(x)g(x)$가 미분가능할 때, $f(x)$가 $x=a$에서 불연속이면서 미분불가능하고 $g(x)$는 미분가능하다면 $g(a)=0$, $g'(a)=0$이다.

$f'(x)g(x)+f(x)g'(x)$에서 $f'(x)g(x)$, $f(x)g'(x)$ 모두 불연속이므로 $g(a)=0$, $g'(a)=0$이어야 한다.

함수 $f(x) = x^3 - 3x^2 + 5x$에서 x의 값이 0에서 a까지 변할 때의 평균변화율이 $f'(2)$의 값과 같게 되도록 하는 양수 a의 값을 구하시오.

x의 값이 0에서 a까지 변할 때의 평균변화율은 $\dfrac{f(a) - f(0)}{a - 0} = a^2 - 3a + 5$이고

$f'(x) = 3x^2 - 6x + 5$이므로 $f'(2) = 5$

평균변화율과 $f'(2)$의 값이 같으므로 $a^2 - 3a + 5 = 5$

a는 양수이므로, $a = 3$이다.

답: 3

두 다항함수 $f(x)$, $g(x)$가

$$\lim_{x \to 0} \frac{f(x)+g(x)}{x}=3, \quad \lim_{x \to 0} \frac{f(x)+3}{xg(x)}=2$$

을 만족시킨다. 함수 $h(x)=f(x)g(x)$에 대하여 $h'(0)$의 값은?

① 27   ② 30   ③ 33   ④ 36   ⑤ 39

"문제의 **첫 번째 식**부터 살펴보자.
분모가 0으로 가는데 **극한값이 존재**한다."

이에 식이 수렴하기 위해서는 $\dfrac{0}{0}$ 꼴이 되어야하므로, $f(0)+g(0)=0$ ... ㉠

또한, **수렴 값이 3이 되기 위해**서는
$$\lim_{x \to 0} \frac{f(x)+g(x)}{x}=f'(0)+g'(0)=3 \ ... \ ㉡$$
을 만족시켜야한다.

"첫 번째 식을 통해 **두 개의 조건**을 뽑아냈다."

"이제 문제의 **두 번째 식**도 보자.
이 식 또한 분모가 0으로 가는 동시에, **극한값이 존재**한다."

따라서,
$f(0)+3=0 \Rightarrow f(0)=-3$이다.

또한, ㉠에 의해 $g(0)=3$이다.

이제 **수렴 값이 2가 되기 위해**
$$\lim_{x \to 0} \frac{f(x)+3}{xg(x)}=\lim_{x \to 0} \frac{f'(x)}{g(x)+xg'(x)}=\frac{f'(0)}{g(0)}=\frac{f'(0)}{3}=2$$

$$\therefore \ f'(0)=6$$

또한 ㉡에 의해 $g'(0)=-3$이다.

"$h'(0)$은 곱의 미분법을 사용한 뒤, 지금까지 구한 값$(f(0), f'(0), g(0), g'(0))$을 대입하여 구할 수 있겠다.
계산해서 마무리하자."

$$h'(0)=f(0)g'(0)+f'(0)g(0)=(-3)(-3)+(6)(3)=27$$

답: ①

1. **극한식을 해석**하여 식 하나 당 **두 개의 조건**(수렴 조건, 극한값 조건)을 뽑아낼 수 있는가?

| NOTES

- 일반적으로 극한식이 주어지면 식 하나 당 **수렴 조건**, **극한값에 관한 조건** 총 2개의 식을 뽑아낼 수 있다.

최고차항의 계수가 1인 삼차함수 $f(x)$가 다음 조건을 만족시킨다.

> 방정식 $f(x)=9$는 서로 다른 세 실근을 갖고, 이 세 실근은 크기 순서대로 등비수열을 이룬다.

$f(0)=1$, $f'(2)=-2$일 때, $f(3)$의 값은?

① 6   ② 7   ③ 8   ④ 9   ⑤ 10

'방정식 $f(x)=9$는 서로 다른 세 실근을 갖는다.' '세 실근은 크기 순서대로 등비수열을 이룬다.'

조건을 보고 $f(x)=(x-\dfrac{a}{r})(x-a)(x-ar)+9$을 바로 작성할 수 있어야 한다. (세 실근 $\dfrac{a}{r}$, a, ar, NOTES 참고)

$f(0)=1$이므로 위 식에 $x=0$을 대입하면

$a^3=8$, 즉 $a=2$이다.

따라서, $f(x)=(x-\dfrac{2}{r})(x-2)(x-2r)+9$이다.

$f'(2)=-2$이므로 $f'(2)=(2-\dfrac{2}{r})(2-2r)=-2$

이를 정리하면 $2r^2-5r+2=(2r-1)(r-2)=0$

$\therefore r=\dfrac{1}{2}$, 2

따라서 $f(x)=(x-1)(x-2)(x-4)+9$이다.
(r이 $\dfrac{1}{2}$일 때와 2일 때 모두 $f(x)$는 동일하다.)

$\therefore f(3)=7$

답: ②

| 무엇을 기준으로 학생들을 변별했는가?

1. 세 근이 등비수열이라는 조건을 토대로 $f(x)$의 식을 설정할 수 있는가?

- 3항 연속의 등차수열 또는 등비수열 등의 규칙적인 항이 주어졌을 때, 상황에 따라 다르지만 주로 **중앙의 항을 기준으로 양 옆의 항을 기술해주는 것**이 편할 때가 많다.

예를 들어, 등차수열 a_n에서 a_1, a_2, a_3를 이용하여 푸는 문제가 주어지면
$a_2 = a$라고 한 뒤, $a_1 = a - d$, $a_3 = a + d$로 놓는 것이 편하다.

[빠른 정답]

01. 186

02. 2

03. 243

04. ④

05. ①

06. 65

07. ②

08. 3

09. ①

10. ②

미분법 | 접선의 방정식

함수

$$f(x) = \frac{1}{3}x^3 - kx^2 + 1 \ (k > 0 인\ 상수)$$

의 그래프 위의 서로 다른 두 점 A, B에서의 접선 l, m의 기울기가 모두 $3k^2$이다. 곡선 $y = f(x)$에 접하고 x축에 평행한 두 직선과 접선 l, m으로 둘러싸인 도형의 넓이가 24일 때, k의 값은?

① $\dfrac{1}{2}$　　　　② 1　　　　③ $\dfrac{3}{2}$　　　　④ 2　　　　⑤ $\dfrac{5}{2}$

'$f(x)$ 위의 점 A와 B의 접선의 기울기가 $3k^2$로 같다.'
이를 보고 직관적으로 점 A와 B가 **변곡점을 기준으로 대칭**임을 발견해야한다. (NOTES 참고)

'곡선 $y = f(x)$에 접하고 x축에 평행한 두 직선'은 곧 **극대와 극소에서의 접선**을 의미한다.

$f'(x) = x^2 - 2kx = x(x - 2k)$이므로,

$f'(x) = x^2 - 2kx = 0 \ \Rightarrow \ x = 0,\ 2k$
$f'(x) = x^2 - 2kx = 3k^2 \ \Rightarrow \ x = -k,\ 3k$

각 x좌표에서의 접선을 살펴보자.

$x = 0,\ 2k$에서의 접선은 '곡선 $y = f(x)$에 접하고 x**축에 평행**한 두 직선'임을,
$x = -k,\ 3k$에서의 접선은 각각 **접선 l, m임**을 알 수 있다. (접선 l이 m보다 왼쪽에 위치한다고 가정한다.)

'곡선 $y = f(x)$에 접하고 x축에 평행한 두 직선' 중 위에 있는 접선을 p, 나머지 하나를 q라고 하자.
아래와 같이 삼차함수와 네 접선을 그려보면,

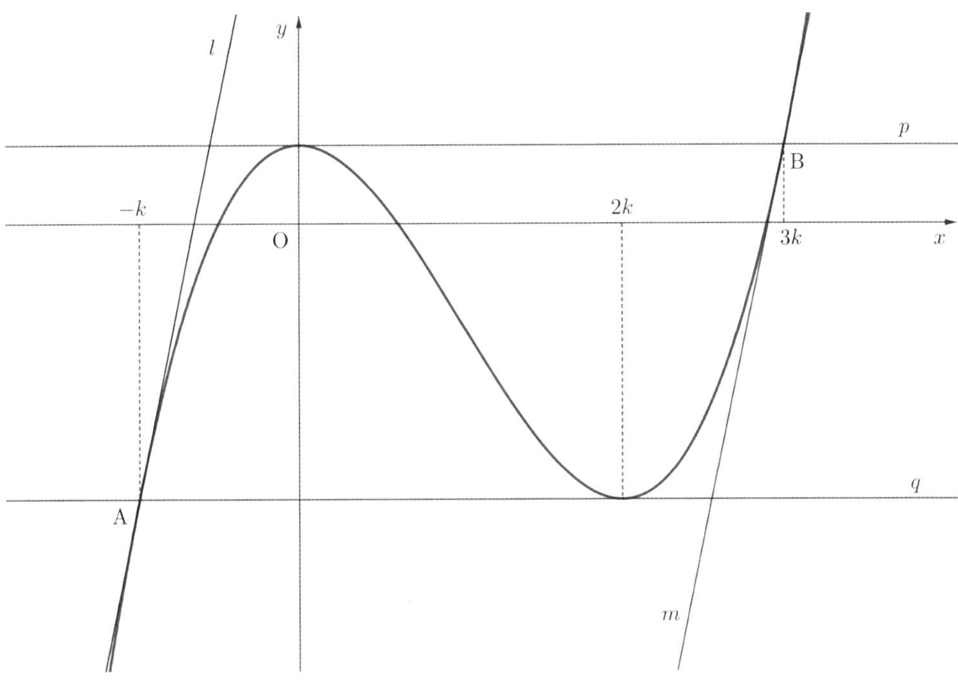

"네 접선이 **변곡점을 중심으로 평행사변형을 이루고 있네?"**

이제 **평행사변형의 밑변과 높이**만 구하면 도형의 넓이가 24임을 설명할 수 있다.

높이를 h라고 하면, h는 극댓값과 극솟값의 차이로 구할 수 있으므로 (NOTES 참고)
$h = \dfrac{1}{6}(2k-0)^3 = \dfrac{4}{3}k^3$이다.

이제 밑변만 구하면 된다.
그러나 과연 밑변을 구하기 위해서 두 접선의 방정식을 세운 후 연립해 교점의 좌표를 일일이 구해야 할까?

접선의 기울기와 높이를 알고 있으니, 이를 통해 밑변의 길이를 추정할 수 있다.

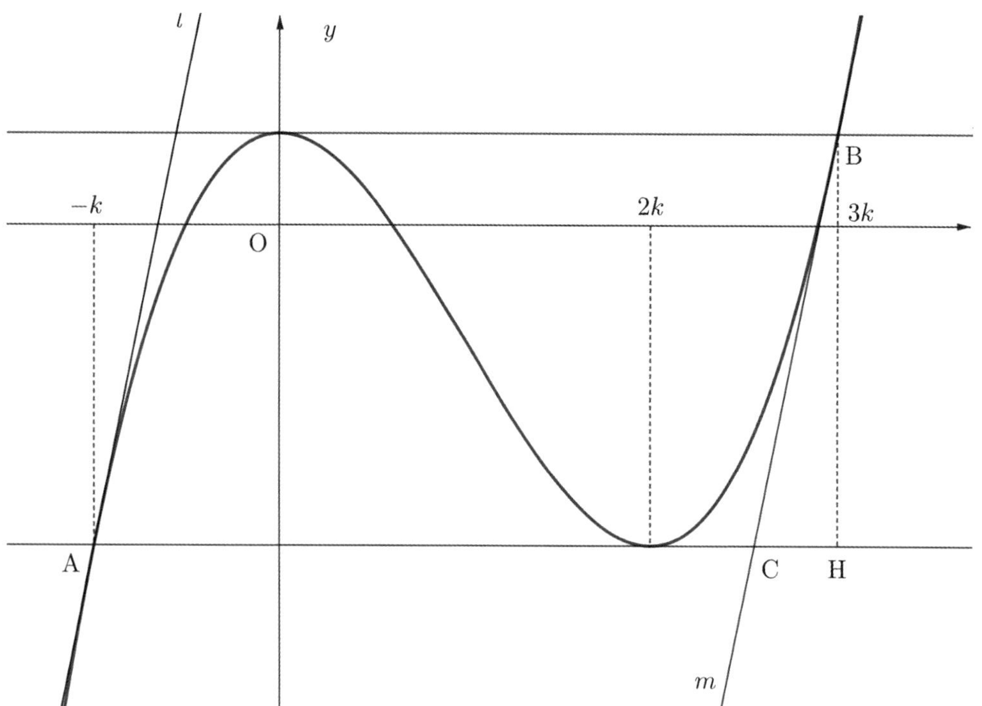

위 그림과 같이 점을 설정해보자. 이때 구하는 밑변은 $\overline{AC}$이다.

$\overline{BH} = \dfrac{4}{3}k^3$이고, 왼쪽 변의 기울기는 $3k^2$이므로

$$\overline{CH} = \dfrac{4}{3}k^3 \times \dfrac{1}{3k^2} = \dfrac{4}{9}k$$

따라서 밑변의 길이는

$$\overline{AC} = \overline{AH} - \overline{CH} = 4k - \dfrac{4}{9}k = \dfrac{32}{9}k \text{이다.}$$

평행사변형의 넓이는 24이므로,

$$\overline{AC} \times \overline{BH} = \dfrac{32}{9}k \times \dfrac{4}{3}k^3 = 24$$

$$\therefore \ k = \dfrac{3}{2} \text{이다.}$$

답: ③

| 무엇을 기준으로 학생들을 변별했는가?

1. **삼차함수의 비율 관계**를 자유자재로 이용할 수 있는가?

| NOTES

- 삼차함수 위의 두 점에 대해 접선의 기울기가 같다면, 두 점은 변곡점에 대해 대칭이다.

- 삼차함수의 최고차항의 계수를 h라고 하고, 극댓값과 극솟값을 가지는 x값의 차이가 d라고 할 때, 극댓값과 극솟값의 차이 k는 다음과 같다.

$$k = \left| \frac{1}{2} h d^3 \right|$$

두 실수 a와 k에 대하여 두 함수 $f(x)$와 $g(x)$는

$$f(x)=\begin{cases} 0 & (x \le a) \\ (x-1)^2(2x+1) & (x > a) \end{cases}$$

$$g(x)=\begin{cases} 0 & (x \le k) \\ 12(x-k) & (x > k) \end{cases}$$

이고, 다음 조건을 만족시킨다.

(가) 함수 $f(x)$는 실수 전체의 집합에서 미분가능하다.
(나) 모든 실수 x에 대하여 $f(x) \ge g(x)$이다.

k의 최솟값이 $\dfrac{q}{p}$일 때, $a+p+q$의 값을 구하시오.
(단, p와 q는 서로소인 자연수이다.)

문제를 읽어보면 $f(x)$, $g(x)$ 둘 다 구간함수로 정의되어 있다.

(가) 함수 $f(x)$는 실수 전체의 집합에서 미분가능하다.

$x \le a$에서 $f(x)=0$, $f'(x)=0$이므로, $f(x)$가 **실수 전체의 집합에서 미분가능**하려면
$x=a$는 $y=(x-1)^2(2x+1)$이 x축에 접하는 지점일 수 밖에 없다.

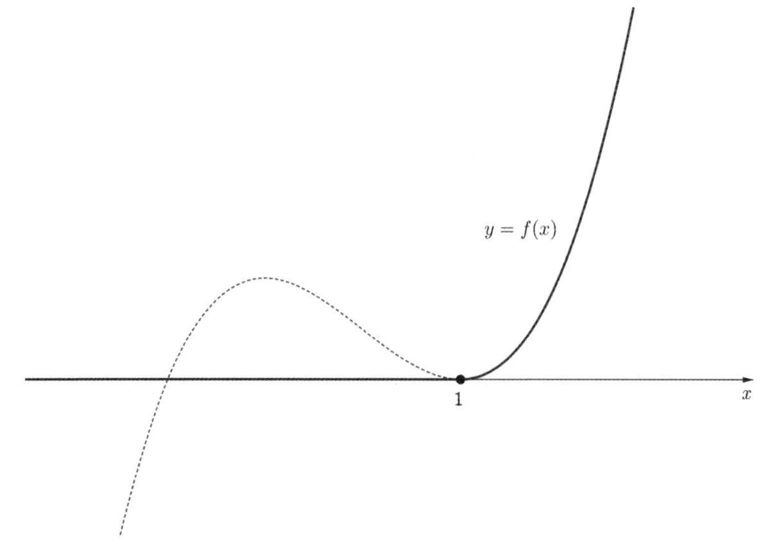

따라서, $a=1$이라는 사실을 어렵지 않게 구할 수 있다.

(나) 모든 실수 x에 대하여 $f(x) \geq g(x)$ 이다.

$g(x)$는 오른쪽 구간($k > 0$)에는 $(k, 0)$를 지나고 **기울기가 12인 직선**이, 왼쪽 구간($k \leq 0$)에는 $y = 0$**이 있는** 구간함수다.

k**를 왼쪽에서 오른쪽으로 점점 움직이다보면**, k가 특정 수보다 커질 때 모든 실수 x에서 $f(x) \geq g(x)$가 성립됨을 확인할 수 있다.

또한, 그 최솟값이 바로 $f(x)$**와** $g(x)$**가 접할 때**라는 것을 어렵지 않게 알 수 있다.

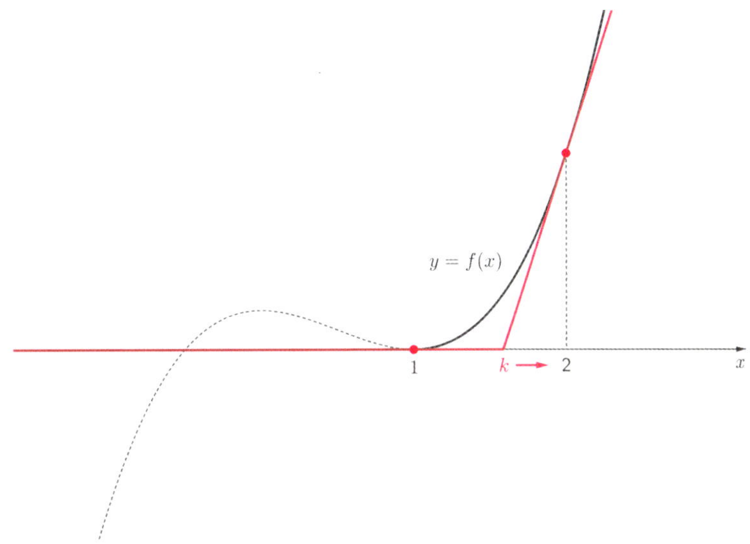

따라서 $f(x)$와 $g(x)$의 접점을 구하기 위해 $f'(x) = 12$**를 만족하는** x를 찾아보도록 하자.

$$f'(x) = 6x(x-1) = 12 \implies x = 2 \text{ 또는 } x = -1$$

(삼차함수의 비율관계를 이용하여 $f(x)$가 $x = -1, 0$에서 극값을 가짐을 이용해 $f'(x)$의 식을 도출하면 편하다.)

여기서, 그래프를 보면 우리는 $x > 1$에서 기울기가 12가 되는 x를 관찰하고 있으므로,
$f(x)$와 $g(x)$는 $x = 2$에서 접점 $(2, 5)$를 가지는 것을 파악할 수 있다. $(f(2) = 5)$

$g(x)$가 점 $(2, 5)$를 지나가므로, 이 점을 대입하여 k를 구하면

$$g(2) = 12(2 - k) = 5 \implies k = \frac{19}{12} \text{ 이다.}$$

$$\therefore a + p + q = 1 + 12 + 19 = 32$$

답: 32

1. 구간함수에서 **미분가능성 조건**을 통해 **구간의 경계**를 구할 수 있는가?

2. $f(x) \geq g(x)$ 만족시키기 위해 k를 좌우로 움직여보고, $f(x)$와 $g(x)$가 **접할 때 k가 최솟값**을 가짐을 발견할 수 있는가?

최고차항의 계수가 1인 사차함수 $f(x)$에 대하여 네 개의 수 $f(-1)$, $f(0)$, $f(1)$, $f(2)$가 이 순서대로
등차수열을 이루고, 곡선 $y = f(x)$ 위의 점 $(-1, f(-1))$에서의 접선과 점 $(2, f(2))$에서의 접선이
점 $(k, 0)$에서 만난다. $f(2k) = 20$일 때, $f(4k)$의 값을 구하시오.
(단, k는 상수이다.)

'최고차항의 계수가 1인 사차함수 $f(x)$에 대하여 네 개의 수 $f(-1)$, $f(0)$, $f(1)$, $f(2)$가 등차수열을 이룬다.'
문장을 해석해보자.

등차수열을 이룬다는 것은 일정한 간격을 이루고 있다는 뜻이다.
x의 값인 -1, 0, 1, 2도 일정한 간격을 이루고, $f(-1)$, $f(0)$, $f(1)$, $f(2)$도 등차수열을 이룬다고 하였으니

$(-1, f(-1))$, $(0, f(0))$, $(1, f(1))$, $(2, f(2))$ **이 4개의 점이 전부 한 직선 위**에 있다는 뜻이다.

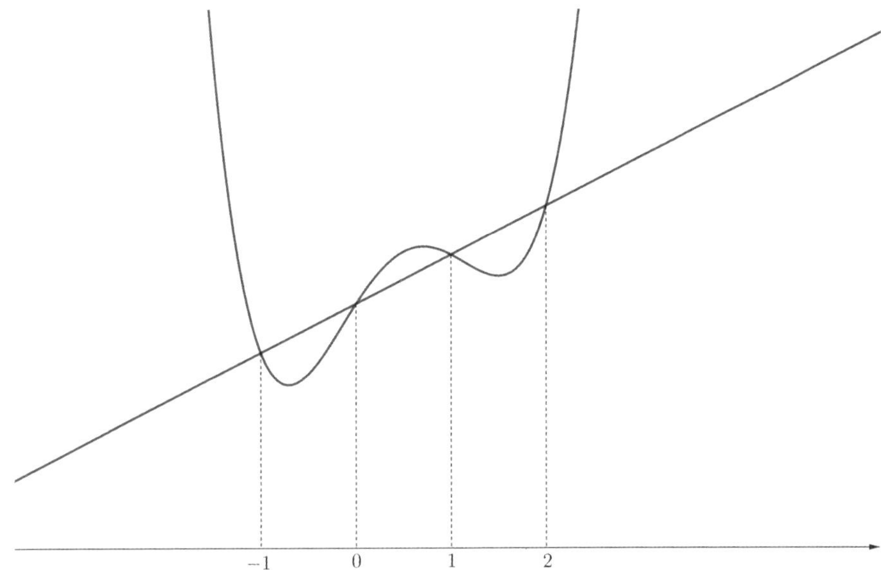

그렇다면 이 직선을 $y = mx + n$이라 두자.
그렇다면, 위의 네 개의 점은 $y = f(x)$와 직선 $y = mx + n$의 교점이 된다.

따라서, 다음과 같이 식을 세울 수 있다.

$$f(x) - (mx + n) = x(x+1)(x-1)(x-2)$$

$$\Rightarrow f(x) = x(x+1)(x-1)(x-2) + mx + n \ \cdots \ \text{㉠}$$

이제 ㉠을 통해 $x = 2$에서의 접선과 $x = -1$에서의 접선을 구해보자.

우선, $x = 2$에서의 접선의 방정식을 세우기 위해 $f(2)$, $f'(2)$를 구하면
$f(2) = 2m + n$이고 $f'(2) = m + 6$이다.

따라서 $y=(m+6)x+n-12$이고, 이 접선이 $(k,\,0)$을 지나므로 $(m+6)k+n-12=0$ $\cdots$ ⓛ

같은 방법으로 $x=-1$에서의 접선의 방정식을 구하면 $y=(m-6)x+n-6$이고,

이 접선 또한 $(k,\,0)$을 지나므로 $(m-6)k+n-6=0$ $\cdots$ ⓒ

ⓛ과 ⓒ을 연립하면, $k=\dfrac{1}{2}$이다.

또한 ⓛ에 $k=\dfrac{1}{2}$을 대입하여 정리하면 $m+2n=18$이라는 관계식을 얻을 수 있다.

또한, 발문에 따르면 $f(2k)=20$이고, $k=\dfrac{1}{2}$이므로 $f(1)=20$이다.

이 식을 ㉠에 대입하면 $m+n=20$이라는 관계식을 얻을 수 있다.

두 식을 연립하여 $m,\ n$의 값을 구하면 각각 $22,\ -20$이다.

따라서, $f(x)=x(x+1)(x-1)(x-2)+22x-2$

$\therefore\ f(4k)=f(2)=42$

답: 42

| **무엇을 기준으로 학생들을 변별했는가?**

1. 네 개의 수 $f(-1),\ f(0),\ f(1),\ f(2)$가 **등차수열을 이룸**을 이용하여 $(-1,\ f(-1)),\ (0,\ f(0)),\ (1,\ f(1)),\ (2,\ f(2))$를 **사차함수 $f(x)$와 직선의 네 교점**으로 바라볼 수 있는가?

2. 주어진 관계식을 잘 정리하여 구하고자 하는 미지수의 값을 찾을 수 있는가?

| **NOTES**

- 등차수열은 **정의역이 자연수인 일차함수**라고 해석할 수 있다.

원점을 지나고 곡선 $y = -x^3 - x^2 + x$에 접하는 모든 직선의 기울기의 합은?

① 2   ② $\dfrac{9}{4}$ ③ $\dfrac{5}{2}$ ④ $\dfrac{11}{4}$ ⑤ 3

'원점을 지나고', '곡선 $y = -x^3 - x^2 + x$에 접한다'

무작정 접점을 설정하기 전에 문제의 조건을 다시 보자.

"직선과 곡선 $y = -x^3 - x^2 + x$ 모두 원점을 지나네."

"직선과 곡선이 **원점에서 접하거나** 원점이 아닌 **다른 점에서 접하겠구나.**"

원점을 지나는 직선 $y = mx$와 곡선 $y = -x^3 - x^2 + x$을 연립하면
$-x(x^2 + x - 1 + m) = 0$이다.

이미 $x = 0$을 실근으로 가지고 있기에, $x^2 + x - 1 + m = 0$이 $\underline{x = 0}$을 실근으로 갖거나, $\underline{x \neq 0}$인 중근을 가져야한다.

$i)$ $x^2 + x - 1 + m = 0$이 $\underline{x = 0}$을 실근으로 갖을 때,
$m = 1$이다.

$ii)$ $x^2 + x - 1 + m = 0$이 $\underline{x \neq 0}$인 중근을 가질 때,
$x^2 + x - 1 + m = \left(x + \dfrac{1}{2}\right)^2 = 0$이므로, $m = \dfrac{5}{4}$이다.

따라서 원점을 지나고 곡선에 접하는 모든 직선의 기울기 m의 합은 $\dfrac{9}{4}$이다.

답: ②

삼차함수 $f(x)$에 대하여 곡선 $y=f(x)$ 위의 점 $(0,\ 0)$에서의 접선과 곡선 $y=xf(x)$위의 점 $(1,\ 2)$에서의 접선이 일치할 때, $f'(2)$의 값은?

① -18 ② -17 ③ -16 ④ -15 ⑤ -14

주어진 조건은 다음과 같다.
'$y=f(x)$ 위의 점 $(0,\ 0)$에서의 접선과 $y=xf(x)$위의 점 $(1,\ 2)$에서의 접선이 일치한다.'

"두 접선이 일치한다는 것은, **한 접선이 두 점 $(0,\ 0)$과 $(1,\ 2)$를 전부 지난다**는 뜻이겠네?"

이를 통해, **접선의 방정식은 $y=2x$가 됨을 알 수 있다.**

$y=f(x)$는 $(0,\ 0)$을 지나고, 이 때 접선의 기울기가 2이므로, 아래와 같이 식을 세울 수 있다.

$$f(x)=ax^2(x-b)+2x\ (a\neq 0)\ \cdots\ ㉠$$

"$y=xf(x)$도 **점 $(1,\ 2)$에서 기울기가 2인 접선을 가진다**는 점을 토대로 $a,\ b$를 구하면 되겠다."

$y=xf(x)$가 **점 $(1,\ 2)$를 지나므로**, $f(1)=2\ \cdots\ ㉡$

이를 ㉠에 대입해보면,
$f(1)=a(1-b)+2=2\ \Rightarrow\ b=1\ (\because\ a\neq 0)$

또한, 이 점에서 **접선의 기울기가** 2이므로,
$y=xf(x)$를 미분해보자.

$$\frac{dy}{dx}=f(x)+f'(x)$$

이제 $x=1$을 대입하면
$f(1)+f'(1)=2$

㉡에 따라 $f(1)=2$이므로 $f'(1)=0$이다.
이를 $f(x)=ax^2(x-1)+2x$의 도함수에 대입해보면, $f'(1)=a+2=0\ \Rightarrow\ a=-2$

$\therefore\ f(x)=-2x^2(x-1)+2x$

"이제 $f(x)$를 전부 구했으니, $f'(2)$만 구하면 된다."

$f(x)$를 미분하면
$f'(x)=-6x^2+4x+2$

마지막으로 $f'(x)$에 $x=2$를 대입하면,

$f'(2) = -14$

답: ⑤

| 무엇으로 학생들을 변별했는가?

1. 두 접선이 일치한다는 조건을 통해 접선의 방정식을 구할 수 있다.

| NOTES

또 다른 풀이로는 $f(0)=0$, $f'(0)=2$, $f(1)=2$, $f'(1)=0$ 이 4가지의 정보를 이용하여 $f(x) = ax^3 + bx^2 + cx + d$라 두고 단순 계산해 미지수들을 전부 찾아내는 방법이 있다.

그러나 계산 과정을 최소화하기 위해 가급적 기하학적 성질을 활용해 식을 세우는 것을 추천한다.

최고차항의 계수가 1인 삼차함수 $f(x)$와 실수 전체의 집합에서 연속인 함수 $g(x)$가 다음 조건을
만족시킬 때, $f(4)$의 값을 구하시오.

(가) 모든 실수 x에 대하여 $f(x) = f(1) + (x-1)f'(g(x))$이다.

(나) 함수 $g(x)$의 최솟값은 $\dfrac{5}{2}$이다.

(다) $f(0) = -3$, $f(g(1)) = 6$

(가) ~ (다)를 종합적으로 살펴보면, 함숫값을 조건으로 준 것을 알 수 있다.

우리는 $f(x)$의 식을 알아야 $f(4)$를 구할 수 있다.

$f(x)$가 최고차항의 계수가 1인 삼차함수라는 점을 고려하여 $f(x) = x^3 + ax^2 + \cdots$와 같이 식을 세팅하고 풀이를 전개하면
(나)를 사용하기가 막막하다. (대다수의 문항에서 이런 식으로 접근하면 계산 난이도가 올라가니 주의하자.)

따라서, 기하학적 관점에서 풀이를 진행해보자.

(가)에서 주어진 식은 "모든 실수 x에 대하여" 성립하는 식이므로 항등식이다. 한번 잘 관찰해보자.
"$f(x)$, $f(1)$, $x-1$ 등이 보이는 것으로 보아, $\dfrac{f(x)-f(1)}{x-1} = f'(g(x))\ (x \neq 1)$로 변형할 수 있겠네."

"좌변은 1과 x 사이의 **평균기울기**를 나타내고.. 우변이 되게 낯서네."

"식을 해석해보면, **1부터 x까지의 평균기울기**(좌변)와 x**좌표가 $g(x)$일 때의 순간변화율**(우변)이 같다는 뜻이다."

"$g(x)$가 이렇게 정의되는구나. 이걸 어떻게 구해야 할까..?"

"일단 일반적인 삼차함수 개형을 그려보고, 아무 위치에 $(1,\ f(1))$을 놓은 뒤 $(x,\ f(x))$를 왼쪽에서부터 오른쪽으로 조금씩 옮겨
가며 $(1,\ f(1))$와 $(x,\ f(x))$를 잇는 **직선**을 그려보고, 이 직선과 **평행한 접선**을 그려보자."

"$(1,\ f(1))$와 $(x,\ f(x))$를 잇는 **직선을 l이라고 해보자.**"

이제 x를 가장 왼쪽에서부터 오른쪽으로 쭉 옮겨보면서 **직선 l의 변화**를 관찰해보자.
($(1,\ f(1))$을 임의로 극대 왼쪽에 두었지만, $(1,\ f(1))$을 어디에 놓든 같은 결과가 나온다.)

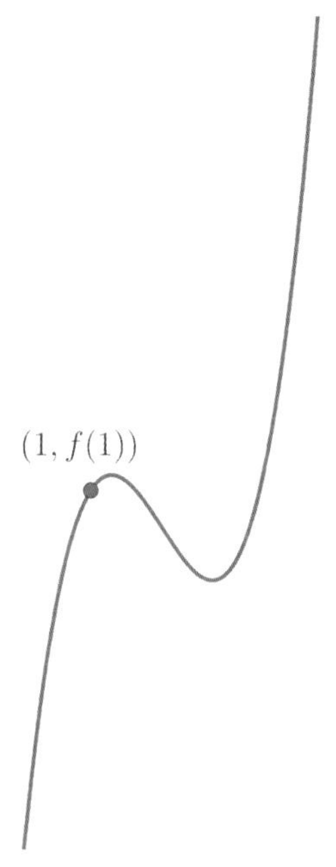

"처음에는, x가 오른쪽으로 갈수록 계속 *l*의 기울기가 감소하다가,
$(x, f(x))$가 $f(x)$와 **접하게 되는 어떤 순간**을 기점으로 그때부터 기울기가 증가하네..?"

여기서 우리는 두 가지 사실을 알 수 있다.

1) 직선 *l*과 평행한 $f(x)$의 접선은, 항상 **좌우로 두 개**가 존재한다.

하나는 **변곡점 왼쪽**에, 하나는 **변곡점 오른쪽**에 존재하며, 두 접선은 변곡점을 기준으로 대칭이다.
(사실 굳이 이 과정 없이도, 삼차함수의 미분식이 이차함수임을 고려하면 바로 알 수 있다.)

그런데, 발문에 따르면 기본적으로 $g(x)$는 연속이다. 또한, (나)에 따르면 $g(x)$는 최솟값을 가져야한다.
만약 $g(x)$가 **변곡점 왼쪽**에 존재하는 접선의 접점의 x좌표라면, $x \to -\infty$일 때 $g(x) \to -\infty$이므로
'**최솟값**' 자체를 가질 수 없다.

"아, $g(x)$는 두 접선 중 **변곡점 오른쪽**에 존재하는 접선의 **접점의** x**좌표**겠구나."

2) 직선 *l*의 기울기의 **증감이 바뀌는 그 순간**을 생각해보자.

이 순간은 바로 직선 *l*이 $(x, f(x))$에서 $f(x)$**와 접하는 순간**이고,
따라서 $(x, f(x))$**에서의 접선이 직선** *l***과 일치한다.**

"이때 $x = g(x)$겠네. 게다가, 이 순간이 증감이 바뀌는 **유일한 경우**임을 고려하면,

이 순간이 $g(x)$가 **최솟값** $\dfrac{5}{2}$**를 갖는 순간**이겠네."

(만약 $(1, f(1))$을 변곡점 오른쪽에 두고 풀이를 진행했다면, 이 과정에서 $(1, f(1))$이 변곡점 왼쪽에 있음을 알게 된다.)

다시 한번 정리해보면, $x \geq \dfrac{5}{2}$를 만족하는 임의의 $(x, f(x))$에서 접선을 그었을 때, 이와 평행한 직선 l이 존재한다.

그리고, 그 중 $\left(\dfrac{5}{2}, f\left(\dfrac{5}{2}\right)\right)$에서 그은 접선은

가능한 직선 l들 중에서 **기울기가 최소**(평균기울기의 증감이 바뀌는 순간에서의 직선 l)**인 직선 l과 평행**하게 된다.

따라서 삼차함수의 비율관계에 의해 $f(x)$의 개형은 다음과 같다.

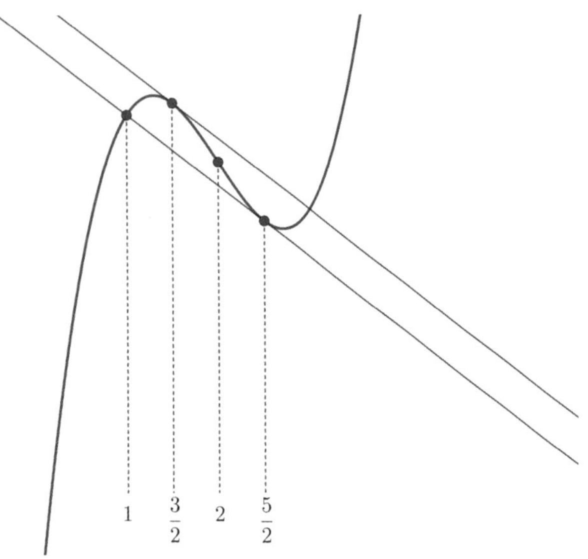

이때, 변곡점의 x좌표는 2임을 알 수 있다.

또한, 1을 제외한 모든 실수 x에 대하여 $\dfrac{f(x)-f(1)}{x-1} = f'(g(x))$가 성립해야하므로

$$\lim_{x \to 1} \frac{f(x)-f(1)}{x-1} = f'(g(1)) \Rightarrow f'(1) = f'(g(1))$$를 만족해야한다.

이때, $g(x) \geq \dfrac{5}{2}$이고 변곡점을 기준으로 $x=1$과 점대칭을 만족하는 x값은 $x=3$이므로,

$f'(g(1)) = f'(3)$을 만족해야한다.

$$\therefore \ g(1) = 3$$

서로 다른 두 점 $(1, f(1))$과 $\left(\dfrac{5}{2}, f\left(\dfrac{5}{2}\right)\right)$을 지나는 직선을 $y = m(x-1)+f(1)$이라 하면,

위 그래프를 통해 $f(x) - \{m(x-1)+f(1)\} = (x-1)\left(x-\dfrac{5}{2}\right)^2$

$\Rightarrow f(x) = (x-1)\left(x-\dfrac{5}{2}\right)^2 + \{m(x-1)+f(1)\}$을 만족함을 알 수 있다.

"이제 (나)를 이용해서 남은 미지수인 m과 $f(1)$을 구해보자."

관계식 $f(0) = -3$과 $f(3) = 6$을 연립하여 계산하면 $m = \dfrac{3}{4}$, $f(1) = 4$임을 알 수 있다.

따라서, $f(x) = (x-1)\left(x - \dfrac{5}{2}\right)^2 + \dfrac{3}{4}(x-1) + 4$이다.

"이제 $f(x)$를 구했으니, 마지막으로 $x = 4$를 대입하여 문제를 마무리하자."

$f(4) = 13$

답: 13

| 무엇을 기준으로 학생들을 변별했는가?

1. **함수 $g(x)$의 의미**를 정확히 파악할 수 있는가?

2. **최솟값을 갖는다**는 조건을 통해 케이스를 선별할 수 있는가?

3. 삼차함수의 비율관계를 이용하여 **변곡점을 구하고**, 변곡점을 기준으로 한 **대칭성을 이용**할 수 있는가?

| NOTES

- 앞으로 마주칠 추론의 강도가 높은 문항들은 우리가 익히 보았던 표현들만 나오지 않고, 낯선 표현들이 자주 등장할 것이다.

- 우리가 공부를 하는 이유는 **낯선 표현이 나왔을 때,** 당황하지 않고 출제자가 **그러한 표현을 쓴 의도**가 무엇인지 고민할 수 있는 작업을 할 수 있기 위함이다.

- 또한 (가), (나)를 읽고 내가 임의로 그린 **그래프에 반례가 있는지 찾아나가는 과정**은 시험장에서 시간을 오래 소모한다. 따라서 **특수한 경계**를 기준으로 관찰하는 것이 중요하다.

최고차항의 계수가 1인 삼차함수 $f(x)$에 대하여 곡선 $y = f(x)$ 위의 점 $(-2, f(-2))$에서의 접선과 곡선 $y = f(x)$ 위의 점 $(2, 3)$에서의 접선이 점 $(1, 3)$에서 만날 때, $f(0)$의 값은?

① 31   ② 33   ③ 35   ④ 37   ⑤ 39

문제를 읽어보자.

최고차항의 계수가 1인 삼차함수에서,

1) $y = f(x)$ 위의 점 $(-2, f(-2))$에서의 접선

2) $y = f(x)$ 위의 점 $(2, 3)$에서의 접선

이 두 접선이 $(1, 3)$에서 만난다.
"그럼 교점 $(1, 3)$을 이용하여 **두 접선에 관한 식**을 전부 세워보자."

1) 점 $(-2, f(-2))$에서의 접선을 $y = m(x-1)+3$이라고 하면, 점 $(-2, f(-2))$을 지나므로,
     $f(-2) = -3m+3$, $f'(-2) = m$이라고 할 수 있다. $\cdots$ ㉠

2) 점 $(2, 3)$에서의 접선이 $(1, 3)$를 지난다는 것은, **접선이** $y = 3$임을 뜻한다.
     이를 통해 $f(2) = 3$, $f'(2) = 0$임을 알 수 있다.

따라서, $y = f(x)$가 $x = 2$에서 극값 3을 가지므로 $f(x)$의 식을 다음과 같이 세워볼 수 있다.

$f(x) = (x-2)^2(x-\alpha)+3$ $\cdots$ ㉡

"이제, ㉠을 통해 연립방정식을 세우면 되겠다."

먼저, $f(-2) = -16\alpha - 29 = -3m+3$

또한, ㉡의 양변을 미분하면 $f'(x) = 2(x-2)(x-\alpha)+(x-2)^2$
이제 이 식에 $x = -2$를 대입하면 $f'(-2) = 8\alpha + 32 = m$

따라서,
1) $-16\alpha - 29 = -3m+3$
2) $8\alpha + 32 = m$

이 두 식을 연립하면, $\alpha = -8$이다.

$\therefore$ $f(x) = (x-2)^2(x+8)+3$
마지막으로, $x = 0$을 대입하면 $f(0) = 35$

답: ③

| 무엇으로 학생들을 변별했는가?

1. 기하학적 성질을 이용하기보다는 **연립방정식을 세워** 미지수를 찾아나갈 수 있는가?

$a > \sqrt{2}$인 실수 a에 대하여 함수 $f(x)$를

$$f(x) = -x^3 + ax^2 + 2x$$

라 하자. 곡선 $y = f(x)$ 위의 점 $\mathrm{O}(0, 0)$에서의 접선이 곡선 $y = f(x)$와 만나는 점 중 O가 아닌 점을 A라 하고, 곡선 $y = f(x)$ 위의 점 A에서의 접선이 x축과 만나는 점을 B라 하자. 점 A가 선분 OB를 지름으로 하는 원 위의 점일 때, $\overline{\mathrm{OA}} \times \overline{\mathrm{AB}}$의 값을 구하시오.

우선 삼차함수 개형을 그려보자.

"최고차항 계수가 음수고, $a > \sqrt{2}$이니 변곡점은 y축 오른쪽$\left(x = \dfrac{a}{3}\right)$에 있고, 극대와 극소를 가지면서 원점을 지나네."

"그리고, 원점에서의 접선은 $y = 2x$겠다."

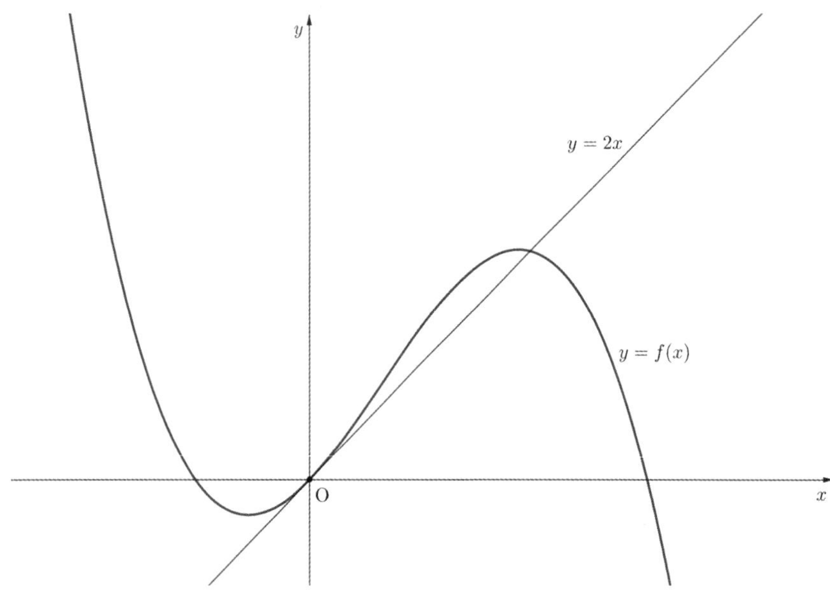

원점 O에서의 접선의 방정식이 $y = 2x$이므로, 쉽게 A의 좌표를 표현할 수 있다.

$$f(x) - 2x = -x^3 + ax^2 = -x^2(x - a) = 0 \ \Rightarrow \ x = 0, \ a$$

이에 따라 점 $\mathrm{A}(a, \ f(a))$, $f(a) = 2a$이므로

$$\therefore \ \mathrm{A}(a, \ 2a)$$

"점 A가 선분 $\overline{\mathrm{OB}}$를 지름으로 하는 원 위에 있네.
그러면 삼각형 $\triangle \mathrm{OAB}$는 **선분 $\overline{\mathrm{OB}}$를 빗변으로 하는 직각삼각형**으로, $\angle \mathrm{OAB}$는 **직각**이겠네."

따라서 선분 $\overline{\text{OA}}$와 선분 $\overline{\text{AB}}$는 수직이고, 선분 $\overline{\text{OA}}$의 기울기가 2이므로 (선분 $\overline{\text{OA}}$는 점 A에서의 접선의 일부이다.)
선분 $\overline{\text{AB}}$의 기울기는 $-\dfrac{1}{2}$이다.

"한번 $\triangle$OAB의 외접원을 그려보자. 이때, 점 A의 위치는 앞으로 유용하게 쓰일 것 같으니 표시해두자."

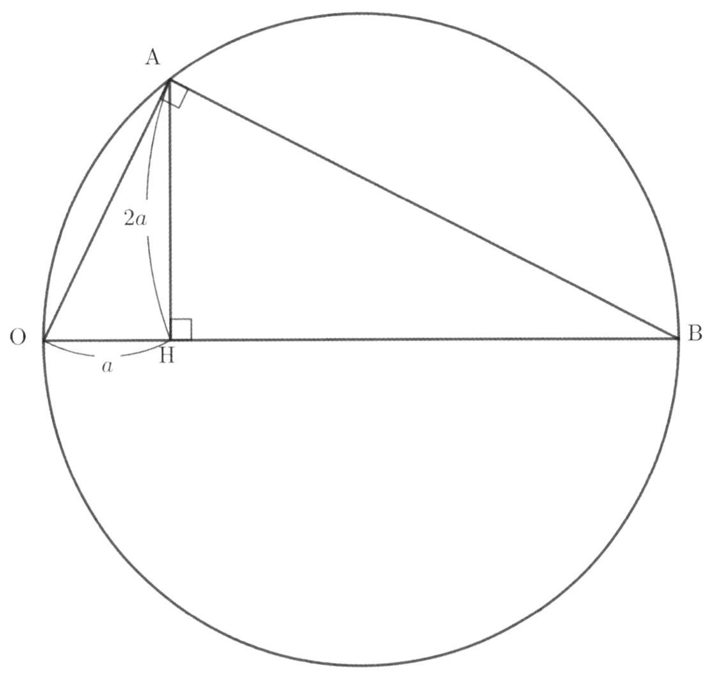

이를 통해, 우리는 두 가지 정보를 얻어낼 수 있다.

1) 선분 $\overline{\text{AB}}$의 기울기와 A$(a,\ 2a)$임을 고려하면, **점 B의 위치**를 구할 수 있다.

$$\therefore\ \ \text{B}(5a,\ 0)$$

2) 선분 $\overline{\text{AB}}$가 점 A에서의 접선의 일부임을 고려하면, 도함수 $f'(x)$에 A$(a,\ 2a)$를 대입하여 기울기가 $-\dfrac{1}{2}$가 됨을
검증하는 과정에서 a **또한 구할 수 있다**.

$$f'(a) = -3a^2 + 2a^2 + 2 = -a^2 + 2 = -\frac{1}{2}\ \Rightarrow\ a^2 = \frac{5}{2}\ \cdots\ \text{㉠}$$

이제 답을 구하기 위해 발문을 다시 살펴보면,
"문제에서 물어보는 건 $\overline{\text{OA}} \times \overline{\text{AB}}$이네. 어? 생각해보면 삼각형의 (밑변)$\times$(높이)잖아?"

"그러면 점 A에서 x축에 내린 수선의 발 H를 내려 $\overline{\text{OB}} \times \overline{\text{AH}}$로 바꿔도 구해지는 값은 같겠다.
$\overline{\text{OA}} \times \overline{\text{AB}}$를 직접 구할 수도 있겠지만.. 이미 $\overline{\text{OB}}$와 $\overline{\text{AH}}$를 쉽게 파악할 수 있는데, 굳이 돌려서 풀 필요는 없겠지?"

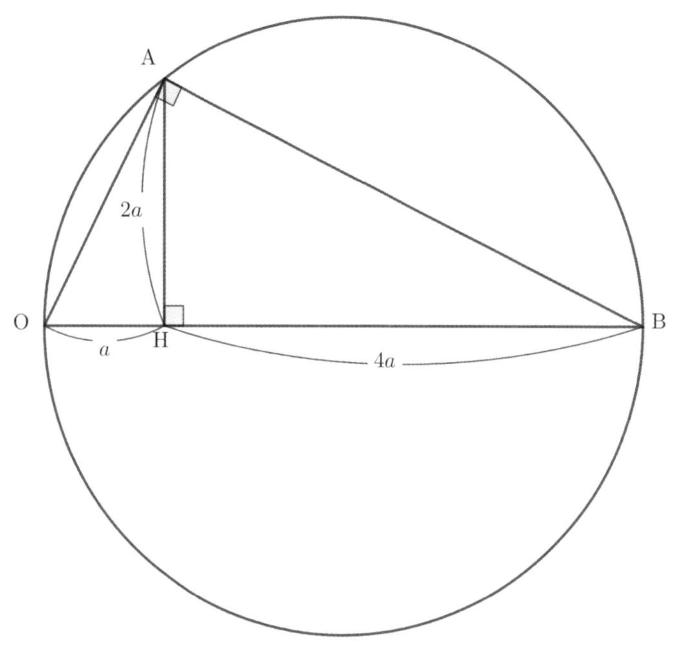

위 그림을 통해, $\overline{OB}=5a$, $\overline{AH}=2a$임을 쉽게 파악할 수 있다.

$$\therefore \ \overline{OA}\times\overline{AB}=\overline{OB}\times\overline{AH}=10a^2$$

"마지막으로 ㉠을 대입하여 문제를 끝내자."

$$\overline{OA}\times\overline{OB}=10a^2=25$$

답: 25

| 무엇을 기준으로 학생들을 변별했는가?

1. 어떤 점이 **선분을 지름으로 하는 어떤 원** 위의 점이라는 정보를 통해, 해당 점에 대한 원주각이
   직각이라는 정보를 얻을 수 있는가?

2. 수직 관계를 이루고 한 점을 공유하는 **두 변의 곱**으로부터 **직각삼각형의 넓이 공식** 형태와
   유사함을 눈치챌 수 있는가?

| NOTES

- **원과 지름**에 대한 이야기가 나오면 필수적으로 떠올려야 하는 것이 **원주각 개념**이다. 필히 숙지하도록 하자.

- $\overline{OA}$와 $\overline{AB}$를 직접 구해서 문제를 해결할 수도 있다. 하지만 계산도 복잡하고 실수할 여지가 많다.
  공부할 때는 최대한 **계산량을 최대한 줄이는 여러 가지 방법**을 연구하면서 문제에 접근하자.

  다만, 시험지를 한 바퀴 돌리고 검토할 때는 **정석적인 방법으로도 검산해 보는 것**을 추천한다.

최고차항의 계수가 1이고 $f(0)=0$인 삼차함수 $f(x)$가

$$\lim_{x \to a}\frac{f(x)-1}{x-a}=3$$

을 만족시킨다. 곡선 $y=f(x)$ 위의 점 $(a, f(a))$에서의 접선의 y절편이 4일 때, $f(1)$의 값은?
(단, a는 상수이다.)

① -1　　　　② -2　　　　③ -3　　　　④ -4　　　　⑤ -5

문제에서 준 조건들을 잘 연립해서 삼차함수를 구하면 끝나는 문제다.

1) $f(0)=0$
2) $f(a)=1$, $f'(a)=3$

이 정보를 토대로 접선을 구해보면 $y=3(x-a)+1$이므로,
접선의 y절편이 4임을 이용해서 식을 또 세우면,

$$4=-3a+1 \implies a=-1$$

지금까지의 조건을 바탕으로 $f(x)$의 식을 세우자.

1) $f(-1)=1$, $f'(-1)=3 \implies f(x)=(x+1)^3+k(x+1)^2+3(x+1)+1$

2) $f(0)=0 \implies f(0)=1+k+3+1=0 \implies k=-5$

$$\therefore f(1)=8+4k+6+1=15+4k=-5$$

답: ⑤

01. ③

02. 32

03. 42

04. ②

05. ⑤

06. 13

07. ③

08. 25

09. ⑤

미분법 ┃ 함수의 증감

* 킬러 문항이 빈번히 출제되는 단원입니다.

삼차함수 $y=f(x)$와 일차함수 $y=g(x)$의 그래프가 그림과 같고, $f'(b)=f'(d)=0$이다.

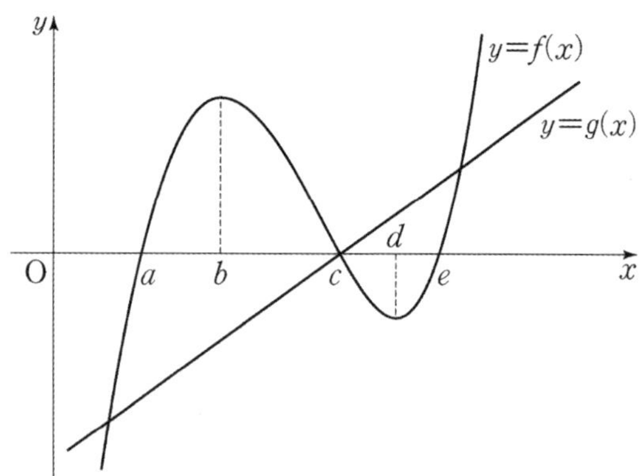

함수 $y=f(x)g(x)$는 $x=p$와 $x=q$에서 극소이다. 다음 중 옳은 것은? (단, $p<q$)

① $a<p<b$이고 $c<q<d$ ② $a<p<b$이고 $d<q<e$

③ $b<p<c$이고 $c<q<d$ ④ $b<p<c$이고 $d<q<e$

⑤ $c<p<d$이고 $d<q<e$

먼저 $y=f(x)g(x)$는 최고차항의 계수가 양수인 사차함수일 것이다.
또한 a, c, e에서 실근을 갖고 그 중 c에서 중근을 갖는다.

그렇다면, 사차함수 $y=f(x)g(x)$의 대략적인 개형은 다음과 같을 것이다.

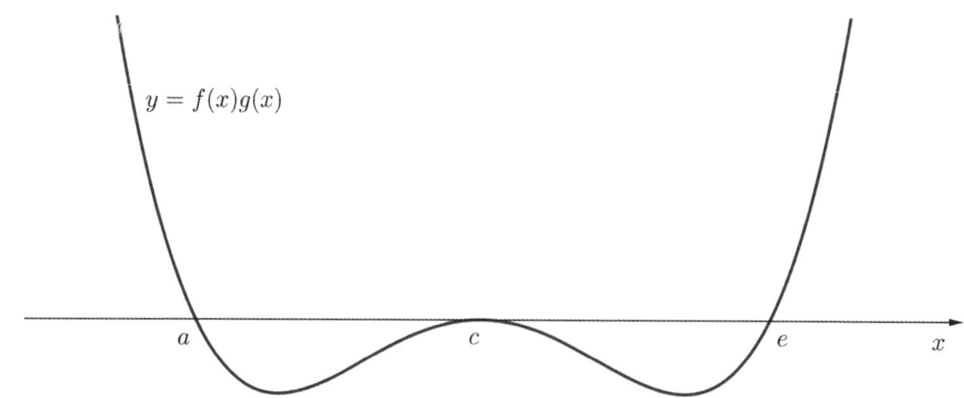

그러나, 아래의 선지들을 보면 극소$(p,\ q)$가 각각 $x=b$, $x=d$보다 **왼쪽에 있는지 오른쪽에 있는지 묻고 있는 것**이 출제 의도임을 알 수 있다.

"이를 알기 위해서는 $y=f(x)g(x)$를 미분해봐야겠다."

$\dfrac{dy}{dx}=f'(x)g(x)+f(x)g'(x)$이다. ⋯ ㉠

1) 여기서 $x=b$, d는 각각 $f(x)$의 극대, 극소이므로, $\underline{f'(b)=f'(d)=0}$**이다.**

2) 또한, $y=g(x)$는 우상향하는 직선이므로 $g'(x)$는 양수인 상수일 것이다.
   따라서 $g'(x)=m$**이라고 하자.** $(m>0)$

이 두 가지를 고려하면 ㉠에 $x=b$와 $x=d$를 대입했을 때 각각

$\dfrac{dy}{dx}=mf(b)$, $\dfrac{dy}{dx}=mf(d)$를 만족할 것이다.

$f(b)>0$, $f(d)<0$이므로

$$\frac{dy}{dx}=mf(b)>0, \quad \frac{dy}{dx}=mf(d)<0$$

즉, $y=f(x)g(x)$는 $\underline{x=b\text{에서 증가하고}}$, $\underline{x=d\text{에서 감소한다}}$.

이를 그래프에 표시하면 다음과 같다.

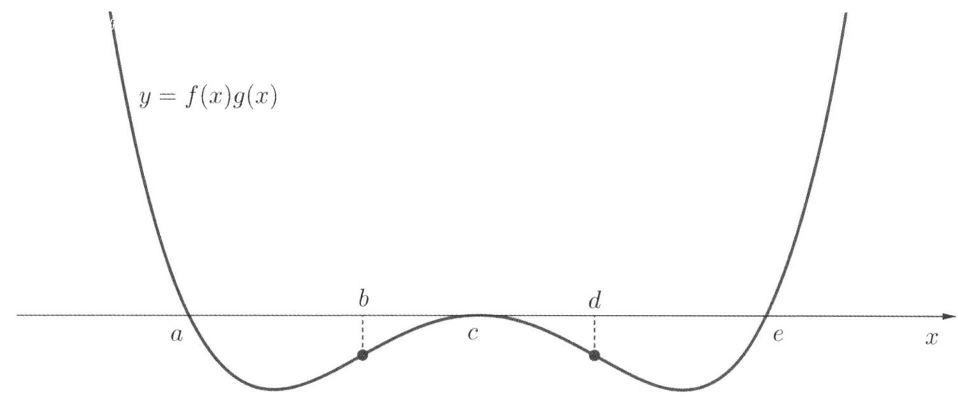

이를 통해 극소의 x좌표 p, q의 위치를 추정할 수 있다.

$\therefore\ a<p<b,\ d<q<e$

답: ②

| 무엇을 기준으로 학생들을 변별했는가?

1. 함수의 증감을 통해 극솟점의 위치를 추론할 수 있다.

| NOTES

- 객관식 문제이므로 선지를 통해 결국 p, q가 $a<p<c$, $c<q<e$가 중요한 것이 아니라
  b, d보다 **왼쪽에 있는지 오른쪽에 있는지를 묻고 있음**을 알고 푸는 것이 방향성을 잡기에 보다 용이하다.
  이 사실을 안 채로 문제를 풀다보면 자연스럽게 $y=f(x)g(x)$**를 미분하려는 시도**로 이어질 것이다.

양수 a에 대하여 함수 $f(x)=x^3+ax^2-a^2x+2$가 닫힌 구간 $[-a,\ a]$에서 최댓값 M, 최솟값 $\dfrac{14}{27}$ 를 갖는다. $a+M$의 값을 구하시오.

$f(x)=x^3+ax^2-a^2x+2$를 미분하면

$f'(x)=3x^2+2ax-a^2=(3x-a)(x+a)$

삼차함수의 비율관계에 의해 $f(-a)=f(a)$이고, 그래프를 그려보면 다음과 같다.

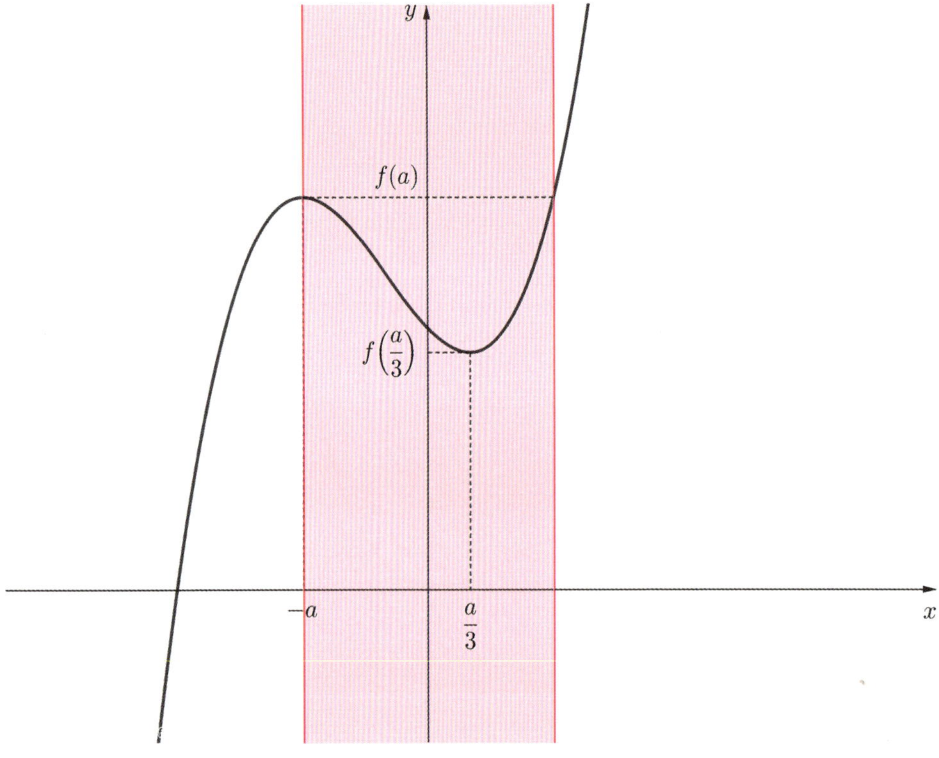

여기서 a는 양수이므로, 분홍색으로 칠해진 닫힌 구간 $[-a,\ a]$에서

최댓값 $f(a)=a^3+2=M$, 최솟값 $f\left(\dfrac{a}{3}\right)=-\dfrac{5}{27}a^3+2=\dfrac{14}{27}\ \Rightarrow\ a=2$

$\therefore\ f(a)=a^3+2=10=M$

따라서 $a+M=12$

답: 12

- 이러한 유형의 문제에서 **삼차함수의 비율관계**는 풀이 시간을 비약적으로 단축시켜준다.
  실전에서 사용할 수 있도록 꼭 미리 알아두도록 하자.

삼차함수 $f(x)$ 가 다음 조건을 만족시킨다.

(가) $x = -2$ 에서 극댓값을 갖는다.

(나) $f'(-3) = f'(3)$

〈보기〉에서 옳은 것만을 있는 대로 고른 것은?

──────────────── 〈 보 기 〉 ────────────────

ㄱ. 도함수 $f'(x)$ 는 $x = 0$ 에서 최솟값을 갖는다.

ㄴ. 방정식 $f(x) = f(2)$ 는 서로 다른 두 실근을 갖는다.

ㄷ. 곡선 $y = f(x)$ 위의 점 $(-1, f(-1))$ 에서의 접선은 점 $(2, f(2))$ 를 지난다.

──────────────────────────────────────

① ㄱ   ② ㄷ   ③ ㄱ, ㄴ   ④ ㄴ, ㄷ   ⑤ ㄱ, ㄴ, ㄷ

(가) $x = -2$ 에서 극댓값을 갖는다.

"삼차함수인 $f(x)$ 가 극댓값을 갖는다는 것은 $f'(x)$ **가 서로 다른 두 실근**을 갖는다고 해석할 수 있겠군."

(나) $f'(-3) = f'(3)$

"$f'(x)$ 는 이차함수이고, $f'(-3) = f'(3)$ 이므로 $f'(x)$ 의 **대칭축은 $x = 0$ 이구나.**"

$\therefore\ f'(x) = f'(-x)$

그렇다면 (가)에서 $f'(-2) = 0$ 이므로 $f'(-2) = f'(2) = 0$ 임을 알 수 있다.

즉, $f(x)$ 는 $x = -2$ **에서 극대, $x = 2$ 에서 극소를 가진다**는 것이다.

또한, $x = -2$ 에서 극대를 가져야 하므로 **최고차항의 계수는 양수**이다.

따라서, $f'(x) = 3h(x^2 - 4)$ $(h > 0)$ 라고 할 수 있다. (단, h 는 $f(x)$ 의 최고차항 계수이다.)

ㄱ. 도함수 $f'(x)$ 는 $x = 0$ 에서 최솟값을 갖는다.

최고차항의 계수가 양수인 이차함수인 $f'(x)$ 는 $x = 0$ 이 대칭축이므로,
$x = 0$ 에서 최솟값을 갖는다. ⋯ **(참)**

ㄴ. 방정식 $f(x)=f(2)$ 는 서로 다른 두 실근을 갖는다.

$f(x)$ 가 $x=2$ 에서 극솟값 $f(2)$ 를 가지므로 $f(x)=f(2)$ 는 서로 다른 두 실근을 갖는다. … (참)

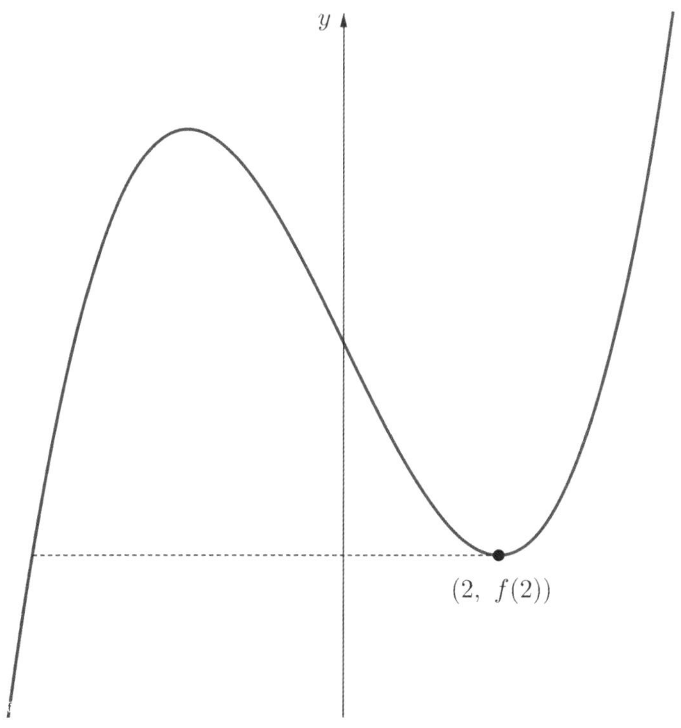

ㄷ. 곡선 $y=f(x)$ 위의 점 $(-1,\ f(-1))$ 에서의 접선은 점 $(2,\ f(2))$ 를 지난다.

여기서, 두 가지 방법으로 ㄷ이 참임을 밝힐 수 있다.

$SOL1$) 접선과 직선의 기울기를 이용할 경우

"만약 ㄷ이 참이라면, 점 $(-1,\ f(-1))$과 점 $(2,\ f(2))$을 지나는 **직선의 기울기**가
점 $(-1,\ f(-1))$ 에서의 **접선의 기울기와 일치**할 것이다."

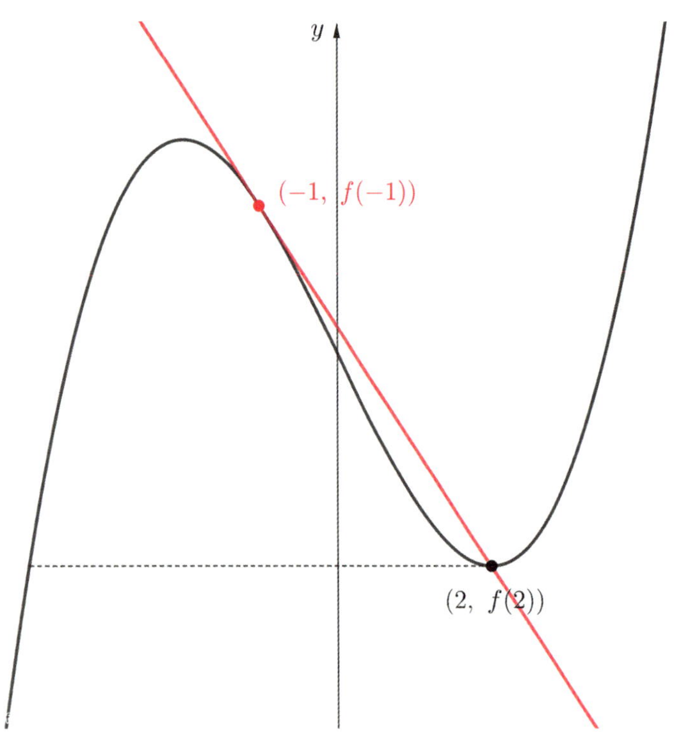

$f'(x)=3h(x^2-4)$ 이므로 점 $(-1, f(-1))$에서의 접선의 기울기는 $f'(-1)=-9h$ 이고,

점 $(-1, f(-1))$과 점 $(2, f(2))$을 지나는 직선의 기울기는 $\dfrac{f(2)-f(-1)}{2-(-1)}=\dfrac{\displaystyle\int_{-1}^{2}f'(x)dx}{3}=\dfrac{-27h}{3}=-9h$ 이다.

두 기울기가 일치하므로, ㄷ은 참이다. ⋯ (참)

$SOL2)$ 삼차함수의 비율관계를 이용할 경우 (NOTES 참고)

접점 $(-1, f(-1))$에서 접선을 그을 때, 삼차함수 $f(x)$와 만나는 나머지 한 점을 $(a, f(a))$라고 해보자.

삼차함수의 비율관계를 떠올려보면,
x좌표만 놓고 볼 때 변곡점의 x좌표는 $x=-1$과 $x=a$를 $1:2$로 내분한다.

변곡점의 x좌표는 0이므로, 이를 통해 a를 추정해보면 $a=2$이다. ⋯ (참)

답: ⑤

1. 주어진 조건을 이용하여 **도함수의 정보**를 얻고 이를 통해 **원함수의 그래프 개형을 추론**할 수 있는가?

| NOTES

- **삼차함수와 직선이 접하는** 모든 경우, 접하는 점을 P, 접하지 않고 통과하는 점을 Q라고 할 때, $\overline{PQ}$를 $1:2$로 내분하는 점이 **삼차함수의 변곡점과 x좌표가 같다**는 사실을 경험적으로 알고 있다면 ㄷ의 참 여부를 쉽게 알 수 있다.

다음 조건을 만족시키며 최고차항의 계수가 음수인 모든 사차함수 $f(x)$ 에 대하여 $f(1)$의 최댓값은?

(가) 방정식 $f(x)=0$의 실근은 0, 2, 3뿐이다.

(나) 실수 x에 대하여 $f(x)$와 $|x(x-2)(x-3)|$ 중 크지 않은 값을 $g(x)$라 할 때, 함수 $g(x)$는 실수 전체의 집합에서 미분가능하다.

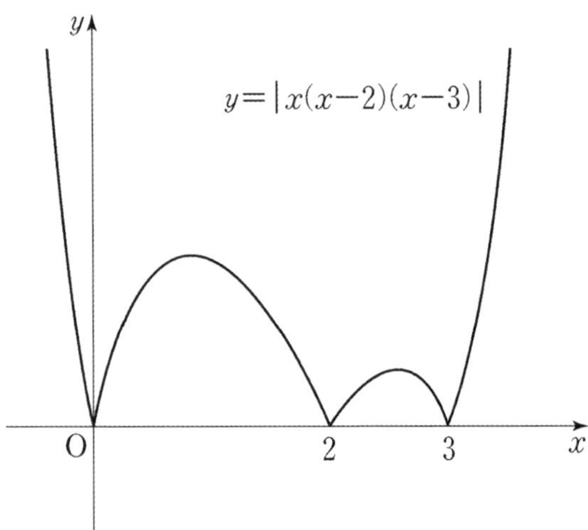

① $\dfrac{7}{6}$ ② $\dfrac{4}{3}$ ③ $\dfrac{3}{2}$ ④ $\dfrac{5}{3}$ ⑤ $\dfrac{11}{6}$

문제를 들어가기 앞서 $h(x) = x(x-2)(x-3)$ 이라 하자.

(가) 방정식 $f(x)=0$의 실근은 0, 2, 3 뿐이다.

"$f(x)$는 사차함수니까 세 개의 실근 중 하나는 **중근을 가지겠네**."

그럼 다음과 같이 세 가지의 케이스로 나누어 생각해볼 수 있다. $(a<0)$
$f(x)=ax^2(x-2)(x-3)$, $f(x)=ax(x-2)^2(x-3)$, $f(x)=ax(x-2)(x-3)^2$

그러나, 선지의 모든 답이 양수이므로 $f(1)<0$인 $f(x)=ax^2(x-2)(x-3)$는 고려 대상에서 제외하도록 하자.
(뒤에 증명과정이 있으니 필요 시 참고)

(나) $f(x)$와 $|h(x)|$ 중 크지 않은 값을 $g(x)$라 할 때, $g(x)$는 실수 전체의 집합에서 미분가능하다.

"$g(x)$의 **미분가능성을 파악**하기 위해 $f(x)$와 $|h(x)|$의 그래프를 그려보자."

$i)$ $f(x) = ax(x-2)^2(x-3)$ 인 경우

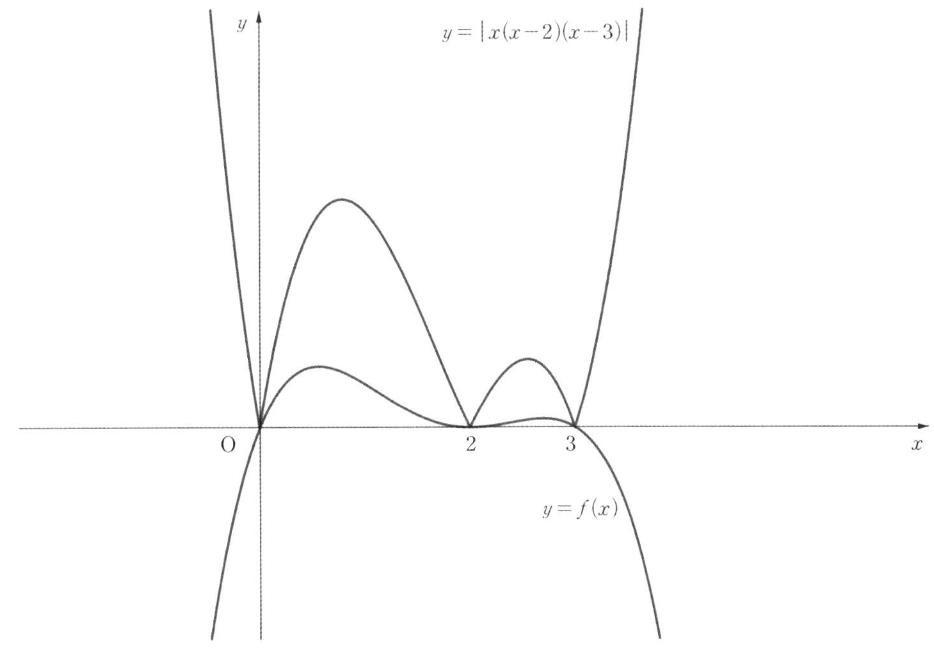

모든 실수 x에 대해 $f(x) \leq |h(x)|$ 이므로 $g(x) = f(x)$이다.

$x = 0$에서 두 함수의 **우미분계수를 비교**해보면 $f'(0) = -12a$, $h'(0) = 6$이고,

$-12a \leq 6$가 성립되어야 하므로 $a \geq -\dfrac{1}{2}$ 이다. $\cdots$ ㉠

이후 $x = 3$에서 두 함수의 **좌미분계수를 비교**해보면
$f'(3) = 3a$, $-h'(3) = -3$이고,
$3a \geq -3$가 성립되어야 하므로 $a \geq -1$이다. $\cdots$ ㉡

(미분계수를 비교하여 그래프의 대소관계를 찾는 내용은 하단의 NOTES를 참고하자)

㉠과 ㉡을 고려하면 $a \geq -\dfrac{1}{2}$, $a \geq -1$, $a < 0$ (최고차항의 계수가 음수)가 모두 성립해야 하므로

$-\dfrac{1}{2} \leq a < 0$.

$\therefore$ $f(1) = -2a$이므로 $f(1)$의 최댓값은 1 이다.

ii) $f(x) = ax(x-2)(x-3)^2$인 경우

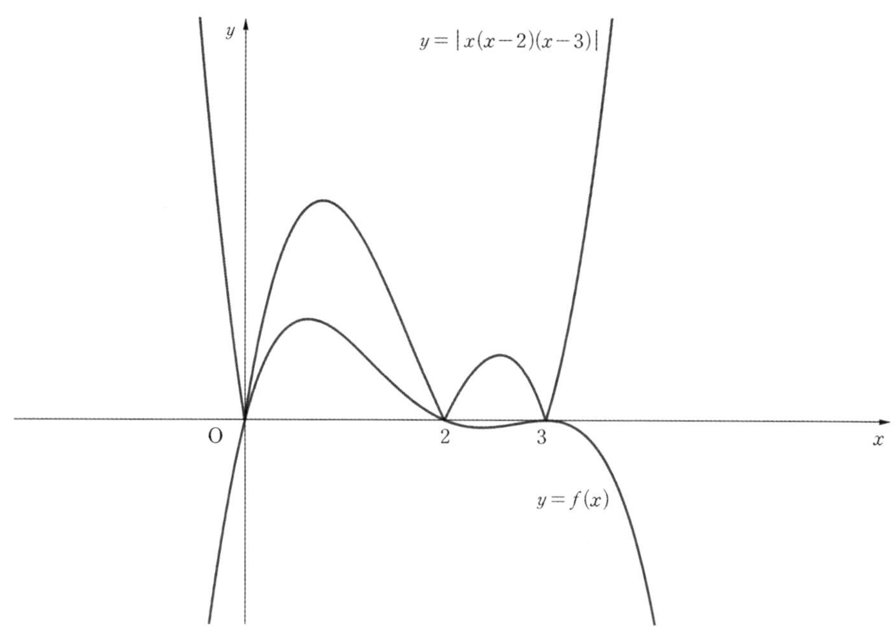

마찬가지로 모든 실수 x에 대해 $f(x) \leq |h(x)|$이므로 $g(x) = f(x)$이다.

$x = 0$에서 두 함수의 **우미분계수를 비교**해보면,
$f'(0) = -18a,\ h'(0) = 6$이고
$-18a \leq 6$가 성립되어야 하므로 $a \geq -\dfrac{1}{3}$이다. $\cdots$ ⓒ

이후 $x = 2$에서 두 함수의 **좌미분계수를 비교**해보면,
$f'(2) = 2a,\ h'(2) = -2$이고
$2a \geq -2$가 성립되어야 하므로 $a \geq -1$이다. $\cdots$ ②

ⓒ과 ②를 고려하면 $a \geq -\dfrac{1}{3},\ a \geq -1,\ a < 0$가 모두 성립해야 하므로 $-\dfrac{1}{3} \leq a < 0$.

$\therefore\ f(1) = -4a$이므로 $f(1)$의 최댓값은 $\dfrac{4}{3}$이다.

i), ii) 중 $f(1)$의 최댓값은 $\dfrac{4}{3}$이다.

답: ②

ADD) $f(x)=ax^2(x-2)(x-3)$일 때를 생각해보자.

개형 (ㄱ)

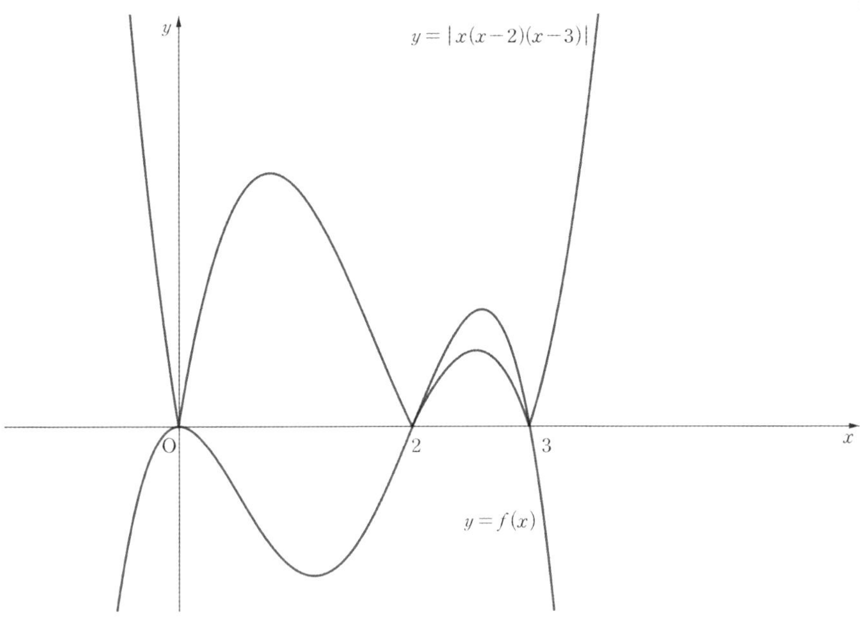

(ㄱ)의 경우,

$$g(x) = \begin{cases} f(x) & (x<2,\ x>3) \\ |h(x)| & (2 \le x \le 3) \end{cases}$$

구간에 따라 함수가 바뀌므로, **구간이 바뀌는 지점에서의 미분가능성**을 판단해야한다.

$\displaystyle\lim_{x \to 2-} g'(x) = f'(2) = -4a$이고, $\displaystyle\lim_{x \to 2+} f'(x) = -h'(2) = 2$이므로

$x=2$에서 $g(x)$가 미분가능하기 위해 $-4a=2$가 되어야 한다. 따라서 $a=-\dfrac{1}{2}$이다.

이후 $x=3$에서의 좌미분계수와 우미분계수를 살펴보면

$\displaystyle\lim_{x \to 3-} f(x) = -h'(3) = -3$, $\displaystyle\lim_{x \to 3+} f(x) = f'(3) = 9a = -\dfrac{9}{2}$로 서로 다르다.

$\therefore$ 따라서 (ㄱ)은 성립할 수 없다.

개형 (ㄴ)

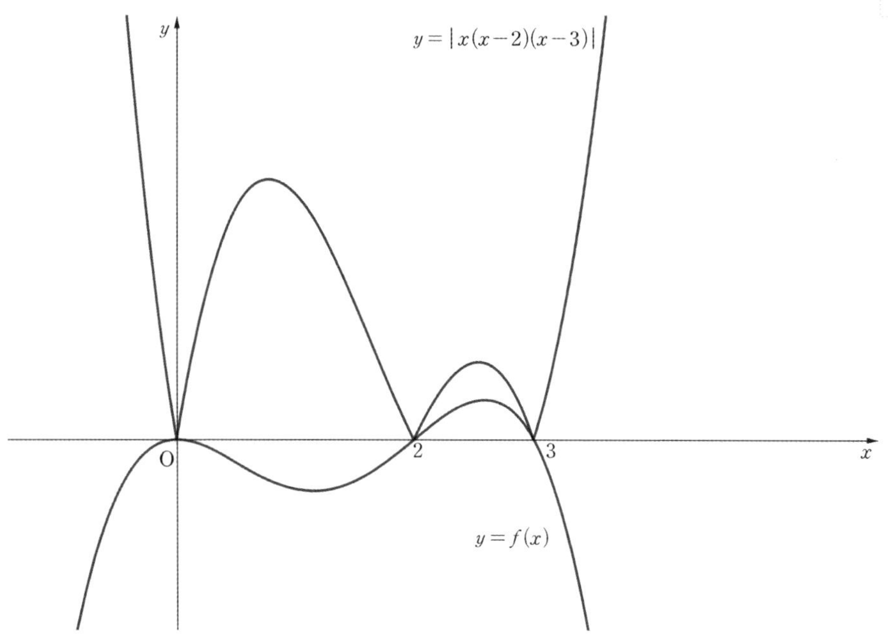

(ㄴ)의 경우

$g(x) = f(x)$ 이다.

$x = 2$ 에서 두 함수의 **우미분계수를 비교**해보면
$f'(2) = -4a, \ -h'(2) = 2$ 이다.
$-4a \leq 2$ 가 성립되어야하므로 $a \geq -\dfrac{1}{2}$ 이다.

이후 $x = 3$ 에서 두 함수의 **좌미분계수를 비교**해보면
$x = 3$ 에서 $f(x)$의 미분계수는 $f'(3) = 9a$ 이고, $-h'(3) = -3$ 이고
$f'(3) \geq -h'(3)$ 즉, $9a \geq -3$ 가 성립되어야하므로 $a \geq -\dfrac{1}{3}$ 이다.

따라서 $a \geq -\dfrac{1}{2}$, $a \geq -\dfrac{1}{3}$, $a < 0$ 가 모두 성립해야하므로 $-\dfrac{1}{3} \leq a < 0$.

$f(1) = 2a < 0$ 이므로 (ㄴ)에서 $f(x)$ 자체는 성립하지만, **고려하는 것 자체가 무의미**하다.

| 무엇을 기준으로 학생들을 변별했는가?

1. $f(x)$ 와 $|h(x)|$ 의 **대소비교**를 통하여 $g(x)$ 의 그래프를 그릴 수 있는가?

2. 중근에 따라 케이스를 나누어 $f(1)$ **의 최댓값**을 찾을 수 있는가?

| NOTES

- **미분계수**를 이용한 그래프의 대소비교

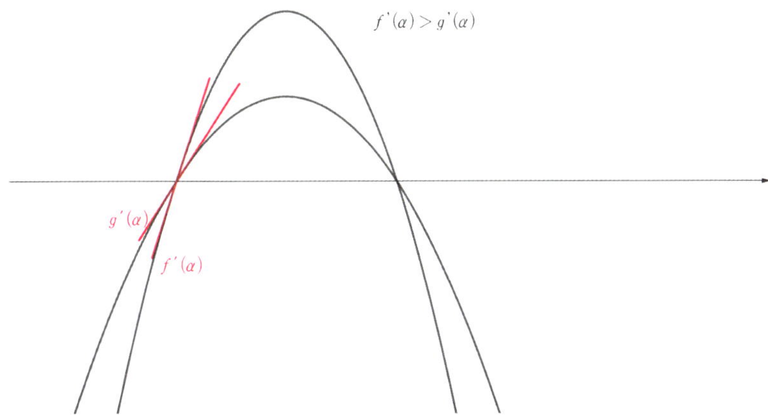

두 함수가 $x = \alpha$ 에서 교점을 가질 때, $x = \alpha$ **의 미분계수를 비교**하여 그래프의 대소비교를 추측할 수 있다.

- 현장에서 문제를 풀 때 모든 경우를 일일이 고려할 필요가 없다.
  때로는 객관식에서는 **선지**로, 주관식에서는 **답이 자연수**임을 이용해 불가능한 경우를 사전에 제거하는 것이 시간 단축에 효율적일 수 있다.

두 삼차함수 $f(x)$와 $g(x)$가 모든 실수 x에 대하여

$$f(x)g(x)=(x-1)^2(x-2)^2(x-3)^2$$

을 만족시킨다. $g(x)$의 최고차항의 계수가 3이고, $g(x)$가 $x=2$에서 극댓값을 가질 때,

$f'(0)=\dfrac{q}{p}$ 이다. $p+q$의 값을 구하시오. (단, p와 q는 서로소인 자연수이다.)

우선 $f(x)$와 $g(x)$가 전부 삼차함수이며, 두 함수의 곱이 주어져 있다.

"6개의 일차식들을 각각 $f(x)$와 $g(x)$의 인수로 분배하는 문제구나."

'$g(x)$가 $x=2$에서 극댓값을 가진다.'

"그렇다면 $g(x)$는 $\underline{x=2\textbf{에서 중근을 갖거나}}$, $\underline{g(2)\neq0\textbf{이지만 }g'(2)=0}$이겠네."

그러나, $g(2)\neq0$인 동시에 $g'(2)=0$라면
$g(x)=3(x-1)^2(x-3)$ 또는 $g(x)=3(x-1)(x-3)^2$이고,
삼차함수의 비율관계에 따르면 각각의 경우 $x=1$, $x=\dfrac{5}{3}$에서 극댓값을 가진다.
따라서 이는 모순이다.

그렇다면 $g(x)$는 $\underline{x=2\textbf{에서 중근을 갖는}}$ 동시에 극댓값을 가져야 하므로,

$g(x)=3(x-2)^2(x-3)$이다.

$g(x)$의 최고차항의 계수가 3, $f(x)g(x)$의 최고차항의 계수가 1임을 통해
$f(x)$의 최고차항의 계수가 $\dfrac{1}{3}$임을 알 수 있다.

남은 세 일차식을 $f(x)$에 분배하면

$f(x)=\dfrac{1}{3}(x-1)^2(x-3)$이다.

이를 미분하면 $f'(x)=\dfrac{1}{3}\{2(x-1)(x-3)+(x-1)^2\}$

$\therefore\ f'(0)=\dfrac{7}{3}$

답: 10

최고차항의 계수가 1인 삼차함수 $f(x)$에 대하여 함수 $g(x)$는

$$g(x) = \begin{cases} \dfrac{1}{2} & (x < 0) \\[2mm] f(x) & (x \geq 0) \end{cases}$$

이다. $g(x)$가 실수 전체의 집합에서 미분가능하고 $g(x)$의 최솟값이 $\dfrac{1}{2}$ 보다 작을 때,

〈보기〉에서 옳은 것만을 있는 대로 고른 것은?

〈보 기〉

ㄱ. $g(0) + g'(0) = \dfrac{1}{2}$

ㄴ. $g(1) < \dfrac{3}{2}$

ㄷ. 함수 $g(x)$의 최솟값이 0일 때, $g(2) = \dfrac{5}{2}$ 이다.

---

① ㄱ   ② ㄱ, ㄴ   ③ ㄱ, ㄷ   ④ ㄴ, ㄷ   ⑤ ㄱ, ㄴ, ㄷ

$g(x)$가 실수 전체의 집합에서 미분가능하므로,

1) $g(0) = f(0) = \dfrac{1}{2}$ (연속성), … ㉠

2) $g'(0) = f'(0) = 0$ (미분가능성) … ㉡

이 두 가지 조건을 도출해 낼 수 있다.

㉡에 따르면 $f(x)$는 $x = 0$에서 **극대 또는 극소**를 가진다.

그러나, $g(x)$의 최솟값이 $\dfrac{1}{2}$ 보다 작으므로, $f(x)$는 $x \geq 0$에서 **감소 구간**을 가져야한다.

따라서, $f(x)$는 $x = 0$에서 극대이다.

"지금까지의 조건들을 토대로 $f(x)$의 식을 세우고, 선지를 판단해보자."

$$f(x) = x^2(x - a) + \dfrac{1}{2} \quad (a > 0)$$

ㄱ. $g(0)+g'(0)=\dfrac{1}{2}$

㉠, ㉡에 의해 $g(0)=\dfrac{1}{2}$, $g'(0)=0$이므로, $g(0)+g'(0)=\dfrac{1}{2}$이다. $\cdots$ (참)

ㄴ. $g(1)<\dfrac{3}{2}$

$g(1)=f(1)=\dfrac{3}{2}-a$이고, $a>0$이므로, $g(1)<\dfrac{3}{2}$이다. $\cdots$ (참)

ㄷ. 함수 $g(x)$의 최솟값이 0일 때, $g(2)=\dfrac{5}{2}$이다.

최솟값이 $\dfrac{1}{2}$보다 작으므로, 함수 $g(x)$의 최솟값은 곧 $f(x)$의 최솟값이다.
또한, $f(x)$는 $x=0$에서 극댓값을 가지므로, __$f(x)$의 극솟값__이 곧 최솟값이다.

이를 과정을 거쳐 ㄷ을 다시 살펴보면 $f(x)$의 극솟값이 0이 되어야하므로,
$f(x)$가 __x축에 접할 때__를 떠올려보자.

$f(x)=x^2(x-a)+\dfrac{1}{2}$ $(a>0)$이므로,

삼차함수의 비율관계에 의해 $f(x)$는 $x=\dfrac{2}{3}a$에서 극소를 가지고, 이때 극솟값이 0이 된다..

따라서, $f\left(\dfrac{2}{3}a\right)=-\dfrac{4}{27}a^3+\dfrac{1}{2}=0 \Rightarrow a=\dfrac{3}{2}$이다.

$\therefore\ f(x)=x^2\left(x-\dfrac{3}{2}\right)+\dfrac{1}{2}$

이에 따라 $g(2)=f(2)=\dfrac{5}{2}$이다. $\cdots$ (참)

답: ⑤

함수 $f(x) = x^3 - 3ax^2 + 3(a^2-1)x$의 극댓값이 4이고 $f(-2) > 0$일 때, $f(-1)$의 값은?
(단, a는 상수이다.)

① 1   ② 2   ③ 3   ④ 4   ⑤ 5

일단 $f(x)$를 깔끔하게 정리해보자.

$f(x) = x^3 - 3ax^2 + 3a^2x - 3x = (x-a)^3 + a^3 - 3x$

함수 $f(x)$의 극댓값이 4라고 했으므로, $f'(x)$를 구하면

$f'(x) = 3(x-a)^2 - 3 = 3\{x-(a-1)\}\{x-(a+1)\}$이다.

$f'(x) = 0$의 실근은 $x = a-1$, $x = a+1$이므로, $f(x)$는 $x = a-1$에서 극대를 갖는다.

$f(a-1) = -1 + a^3 - 3(a-1) = a^3 - 3a + 2$이므로, 극댓값이 4가 되도록 하는 a를 구해보자.

$a^3 - 3a + 2 = 4 \implies (a-2)(a+1)^2 = 0$

$\therefore \ a = -1$ 또는 $a = 2$

문제에서 주어진 또 다른 조건은 $f(-2) > 0$이다.

$f(-2) = -6a^2 - 12a - 2 > 0 \implies 3a^2 + 6a + 1 < 0$

$a = 2$일 때 부등식을 만족하지 않고, $a = -1$일 때 부등식을 만족시키므로 $a = -1$이다.

$\therefore \ f(-1) = 2$

답: ②

이차함수 $f(x)$는 $x = -1$에서 극대이고,
삼차함수 $g(x)$는 이차항의 계수가 0이다. 함수

$$h(x) = \begin{cases} f(x) & (x \le 0) \\ g(x) & (x > 0) \end{cases}$$

이 실수 전체의 집합에서 미분가능하고 다음 조건을 만족시킬 때,
$h'(-3) + h'(4)$의 값을 구하시오.

(가) 방정식 $h(x) = h(0)$의 모든 실근의 합은 1이다.
(나) 닫힌구간 $[-2, 3]$에서 함수 $h(x)$의 최댓값과 최솟값의 차는 $3 + 4\sqrt{3}$이다.

이차함수 $f(x)$가 $x = -1$에서 극대를 갖는다.

"$f(x)$는 최고차항의 계수가 음수이면서 $x = -1$을 축으로 하는 포물선이구나."

삼차함수 $g(x)$는 이차항의 계수가 0이다.

"이차항의 계수가 0이라는 것은 근과 계수의 관계에 의해 **세 근의 합이 0임**을 의미하겠네."

$h(x)$는 실수 전체의 집합에서 미분가능하므로 $x = 0$에서의 미분가능성만 판단하면 된다.

$f(x)$는 $x = -1$에서 극대를 가지므로 $f(x)$는 열린 구간 $(-1, 0)$에서 감소한다. 즉 미분계수가 음수이다.
$x = 0$에서의 우미분계수도 음수가 되도록 그래프를 그려보자.

i) $g(x)$의 최고차항의 계수가 음수일 때

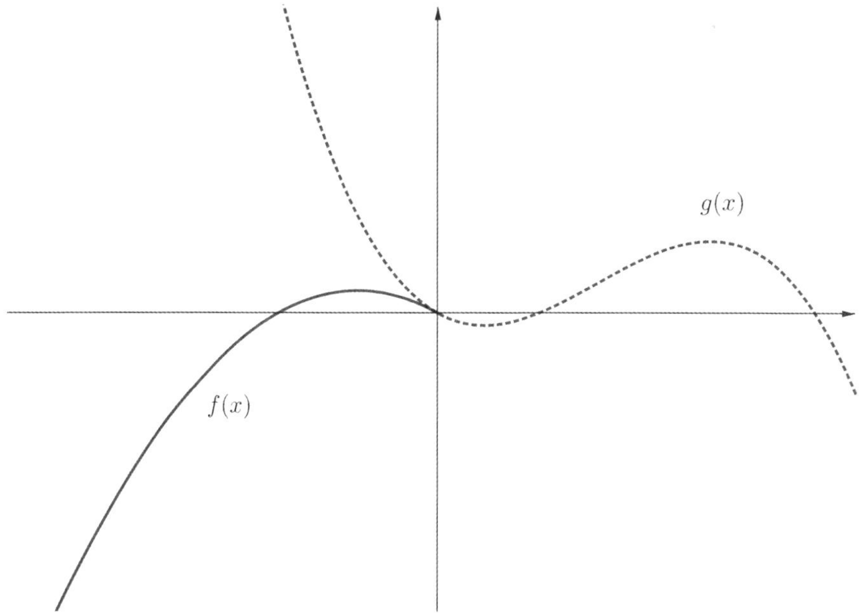

(가) 방정식 $h(x)=h(0)$의 모든 실근의 합은 1이다.

$y=h(0)$이 $x=0$을 지나므로 다음과 같이 그래프를 그릴 수 있다.

다음 그림을 보면 $g(x)$의 세 실근의 합이 양수임을 알 수 있다.

하지만 문제 조건에서 세 실근의 합이 0이라 했으므로 이 케이스는 모순임을 알 수 있다.

ii) $g(x)$의 최고차항의 계수가 양수일 때

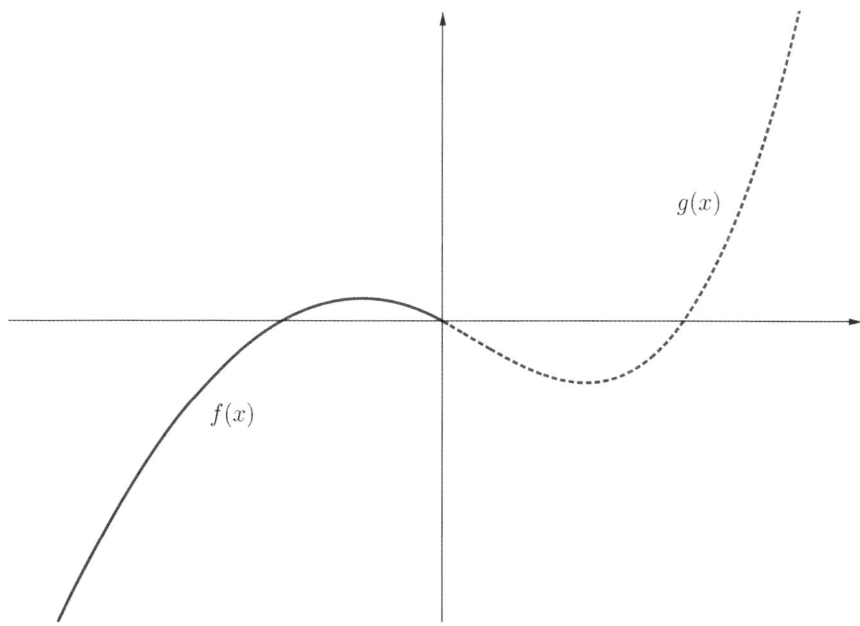

조건 (가)를 만족하기 위해 $h(x)=h(0)$의 실근은 각각 $-2, 0, 3$이면 된다.

$f(0)=g(0)=h(0)=a$라 하면
$g(x)=a$를 만족하는 x의 값이 $-3, 0, 3$이어야 한다.
(※ 이차항의 계수가 0이므로 세 근의 합이 0이어야 한다.)

$f(x)=a$의 실근은 $x=0$과 $x=-2$이고, $g(x)=a$의 실근은 $x=-3$, $x=0$, $x=3$이다.
$f(x)=px(x+2)+a$, $g(x)=qx(x+3)(x-3)+a$라 하자.

$h(x)$는 미분가능하므로 $x=0$에서의 좌미분계수와 우미분계수가 같음을 이용하여 관계식을 세우면
$f'(0)=2p$이고 $g'(0)=-9q$이므로 $2p=-9q$ $\cdots\bigcirc$

(나) 닫힌구간 $[-2, 3]$에서 함수 $h(x)$의 최댓값과 최솟값은 각각 $f(x)$의 극댓값과 $g(x)$의 극솟값이므로
각각 구해보면 $f(-1)=-p+a$, $g(\sqrt{3})=-6\sqrt{3}q+a$이다.

두 값의 차는 $3+4\sqrt{3}$이므로 $-p+6\sqrt{3}q=3+4\sqrt{3}$ $\Rightarrow$ $p=-3$, $q=\dfrac{2}{3}$이다.

$$\therefore\ f(x)=-3x(x+2)+a,\ g(x)=\frac{2}{3}x(x+3)(x-3)$$

$h'(-3)=f'(-3)=12$
$h'(4)=g'(4)=26$

답: 38

| 무엇으로 학생들을 변별했는가?

- $h(x)$가 $x=0$에서의 좌미분계수는 음수이므로, $x=0$에서의 우미분계수도 음수임을 이용하여 그래프 개형을 추론할 수 있는가?

- 조건 (가)를 통해 $f(x)$와 $g(x)$의 식을 작성할 수 있는가?

| NOTES

- $g(x)$의 이차항의 계수가 0이므로 $g(x)=0$의 세 실근의 합은 0이다. 하지만 $g(x)=i(x)$에서 $i(x)$가 일차 이하의
식이라면 이차항의 계수에 영향을 미치지 않으므로 $g(x)=i(x)$의 세 실근의 합 또한 0이다.

삼차함수 $f(x)$가 다음 조건을 만족시킨다.

> (가) $f(1)=f(3)=0$
> (나) 집합 $\{x|x \geq 1$이고 $f'(x)=0\}$의 원소의 개수는 1이다.

상수 a에 대하여 함수 $g(x)=|f(x)f(a-x)|$가 실수 전체의 집합에서 미분가능할 때,
$\dfrac{g(4a)}{f(0) \times f(4a)}$의 값을 구하시오.

(가) $f(1)=f(3)=0$

"$f(x)$가 적어도 두 실근을 가진다는 의미이니 실근 1개, 중근 1개이거나 실근 3개겠군."

(나) 집합 $\{x|x \geq 1$ 이고 $f'(x)=0\}$의 원소의 개수는 1이다.

중근을 갖는 케이스부터 (나) 조건과 맞는 것이 있는지 확인해볼까?

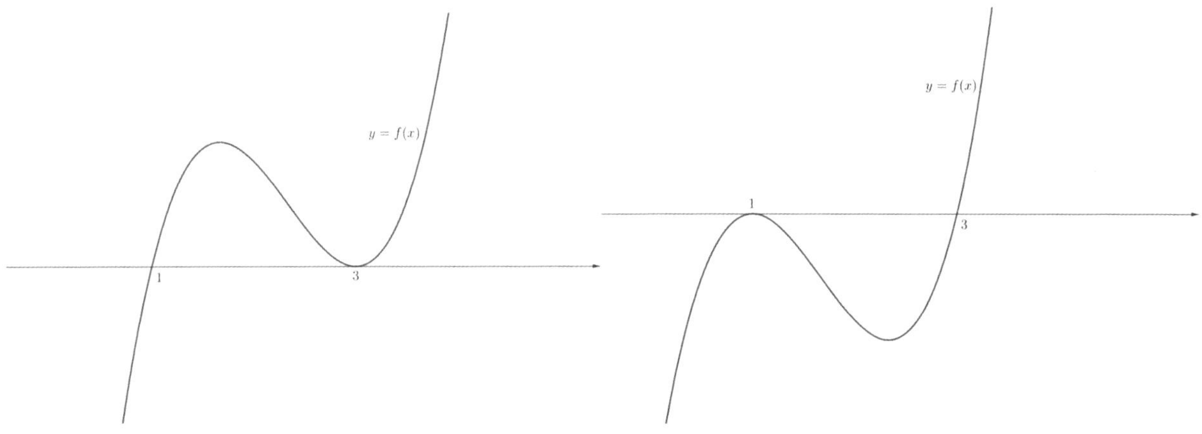

최고차항의 계수가 양수라면
$x \geq 1$일 때 $f'(x)=0$이 되는 x의 개수(극값의 개수)가 2개이므로 (나) 조건을 만족하지 못한다.

최고차항의 계수가 음수일 때도 마찬가지다.

그렇다면 $f(x)$가 서로 다른 3개의 실근을 가질 때라고 생각해보자.
(가)에서 $f(1)=f(3)=0$이라고 했으므로 (나) 조건에 맞게 그래프를 그리면 다음과 같다.

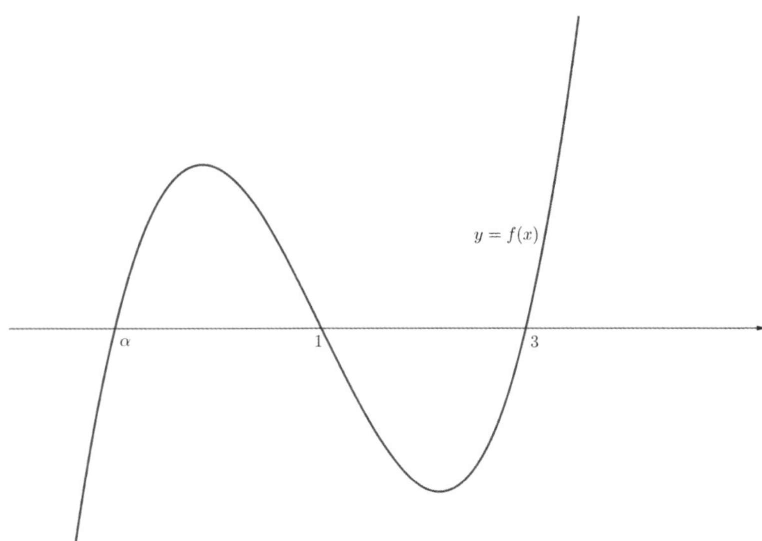

여기서 $\alpha < 1 < 3$이고 최고차항의 계수가 음수일 때는 조건을 만족시키는 것이 없으므로 아직은 판단하지 말자.

이제 문제에서 요구하는 $g(x)$를 보면 $g(x) = |f(x)f(a-x)|$가 실수 전체에서 미분가능하다고 하였다.

$g(x)$는 절댓값을 포함한 함수이기에 $f(x)f(a-x)$가 실근을 갖는다면 미분불가능한 점이 발생할 것이다.

"$f(x)$가 실근을 갖는 지점을 $\underline{f(a-x)}$ **또한 실근을 가짐으로써 중근을 만들어버리면** 미분가능하지 않을까?"

$f(a-x)$는 $f(x)$를 y축에 대하여 대칭이동한 후 x축의 방향으로 a만큼 평행이동한 그래프이다.

이 때 $f(x)$의 실근이 α, 1, 3이므로 $f(a-x)$의 실근은 $a-3$, $a-1$, $a-\alpha$이다.
※ 다음 실근들은 크기 순으로 나열한 것이다.
(y축 대칭을 통해 실근의 위치들이 일부 변경되었다.)

이 실근들이 모두 일치해야 중근을 가지므로 $\alpha = a-3,\ 1 = a-1,\ 3 = a-\alpha$이다.

계산하면 $a = 2$이고 $\alpha = 1$임을 알 수 있다.

따라서 $f(x) = p(x+1)(x-1)(x+3)$이라 하면

$$\therefore \ \frac{g(4a)}{f(0)\times f(4a)} = \frac{|f(8)\times f(-6)|}{f(0)\times f(8)} = 105$$

답: 105

| 무엇을 기준으로 학생들을 변별했는가?

1. 조건 (가)와 (나)를 통해 $f(x)$가 서로 다른 세 실근을 갖는다는 것을 판별할 수 있는가?

2. $g(x)$가 실수 전체의 집합에서 미분가능하기 위해 $f(x)$와 $f(a-x)$의 실근이 서로 같음을 파악할 수 있는가?

3. $f(x)$의 최고차항의 계수와 상관없이 $\dfrac{g(4a)}{f(0) \times f(4a)}$의 값이 나올 수 있음을 알 수 있는가?

| NOTES

- $g(x)$가 절댓값을 포함한 함수이고 실수 전체의 집합에서 미분가능하다는 것은 매우 특수한 상황이다.
이는 실근이 아닌, 중근 혹은 삼중근을 가져야 미분가능하다는 것을 의미한다.

$f(x)$가 서로 다른 세 실근을 갖는다는 것은 $f(a-x)$ 또한 같은 세 실근을 가진다는 것이고, $g(x)$가 서로 다른 3개의 중근을
가짐으로써 비로소 미분가능이 된다. 시험장에서 바로 생각할 수 있어야 한다.

함수 $f(x)$는 최고차항의 계수가 1인 삼차함수이고, 함수 $g(x)$는 일차함수이다. 함수 $h(x)$를

$$h(x) = \begin{cases} |f(x) - g(x)| & (x < 1) \\ f(x) + g(x) & (x \geq 1) \end{cases}$$

이라 하자. 함수 $h(x)$가 실수 전체의 집합에서 미분가능하고, $h(0) = 0$, $h(2) = 5$일 때, $h(4)$의 값을 구하시오.

"구간함수가 실수 전체에서 미분가능하네. **경계 지점에서 연속**이고, 동시에 **도함수 값이 같다**는 두 식을 세워야지."

$$|f(1) - g(1)| = f(1) + g(1)$$

"절댓값이 들어가 있으니 케이스를 나눠야겠다."

$i)$ $f(1) \geq g(1)$일 때,

$$f(1) - g(1) = f(1) + g(1) \implies g(1) = 0$$

도함수 값도 같아야 하므로,
$$f'(1) - g'(1) = f'(1) + g'(1) \implies g'(1) = 0$$

이러면 $g(x)$**가 일차함수가 아닌 상수함수**가 되어버리므로, 성립할 수 없다.

"그렇다면 남은 경우는 하나네."

$ii)$ $f(1) < g(1)$일 때,

$$g(1) - f(1) = f(1) + g(1) \implies f(1) = 0$$

역시 **도함수 값**이 같아야 한다.
$$g'(1) - f'(1) = f'(1) + g'(1) \implies f'(1) = 0$$

$f(x)$는 최고차항이 1인 삼차함수이므로, 다음과 같이 식을 세울 수 있다.

$$f(x) = (x-1)^2 (x-k) \;\cdots\; \text{㉠}$$

"벌써 $f(x)$에 대한 정보를 거의 다 알아냈다. 문제에서 준 정보를 더 활용해보자."

$$h(0) = f(0) - g(0) = 0$$

$h(2) = f(2) + g(2) = 5$

"어? 그런데 $h(x)$는 $x < 1$에서 $f(x) - g(x)$에 **절댓값을 씌운** 함수인데, $f(x)$와 $g(x)$가 $x = 0$에서 만나네?
그럼에도 $h(x)$가 미분가능함수가 되려면 $x = 0$에서 $f(x)$와 $g(x)$가 접하듯이 만나야겠네."

(여기서 접하듯이 만나야한다는 것은, 접하는 경우와 두 함수의 차함수가 삼중근을 갖는 경우를 전부 포함한 뜻이다.)

따라서,
$f(0) = g(0)$
$f'(0) = g'(0)$이다.

이 두 식을 이용해 직선 $g(x)$에 대한 식을 세워보자.

$f(x) = x^3 - (2+k)x^2 + (2k+1)x - k$
$f'(0) = 2k+1 = g'(0)$
$f(0) = -k = g(0)$

$\therefore \ g(x) = (2k+1)x - k$

마지막으로, $f(2) + g(2) = 5$를 써서 답을 내자.

$f(2) = 2 - k$
$g(2) = 4k + 2 - k = 3k + 2$

$f(2) + g(2) = 2k + 4 = 5$

$\therefore \ k = \dfrac{1}{2}$

따라서, $f(x) = (x-1)^2 \left(x - \dfrac{1}{2} \right)$이고,

$g(x) = 2x - \dfrac{1}{2}$이다.

$\therefore \ h(4) = f(4) + g(4) = (9)\left(\dfrac{7}{2} \right) + 8 - \dfrac{1}{2} = \dfrac{63}{2} - \dfrac{1}{2} + 8 = 39$

답: 39

| 무엇을 기준으로 학생들을 변별했는가?

1. **구간함수의 경계**에서 미분가능성을 조사할 수 있는가?

2. 절댓값이 포함된 **차함수가 미분가능하다**는 사실로부터 단서를 뽑아낼 수 있는가?

| NOTES

- 직선과 삼차함수 간 차의 절댓값 함수가 미분가능하다는 뜻은 '**접하듯이 만난다**'는 뜻이다.
  즉, 직선을 접하면서 뚫고 지나갈 수도 있고, 접하면서 위치 관계를 유지할 수도 있다.

  $y = x^3$이 삼중근을 가지고 $y = x^2(x-a)$는 중근을 갖지만,
  둘 다 x축과 접하듯이 만난다고 생각하면 쉽다.

함수

$$f(x) = x^3 - 3px^2 + q$$

가 다음 조건을 만족시키도록 하는 25 이하의 두 자연수 p, q의 모든 순서쌍 (p, q)의 개수를 구하시오.

> (가) 함수 $|f(x)|$가 $x = a$에서 극대 또는 극소가 되도록 하는 모든 실수 a의 개수는 5이다.
> (나) 닫힌구간 $[-1, 1]$에서 함수 $|f(x)|$의 최댓값과 닫힌구간 $[-2, 2]$에서 함수 $|f(x)|$의
> 　　　최댓값은 같다.

'(가) 함수 $|f(x)|$가 $x = a$에서 극대 또는 극소가 되도록 하는 모든 실수 a의 개수는 5이다.'

여기서 절댓값을 벗겨내고 나면, 가능한 a는 두 경우로 나누어질 수 있다.
(직관적으로 $f(x)$가 극값을 가지지 않는 경우는 배제하고 생각하자.)

$i)$ $f(x)$가 $x = a$에서 **극값을 갖는 경우**

기본적으로 삼차함수가 가질 수 있는 극점은 2개로,
2개의 a에 대해 $f'(a) = 0$일 것이다.

$ii)$ $f(x)$가 $x = a$에서 **중근이 아닌 실근(첨점)을 갖는 경우**

삼차함수가 가질 수 있는 실근은 최대 3개이므로,
남은 3개의 a에 대해 $f(a) = 0$일 것이다.

결론적으로 **a의 개수가 5개**가 되기 위해서 삼차함수 $f(x)$가 **3개의 실근**과 **2개의 극점**을 갖는 수 밖에 없다.
(실근이 3개이므로 극점과 첨점이 겹칠 일은 없다.)

$f(x)$를 미분하면 $f(x)$의 두 극점을 구할 수 있다.

$f(x) = x^3 - 3px^2 + q$
$f'(x) = 3x^2 - 6px = 3x(x - 2p) = 0$

이를 통해 구한 두 극점은 $(0, \ q)$, $(2p, \ -4p^3 + q)$이다.

물론 이 때 $f(x) = 0$이 세 실근을 갖기 위해서 극댓값은 양수, 극솟값은 음수여야한다.
즉, $-4p^3 + q < 0 \Rightarrow q < 4p^3$이다. $\cdots$ ㉠

여기서 $|f(x)|$의 개형은 아래 중 하나와 같이 확정지을 수 있다.

1) $2p^3 \leq q$ $(4p^3 - q \leq q)$인 경우

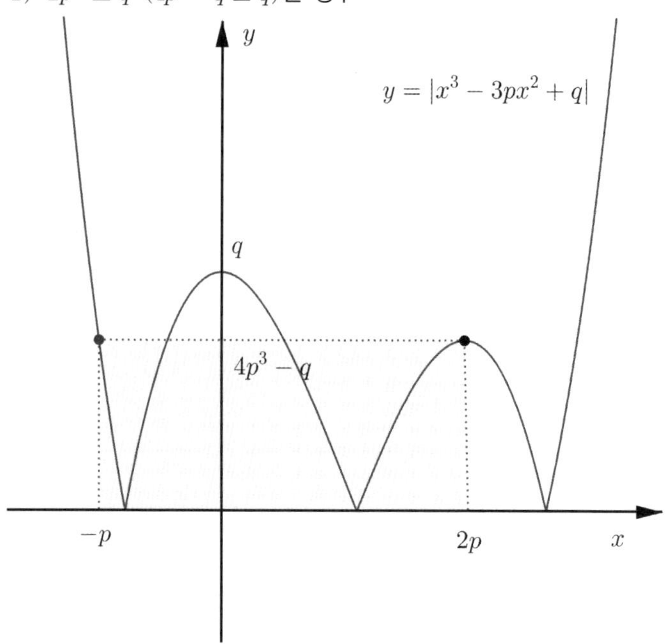

2) $2p^3 > q$ $(4p^3 - q > q)$인 경우

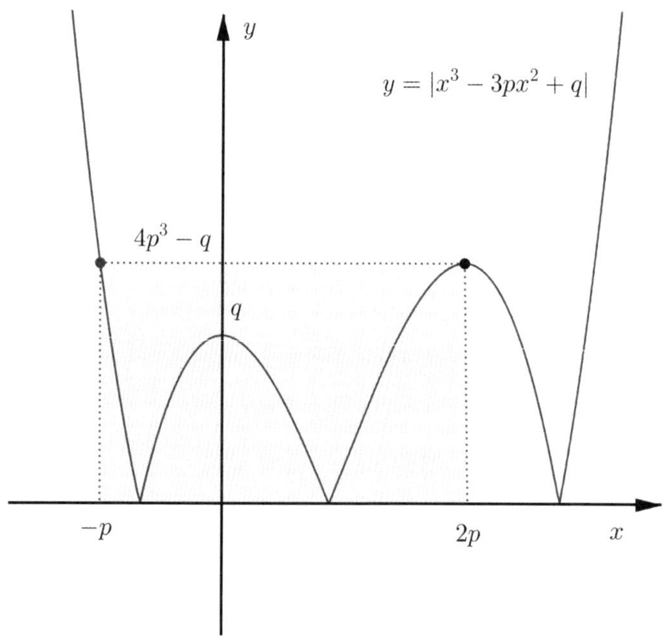

이제 (나)를 살펴보면, **두 극점 중 하나 이상이 최댓값이 되는 경우**가 자연스럽게 떠오른다.

이제, p의 값에 따라
$x = -2$, $x = -1$, $x = 1$, $x = 2$**와 모든 극점 중 어디서 최댓값을 갖는지**를 살펴보아야한다.

먼저 나타낼 수 있는 점들을 살펴보면, $(0, \, q)$와
오른쪽 극점은 $(2p, \, 4p^3 - q)$를 나타낼 수 있고, 삼차함수의 비율관계에 의해 $(-p, \, 4p^3 - q)$이다.

$p \geq 2$인 모든 p에 대해 구간 $[-2,\ 2]$가 구간 $[-p,\ 2p]$ 속에 존재하므로, 이 경우를 먼저 생각해보자.

i) $p \geq 2$일 때

1)의 개형($2p^3 \leq q$)에서는 무조건 $x=0$에서 최댓값을 갖는다.

2)의 개형($2p^3 > q$)에서는 $x=0$에서 최댓값을 갖을 수도, 갖지 않을 수도 있다.
후자의 경우 최댓값은 $|f(0)|=q$보다 크기에, 최댓값을 가지는 x는 y축 양 옆에 존재하는 첨점 밖에 있으며
따라서 구간 $[-2,\ 2]$의 양 끝점 중 더 큰 값을 가지는 $x=-2$에서 최댓값 $|f(-2)|=8+12p-q$을 가질 것이다.

그러나, 이 경우 개형상 구간 $[-1,\ 1]$과 $[-2,\ 2]$의 최댓값은 같을 수 없다.

따라서 <u>1), 2)의 경우 모두</u> $x=0$에서 최댓값 q를 가져야만 한다.

따라서, $p \geq 2$인 모든 자연수 p에 대해 $|f(0)| \geq |f(-2)| \implies q \geq 6p+4$를 만족시켜야 한다. $\cdots$ ⓛ

ii) $p=1$일 때

1)의 개형($2p^3 \leq q$)에서는 $|f(-2)| > |f(-1)| = |f(2)|$이므로 $x=0$ 또는 $x=-2$에서 최댓값을 가진다.
$x=-2$에서 최댓값을 가질 경우 이전과 마찬가지로 구간 $[-1,\ 1]$과 $[-2,\ 2]$의 최댓값은 같을 수 없으므로,

$|f(0)| \geq |f(-2)| \implies q \geq 10$을 만족한다. $\cdots$ ⓒ

2)의 개형($2p^3 > q$)에서는 $|f(-2)| > |f(-1)| = |f(2)| \geq |f(0)|$이므로, $x=-2$에서 최댓값을 가진다.
이 경우 이전과 같이 구간 $[-1,\ 1]$과 $[-2,\ 2]$의 최댓값이 달라지므로, $p=1$일 때 2)의 개형은 성립 불가능하다.

종합해보면, 모든 경우에서 $|f(x)|$는 오직 $x=0$ 또는 $x=-2$에서 최댓값을 가지고,
그 중 $x=0$에서 최댓값을 갖게 하는 순서쌍 $(p,\ q)$만이 (나)를 만족시킨다.

이제 각 경우의 가능한 순서쌍들을 살펴보자.

먼저, 모든 p에 대해 ⓐ ($q < 4p^3$)를 만족해야하므로,

$p=1$일 때 ⓐ, ⓒ ($10 \leq q < 4p^3$)을,
$2 \leq p \leq 25$일 때 ⓐ, ⓛ ($6p+4 \leq q < 4p^3$)를 만족하는

<u>25 **이하의 자연수** q</u>를 살펴보면 된다.

$p=1$일 때, $10 \leq q < 4p^3 \implies 10 \leq q < 4$이므로 모순이다.

$p=2$일 때, $16 \leq q \leq 25$이므로 가능한 q는 10개,
$p=3$일 때, $22 \leq q \leq 25$이므로 가능한 q는 4개,

$4 \leq p \leq 25$일 때 $6p+4 > 25$이므로 q는 존재할 수 없다.

따라서 가능한 순서쌍 $(p,\ q)$의 개수는 총 14개다.

답: 14

| 무엇을 기준으로 학생들을 변별했는가?

1. (가)를 통해 $|f(x)|$의 개형을 구체화할 수 있는가?

2. (나)를 만족하는 경우를 찾는 과정에서, 발생할 수 있는 수많은 케이스들을 p의 값과
그래프의 개형에 따라 최댓값이 될 수 있는 후보군을 좁혀 정리할 수 있는가?
(매번 $x=-2$, $x=-1$, $x=1$, $x=2$, 극값을 전부 비교하여 최댓값을 결정하는 것은 매우 비효율적이다.)

| NOTES

- 이 문제에서는 **그래프의 개형을 통해서, 또는 논리적인 과정을 통해서** 최댓값이 될 수 있는 후보군을 최대한 좁혀나가고,
  빠지지 않은 경우는 없는지 꼼꼼히 살펴보는 것이 정말 중요하다.

  이를 위해 $|f(x)|$의 개형을 두 가지로 특정시켜놓고, $[-p,\ 2p]$라는 가상의 구간을 설정하고, 개형에 따라
  $x=-2$, $x=-1$, $x=1$, $x=2$, 극값 중 최댓값이 될 수 없는 것들을 사전에 발견하여
  불가능한 경우들을 걷어내고, 고려해야 할 상황들과 최댓값의 후보군들을 최대한 간소화시켜놓은 것이다.

- 항상 강조하던 **'직관을 통해 가장 유력한 경우를 찾아 답만 구하면 끝난다.'**와 같은 접근법은 아쉽게도 모든 경우의 수를
  구해야하는 이 문제에서는 적용할 수 없다.

두 양수 $p,\ q$와 함수 $f(x)=x^3-3x^2-9x-12$에 대하여 실수 전체의 집합에서 연속인 함수 $g(x)$가 다음 조건을 만족시킬 때, $p+q$의 값은?

> (가) 모든 실수 x에 대하여 $xg(x)=|\,xf(x-p)+qx\,|$이다.
> (나) 함수 $g(x)$가 $x=a$에서 미분가능하지 않은 실수 a의 개수는 1이다.

① 6   ② 7   ③ 8   ④ 9   ⑤ 10

$f(x-p)+q$는 $f(x)$를 **평행이동한 함수**이므로 $f(x)$와 같은 개형을 갖고 있다.
따라서 $f(x)$를 먼저 살펴보면

$f'(x)=3x^2-6x-9=3(x-3)(x+1)$이고,
$f(-1)=-7,\ f(3)=-39$로,

극점 $(-1,\ -7),\ (3,\ -39)$를 갖는다. $\cdots$ ㉠

$f(x)$의 그래프를 그리면 다음과 같다.

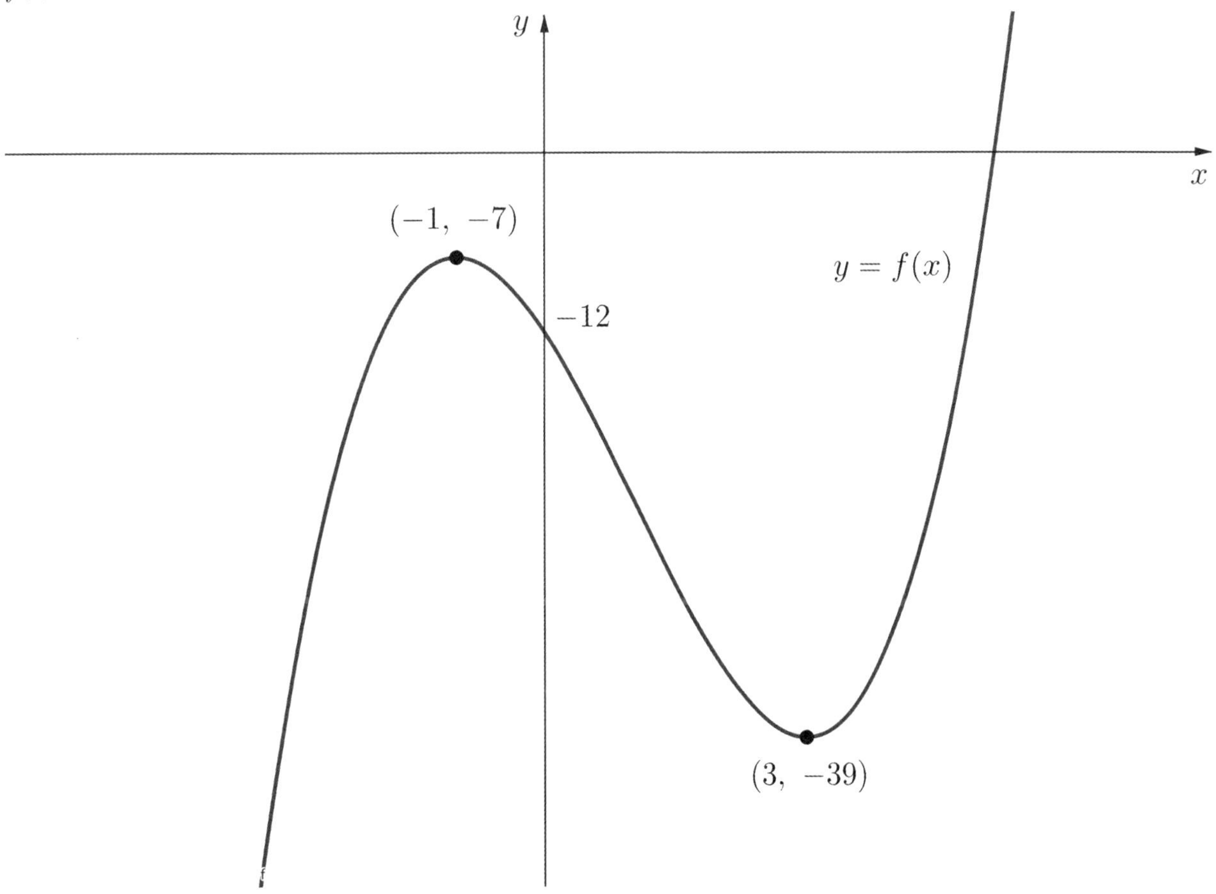

(가) 모든 실수 x 에 대하여 $xg(x) = |xf(x-p)+qx|$ 이다.

$xg(x) = |x(f(x-p)+q)| = |x||f(x-p)+q|$ 이므로 $x=0$ 을 기준으로 $g(x)$ 를 파악해보자.

$$g(x) = \begin{cases} |f(x-p)+q| & (x>0) \\ -|f(x-p)+q| & (x<0) \end{cases} \text{ 이다.}$$

만약 $g(x)$ 에 대해 '$x=0$ 에서 $|f(x-p)+q|=a$ 라면'

$\lim\limits_{x\to 0-} g(x) = -a, \ \lim\limits_{x\to 0+} g(x) = a$ 로
$a \neq 0$ 이라면 $g(x)$ 가 연속이라는 조건에 위배된다.

따라서 $f(x-p)+q$ 는 $f(x)$ 가 $x=0$ 에서 실근을 갖도록 **적절하게 평행이동한 함수**가 될 것이다.

(나) $g(x)$ 는 삼차함수 $f(x-p)+q$ 의 절댓값을 포함한 함수이므로,
$f(x-p)+q$ 가 $\underline{x \neq 0\textbf{에서}}$ 중근이 아닌 실근을 가질 때 미분불가능한 점이 생긴다.

그와 반대로, $\underline{x=0\textbf{에서}}$ 는 $f(x-p)+q=0$ 일 때에만 미분가능해진다.

그렇다면, $g(x)$ 가 오직 한 점에서 미분가능하지 않을 수 있는 경우는 다음과 같다.

$i)$ $\underline{x=0\textbf{에서}}$ $f(x-p)+q=0$ 이고, $\underline{x \neq 0\textbf{에서}}$ $f(x-p)+q=0$ 는 오직 한 개의 중근이 아닌 실근을 갖는다

삼차함수가 오직 두 근을 갖는다면, 반드시 한 근은 중근이어야한다.
그러나, $x \neq 0$ 에서는 중근이 아닌 실근을 가지므로 $x=0$ 에서 $f(x-p)+q=0$ 는 중근을 가져야 한다.

따라서, ㉠의 극점을 통해
$y=f(x-p)+q$ 는 극점 $(-1+p, \ -7+q)$, $(3+p, \ -39+q)$ 를 갖음을 알 수 있다.

$p>0$ 이므로 $x=0$ 에서 중근을 갖기 위해서는 $p=1$, $q=7$ 이 되어
극점 $(-1+p, \ -7+q)$ 이 원점에 위치할 수 있도록 하는 방법밖에 없다.

따라서 $p=1$ 이고 $q=7$ 이다.

$\therefore p+q = 8$

답: ③

이후, 조건을 만족하는 $g(x)$의 그래프는 그려보면 다음과 같다.

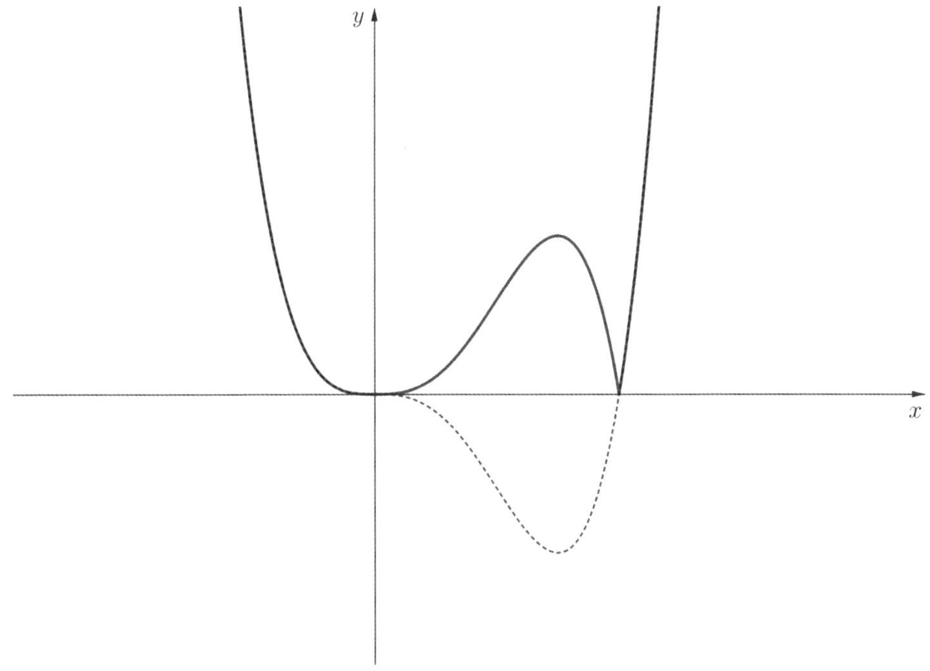

$ii)$ $\underline{x=0\text{에서}}$ $f(x-p)+q \neq 0$이고, $\underline{x \neq 0\text{에서}}$ $f(x-p)+q=0$는 어떠한 근도 갖지 않는 경우를 생각해볼 수도 있지만, $y=f(x-p)+q$가 삼차함수임을 생각해보면 불가능하다.

| 무엇으로 학생들을 변별했는가?

1. (가)에서 절댓값 함수를 두 개의 절댓값의 곱으로 나누어

$$g(x) = \begin{cases} |f(x-p)+q| & (x>0) \\ -|f(x-p)+q| & (x<0) \end{cases} \quad \text{로 해석할 수 있는가?}$$

2. (나)에서 미분불가능한 점이 1개 뿐이라는 단서를 통해 $f(x)$가 중근을 갖도록 평행이동시킬 수 있는가?

| NOTES

- 문제에서 요구하는 것은 **이미 정해져 있는 상수**이다.

　이는 문제에 조건을 만족시키는 $g(x)$가 단 한 개 뿐이라는 것을 의미하므로,
　정답이 되는 상황은 특수한 상황일 것임을 예측하고 들어가는 것이 좋다.

　그렇다면 직관적으로 극값을 평행이동 시켜야한다는 생각이 들 것이다.

최고차항의 계수가 1인 삼차함수 $f(x)$에 대하여 함수

$$g(x) = f(x-3) \times \lim_{h \to 0+} \frac{|f(x+h)| - |f(x-h)|}{h}$$

가 다음 조건을 만족시킬 때, $f(5)$의 값을 구하시오.

(가) 함수 $g(x)$는 실수 전체의 집합에서 연속이다.

(나) 방정식 $g(x) = 0$은 서로 다른 네 실근 α_1, α_2, α_3, α_4를 갖고 $\alpha_1 + \alpha_2 + \alpha_3 + \alpha_4 = 7$이다.

"$g(x)$를 해석하는 것이 중요할 것 같다. $f(x-3)$은 알겠고, $\lim\limits_{h \to 0+} \dfrac{|f(x+h)| - |f(x-h)|}{h}$에 대해 **생각해보자.**"

$\lim\limits_{h \to 0+} \dfrac{|f(x+h)| - |f(x-h)|}{h}$ 는 기본적으로는 $2|f(x)|$의 도함수와 같다.

"하지만 $f(x) = 0$**이 되는 지점**에서 문제가 생기겠군.

x축과 접하는 경우에는 별 문제 없이 0으로 수렴하겠지만, **중근이 아닌 실근을 가진 경우**는 따져 봐야 될 것 같은데?"

$$\lim_{h \to 0+} \frac{|f(x+h)| - |f(x-h)|}{h} = \begin{cases} 2f'(x) & (f(x) > 0) \\ -2f'(x) & (f(x) < 0) \end{cases}$$

임은 쉽게 알 수 있다. **문제는 $f(x)$의 부호가 바뀌는 경우**(중근이 아닌 실근을 갖는 경우)이다.

$f(x)$가 중근이 아닌 실근을 갖는 경우, $|f(x)|$가 해당 근에서 **첨점을 갖게 된다.**

이때 $\lim\limits_{h \to 0+} \dfrac{|f(x+h)| - |f(x-h)|}{h}$ 는 순간적으로 $2f'(x) \to -2f'(x)$ 또는 그 반대 방향으로 변한다.

그러나 첨점의 특성상, 첨점에서 $f'(x) \neq 0$이다.

따라서, 첨점에서 위 식은 불연속이 된다.

그러나 발문에 따르면 $g(x)$**는 실수 전체의 집합에서 연속이어야한다.**

"그렇다면 이렇게 생기는 $\lim\limits_{h \to 0+} \dfrac{|f(x+h)| - |f(x-h)|}{h}$의 불연속점을,

$f(x-3) = 0$**이 되게 함으로써** $g(x)$ 자체는 연속이 되도록 만들어 주면 되겠군."

따라서 $f(x) = 0$이 중근이 아닌 실근을 갖는 x에 대해 $f(x-3) = 0$이어야 한다. ⋯ ㉠

이제, (나)를 살펴보면 $g(x)$의 근의 개수가 4개가 되어야 한다.

$g(x)$의 근은 다음과 같은 세 가지로 나눠볼 수 있다.

1) $f(x-3)=0$의 실근
2) $f(x)=0$의 중근이 아닌 실근
3) $f'(x)=0$의 실근

여기서 ㉠에 의해 2)는 1)에 포함된다.

$f(x)$가 삼중근을 갖는 아주 예외적인 경우를 제외하면, **적어도 하나의 중근이 아닌 실근을 가진다.** (NOTES 참고)
(삼중근일 경우, $f(x)$와 $f(x-3)$가 가지는 모든 실근은 오직 삼중근 뿐이므로 $g(x)$의 실근의 개수는 고작 2개다.)

따라서 이 중근이 아닌 실근을 α라고 하면, ㉠에 의해 $f(a)=f(\alpha-3)=0$인 것이다.

이를 통해 $f(x)$**는 이미 두 개 이상의 실근을 갖고 있음**을 알 수 있고, (삼중근을 갖는 경우 제외)

만약 $x=\alpha-3$에서 갖는 실근이 **중근이 아닌 실근일 경우**
$f(x)$는 그 어떠한 중근도 없이 세 개의 중근이 아닌 실근을 갖게 된다.

여기서 $f(x-3)$는 $f(x)$가 평행이동한 형태이므로,
세 개의 실근에 대해 전부 ㉠$(f(x)=f(x-3)=0)$을 만족시킬 수는 없다.

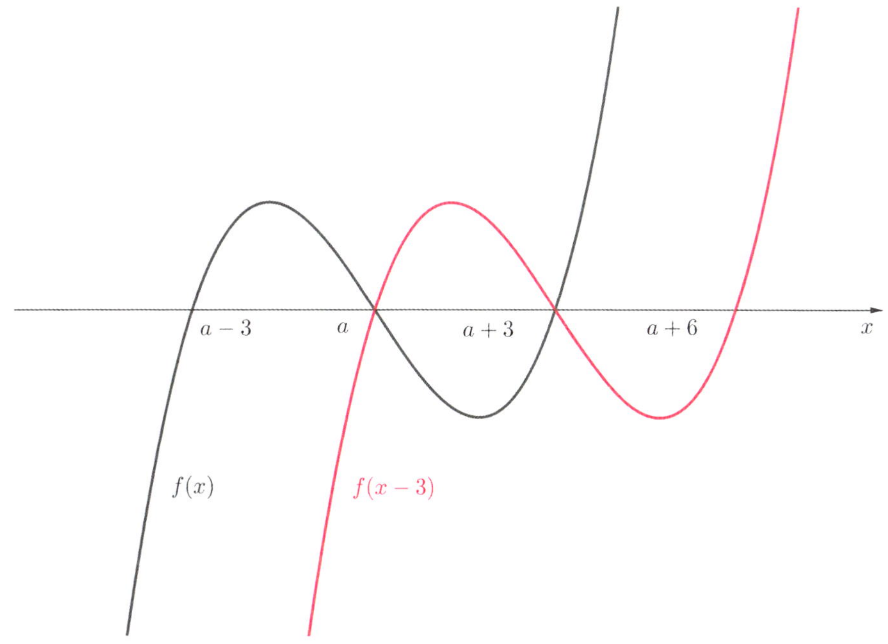

따라서, $f(x)$**가** $x=\alpha-3$**에서는 중근을 가질 것이다.**

이때 $f(x)=0$의 실근은 $\alpha-3$, α이고,
삼차함수의 비율관계에 의해 $f'(\alpha-1)=0$이다.

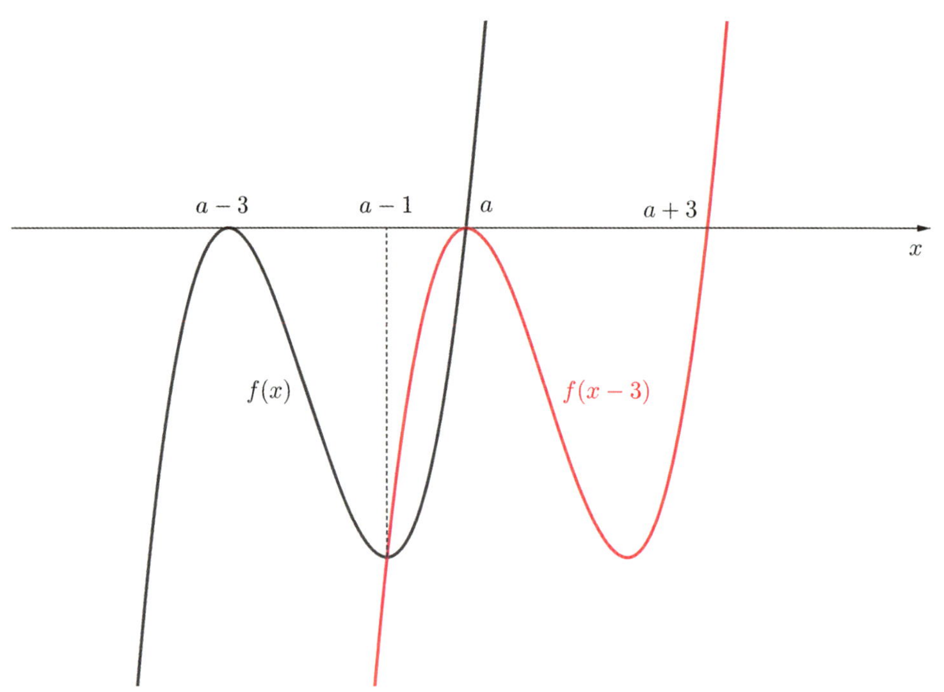

그렇다면 $f(x-3)=0$의 실근은 α, $\alpha+3$이 되므로,

$\alpha_1 = \alpha - 3$

$\alpha_2 = \alpha - 1$

$\alpha_3 = \alpha$

$a_4 = \alpha + 3$

$g(x)$의 실근은 정확히 네 개가 된다.

$\therefore \ \alpha_1 + \alpha_2 + \alpha_3 + \alpha_4 = 4\alpha - 1 = 7$이므로 $\alpha = 2$이다.

이제 마지막으로 $f(x)$의 식을 구해보면,

$f(x) = (x-\alpha)(x-\alpha+3)^2 = (x-2)(x+1)^2$이다.

$\therefore \ f(5) = 108$

답: 108

1. 도함수의 정의 $\left(\lim\limits_{h \to 0} \dfrac{f(x+h)-f(x)}{h} = f'(x)\right)$를 이용하여 절댓값이 포함된 극한식을 해석할 수 있다.

2. 함수의 특정 부분에 의해 **불연속이 될 수 있는 점**에서 연속성을 가지게 하기 위해 **나머지 부분을 조작**할 수 있다.
   (주로 0이 되도록 조작한다.)

3. 삼차함수의 극점이 가지는 상대적인 위치 관계를 파악할 수 있다.

| **NOTES**

- 삼차함수의 비율 관계 파악은 이러한 문제를 빠르게 풀어내는 데 매우 효과적이다.

- 함수의 연속을 만드는 방법은 이렇게 기억하면 편하다. **"0을 곱해서 불연속 점을 제거하자."**
  다항함수가 주어지고 이를 추론하는 과정에서는 함수가 가지는 실근을 토대로 $(x-\alpha)(x-\beta)\ldots$꼴로 식을 잡는 것이
  계산을 줄여 준다.

- **삼차함수가 가지는 근의 특징**을 미리 파악해놓는 것이 좋다.
  근이 2개인 경우는 항상 중근 1개와 나머지 실근 1개가 있는 경우이다. 즉, x축에 그래프가 접한다는 의미이다.

- 어느정도 이상의 변별력을 갖춘 문제에서, 삼중근을 갖는 삼차함수가 정답이 되기는 상당히 힘들다.
  삼중근을 갖는 삼차함수는 변별력을 갖출 수 있는 요소가 **삼중근 그 자체 외에는** 거의 없고,
  고려해야 할 요소 또한 굉장히 적기 때문이다.

  따라서, 고난이도의 문제일 경우 상황에 따라 다르겠지만 **특별한 근거나 이유가 없다면** 삼중근을 갖는 삼차함수는 마지막에
  고려하는 것을 권한다.

다항함수 $f(x)$에 대하여 함수 $g(x)$를 다음과 같이 정의한다.

$$g(x) = \begin{cases} x & (x < -1 \text{ 또는 } x > 1) \\ f(x) & (-1 \le x \le 1) \end{cases}$$

함수 $h(x) = \lim\limits_{t \to 0+} g(x+t) \times \lim\limits_{t \to 2+} g(x+t)$에 대하여 〈보기〉에서 옳은 것만을 있는 대로 고른 것은?

───────────── 〈보 기〉 ─────────────

ㄱ. $h(1) = 3$

ㄴ. 함수 $h(x)$는 실수 전체의 집합에서 연속이다.

ㄷ. 함수 $g(x)$가 닫힌구간 $[-1, 1]$에서 감소하고 $g(-1) = -2$이면
   함수 $h(x)$는 실수 전체의 집합에서 최솟값을 갖는다.

① ㄱ   ② ㄴ   ③ ㄱ, ㄴ   ④ ㄱ, ㄷ   ⑤ ㄴ, ㄷ

"구간별로 정의된 함수네. $f(x)$에 대해 주어진 정보가 있나? 일단 $f(x)$는 다항함수라고 주어져있으니, 연속이겠다.
이외에 $f(x)$에 대한 별다른 조건은 없는 것 같다."

$$h(x) = \lim_{t \to 0+} g(x+t) \times \lim_{t \to 2+} g(x+t)$$

ㄱ. $h(1) = 3$

$h(1) = \lim\limits_{t \to 0+}(1+t)\lim\limits_{t \to 2+}(1+t) = 3$이므로, 옳다. ⋯ (참)

ㄴ. 함수 $h(x)$는 실수 전체의 집합에서 연속이다.

$h(x)$의 연속성을 묻고 있다.

여러 연속함수들이 구간별로 정의된 함수의 경우 **불연속 의심점**은 당연히 **경계 지점**이다.
$h(x)$도 $g(x)$로부터 파생되어 나온 함수이므로 **경계 지점을 먼저 의심해 보자.**

극한으로 인해 달라지는 경우만 제외하면, $h(x)$는 $g(x)g(x+2)$와 동일한 값을 가질 것이다.
따라서 $x = -3$, $x = -1$, $x = 1$일 때가 불연속 의심점임을 알 수 있다. ⋯ ㉠

"먼저 $x = -3$일 때의 연속성을 살펴보자."

$$\lim_{x \to -3-} h(x) = \lim_{t \to 0+} g((-3-)+t) \times \lim_{t \to 2+} g((-3-)+t) = (-3)(-1) = 3 \text{ (단, } -3-\text{는 } -3\text{의 좌극한이다. NOTES 참고)}$$

$h(-3)=-3f(-1)$

만약 $x=-3$일 때 $h(x)$가 연속이라면, $\lim\limits_{x\to-3-}h(x)=h(-3)\ \Rightarrow\ f(-1)=-1$이어야한다.

그러나 $\underline{f(-1)=-1}$**이라는 조건은 어디에도 없으므로**, $h(x)$가 실수 전체에서 연속이라는 조건은 옳지 않다. ⋯ (거짓)

(함수 $f(x)$는 특정된 식이 아닌 불특정한 **임의의 다항함수**이므로, 어떤 선지가 참이 되려면 '**임의의 $f(x)$에 대해**'
성립하도록 일반화되어야한다.)

ㄷ. 함수 $g(x)$가 닫힌구간 $[-1,\ 1]$에서 감소하고 $g(-1)=-2$이면 함수 $h(x)$는 실수 전체의 집합에서 최솟값을 갖는다.

$g(x)$가 $g(-1)=-2$이고, $[-1,\ 1]$에서 감소한다는 추가 조건이 붙어있다.
$[-1,\ 1]$에서 $g(x)=f(x)$이므로,

1) $g(-1)=-2\ \Rightarrow\ f(-1)=-2$
2) $[-1,\ 1]$에서 $g(x)<0\ \Rightarrow\ f(x)<0$임을 알 수 있다. ⋯ ⓛ

그리고, 선지는 $h(x)=\lim\limits_{t\to0+}g(x+t)\times\lim\limits_{t\to2+}g(x+t)$의 **최솟값 존재 유무**를 묻고 있다.

"잘 모르겠다. 일단 **그릴 수 있는 구간에 대한 그림**부터 그려 보자.
㉠에서 나왔던 불연속 의심점들을 주의하며 그려야겠다."

1) $x<-3,\ x>1$일 때, $h(x)=x(x+2)$
2) $h(-3)=(-3)g(-1+)=(-3)f(-1)=6$
3) $h(1)=g(1+)\times3=3$

$f(x)$ 때문에 알 수 없는 구간인 $-3<x<1$를 제외하고 그래프를 그리면 다음과 같다.

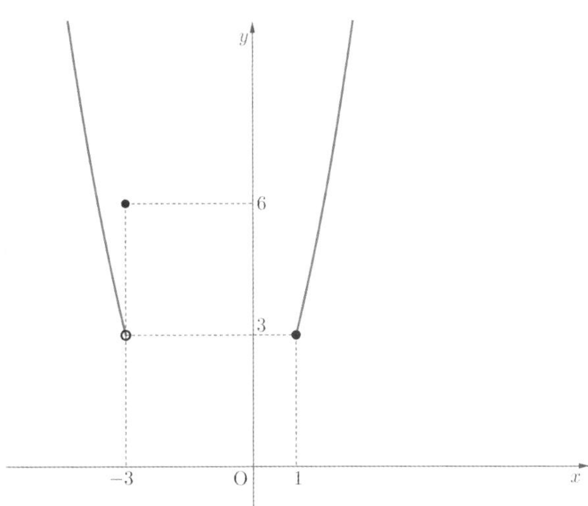

일단 우리가 아는 그래프의 영역 중 최소는 $h(1)=3$이다.

따라서 $h(x)$가 최솟값을 가지는 가장 단순한 방법은 점 $(1, 3)$에서 $h(x)$가 최솟값 3을 갖는 것이다.

하지만 이는 $-1 < x < 1$일 때 $h(x) = (x+2)f(x) = (양수)(음수) < 0$이기 때문에 간단하게 부정된다.
($\bigcirc$에 의해 $f(x) < 0$이 성립한다.)
(또한, 이를 통해 $\underline{h(x)$의 **최솟값은 음수**}임을 알 수 있다.) $\cdots$ $\bigcirc$

따라서 **나머지 구간**($-3 < x < 1$)에서 최솟값을 갖는 경우를 생각해보자.

i) $-3 < x < -1$일 때, $h(x) = xf(x+2) = (음수)(음수) > 0$이므로 $\bigcirc$에 의해 최솟값이 될 수 없다. 무시하자.
    ($\bigcirc$에 의해 $f(x+2) < 0$이 성립한다.)

ii) $x = -1$일 때, $h(-1) = g(-1+)g(1+) = f(-1) = -2$이다.

iii) $-1 < x < 1$일 때, $h(x) < 0$이다.

결국, $\underline{-2$가 최솟값}$이 되거나, iii)**에서 최솟값**을 가져야 $h(x)$가 최솟값을 가진다고 할 수 있다.

이 구간을 해석해 보자.

$h(x) = (x+2)f(x)$이다. $(-1 \leq x < 1)$
$(x+2) > 0$이고 **증가**한다.
$f(x) < 0$이고 **감소**한다.

양수가 증가하고, **음수가 감소**할 때 **그 곱이 감소한다**는 것은 자명한 사실이다.
따라서, $-1 < x < 1$에서 $\underline{1$에 가까이 다가갈수록}$ $h(x)$가 **감소한다**는 것을 알 수 있다.

따라서 $h(-1) = -2$는 최솟값이 될 수 없다.

그런데, 문제는 $-1 < x < 1$에서 $h(x)$는 감소하지만, 막상 $h(1) = g(1+) \times 3 = 3$이 된다는 점이다.
(즉, $h(x)$는 $x = 1$에서 불연속이다.)

그렇다고, $\lim\limits_{x \to 1-} h(x)$를 최솟값이라고 할 수도 없다.
말 그대로 무한히 가까이 다가가는 값일 뿐, 실제 함숫값이 아니기 때문이다.
($\lim\limits_{x \to \infty} \dfrac{1}{x} = 0$이지만, 양수 구간에서 $\dfrac{1}{x}$가 최솟값이 없는 것을 생각하면 쉽다.)

그림을 그려보면 그래프는 다음과 같다.

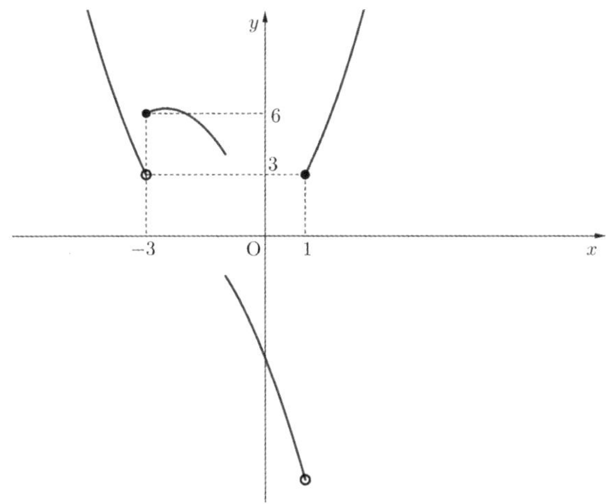

따라서, ㄷ의 상황에서 $h(x)$가 **최솟값을 가지지 않음**을 알 수 있다. ⋯ (거짓)

옳은 선지는 ㄱ 뿐이다.

답: ①

| 무엇을 기준으로 학생들을 변별했는가?

1. 구간별로 정의된 함수의 **연속성을 조사**할 수 있는가?

2 **함수의 극한**과 **구간**에 대한 부등식을 적절히 해석하여 함숫값을 구할 수 있는가?

3. 연속이 아닌 지점에서 **극한값이 최댓값 / 최솟값이 될 수 없다**는 사실을 알고 문제 풀이에 이용할 수 있는가?

| NOTES

- 문제 풀이의 실마리가 보이지 않을 경우, 위와 같은 상황에서는 **조건을 만족시키는 간단한 함수**를 넣어 본 다음 답을
  도출할 수 있다. ㄷ의 경우, 다항함수 $f(x) = -x - 3$을 대입해 보면 틀리다는 것을 쉽게 알 수 있다.
  반례가 나오면 답이 결정되고, 반례가 아니더라도 상황 이해에 도움을 줄 수 있다.

- $$\lim_{x \to -3-} h(x) = \lim_{t \to 0+} g((-3-)+t) \times \lim_{t \to 2+} g((-3-)+t) = (-3)(-1) = 3 \quad (\text{단, } -3- \text{는 } -3\text{의 좌극한이다.})$$

  여기서, $\lim\limits_{t \to 2+} g((-3-)+t)$ 부분이 헷갈린다면, $x = -3-$ (좌극한)을 생각하지 말고 2.99 등을 대입해보자.
  결과적으로 3보다 아주 작은 x에, $\lim\limits_{t \to 2+} g(x+t)$가 대입되는 것이라고 보면 된다.

  혹시라도 $t \to 2+$ (우극한)와 $x \to -3-$ (좌극한)가 상쇄되어 $x + t = 5$가 될 것이라고 착각해서는 안된다.

- 어떤 두 함수의 곱함수를 그래프로 그려야 될 때는 **양수 / 음수**인지, **증가 / 감소**하는지에 집중해서 해석해 보면
  곱함수의 부호 및 증감을 쉽게 알아낼 수 있다.

- 준킬러 이상의 변별력을 지닌 ㄱ, ㄴ, ㄷ 선지형 문제에서 답이 ①이 되는 것은 최근 들어 매우 드문 일이었다.
  따라서, 기존에 이 유형의 기출 문제를 풀 때 **①을 고려선상에서 배제하고 푼 사람**이라면 꽤나 혼란스러웠을 수 있다.

  다만, 평가원도 **선지를 평소와 다르게 줌**으로써 (⑤번 선지가 평소와 같은 ㄱ, ㄴ, ㄷ이 아닌 ㄴ, ㄷ으로 출제됨.)
  이러한 변화구에 대한 떡밥을 넌지시 주었다.

정수 a $(a \neq 0)$에 대하여 함수 $f(x)$를

$$f(x) = x^3 - 2ax^2$$

이라 하자. 다음 조건을 만족시키는 모든 정수 k의 값의 곱이 -12가 되도록 하는 a에 대하여 $f'(10)$의 값을 구하시오.

함수 $f(x)$에 대하여

$$\left\{ \frac{f(x_1) - f(x_2)}{x_1 - x_2} \right\} \times \left\{ \frac{f(x_2) - f(x_3)}{x_2 - x_3} \right\} < 0$$

을 만족시키는 세 실수 x_1, x_2, x_3이 열린구간 $\left(k,\ k + \frac{3}{2} \right)$에 존재한다.

얼핏보면 이런 생각이 든다.

"평균변화율을 살펴보아야하나..?"

그러나, 너무 많은 경우의 수가 떠오른다. 과면 **우리는 x_1, x_2, x_3를 모두 고려해야하는 것일까**..?

발문에 따르면 세 실수 x_1, x_2, x_3이 열린 구간 $\left(k,\ k + \frac{3}{2} \right)$에 존재하기만 하면 된다.

x_2에 초점을 맞춰 생각해보면, 열린 구간 $\left(k,\ k + \frac{3}{2} \right)$에서

$(x,\ f(x))$와 $(x_2,\ f(x_2))$를 잇는 직선의 기울기가 음수가 되는 x와 양수가 되는 x가 공존하면 되는 것이다.

극단적인 경우, $x = x_2 - $(음극한)와 $x = x_2 + $(양극한)도 생각해볼 수 있다.

또한, x_2도 열린 구간 $\left(k,\ k + \frac{3}{2} \right)$ 내의 어떠한 실수이든 상관이 없다.

"그렇다면... 아..! **순간변화율의 부호가 바뀌는지,**

즉 열린 구간 $\left(k,\ k + \frac{3}{2} \right)$에서 극대 또는 극소를 갖는지를 묻는 것이구나."

이 과정을 끝냈다면 문제의 절반을 푼 것이다.
(위의 모든 과정은 충분한 문제를 풀며 경험을 쌓아두었다면, 직관을 통해 바로 파악할 수도 있다.)

이제, 정수 k에 대해 삼차함수 $f(x) = x^3 - 2ax^2$이 열린 구간 $\left(k,\ k + \frac{3}{2} \right)$에서 극값을 가지면 된다.

$$f'(x) = 3x^2 - 4ax = 3x\left(x - \frac{4}{3}a \right) = 0 \text{이므로,}$$

$k=-1$일 때 확정적으로 열린 구간 $\left(-1, \dfrac{1}{2}\right)$에서 극값을 가진다.

그리고, $\dfrac{4}{3}a$가 열린 구간 $\left(k,\ k+\dfrac{3}{2}\right)$에 포함되어 있다면 해당 k에 대해 열린 구간 $\left(k,\ k+\dfrac{3}{2}\right)$에서 극값을 가질 것이다.

만약 $\dfrac{4}{3}a$가 열린 구간 $\left(k,\ k+\dfrac{1}{2}\right)$안에 있다면, k와 $k+1$의 열린 구간 $\left(k,\ k+\dfrac{3}{2}\right)$, $\left(k-1,\ k+\dfrac{1}{2}\right)$ 안에 공통적으로 존재하게 된다.

이를 알아보기 위해 $\dfrac{4}{3}a$에서 a를 $3p-2$, $3p-1$, $3p$인 경우로 나누어볼 필요가 있다. (p는 정수)

$i)$ $a=3p-2$인 경우,

$\dfrac{4}{3}a=4p-\dfrac{8}{3}=(4p-3)+\dfrac{1}{3}$이므로, $4p-3=m$이라고 하면

$\dfrac{4}{3}a=m+\dfrac{1}{3}$이므로 열린 구간 $\left(m,\ m+\dfrac{3}{2}\right)$과 $\left(m-1,\ m+\dfrac{1}{2}\right)$ 안에 공통적으로 존재한다.

이 경우, $k=-1$, $4p-3$, $4p-4$로,

$p=0$일 때 $k=-1$, -3, -4이므로 모든 정수 k의 곱이 -12가 된다.

$\therefore\ a=-2$

이제, $f(x)=x^3+4x^2$을 미분하면 $f'(x)=3x^2+8x$이고, $x=10$을 대입하면

$f'(10)=380$

답: 380

이제 답을 구했으니, 나머지 경우도 살펴보자.

$ii)$ $a=3p-1$인 경우,

$\dfrac{4}{3}a=4p-\dfrac{4}{3}=(4p-2)+\dfrac{2}{3}$이므로, $4p-2=m$이라고 하면

$\dfrac{4}{3}a=m+\dfrac{2}{3}$으로, 오직 열린 구간 $\left(m,\ m+\dfrac{3}{2}\right)$ 안에만 존재한다.

이 경우 $k=-1$, $4p-2$로, 어떠한 정수 p에 대해서도 모든 정수 k의 곱이 -12가 될 수 없다.

$iii)$ $a = 3p$인 경우,

$\dfrac{4}{3}a = 4p$이므로 오직 열린 구간 $\left(4p-1,\ 4p+\dfrac{1}{2}\right)$ 안에만 존재한다.

이 경우 $k = -1,\ 4p-1$로, 어떠한 정수 p에 대해서도 모든 정수 k의 곱이 -12가 될 수 없다.

| 무엇을 기준으로 학생들을 변별했는가?

1. 주어진 조건을 해석하여 해당 조건이 열린 구간 내에서의 **극값의 존재여부를 묻고 있음**을 파악할 수 있다.

2. a가 정수임을 이용해 $\dfrac{4}{3}a$가 두 개의 열린 구간에 속해있는 경우와, 오직 하나의 열린 구간에 속해있는 경우로 나누어 그에 따른 가능한 정수 k를 구할 수 있다.

| NOTES

- 어떠한 기울기 조건과 임의의 실수 x_1, x_2라는 조건을 줬다면, **곧바로 순간변화율을 의심할 필요가 있다.** 여러 기출들을 살펴보면, 임의의 실수 x_1, x_2라는 표현과 기울기 조건이 주어졌을 때 대부분 **평균변화율의 의미가 퇴색된 채 순간변화율로써 사용됨을 볼 수 있다**.

두 실수 a, b에 대하여 함수

$$f(x) = \begin{cases} -\dfrac{1}{3}x^3 - ax^2 - bx & (x < 0) \\[2mm] \dfrac{1}{3}x^3 + ax^2 - bx & (x \geq 0) \end{cases}$$

이 구간 $(-\infty, -1]$에서 감소하고 구간 $[-1, \infty)$에서 증가할 때,
$a+b$의 최댓값을 M, 최솟값을 m이라 하자. $M-m$의 값은?

① $\dfrac{3}{2} + 3\sqrt{2}$　　② $3 + 3\sqrt{2}$　　③ $\dfrac{9}{2} + 3\sqrt{2}$　　④ $6 + 3\sqrt{2}$　　⑤ $\dfrac{15}{2} + 3\sqrt{2}$

$f(x)$가 구간 $(-\infty, -1]$에서 감소하고 구간 $[-1, \infty)$에서 증가한다고 했으므로,

$f(x)$는 $x = -1$에서 **유일한 극점**(극소)을 갖는 것 같다.

$$f'(x) = \begin{cases} -x^2 - 2ax - b & (x < 0) \\[2mm] x^2 + 2ax - b & (x \geq 0) \end{cases}$$ 이므로, $f'(-1) = -1 + 2a - b = 0 \Rightarrow b = 2a - 1 \cdots \text{㉠}$

이에 따라, $f'(x)$를 해석하면 이차함수 $y = x^2 + 2ax$가 $-b$만큼 **평행이동한 뒤**,
$x < 0$에서 $y = -b$를 기준으로 **뒤집혀 만들어진 함수**라고 생각할 수 있다.
(이러한 해석을 통해 개형을 그리는 것이 직관적이다.)

따라서, 이차함수 $x^2 + 2ax$의 **축이 되는** $x = -a$**의 위치**를 기준으로 개형을 나눠보자.

i) $a < 0$일 때,

다음과 같이 그래프가 그려지면 조건이 성립된다.

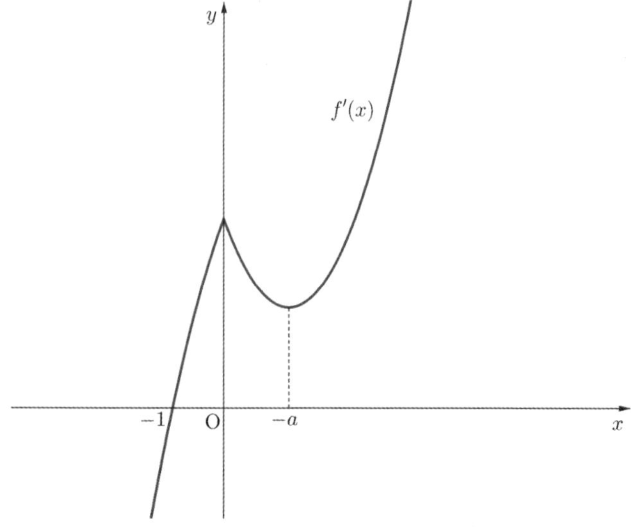

그래프를 해석하면, 극소를 갖는 $x=-a$에서 **극솟값이 음수가 아니면** 된다.

식으로 표현하면, $f'(-a)=-a^2-b \geq 0$

b에 ㉠$(b=2a-1)$을 대입하면 $-a^2-2a+1 \geq 0 \Rightarrow a^2+2a-1 \geq 0$이므로,
근의 공식을 사용하여 $-1-\sqrt{2} \leq a \leq -1+\sqrt{2}$

$\therefore \ -1-\sqrt{2} \leq a < 0$

$ii)$ $a>0$일 때,

다음과 같이 그래프가 그려지면 조건이 성립된다.

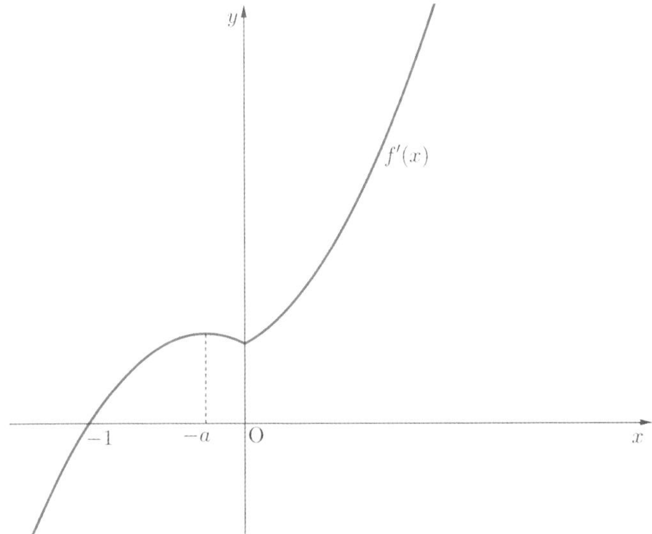

그래프를 해석하면, 극대를 갖는 $x=-a$에서 **극댓값이 양수**이고, y**절편이 음수가 아니면** 된다.

식으로 표현하면, $f(-a)=a^2-b>0,\ -b \geq 0$

b에 ㉠$(b=2a-1)$을 대입하면, $(a-1)^2>0,\ a \leq \dfrac{1}{2}$

$\therefore \ 0<a \leq \dfrac{1}{2}$

$iii)$ $a=0$일 때,

y축과의 교점이 0보다 크거나 같으면 성립한다.

따라서 $-b \geq 0 \Rightarrow a \leq \dfrac{1}{2}$

$\therefore \ a=0$

세 경우를 종합하면, a의 범위는 $-1-\sqrt{2} \leq a \leq \dfrac{1}{2}$이고, $b=2a-1$이므로 $a+b=3a-1$이다.

따라서, $-4-3\sqrt{2} \leq 3a-1 \leq \dfrac{1}{2} \Rightarrow m=-4-3\sqrt{2},\ M=\dfrac{1}{2}$

$$\therefore\ M-m=\dfrac{9}{2}+3\sqrt{2}$$

답: ③

| 무엇으로 학생들을 변별했는가?

1. **이차함수의 축을 기준**으로 개형을 나누어 a의 범위를 구할 수 있는가?

두 자연수 a, b에 대하여 함수 $f(x)$는

$$f(x) = \begin{cases} 2x^3 - 6x + 1 & (x \le 2) \\ a(x-2)(x-b)+9 & (x > 2) \end{cases}$$

이다. 실수 t에 대하여 함수 $y = f(x)$의 그래프와 직선 $y = t$가 만나는 점의 개수를 $g(t)$라 하자.

$$g(k) + \lim_{t \to k-} g(t) + \lim_{t \to k+} g(t) = 9$$

를 만족시키는 실수 k의 개수가 1이 되도록 하는 두 자연수 a, b의 순서쌍 (a, b)에 대하여 $a + b$의 최댓값은?

① 51   ② 52   ③ 53   ④ 54   ⑤ 55

"자연수 조건이 나왔네? 일단 **마지막에 케이스 분류** 좀 할 수도 있겠다고 유념해 두자."

직선 $y = t$가 만나는 점의 개수가 $g(t)$다. 일단 개형부터 그려보자.

그래프의 왼쪽($x \le 2$)부터 살펴보면,

$f(x) = 2x^3 - 6x + 1 \ (x \le 2)$
$f'(x) = 6x^2 - 6 = 6(x-1)(x+1) \ (x < 2)$

극대점은 $(-1, 5)$, 극소점은 $(1, -3)$인 삼차함수이다.
구간의 경계값은 $(2, 5)$로, 이때 y좌표가 극댓값과 같다. (삼차함수의 비율관계를 통해서 바로 알 수도 있다.)

오른쪽($x > 2$)은 $(2, 9)$, $(b, 9)$를 지나는 최고차항이 양수인 이차함수이다.

그러므로 전체 개형은 다음과 같다.

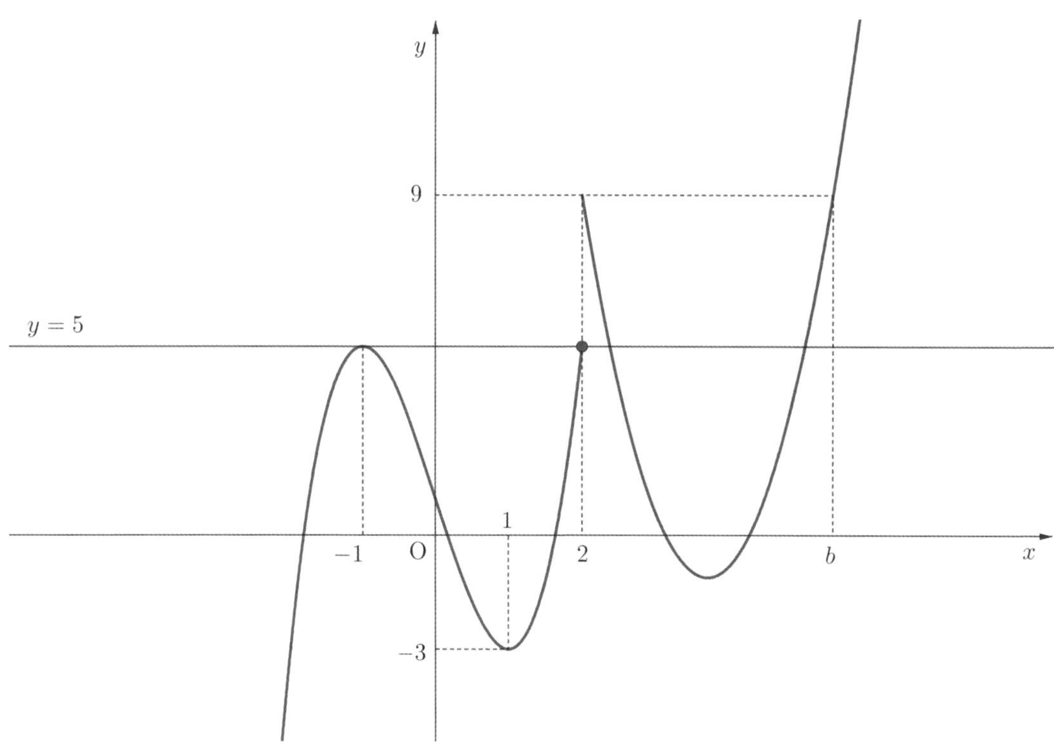

"이제 $g(k)+\lim\limits_{t\to k-}g(t)+\lim\limits_{t\to k+}g(t)=9$가 유일하다는 사실을 따져 보자."

$g(t)$는 x**축에 평행**한 직선$(y=t)$과 **그래프**$(y=f(x))$의 교점의 개수이다.

이차함수 $y=a(x-2)(x-b)+9$의 대칭축이 $x=2$**보다 왼쪽에 있다면**,
($b<2$일 때와 동일하다.)

이차함수는 $x>2$에서 항상 증가하므로, 삼차함수 구간$(x\le 2)$과 이차함수 구간$(x>2)$에서의
치역이 서로 겹칠 일이 없다.

삼차함수 **감소 구간**에 해당하는 치역$(-3<y<5)$에서 x축과 평행한 직선과의 **교점이 항상** 3개이므로,
이는 $g(k)+\lim\limits_{t\to k-}g(t)+\lim\limits_{t\to k+}g(t)=9$가 유일해야한다는 조건에 어긋난다. ⋯ ㉠

따라서, 이차함수의 대칭축은 $x=2$ 오른쪽에 있다.

$\therefore\ b>2$

"그래프 교점의 개수는 극값 주변에서 변하니까, 좀 **특별한 경우**인
이차함수 구간$(x>2)$의 **최솟값**이 삼차함수 구간$(x\le 2)$의 **극솟값이나 극댓값**과 **같을 때**,
극댓값이나 극솟값 주변에서 조건을 만족하지 않을까..?"

"그런데 생각해보니 만약 **극댓값**과 최솟값이 일치한다면, 삼차함수의 **감소구간**에 해당하는 치역$(-3<y<5)$에서
아까와 같이 전부 교점이 3개가 나오겠네. 역시나 ㉠에 위배되겠다."

"따라서 **극솟값**과 최솟값이 일치하는 경우를 살펴보자."

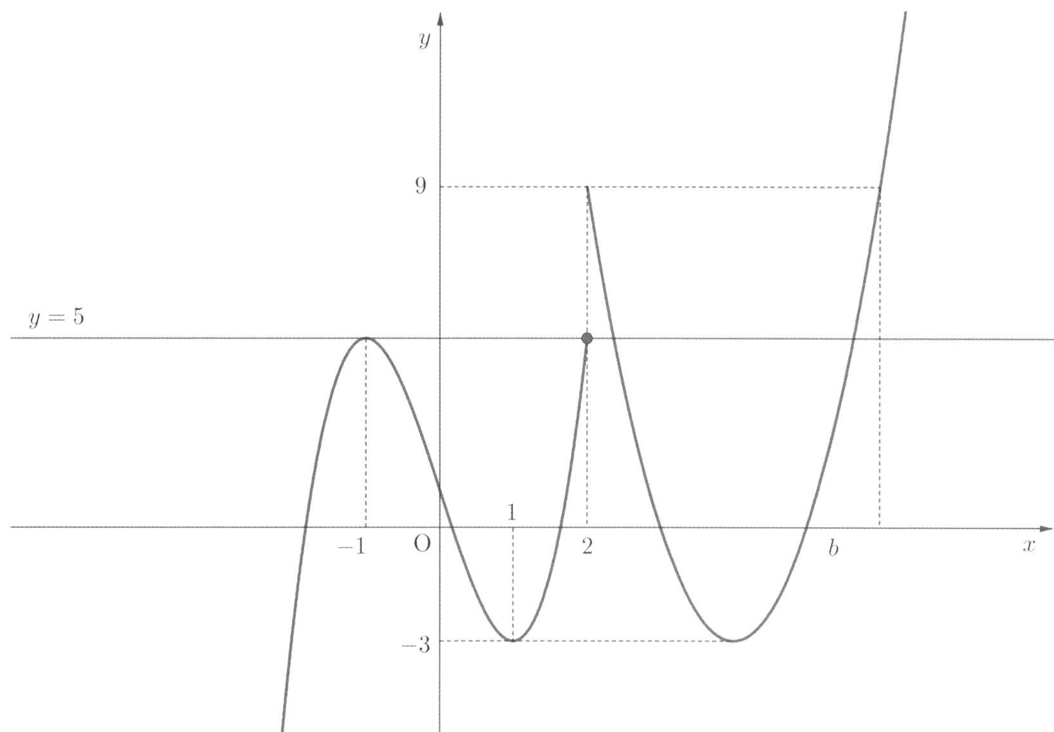

삼차함수 구간$(x \le 2)$의 극솟값이 $y=-3$이므로, $y=-3$와 $y=-3+$ (살짝 위), $y=-3-$ (살짝 아래) 이렇게 x축과 평행한 세 직선을 그어 각각 교점의 개수를 따져보자.

$g(-3-)=1$
$g(-3)=3$
$g(-3+)=5$

$g(-3)+\lim\limits_{t \to -3-} g(t)+\lim\limits_{t \to -3+} g(t)=9$가 나온다.

"이게 답일 것 같다."

혹시 모르니 극댓값 주변$(y=2)$을 살펴보면, $g(5)+\lim\limits_{t \to 5-} g(t)+\lim\limits_{t \to 5+} g(t)=11$로 조건을 만족하지 않는다.

마지막으로 이차함수 구간의 왼쪽 경계 주변$(y=9)$을 살펴봐도,

$g(9)+\lim\limits_{t \to 9-} g(t)+\lim\limits_{t \to 9+} g(t)=4$로 조건을 만족하지 않는다.

(이외의 지점에서는 교점의 개수가 변하지 않는다.)

"이제 가능한 k가 **극솟값으로 유일하다**는 것을 확인했다.
이제 이차함수 최솟값이 삼차함수 극소값이랑 일치한다는 식을 세우고, 자연수 조건을 이용해서 잘 찾으면 끝나겠네."

이차함수는 $x=\dfrac{b+2}{2}$에서 최솟값을 가지며, 삼차함수 구간의 극솟값은 -3이다.

$$a\left(\frac{b+2}{2}-2\right)\left(\frac{b+2}{2}-b\right)+9=-a\left(\frac{b-2}{2}\right)^{2}+9=-3$$

$$a(b-2)^{2}=48 \ \ (b>2)$$

"자연수 조건이 주어진 부정방정식이다.
그럼 가능한 경우의 수는 유한하고, $a+b$가 최대가 되도록 잘 찾아내면되겠군."

"둘 다 자연수고, b가 조금만 커져도 방정식에서는 **제곱이 되어** a는 엄청 작아지네.
그럼 b가 최대한 작아야 $a+b$가 보다 더 커지겠다."

$b=3$이면 $a=48$이다.

$$\therefore \ a+b=51$$

"선지에 51이 있다. 체크하고 넘어가자."

답: ①

| 무엇을 기준으로 학생들을 변별했는가?

1. 미분을 통해 삼차함수의 개형을 판단할 수 있는가?

2. 이차함수의 최소값, 삼차함수의 극점 등을 통해 **그래프**와 x축과 **평행한 직선**$(y=t)$과의 교점을 따질 수 있는가?

3. 자연수 조건을 이용해 주어진 식에서 **가능한 경우가 유한하다**는 것을 알 수 있는가?

| NOTES

- 이 문제 역시도 극값과 최솟값이 일치하는 특수한 상황이 답으로 나왔다. **교점의 개수**를 따지는 문제에서는
  특수한 경우부터 먼저 따져보자. 이 문제에선 엄청나게 많은 케이스가 나올 수 있는데,
  시험장에서 하나하나 걸러내기보단 가장 그럴듯한 상황을 추측하는 것이 시간 절약에 큰 도움이 된다.

- 삼차함수 극대값과 이차함수 극소값이 일치하는 경우부터 따지지 않은 이유가 있는데,
  이차함수에 이해가 깊은 학생은 이차함수 최소값이 작아져야 a, b**의 값이 최대한 커진다는** 사실을 알 것이다.
  우리의 목적은 $a+b$를 최대한 키우는 것이므로 이것부터 따질 필요가 없다.

- 삼차함수의 **감소 구간**과 x축과 평행한 직선의 **교점의 개수가 3개**인 건 항상 생각할 필요가 있다.

  이 사실을 머릿속에 넣고 다니는 학생은 해당 문제의 경우, $9=3+3+3$가 보이기 때문에 바로 불필요한 케이스를
  배제하고 개형을 찾아냈을 것이다.
- 나머지 경우의 수에 대한 검토는 다른 문제들을 전부 건드려보고 나서 돌아오고 나서 하자.

미분법 ┃ 함수의 증감
[빠른 정답]

01. ②

02. 12

03. ⑤

04. ②

05. 10

06. ⑤

07. ②

08. 38

09. 105

10. 39

11. 14

12. ③

13. 108

14. ①

15. 380

16. ③

17. ①

[수학 Ⅱ]

미분법 ┃ 방부등식과 직선운동

*25학년도 6월, 9월, 수능에 전부 4점 문항으로 출제된 단원입니다.

*킬러 문항이 빈번히 출제되는 단원입니다.

삼차함수 $f(x)$의 도함수 $y=f'(x)$의 그래프가 그림과 같을 때, 〈보기〉에서 옳은 것만을 있는 대로 고른 것은?

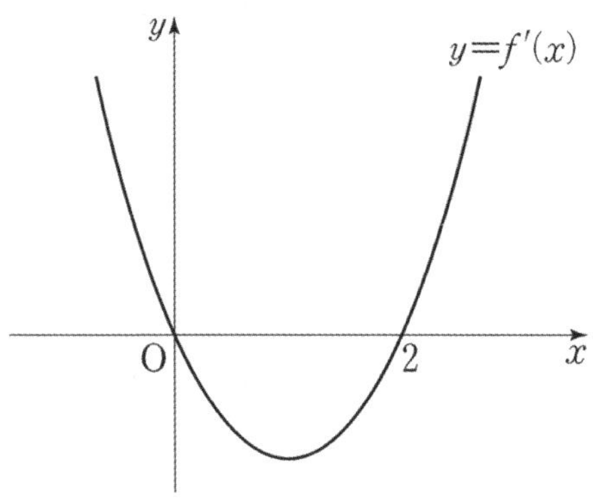

─────── 〈보 기〉 ───────

ㄱ. $f(0)<0$이면 $|f(0)|<|f(2)|$ 이다.

ㄴ. $f(0)f(2)\geq0$이면 함수 $|f(x)|$가 $x=a$에서 극소인 a의 값의 개수는 2이다.

ㄷ. $f(0)+f(2)=0$이면 방정식 $|f(x)|=f(0)$의 서로 다른 실근의 개수는 4이다.

① ㄱ   ② ㄱ, ㄴ   ③ ㄱ, ㄷ   ④ ㄴ, ㄷ   ⑤ ㄱ, ㄴ, ㄷ

도함수를 토대로 원함수 $y=f(x)$의 개형을 추정해보면 다음과 같다. (k는 상수)

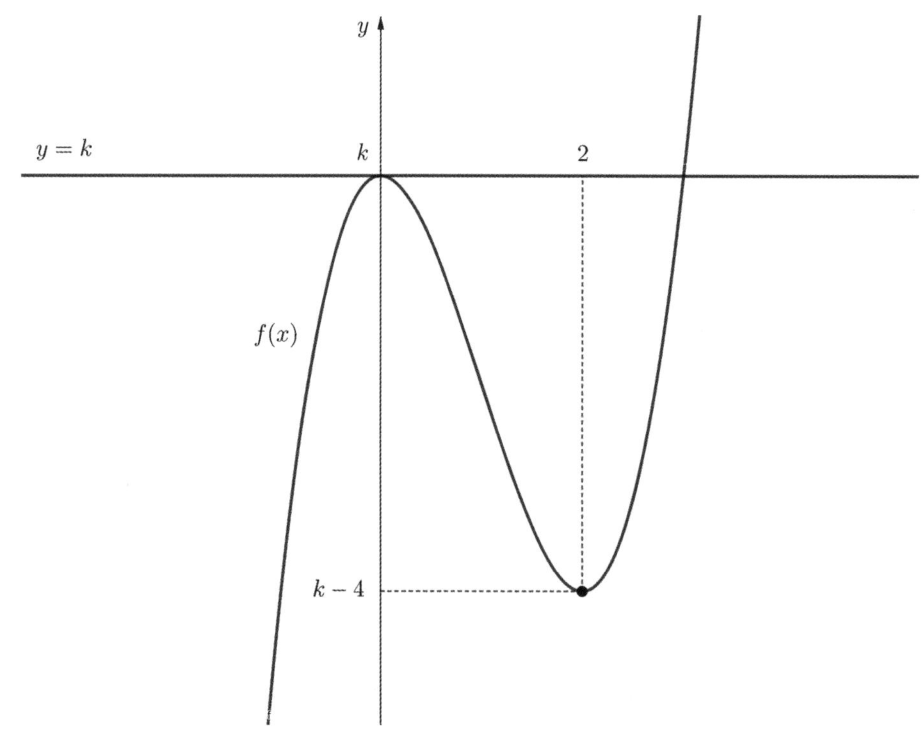

ㄱ. $f(0) < 0$일 때 $y = f(x)$는 다음과 같다.

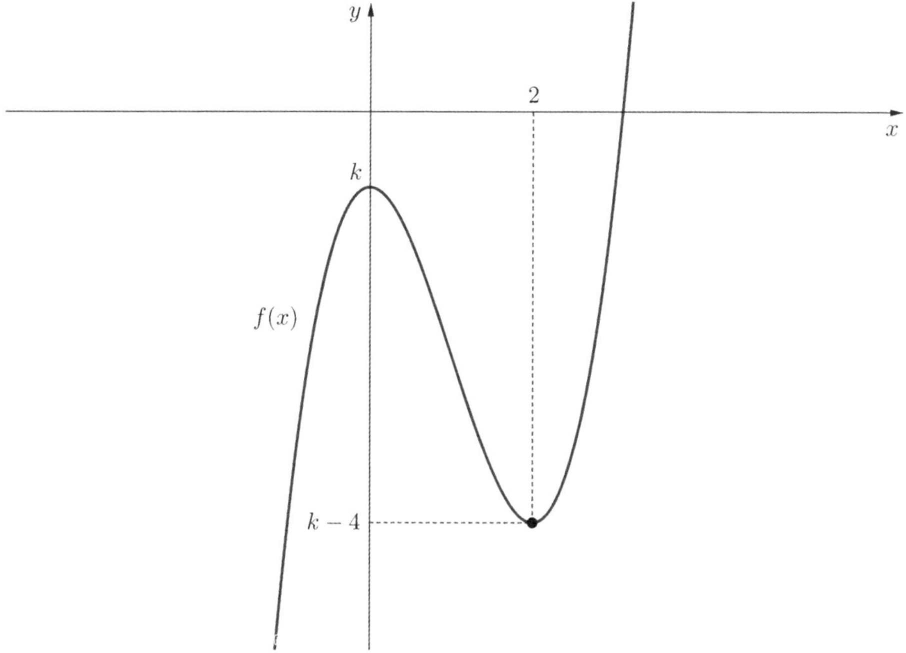

여기서 $|f(x)|$는 <u>$y = f(x)$**가 y축과 이루는 거리**</u>라고 할 수 있다.

$\therefore |f(0)| < |f(2)| \cdots$ **(참)**

ㄴ. $f(0) = k$, $f(2) = k - 4$이므로 $f(0)f(2) = k(k-4) \geq 0$이면 $0 \leq k$ 또는 $k \geq 4$이다. 각각의 경우에 대해 $|f(x)|$의 개형을 파악해 보자.

<$k \geq 4$인 경우>

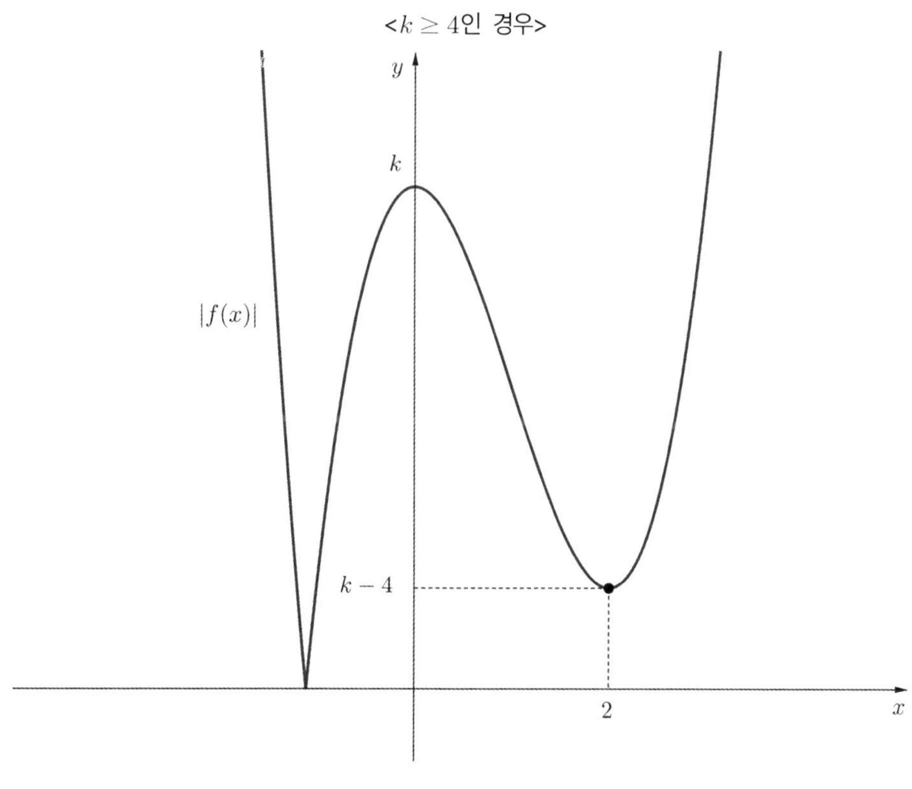

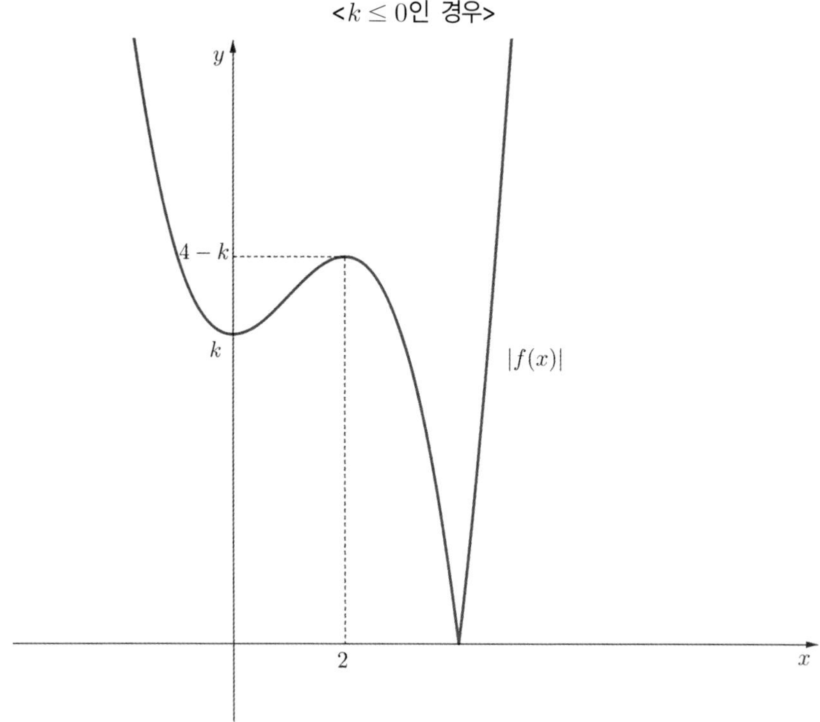

두 경우 모두 2개의 극소를 갖는다. ⋯ (참)

ㄷ. $f(0)=k$, $f(2)=k-4$이므로 $f(0)+f(2)=0$이면 $k=2$이다.
이때 $|f(x)|$의 개형은 다음과 같다.

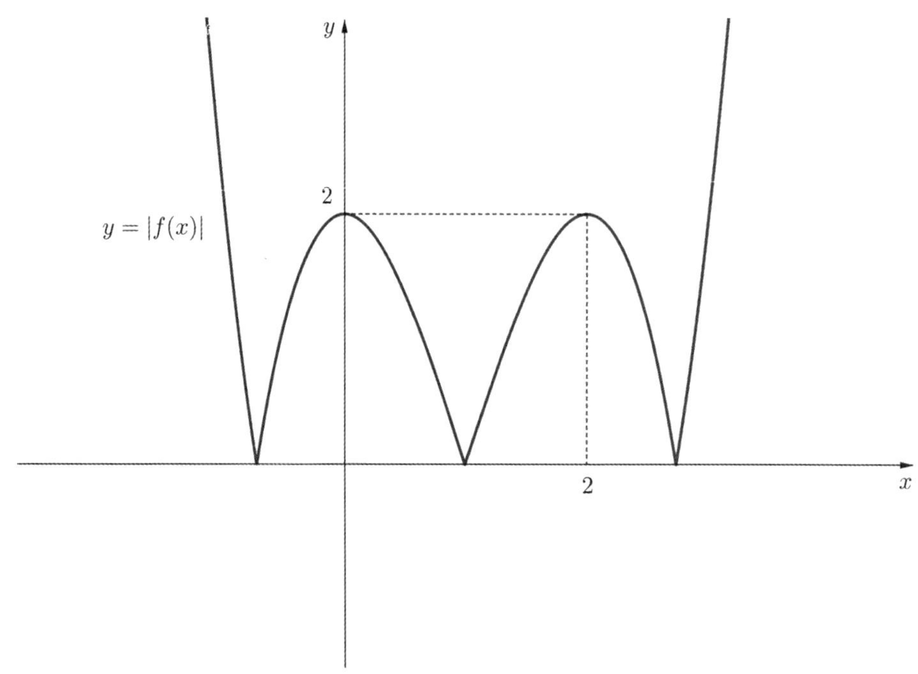

이때, $|f(x)|=f(0)$의 서로 다른 실근의 개수는 4이다. ⋯ (참)

답: ⑤

| 무엇을 기준으로 학생들을 변별했는가?

1. 여러 상황에 따른 절댓값 함수의 개형을 파악할 수 있는가?

| NOTES

- 단순히 그래프를 그려 파악하면 끝나는 문제이다. 귀찮아하지 말고 각 상황에 따른 그래프를 차근차근 그려보자.

실수 k에 대하여 함수 $f(x)=x^3-3x^2+6x+k$의 역함수를 $g(x)$라 하자. 방정식

$$4f'(x)+12x-18=(f' \circ g)(x)$$

가 닫힌 구간 $[0,\,1]$에서 실근을 갖기 위한 k의 최솟값을 m, 최댓값을 M이라 할 때, m^2+M^2의 값을 구하시오.

$SOL1$) "최고차항의 계수가 양수이고 역함수를 가지므로 $f(x)$**는 증가함수**겠다."

"주어진 방정식 $4f'(x)+12x-18=(f' \circ g)(x)$가 수학적으로 의미를 지니는 식은 아닌 것 같다. $f(x)$식을 알고 있으니 이를 **미분**한 뒤 **대입**해서 확인해보자."

($f(x)$를 미분하면 k가 소거되므로 **미지수가 없는 식**을 얻을 수 있음을 예측할 수 있다면 가장 좋다.)

$f'(x)=3x^2-6x+6$이므로, 주어진 방정식의 좌변에 대입하여 정리하면

$12x^2-12x+6=f'(g(x))$
즉, $12x^2-12x+6=3\{g(x)\}^2-6g(x)+6$이다.

위 식을 정리하면
$$\{g(x)\}^2-2g(x)-4x^2+4x=\{\{g(x)\}^2-4x^2\}-2\{g(x)-2x\}=\{g(x)-2x\}\{g(x)+2x-2\}=0$$

즉, $g(x)=2x$ 또는 $g(x)=-2x+2$ 이다.

"방정식 자체에서 큰 의미를 찾을 수 없어 식을 정리했더니 위와 같은 식을 얻었다. 역함수 자체는 식과 그래프로 해석하기 힘드니 $f(x)$**로 바꿔 표현**하자."

i) $g(x)=2x \Rightarrow f(2x)=x \Rightarrow 8x^3-12x^2+11x+k=0$일 경우,

$8x^3-12x^2+11x=-k$

위 방정식이 구간 $[0,\,1]$에서 실근을 갖기 위한 $-k$**의 최솟값 및 최댓값**을 살펴보면 된다.

"$y=8x^3-12x^2+11x$ 그래프에서 $y=-k$를 위아래로 움직여가며 위 방정식이 구간 $[0,\,1]$에서 **실근을 갖도록 하는** k**의 범위**를 체크해보자."

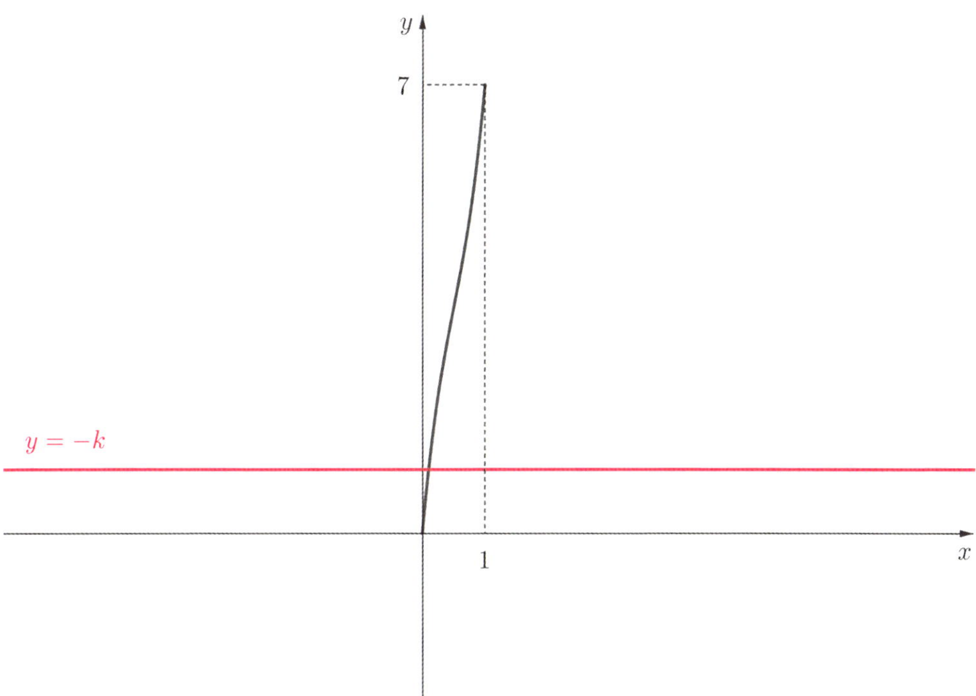

$y = 8x^3 - 12x^2 + 11x$를 미분하여 살펴보면 **증가함수**이고, 점 $(0,\ 0)$과 $(1,\ 7)$을 지나므로, $0 \le -k \le 7$

즉, $-7 \le k \le 0$ ... ㉠

$ii)\ g(x) = -2x + 2\ \Rightarrow\ f(-2x+2) = x\ \Rightarrow\ -8x^3 + 12x^2 - 13x + 8 + k = 0$일 경우,

$8x^3 - 12x^2 + 13x - 8 = k$

마찬가지로 $8x^3 + 12x^2 - 13x + 8 = k$에서 $y = k$를 위아래로 움직여가며
위 방정식이 구간 $[0,\ 1]$에서 **실근을 갖도록 하는 k의 범위**를 체크해보면

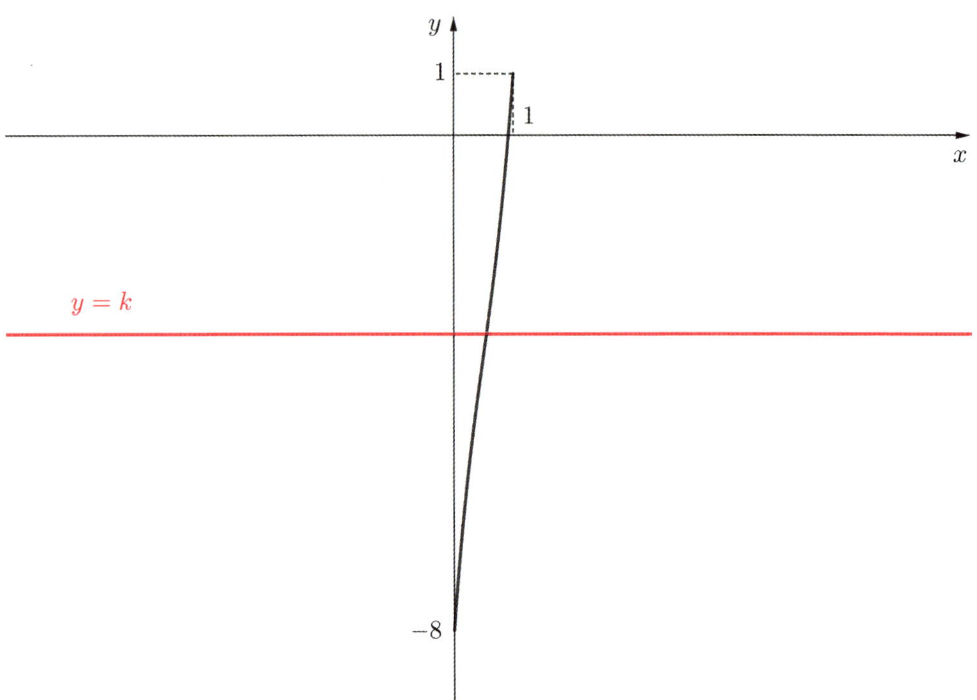

$y = 8x^3 - 12x^2 + 13x - 8$은 **증가함수**이고, 점 $(0,\ -8)$과 $(1,\ 1)$을 지나므로

$-8 \leq k \leq 1\ \cdots\ \text{ⓒ}$

㉠과 ⓒ을 고려하면, $-8 \leq k \leq 1$이다.

즉, $m = -8,\ M = 1$

$\therefore\ M^2 + m^2 = 65$

답: 65

$SOL2)$ 주어진 방정식을 변형하여 $4f'(x)+12x-18=\dfrac{1}{g'(x)}$

여기서 $f'(x)=3x^2-6x+6$이므로 $12x^2-12x+6=\dfrac{1}{g'(x)}$

x를 $f(x)$로 치환하면

$$12f(x)^2-12f(x)+6=\dfrac{1}{g'(f(x))}=f'(x)=3x^2-6x+6$$

이를 정리하면
$$4\{f(x)\}^2-4f(x)-x^2+2x=\{4\{f(x)\}^2-x^2\}-2\{2f(x)-x\}=\{2f(x)-x\}\{2f(x)+x-2\}=0$$

즉, $f(x)=\dfrac{x}{2}$ 또는 $f(x)=\dfrac{2-x}{2}$ 이다.

이후 풀이는 $SOL1)$과 같은 방법으로 전개된다.

| 무엇을 기준으로 학생들을 변별했는가?

1. $\{g(x)\}^2-2g(x)-4x^2+4x$의 식을 **묶을 수 있다**고 판단할 수 있거나, 식을 변형하는 도중 발견하여 $\{g(x)-2x\}\{g(x)+2x-2\}$로 정리할 수 있는가? $(SOL2)$에서도 마찬가지이다)

2. **다항함수와 상수**를 다루는 방정식에서 (이 문제에서는 $8x^3-12x^2+11x+k=0$와 같은 방정식) **다항함수를 좌변**에, **상수를 우변**에 놓고 상수를 머릿속에서 **위아래로 움직이며 근을 파악**할 수 있는가?

| NOTES

- 문제를 풀기에 앞서 해석할 수 없는 식을 억지로 해석하려 하지 않아도 된다.
  본인이 해석할 수 없는 난해한 식은 그 자체로는 수학적 의미를 발견하기 어려우니 먼저
  주어진 조건들을 가지고 식을 변형하려고 노력해야 한다.

- 만약 이리저리 퍼즐을 이용해 끼워 맞추는데 성공했다면, 이후 이 풀이의 흐름이 어떤 방향으로 흘러갈지
  반드시 미리 머릿속으로 생각하고 풀이에 들어가야한다.

수직선 위를 움직이는 점 P의 시각 $t \, (t > 0)$에서의 위치 x가

$$x = t^3 - 12t + k \ (k는 \ 상수)$$

이다. 점 P의 운동 방향이 원점에서 바뀔 때, k의 값은?

① 10　　　　② 12　　　　③ 14　　　　④ 16　　　　⑤ 18

점 P의 운동 방향이 원점에서 바뀌므로, 원점 $x = 0$에서 점 P의 속도는 0이다.

$t = a \ (a > 0)$일 때, 점 P가 원점을 지난다면

$x(a) = a^3 - 12a + k = 0$과

$v(a) = 3a^2 - 12 = 0$을 동시에 만족할 것이다. (단, $v(t) = \dfrac{dx}{dt}$ 이다.)

따라서, $a = 2$이고 $x(2) = k - 16 = 0$이므로, $k = 16$이다.

답: ④

삼차함수 $f(x)$와 실수 t에 대하여 곡선 $y=f(x)$와 직선 $y=-x+t$의 교점의 개수를 $g(t)$라 하자. 〈보기〉에서 옳은 것만을 있는 대로 고른 것은?

〈보 기〉

ㄱ. $f(x)=x^3$이면 함수 $g(t)$는 상수함수이다.
ㄴ. 삼차함수 $f(x)$에 대하여, $g(1)=2$이면 $g(t)=3$인 t가 존재한다.
ㄷ. 함수 $g(t)$가 상수함수이면, 삼차함수 $f(x)$의 극값은 존재하지 않는다.

---

① ㄱ　　　　② ㄷ　　　　③ ㄱ, ㄴ　　　　④ ㄴ, ㄷ　　　　⑤ ㄱ, ㄴ, ㄷ

먼저 $g(t)$를 조금 더 쉽게 판단하기 위해 $f(x)+x=t$의 교점의 개수로 변형해서 판단하는 것이 좋을 것 같다.

ㄱ. $f(x)=x^3$이면 함수 $g(t)$는 상수함수이다.

$x^3+x=t$의 교점의 개수를 구하자.

$x^3+x=t$에서 x^3+x는 **증가함수**이므로, 모든 실수 t에 대해 교점의 개수는 1이다.
$\therefore$ $g(t)=1$ $\cdots$ **(참)**

ㄴ. 삼차함수 $f(x)$에 대하여, $g(1)=2$이면 $g(t)=3$인 t가 존재한다.

$g(1)=2$라는 것은, $f(x)+x=t$의 **교점의 개수가 2개**라는 뜻이다.

$f(x)+x$ 또한 삼차함수이므로, 개형상 $y=t$와의 교점의 개수가 2개인 점은 **t가 극댓값 또는 극솟값**인 경우이다.
이 경우 $f(x)+x$는 극값을 갖는 삼차함수이므로 **감소 구간이 있어야하고**, 이 구간의 함숫값에 대해 $g(t)=3$이다. $\cdots$ **(참)**

ㄷ. 함수 $g(t)$가 상수함수라면, 삼차함수 $f(x)$의 극값은 존재하지 않는다.

$g(t)$가 상수함수라는 소리는 곧 $f(x)+x=t$의 **교점의 개수가 항상 일정하다**는 것이다.

삼차함수 개형상 $y=t$와의 교점의 개수가 항상 일정하다는 것은 $f(x)+x$가 **증가함수**라는 뜻으로,
'$g(t)$가 상수함수다'는 곧 '모든 실수 x에 대해 $f'(x)+1 \geq 0$' 과 동치이다.

그러나, $-1 \leq f'(x) < 0$인 실수 x가 존재할 경우 $g(t)$는 **상수함수**인 동시에 $f(x)$는 **극값을 갖는다**. $\cdots$ **(거짓)**

답: ③

1. 삼차함수의 개형의 종류를 알고 있는가?

2. 교점의 개수를 상수(t)를 위아래로 움직여가며 직관적으로 파악할 수 있는가?

- 어떤 방정식의 교점의 개수 또는 근의 개수를 다룰 때, 파악하기 쉬운 형태로 식을 변형할 수 있어야 한다.
  상수만을 우변에 남기고 모든 변수를 좌변에 정리하는 방법이 가장 대표적인 방법이다.

- 삼차함수의 개형은 감소 구간이 존재하는지의 여부로 구분할 수 있다.
  문제에서 이와 관련된 조건이 나오면 민감하게 반응하자.

최고차항의 계수가 1인 사차함수 $f(x)$가 다음 조건을 만족시킨다.

> (가) $f'(0) = 0$, $f'(2) = 16$
> (나) 어떤 양수 k에 대하여 두 열린구간 $(-\infty, 0)$, $(0, k)$에서 $f'(x) < 0$이다.

〈보기〉에서 옳은 것만을 있는 대로 고른 것은?

───────────〈보 기〉───────────

> ㄱ. 방정식 $f'(x) = 0$은 열린구간 $(0, 2)$에서 한 개의 실근을 갖는다.
> ㄴ. 함수 $f(x)$는 극댓값을 갖는다.
> ㄷ. $f(0) = 0$이면, 모든 실수 x에 대하여 $f(x) \geq -\dfrac{1}{3}$이다.

① ㄱ　　　　② ㄴ　　　　③ ㄱ, ㄷ　　　　④ ㄴ, ㄷ　　　　⑤ ㄱ, ㄴ, ㄷ

(가) $f'(0) = 0$, $f'(2) = 16$

"$x = 0$에서 극값을 갖고, $f'(2)$는 $f'(x)$를 구하는 데 쓰이겠군."

(나) 어떤 양수 k에 대하여 두 열린 구간 $(-\infty, 0)$, $(0, k)$에서 $f'(x) < 0$이다.

"(가)의 $f'(0) = 0$이고 $(-\infty, 0)$, $(0, k)$에서 $f'(x) < 0$이니까,
삼차함수 $f'(x)$가 $x = 0$에서 **극대를 가지며 x축에 접한다**고 생각할 수 있겠다."

여기까지 판단했다면 다음과 같은 그래프를 생각할 수 있을 것이다.

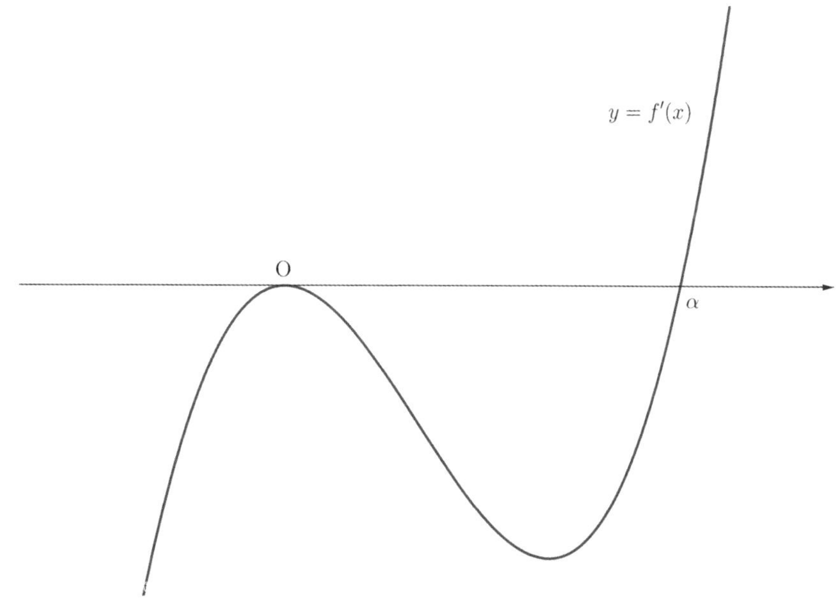

$f(x)$ 는 최고차항의 계수가 1인 사차함수이므로, $f'(x) = 4x^2(x-\alpha)$ 라고 할 수 있다.
또한 $f'(2) = 16$ 이므로, $f'(2) = 16(2-\alpha) = 16 \Rightarrow \alpha = 1$ 이다.

$$\therefore \ f'(x) = 4x^2(x-1)$$

이제 ㄱ, ㄴ, ㄷ 를 보도록 하자.

ㄱ. 방정식 $f'(x) = 0$은 열린 구간 $(0, 2)$에서 한 개의 실근을 갖는다.

그래프를 통해 바로 참임을 알 수 있다. ⋯ (참)

ㄴ. 함수 $f(x)$ 는 극댓값을 갖는다.

$f(x)$ 가 극댓값을 가지기 위해서는 $f'(x)$에서 $(+) \to (-)$로의 부호 변화가 존재해야한다.
그러나 그래프를 보면 $(+) \to (-)$로의 부호 변화는 관찰되지 않는다. ⋯ (거짓)

ㄷ. $f(0) = 0$이면, 모든 실수 x에 대하여 $f(x) \geq -\dfrac{1}{3}$ 이다.

우선 적분을 통해 $f(x)$를 구해보자.
$f(x) = x^4 - \dfrac{4}{3}x^3 + C$ 이고, ㄷ의 발문에 의하면 $f(0) = 0$이므로, $C = 0$ 이다.

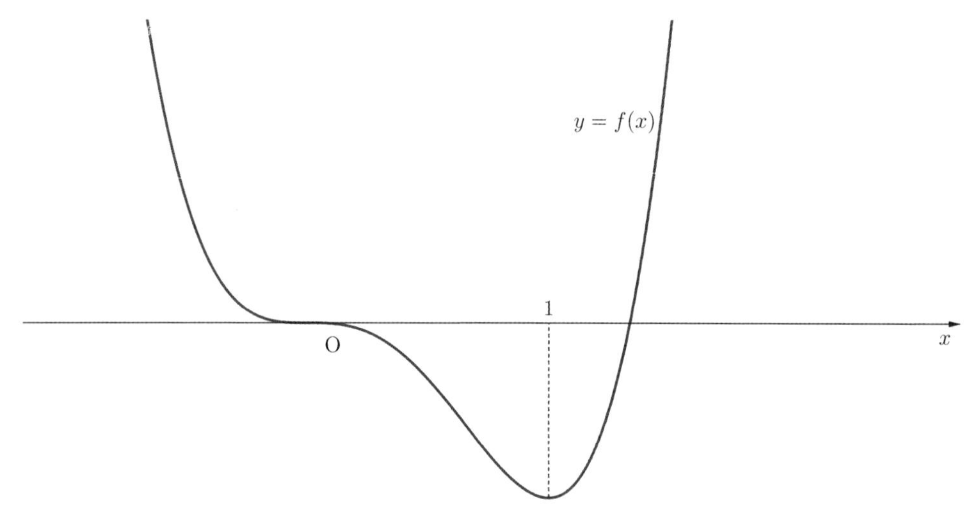

$f(x)$ 는 $x = 1$ 에서 유일한 극소이자 최솟값인 $-\dfrac{1}{3}$ 을 가지므로, ㄷ 은 참임을 알 수 있다. ⋯ (참)

답: ③

1. (나)를 통해 삼차함수 $f'(x)$ 가 x 축에 접한다고 추론할 수 있는가?

수직선 위를 움직이는 점 P의 시각 t $(t \geq 0)$에서의 위치 x가

$$x = t^3 + at^2 + bt \ (a,\ b\text{는 상수})$$

이다. 시각 $t = 1$에서의 점 P가 운동 방향을 바꾸고, 시각 $t = 2$에서의 점 P의 가속도는 0이다. $a + b$의 값은?

① 3   ② 4   ③ 5   ④ 6   ⑤ 7

"미분해서 **속도, 가속도 함수**로 나타내고 대입하면 끝나겠네."

미분해보면 속도($v(t)$), 가속도 함수($a(t)$)는 다음과 같다.

$v(t) = 3t^2 + 2at + b$
$a(t) = 6t + 2a$
(여기서 $a(t)$와 a는 전혀 관계가 없는 별개의 함수 / 상수이다.)

$t = 2$에서 가속도가 0이므로 $a(2) = 0$이고, 대입하면 $12 + 2a = 0$이다.

$$\therefore\ a = -6$$

$t = 1$에서 운동 방향을 바꾼다는 것은, 그 순간 정지한다는 것이다.
즉 $v(1) = 0$이므로, 대입하면 $3 + 2a + b = 0$이다.

여기서 앞서 구한 a를 대입하면, $b = 9$이다.

$$\therefore\ a + b = 3$$

답: ①

| 무엇을 기준으로 학생들을 변별했는가?

  1. 위치의 도함수가 속도, 속도의 도함수가 가속도임을 이용할 수 있는가?

| NOTES

- 정말 소소한 계산이지만, $3 + 2a + b \rightarrow 3 + a + (a + b) = 0 \Rightarrow a + b = 3$ (이미 $a = -6$임을 알고있기 때문에)
  이렇게 풀이를 전개하면 b를 직접 구하기 전에 답을 도출할 수 있다.

상수 a, b에 대하여 삼차함수 $f(x) = x^3 + ax^2 + bx$가 다음 조건을 만족시킨다.

(가) $f(-1) > -1$

(나) $f(1) - f(-1) > 8$

〈보기〉에서 옳은 것만을 있는 대로 고른 것은?

〈보 기〉

ㄱ. 방정식 $f'(x) = 0$은 서로 다른 두 실근을 갖는다.

ㄴ. $-1 < x < 1$일 때, $f'(x) \geq 0$이다.

ㄷ. 방정식 $f(x) - f'(k)x = 0$의 서로 다른 실근의 개수가 2가 되도록 하는
모든 실수 k의 개수는 4다.

① ㄱ   ② ㄱ, ㄴ   ③ ㄱ, ㄷ   ④ ㄴ, ㄷ   ⑤ ㄱ, ㄴ, ㄷ

"바로 그래프 개형이 확정되거나 하지는 않는다.
일단 식으로 풀 생각을 하면서, 일단 문제에서 준 조건을 대입해 봐야겠다."

$$f(-1) = -1 + a - b > -1$$

$$\therefore \; a > b \; \ldots \text{㉠}$$

$$f(1) - f(-1) = 1 + a + b - (-1 + a - b) = 2b + 2 > 8$$

$$\therefore \; b > 3 \; \ldots \text{㉡}$$

ㄱ. 방정식 $f'(x) = 0$은 서로 다른 두 실근을 갖는다.

$$f'(x) = 3x^2 + 2ax + b$$

여기서 $3x^2 + 2ax + b = 0$를 통해 판별식을 구해보면 $D/4 = a^2 - 3b$

㉠, ㉡를 활용해 보자.

$$D/4 = a^2 - 3b > b^2 - 3b = b(b-3) > 0 \;\cdots\; \text{(참)}$$

ㄴ. $-1 < x < 1$일 때, $f'(x) \geq 0$이다.

이 말은 즉, $-1 < x < 1$에서 $f(x)$**의 감소구간이 있는지**를 묻는 말이다.

일단 여전히 개형을 확정할 수 없으므로 수식적으로 접근해보면, $f'(x) = 3x^2 + 2ax + b$이다.
여기서 $3x^2 \geq 0$, $b > 3$이므로, **감소구간이 있을만한 구간**은 $2ax < 0$이 되는 $x < 0$ 뿐이다.

그 중 한번 $f'(-1)$의 부호를 조사해 보자.
$f'(-1) = 3 - 2a + b = (3 - a) + (b - a)$

여기서 $3 - a < 3 - b < 0$, $b - a < 0$이므로 $f'(-1) < 0$이다.

$\therefore$ $f'(x) < 0$인 x가 $-1 < x < 1$에서 존재한다.

따라서, ㄴ은 거짓이다. $\cdots$ (거짓)

ㄷ. 방정식 $f(x) - f'(k)x = 0$의 서로 다른 실근의 개수가 2가 되도록 하는 모든 실수 k의 개수는 4이다.

역시 그래프가 감이 잘 안 잡히므로 $f(x) - f'(k)x = 0$을 식으로 풀어 써 보자.
$x^3 + ax^2 + bx - (3k^2 + 2ak + b)x = x(x^2 + ax - 3k^2 - 2ak) = 0$

이 식의 서로 다른 실근의 개수가 2가 되는 경우는 두 가지 뿐이다.

$i)$ $x = 0$에서 **중근**을 갖고, 다른 **실근 하나**를 갖는 경우

$x^2 + ax - 3k^2 - 2ak$에서 상수항이 0이어야 한다.
따라서, $3k^2 + 2ak = k(3k + 2a) = 0$

$\therefore$ $k = 0$ 또는 $k = -\dfrac{2a}{3}$

$ii)$ $x = 0$에서 **실근**을 갖고, 다른 **중근 하나**를 갖는 경우

$x^2 + ax - 3k^2 - 2ak = 0$이 중근을 가져야 한다. (단, $x = 0$을 근으로 가지면 안 된다.)
따라서, $D = a^2 + 8ak + 12k^2 = (a + 6k)(a + 2k) = 0$

$\therefore$ $k = -\dfrac{a}{6}$ 또는 $k = -\dfrac{a}{2}$

여기서 서로 겹치는 k는 없으므로, 서로 다른 실근의 개수를 2로 만드는 k의 개수가 4개이다. $\cdots$ (참)

답: ③

1. 주어진 부등식만으로는 **개형을 확정하기 어려움**을 인지하고, 문제를 **수식적으로 접근**할 수 있는가?

2. 주어진 부등식을 문제에서 물어보는 방향으로 **적재적소에 활용**할 수 있는가?

3. 이차함수의 **근의 개수**를 판별식을 통해 구할 수 있는가?

4. 여러 식이 곱해진 상황에서 함수의 **근이 중복된 경우**를 알맞게 구분할 수 있는가?

| NOTES

- 다항함수 문제를 다룰 때, 경우에 따라 그래프 풀이만 떠올리지 않고 **식을 통한 풀이**도 생각할 수 있어야 한다.

수직선 위를 움직이는 점 P의 시각 t $(t \geq 0)$에서의 위치 x가

$$x = t^3 - 5t^2 + at + 5$$

이다. 점 P가 움직이는 방향이 바뀌지 않도록 하는 자연수 a의 최솟값은?

① 9   ② 10   ③ 11   ④ 12   ⑤ 13

"움직이는 방향이 바뀌지 않는다고? 속도함수의 부호가 바뀌지 않는다는 거네."

$$x(t) = t^3 - 5t^2 + at + 5$$
$$v(t) = 3t^2 - 10t + a$$

이차함수의 부호가 바뀌지 않는다는 건, **판별식이 0 이하**라는 것이다.

$$D/4 = 25 - 3a \leq 0$$

$$\therefore \ a \geq \frac{25}{3}$$

따라서 **자연수 a의 최솟값**은 9이다.

답: ①

| 무엇을 기준으로 학생들을 변별했는가?

1. 위치함수를 미분하여 속도함수를 구할 수 있는가?

2. 이차함수의 부호가 바뀌지 않는다는 것을 판별식을 통해 구할 수 있는가?

| NOTES

- **'움직이는 방향'** 등의 물리적 표현을 수학적 표현으로 바꾸는 데에 집중하자.

방정식 $x^3 - 3x^2 - 9x - k = 0$의 서로 다른 실근의 개수가 3이 되도록 하는 정수 k의 최댓값은?

① 2　　　　　② 4　　　　　③ 6　　　　　④ 8　　　　　⑤ 10

"삼차함수의 실근의 개수가 3이네. $x^3 - 3x^2 - 9x = k$의 **교점의 개수를 세어 주면** 되겠군."

$f(x) = x^3 - 3x^2 - 9x$

$f'(x) = 3x^2 - 6x - 9 = 3(x-3)(x+1)$

개형을 그려보면 그림과 같다.

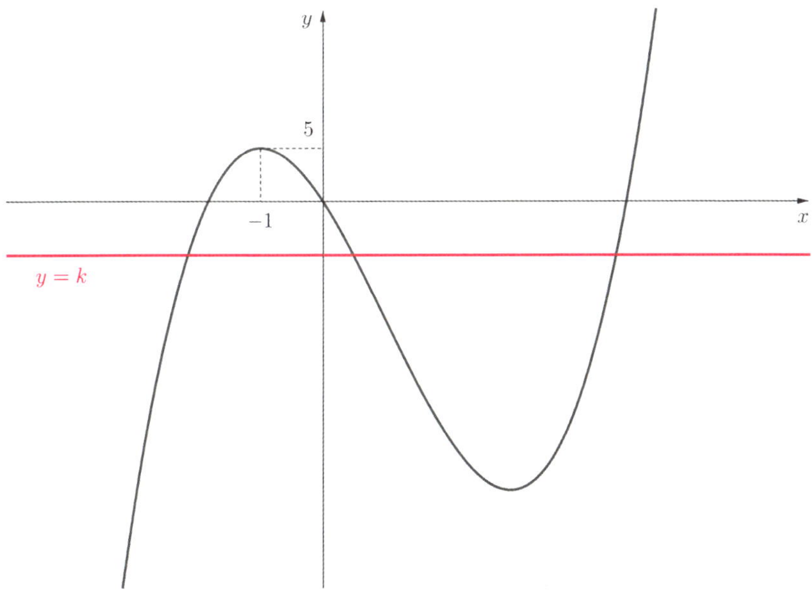

$f(x)$의 극댓값은 $f(-1) = 5$

$f(x) = k$의 실근의 개수가 3이기 위한 k의 최댓값은 4이다.

답: ②

| 무엇을 기준으로 학생들을 변별했는가?

1. 미분을 통해 삼차함수의 개형을 파악할 수 있는가?

최고차항의 계수가 양수인 삼차함수 $f(x)$에 대하여 방정식

$$(f \circ f)(x) = x$$

의 모든 실근이 0, 1, a, 2, b이다.

$$f'(1) < 0, \ f'(2) < 0, \ f'(0) - f'(1) = 6$$

일 때, $f(5)$의 값을 구하시오. (단, $1 < a < 2 < b$)

삼차함수 $f(x)$에 대해 $(f \circ f)(x) = x$를 만족하는 점에 대한 정보를 주고, 삼차함수를 구하라는 문제이다.

일단 개형에 대한 정보를 최대한 뽑아내보자. 최고차항이 양수이다.

만약 감소 구간 없이 증가만 하는 모양이라면, $(f \circ f)(x) = x$의 근은 **오직 $f(x)$와 $y = x$와의 교점 뿐**인데, $f(x)$가 삼차함수임을 고려하면 실근이 5개일 수가 없다.

따라서 삼차함수는 **감소 구간이 있는 모양**임을 알 수가 있다.

$(f \circ f)(x) = x$를 만족하는 경우는 두 가지이다.

$i)$ $f(x) = x$를 만족하거나,

$ii)$ $f(\alpha) = \beta$, $f(\beta) = \alpha$인 쌍으로 존재하는 경우이다. 이 경우, 두 점은 $y = x$에 대해 대칭이다.

$ii)$는 감소 구간에서 생길 수밖에 없다.
$i)$의 경우도 삼차함수와 직선의 교점은 최대 3개다.

이를 바탕으로 $(f \circ f)(x) = x$를 만족하는 근 5개는 $3 + 2$ 꼴이거나, $1 + 4$ 꼴임을 알 수 있다.

그런데 $1 + 4$ 꼴처럼 $f(x) = x$의 근이 1개이고, $ii)$의 형태가 두 쌍 나온다는 것은 개형적으로 불가능함을 그려보면 알 수 있다.

따라서 근 5개는 $3 + 2$ 꼴로 나타남을 알 수 있다.

즉, $(f \circ f)(x)$는 $y = x$와 세 점에서 만나며, $y = x$를 기준으로 대칭인 점이 한 쌍 존재한다고 볼 수 있다.

$f'(1) < 0$, $f'(2) < 0$이므로, 감소하는 구간인 $[1, 2]$에서 $y = x$ 대칭쌍이 존재하는 것이다.

이를 바탕으로 식을 세우면
$f(0) = 0$
$f(1) = 2$
$f(a) = a$

$f(2) = 1$

$f(b) = b$가 나온다.

그림으로 나타내면 다음과 같다.

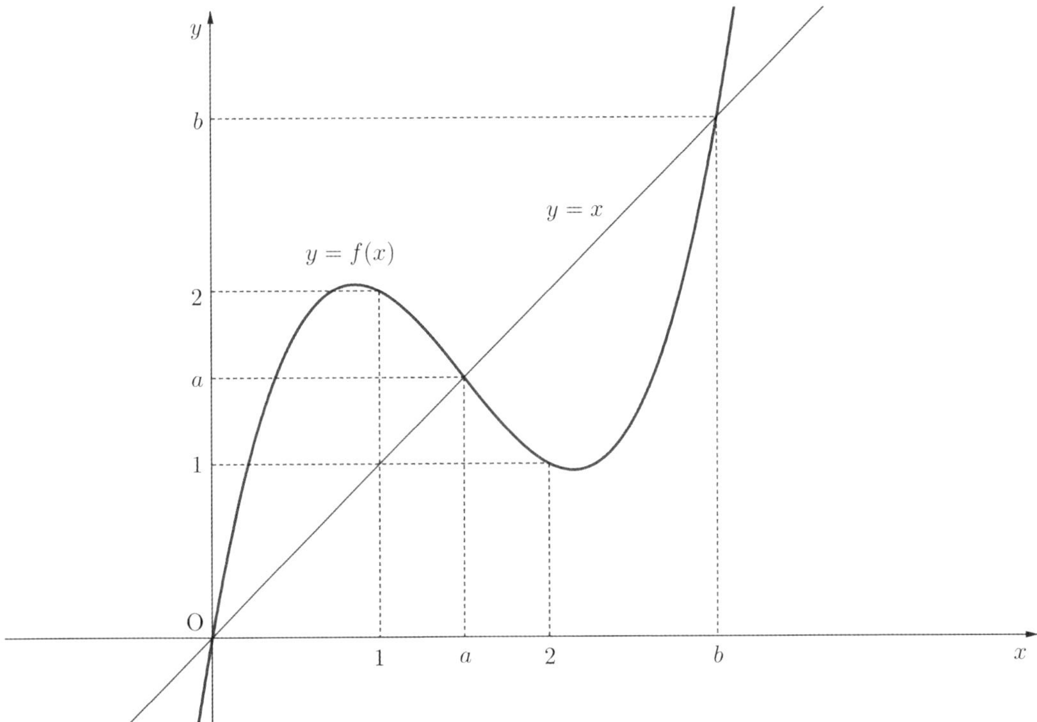

$f(x) = px^3 + qx^2 + rx$로 설정하고, 지금까지 뽑아낸 단서들을 토대로 **연립방정식**을 세워보자.

$f'(x) = 3px^2 + 2qx + r$

$f'(0) - f'(1) = -3p - 2q = 6$ ... ㉠
$f(1) = p + q + r = 2$ ... ㉡
$f(2) = 8p + 4q + 2r = 1$ ... ㉢

㉠, ㉡, ㉢을 연립하면

$p = 1,\ q = -\dfrac{9}{2},\ r = \dfrac{11}{2}$ 이다.

따라서 $f(x) = x^3 - \dfrac{9}{2}x^2 + \dfrac{11}{2}x$ 이므로, $f(5) = 125 - \dfrac{225}{2} + \dfrac{55}{2} = 40$ 이다.

답: 40

| 무엇을 기준으로 학생들을 변별했는가?

1. $(f \circ f)(x) = x$의 **의미를 해석**하고, 이를 바탕으로 삼차함수를 추론할 수 있는가?

2. 주어진 정보를 **연립**하여 삼차함수를 구할 수 있는가?

| NOTES

- $(f \circ f)(x) = x$가 가능한 경우는 위에서 말했듯이 $y = x$**와 만나거나**, $y = x$**에 대해 대칭인 두 점이 쌍으로 존재**하는 경우이다. 특히 **감소할 때는 후자인 경우**가 중요하게 작용한다.
  그리고 이를 만족하는 **점의 개수가 홀수 개일 때도 후자의 경우**를 유심히 살펴보자.

- n**차함수를 구하기 위해 필요한 정보는** $n+1$**개의 식이다.**
  모두 나와 있다면 연립으로라도 식을 구할 수 있겠다는 생각을 하고 있어야 한다.

수직선 위를 움직이는 점 P의 시각 t $(t \geq 0)$에서의 위치 x가

$$x = -\frac{1}{3}t^3 + 3t^2 + k \ (k는 \ 상수)$$

이다. 점 P의 가속도가 0일 때 점 P의 위치는 40이다. k의 값을 구하시오.

위치를 미분하면 속도, 속도를 미분하면 가속도이다.

속도를 v, 가속도를 a라 하자.

$v = -t^2 + 6t$, $a = -2t + 6$이므로 가속도(a)가 0이 될 때, $t = 3$이다.
$t = 3$일 때 점 P의 위치(x)는 $x = -9 + 27 + k = 40$이므로, $k = 22$이다.

답: 22

최고차항의 계수가 1인 삼차함수 $f(x)$와 최고차항의 계수가 -1인 이차함수 $g(x)$가 다음 조건을 만족시킨다.

> (가) 곡선 $y = f(x)$ 위의 점 $(0, 0)$에서의 접선과 곡선 $y = g(x)$ 위의 점 $(2, 0)$에서의 접선은 모두 x축이다.
> (나) 점 $(2, 0)$에서 곡선 $y = f(x)$에 그은 접선의 개수는 2이다.
> (다) 방정식 $f(x) = g(x)$는 오직 하나의 실근을 가진다.

$x > 0$인 모든 실수 x에 대하여

$$g(x) \le kx - 2 \le f(x)$$

를 만족시키는 실수 k의 최댓값과 최솟값을 각각 α, β라 할 때. $\alpha - \beta = a + b\sqrt{2}$ 이다. $a^2 + b^2$의 값을 구하시오. (단, a, b는 유리수이다.)

(가)를 달리 해석하면, 결국 $f(x)$는 $x = 0$에서 x축과 접하고, $g(x)$도 $x = 2$에서 x축과 접한다는 뜻이다.
따라서, $g(x)$는 **식이 확정**되고 $f(x)$의 개형은 아래와 같이 **몇 가지 케이스**로 나뉘게 된다.

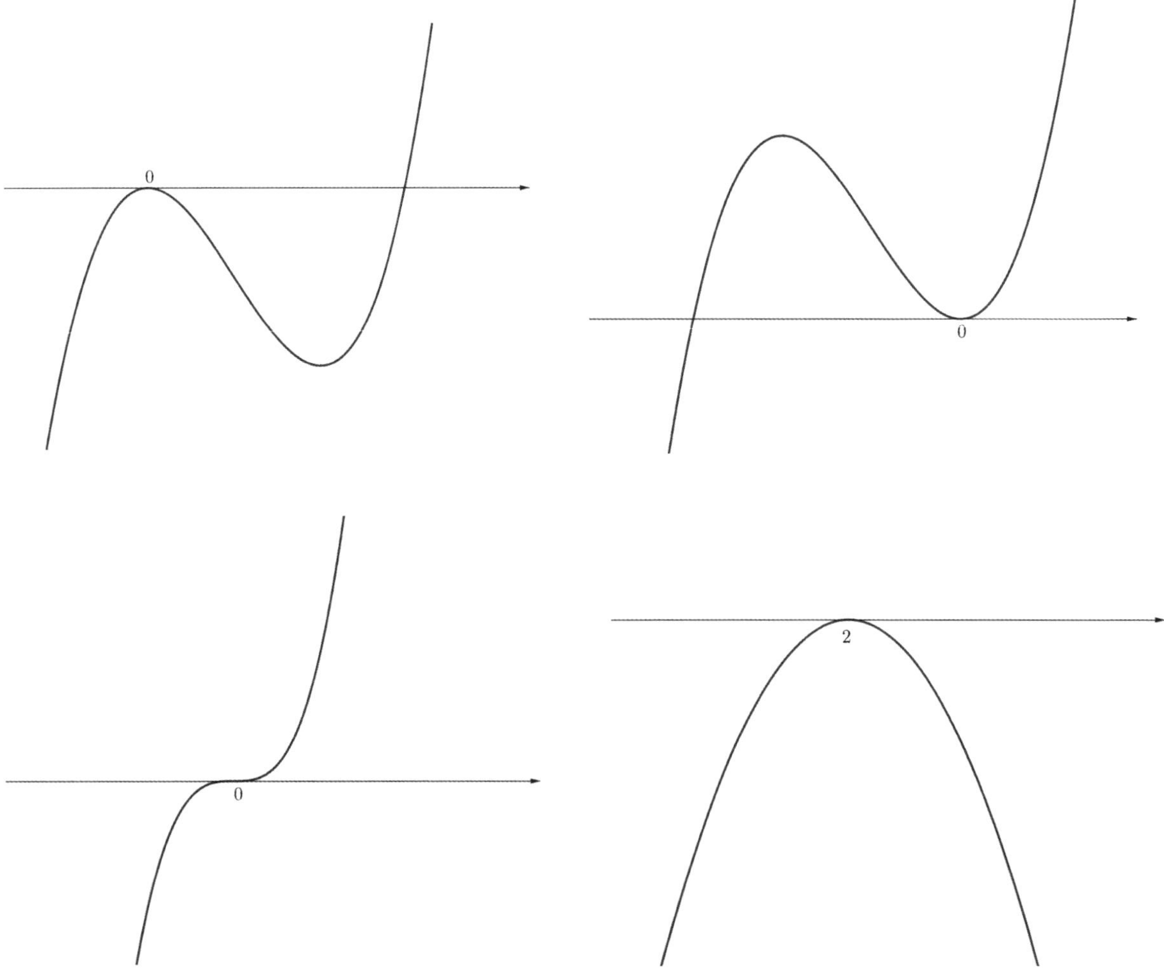

"$f(x)$의 개형은 $y = x^2(x-a)$에서 a의 범위에 따라 **세 가지로 나뉘고**, $g(x)$는 $y = -(x-2)^2$으로 **확정되네.**"

이제 (나)를 살펴보자. 어떤 점에서 삼차함수에 그은 **접선의 개수가 두 개**라는 것은, 무언가 **접하거나 겹치는 것**이 있는 **특수한 경우**라는 것이다.

통상적으로 한 점에서 삼차함수에 접선을 그으면 **주로 한 개 또는 세 개의 접선**이 나오기 때문이다.

접선을 그을 한 점이 $(2,\ 0)$이라는 것을 고려했을 때, 우리가 생각해 볼 수 있는 경우는

1) $y = x^2(x-2)$　　(점 $(2,\ 0)$이 $f(x)$ 위에 있기 때문이다.)
2) $y = x^3$　　　　**(극대와 극소가 서로를 상쇄**하는 가장 특수한 개형이기 때문이다.)

위 두 개 정도가 있다.

마지막으로 (다)를 살펴보면 $y = x^2(x-2)$는 될 수 없다. 따라서 $f(x) = x^3$, $g(x) = -(x-2)^2$이다.

"이제 **모든 함수를 구했으니**, 다음 조건을 살펴보자."

"$x > 0$에 대하여 주어진 방정식을 만족하는 경우는 무수히 많지만, 그 중에서 **최댓값과 최솟값**을 물어보고 있네?
오로지 미지수인 기울기 k**에 따라 직선이 바뀌고**, 이를 통해 최대 최소를 파악할 수 있겠다."

"한번 $(0,\ -2)$를 고정점으로 잡고 **직선을 좌우로 회전**해보자.
보아하니, 직선이 $f(x)$**와 접할 때** k가 최댓값을, $g(x)$**와 접할 때** 최솟값을 갖네."

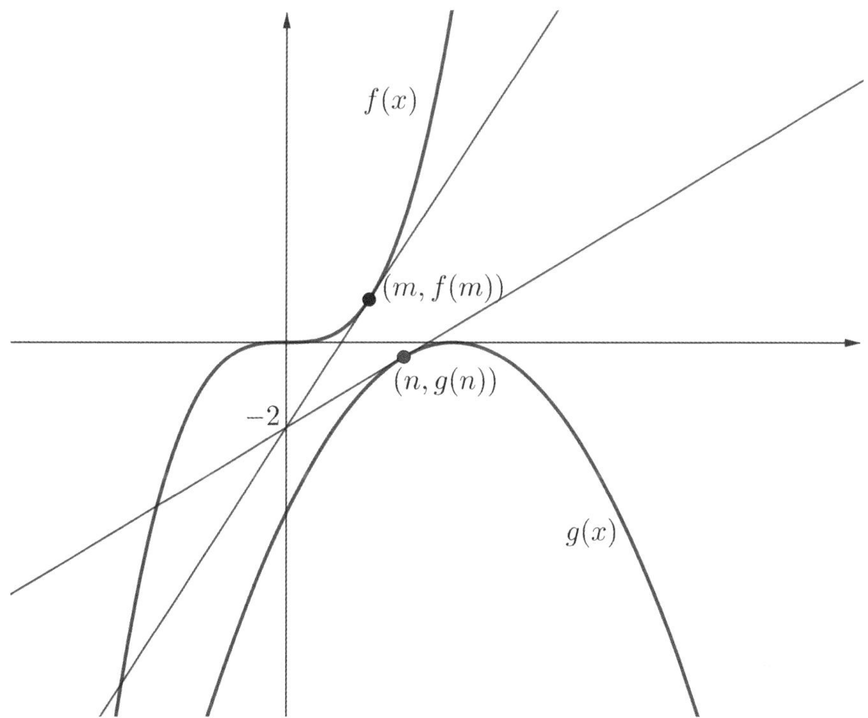

"임의의 접점 $\mathrm{P}(m,\ m^3)$와 $\mathrm{Q}(n,\ -(n-2)^2)$를 미지수로 두고, **각 점에서 접선의 방정식**을 세워보자.
그 후, $y = kx - 2$와 **계수 비교**를 통해 연립방정식을 세우고, 이를 통해 k**를 구할 수 있겠다.**"

1) $\mathrm{P}(m,\ m^3)$에서의 접선은 $y=3m^2(x-m)+m^3=3m^2x-2m^3$이다.

이제 $y=kx-2$와 계수를 비교해보면, $3m^2=k,\ -2m^3=-2 \Rightarrow m=-1,\ k=3$이다.

2) $\mathrm{Q}(n,\ -(n-2)^2)$에서의 접선은 $y=-2(n-2)(x-n)-(n-2)^2=(-2n+4)x+n^2-4$

이제 $y=kx-2$와 계수를 비교해보면, $-2n+4=k,\ n^2-4=-2 \Rightarrow n=\sqrt{2}\ (n>0),\ k=-2\sqrt{2}+4$이다.

이 두 가지를 종합해보면, $-2\sqrt{2}+4 \le k \le 3$이므로, $\alpha-\beta=-1+2\sqrt{2}$ 이다.

$$\therefore\ a^2+b^2=5$$

답: 5

| 무엇을 기준으로 학생들을 변별했는가?

1. **접선의 위치**를 통해 그래프의 **개형을 파악**할 수 있는가?

2. 곡선에 그을 수 있는 **접선의 개수**로 그래프의 **개형을 파악**할 수 있는가?

3. **곡선과 직선의 교점의 개수**로 그래프의 **개형을 파악**할 수 있는가?

| NOTES

- 사실 (가), (나), (다) 조건들을 전부 **기하학적 관점으로 해석**한다면, 쉽게 풀 수 있는 문항이다.
  그래프의 개형의 개수도 많지 않고, 추론의 강도도 높지 않기에 낮은 등급대 학생이 킬러 문제를 도전하기에 좋은 문항이다.

  분명 극대와 극소가 둘 다 존재하는 $f(x)$의 개형일 것이라고 예측하고 풀어가는 학생들도 있었을 것이고, 필자 또한
  그러했다. **'답이 될 것 같은'** 케이스의 그래프를 미리 상정하고 푸는 것은 굉장히 좋은 습관이다.

  하지만 그 이후에 나오는 조건들과 상충한다면, 본인의 선입견을 없애고 **재빠르게 다른 경우를 고려하는 융통성** 또한 있어
  야한다.

  해설에 써있는 사고의 과정을 잘 따라가며 합리적인 추론은 어떻게 해야하는지 점검해보는 것이 좋다.

두 함수

$$f(x) = x^3 + 3x^2 - k, \ \ g(x) = 2x^2 + 3x - 10$$

에 대하여 부등식

$$f(x) \geq 3g(x)$$

가 닫힌구간 $[-1,\,4]$에서 항상 성립하도록 하는 실수 k의 최댓값을 구하시오.

$f(x) \geq 3g(x)$이므로 변수와 상수를 분리해 식을 다시 쓰면

$x^3 - 3x^2 - 9x \geq k - 30$이다. (식을 어떤 방법으로 써도 상관없다. 해석하는 방법만 달라질 뿐이다.)

따라서 닫힌 구간 $[-1,\,4]$에서 $x^3 - 3x^2 - 9x$의 최솟값이 $k - 30$보다 크거나 같아야 한다.

$(x^3 - 3x^2 - 9x)' = 3x^2 - 6x - 9$이므로 $x^3 - 3x^2 - 9x$는 $x = -1$에서 극대, $x = 3$에서 극소를 가진다.

따라서 닫힌 구간 $[-1,\,4]$에서 $x^3 - 3x^2 - 9x$의 최솟값은 $x = -1,\,3,\,4$일 때만 고려하면 된다.

$(x^3 - 3x^2 - 9x)_{x=-1} = 35 - k$

$(x^3 - 3x^2 - 9x)_{x=3} = 3 - k$

$(x^3 - 3x^2 - 9x)_{x=4} = 10 - k$

$\therefore$ 닫힌 구간 $[-1,\,4]$에서 항상 성립하도록 하는 실수 k의 최댓값은 3이다.

답: 3

최고차항의 계수가 1이고 $f(2)=3$인 삼차함수 $f(x)$에 대하여 함수

$$g(x) = \begin{cases} \dfrac{ax-9}{x-1} & (x<1) \\[2mm] f(x) & (x \geq 1) \end{cases}$$

이 다음 조건을 만족시킨다.

> 함수 $y=g(x)$의 그래프와 직선 $y=t$가 서로 다른 두 점에서만 만나도록 하는
> 모든 실수 t의 값의 집합은 $\{t \mid t=-1 \text{ 또는 } t \geq 3\}$이다.

$(g \circ g)(-1)$의 값을 구하시오. (단, a는 상수이다.)

$g(x)$의 그래프를 그려보자.

단, $x<1$에서 $g(x)$는 $\dfrac{ax-9}{x-1}=a+\dfrac{a-9}{x-1}$이므로, $a<0$, $0<a<9$, $a>9$일 때로 케이스를 나눠서 그리자.

$< a<0$일 때 $>$

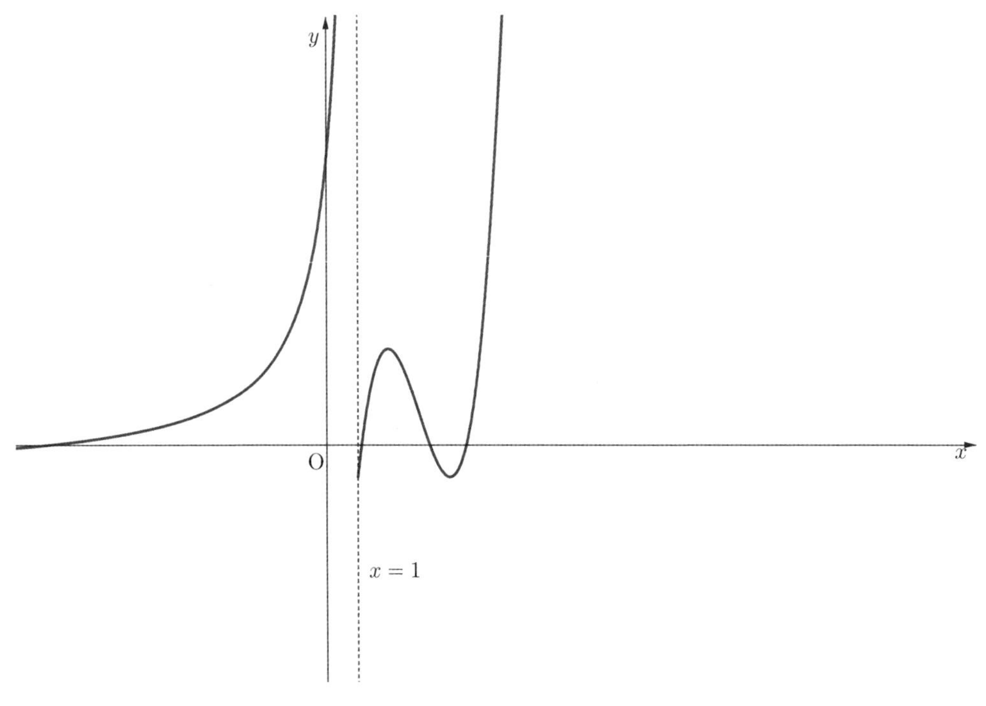

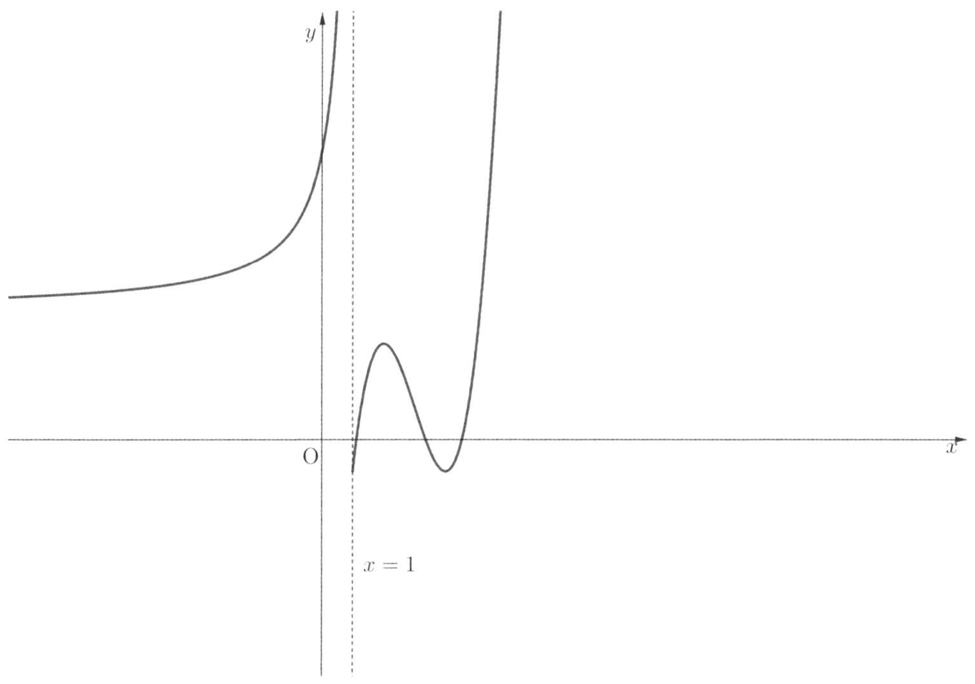

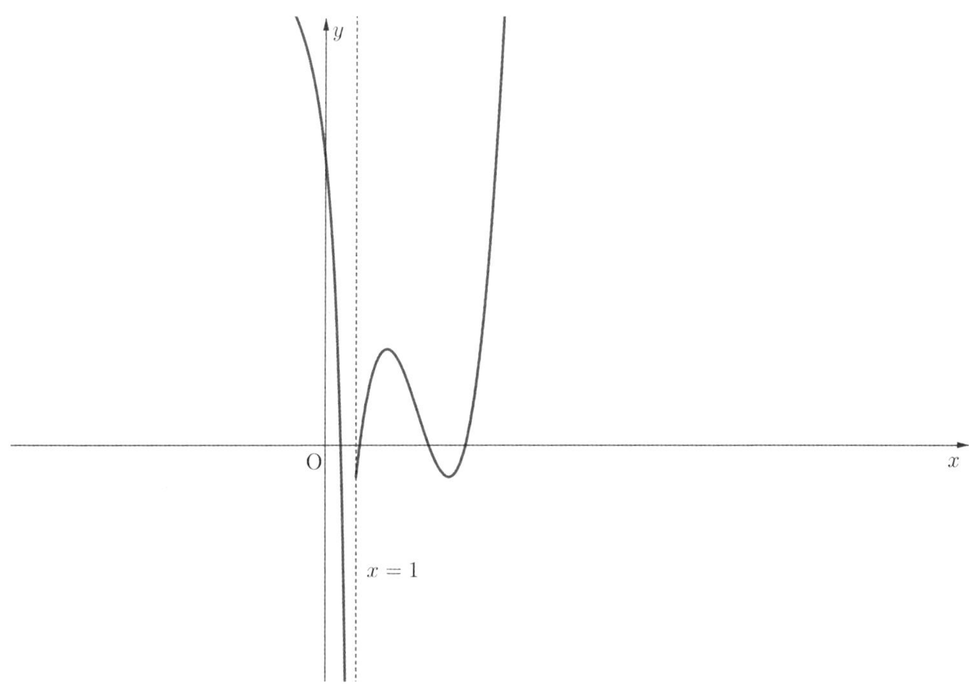

발문에 따르면, $y = g(x)$의 그래프와 직선 $y = t$가 **서로 다른 두 점**에서만 만나도록 하는 모든 실수 t의 값이 $t = -1$, $t \geq 3$이 되어야하므로

$y = t$를 위아래로 움직여보며 가능한 경우를 찾아보자.

그러다보면 $0 < a < 9$에서 $\underline{a = 3}$**이고**, $f(x)$의 **극댓값까지 3일 때**,
$t \geq 3$를 만족하는 모든 t에서 $y = g(x)$의 그래프와 직선 $y = t$가 **서로 다른 두 점**에서 만날 수 있다.

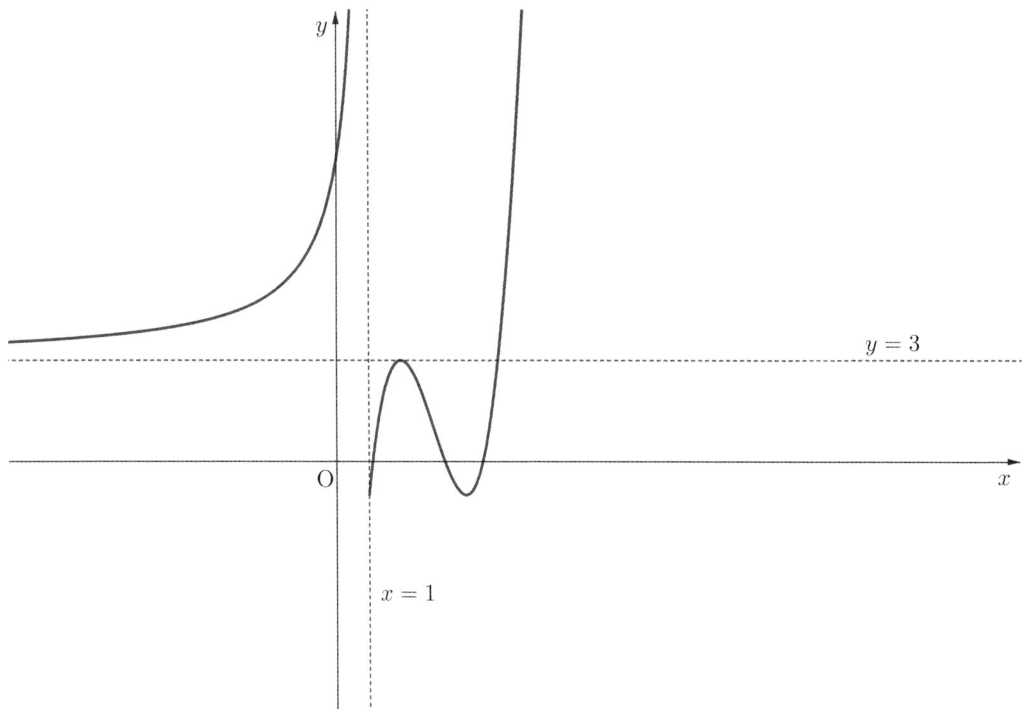

따라서 $y = f(x)$와 $y = 3$이 만나는 점을 $x = k$라 하면,

$f(x) = (x-2)^2(x-k) + 3$이다.

삼차함수의 비율관계에 의해 $y = f(x)$의 극솟점의 x좌표는 $\dfrac{2k+4}{3}$ 이므로 $f(x)$에 $\left(\dfrac{2k+4}{3}, -1 \right)$을 대입하면

$$f\left(\frac{2k+2}{3} \right) = \left(\frac{2k-4}{3} \right)^2 \left(\frac{2-k}{3} \right) + 3 = -1$$

따라서 $k = 5$이다. $(f(x) = (x-2)^2(x-5) + 3)$

$\therefore \ g(g(-1)) = g(6) = f(6) = 19$

답: 19

❙ 무엇을 기준으로 학생들을 변별했는가?

1. x축에 평행한 직선과 그래프가 가지는 교점의 개수를 극점, 구간의 경계점 등 특이점을 바탕으로 구분할 수 있는가?

2. 몫의 형태로 나타난 함수를 여러 가지 경우로 나누어 개형을 구할 수 있는가?

❙ NOTES

- 몫의 형태로 나타난 함수를 상수와 분수함수로 다시 해석하는 건 점근선과 개형을 살펴보는 데 유용하다.

- 문제 조건을 만족하는 함수를 구할 때는 극점, 점근선 등 특이한 요소에 항상 집중하자. 특수한 상황부터 살펴보기!

곡선 $y = x^3 - 3x^2 + 2x - 3$과 직선 $y = 2x + k$가 서로 다른 두 점에서만 만나도록 하는 모든 실수 k의 값의 곱을 구하시오.

곡선과 직선이 **두 점**에서 만난다고 했으므로 방정식의 관점으로 접근해보자.

방정식 $x^3 - 3x^2 + 2x - 3 = 2x + k$의 실근이 두 개 있으므로 **중근 1개와 실근 1개**를 갖는 것을 알 수 있다. 이항하여 계산해주면 $x^3 - 3x^2 - 3 - k = 0$이다.

방정식이 중근 1개와 실근 1개를 가지기 위해, **극댓값 또는 극솟값이** 0이면 된다.

$f(x) = x^3 - 3x^2 - 3 - k$라 두면, $f'(x) = 3x^2 - 6x$이므로 $x = 0$에서 극대, $x = 2$에서 극소를 갖는다.

따라서 $f(0) = -3 - k = 0$이거나, $f(2) = -7 - k = 0$이면 된다.

$\therefore\ k = -3$ 또는 $k = -7$

따라서, 모든 실수 k의 값의 곱은 21이다.

답: 21

수직선 위를 움직이는 두 점 P, Q의 시각 t $(t \geq 0)$에서의 위치 x_1, x_2가

$$x_1 = t^3 - 2t^2 + 3t, \ \ x_2 = t^2 + 12t$$

이다. 두 점 P, Q의 속도가 같아지는 순간 두 점 P, Q 사이의 거리를 구하시오.

위치 x_1, x_2를 t에 대하여 미분하면

$v_1 = 3t^2 - 4t + 3$, $v_2 = 2t + 12$이다.

속도가 같아지는 순간을 구해야하므로 $v_1 = v_2$ $\Rightarrow$ $3t^2 - 4t + 3 = 2t + 12$ $\Rightarrow$ $(t-3)(t+1) = 0$를 만족하는 t는 3이다.

$x_1(3) = 18$, $x_2(3) = 45$이므로, 점 P와 점 Q 사이의 거리는 27이다.

답: 27

최고차항의 계수가 양수인 삼차함수 $f(x)$가 다음 조건을 만족시킨다.

> (가) 방정식 $f(x)-x=0$의 서로 다른 실근의 개수는 2이다.
> (나) 방정식 $f(x)+x=0$의 서로 다른 실근의 개수는 2이다.

$f(0)=0$, $f'(1)=1$일 때, $f(3)$의 값을 구하시오.

(가) 방정식 $f(x)-x=0$의 서로 다른 실근의 개수는 2이다.

"이 조건은 $f(x)=x$의 서로 다른 실근의 개수가 2라는 조건과 동치니까, $y=f(x)$**와** $y=x$**가 접한다**로 해석해볼까?"

(나) 방정식 $f(x)+x=0$의 서로 다른 실근의 개수는 2이다.

"방금과 같은 방법으로 해석하면, $y=x$**와** $y=-x$**가 전부** $y=f(x)$**에 접한다**는 사실을 알 수 있네."

"또한, $f(0)=0$이므로, $y=x$와 $y=-x$, $y=f(x)$가 **원점에서 전부 만나겠다**."

(가) 조건과 (나) 조건을 만족시키며,
동시에 세 함수의 그래프가 원점에서 만나도록 그래프를 그리면 다음과 같다.

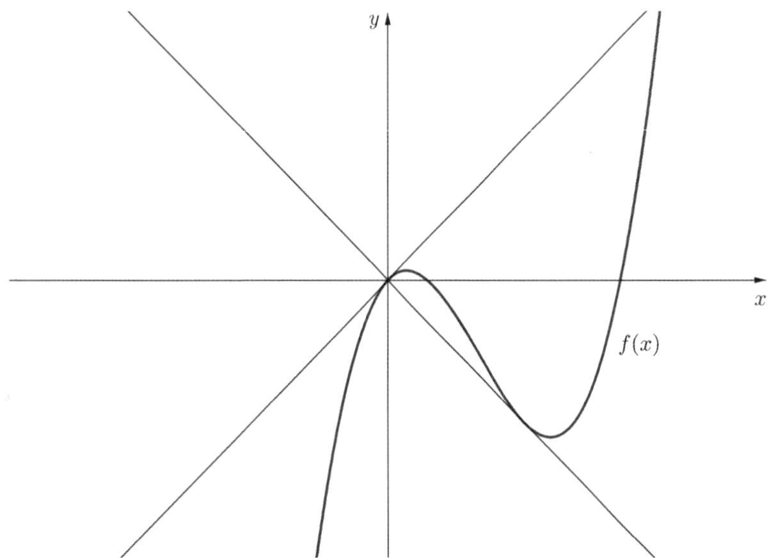

이 때 $f'(0)=1$임을 알 수 있다. $f'(1)=1$이므로 $f'(x)$를 $f'(x)=ax(x-1)+1$과 같이 작성할 수 있다.

하나의 정보만 더 안다면 a를 구할 수 있을 것이다.

우리는 아직 $y=f(x)$**와** $y=-x$**가 접한다**는 것을 이용하지 못했다.

$f(x)=\dfrac{a}{3}x^3-\dfrac{a}{2}x^2+x$이고, $f(x)=-x$가 중근을 가지므로,

$f(x)+x=\dfrac{a}{3}x^3-\dfrac{a}{2}x^2+2x=\dfrac{a}{3}x\left(x^2-\dfrac{3}{2}x+\dfrac{6}{a}\right)=0$이 중근을 가지면 된다.

$x^2-\dfrac{3}{2}x+\dfrac{6}{a}=0$에 판별식을 세워보면, $D=\left(\dfrac{3}{2}\right)^2-\dfrac{24}{a}=0 \Rightarrow a=\dfrac{32}{3}$

따라서, $f(x)=\dfrac{32}{9}x^3-\dfrac{16}{3}x^2+x$이고, $f(3)=51$이다.

답: 51

| 무엇으로 학생들을 변별했는가?

1. (가), (나) 조건을 만족시키며 동시에 **세 함수가 원점에서 만나도록** 그래프를 그릴 수 있는가?

2. $y=f(x)$와 $y=-x$가 접한다는 것을 활용하여 마지막 정보를 찾을 수 있는가?

| NOTES

- $f(x)-x$이든 $f(x)+x$이든 변곡점의 x좌표는 불변이므로, **삼차함수의 비율관계**를 이용하여 답을 쉽게 구할 수 있다.

방정식 $2x^3 + 6x^2 + a = 0$이 $-2 \le x \le 2$에서 서로 다른 두 실근을 갖도록 하는 정수 a의 개수는?

① 4   ② 6   ③ 8   ④ 10   ⑤ 12

상수와 변수를 분리해 생각하는 것이 편하므로 방정식을 $2x^3 + 6x^2 = -a$로 변형하자.

이제 $-2 < x \le 2$에서 $y = 2x^3 + 6x^2$과 $y = -a$의 교점이 2개가 되도록 하는 a를 구하자.

$f(x) = 2x^3 + 6x^2$라 하자.

$f'(x) = 6x^2 + 12x$이므로 $x = -2$에서 극대, $x = 0$에서 극소를 갖는다.

다음과 같이 $f(x)$와 $y = -a$가 서로 다른 두 점에서 만나려면 $y = -a$가 $f(x)$의 **극댓값과 극솟값 사이**, 혹은 **극댓값**에 있으면 된다.

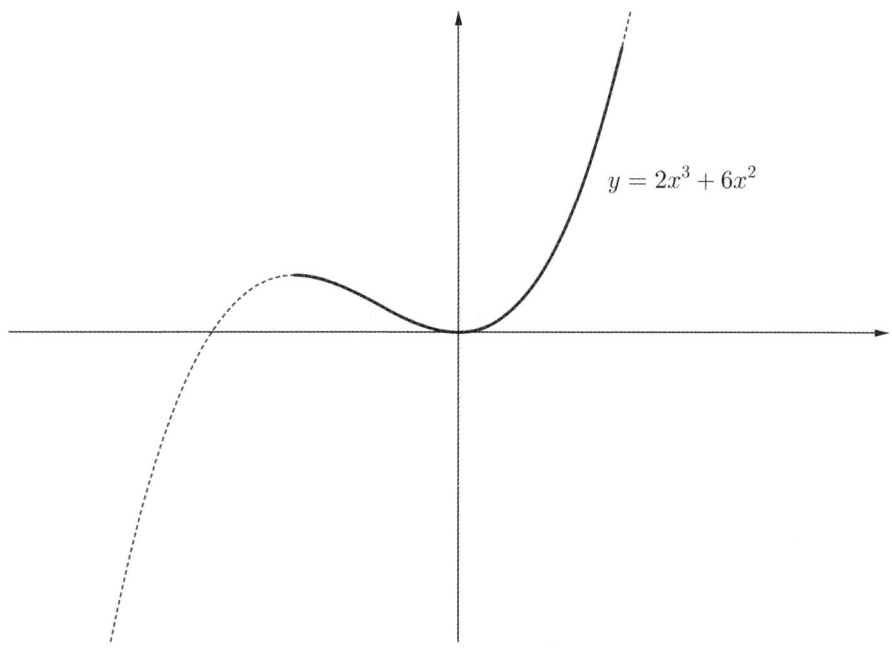

따라서, $0 < -a \le 8 \ \Rightarrow \ -8 \le a < 0$

답: ③

최고차항의 계수가 a인 이차함수 $f(x)$가 모든 실수 x에 대하여

$$|f'(x)| \leq 4x^2 + 5$$

를 만족시킨다. 함수 $y = f(x)$의 그래프의 대칭축이 직선 $x = 1$일 때, 실수 a의 최댓값은?

① $\dfrac{3}{2}$ ② 2 ③ $\dfrac{5}{2}$ ④ 3 ⑤ $\dfrac{7}{2}$

모든 실수 x에 대하여 $|f'(x)| \leq 4x^2 + 5$를 만족한다고 했으므로 그래프를 그려 실수 a의 최댓값이 언제인지 해석하자.

$f(x)$의 최고차항의 계수가 a이고 대칭축이 직선 $x = 1$이라고 했으므로 $f(x) = a(x-1)^2 + b$라 할 수 있다.
$f'(x) = 2a(x-1)$ 이므로 $f'(x)$는 기울기가 $2a$이고, $(1, 0)$을 항상 지나는 직선임을 알 수 있다.

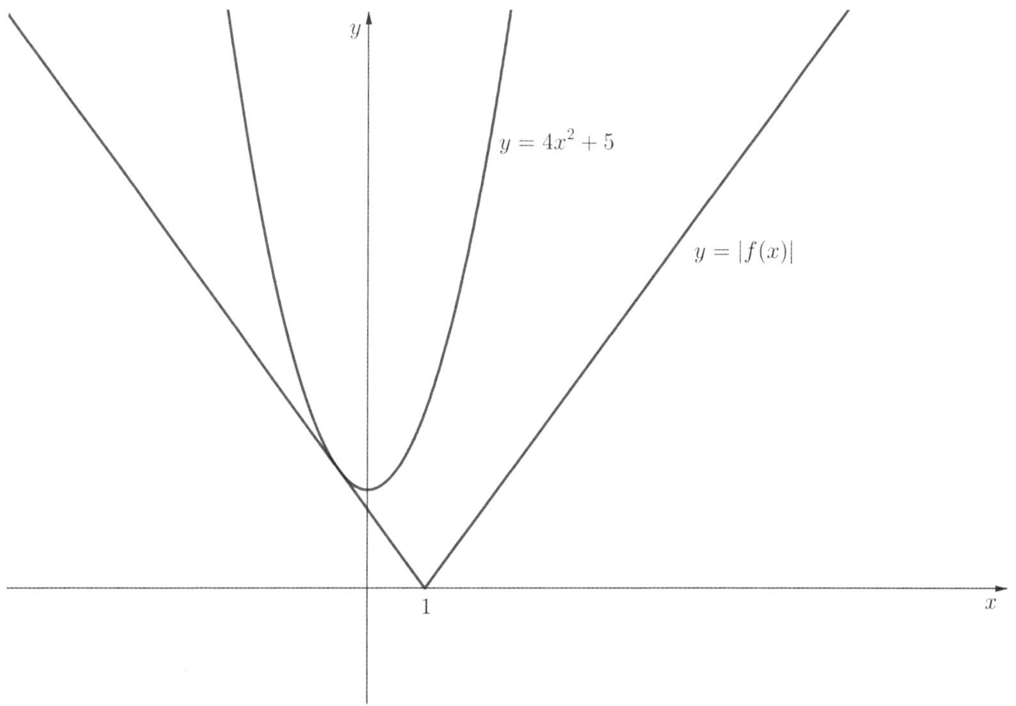

$y = |f'(x)|$와 $y = 4x^2 + 5$가 접할 때도 부등식이 성립되므로,
접할 때가 실수 a의 최댓값과 연관이 있지 않을까 생각할 수 있다.

$x < 1$에서 두 그래프는 **접할 때**가 a의 최대임을 알 수 있다.
$x > 1$에서 접한다면 직선이 **이차함수를 뚫고 지나므로** 부등식을 만족시키지 않을 것이다.

즉, $y = |2a(x-1)| = -2a(x-1)$가 $y = 4x^2 + 5$와 접할 때 a가 최대이므로

$-2a(x-1) = 4x^2 + 5 \implies 4x^2 + 2ax + 5 - 2a = 0$이 중근을 가져야 한다.
판별식을 써서 계산하면 $a = 2$

$$\therefore \ a = 2$$

답: ②

| 무엇을 기준으로 학생들을 변별했는가?

1. $y = |f'(x)|$와 $y = 4x^2 + 5$가 접할 때 부등식을 만족하는 실수 a가 최대인지 판단할 수 있는가?

2. $x > 1$에서 접한다면 왜 부등식이 성립되지 않는지 판단할 수 있는가?

방정식 $x^3 - x^2 - 8x + k = 0$의 서로 다른 실근의 개수가 2일 때, 양수 k의 값을 구하시오.

삼차방정식이 서로 다른 2개의 실근을 갖는다는 것은 **실근 1개와 중근 1개를 갖는다**는 의미이므로

극댓값 혹은 극솟값 중 하나가 0이 되어야 한다.

따라서 $f(x) = x^3 - x^2 - 8x + k$라 두면

$f'(x) = 3x^2 - 2x - 8$이므로 $f(x)$는 $x = -\dfrac{4}{3}$에서 극대를 갖고, $x = 2$에서 극소를 갖는다.

k는 양수이므로, 극솟값을 먼저 살펴보자.

$f(2) = k - 12$이므로, 극솟값이 0이 되도록 하는 k에 대해 $k = 12$이다.

답: 12

삼차함수 $f(x)$가 다음 조건을 만족시킨다.

> (가) 방정식 $f(x)=0$의 서로 다른 실근의 개수는 2이다.
> (나) 방정식 $f(x-f(x))=0$의 서로 다른 실근의 개수는 3이다.

$f(1)=4$, $f'(1)=1$, $f'(0)>1$일 때, $f(0)=\dfrac{q}{p}$이다. $p+q$의 값을 구하시오.

(단, p와 q는 서로소인 자연수이다.)

(가) 방정식 $f(x)=0$의 서로 다른 실근의 개수는 2이다.

"$f(x)$가 삼차함수니까 서로 다른 실근의 개수가 2이려면 $f(x)$는 중근 1개와 실근 1개를 가지는 특수한 상황이네."

$f(x)$가 될 수 있는 상황을 다음 4가지로 추릴 수 있다. $\cdots$ ㉠

1)

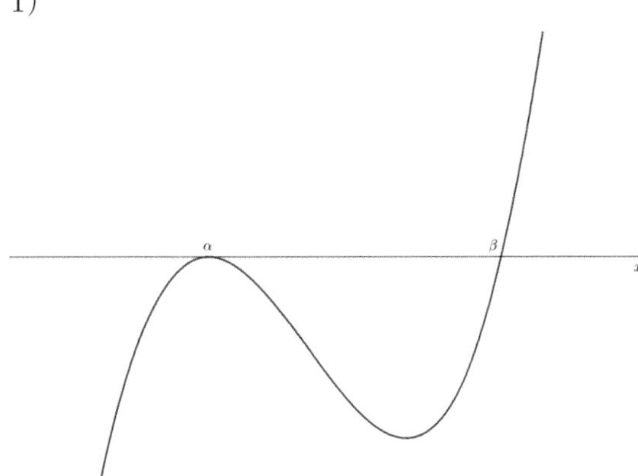

2)

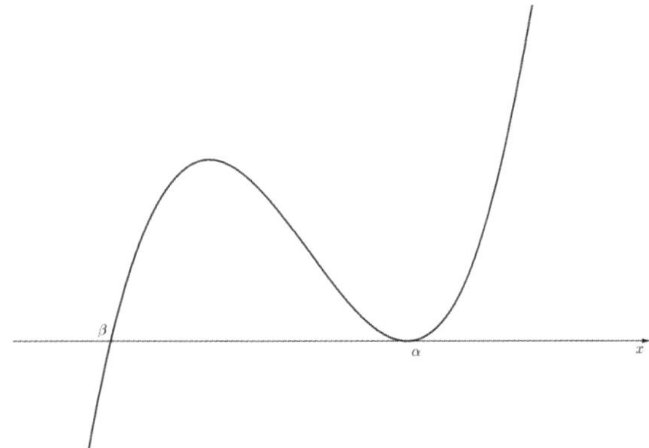

3)

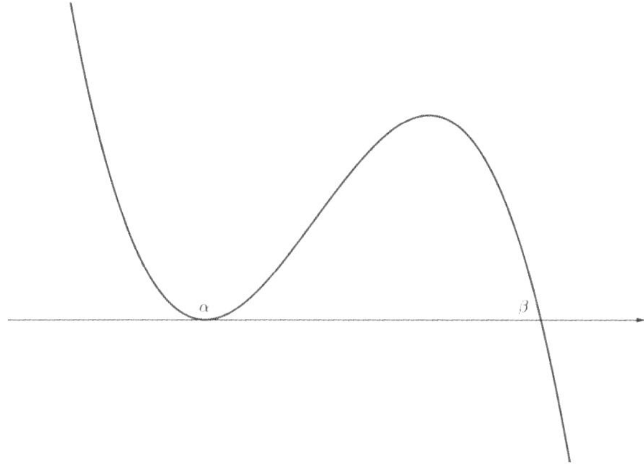

4)

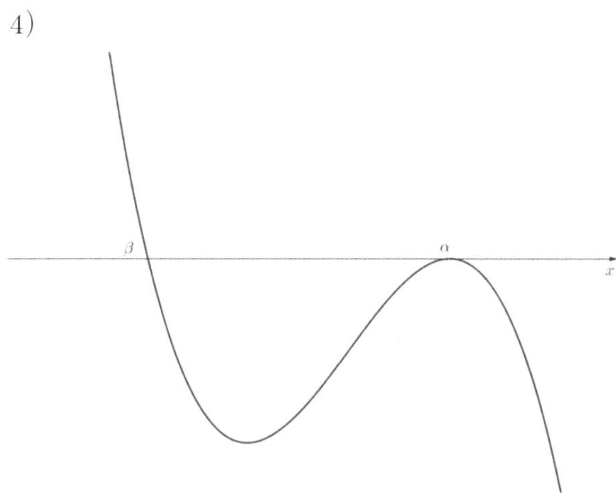

여기서 $x=\alpha$ 에서 중근을 가지고, $x=\beta$ 에서 실근을 가진다고 하자. 즉 $f(\alpha)=0$, $f(\beta)=0$

(나) 방정식 $f(x-f(x))=0$의 서로 다른 실근의 개수는 3이다.
$f(\alpha)=0$, $f(\beta)=0$이므로 $x-f(x)=\alpha$ 또는 $x-f(x)=\beta$를 만족하는 x의 개수가 3개라는 뜻이다.

여기서 통상적으로는 상수를 우변에 놓고 x와 관련된 함수를 좌변에 놓는 것이 유리하다.
아래의 조건 $f'(1)=1$ 또한 마치 $f(x)-x$를 좌변에 놓고 풀 것을 유도하는 것처럼 느껴질 수 있다.

그러나, 이 문제에서 우리가 $x-f(x)$ 또는 $f(x)-x$를 좌변에 놓게 되면 결정적으로
<u>㉠에서 나누어놓은 '특수한' 상황을 활용할 수 없게 된다.</u>

따라서 좌변에 $f(x)$를 놓고, 나머지 식을 우변에 놓는 것이 개형 추론에 더욱 유리할 것이라는 판단이 서야한다.
이에 따라 식을 변형하면, (나)를 아래와 같이 해석할 수 있다.

방정식 $f(x)=x-\alpha$의 해의 개수와 $f(x)=x-\beta$의 해의 개수의 합은 3이다.
$y=f(x)$와 $y=x-\alpha$의 교점의 개수와 $y=x-\beta$의 교점의 개수의 합이 3이다.

이를 통해 아래와 같이 상황을 그려볼 수 있다. 여기서 1)와 2)의 상황에서는 교점의 개수가 이미 3보다 많으므로
성립할 수 없다.

1)

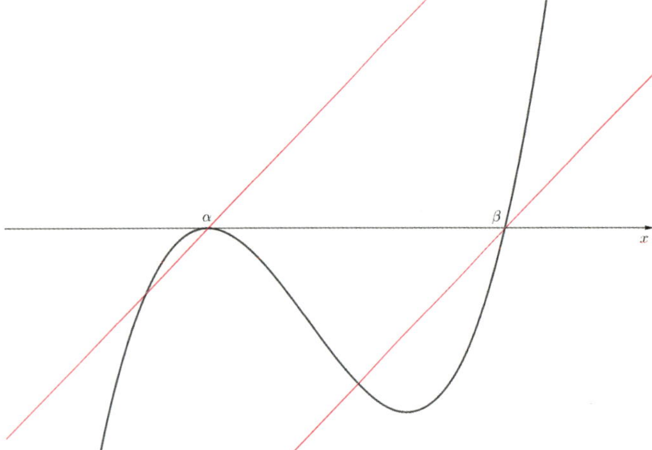

2)

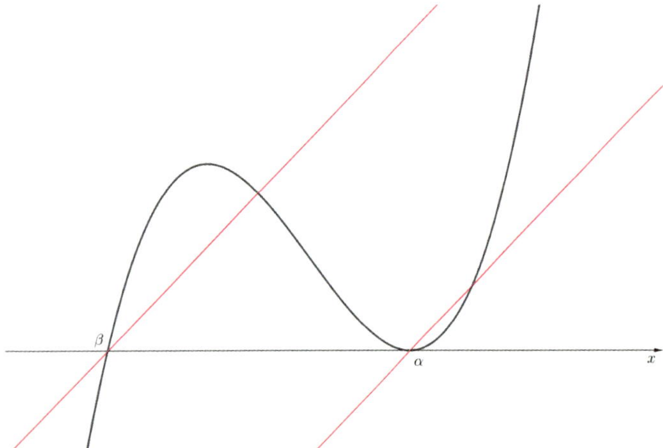

3)

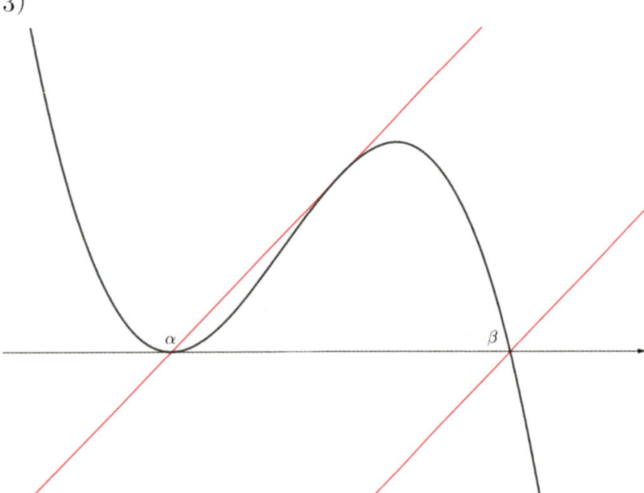

4)

   BLANK

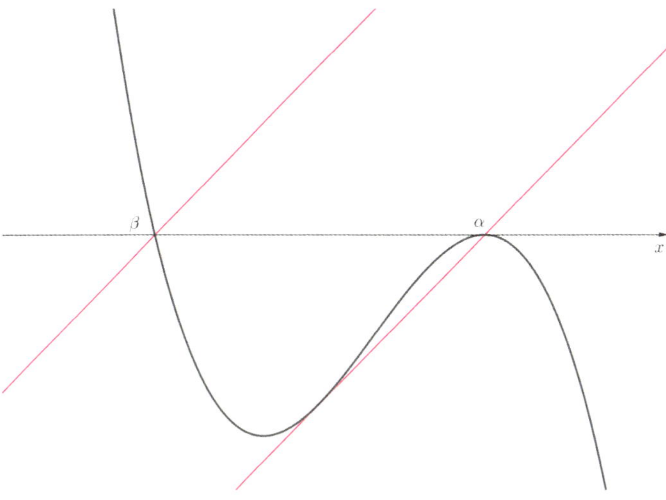

$f(1)=4$ 이고, $f'(1)=1$ 이다. $x-\alpha$ 와 $x-\beta$의 기울기는 모두 1이므로
3), 4)에서 $y=f(x)$ 와 $y=x-\alpha$ 가 $(1,\,4)$ 에서 접점을 가진다고 볼 수 있다.
그러나 4)의 상황에서는 접점의 y좌표가 음수이므로 해당되지 않는다.
따라서 $f(x)$는 3)과 같은 개형을 갖는다.

$y=x-\alpha$ 가 점 $(1,\,4)$ 를 지나므로 $4=1-\alpha$, $\alpha=-3$ 이다.

$y=f(x)$ 와 $y=x+3$는 $x=1$ 에서 접하고 $x=-3$ 에서 교점을 가지므로,
$f(x)$ 의 최고차항의 계수를 h 라고 하면 $f(x)-(x+3)=h(x-1)^2(x+3)$ 이다.

최고차항의 계수를 구하기 위해 $f'(-3)=0$ 임을 이용하여 계산해보도록 하자.
$f'(x)-1=2h(x-2)(x+3)+h(x-1)^2$ 이고 $f'(-3)=16h+1$이므로 $h=-\dfrac{1}{16}$ 이다.

따라서 $f(x)=-\dfrac{1}{16}(x-1)^2(x+3)+x+3$

$\therefore f(0)=\dfrac{45}{16}$

답 : 61

| 무엇으로 학생들을 변별했는가?

1. (가)에서 $f(x)=0$의 실근의 개수를 이용하여 **케이스를 네 가지로 구분하여** $f(x)$의 개형을 추론할 수 있는가?

2. $f(x)$에 주어진 정보들과 $x-\alpha$와 접한다는 사실을 통해 $f(x)$를 온전하게 구할 수 있는가?

함수 $f(x) = \dfrac{1}{2}x^3 - \dfrac{9}{2}x^2 + 10x$ 에 대하여 x 에 대한 방정식

$$f(x) + |\,f(x) + x\,| = 6x + k$$

의 서로 다른 실근의 개수가 4가 되도록 하는 모든 정수 k 의 값의 합을 구하시오.

실근의 개수를 파악하는 문제다.

먼저 모든 변수를 좌변에, 상수 k 만을 우변에 남겨보자.

$$f(x) - 6x + |\,f(x) + x\,| = k$$

$f(x) + x = \dfrac{1}{2}x^3 - \dfrac{9}{2}x^2 + 11x = \dfrac{1}{2}x(x^2 - 9x + 22)$ 이고, 인수 $(x^2 - 9x + 22)$ 는 실수 전체의 집합에서 양수이므로,
$(D = 9^2 - 4 \times 22 = -7 < 0)$

$\underline{f(x) + x}$는 오직 $x = 0$에서 음수에서 양수로 부호가 변한다.

$$\therefore \ f(x) - 6x + |\,f(x) + x\,| = \begin{cases} -7x & (x < 0) \\ x^3 - 9x^2 + 15x & (x \geq 0) \end{cases}$$

여기서 $2f(x) - 5x = x^3 - 9x^2 + 15x$ 를 미분하면
$2f'(x) - 5 = 3x^2 - 18x + 15 = 3(x-1)(x-5)$ 이므로,

$x = 1$ 에서 극댓값 7을 갖는다.

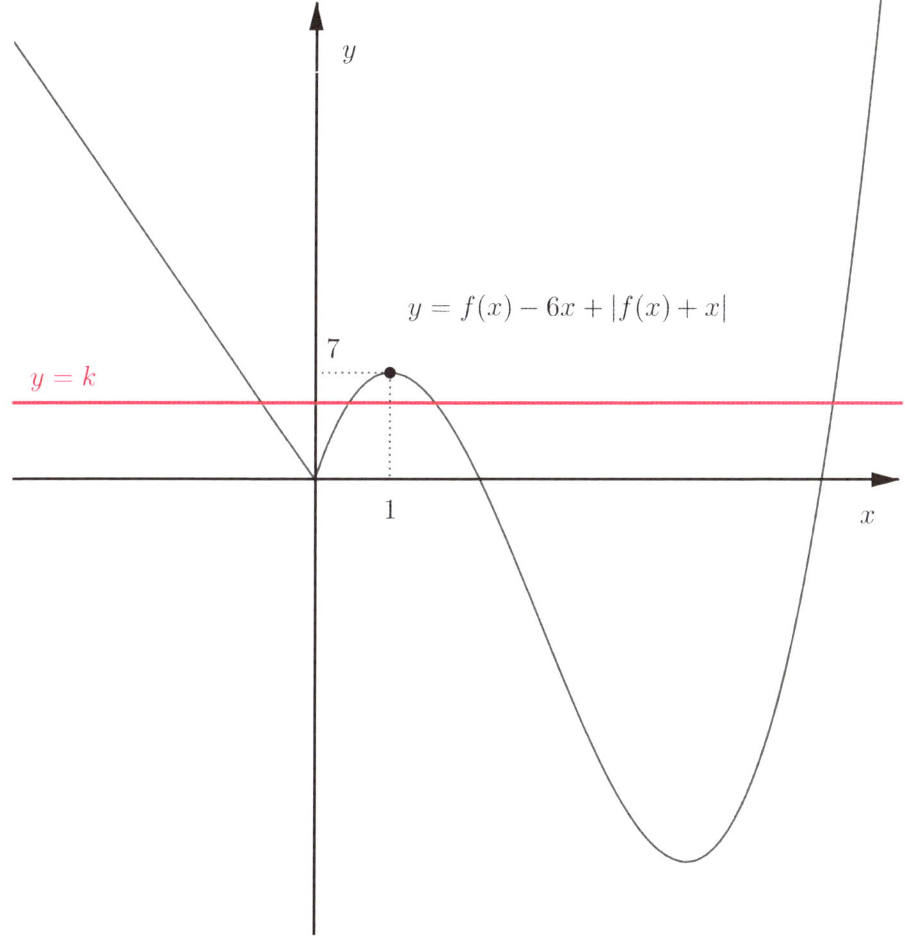

위 그림을 통해 $0 < k < 7$인 정수 k에 대해 4개의 실근을 가짐을 알 수 있다.

$\therefore\ k = 1,\ 2,\ 3,\ \cdots 6$

따라서, $1+2+3+4+5+6 = 21$

답: 21

| 무엇을 기준으로 학생들을 변별했는가?

1. 좌변에 x에 관한 식을, 우변에 상수(k)를 놓음으로써 상황을 보다 직관적으로 파악할 수 있다.

| NOTES

- 함수의 교점 또는 실근의 개수를 파악하는 문제에서 **좌변에 x에 관한 식을, 우변에 상수를 놓는 것**은 굉장히 보편적인 접근법으로, 복잡한 상황에서 교점의 개수를 보다 직관적으로 파악할 수 있도록 해준다.

두 함수

$$f(x)=x^3-x+6, \quad g(x)=x^2+a$$

가 있다. $x \geq 0$인 모든 실수 x에 대하여 부등식

$$f(x) \geq g(x)$$

가 성립할 때, 실수 a의 최댓값은?

① 1   ② 2   ③ 3   ④ 4   ⑤ 5

"$f(x)$와 $g(x)$에 대한 식이 있지만, **미지수 a가 있네?**
부등식 조건으로 a의 최댓값을 결정하는 문제겠다. x**의 범위를 신경쓰면서** 식을 전개해나가야겠다."

$f(x) \geq g(x),\ x^3-x+6 \geq x^2+a$
이때, **상수함수와 곡선으로 분리**시키면 다음과 같다.

$$x^3-x^2-x \geq a-6$$

여기서 $h(x)=x^3-x^2-x$라 하면, $h(x) \geq a-6$이고
개형을 살펴보기 위해 미분해보면, $h'(x)=3x^2-2x-1=(x-1)(3x+1)$임을 알 수 있다.

"아 $x=1$에서 극소를 가지고, $x=-\dfrac{1}{3}$에서 극대를 가지겠네.
$x=0$은 극소보다 왼쪽에 있으니까, 결국에는 상수함수 $y=a-6$은 $h(x)$의 **극솟값보다 작거나 같아야**하겠네."

$$\therefore\ a-6 \leq h(1) \ \Rightarrow\ a \leq 5$$

답: ⑤

| NOTES

- 이런 문제는 보통 **변수와 상수를 분리**하는 것이 좋다. (a또한 상수라고 가정)
  분리된 변수를 하나의 함수로 놓고, 미분하여 개형을 파악하고 상수함수를 움직여가며 조건에 맞는 부분을 관찰하자.

최고차항의 계수가 1인 삼차함수 $f(x)$가 다음 조건을 만족시킨다.

> 함수 $f(x)$에 대하여
> $$f(k-1)f(k+1) < 0$$
> 을 만족시키는 정수 k는 존재하지 않는다.

$f'\left(-\dfrac{1}{4}\right) = -\dfrac{1}{4}$, $f'\left(\dfrac{1}{4}\right) < 0$일 때, $f(8)$의 값을 구하시오.

조건을 만족하는 삼차함수를 찾는 문제이다. 우선 삼차함수를 조사해보기 전에 반사적으로 다음과 같이 반응하면 좋다.

'$f'\left(-\dfrac{1}{4}\right) = -\dfrac{1}{4}$'

"$f(x)$는 **감소 구간이 있는** 삼차함수이군."

문제의 핵심으로 보이는 박스 안의 조건을 해석해 보자.

'$f(k-1)f(k+1) < 0$을 만족하는 정수 k는 **존재하지 않는다**.'

이를 좀 더 이해하기 쉽게 바꾸어 보자.

"**모든 정수 k에 대해** $f(k-1)f(k+1) \geq 0$을 만족한다."

대부분의 경우에는 인접한 함숫값의 부호가 같기 때문에 $f(k-1)f(k+1) > 0$이다. 이 경우는 별 문제가 아니다.

우리의 관심이 가는 $f(k-1)f(k+1) < 0$는 바로 **삼차함수와 x축의 교점 근처에서 일어날 것 같다**는 생각이 든다.
x축을 지나면서 함숫값의 부호가 바뀌기 때문이다. 우리가 가장 싫어하는 상황이다. 어떻게 해야 할까?

우리는 $f(k-1)f(k+1) \geq 0$에 **등호가 있다**는 점에 주목해야 한다.

$f(k-1)$, $f(k+1)$ 중 한 쪽이 0이라면, 반대쪽이 양수인지 음수인지와는 무관하게 조건을 만족시키기에 일사천리이다.
따라서 다음과 같이 생각을 할 수 있다.

"가만... $f(k-1) = 0$처럼 정수근을 가지면 **반대쪽이 부호가 바뀌든 말든 상관이 없잖아?**"

그러나 정수근이 1개만 있으면 정작 그 정수근 주위에서 함숫값이 바뀌기 때문에 조건을 만족시킬 수 없다.
예를 들어, $f(k) = 0$이라면, 통상적으로 $f(k-1)f(k+1) < 0$이 될 확률이 크다는 것이다.

이를 해결하기 위해 다음과 같이 사고할 수 있다.

"어떤 정수근 k가 존재할 때, $f(k-1)$과 $f(k+1)$이 이왕이면 **부호가 같거나** 적어도 **둘 중 하나가** 0이면 좋겠다...

전자는 개형을 따지기 복잡할 것 같으니, 먼저 후자를 살펴볼까? 어? k, $k+1$이 둘 다 정수근이라 하면,
$x=k$일 때도 $f(k-1)f(k+1)=0$이고, $x=k+1$일 때도 $f(k)f(k+2)=0$으로 조건을 만족하네?
그러면 $f(x)$가 **인접한 두 정수근을 가지는 경우**로 먼저 생각하자!"

"그런데, 문제 조건을 보아하니 **감소구간이** $[-1, 1]$ **사이 어딘가**에 있을 것 같다.
따라서 근도 $-1, 0, 1$ 중 인접한 2개겠네."

근 2개까진 대략 정보를 구했는데, 추가로 다른 실근이 있다면 더 따져보아야 하므로 귀찮아진다.
중근을 가지는 경우가 특수한 경우기도 하니 중근을 가지는 경우부터 따져보자.

중근을 가지는 경우는 $-1, 0$**이 정수근**인 경우와 $0, 1$**이 정수근**인 경우 두 가지가 있다.

i) $-1, 0$이 정수근인 경우

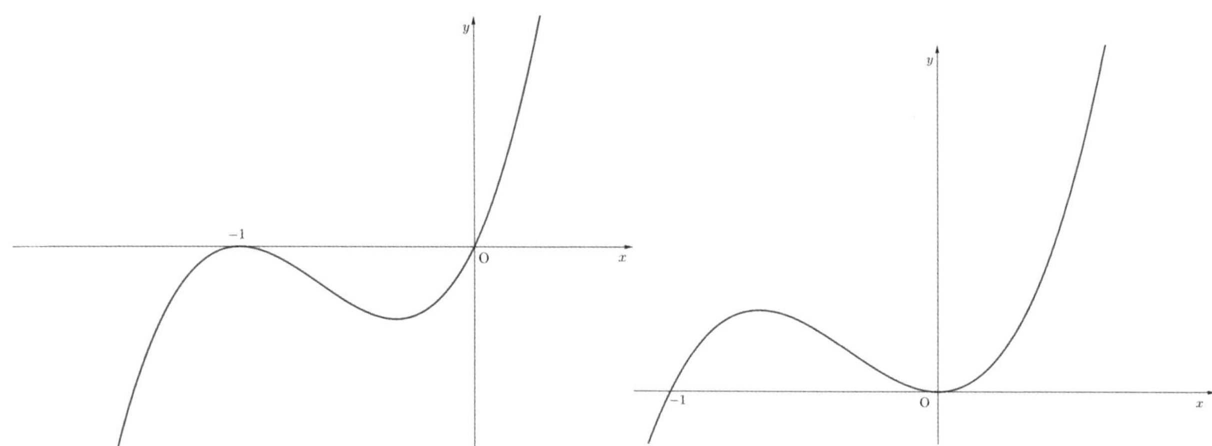

$f'\left(-\dfrac{1}{4}\right)<0,\ f'\left(\dfrac{1}{4}\right)<0$이라는 문제 조건을 만족하지 않는다. 뿐만 아니라 $f'\left(-\dfrac{1}{4}\right)=-\dfrac{1}{4}$가 과조건으로 되어 버린다.

ii) $0, 1$이 정수근인 경우

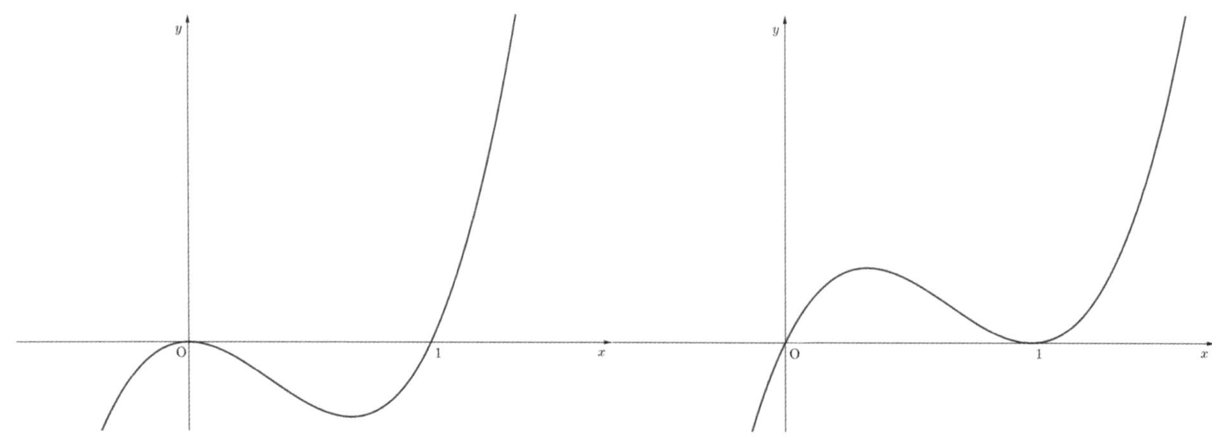

i)의 경우와 동일하게 만족하는 경우가 없다.

"처음 한 추론이 틀렸네, 두 정수근 이외에도 또 다른 하나의 실근이 존재하겠다.
하지만 **구간 $[-1, 1]$에서 인접한 정수근**을 가지는 건 확실해 보인다. 다른 경우를 생각해 보자."

iii) $f(x) = (x-1)x(x+1)$인 경우

확실히 문제의 감소 구간까지 만족시키는 것 같다. 하지만 $f'\left(-\dfrac{1}{4}\right) = -\dfrac{1}{4}$가 과조건이라는 건 그대로이다.

"문제가 막히네. 그런데 내가 추론한 건 **인접한 정수근이 2개**인 거지, 나머지 근은 인접하기만 하면 **정수가 아니어도 괜찮지 않나**? 정수근이 아닌 근이 있는 경우를 따져 볼까? 아래 두 경우 모두 박스 안의 조건을 만족하지 않나?"

$$f(x) = (x-1)x(x+a) \quad (0 < a < 1)$$
$$f(x) = x(x+1)(x-a) \quad (0 < a < 1)$$

"두 함수 모두 박스 안 조건을 만족하고, 대략 구간 $[-1, 1]$ 근처에서 감소구간을 가지네.

게다가 변수가 하나 생겼다. $f'\left(-\dfrac{1}{4}\right) = -\dfrac{1}{4}$를 대입하면 **과조건 없이 함수가 구해진다**는 뜻이네. 거의 다 온 것 같다..!"

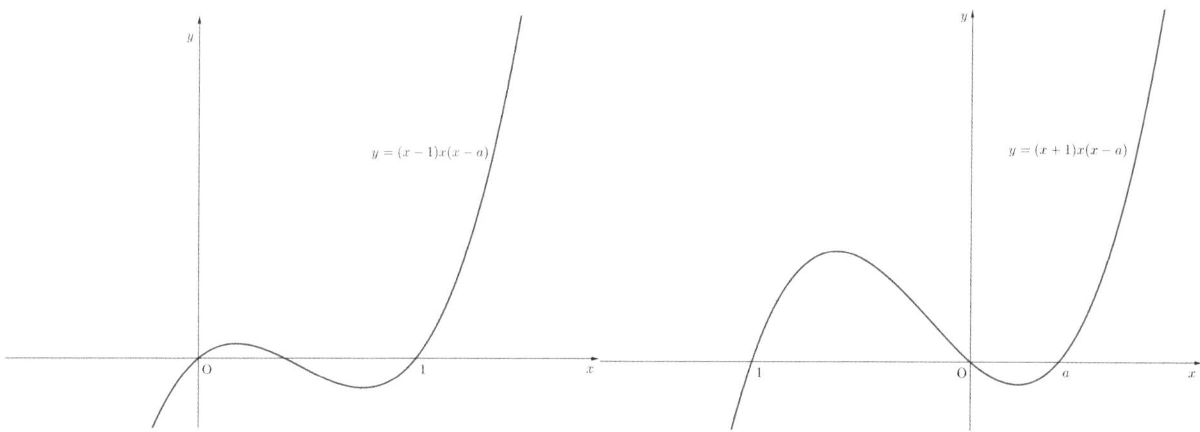

둘 다 계산해본 뒤 a의 범위와 $f'\left(-\dfrac{1}{4}\right) = -\dfrac{1}{4}$과 $f'\left(\dfrac{1}{4}\right) < 0$를 만족하는 한 가지 케이스만 답일 것이다.
둘 다 계산하긴 시간이 조금 걸리기에, 먼저 그림으로 케이스를 소거해볼 수 있는지 확인해 보자.

"$f'\left(\dfrac{1}{4}\right) < 0$이 되기 위해선 **근들이 최대한 오른쪽**에 분포하는 게 좋겠다.
그럼 $f(x) = (x-1)x(x+a) \ (0 < a < 1)$가 마지막까지 성립하는 경우겠네..!"

(한 경우는 감소구간이 $[0, 1]$ 속에 부분적으로 포함되어 있고,

나머지 한 경우는 $[0, a] \ (0 < x < a)$속에 부분적으로 포함되어 있다면, 전자가 $f'\left(\dfrac{1}{4}\right) < 0$가 되기에 더 유리할 것이다.)

$$\therefore f(x) = (x-1)x(x-a) = x^3 - (a+1)x^2 + ax, \ f'(x) = 3x^2 - 2(a+1)x + a$$

$x = -\dfrac{1}{4}$를 대입해보면, $f'\left(-\dfrac{1}{4}\right) = \dfrac{3}{16} + \dfrac{a+1}{2} + a = \dfrac{11}{16} + \dfrac{3}{2}a = -\dfrac{1}{4}$

$$\therefore \ a = -\frac{5}{8}$$

역시나 $f'\left(\dfrac{1}{4}\right) < 0$도 성립하고, a의 범위 조건까지 만족한다.

"$f(x)$를 확정지었다. 계산해서 문제를 마무리하자."

$$f(8) = \left(8 + \frac{5}{8}\right) \times 8 \times 7 = 483$$

답: 483

| 무엇을 기준으로 학생들을 변별했는가?

1. **발문에서 준 조건**을 바탕으로 **삼차함수의 근의 형태**를 추측할 수 있다.

2. 삼차함수의 **도함수 값**을 바탕으로 여러 가능한 케이스를 소거하고 알맞은 함수를 찾을 수 있다.

3. 인접한 정수끼리 1만큼 차이난다는 **정수의 특징**을 이용할 수 있다.

| NOTES

- 삼차함수에서 **감소 구간은 그 개형의 주인공이 되는 경우**가 많다.
  그러므로 풀이 초반부와 같이 삼차함수에 **감소 구간이 있다는 사실 자체**에도 예민하게 반응해야 한다.

- 문제를 만족하는 함수까지 가는 과정에 여러 가지 **매력적인 오답**이 섞여 있는 문제이다.
  이렇게 내가 처음 생각한 풀이대로 문제가 안 흘러갈 수 있다. 이 경우 내가 **처음 세운 풀이에 어떤 논리적 비약이 있는지** 스스로 점검해 보는 습관이 좋다.

  이 문제의 경우 **당연히 중근을 가져야 된다는 논리적 비약**이 처음에 존재했다.

- 원하는 함수를 추론하는 문제에서는 **내가 원하는 상황**을 쉬운 말로 바꾸어 표현하는 것도 좋다.
  이 문제의 경우 쉬운 말로 표현하자면

  "최대한 $f(k-1)=0$이나 $f(k+1)=0$이 되어서 **귀찮게 따질 필요가 없는 상황**이면 좋겠다."가 될 것이다.

- $f(x)=x(x+1)(x-a)$인 경우는 계산해보면 알겠지만 $x=\dfrac{1}{4}$에서 감소하지 않아서 불가능하다.

  위 문제의 경우 그래프를 그려보면서 약간의 논리를 더해 운 좋게 정답인 상황을 추측했지만,
  항상 들어맞는다는 보장이 없다. 문제 풀이 종반부에선, 운이 나쁘면 **두 가지 모두 계산해야겠다**는 생각을 하는 게
  좋다. 어차피 하나가 틀리면 하나가 맞을 테고, 결국 정답은 구할 수 있지 않겠는가.

최고차항의 계수가 1인 사차함수 $f(x)$가 다음 조건을 만족시킨다.

> (가) $f'(a) \leq 0$인 실수 a의 최댓값은 2이다.
>
> (나) 집합 $\{x \mid f(x) = k\}$의 원소의 개수가 3 이상이 되도록 하는 실수 k의 최솟값은 $\dfrac{8}{3}$이다.

$f(0) = 0$, $f'(1) = 0$일 때, $f(3)$의 값을 구하시오.

사차함수를 구하는 문제다. 조건을 해석하고, 계산으로 밀고 나가자고 생각하자.

(가)로부터 $f(x)$가 $x = 2$에서 극소를 갖고, 2 이후로는 항상 증가해야 한다는 사실을 알 수 있다.

또한, (나)로부터 $y = \dfrac{8}{3}$에서

두 극소 중 극솟값이 더 큰 극소점이 존재한다는 사실을 추론할 수 있다.

(더 작은 극소점에서 원소의 개수가 $0 \to 1 \to 2$개가 되고, 더 큰 극소점에서 $2 \to 3 \to 4$개가 된다.)

(두 극솟값이 같은 경우도 고려해볼 수 있겠으나, 굳이 발문에서 원소의 개수가 '3'임을 언급한 것으로 보아, 이 경우는 가장 후순위로 다루기로 하자.)

그렇다면, 다음과 같은 두 가지 개형을 떠올릴 수 있다.

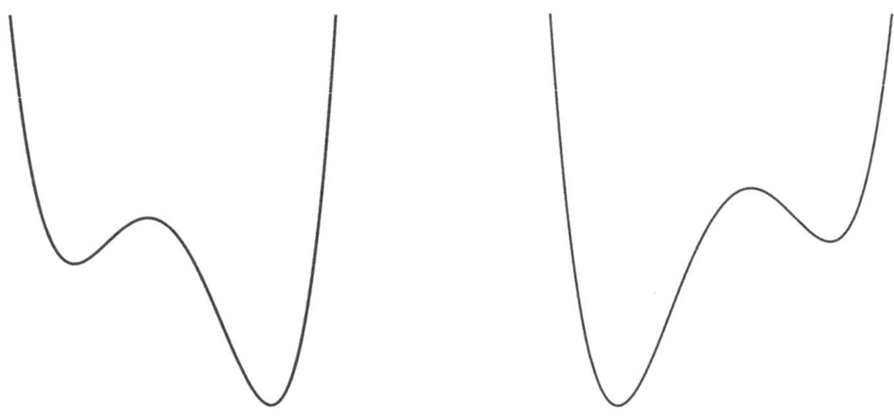

또한, (나) 아래의 발문을 살펴보면

$'f(0) = 0'$

$x = 0$에서 극솟값인 $\dfrac{8}{3}$보다 작은 함숫값을 갖고 있으므로,

대략적으로 왼쪽 극소보다는 **오른쪽 극소**$(x=2)$**의 극솟값이 클 것**이라고 예측할 수 있다.
(즉, 오른쪽 극소의 극솟값이 $\dfrac{8}{3}$ 이다.)

또한, $f'(1)=0$임을 통해 **왼쪽 극소**가 $x=1$이거나, 혹은 그보다 왼쪽에 있음을 알 수 있다.

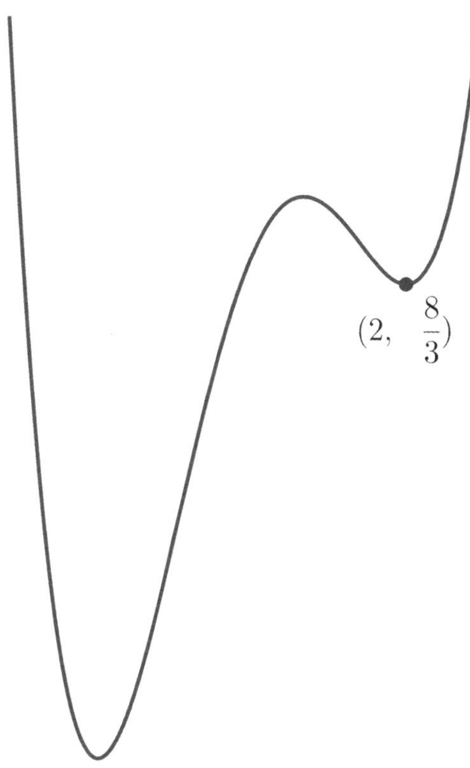

일단,

1) 오른쪽 극소가 $\left(2,\ \dfrac{8}{3}\right)$임을 이용해 $f(x)$에 관한 식을 세운 뒤,

2) $f(0)=0$, $f'(1)=0$을 대입해보도록 하자.

1) 먼저, $f(x)$의 식을 세워보면
$$f(x)=(x-2)^2(x^2+ax+b)+\frac{8}{3},$$
양변을 미분하면 $f'(x)=(x-2)^2(2x+a)+2(x-2)(x^2+ax+b)$이다.

2) 그 뒤, 두 조건을 대입하면
$$f(0)=4b+\frac{8}{3}=0 \implies b=-\frac{2}{3}$$
$$f'(1)=(2+a)-2(a+b+1)=-a-2b=0 \implies a=-2b=\frac{4}{3}$$

$$\therefore\ f(x)=(x-2)^2\left(x^2+\frac{4}{3}x-\frac{2}{3}\right)+\frac{8}{3}$$

따라서, $f(3) = 9 + 4 - \dfrac{2}{3} + \dfrac{8}{3} = 15$이다.

답: 15

수직선 위를 움직이는 두 점 P, Q의 시각 t $(t \geq 0)$에서의 위치가 각각

$$x_1 = t^2 + t - 6, \quad x_2 = -t^3 + 7t^2$$

이다. 두 점 P, Q의 위치가 같아지는 순간 두 점 P, Q의 가속도를 각각 p, q라 할 때, $p - q$의 값은?

① 24   ② 27   ③ 30   ④ 33   ⑤ 36

STEP 1.

두 점의 **위치가 같아지는 순간**(t)을 찾자.

$t^2 + t - 6 = -t^3 + 7t^2$

$\Rightarrow t^3 - 6t^2 + t - 6 = 0$

$\Rightarrow t^2(t-6) + (t-6) = (t-6)(t^2+1) = 0$이다.

$\therefore \ t = 6$

STEP 2.

이제, 두 점 P, Q**의 가속도 식**(a_1, a_2)을 구해보면 각각

$a_1 = 2$

$a_2 = -6t + 14$이므로,

$a_1 - a_2 = 6t - 12$이다.

여기에 $t = 6$을 대입한 값이 곧 $p - q$이므로,

$p - q = 24$이다.

답: ①

최고차항의 계수가 1인 삼차함수 $f(x)$가 모든 정수 k에 대하여

$$2k-8 \le \frac{f(k+2)-f(k)}{2} \le 4k^2+14k$$

를 만족시킬 때, $f'(3)$의 값을 구하시오.

STEP 1.

"좌우에 각각 k로 이루어진 일차식, 이차식이 있고, 결국 $\dfrac{f(k+2)-f(k)}{2}$도 따져보면 이차식이겠지.."

그런데, 아직 $\dfrac{f(k+2)-f(k)}{2}$의 정확한 식은 알 수 없으니,

먼저 좌우에 있는 $2k-8$와 $4k^2+14k$를 비교해보자.

$$2k-8 \le 4k^2+14k \ \Rightarrow\ 4(k+1)(k+2) \ge 0$$

여기서 흥미롭게 살펴봐야 할 부분은 **바로** $k=-2,\ -1$**일 때**이다.

이 때 좌우에 있는 식의 값이 같아지므로, $\dfrac{f(k+2)-f(k)}{2}$의 값도 하나로 확정된다.

1) $k=-2$일 때, $2k-8=4k^2+14k=-12$이므로, $\dfrac{f(k+2)-f(k)}{2}=-12$이다. $\cdots$ ㉠

2) $k=-1$일 때, $2k-8=4k^2+14k=-10$이므로, $\dfrac{f(k+2)-f(k)}{2}=-10$이다. $\cdots$ ㉡

STEP 2.

"이제 $\dfrac{f(k+2)-f(k)}{2}$와 관련된 식 두 개가 주어졌다. 통상적으로 최고차량의 계수가 1인 삼차식은

x^3+ax^2+bx+c로 표현되니, 미지수가 3개라고 할 수 있다. 즉, 필요한 식이 세 개라는 뜻이다."

"그런데, $\dfrac{f(k+2)-f(k)}{2}$는 두 함수 간의 차로 이루어져 있고, 구해야 하는 값도 $f'(3)$이므로,

상수항(c)**에 관한 정보는 구할 수도, 구할 필요도 없는 것** 같다."

"우리에게는 이미 두 식이 주어져 있으므로, $f(x)=x^3+ax^2+bx+c$로 놓고
$\dfrac{f(k+2)-f(k)}{2}$를 식으로 표현해보자."

$$\frac{f(k+2)-f(k)}{2}=\frac{(x+2)^3+a(x+2)^2+b(x+2)+c-(x^3+ax^2+bx+c)}{2}$$

$$=\frac{6x^2+12x+8+a(4x+4)+2b}{2}=3x^2+(2a+6)x+2a+b+4\text{이다.}$$

(여기서, 마치 조립제법 쓰듯이 아래와 같은 방법으로 계산하면 편하다.)

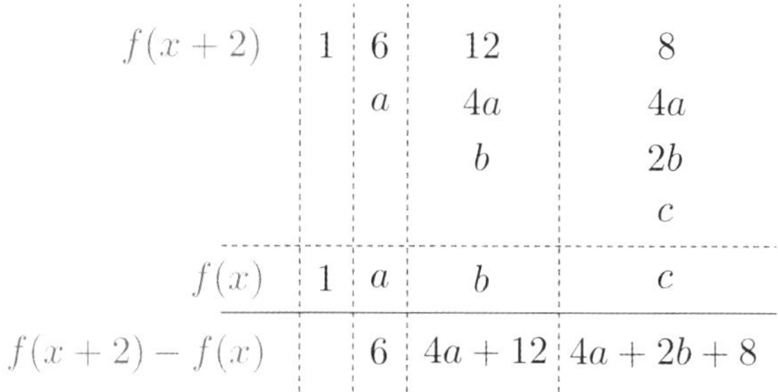

정리하면 $\dfrac{f(k+2)-f(k)}{2}=3k^2+(2a+6)k+2a+b+4$ 이다.

STEP 3.
이제 ㉠과 ㉡을 이용해 $a,\ b$를 구해보자.

1) $k=-2$일 때, $3k^2+(2a+6)k+2a+b+4=-12$

$\Rightarrow\ 12-2(2a+6)+2a+b+4=-12$

$\Rightarrow\ 2a-b=16\ \cdots ㉢$

2) $k=-1$일 때, $3k^2+(2a+6)k+2a+b+4=-10$

$\Rightarrow\ 3-(2a+6)+2a+b+4=-10$

$\Rightarrow\ b=-11$

여기서 $b=-11$을 ㉢에 대입하면, $a=\dfrac{5}{2}$ 이다.

앞서 식을 세웠듯, $f(x)=x^3+ax^2+bx+c$이므로

$f'(x)=3x^2+2ax+b=3x^2+5x-11$이다.

$\therefore\ f'(3)=31$

답: 31

시각 $t=0$일 때 출발하여 수직선 위를 움직이는 점 P의 시각 t $(t \geq 0)$에서의 위치 x가

$$x = t^3 - \frac{3}{2}t^2 - 6t$$

이다. 출발한 후 점 P의 운동 방향이 바뀌는 시각에서의 점 P의 가속도는?

① 6　　　　　② 9　　　　　③ 12　　　　　④ 15　　　　　⑤ 18

'운동 방향이 바뀌는 시각' $\Rightarrow$ 속도(v)의 부호가 바뀌는 시각(t)을 의미하므로,

주어진 x에 관한 식을 t**에 대해 미분**해보면
$v = 3t^2 - 3t - 6 = 3(t-2)(t+1)$이다.

따라서, $t=2$일 때 운동 방향이 바뀌고,
이때 점 P의 가속도를 구하기 위해 $v = 3t^2 - 3t - 6$를 미분하면
$a = 6t - 3$이다.

따라서, $t=2$일 때 점 P의 가속도는 9이다.

답: ②

| NOTES

- 속도 / 가속도 문제의 경우, 묻는 조건에 따라 자유자재로 가속도 / 속도 / 위치 사이에서 미분 / 적분할 수 있어야 한다.

상수 $a\ (a\neq 3\sqrt{5})$ 와 최고차항의 계수가 음수인 이차함수 $f(x)$ 에 대하여 함수

$$g(x)=\begin{cases} x^3+ax^2+15x+7 & (x\leq 0) \\ f(x) & (x>0) \end{cases}$$

이 다음 조건을 만족시킨다.

(가) 함수 $g(x)$ 는 실수 전체의 집합에서 미분가능하다.

(나) x 에 대한 방정식 $g'(x)\times g'(x-4)=0$ 의 서로 다른 실근의 개수는 4 이다.

$g(-2)+g(2)$ 의 값은?

① 30　　　　② 32　　　　③ 34　　　　④ 36　　　　⑤ 38

STEP 1.

먼저, (가)에 따라 $g(x)$ 의 미분가능성을 살펴보자.

$x=0$ 에서 $g(x)$ 는 미분가능하므로, $f(0)=7$, $f'(0)=15$ 이다.

$$\therefore\ f(x)=-px^2+15x+7\quad (p>0)$$

STEP 2.

이제 (나)를 살펴보면, $g'(x)=0$ 또는 $g'(x-4)=0$ 를 만족시키는 실근의 개수가 4 이다.

이를 해석해보면, $g'(x)=0$ 의 실근의 개수와 $g'(x-4)=0$ 의 실근의 개수를 더한 뒤
$g'(x)=0$ 와 $g'(x-4)=0$ 를 **동시에 만족시키는 실근**의 개수를 뺐을 때의 값이 4 가 되도록 해야한다는 뜻이다.

여기서 $g'(x)=0$ 의 실근의 개수와 $g'(x-4)=0$ 의 실근의 개수는 당연히 같을 수 밖에 없으므로,
따라서 $g'(x)=0$ 의 실근의 개수를 A, $g'(x)=0$ 와 $g'(x-4)=0$ 를 **동시에 만족시키는 실근**의 개수를 B 라고 한다면
$g'(x)\times g'(x-4)=0$ 의 실근의 개수는 $2A-B=4$ 로 나타낼 수 있다.

"평가원의 특성상 $g'(x)=0$ 와 $g'(x-4)=0$ 를 **동시에 만족시키는 실근**이 무조건 하나는 있을 것이다.
따라서, $g'(x)=0$ 의 **실근의 개수는 최소 3** 이 되어야겠다." … ㉠
(동시에 만족하는 실근이 없다면 애초에 이 문제를 출제한 의도가 무색해지는 것이다. NOTES 참고)

STEP 3..

먼저 $g'(x)$ 의 식을 구해보면

$$g'(x)=\begin{cases} 3x^2+2ax+15 & (x\leq 0) \\ -2px+15 & (x>0) \end{cases}$$

여기서 $g'(x)$ 의 왼쪽 구간은 이차식, 오른쪽 구간은 일차식이므로
㉠을 만족시키기 위해서는

1) $3x^2 + 2ax + 15 = 0$이 2개의 양수가 아닌 실근을 갖고
2) $-2px + 15 = 0$이 1개의 양수인 실근을 가져야한다.

먼저 1)을 만족시키기 위한 조건을 살펴보면
$a > 0$, $D/4 = a^2 - 45 > 0$이다.

또한, 2)를 만족시키기 위한 조건을 살펴보면
$p > 0$이다.

이때 $g'(x) = 0$의 실근의 개수(A)는 3이므로,
"$2A - B = 4$를 만족시키기 위해 $g'(x) = 0$의 실근 중 **두 실근의 차가 4인 경우(B)가** 2번 발생하겠구나."

STEP 4..
"그렇다면 세 실근을 각각 $k-4$. k, $k+4$라고 할 수 있겠네." $(-4 < k \le 0)$

이때 $3x^2 + 2ax + 15 = 0$에서 근과 계수의 관계에 의해

1) $2k - 4 = -\dfrac{2a}{3}$ $\cdots$ ⓛ

2) $k(k-4) = 5 \Rightarrow k^2 - 4k - 5 = (k-5)(k+1) = 0$
   $\therefore k = -1$ $(\because -4 < k \le 0)$

이를 ⓛ에 대힙하면 $a = 9$이다.
또한, 유일한 양의 실근인 $k+4$의 값은 3이므로,
$g(3) = -6p + 15 = 0 \Rightarrow p = \dfrac{5}{2}$이다.

따라서, $g(x)$의 식을 구하면
$$g(x) = \begin{cases} x^3 + 9x^2 + 15x + 7 & (x \le 0) \\ -\dfrac{5}{2}x^2 + 15x + 7 & (x > 0) \end{cases}$$

$\therefore g(-2) + g(2) = -8 + 36 - 30 + 7 - 10 + 30 + 7 = 32$

답: ②

- 만약 찜찜함이 남아있다면, $g'(x)=0$와 $g'(x-4)=0$를 **동시에 만족시키는 실근**이 없다고 가정해보자.
  이때, $g'(x)=0$의 실근의 개수는 2개일 수 밖에 없다.

i) $a<0$인 경우
근과 계수의 관계에 의해 왼쪽 구간 $3x^2+2ax+15=0$은 절대로 양이 아닌 실근을 가질 수 없다.
오른쪽 구간 $-2px+15=0$ 또한 최대 1개의 양의 실근밖에 가질 수 없으므로,
이는 $g'(x)=0$의 **실근의 개수가 2개여야 한다는 사실에 위배**된다.

ii) $a \geq 0$인 경우
왼쪽 구간 $3x^2+2ax+15=0$에서 **판별식**을 사용하면 $D/4=a^2-45$ 이므로,
$3x^2+2ax+15=0$이 중근을 갖는 조건은 $a=3\sqrt{5}$ 이다.

그런데 문제의 조건에 의하면 $a \neq 3\sqrt{5}$ 이므로, $3x^2+2ax+15=0$는 중근을 가질 수 없다.

따라서 $g'(x)=0$의 **실근의 개수가 2개**가 되기 위해서는
1) 왼쪽 구간 $3x^2+2ax+15=0$에서 두 개의 양이 아닌 실근을 갖고,
2) 오른쪽 구간 $-2px+15=0$에서 어떠한 양의 실근도 갖지 않는 것이다.

2)가 성립하기 위해서 $p \leq 0$이 되어야 한다.
그런데 문제의 조건에 따라 $f(x)=-px^2+15x+7$의 최고차항의 계수는 음수이므로 $p>0$ 이다.,

따라서 이 경우 또한 성립할 수 없다.

이를 통해 $g'(x)=0$와 $g'(x-4)=0$를 **동시에 만족시키는 실근**은 최소 1개여야 한다는 것을 알 수 있다.

하지만, 이런 방식으로 모든 경우를 일일이 따져보는 것은 수능장에서 굉장히 비효율적이니 그간의 기출 경험을 통해
$g'(x)=0$와 $g'(x-4)=0$를 **동시에 만족시키는 실근**이 있는 케이스들을 우선적으로 살펴보는 것이 좋다.

함수 $f(x)=x^3+ax^2+bx+4$가 다음 조건을 만족시키도록 하는 두 정수 a, b에 대하여 $f(1)$의 최댓값을 구하시오.

모든 실수 α에 대하여 $\displaystyle\lim_{x\to\alpha}\dfrac{f(2x+1)}{f(x)}$의 값이 존재한다.

주어진 박스를 다음과 같이 해석할 수 있다.

"모든 실수 α에 대하여 $\displaystyle\lim_{x\to\alpha}\dfrac{f(2x+1)}{f(x)}$의 값이 존재하므로 $f(x)=0$인 x에 대하여 $f(2x+1)=0$을 만족시켜야겠구나."
(삼차함수이므로 $f(x)=0$인 x가 무조건 존재한다.)

문제에서 $f(2x+1)$과 $f(x)$를 제시하였으므로 $2x+1=x$, $x=-1$에 대해서 먼저 생각해보자.

만약 $f(-1)=0$이라면, 극한식 $\displaystyle\lim_{x\to\alpha}\dfrac{f(2x+1)}{f(x)}$의 분자, 분모 모두 0으로 수렴하므로 문제되지 않는다.

이제 삼차함수의 그래프 개형을 떠올려 가며 가능한 경우를 생각해보자.

$f(x)$가 서로 다른 세 실근을 가질 때, 한 개의 실근과 중근을 가질 때, 삼중근을 가질 때를 각각 생각해보면 이 세 가지 경우 모두 모순임을 금방 파악할 수 있다.
(서로 다른 세 실근을 가질 때, 한 개의 실근과 중근을 가질 때는 $f(x)=0$인 x에 대하여 $f(2x+1)=0$을 만족시킬 수 없어 모순이고, 삼중근을 가질 때는 $f(x)$의 상수항의 값이 다르므로 모순이다.)

따라서 주어진 조건을 만족하는 삼차함수는 한 개의 실근과 두 개의 허근을 가져야 함을 알 수 있다.

$\therefore\ f(-1)=0,\ b=a+3$

$b=a+3$을 이용해 문제에서 주어진 $f(x)$의 식을 다시 정리하면 $f(x)=(x+1)(x^2+(a-1)x+4)$이고,

이때 $f(x)$는 $x=-1$이외의 실근을 가지지 않으므로 $x^2+(a-1)x+4$의 판별식은 0보다 작아야 한다.

$\therefore\ D=(a-1)^2-16<0,\ -3<a<5$

$f(x)=(x+1)(x^2+(a-1)x+4)$에 $x=1$을 대입하면 $f(1)=2a+8$이므로

$f(1)$의 최댓값은 $f(1)=2a+8=16$이다. ($a=4$일 때 $f(1)$이 최대)

답: 16

1. 삼차함수의 그래프 개형을 떠올려 주어진 조건을 만족시키는 삼차함수의 개형을 찾아낼 수 있다.

| NOTES

- 그래프로 접근하지 않고 식을 이용해 문제를 풀 수도 있다.
  $x+1$에 대한 내림차순으로 $f(x)$의 식을 작성하면 다음과 같다.

  $$f(x) = (x+1)^3 + A(x+1)^2 + B(x+1) + C$$
  $$f(2x+1) = 8(x+1)^3 + 4A(x+1)^2 + 2B(x+1) + C$$

  이때 문제의 조건을 만족시키기 위해서는 $C = 0$이어야 하고,
  문제에서 주어진 a, b는 정수임을 이용하여 문제를 풀 수도 있다.

  그래프와 식으로 푸는 풀이 모두 익혀두자.

01. ⑤	**21.** 61
02. 65	**22.** 21
03. ④	**23.** ⑤
04. ③	**24.** 483
05. ③	**25.** 15
06. ①	**26.** ①
07. ③	**27.** 31
08. ①	**28.** ②
09. ②	**29.** ②
10. 40	**30.** 16
11. 22	
12. 5	
13. 3	
14. 19	
15. 21	
16. 27	
17. 51	
18. ③	
19. ②	
20. 12	

[수학 Ⅱ]

적분법 | 정적분과 부정적분

* 25학년도 6월, 9월, 수능에 전부 4점 문항으로 출제된 단원입니다.

두 함수 $f(x)$와 $g(x)$가

$$f(x) = \begin{cases} 0 & (x \le 0) \\ x & (x > 0) \end{cases}, \quad g(x) = \begin{cases} x(2-x) & (|x-1| \le 1) \\ 0 & (|x-1| > 1) \end{cases}$$

이다. 양의 실수 k, a, b $(a < b < 2)$에 대하여, 함수 $h(x)$를

$$h(x) = k\{f(x) - f(x-a) - f(x-b) + f(x-2)\}$$

라 정의하자. 모든 실수 x에 대하여 $0 \le h(x) \le g(x)$일 때, $\displaystyle\int_0^2 \{g(x) - h(x)\}dx$의 값이 최소가 되게 하는 k, a, b에 대하여 $60(k+a+b)$의 값을 구하시오.

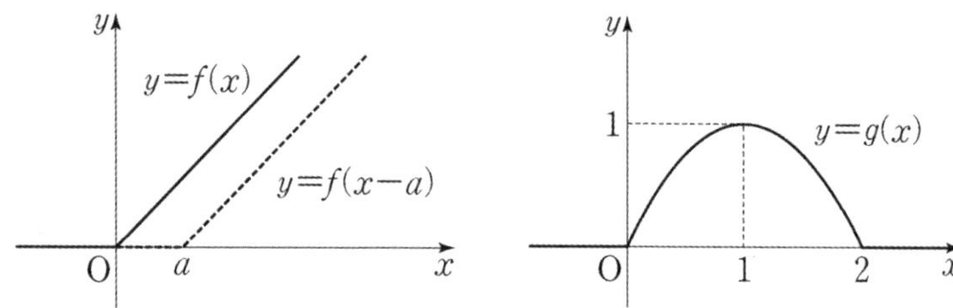

우선 복잡하게 정의된 $h(x)$를 해석해 보자.

복잡하게 생각할 필요 없이 $x < 0$에서 $h(x) = 0$으로 시작하여
$x = 0$, $x = 2$일 때 $kf(x)$, $kf(x-2)$가 각각 $0 \to kx$로 바뀌고
$x = a$, $x = b$일 때 $-f(x-a)$, $-kf(x-b)$가 각각 $0 \to -kx$로 바뀌는
연속함수를 그리면 된다.

$$h(x) = \begin{cases} 0 & (x < 0) \\ kx & (0 < x \le a) \\ ka & (a < x \le b) \\ k(-x+a+b) & (b < x \le 2) \\ k(-2+a+b) & (x > 2) \end{cases}$$

이고, 그림은 다음과 같다.

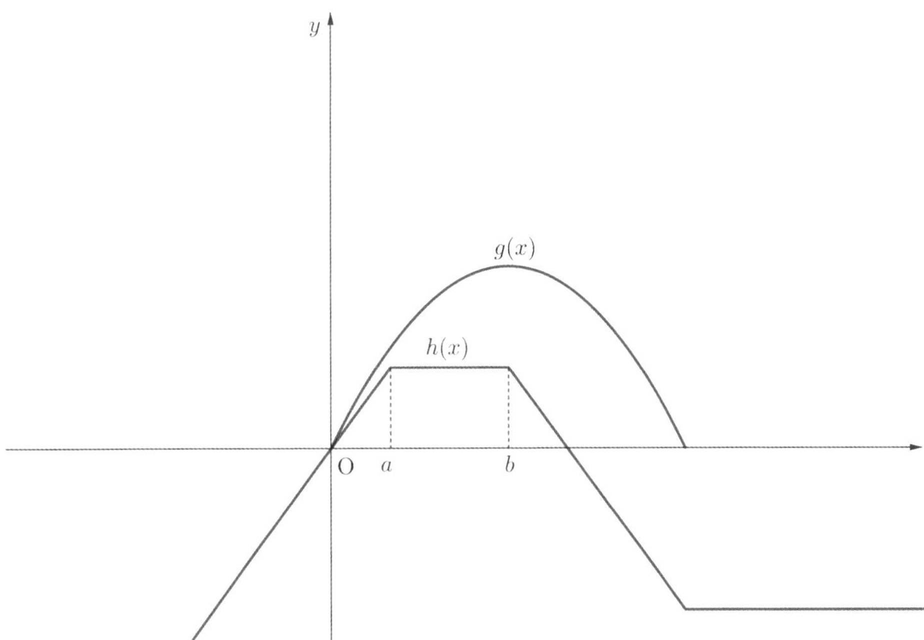

"문제의 방향성에 대한 감을 잡기 위해, 상황을 복잡한 수식보다는 기하적으로 바라보는 것이 좋겠다."

문제에서 $0 \leq h(x) \leq g(x)$를 통해 **세 가지 조건**을 도출할 수 있다.

1) 좌표평면에서 $h(x)$가 $g(x)$보다 아래에 있거나 만난다.

2) $g(x) = 0$이면 $h(x) = 0$이다.

구간 $[0,\ 2]$에서 $g(x) = x(2-x)$이므로, $g(0) = g(2) = 0$임에 따라
$h(0) = h(2) = 0$이다.

따라서 $h(2) = 2k(-2+a+b) = 0$
이를 정리하면 $a+b = 2$이다. $\cdots$ ㉠

$\underline{h(0) = h(2) = 0}$**이고**, 구간 $[0,\ a]$와 $[2-a,\ 2]$에서 **기울기가 각각** $k,\ -k$**임**을 종합해보면
$h(x)$와 x축이 이루는 영역은 **아래와 같은 등변사다리꼴**이 된다.

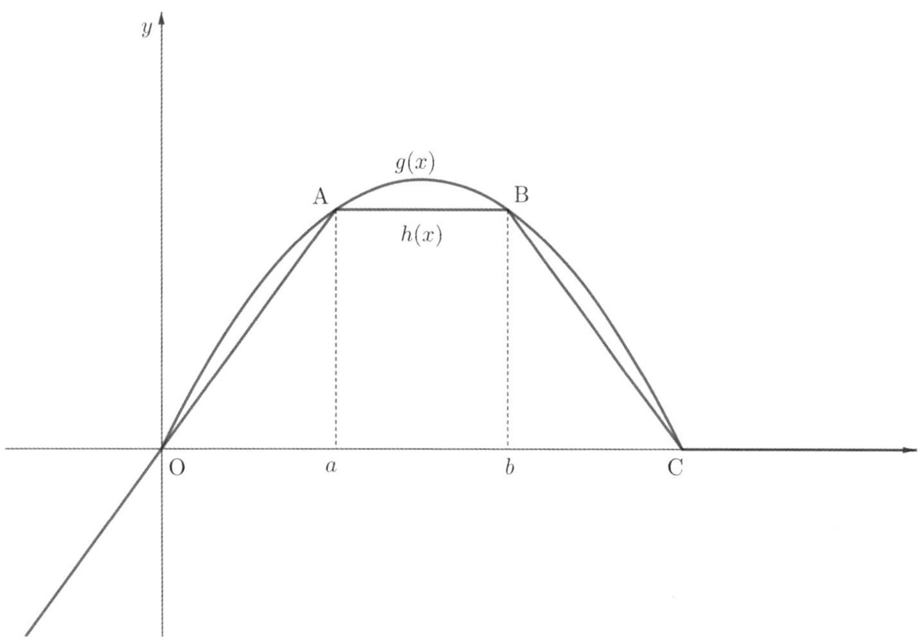

3) $h(x)$와 $g(x)$는 각각 $x=0$, $x=2$에서 근을 가지고, 구간 $(0,\ 2)$에서 양수이다.

따라서 $\displaystyle\int_0^2 h(x)dx$와 $\displaystyle\int_0^2 g(x)dx$는 각각
<u>$h(x)$와 $g(x)$가 x축과 이루는 넓이</u>다.

이를 통해 우리는
$\displaystyle\int_0^2 \{g(x)-h(x)\}dx$가 기하적으로
$g(x)$가 x축과 이루는 **포물선의 넓이**에서,
$h(x)$가 x축과 이루는 **등변사다리꼴의 넓이**를 제외한 만큼의 넓이를 의미함을 알 수 있다.

여기서 우리는 <u>$g(x)$와 $h(x)$의 차이만큼의 넓이</u>를 최소로 만들어야 한다.

포물선의 넓이는 이차함수의 넓이 공식을 사용하여 $\dfrac{4}{3}$임을 알 수 있고,

(결과적으로는 포물선의 넓이를 구하지 않아도 답을 도출할 수 있지만, 구해두는 것이 마음에 편하다.)

"밑변이 고정된 등변사다리꼴에서 넓이를 최대로 만들기 위해 내가 조절할 수 있는 요소가 무엇일까..?"

"바로 <u>**윗변의 길이**와 **높이**</u>이다."

여기서 윗변의 길이는 ㉠에 의해 $b-a=2-2a$이고,
높이는 ka이다.

또한, a와 k에 대해
$ka \le a(2-a)$를 만족한다.

그러나 우리는 등변사다리꼴에서 넓이를 최대로 만들어야 하므로,
$ka = a(2-a)$인 경우를 살펴보자. $\cdots$ ⓛ

이때, 등변사다리꼴의 넓이는 사다리꼴의 넓이 공식을 적용하여
$$\frac{1}{2}\{2+(2-2a)\}ka = a(a-2)^2$$

이제 **넓이인** $a(a-2)^2$**이 최대**가 되어야한다.

삼차함수의 비율관계에 따르면,
$a = \dfrac{2}{3}$에서 $a(a-2)^2$이 극댓값을 가진다.

$0 < a < 2$이므로, $a = \dfrac{2}{3}$

또한 ㉠에 의해 $a+b = 2$이므로, $b = \dfrac{4}{3}$

마지막으로 ⓛ에 의해 $k = 2-a$이므로, $k = \dfrac{4}{3}$

따라서 $60(k+a+b) = 200$이다.

답: 200

| 무엇을 기준으로 학생들을 변별했는가?

1. **구간별로 정의된 함수**의 개형을 그릴 수 있는가?

2. 평면좌표에서 주어진 상황을 **기하적인 의미**로 해석할 수 있는가?

3. 구간 내에서 **삼차함수의 최대 / 최소**를 구할 수 있는가?

| NOTES

- 절댓값이 섞이고 구간별로 정의된 함수는 보통 **꺾인선 그래프의 모양**을 띤다.
  그래프적으로 해석하는 게 더 편한 경우가 많다.

- 어떤 값이 최소가 되기 위한 미지수의 값을 구한다는 것은, 보통 극값을 찾는 것이다.
  문제에 관련된 식이 나오면 함수로 표현하고 해석할 준비를 하자.

실수 전체의 집합에서 연속인 두 함수 $f(x)$와 $g(x)$가 모든 실수 x에 대하여 다음 조건을 만족시킨다.

(가) $f(x) \geq g(x)$

(나) $f(x) + g(x) = x^2 + 3x$

(다) $f(x)\,g(x) = (x^2+1)(3x-1)$

$\displaystyle\int_0^2 f(x)\,dx$의 값은?

① $\dfrac{23}{6}$ ② $\dfrac{13}{3}$ ③ $\dfrac{29}{6}$ ④ $\dfrac{16}{3}$ ⑤ $\dfrac{35}{6}$

(가) $f(x) \geq g(x)$

(나) $f(x) + g(x) = x^2 + 3x$

(다) $f(x)g(x) = (x^2+1)(3x-1)$

"$f(x)$가 x^2+1이고 $g(x)$가 $3x-1$이라면 (나), (다) 조건을 모두 만족시키네."

하지만 그렇게 된다면 $f(x)$와 $g(x)$가 교점을 갖기 때문에 (가) 조건을 만족시키지는 못한다.
$f(x)$와 $g(x)$는 다항함수라는 정보를 주지 않았고 단지 연속함수라는 정보만 우리에게 주고 있다.

$y = x^2 + 1$과 $y = 3x - 1$를 그냥 주지는 않았을 것이다. 분명 관련이 있을테니 우선 그래프를 그리고 생각해보도록 하자.

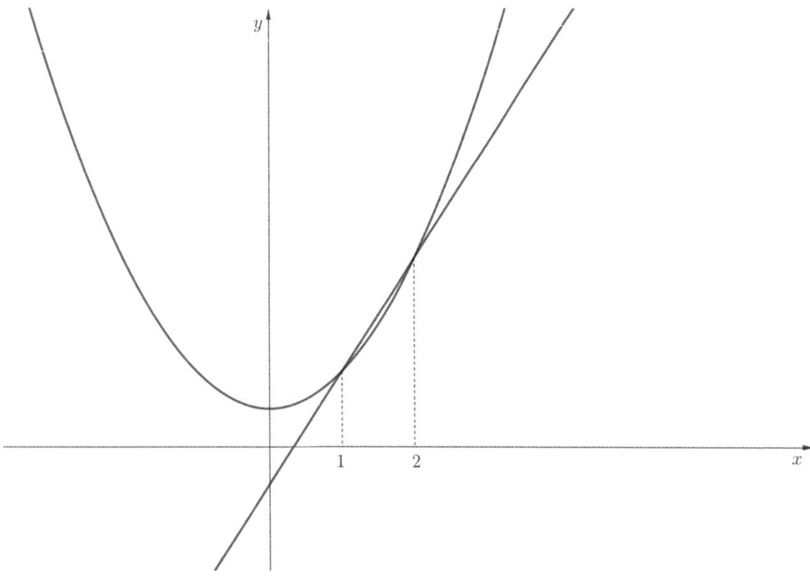

$f(x)$가 x^2+1이고 $g(x)$가 $3x-1$이라면 이미 (나), (다) 조건을 만족시킨다.

"그렇다면 (가) 조건이 만족되게끔 $f(x)$와 $g(x)$를 구간별 함수로 정의시키면 되지 않을까?"

연속이면서 (가) 조건을 만족시키려면

$f(x)=\begin{cases} x^2+1 \ (x \le 1 \ \text{또는} \ x \ge 2) \\ 3x-1 \ (1 < x < 2) \end{cases}$ 이고 $g(x)=\begin{cases} 3x-1 \ (x \le 1 \ \text{또는} \ x \ge 2) \\ x^2+1 \ (1 < x < 2) \end{cases}$ 이면 된다.

$f(x)$를 구했으므로 계산하면

$$\int_0^1 f(x)\,dx = \int_0^1 x^2+1\,dx + \int_1^2 3x-1\,dx$$

$$\therefore \int_0^2 f(x)\,dx = \frac{29}{6}$$

답: ③

| 무엇을 기준으로 학생들을 변별했는가?

1. (다)가 가장 결정적인 조건이었음을 파악하고 세 조건을 만족하는 $f(x)$와 $g(x)$를 찾을 수 있는가?

2. $f(x)$와 $g(x)$가 연속임을 이용해 서로 함수를 공유하고 있음을 파악할 수 있는가?

$0 < a < b$인 모든 실수 a, b에 대하여

$$\int_a^b (x^3 - 3x + k)\,dx > 0$$

이 성립하도록 하는 실수 k의 최솟값은?

① 1　　　　② 2　　　　③ 3　　　　④ 4　　　　⑤ 5

$0 < a < b$인 모든 실수 a, b에 대하여 $\int_a^b (x^3 - 3x + k) > 0$을 만족한다.

이를 해석하면 $\int_0^x (t^3 - 3t + k)\,dt$는 증가함수이므로, $x > 0$에서 $x^3 - 3x + k \geq 0$이어야 한다.

$x^3 - 3x$는 $(0,\ 0)$을 지나고 $x = 1$에서 극솟값 -2를 가지므로, 조건을 만족하는 실수 k의 최솟값은 2이다.

답: ②

| 무엇을 기준으로 학생들을 변별했는가?

1. $\int_a^b (x^3 - 3x + k) > 0$를 통해 $\int_0^x (t^3 - 3t + k)\,dt$가 증가함수임을 알아낼 수 있는가?

닫힌구간 $[0, 1]$에서 연속인 함수 $f(x)$가

$$f(0) = 0, \ f(1) = 1, \ \int_0^1 f(x)dx = \frac{1}{6}$$

을 만족시킨다. 실수 전체의 집합에서 정의된 함수 $g(x)$가 다음 조건을 만족시킬 때, $\int_{-3}^2 g(x)dx$의 값은?

(가) $g(x) = \begin{cases} -f(x+1)+1 & (-1 < x < 0) \\ f(x) & (0 \le x \le 1) \end{cases}$

(나) 모든 실수 x에 대하여 $g(x+2) = g(x)$이다.

① $\dfrac{5}{2}$ ② $\dfrac{17}{6}$ ③ $\dfrac{19}{6}$ ④ $\dfrac{7}{2}$ ⑤ $\dfrac{23}{6}$

조건들을 살펴보면 $f(x)$에 대한 직접적인 식을 찾을 수 있는 단서는 없어 보인다.

이러한 문제의 경우 주어진 조건들을 잘 조합하여 $f(x)$를 식으로 나타내지 않고도 구하고자 하는 정적분 값을 찾을 수 있어야 한다.

(가) $g(x) = \begin{cases} -f(x+1)+1 & (-1 < x < 0) \\ f(x) & (0 \le x \le 1) \end{cases}$

$$\int_{-1}^1 g(x)dx = \int_0^1 g(x)dx + \int_{-1}^0 g(x)dx$$

(나) $g(x) = g(x+2)$

"$g(x)$는 주기가 2인 주기함수이군."

따라서 $\displaystyle\int_{-3}^2 g(x)\,dx = \int_1^2 g(x)\,dx + \int_{-1}^1 g(x)\,dx + \int_{-3}^{-1} g(x)\,dx$ 로 식을 분리하고

$g(x)$는 주기가 2인 주기함수임을 이용해 우리가 알고 있는 구간인 $(-1, 1]$에 대한 정적분으로 아래처럼 바꿀 수 있다.

$$\int_{-3}^2 g(x)dx = \int_{-1}^0 g(x)dx + 2\int_{-1}^1 g(x)dx$$

(가)에서 $g(x)$는 $-1 < x < 0$에서, $0 \le x \le 1$에서 각각 정의되었으므로

아래와 같이 식을 정리한 뒤, $\displaystyle\int_0^1 g(x)\,dx = \dfrac{1}{6}$ 를 대입해보자.

$$\int_{-3}^2 g(x)dx = 2\int_0^1 g(x)dx + 3\int_{-1}^0 g(x)dx = \frac{1}{3} + 3\int_{-1}^0 g(x)dx$$

이제 $\displaystyle\int_{-1}^0 g(x)\,dx$ 만 구하면 된다.

$$\int_{-1}^0 g(x)\,dx = \int_{-1}^0 -f(x+1)+1\,dx = -\int_0^1 f(x)\,dx + 1 = \frac{5}{6}$$

마지막으로 $\displaystyle\int_{-1}^0 g(x)\,dx = \dfrac{5}{6}$ 을 대입하면

$$\int_{-3}^2 g(x)dx = \frac{17}{6}$$

답: ②

| 무엇을 기준으로 학생들을 변별했는가?

1. 구체적인 함수($f(x)$)를 모르는 상태에서도 여러 정보들을 통해 정적분 값을 추론해낼 수 있는가?

2. 어떤 주기함수에 대한 정적분 함수 $\left(\displaystyle\int_{-3}^2 g(x)dx\right)$ 를 조건을 통해 잘 알고 있는 구간(($-1,\,1]$)에 대한 정적분 함수 $\left(2\displaystyle\int_0^1 g(x)dx + 3\int_{-1}^0 g(x)dx\right)$ 로 바꾸어낼 수 있는가?

최고차항의 계수가 1이고 $f'(0) = f'(2) = 0$인 삼차함수 $f(x)$와 양수 p에 대하여 함수 $g(x)$를

$$g(x) = \begin{cases} f(x) - f(0) & (x \leq 0) \\ f(x+p) - f(p) & (x > 0) \end{cases}$$

이라 하자. 〈보기〉에서 옳은 것만을 있는 대로 고른 것은?

─── 〈보 기〉 ───

ㄱ. $p = 1$일 때, $g'(1) = 0$이다.

ㄴ. $g(x)$가 실수 전체의 집합에서 미분가능하도록 하는 양수 p의 개수는 1이다.

ㄷ. $p \geq 2$일 때, $\displaystyle\int_{-1}^{1} g(x)\,dx \geq 0$이다.

① ㄱ   ② ㄱ, ㄴ   ③ ㄱ, ㄷ   ④ ㄴ, ㄷ   ⑤ ㄱ, ㄴ, ㄷ

$$g'(x) = \begin{cases} f'(x) & (x < 0) \\ f'(x+p) & (x > 0) \end{cases}$$

$p = 1$일 때, $g'(1) = f'(2) = 0$ ⋯ **(참)**

ㄴ. 함수 $f(x)$의 모양은 대략 다음과 같다.

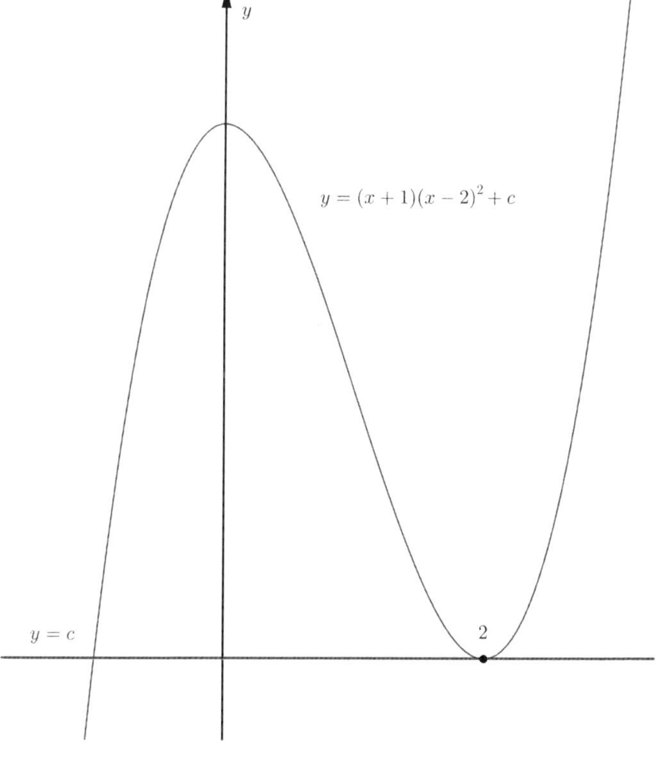

이제 $g(x)$가 가지는 의미를 파악해 보자.

1) $f(x)$가 **원점을 지나도록** 위아래로 평행이동한다.

2) 아래 그림에서 **분홍색으로 칠한 부분(구간 $(0,\ p)$)을 제거**한다.

3) 원점과 칠한 부분의 오른쪽을 **이어붙인다**.

이를 통해 그린 $f(x)$, $g(x)$의 그래프는 각각 아래와 같다.

< $f(x)$의 그래프 >

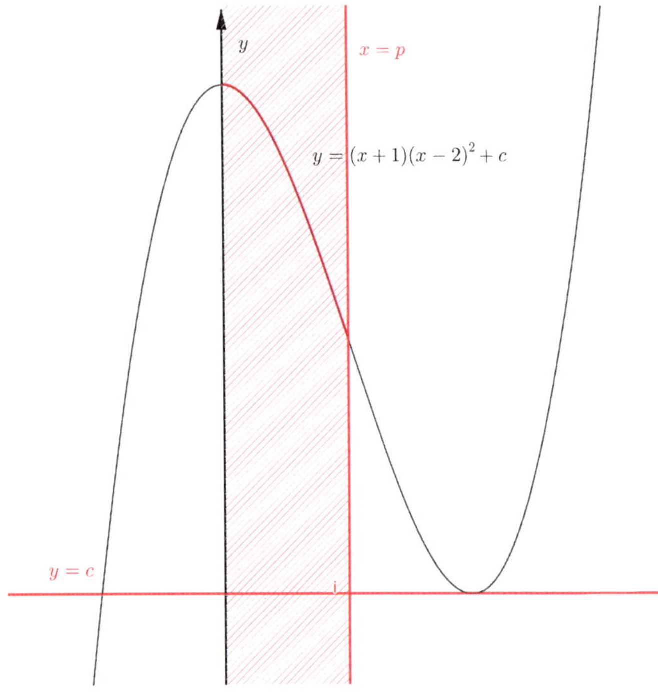

< $g(x)$의 그래프 >

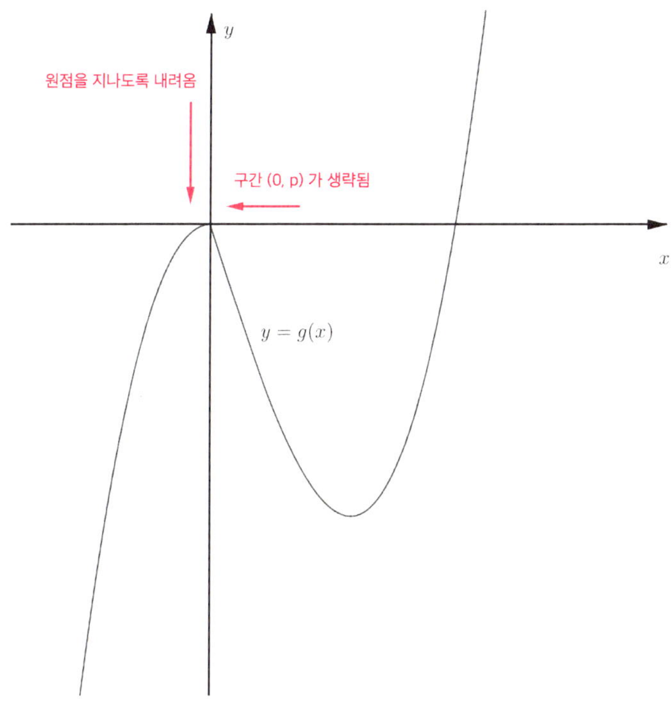

여기서 **오직 $x = 0$에서만 미분이 불가능할 수 있는 가능성이 존재**한다.

$x = 0$에서의 미분가능성을 조사해보면, $g'(0-) = f'(0) = 0$이므로 (좌미분계수)

오직 $g'(x) = f'(p) = 0$일 때 (우미분계수) $x = 0$에서 미분가능하다.

$f'(0) = f'(2) = 0$이고, $p > 0$이므로 오직 $p = 2$일 때만 $g(x)$가 실수 전체의 집합에서 미분가능하다. … (참)

ㄷ. $p \geq 2$이므로 삼차함수 $g(x)$는 실수 전체의 집합에서 증가한다. (하단의 그림 참고)

$g(x)$는 양수 구간에서 $g(x) > 0$, 음수 구간에서 $g(x) < 0$이므로
$\int_{-1}^{1} g(x)dx$은 구간 $(0, 1)$에서의 넓이에서 구간 $(-1, 0)$의 넓이를 뺀 값이라고 할 수 있다.

또한, 삼차함수 $f(x)$는 변곡점 $(1, f(1))$에 대해 점대칭을 이루는데,
$p \geq 2$이므로 양수 구간에서의 $f(x)$가 음수 구간에서의 $f(x)$보다 가파르다.

따라서, 구간 $(0, 1)$에서의 넓이가 구간 $(-1, 0)$의 넓이보다 클 수 밖에 없다. (하단의 그림 참고)

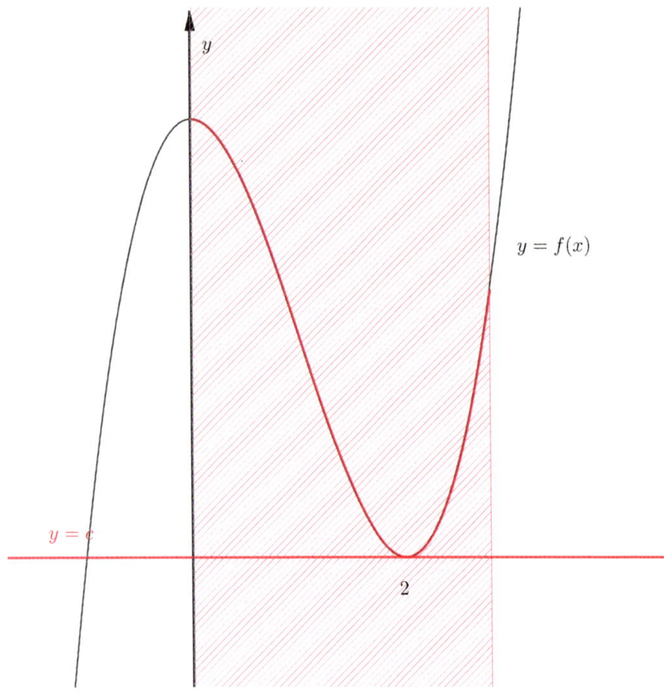

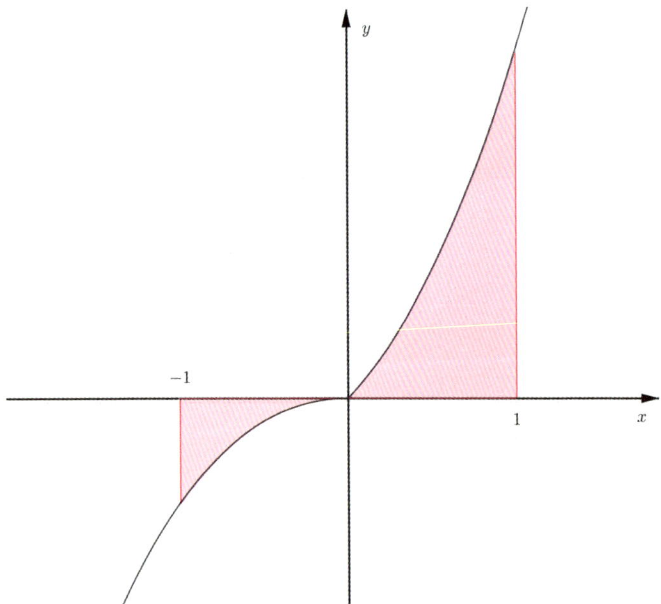

$$\int_{-1}^{1} g(x)\,dx \geq 0 \ \cdots \ \text{(참)}$$

답: ⑤

| 무엇을 기준으로 학생들을 변별했는가?

1. 함수의 평행이동 개념을 이해하고 활용할 수 있다.

2. 정적분의 대소 비교를 삼차함수의 개형을 통해 판단할 수 있다.

| NOTES

- 함수를 구간별로 쪼갠 뒤, 평행이동시키거나, 접거나, 자르는 등의 조작은 매우 흔하게 나오는 조작이다.

- 삼차함수의 기울기가 각각 극대, **극소로부터 멀어질수록 급격해진다**는 사실,
  삼차함수는 **증가하는 것에 비해 완만하게 감소한다**는 사실(최고차항의 계수가 양수일 때 기준) 등
  삼차함수 개형의 특징을 미리 알아두면 좋다.

- 정적분 문제에서 **구체적으로 값을 물어보지 않고 대소 비교를 할 때**는 계산하기 전에 차분히 생각해 보자.
  상황 파악을 통해 문제를 해결할 수도 있다.

최고차항의 계수가 $\dfrac{1}{2}$인 삼차함수 $f(x)$와 실수 t에 대하여 방정식 $f'(x)=0$이 닫힌구간 $[t,\ t+2]$에서 갖는 실근의 개수를 $g(t)$라 할 때, 함수 $g(t)$는 다음 조건을 만족시킨다.

(가) 모든 실수 a에 대하여 $\lim\limits_{t\to a+} g(t)+\lim\limits_{t\to a-} g(t)\le 2$이다.

(나) $g(f(1))=g(f(4))=2,\ g(f(0))=1$

$f(5)$의 값을 구하시오.

"문제를 읽어보면, 이 문제를 풀기 위해선 가장 먼저 <u>$g(t)$</u>**를 해석**해야 할 것 같다."

$g(t)$의 정의를 살펴보면, 중요한 것은 **두 극점의 x좌표**가 **간격이 2인 닫힌구간** 안에 있는지의 여부이다.
(NOTES 참고)

그런데, (나)를 보면 $g(t)=2$를 만족시키는 t가 존재한다.

이는 **두 극점**이 전부 간격이 2인 **하나의 닫힌구간 안에 존재**한다는 뜻으로,
이를 통해 두 극점의 <u>x**좌표 간격이 2보다 작거나 같다**</u>는 것을 알 수 있다.

다시 (가)를 보면, $\lim\limits_{t\to a+} g(t)+\lim\limits_{t\to a-} g(t)\le 2$이다.

$g(t)$가 가질 수 있는 값은 오직 $0,\ 1,\ 2$ 밖에 없으므로,
이 조건이 문제가 될 수 있는 상황은 **오직** $g(t)=2$**일 때** 뿐이다.

만약 <u>x**좌표 간격이 2보다 작다면**</u>, 반드시 아래와 같은 상황이 일어날 것이다.
(표시된 점은 극점의 x좌표)

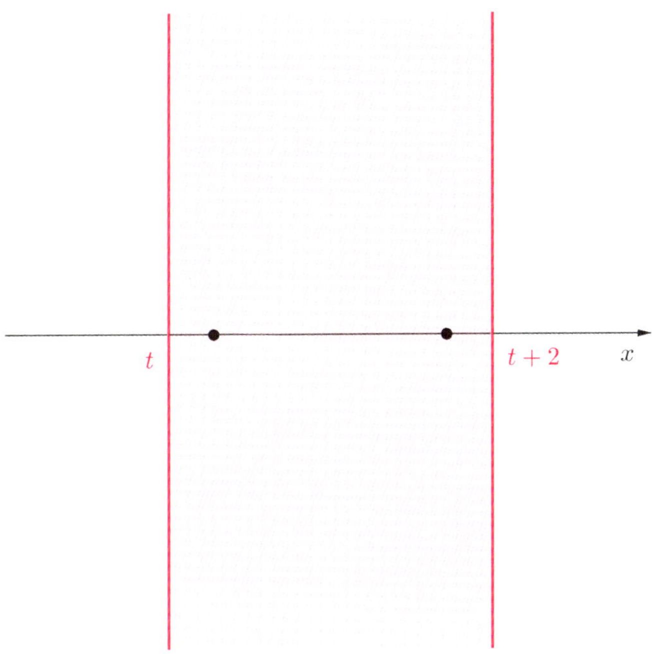

이 상황에서, **t가 미세하게 왼쪽이나 오른쪽으로 움직이더라도** 여전히 $g(t) = 2$이므로,
$\lim\limits_{t \to a+} g(t) = \lim\limits_{t \to a-} g(t) = 2$가 되어 $\lim\limits_{t \to a+} g(t) + \lim\limits_{t \to a-} g(t) \leq 2$에 위배된다.

따라서, **두 극점의 x좌표 간격은** 2이다.

다음 (나)를 살펴보면, 본격적으로 $f(x)$**의 식을 구할 수 있는 정보**를 주었다.

'$g(f(1)) = g(f(4)) = 2$'

"두 극점의 x좌표 간격이 2이므로, 아래와 같이 **조금만 t를 좌우로 움직여도** $g(t) = 1$이 된다,
따라서 $g(t) = 2$**를 만족시키는** t**는 오직 하나 뿐**일텐데.."

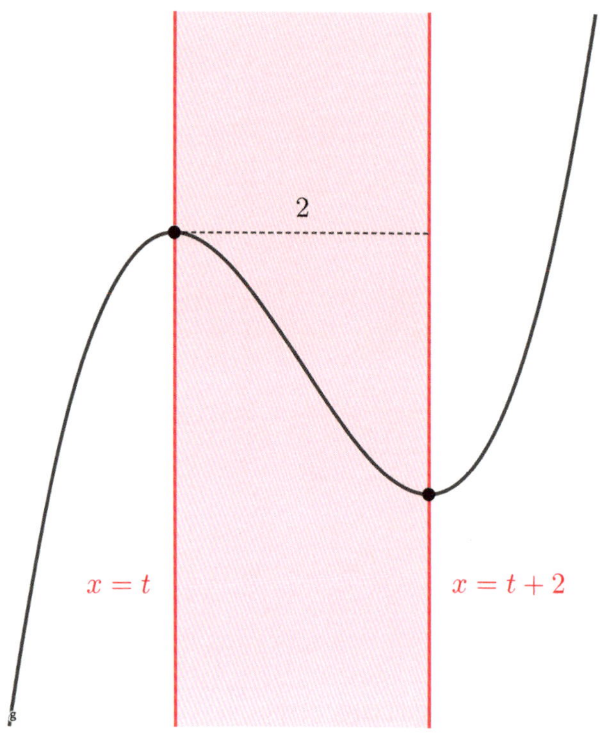

(표시된 점은 극점의 x좌표)
따라서, $f(1) = f(4)$임을 알 수 있다.

또한, $g(f(1)) = 2$이고, $t = f(1)$이므로 이때 닫힌구간은 $[t,\ t+2] \Rightarrow [f(1),\ f(1)+2]$가 될 것이다.

위 그림과 같이 살펴보면, $f(x)$는 $x = f(1)$에서 극댓값을 갖고, $x = f(1)+2$에서 극솟값을 가질 것이다.
(발문에서, $f(x)$의 최고차항의 계수는 $\dfrac{1}{2}$이다.)

편의를 위해 $f(1) = k$라고 하자.

이제 모든 정보를 종합해보면, $f(1) = f(4) = k,\ f'(k) = f'(k+2) = 0$이다.

여기서, 충분한 문제를 풀어보았다면

1) **같은 함숫값**을 갖는 $x = 1$과 $x = 4$ 사이의 **간격이** 3이다.

2) **두 극점**의 x좌표의 **간격이** 2이다.

이 두 조건을 종합하여, **삼차함수의 비율관계**를 떠올려볼 수 있을 것이다.

이를 통해 $x = 1$과 $x = 4$가 **극대 / 극소와 관련이 있음**을 파악할 수 있다.
(직접 계산을 통해 구하는 방법은 답 하단을 참조)

그렇다면 두 가지의 경우로 생각해볼 수 있다.

$i)$ $x = 1,\ 3$에서 극점을 갖는 경우

이때, $k = 1$이 되므로 $f(x)$에 관한 식을 세우면
$$f(x) = \frac{1}{2}(x-1)^2(x-4) + 1$$

이때, 유일하게 쓰지 않은 조건인 $g(f(0)) = 1$의 성립 여부를 판단해보자.
$f(0) = -1$이므로, $t = -1$일 때 닫힌구간 $[t,\ t+2] \Rightarrow [-1,\ 1]$이다.

$f(x)$는 $x = 1,\ 3$에서 극점을 가지므로, 닫힌구간 $[-1,\ 1]$에서는 1개의 극점을 갖는다.

$\therefore\ g(f(0)) = 1$

따라서 $f(x) = \frac{1}{2}(x-1)^2(x-4) + 1$일 때 문제의 모든 조건을 충족하므로, 마지막으로 $f(5)$를 구하자.
(다른 케이스 및 단순계산 풀이는 답 하단을 참고)

$$f(5) = 9$$

답: 9

$ii)$ $x = 2,\ 4$에서 극점을 갖는 경우

$k = 2$이 되므로 $f(x)$에 관한 식을 세워보면
$$f(x) = \frac{1}{2}(x-1)(x-4)^2 + 2$$

이제 $g(f(0)) = 1$의 성립 여부를 판단해보면 $f(0) = -6$이다.
이때 $t = -6$이므로 닫힌구간 $[t,\ t+2] \Rightarrow [-6,\ -4]$이다.
한눈에 봐도 극점을 포함할 수 없는 구간이다.

직접 계산하여 $f(x)$를 구할 경우 $f(1) = f(4) = k,\ f'(k) = f'(k+2) = 0$를 활용하여 $f(x)$를 구해보자.

$f(1) = f(4) = k$를 통해
$f(x) = \frac{1}{2}(x-1)(x-4)(x-a) + k$라고 식을 세울 수 있다.

이를 미분하면
$$f'(x) = \frac{3}{2}x^2 - (a+5)x + \frac{5a+4}{2}$$

그러나 $f(x)$는 $x = k,\ k+2$에서 극점을 가지므로,
$$f'(x) = \frac{3}{2}(x-k)(x-k-2) = \frac{3}{2}x^2 - 3(k+1)x + \frac{3}{2}k(k+2)$$이다.

두 식을 대조해보면,

$$a+5=3(k+1), \quad \frac{5a+4}{2}=\frac{3}{2}k(k+2)\text{이다.}$$

정리하면

1) $a=3k-2$

2) $5a=3k^2+6k-4$

두 방정식을 연립하면, 아래와 같은 두 순서쌍 $(a,\ k)$가 나온다.

$$(a,\ k)=(1,\ 1),\ (2,\ 4)$$

이후에는 위의 풀이와 같이 **두 경우를** $g(f(0))=1$**를 이용해 판별**하면 된다.

| 무엇으로 학생들을 변별했는가?

1. 삼차함수의 두 극점이 구간의 양 끝 경계에 존재할 때 일치할 때 (가)가 성립됨을 이용하여
   $f'(x)=0$의 실근에 대한 정보를 얻을 수 있는가?

2. $f(x)$ 및 $f'(x)$에 관한 여러 단서들을 이용해, **직관적으로** 또는 **연립방정식을 통해** $f(x)$를 구할 수 있는가?

| NOTES

- $g(t)$의 정의를 해석할 때, 문제의 상황을 보아 **문제가 최소한의 변별력을 갖추기 위해** $f(x)$가 두 극점을 가질   것이라고 미리 예측한 상태로 해석했다.

  (나)를 보면 $g(t)=2$를 만족하는 실수 t가 존재하므로 $f(x)$**가 두 극점을 가짐**을 어렵지 않게 확인할 수 있다.

- **극점의** x**좌표 간격이 2인 삼차함수**는 매우 자주 등장하는 함수로, 다음과 같은 특징을 가진다.

  1) 최고차항의 계수가 p일 때, 극값의 차이가 $4p$이다.

  2) $x=k$에서 **왼쪽 극점**을 가진다면, $f(k)=f(k+3)$이고,
     $x=k+2$에서 **오른쪽 극점**을 가지므로, $f(k-1)=f(k+2)$

  따라서 두 극점의 x좌표 간격이 2인 삼차함수에서 **극값의 차이가 4의 배수**이거나,
  어떠한 **두 실근 사이의 간격이** 3인 경우 민감하게 받아들이면 도움이 된다.
  (외워 둘 필요는 없다. 많은 문제를 풀다보면 자연스럽게 익숙해진다.)

최고차항의 계수가 1인 이차함수 $f(x)$에 대하여 함수

$$g(x) = \int_0^x f(t)\,dt$$

가 다음 조건을 만족시킬 때, $f(9)$의 값을 구하시오.

$x \geq 1$인 모든 실수 x에 대하여 $g(x) \geq g(4)$이고 $|g(x)| \geq |g(3)|$이다.

$g(0) = 0$이고, $f(x)$는 최고차항의 계수가 1인 이차함수이므로
$g(x) = \dfrac{1}{3}x(x^2 + ax + b)$꼴임을 알 수 있다.

먼저, 발문에 따르면 모든 실수 x에 대해 $|g(x)| \geq |g(3)|$이다.

"굉장히 이상한 발문이다. 만약 $x \geq 4$에서 $g(x) = 0$을 만족하는 **실근이 하나라도 있다면**, 당연히 $|g(x)|$의 최솟값은 0이다." ⋯ ㉠

또한, $x \geq 1$에서 $g(x) \geq g(4)$이다.
그 말은 즉, $x = 4$에서 삼차함수 $g(x)$는 **극솟값을 가질 것이다.**

(직관적으로 바로 극소라고 판단하는 것을 권장한다.)

따라서, 그릴 수 있는 $g(x)$의 개형은 다음과 같다.

(i) 그래프

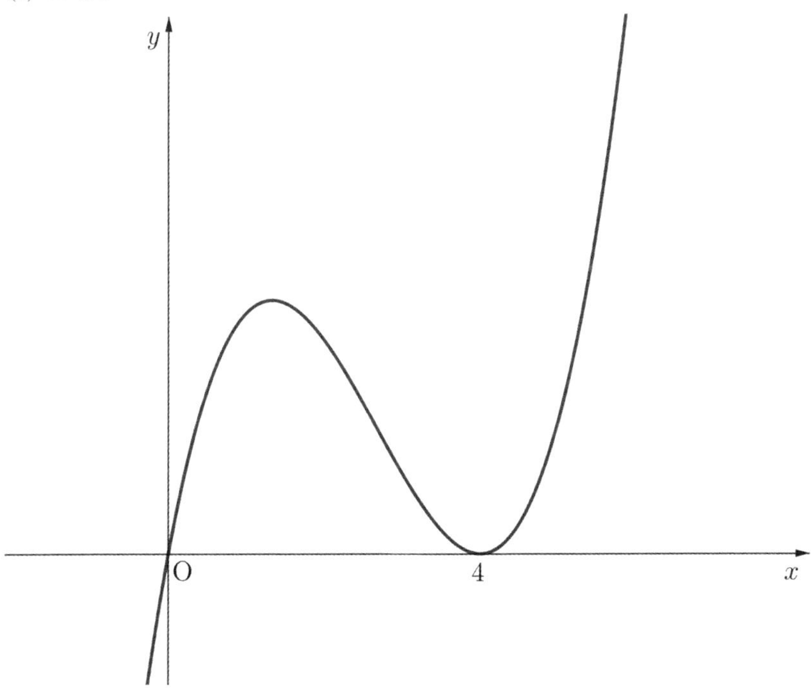

(ii) 그래프

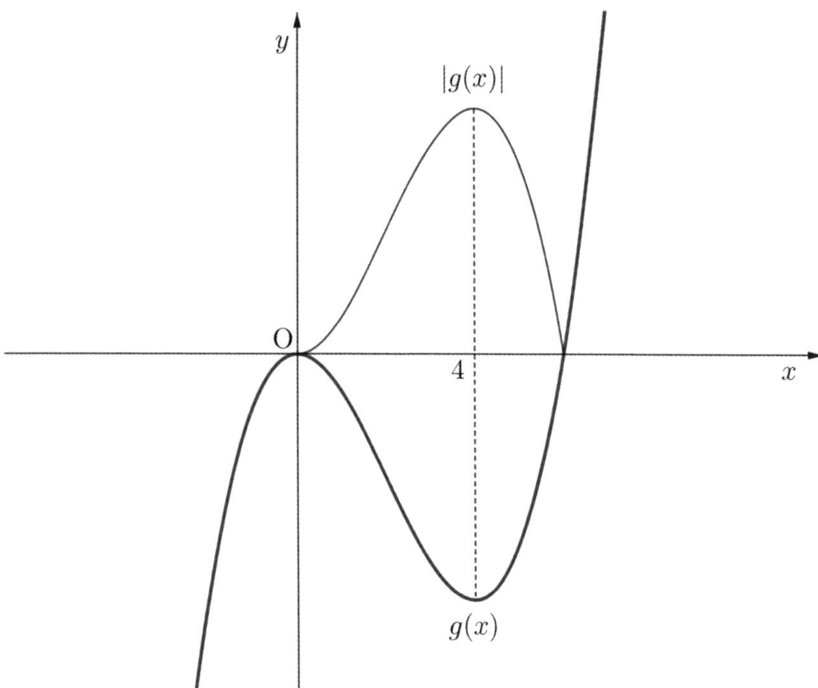

(iii) 그래프

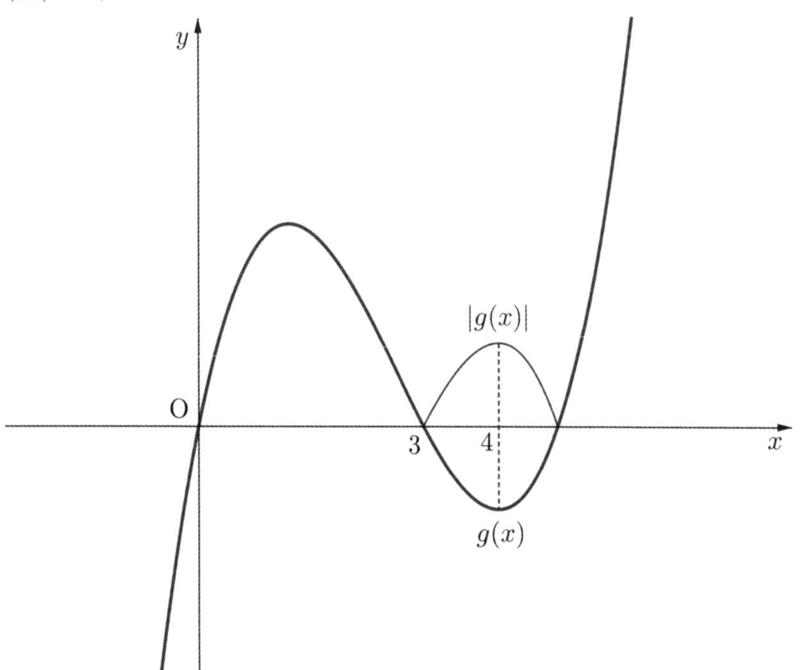

그러나, (i), (ii)의 경우는 $|g(x)| \geq |g(3)|$ 조건을 위배하기 때문에 만족할 수 없다.

$$\therefore \ g(x) = \frac{1}{3}x(x-3)(x-k), \ g'(4) = 0$$

따라서, $g'(x) = x^2 - \frac{2}{3}(k+3)x + k$에 $x=4$를 대입하면 $g'(4) = 16 - \frac{8}{3}(k+3) + k = 0 \implies k = \frac{24}{5}$ 이다.

마지막으로, $g'(x) = f(x)$이므로 $f(x) = x^2 - \dfrac{26}{5}x + \dfrac{24}{5}$ 이다.

$$\therefore \; f(9) = 39$$

답: 39

| 무엇을 기준으로 학생들을 변별했는가?

1. 주어진 부등식의 **특수한 경우**를 고려하여 그래프를 추론할 수 있다.

2. 적분 형태로 표현된 함수 $g(x)$가 원점을 삼차함수임을 추론할 수 있고, 이를 통해 개형을 추론할 수 있다.

| NOTES

- 거의 모든 조건들이 **오직 부등호로만** 이루어져 있어 일부 추론을 요구한다.

- 과거 기출들은 기존 기출들의 형식을 살짝 변형하여 정직하게 기출문항을 열심히 풀었다면 익숙한 형태의 문항을 풀 수 있게 출제를 하였다.

  그러나, 점점 과거 기출로부터 익숙한 느낌을 지우고 **스스로 추론하게끔 하는 문항**들이 출제되는 경향이 있다.

  따라서 우리는 '스스로' 문항을 마주하고 '어떻게 하면 조건을 만족시킬 수 있도록 개형을 그릴 수 있을까'에 초점을 맞춰가며 공부하는 것이 좋다.

최고차항의 계수가 1인 삼차함수 $f(x)$와 상수 k $(k \geq 0)$에 대하여 함수

$$g(x) = \begin{cases} 2x - k & (x \leq k) \\ f(x) & (x > k) \end{cases}$$

가 다음 조건을 만족시킨다.

(가) 함수 $g(x)$는 실수 전체의 집합에서 증가하고 미분가능하다.

(나) 모든 실수 x에 대하여

$$\int_0^x g(t)\{|t(t-1)| + t(t-1)\}dt \geq 0 \text{이고}$$

$$\int_3^x g(t)\{|(t-1)(t+2)| - (t-1)(t+2)\}dt \geq 0 \text{이다.}$$

$g(k+1)$의 최솟값은?

① $4 - \sqrt{6}$ ② $5 - \sqrt{6}$ ③ $6 - \sqrt{6}$ ④ $7 - \sqrt{6}$ ⑤ $8 - \sqrt{6}$

$g(x)$를 먼저 살펴보자.

왼쪽 구간$(x \leq k)$은 기울기가 2이고 (k, k)를 지나는 직선이다.
이후, 삼차함수로 매끄럽게 연결되는 것 같다.

(가)를 통해 식 두 개를 얻어낼 수 있다.
$f(k) = k$
$f'(k) = 2$

또, $g(x)$가 실수 전체의 집합에서 증가한다는 것도 중요하다.
$x = k$ 이후로 $f(x)$에서 **감소구간이 없다**는 뜻이다. 이것도 생각해 놓자. ⋯ ㉠

비주얼만 보면 (나) 조건이 복잡해 보인다. 하지만 자세히 들여다 보면,
"곱해져 있는 게 $|X| \pm X$꼴의 형태이므로, 간단하게 정리할 수 있겠네..!"

(나)의 첫 번째 식부터 해석해 보자.

$0 \leq x \leq 1$에서 $|t(t-1)| + t(t-1) = 0$이므로,
피적분함수(혹은 순간변화율)**의 값이** 0이다.

따라서, $\int_0^x g(t)\{|t(t-1)| + t(t-1)\}$의 그래프가 x축 위에 있다는 것을 알 수 있다.

$\displaystyle\int_0^x g(t)\{|t(t-1)|+t(t-1)\}$ 가 양수가 되기 위한 조건을 살펴보자.

1) 먼저, $x=1$보다 **살짝 오른쪽**으로 넘어가는 그 순간에, $g(1+)>0$이 되어야

$\displaystyle\int_0^x g(t)\{|t(t-1)|+t(t-1)\}$ 가 양수로 갈 수 있다.

2) 비슷하게, $x=0$보다 **살짝 왼쪽**으로 넘어가는 그 순간, $g(0-)<0$이 되어야

$\displaystyle\int_0^x g(t)\{|t(t-1)|+t(t-1)\}$ 가 양수로 갈 수 있다.

$g(0)=-k$이므로 $g(0-)<0$은 자명하다.
$g(1+)>0$은 새로운 조건이므로 적어 놓자. $\cdots$ ⓛ

(나)의 두 번째 식도 해석해 보자.

이번엔 반대로 $-2<x<1$에서만
$|(t-1)(t+2)|+(t-1)(t+2)>0$이다.

나머지 범위에선 $|(t-1)(t+2)|+(t-1)(t+2)=0$이다.

$\displaystyle\int_3^x g(t)\{|(t-1)(t+2)|+(t-1)(t+2)\}$ 가 양수가 되는 조건을 살피다보면, 한 가지 사실을 알 수 있다.

1) $x=1$보다 **살짝 왼쪽**으로 넘어가는 그 순간에, $g(1-)<0$이어야 한다.
위에서 쓴 ⓛ과 함께 고려해보면, $g(1-)<0$, $g(1+)>0$이므로,

$g(1)=0$이다.

2) $x=-2$보다 **살짝 오른쪽**으로 넘어가는 그 순간에, $g(-2+)<0$이어야 한다.
이 또한 $g(0)=-k$임을 고려하면 자명하다.

"이제 (나)를 어느정도 살펴봤으니, 다시 ㉠ ($g(x)$는 감소구간이 없음)을 살펴보자.

$g(x)$는 증가하는 함수이므로, 왼쪽 구간$(x\le k)$ 중 $\left(\dfrac{k}{2},\,0\right)$에서만 x축을 지나야한다.

(나)에서 구했듯 $g(1)=0$이므로, $k=2$이다.

이를 (가)에서 구한 조건 $f(k)=k$, $f'(k)=2$에 대입하면
$f(2)=2$, $f'(2)=2$이다.

따라서, $f(x)$의 식을
$f(x) = (x-2)^3 + a(x-2)^2 + 2(x-2) + 2$로 잡을 수 있다.

"$g(k+1) = f(3) = 5 + a$이므로, 이제 a**의 최솟값**만 구하면 되겠네."

조건이 부족하다고 당황하지 말자.
천천히 살펴보면 오른쪽 구간$(x \geq k)$에서 $f(x)$의 **감소구간이 없어야한다**는 조건을 사용하지 않았으니 마저 사용하자.

$f'(x) = 3(x-2)^2 + 2a(x-2) + 2$이므로, 우리가 구하는 조건은
곧 $3x^2 + 2ax + 2$가 양근을 가지지 않아야 한다는 조건과 동치이다.

근과 계수의 관점에서 접근해보면 (두 근을 각각 α, β로 세팅)
$\alpha\beta > 0$ (두 근의 부호가 같음)이므로, $\alpha + \beta < 0$ (두 근이 전부 음수)이거나 아예 $D \leq 0$이어야 한다. (단, D는 판별식)

1) $\alpha + \beta = -\dfrac{2a}{3} < 0 \implies a > 0$
2) $D/4 = a^2 - 6 \leq 0 \implies -\sqrt{6} \leq a \leq \sqrt{6}$

$\therefore$ a의 최솟값은 $-\sqrt{6}$ 이다.

따라서, 이때 $g(k+1) = 5 + a = 5 - \sqrt{6}$

답: ②

함수 $f(x) = x^2 + x$에 대하여

$$5\int_0^1 f(x)\,dx - \int_0^1 (5x + f(x))\,dx$$

의 값은?

① $\dfrac{1}{6}$ ② $\dfrac{1}{3}$ ③ $\dfrac{1}{2}$ ④ $\dfrac{2}{3}$ ⑤ $\dfrac{5}{6}$

$$5\int_0^1 f(x)\,dx - \int_0^1 (5x + f(x))\,dx$$

$$= \int_0^1 (4f(x) - 5x)\,dx$$

$$= \int_0^1 (4x^2 - x)\,dx$$

$$= \left[\frac{4}{3}x^3 - \frac{1}{2}x^2 \right]_0^1$$

$$= \frac{5}{6}$$

답: ⑤

함수 $f(x) = 3x^2 - 16x - 20$에 대하여

$$\int_{-2}^{a} f(x)\, dx = \int_{-2}^{0} f(x)\, dx$$

일 때, 양수 a의 값은?

① 16　　　② 14　　　③ 12　　　④ 10　　　⑤ 8

주어진 식을 정리하면

$\int_{0}^{a} f(x)dx = 0$이다.

$\int_{0}^{a} f(x)dx = [x^3 - 8x^2 - 20x]_{0}^{a} = a^3 - 8a^2 - 20a = 0$이므로

문제의 조건을 만족시키는 양수 a의 값은 10이다.

답: ④

01. 200

02. ③

03. ②

04. ②

05. ⑤

06. 9

07. 39

08. ②

09. ⑤

10. ④

적분법 | 정적분으로 정의된 함수

구간 $[0, 8]$ 에서 정의된 함수 $f(x)$ 는

$$f(x)=\begin{cases} -x(x-4) & (0 \le x < 4) \\ x-4 & (4 \le x \le 8) \end{cases}$$

이다. 실수 a $(0 \le a \le 4)$ 에 대하여 $\displaystyle\int_a^{a+4} f(x)dx$ 의 최솟값은 $\dfrac{q}{p}$ 이다. $p+q$ 의 값을 구하시오. (단, p 와 q 는 서로소인 자연수이다.)

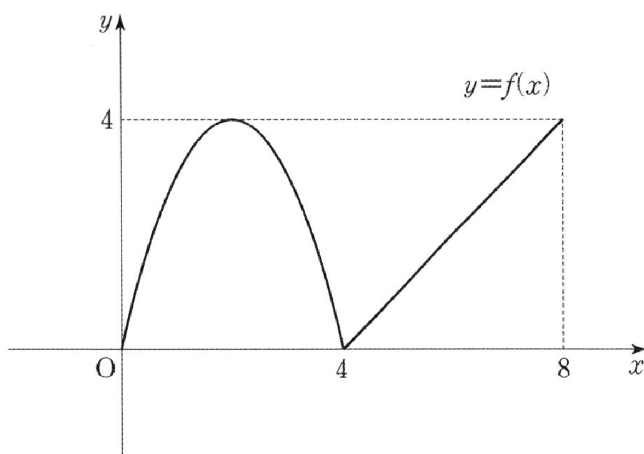

*SOL*1) **식을 통해** 최소인 경우를 구할 경우

문제에서 요구하는 답은 $\displaystyle\int_a^{a+4} f(x)\,dx$ 의 최솟값이다.

기하학적 관점에서 바라보기엔 어려우므로 **식을 통해 최솟값**을 구하자.

우선 $a = 0$ 이라면 $\displaystyle\int_a^{a+4} f(x)\,dx = \int_0^4 f(x)\,dx$ 이고,

이차함수에서의 넓이 공식을 활용하여 계산하면 $\dfrac{1}{6}(4-0)^3 = \dfrac{32}{3}$ 이다. ⋯ ㉠

$a = 4$ 라면 $\displaystyle\int_a^{a+4} f(x)\,dx = \int_4^8 f(x)\,dx$ 이므로, $\dfrac{1}{2}\times 4 \times 4 = 8$ ⋯ ㉡

$0 < a < 4$ 라면 $\displaystyle\int_a^{a+4} f(x)\,dx = \int_a^4 f(x)\,dx + \int_4^{a+4} f(x)\,dx$ 이다.

$\displaystyle\int_a^4 f(x)\,dx$ 는 정적분을 통해 구하고, $\displaystyle\int_4^{a+4} f(x)\,dx$ 는 **길이가 a 인 직각이등변삼각형의 넓이**와 같음을 이용해 아래와 같이 계산해보자.

$$\int_a^4 -x(x-4)\,dx + \int_4^{a+4}(x-4)\,dx = \left[-\frac{1}{3}x^3 + 2x^2 \right]_a^4 + \frac{1}{2}a^2 = \frac{1}{3}a^3 - \frac{3}{2}a^2 + \frac{32}{3}$$

이제, $0 < a < 4$일 때 $\dfrac{1}{3}a^3 - \dfrac{3}{2}a^2 + \dfrac{32}{3}$ 의 최솟값을 구해보자.

$\dfrac{1}{3}a^3 - \dfrac{3}{2}a^2 + \dfrac{32}{3}$ 는 $a = 3$ 에서 **극소이자 최소**를 가지므로 최솟값은 $\dfrac{37}{6}$ 이다. $\cdots$ ⓒ

따라서 ㉠, ㉡, ⓒ 중 최솟값은 ⓒ 이다.

답: 43

SOL2) **기하적인 관찰을 통해** 최소인 경우를 구할 경우

$0 < a < 4$인 경우, $\displaystyle\int_{a}^{a+4} f(x)\,dx$의 최솟값을 구하는 과정에서

$\displaystyle\int_{a}^{a+4} f(x)\,dx$ 이 최소인 a에 대해 $\left(\displaystyle\int_{a}^{a+4} f(x)\,dx\right)' = f(a+4) - f(a) = a(a-3) = 0$를 만족한다.

이 때, $a = 3$ 이다.

이후 아래의 그림과 같이 넓이를 나누어 색칠된 부분에는 **직각삼각형의 넓이 공식**,
나머지 부분($3 < x < 4$에서 삼각형 위 볼록한 부분)에는 **이차함수의 넓이 공식**을 적용하여 넓이를 구하면 (NOTES 참고)

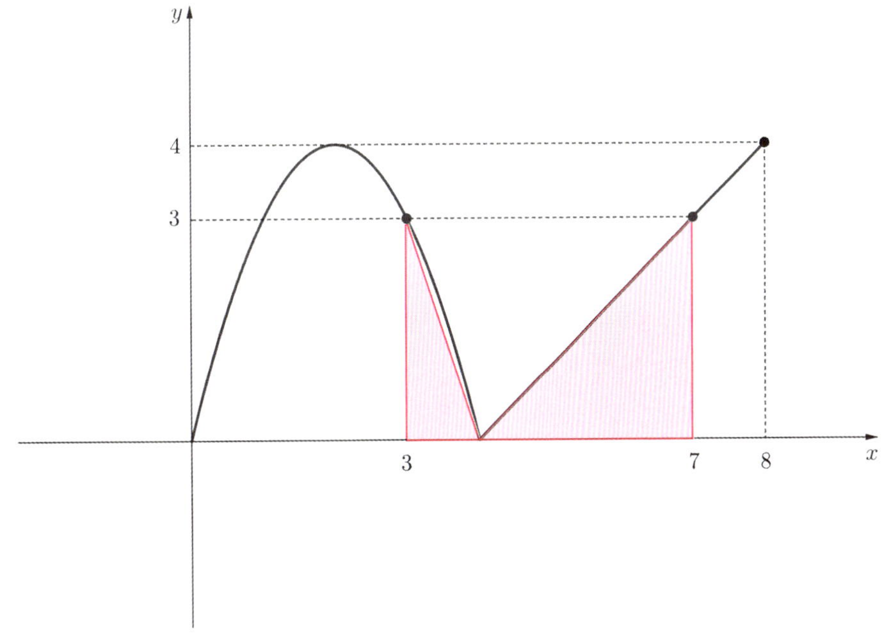

$$\int_{a}^{a+4} f(x)\,dx = \frac{1}{2}\times 1 \times 3 + \frac{1}{6}\times 1^3 + \frac{1}{2}\times 3 \times 3 = \frac{37}{6}$$

나머지는 *SOL1*)과 같다.

1. a **값의 범위**에 따라 정적분을 할 수 있는가?

| **NOTES**

- α, β를 두 근으로 가지는 이차함수의 넓이 공식은 다음과 같다. 알아두면 유용하니 외워두도록 하자.

$$S = \frac{|h|}{6}(\beta - \alpha)^3 \quad (h\text{는 이차함수의 최고차항의 계수})$$

- 특정 구간 $[\alpha, \beta]$에 대한 이차함수의 넓이를 구할 때,
  $(\alpha, 0)$, $(\beta, 0)$ $(\alpha, f(\alpha))$, $(\beta, f(\beta))$를 꼭짓점으로 하는 **사다리꼴** (색칠된 부분)과
  해당 부분을 제외한 **볼록한 부분** (사다리꼴과 $f(x)$ 사이의 면적)으로 나누어 다음과 같이 넓이를 구할 수 있다.
  (수식을 외우는 것보단 직접 그려보고, **모양을 기억**해두는 것이 좋다.)

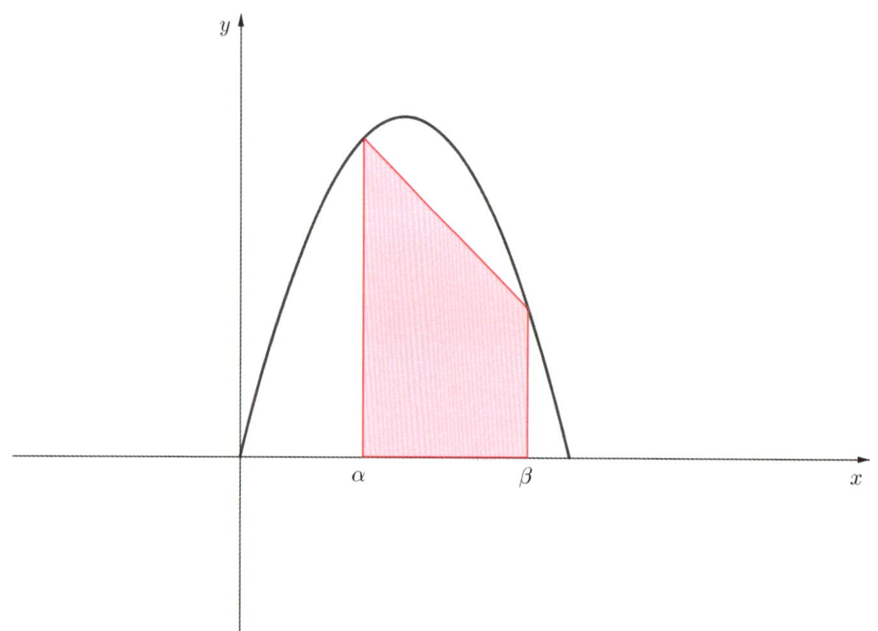

$$S = \frac{1}{2}(\beta - \alpha)\{f(\beta) + f(\alpha)\} + \frac{|h|}{6}(\beta - \alpha)^3 \quad (\text{단, } h\text{는 최고차항의 계수})$$

최고차항의 계수가 양수인 삼차함수 $f(x)$가 다음 조건을 만족시킨다.

(가) 함수 $f(x)$는 $x=0$에서 극댓값, $x=k$에서 극솟값을 가진다. (단, k는 상수이다.)

(나) 1보다 큰 모든 실수 t에 대하여 $\displaystyle\int_0^t |f'(x)|\,dx = f(t)+f(0)$이다.

〈보기〉에서 옳은 것만을 있는 대로 고른 것은?

〈보 기〉

ㄱ. $\displaystyle\int_0^k f'(x)\,dx < 0$

ㄴ. $0 < k \leq 1$

ㄷ. 함수 $f(x)$의 극솟값은 0이다.

---

① ㄱ   ② ㄷ   ③ ㄱ, ㄴ   ④ ㄴ, ㄷ   ⑤ ㄱ, ㄴ, ㄷ

$f(x) = px^3 + \cdots$, $f'(x) = 3px(x-k)$ (단, $p > 0$)

$f'(x)$와 $|f'(x)|$ 의 개형을 살펴보면 각각 다음과 같다.

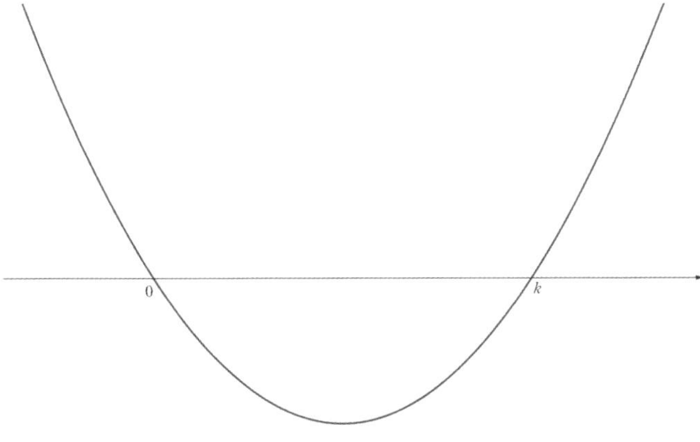

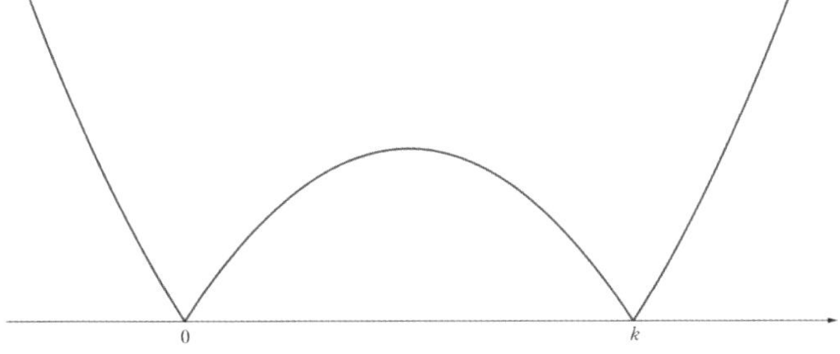

ㄱ. $\displaystyle\int_0^k f'(x)dx < 0$

$f'(x)$의 그래프를 고려하면 $\displaystyle\int_0^k f'(x)dx < 0$ ... (참)

ㄴ. $0 < k \leq 1$

k와 t의 위치관계를 살펴보자.

$i)$ $1 < t \leq k$인 경우 $(k > 1)$,

$$\int_0^t |f'(x)|\,dx = -\int_0^t f'(x)dx = f(0) - f(t)\text{이다.}$$

(나)에 따르면 $\displaystyle\int_0^t |f'(x)|\,dx = f(t) + f(0)$이 되어야하므로, $1 < t \leq k$인 모든 t에 대해 $f(t) = 0$이 되어야한다.
$(f(0) - f(t) = f(t) + f(0) \ \Rightarrow\ f(t) = 0)$

그러나, $1 < t \leq k$인 모든 t에 대하여 $f(t) = 0$가 성립할 수는 없으므로 모순이다.

따라서, $1 < t \leq k$인 상황 자체가 성립되어서는 안된다.

$\therefore\ k \leq 1$

$ii)$ $k < t$인 경우,

$$\int_0^t |f'(x)|\,dx = \int_k^t f'(x)dx - \int_0^k f'(x)dx = f(t) - 2f(k) + f(0)\text{이다.}$$
$(0 \leq x \leq k$에서 $f'(x) \leq 0,\ x > k$에서 $f'(x) > 0$이기 때문이다.)

(나)에 따르면 $\displaystyle\int_0^t |f'(x)|\,dx = f(t) + f(0)$이 되어야하므로, 이를 통해 $f(k) = 0$임을 알 수 있다. ... ㉠
$(f(t) - 2f(k) + f(0) = f(t) + f(0) \ \Rightarrow\ f(k) = 0)$

$i)$가 성립되어서는 안된다는 사실을 고려한다면, $0 < k \leq 1$이다. ... (참)

ㄷ. 함수 $f(x)$의 극솟값은 0이다.

함수 $f(x)$는 $x = k$에서 극솟값을 가지고, ㉠에 의해 $f(k) = 0$이므로 함수 $f(x)$의 극솟값은 0이다. ... (참)

답: ⑤

- 보통 학생들이 절댓값이 나오면 당황하는 경우가 많은데 양수, 음수, 0을 기준으로 차근차근 생각하면 사고의 흐름이 보일 것이다.

  이 문제에서도 절댓값을 보고
  1) **부호를 판단**해야겠다.
  2) 부호를 판단하려면 **그래프의 개형**이 필요하다.
  3) 그래프의 개형 중 t**와** k**간의 위치관계**를 파악해야겠다.
  순으로 파악이 된다.

  위 사고의 흐름을 잘 기억하도록 하자.

- 그래프를 이용해 문제를 접근할 경우, $f(x) - f(0)$에서 구간 $[0,\ k]$가 **접혀 올라간 형태**의 그래프를 떠올릴 수 있다.

함수 $f(x) = a\cos\left(\pi x^2\right)$에 대하여

$$\lim_{x \to 0}\left\{\frac{x^2+1}{x}\int_1^{x+1} f(t)\,dt\right\} = 3$$

일 때, $f(a)$의 값은? (단, a는 상수이다.)

① 1　　　　② $\dfrac{3}{2}$　　　　③ 2　　　　④ $\dfrac{5}{2}$　　　　⑤ 3

$f(x) = px^3 + \cdots$,　$f'(x) = 3px(x-k)$　(단, $p > 0$)

$f'(x)$와 $|f'(x)|$ 의 개형을 살펴보면 각각 다음과 같다.

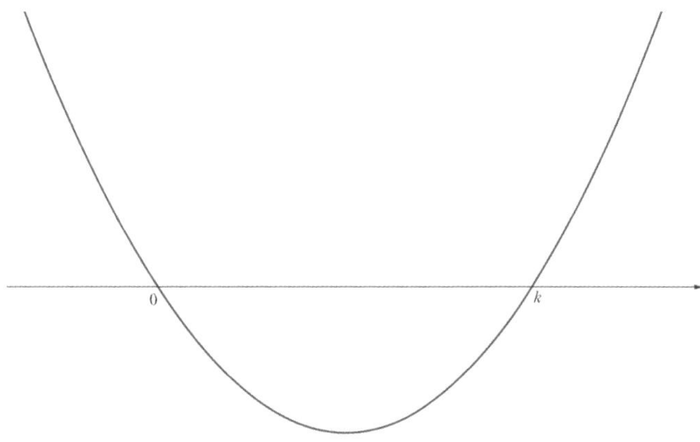

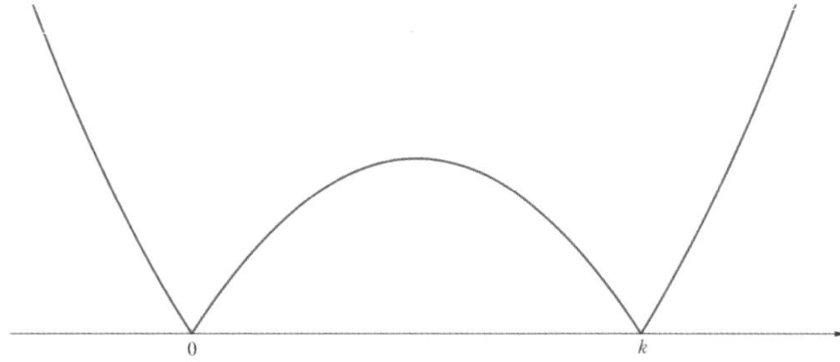

ㄱ. $\displaystyle\int_0^k f'(x)\,dx < 0$

$f'(x)$의 그래프를 고려하면 $\displaystyle\int_0^k f'(x)\,dx < 0$ ... (참)

ㄴ. $0 < k \leq 1$

k와 t의 위치관계를 살펴보자.

i) $1 < t \leq k$인 경우 $(k > 1)$,

$$\int_0^t |f'(x)|\,dx = -\int_0^t f'(x)\,dx = f(0) - f(t)\text{이다.}$$

(나)에 따르면 $\int_0^t |f'(x)|\,dx = f(t) + f(0)$이 되어야하므로, $1 < t \leq k$인 모든 t에 대해 $f(t) = 0$이 되어야한다.
$(f(0) - f(t) = f(t) + f(0) \;\Rightarrow\; f(t) = 0)$

그러나, $1 < t \leq k$인 모든 t에 대하여 $f(t) = 0$가 성립할 수는 없으므로 모순이다.

따라서, $1 < t \leq k$인 상황 자체가 성립되어서는 안된다.

$\therefore\; k \leq 1$

ii) $k < t$인 경우,

$$\int_0^t |f'(x)|\,dx = \int_k^t f'(x)\,dx - \int_0^k f'(x)\,dx = f(t) - 2f(k) + f(0)\text{이다.}$$
$(0 \leq x \leq k$에서 $f'(x) \leq 0$, $x > k$에서 $f'(x) > 0$이기 때문이다.)

(나)에 따르면 $\int_0^t |f'(x)|\,dx = f(t) + f(0)$이 되어야하므로, 이를 통해 $f(k) = 0$임을 알 수 있다. ... ㉠
$(f(t) - 2f(k) + f(0) = f(t) + f(0) \;\Rightarrow\; f(k) = 0)$

i)가 성립되어서는 안된다는 사실을 고려한다면, $0 < k \leq 1$이다. ... (참)

ㄷ. 함수 $f(x)$의 극솟값은 0이다.

함수 $f(x)$는 $x = k$에서 극솟값을 가지고, ㉠에 의해 $f(k) = 0$이므로 함수 $f(x)$의 극솟값은 0이다. ... (참)

답: ⑤

- 보통 학생들이 절댓값이 나오면 당황하는 경우가 많은데 양수, 음수, 0을 기준으로 차근차근 생각하면 사고의 흐름이 보일 것이다.

  이 문제에서도 절댓값을 보고
  1) **부호를 판단**해야겠다.
  2) 부호를 판단하려면 **그래프의 개형**이 필요하다.
  3) 그래프의 개형 중 t**와** k**간의 위치관계**를 파악해야겠다.
  순으로 파악이 된다.

  위 사고의 흐름을 잘 기억하도록 하자.

- 그래프를 이용해 문제를 접근할 경우, $f(x) - f(0)$에서 구간 $[0,\ k]$가 **접혀 올라간 형태**의 그래프를 떠올릴 수 있다.

사차함수 $f(x) = x^4 + ax^2 + b$ 에 대하여 $x \geq 0$ 에서 정의된 함수

$$g(x) = \int_{-x}^{2x} \{f(t) - |f(t)|\}dt$$

가 다음 조건을 만족시킨다.

(가) $0 < x < 1$ 에서 $g(x) = c_1$ (c_1 은 상수)

(나) $1 < x < 5$ 에서 $g(x)$ 는 감소한다.

(다) $x > 5$ 에서 $g(x) = c_2$ (c_2 는 상수)

$f(\sqrt{2})$ 의 값은? (단, a, b 는 상수이다.)

① 40　　　　② 42　　　　③ 44　　　　④ 46　　　　⑤ 48

"짝수 차항만 존재하네? **사차함수 $f(x)$는 일단 우함수**군."

일단 우함수로 $f(x)$의 개형을 확정한 다음에 $g(x)$와 박스 안 조건을 보자.

모두 $g(x)$가 감소하거나, 그대로 상수 구간을 유지하는 형태이다.
$g(x)$는 $f(t) - |f(t)|$를 $-x$부터 $2x$까지 적분한 값이다.

우리는 이것을 이렇게 이해할 수 있다.

'x를 점점 키워나갈 때 **적분구간이 양옆으로 넓어진다.**'

한편, $f(t) - |f(t)| = \begin{cases} 0 & (f(t) \geq 0) \\ 2f(t) & (f(t) < 0) \end{cases}$ 이므로,

점점 늘어나는 구간에 새로 포함되는 $f(t)$가 양옆으로 $f(t) \geq 0$일 때는 $\underline{g(t)\text{는 상수 구간을 유지}}$한다.
만약 $f(t)$가 양옆 중 한쪽 방향만이라도 $f(t) < 0$이라면 $\underline{g(t)\text{는 감소}}$한다.

$\underline{x\text{를 점점 키워나가면서}}$ 구간 $[-x, 2x]$의 양 끝에서 $f(t)$의 부호가 어떻게 되는지 살펴보자.

(나)를 보면, $x = 1$인 순간부터는 **오른쪽 끝**인 $2x = 2$부터 $f(x) < 0$인 구간이 생겨나서 $g(x)$가 **감소**한다.
(다)를 보면, $x = 5$부터는 **왼쪽 끝**인 $-x = -5$에서 $f(x) \geq 0$이므로 $g(x)$가 **상수 구간을 유지**한다.

이를 바탕으로 개형을 그려보면 다음과 같다.

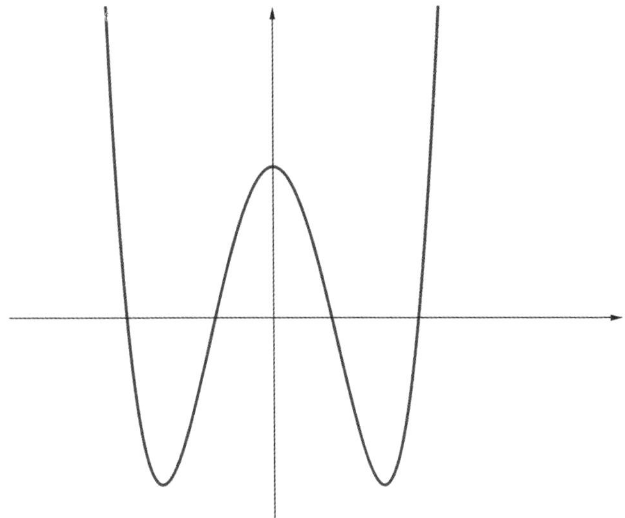

$$\therefore\ f(x)=(x-2)(x+2)(x-5)(x+5)=(x^2-4)(x^2-25)$$

$$f(\sqrt{2})=(2-4)(2-25)=46$$

답: ④

| 무엇을 기준으로 학생들을 변별했는가?

1. 사차함수의 짝수 차항만 존재한다는 것을 바탕으로 **우함수라는 것을 확정**지을 수 있는가?

2. **피적분 함수의 부호**에 따라 정적분으로 정의된 함수가 **감소하는지, 일정한지가 결정됨**을 파악할 수 있는가?

3. 절댓값이 포함된 함수를 **함수의 부호에 따라** 해석할 수 있는가?

| NOTES

- $f(t)+|f(t)|$ 나 $f(t)-|f(t)|$ 와 같이 절댓값을 포함시킨 항을 더하거나 빼서 부호에 따라 0을 갖게
  만드는 함수는 자주 등장한다. 먼저 $f(t)$**의 부호에 따라서 함수를 정리하고 나서 해석하면 한결 수월하다.**

- 피적분함수의 부호, 적분 방향 등을 따져 정적분으로 정의된 함수의 증가와 감소를 구분할 수 있어야 한다.
  특히 **적분식이 상수함수인 경우는 피적분 함수가 0이라는 신호**이므로 민감하게 받아들여야 한다.

다항함수 $f(x)$가 모든 실수 x에 대하여

$$\int_1^x \left\{ \frac{d}{dt} f(t) \right\} dt = x^3 + ax^2 - 2$$

를 만족시킬 때, $f'(a)$의 값은? (단, a는 상수이다.)

① 1　　　　② 2　　　　③ 3　　　　④ 4　　　　⑤ 5

$$\int_1^x f'(t)\,dt = x^3 + ax^2 - 2$$

우선 $x = 1$을 대입하면 $0 = 1 + a - 2$이므로 $a = 1$이다.

다음으로 양변을 미분하면, $f'(x) = 3x^2 + 2ax$ 이고,
이제 구하고자 하는 답을 구하면 $f'(a) = f'(1) = 5$이다.

답: ⑤

다항함수 $f(x)$가 모든 실수 x에 대하여

$$\int_1^x \left\{ \frac{d}{dt} f(t) \right\} dt = x^3 + ax^2 - 2$$

함수 $f(x) = x^3 + x^2 + ax + b$에 대하여 함수 $g(x)$를

$$g(x) = f(x) + (x-1)f'(x)$$

라 하자. 보기에서 옳은 것만을 있는 대로 고른 것은? (단, a, b는 상수이다.)

〈보 기〉

ㄱ. 함수 $h(x)$가 $h(x) = (x-1)f(x)$이면 $h'(x) = g(x)$이다.

ㄴ. 함수 $f(x)$가 $x = -1$에서 극값 0을 가지면 $\displaystyle\int_0^1 g(x)\,dx = -1$이다.

ㄷ. $f(0) = 0$이면 방정식 $g(x) = 0$은 열린구간 $(0, 1)$에서 적어도 하나의 실근을 갖는다.

① ㄱ　　　　② ㄴ　　　　③ ㄱ, ㄴ　　　　④ ㄱ, ㄷ　　　　⑤ ㄱ, ㄴ, ㄷ

문제를 읽어보면 $f(x)$와 $g(x)$의 관계식만 주어져 있다.

식의 형태를 보아 **부분적분**을 해야 할 것 같지만,
당장 위 식에서 뽑아낼 정보는 없어 보이니 우선 ㄱ을 판단해보자.

ㄱ. 함수 $h(x) = (x-1)f(x)$이면 $h'(x) = g(x)$이다.

$h(x)$를 미분해보면, $h'(x) = g(x)$임을 바로 파악할 수 있다. … (참)

"$g(x)$가 $h(x)$의 **도함수**구나. 그렇다면 앞으로의 선지도 $h(x)$와 $g(x)$의 관계를 염두에 둔 채로 살펴보자."

(또는, $h(x)$가 $g(x)$의 부정적분꼴이라고 생각해도 된다.)

ㄴ. 함수 $f(x)$가 $x = -1$에서 극값 0을 가지면 $\displaystyle\int_0^1 g(x)\,dx = -1$이다.

함수 $f(x)$가 $x = -1$에서 극값 0을 가지므로, $f(-1) = f'(-1) = 0$

직접 계산하여 a, b를 구해도 좋지만, 조금 더 효율적으로 접근해보면 $f(x) = (x+1)^2(x-\alpha)$이고,
발문에 주어진 $f(x)$의 x^2의 계수는 1이므로, **근과 계수의 관계**를 통해 $1 + 1 - \alpha = 1 \Rightarrow \alpha = 1$임을 바로 알 수 있다.

$$\therefore f(x) = (x+1)^2(x-1)$$

이제 $\displaystyle\int_0^1 g(x)\,dx$를 계산하고자 한다.

물론 부분적분을 통해 직접 구할 수도 있겠지만,

앞서 ㄱ에서 살펴본 $h'(x)=g(x)$를 이용하면 $\displaystyle\int_0^1 g(x)\,dx = \int_0^1 h'(x)\,dx = h(1)-h(0)$

$= 0-(-1)f(0) = -1$이므로,

곧바로 ㄴ이 참임을 알 수 있다. … (참)

ㄷ. $f(0)=0$이면 방정식 $g(x)=0$은 열린 구간 $(0,\,1)$에서 적어도 하나의 실근을 갖는다.

이 문장을 읽어보면, **사잇값 정리**를 사용해야 할 것 같은 느낌이 든다.

$g(x)$는 연속이고, $f(0)=0 \implies b=0$이므로
$g(0)=-a,\ g(1)=a+2$이다.

만약 $g(0)$과 $g(1)$의 부호가 다르다면 성립이 되겠지만,
우리는 a를 모르기 때문에 실근이 존재하는지 알 수 없다.

그렇다고 ㄷ이 거짓이라고 단정할 수는 없다.

(특히, 아직 문제의 핵심인 $g(x)$가 $h(x)$의 도함수라는 조건도 쓰지 않았기 때문에 이대로 단정짓기에는 느낌이 쎄하다.)

다른 방법으로 접근해보자.

$h(x)$를 염두에 둔 채로 방법을 생각해보자.
$f(0)=0$일 때, $h(x)=(x-1)f(x)=x(x-1)(x^2+x+a)$이다.

그렇다면, $h(x)$는 $x=0$과 $x=1$에서 실근을 갖는다.

"느낌이 온다. 이대로 **롤의 정리**를 사용하면 될 것 같다."

$h'(x)=g(x)$이므로, $g(x)=0$이 되는 순간은 $h(x)$의 **접선의 기울기가 0이 될 때**$(h'(x)=0)$임을 알 수 있다.

$h(x)$는 실수 전체의 집합에서 연속이고, $h(0)=h(1)$이므로, **롤의 정리**에 의해
열린 구간 $(0,\,1)$에서 접선의 기울기가 0인 점이 **적어도 하나 존재**할 것이다.

또한 이 점에서 $g(x)=0$이므로, ㄷ이 참임을 알 수 있다. … (참)

답: ⑤

| 무엇을 기준으로 학생들을 변별했는가?

1. $g(x)$의 식의 형태, 또는 ㄱ을 통해 $h'(x)=g(x)$이 핵심임을 파악하고, 이를 문제 전반에 걸쳐 활용할 수 있는가?

2. ㄷ에서 사잇값 정리가 아닌 **롤의 정리**를 통해 적어도 하나의 실근을 갖는다고 증명할 수 있는가?

| NOTES

- 적어도 '열린 구간'과 '적어도 하나의 실근'이라는 단어가 보이면 **사잇값 정리**, **롤의 정리**, **평균값 정리**를 생각해보도록 하자.

  지금처럼 사잇값 정리가 성립되는지 파악할 수 없더라도 $h'(x)=g(x)$와 같은 조건이 주어진다면 롤의 정리, 평균값 정리로도 문제를 해결할 수 있음을 기억하자.

다항함수 $f(x)$가 다음 조건을 만족시킨다.

(가) 모든 실수 x에 대하여 $\displaystyle\int_1^x f(t)dt = \dfrac{x-1}{2}\{f(x)+f(1)\}$ 이다.

(나) $\displaystyle\int_0^2 f(x)dx = 5\int_{-1}^1 xf(x)dx$

$f(0)=1$일 때, $f(4)$의 값을 구하시오.

(가) 모든 실수 x에 대하여 $\displaystyle\int_1^x f(t)\,dt = \dfrac{x-1}{2}\{f(x)+f(1)\}$ 이다.

위의 항등식을 x에 대해서 미분하면 $f(x) = \dfrac{1}{2}\{f(x)+f(1)\} + \dfrac{x-1}{2}f'(x)$ 이다.

위 식을 정리하면, $f(x) = (x-1)f'(x) + f(1)$ 이다.

$f(x) = (x-1)f'(x) + f(1)$가 x에 대한 항등식이고,
좌변과 우변 모두 다항함수이므로, **양변의 최고차항의 계수를 비교**하면 다음과 같다.

n차함수인 $f(x)$의 최고차항의 계수가 a라면, $(x-1)f'(x)$의 최고차항의 계수는 an이다.

이때, 항등식이므로 두 계수가 같다. $(a=an)$

$a \neq 0$이므로, $n=1$이다.

따라서, $\underline{f(x)\textbf{는 일차함수}}$이다.

$f(x) = ax+b$라 두면, $f(0)=1$이므로 $f(x) = ax+1$

이제 (나)에 $f(x)$를 대입하여 계산해보자.

$$\int_0^2 f(x)\,dx = \int_0^2 (ax+1)\,dx = 2a+2$$

$$\int_{-1}^1 xf(x)\,dx = \int_{-1}^1 (ax^2+x)\,dx = \dfrac{2}{3}a \text{이므로,}$$

$$\int_0^2 f(x)dx = 5\int_{-1}^1 xf(x)dx \;\Rightarrow\; 2a+2 = 5\times\dfrac{2}{3}a \;\Rightarrow\; a = \dfrac{3}{2}$$

따라서, $f(x) = \dfrac{3}{2}x + 1$이다.

$\therefore \ f(4) = 7$

답: 7

| 무엇으로 학생들을 변별했는가?

1. 다항함수로 이루어진 항등식에서, 양변의 **최고차항 계수를 비교**함으로써 $f(x)$**가 일차함수**임을 발견할 수 있는가?

| NOTES

- **우함수, 기함수의 성질**을 이용하면 $\displaystyle\int_{-1}^{1} xf(x)\,dx$를 더 빠르게 계산할 수 있다.

함수 $f(x)$가 모든 실수 x에 대하여

$$f(x) = 4x^3 + x\int_0^1 f(t)\,dt$$

를 만족시킬 때, $f(1)$의 값은?

① 6　　　　　② 7　　　　　③ 8　　　　　④ 9　　　　　⑤ 10

$\int_0^1 f(t)\,dt = c$라 하자.

식을 다시 쓰면

$f(x) = 4x^3 + cx$이므로 $\displaystyle\int_0^1 f(x)\,dx = \int_0^1 (4x^3 + cx)\,dx = c$

계산하면 $c = 2$임을 알 수 있다.

$\therefore\ f(x) = 4x^3 + 2x,\ f(1) = 6$

답: ①

함수 $f(x) = -x^2 - 4x + a$에 대하여 함수

$$g(x) = \int_0^x f(t)dt$$

가 닫힌구간 $[0,\,1]$에서 증가하도록 하는 실수 a의 최솟값을 구하시오.

$g(x) = \displaystyle\int_0^x f(t)\,dt$ 이므로 $g(0) = 0$이고 $g'(x) = f(x)$임을 알 수 있다.

닫힌구간 $[0,\,1]$에서 증가한다는 것은 닫힌구간 $[0,\,1]$에서 $g'(x) \geq 0$을 의미하는 것과 같다.

$f(x)$가 $x = -2$에서 축을 가지므로 닫힌구간 $[0,\,1]$에서 $f(x)$는 감소한다.

따라서 $g'(1) = f(1) = a - 5 \geq 0$이므로

a의 최솟값은 5이다.

답: 5

실수 a $(a>1)$에 대하여 함수 $f(x)$를 $f(x) = (x+1)(x-1)(x-a)$라 하자.

함수 $g(x) = x^2 \displaystyle\int_0^x f(t)dt - \int_0^x t^2 f(t)dt$가 오직 하나의 극값을 갖도록 하는 a의 최댓값은?

① $\dfrac{9\sqrt{2}}{8}$　　　　② $\dfrac{3\sqrt{6}}{4}$　　　　③ $\dfrac{3\sqrt{2}}{2}$　　　　④ $\sqrt{6}$　　　　⑤ $2\sqrt{2}$

복잡한 함수의 극점을 따질 때는 **일단 미분하고 생각**하자.

때마침 정적분이 곱해져 있으니 미분하면 간단하게 정리될 것 같은 모양이다.

$g(x)$를 미분하자.

$$g\,'(x) = x^2 f(x) + 2x\int_0^x f(t)dt - x^2 f(x) = 2x\int_0^x f(t)dt$$

극점은 '도함수의 부호가 바뀔 때' 생기는 것이다.

즉, 우리는 $g\,'(x)$의 부호 변화에 집중하면 된다.

"아직 정보가 부족하니, $f(x)$의 개형을 대충 그려 봐서 $g\,'(x)$가 어떻게 생길지 따져봐야겠다."

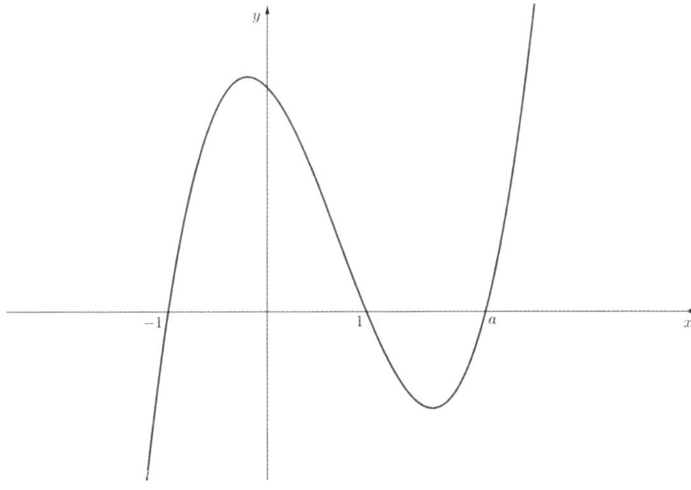

이걸 바탕으로 일단 $\displaystyle\int_0^x f(t)dt$를 그려 보자.

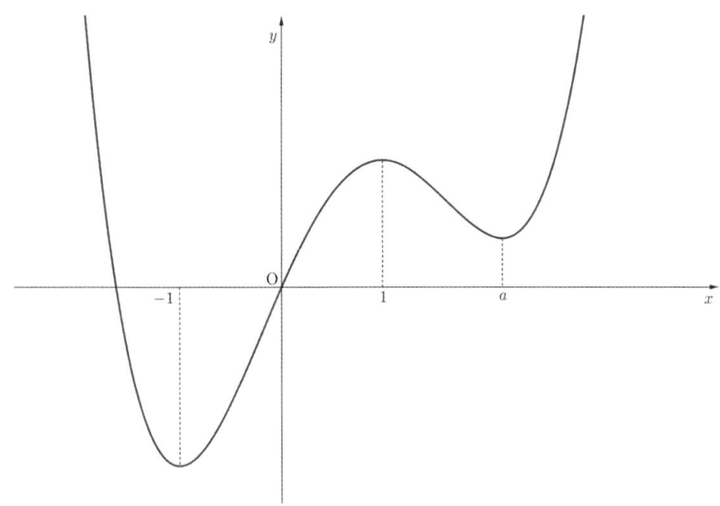

원점을 지나고, $x = -1$, $x = 1$, $x = a$에서 극점을 가지는 모양이다.

"여기에 $2x$를 곱한 $g'(x)$의 부호 변화는 어떻게 될까?"

원점에서 부호가 바뀐 $\int_0^x f(t)dt$와는 다르게 원점에서 부호가 바뀌지 않고, 접한다.

음수 구간$(x < 0)$에서는 무조건 부호 변화가 일어나지만,
양수 구간$(x > 0)$에서는 a가 얼마냐에 따라 부호 변화가 생길 수도 있고 아닐 수도 있다.

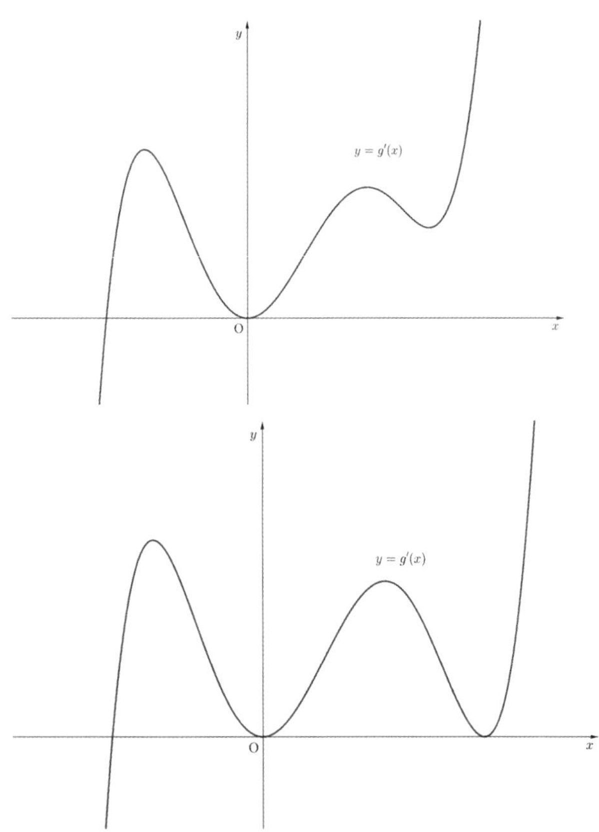

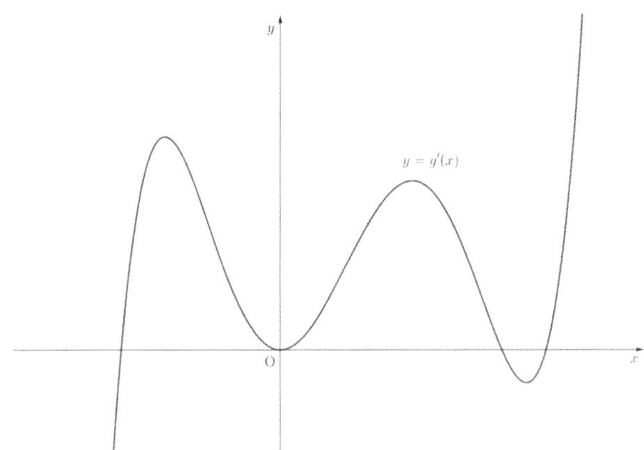

우리는 부호 변화가 한 번만 생기도록 하고 싶다.

그렇다면 $x > 0$ 구간에서 $\displaystyle\int_0^x f(t)dt$의 극소점에 해당하는 $x = a$ 위의 점에서,

$\displaystyle\int_0^x f(t)dt$의 함숫값이 음수가 아니도록 하면 된다. 식으로 정리하면 다음과 같다.

$$\int_0^a f(t)dt \geq 0$$

거의 끝난 것 같다. 계산만 마무리하자.

$$\int_0^a f(t)dt = \int_0^a (t^3 - at^2 - t + a)dx = \left[\frac{1}{4}t^4 - \frac{a}{3}t^3 - \frac{1}{2}t^2 + at \right]_0^a = \frac{a^4}{4} - \frac{a^4}{3} - \frac{a^2}{2} + a^2 = -\frac{a^4}{12} + \frac{a^2}{2} \geq 0$$

$$\Rightarrow a^2(a^2 - 6) \leq 0 \Rightarrow a^2 - 6 \leq 0$$

발문에서 $a > 1$이므로, $1 < a \leq \sqrt{6}$

$\therefore a$의 최댓값은 $\sqrt{6}$ 이다.

답: ④

1. 정적분으로 정의된 함수를 미분하여 극값의 개수를 따질 수 있는가?

2. 곱합수의 인수의 개형을 통해 곱함수의 개혀을 파악할 수 있는가?

| NOTES

- 문제에서 정적분으로 정의된 여러 항이 등장하면, '잘 미분하면 어떻게든 사라지겠지'라는 생각이 통할 때가 많다.

- 극값은 도함수의 부호 변화이고, 변곡점은 도함수의 증감 변화이다.
  때문에 어떤 점이 극점이면서 변곡점일 수는 없으니, 주의하자.

- 사실 '$g'(x)$의 부호 변화'를 살펴볼 때, '**접하는 상황**이 답이겠다.'라고 기정사실화하고 접근해도 좋다.

실수 a와 함수 $f(x) = x^3 - 12x^2 + 45x + 3$에 대하여 함수

$$g(x) = \int_a^x \{f(x) - f(t)\} \times \{f(t)\}^4 dt$$

가 오직 하나의 극값을 갖도록 하는 모든 a의 값의 합을 구하시오.

우선 $g(x)$가 '오직 하나의 극값을 갖도록' 해야 한다는 문구가 보인다.
$g'(x)$가 0이 되는 점 전후로 함숫값의 부호변화가 있을 때 극값을 갖게 된다.

그렇다면 $g'(x)$를 먼저 구해야한다.
우변은 정적분으로 정의된 함수인데, t(라는 변수)에 대해 적분하므로 자연스러운 미분이 가능하도록 $f(x)$를 $\int$ 밖으로 분리시켜야한다.

$$g(x) = \int_a^x f(x)\{f(t)\}^4 dt - \int_a^x \{f(t)\}^5 dt = f(x)\int_a^x \{f(t)\}^4 dt - \int_a^x \{f(t)\}^5 dt$$

이제 미분하면

$g'(x) = f'(x)\displaystyle\int_a^x \{f(t)\}^4 dt$ 이다.

각각 $f'(x)$와 $\displaystyle\int_a^x \{f(t)\}^4 dt$를 살펴보도록 하자.
우선 $f'(x) = 3x^2 - 24x + 45 = 3(x-3)(x-5)$이므로 $x=3$과 $x=5$에서 실근을 갖는 것을 볼 수 있다. $\cdots$ ㉠

$\displaystyle\int_a^x \{f(t)\}^4 dt$의 도함수 $\{f(x)\}^4$에 대해 모든 실수 x에 대하여 $\{f(x)\}^4 \geq 0$이므로

$\displaystyle\int_a^x \{f(t)\}^4 dt$는 실수 전체 집합에서 증가함수임을 알 수 있다.

따라서 $\displaystyle\int_a^x \{f(t)\}^4 dt$는 오직 $x=a$일 때에만 부호가 변한다. $\cdots$ ㉡

㉠과 ㉡을 종합해보면 $x=3$, $x=5$, $x=a$는 일반적인 상황에서 극값을 갖지만,
a를 적절히 조절하여 $a=3$ 또는 $a=5$로 설정할 경우

$g'(x) = f'(x)\displaystyle\int_a^x \{f(t)\}^4 dt$는 각각 $x=3$과 $x=5$에서 중근을 갖게 되어 극값을 갖지 않게 된다.

$\therefore\ a=3$ 이거나 $a=5$

답: 8

| 무엇으로 학생들을 변별했는가?

1. $g(x)$의 $\int$ 안에 있는 $f(x)$를 밖으로 끄집어낸 뒤 미분하여 $g'(x) = f'(x)\int_{a}^{x}\{f(t)\}^4\,dt$ 를 구할 수 있는가?

2. 도함수가 실근을 갖더라도 해당 실근이 중근일 경우에는 극값을 갖지 않음을 이용하여 a를 찾을 수 있는가?

다항함수 $f(x)$가 모든 실수 x에 대하여

$$xf(x) = 2x^3 + ax^2 + 3a + \int_1^x f(t)dt$$

를 만족시킨다. $f(1) = \int_0^1 f(t)dt$일 때, $a + f(3)$의 값은? (단, a는 상수이다.)

① 5   ② 6   ③ 7   ④ 8   ⑤ 9

"$xf(x)$와 $\int_1^x f(x)dx$가 각각 좌변과 우변에 있다. **식을 미분하여 $f'(x)$를 구해야겠다.**"
(NOTES 참고)

양변을 미분하기 전, 먼저 눈에 띄는 두 개의 x값을 대입해보자.

1) $\int_1^1 f(t)dt = 0$을 만족시킬 수 있는 $x = 1$ **(특수값)**

2) 발문의 $f(1) = \int_0^1 f(t)dt$를 대입할 수 있는 $x = 0$

양변에 $x = 1$ 대입 $\Rightarrow f(1) = 2 + a + 3a = 2 + 4a \Rightarrow f(1) = 2a + 4$

양변에 $x = 0$ 대입 $\Rightarrow 0 = 3a - \int_0^1 f(t)dt = 3a - f(1) \Rightarrow f(1) = 3a$

이를 연립하면 $a = -2$, $f(1) = -6$임을 알 수 있다. ... ㉠

이제 $a = -2$를 대입한 뒤 양변을 미분해 보면,
$f(x) + xf'(x) = 6x^2 - 4x + f(x)$

양변에 $f(x)$를 소거한 뒤 x로 나누면
($f(x)$는 발문에 다항함수라고 서술되어있으므로, $x \neq 0$ 진수 조건을 적용하지 않아도 된다!)

$f'(x) = 6x - 4$

이제 $f'(x)$를 구했으니, 부정적분하여 $f(x)$를 도출해내면,
$f(x) = 3x^2 - 4x + C$ (C는 적분상수)

㉠에서 구한 바와 같이 $f(1) = -6$이므로

$f(1) = C - 1 = -6$

$\therefore \ C = -5$

$f(x) = 3x^2 - 4x - 5,\ a = -2$이므로

$a + f(3) = 8$

답: ④

| NOTES

- 정적분 문제를 보고 특수값($\int_1^x f(t)dt$에서는 $x = 1$이 특수값이다.)을 대입한 뒤 미분하는 것은

  마치 $1+1$을 보고 2를 떠올리듯이 반사적으로 수행해야한다.

- $y = xf(x) - \int_0^x f(t)dt$를 미분하면 $\dfrac{dy}{dx} = xf'(x)$이다.

  이는 매우 자주 등장하는 형태의 식으로, 충분히 많은 문제를 풀다보면 자연스럽게 외우게 된다.
  아직 낯설다면 지금이라도 익혀두도록 하자.

  이와 비슷한 형태로 $y = xf(x) + \int_0^x f(t)dt$가 있다.

  이 식을 적분하면 $x\int_0^x f(t)dt + C$ (C는 적분상수)로, 이 또한 매우 자주 등장하니 눈에 익혀두도록 하자.

실수 전체의 집합에서 미분가능한 함수 $f(x)$가 다음 조건을 만족시킨다.

(가) 닫힌구간 $[0, 1]$에서 $f(x) = x$이다.

(나) 어떤 상수 a, b에 대하여 구간 $[0, \infty)$에서 $f(x+1) - xf(x) = ax + b$이다.

$60 \times \displaystyle\int_1^2 f(x)\,dx$의 값을 구하시오.

(가)에서는 닫힌구간 $[0, 1]$에서의 $f(x)$가 나와 있고,

(나)에서는 $f(x+1)$과 $f(x)$의 관계식이 나와 있다.

"그렇다면, 먼저 **(나)에 (가)를 대입**하여 닫힌구간 $[1, 2]$에서 $f(x)$를 구할 수 있겠다."

"그 다음, $f(x)$의 **연속성**과 **미분가능성**을 이용해서 상수 a, b를 구하고 적분하면 될 것 같다."

먼저 (나)에 주어진 식에 $f(x) = x$ $(0 \le x \le 1)$을 대입한 뒤, $f(x+1)$에 대해 정리해보자.
$$f(x+1) = x^2 + ax + b \ (0 \le x \le 1) \ \Rightarrow \ f(x) = (x-1)^2 + a(x-1) + b \ (1 \le x \le 2)$$

따라서, $f(x)$는 다음과 같다.

$$f(x) = \begin{cases} x & (0 \le x \le 1) \\[2mm] (x-1)^2 - a(x-1) + b & (1 < x \le 2) \end{cases}$$

$f(x)$는 실수 전체의 집합에서 **미분가능**하므로,

$\displaystyle\lim_{x \to 0-} f(x) = 1$ (음극한)

$\displaystyle\lim_{x \to 0+} f(x) = b$ (양극한)

$x = 1$에서 두 극한값이 같아야하므로 $b = 1$

$\displaystyle\lim_{x \to 0-} f'(x) = 1$

$\displaystyle\lim_{x \to 0+} f'(x) = a$

미분한 식에서 또한 두 극한값이 같아야하므로 $a = 1$

이제 $f(x)$를 $x = 1$에서 $x = 2$까지 적분하면

$$\int_1^2 f(x)\,dx = \int_0^1 f(x+1)\,dx = \int_0^1 (x^2 + x + 1)\,dx = \left[\frac{1}{3}x^3 + \frac{1}{2}x^2 + x \right]_0^1 = \frac{11}{6}$$

$$\therefore \ 60 \times \int_{1}^{2} f(x)\, dx = 110$$

답: 110

| 무엇으로 학생들을 변별했는가?

1. 구간함수가 미분가능하다는 조건이 주어졌을 경우, **구간의 경계**(이 문제에서는 $x=1$)에서의
   연속성과 **미분가능성**을 통해 두 방정식을 세워 상수 a, b의 값을 찾을 수 있다.

실수 전체의 집합에서 연속인 함수 $f(x)$와 최고차항의 계수가 1인 삼차함수 $g(x)$가

$$g(x) = \begin{cases} -\displaystyle\int_0^x f(t)\,dt & (x < 0) \\[3mm] \displaystyle\int_0^x f(t)\,dt & (x \geq 0) \end{cases}$$

을 만족시킬 때, 〈보기〉에서 옳은 것만을 있는 대로 고른 것은?

──────────── 〈보 기〉 ────────────

ㄱ. $f(0) = 0$

ㄴ. 함수 $f(x)$는 극댓값을 갖는다.

ㄷ. $2 < f(1) < 4$일 때, 방정식 $f(x) = x$의 서로 다른 실근의 개수는 3이다.

① ㄱ　　　　② ㄷ　　　　③ ㄱ, ㄴ　　　　④ ㄱ, ㄷ　　　　⑤ ㄱ, ㄴ, ㄷ

실수 전체의 집합에서 $f(x)$는 연속이고, $g(x)$는 삼차함수이다.

"그런데, 가장 파악하기 쉬운 삼차함수 $g(x)$가 **굳이 $f(x)$에 기대어 표현되고 있네**."

하지만 우리에게 익숙한 함수는 $g(x)$이므로, 위 식을 변형하여 **$f(x)$를 $g(x)$에 기대어 표현**해보자.

$$\int_0^x f(t)\,dt = \begin{cases} -g(x) & (x < 0) \\[2mm] g(x) & (x \geq 0) \end{cases}$$

좌변에 $x = 0$을 대입해보면, $g(0) = 0$이다.

ㄱ. $f(0) = 0$

순수하게 $f(x)$에 대한 식을 도출하기 위해 양변을 미분해보자.

$$f(x) = \begin{cases} -g'(x) & (x < 0) \\[2mm] g'(x) & (x \geq 0) \end{cases} \quad \cdots \text{㉠}$$

"발문에 따르면 $f(x)$는 **연속함수**이므로, $g'(0) = 0$, $f(0) = 0$이 되어야겠네."

$\therefore\ f(0) = g'(0) = 0\ \cdots$ **(참)**

ㄴ. 함수 $f(x)$는 극댓값을 갖는다.

이번에도 $f(x)$에 대해 묻고 있으니, 식 ㉠을 활용해보자.

"우리는 **극댓값의 존재 여부**만 파악하면 되니, **개형 파악**을 통해 접근해보는 것이 좋겠다."

현재 우리가 알고있는 단서들은 다음과 같다. ⋯ ㉡
1) $g(0) = g'(0) = 0$
2) $g(x)$는 최고차항의 계수가 1인 삼차함수

따라서 위 조건들을 바탕으로 추론할 수 있는 $g'(x)$**의 개형**은 다음 세 가지다.

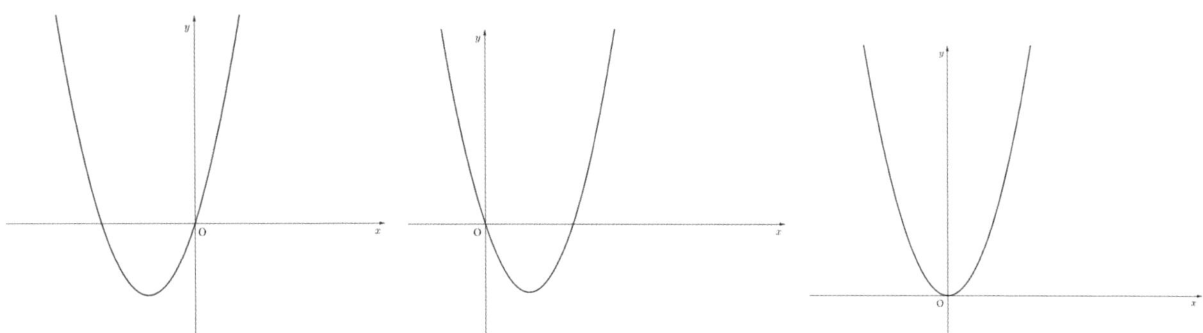

위 $g'(x)$의 개형과 ㉠을 통해서 $f(x)$**의 개형**을 그려보면 다음과 같다.

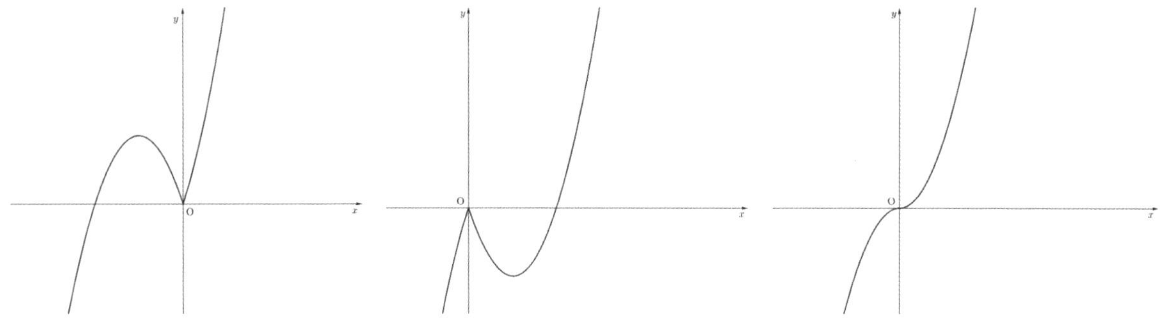

$f(x)$가 $x = 0$에서 중근을 갖는 경우에서, $f(x)$가 극대를 가지지 않으므로 거짓이다. … (거짓)

ㄷ. $2 < f(1) < 4$일 때, 방정식 $f(x) = x$의 서로 다른 실근의 개수는 3이다.

$y = f(x)$와 $y = x$의 **교점의 개수**를 살펴보자..

㉡에 의해 $g'(x) = 3x^2 + ax$라고 표현할 수 있으므로, ㉠에 대입해보면 $f(x)$는 다음과 같다.

$$f(x) = \begin{cases} -3x^2 - ax & (x < 0) \\ 3x^2 + ax & (x \geq 0) \end{cases}$$

따라서, $2 < f(1) < 4 \implies -1 < a < 1$이다. ⋯ ㉢

이제 $y = f(x)$와 $y = x$간의 위치관계를 파악하기 위해 $y = f(x)$에서의 접선을 기준으로 $y = x$가 실근을 몇 개 가지는지를 관찰하자.

i) $a = 0$일 때, 교점의 개수는 3이다.

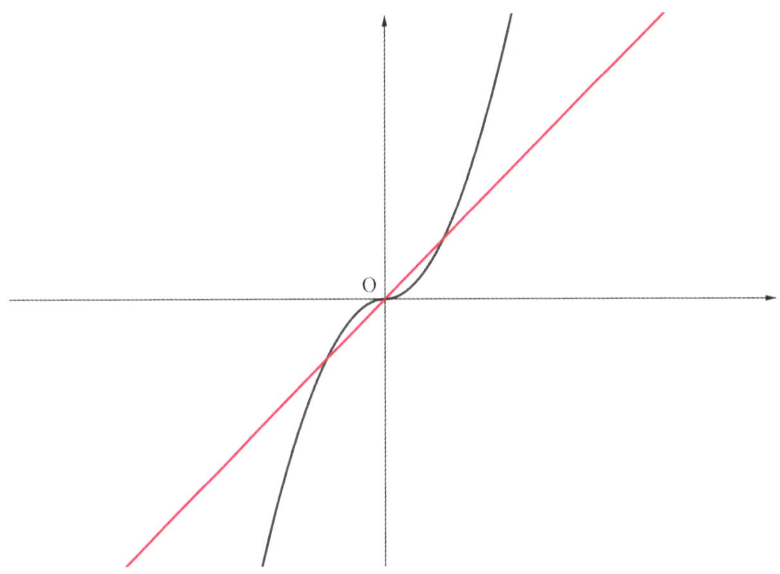

ii) $a > 0$일 때, 개형을 그려보자.

"$f(x)$를 그려보면 $x = 0$에서 **우미분계수**에 따라 교점의 개수가 달라질 것 같은데.."

$f'(0+) = a$이고, ㉢에 대입하면 $-1 < f'(0+) < 1$이다.

"아, $2 < f(1) < 4$가 결국에는 $x = 0$ 부근의 $f(x)$**의 기울기 조건**을 포장해놓은 것이구나..!"

따라서, 이때 $f(x)$의 기울기가 $y = x$보다 낮고, 개형을 그려보면 교점의 개수는 3이다.

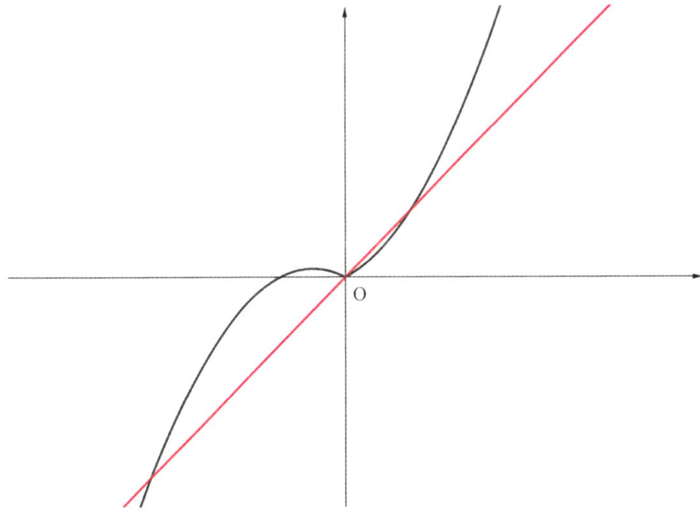

iii) $a > 0$일 때, 개형을 그려보자.

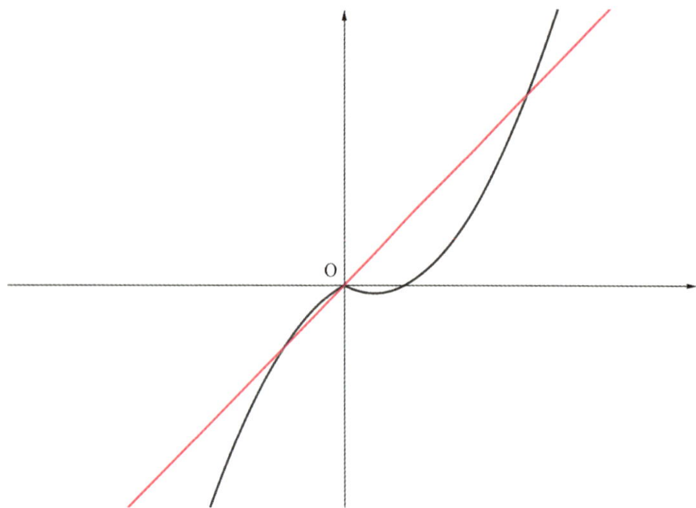

ii)와 비슷한 논리로 이번엔 **좌미분계수**에 따라 교점의 개수가 달라진다.
$f'(0-) = -a$이고, ⓒ에 대입하면 $-1 < f'(0-) < 1$이므로,

이때 $f(x)$가 $y = x$보다 덜 가파르다. 따라서 교점의 개수는 3이다.

따라서 ㄷ은 참이다. … (참)

답: ④

| 무엇을 기준으로 학생들을 변별했는가?

1. 주어진 식을 $f(x)$**에 대한 식으로 변형**한 뒤, 이를 통해 $f(x)$의 개형을 파악할 수 있는가?

2. $2 < f(1) < 4$를 **수식적으로 풀어** 이를 통해 $x = 0$에서 $y = f(x)$의 **좌미분계수와 우미분계수의 범위**를 파악하고, 이를 통해 각각의 개형에서 $y = x$와의 **교점의 개수**를 파악할 수 있는가?

최고차항의 계수가 2인 이차함수 $f(x)$에 대하여 함수 $g(x) = \displaystyle\int_{x}^{x+1} |f(t)|\,dt$는 $x=1$과 $x=4$에서 극소이다. $f(0)$의 값을 구하시오.

"간격이 1인 적분구간에서 $|f(x)|$의 **정적분 값이 작아지는 부분**을 관찰해야겠다.
어떤 경우에 때 적분값이 가장 작아질까? $y=|f(x)|$의 개형을 그려본 뒤 관찰해보자."

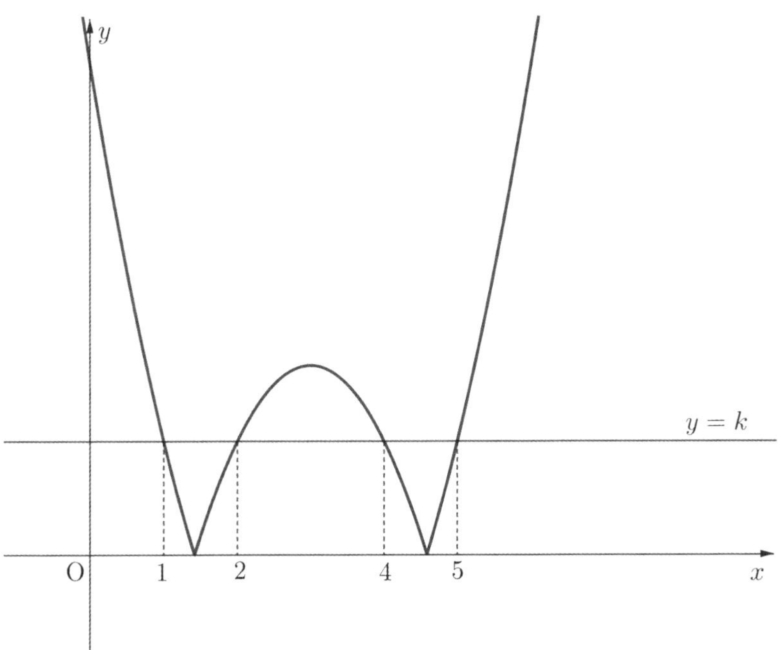

먼저, 적분구간이 $|f(x)|$의 실근에 가까워질수록 적분값이 감소함을 알 수 있다.
이를 통해 직관적으로 $|f(x)|$**의 실근 좌우에서 적분구간이 세팅**되어야만 가장 적분값이 작음을 느낄 수 있다.

정확한 극소를 파악해보기 위해, $g(x)$를 미분해보자.
$g'(x) = |f(x+1)| - |f(x)|$이고, 따라서 **극소에서 $|f(x+1)| = |f(x)|$를 만족**한다.

마지막으로, 이차함수는 항상 **중심축에 대해 대칭**이므로, 두 극소 $x=1$과 $x=4$ 또한 대칭 관계와 관련이 있을 것이다.
$g(x)$의 적분구간은 $[x,\ x+1]$이므로, 두 적분구간 $[1,\ 2]$와 $[4,\ 5]$가 대칭관계를 이룰 것이다.

(중심축이 $x=1$과 $x=4$의 중심에 있을 것이라고 착각하지 말자.)

따라서 이차함수 $f(x)$의 중심축은 $x=3$이고,
$|f(1)| = k$라고 하면 $|f(1)| = |f(2)| = |f(4)| = |f(5)| = k$이다.
또한 절댓값을 풀었을 때 각 함숫값의 부호는 다음과 같다.

1) $f(1) = f(5) = k$
2) $f(2) = f(4) = -k$

$\therefore\ f(x) = 2(x-1)(x-5) + k$

또한, 2)를 대입하면 $f(2) = k - 6 = -k \implies k = 3$이다.

$$\therefore \; f(x) = 2(x-1)(x-5) + 3$$

마지막으로 $x = 0$을 대입하면 $f(0) = 13$이다.

답: 13

| 무엇을 기준으로 학생들을 변별했는가?

1. 이차함수의 대칭성에 의해 $f(x) = k$에서 **실근의 분포**가 중심축에 대해 **대칭임**을 이용할 수 있는가?

| NOTES

- 해당 풀이는 전혀 논리적이지도 않고, 수학적으로 엄밀하지도 않다.
  하지만 100분 내에 30문항을 풀어야하는 시험시간 동안 대수적으로 엄밀하게 짚고 넘어가야하는 문항은 많지 않다.

  그래프의 증감추이를 눈여겨보고, **특수한 곳**에서 사건이 발생할 것이라는 확신이 있다면
  분명 독자들도 이렇게 행동할 수 있을 것이다.

최고차항의 계수가 1이고 $f(0) = 0$, $f(1) = 0$인 삼차함수 $f(x)$에 대하여 함수 $g(t)$를

$$g(t) = \int_t^{t+1} f(x)\,dx - \int_0^1 |f(x)|\,dx$$

라 할 때, 〈보기〉에서 옳은 것만을 있는 대로 고른 것은?

─────────── 〈보 기〉 ───────────

ㄱ. $g(0) = 0$이면 $g(-1) < 0$이다.

ㄴ. $g(-1) > 0$이면 $f(k) = 0$을 만족시키는 $k < -1$인 실수 k가 존재한다.

ㄷ. $g(-1) > 1$이면 $g(0) < -1$이다.

① ㄱ   ② ㄱ, ㄴ   ③ ㄱ, ㄷ   ④ ㄴ, ㄷ   ⑤ ㄱ, ㄴ, ㄷ

ㄱ. $g(0) = 0$이면 $g(-1) < 0$이다.

주어진 $g(t)$에 $t = 0$을 대입해보면, $g(0) = \int_0^1 f(x)dx - \int_0^1 |f(x)|\,dx = \int_0^1 \{f(x) - |f(x)|\}dx$이므로,

$0 \leq x \leq 1$에서 $f(x) - |f(x)| = 0$이 되어야 $g(0) = 0$이 성립한다.

즉, $0 \leq x \leq 1$에서 $f(x) \geq 0$이어야 한다는 것이다. (NOTES 참고)

종합해보면
1) 최고차항의 계수가 1인 삼차함수가
2) $x = 0$, 1에서 실근을 갖고
3) $0 \leq x \leq 1$에서 $f(x) \geq 0$이므로,

개형상 $x < 0$를 만족하는 모든 x에 대해 $f(x) < 0$이다.

그렇다면 $g(-1) = \int_{-1}^0 f(x)dx - \int_0^1 |f(x)|\,dx$에서

$\int_{-1}^0 f(x)dx < 0$이고, $-\int_0^1 |f(x)|\,dx < 0$이므로, $g(-1) < 0$이다. ⋯ **(참)**

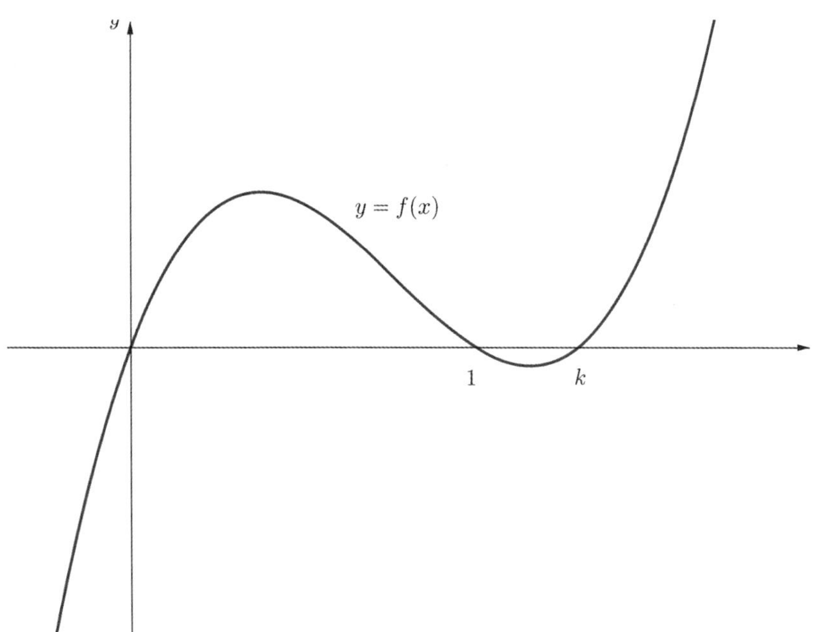

ㄴ. $g(-1) > 0$이면 $f(k) = 0$을 만족시키는 $k < -1$인 실수 k가 존재한다.

$g(-1) > 0$이 **성립할 수 있는 조건**을 파악하기 위해 주어진 $g(t)$ 식에 $t = -1$을 대입해보자.

$$g(-1) = \int_{-1}^{0} f(x)dx - \int_{0}^{1} |f(x)| dx > 0 \;\Rightarrow\; \int_{-1}^{0} f(x)dx > \int_{0}^{1} |f(x)| dx$$

따라서, $\displaystyle\int_{-1}^{0} f(x)dx > \int_{0}^{1} |f(x)| dx$을 만족할 때,

필연적으로 -1보다 작은 실근(k)이 존재하게 되는지를 살펴보면 된다.

일단 $\displaystyle\int_{0}^{1} |f(x)| dx > 0$이므로, $\displaystyle\int_{-1}^{0} f(x)dx > 0$을 만족시켜야한다.

그렇게 되기 위해서는 필연적으로 $x < 0$**에서 실근**을 가져야한다.

($x = 0$이 첫 번째 실근이 된다면 그 전$(x < 0)$까지의 **모든 함숫값**$(f(x))$**은 음수**가 되기 때문이다.
ㄱ의 경우를 떠올리면 이해하기 쉽다.)

이후, 다음과 같은 개형을 떠올릴 수 있다.

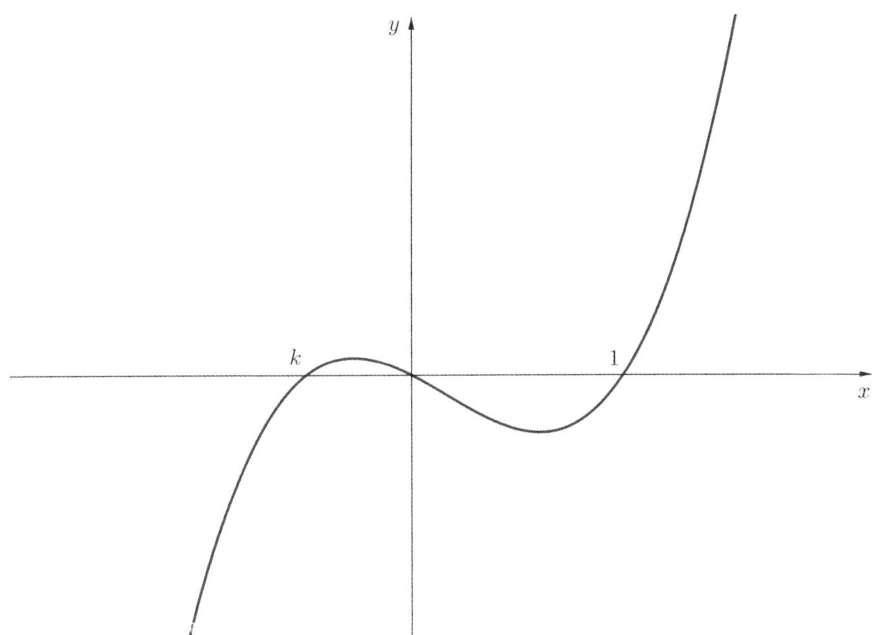

그런데, 여기서 $\displaystyle\int_{-1}^{0}f(x)dx > \int_{0}^{1}|f(x)|\,dx > 0$를 만족시키려면,

직관적으로 k**와 0 사이의 거리가 0과 1 사이의 거리보다 멀어야 함**을 알 수 있다.
(확신이 들지 않는다면, $k=-1$일 때를 떠올려보자.)

따라서, $g(-1) > 0$이면 필연적으로 -1보다 작은 실근(k)이 존재한다. … (참)

ㄷ. $g(-1) > 1$이면 $g(0) < -1$이다.

"$g(-1) > 1$이 **성립할 수 있는 조건**을 파악해보자."

$$g(-1) = \int_{-1}^{0}f(x)dx - \int_{0}^{1}|f(x)|\,dx > 1\text{이므로,}$$

정리하면 $\displaystyle\int_{-1}^{0}f(x)dx - 1 > \int_{0}^{1}|f(x)|\,dx$

"여기서부터는, 1이라는 구체적인 숫자가 붙어있으니 **수식적으로 접근**해보는 것이 좋겠다."

$f(x) = (x-k)x(x-1) = x^3 - (k+1)x^2 + kx$라고 해보자.

이때, $\displaystyle\int_{-1}^{0}f(x)dx = \left[\frac{1}{4}x^4 - \frac{1}{3}(k+1)x^3 + \frac{1}{2}kx^2\right]_{-1}^{0} = \left[k\left(-\frac{1}{3}x^3 + \frac{1}{2}x^2\right) + \frac{1}{4}x^4 - \frac{1}{3}x^3\right]_{-1}^{0} = -\frac{5}{6}k - \frac{7}{12}$

(계산실수를 방지하기 위해 식을 k로 이루어진 항들과 나머지로 분리하였다.)

따라서, $\displaystyle\int_{-1}^{0}f(x)dx - 1 > \int_{0}^{1}|f(x)|\,dx \Rightarrow -\frac{5}{6}k - \frac{19}{12} > \int_{0}^{1}|f(x)|\,dx$

또한, ㄴ에서 증명한 바와 같이 $g(-1) > 0$이면 $k < -1$이다.

즉, $g(-1) > 1$이면 당연히 $k < -1$임과 동시에 $0 \le x \le 1$에서 $f(x) \le 0$이라는 뜻이다. $\cdots$ ㉠

따라서, $\displaystyle\int_0^1 |f(x)|\,dx = -\int_0^1 f(x)\,dx = -\left[\frac{1}{4}x^4 - \frac{1}{3}(k+1)x^3 + \frac{1}{2}kx^2\right]_0^1 = -\frac{1}{6}k + \frac{1}{12}$ 이다.

$$\therefore\ g(-1) > 1 \ \Rightarrow\ \int_{-1}^0 f(x)\,dx - 1 > \int_0^1 |f(x)|\,dx \ \Rightarrow\ -\frac{5}{6}k - \frac{19}{12} > -\frac{1}{6}k + \frac{1}{12} \ \Rightarrow\ k < -\frac{5}{2}$$

따라서, $g(-1) > 1$은 $k < -\dfrac{5}{2}$와 동치이다. $\cdots$ ㉡

"이제, $g(0) < -1$이 **성립할 수 있는 조건**을 파악해보자."

$$g(0) = \int_0^1 f(x)\,dx - \int_0^1 |f(x)|\,dx = \int_0^1 \{f(x) - |f(x)|\}\,dx < -1$$

여기서, **㉠과 같은 논리**($0 \le x \le 1$에서 $f(x) \le 0$)로
$$\int_0^1 \{f(x) - |f(x)|\}\,dx = 2\int_0^1 f(x)\,dx = \frac{1}{3}k - \frac{1}{6}$$ 이다. (㉠ 이후의 계산 참고)

$$\therefore\ g(0) < -1 \ \Rightarrow\ \frac{1}{3}k - \frac{1}{6} < -1 \ \Rightarrow\ k < -\frac{5}{2}$$

따라서, $g(0) < -1$은 $k < -\dfrac{5}{2}$와 동치이다. $\cdots$ ㉢

㉡과 ㉢을 통해, $g(-1) > 1$과 $g(0) < -1$이 **사실상 동치**임을 알 수 있다. $\cdots$ (참)

답: ⑤

| 무엇을 기준으로 학생들을 변별했는가?

1. 삼차함수 $f(x)$의 나머지 한 **실근(k)에 따른 개형의 변화**를 파악할 수 있는가?

2. $\displaystyle\int_0^1 |f(x)|\,dx$는 항상 양수여야 한다는 것을 파악하고, 이를 통해 간접적인 대소비교를 진행할 수 있는가?

3. ㄱ, ㄴ은 기하적인 관점에서 접근하고, 이후 ㄷ에서 1이라는 구체적인 숫자가 붙음에 따라 **수식적인 접근**으로
   방향성을 전환할 수 있으며, 이후의 **적분 계산과정**을 실수없이 진행할 수 있는가?

| NOTES

- $f(x) - |f(x)|$ 꼴의 식은 굉장히 자주 등장한다. 따라서 이러한 유형의 식을 보면 **반사적으로 다음과 같이 생각해야한다.**

$$f(x) - |f(x)| = \begin{cases} 2f(x) & (f(x) < 0) \\ 0 & (f(x) \geq 0) \end{cases}$$

실수 전체의 집합에서 연속인 함수 $f(x)$가 다음 조건을 만족시킨다.

> $n-1 \le x < n$일 때, $|f(x)| = |6(x-n+1)(x-n)|$이다. (단, n은 자연수이다.)

열린구간 $(0, 4)$에서 정의된 함수

$$g(x) = \int_0^x f(t)\,dt - \int_x^4 f(t)\,dt$$

가 $x = 2$에서 최솟값 0을 가질 때, $\displaystyle\int_{\frac{1}{2}}^4 f(x)\,dx$의 값은?

① $-\dfrac{3}{2}$ ② $-\dfrac{1}{2}$ ③ $\dfrac{1}{2}$ ④ $\dfrac{3}{2}$ ⑤ $\dfrac{5}{2}$

절댓값을 풀어보면, $f(x) = 6(x-n+1)(x-n)$ 또는 $f(x) = -6(x-n+1)(x-n)$이다.
따라서, 그려보면 각 열린구간 $(n-1, n)$에서 $f(x)$는 다음과 같은 두 개형 중 하나를 가지고 있음을 알 수 있다.

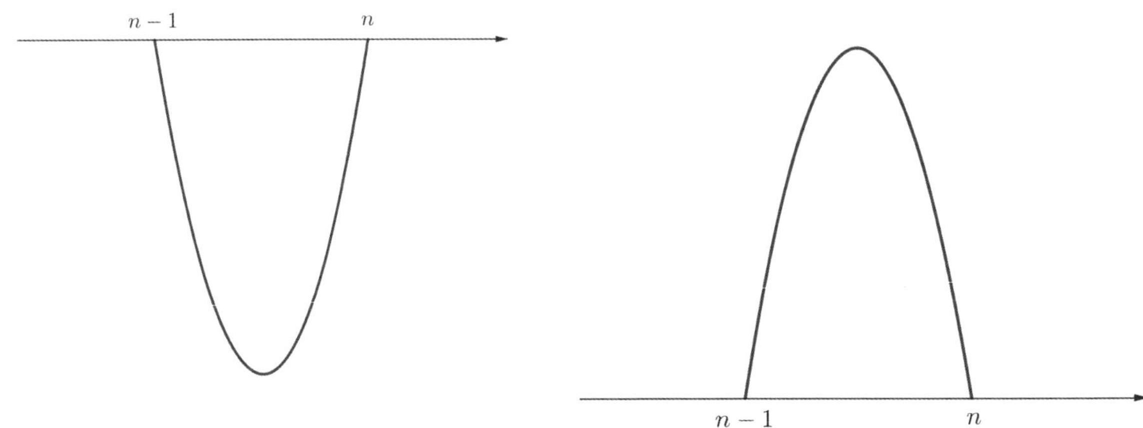

"아, $y = f(x)$는 조그만한 포물선 개형이 1 주기로 **위 또는 아래**로 반복되는 그래프구나.
그럼 나는 문제의 조건에 맞도록 각 **구간별로 포물선의 위아래만 결정**하면 되겠다."

"$g(x)$가 $x = 2$에서 최솟값을 가진다고 했으니, 그 **최솟값이 곧 극솟값**이겠구나."

$g(x)$를 미분해보면, $g'(x) = 2f(x)$이다.
($f(x)$가 실수 전체 집합에서 연속이므로, $g(x)$는 미분가능하다.)

따라서, $x = 2$에서 $g'(x) = 2f(x)$의 부호가 $(-)$에서 $(+)$로 바뀌어야한다. (극솟값이자 최솟값을 갖기 때문이다.)

따라서 구간 $[1, 3]$에서 $y = 2f(x)$의 그래프는 다음과 같다.

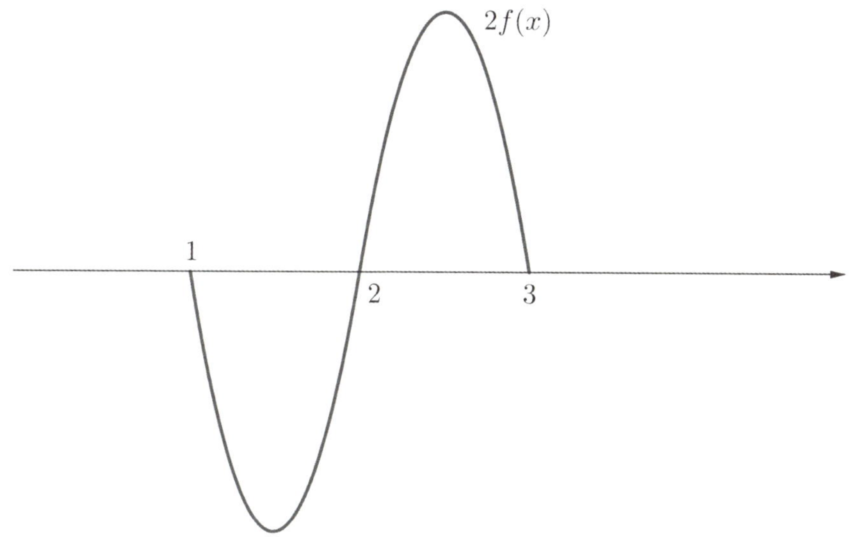

이제, **최솟값**$(g(2))$**이 0임을 분석**해보면,

$$g(2) = 0 \;\Rightarrow\; \int_0^2 f(t)dt = \int_2^4 f(t)dt \,\text{이다.}$$

즉, **왼쪽 부분**(0부터 2까지)의 정적분 값과 **오른쪽 부분**(2부터 4까지)의 **정적분 값이 같아야한다.**

그런데, 우리가 현재 알고있는 열린구간 $(1,\ 3)$을 살펴보면
왼쪽 부분의 정적분 값이 **음수**, 오른쪽 부분의 정적분 값이 **양수**이다.

따라서, 두 부분의 정적분 값이 같아지도록 하려면,
$y = f(x)$의 나머지 구간은 다음 그림과 같아야 함을 알 수 있다.

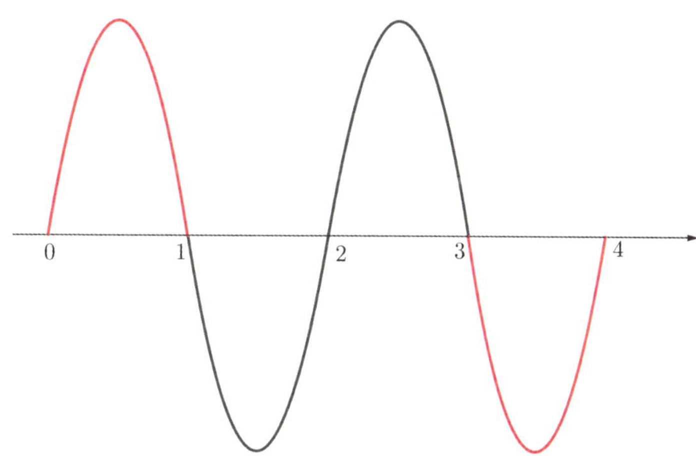

이때, **이차함수의 넓이공식**을 사용하면 $[n-1,\ n]$에서 $f(x)$의 넓이는 1이고,

$\left[n-\dfrac{1}{2},\ n\right]$ 에서는 그 절반인 $\dfrac{1}{2}$ 이므로, $(n=1,\ 2,\ 3,\ 4)$

$$\int_{\frac{1}{2}}^{4} f(x)dx = -\frac{1}{2}\ \text{이다.}$$

답: ②

| 무엇을 기준으로 학생들을 변별했는가?

1. 절댓값을 통해 함수가 뒤바뀔 수 있음을 알고, **그 위아래를 결정하는 것**이 문제의 핵심요소임을 알 수 있는가?

2. '최솟값을 가진다.', '$\displaystyle\int_{0}^{2} f(x)dx = \int_{2}^{4} f(x)dx$' 등의 조건을 통하여 $f(x)$의 그래프의 개형을 파악할 수 있는가?

| NOTES

- 이 문제에서는 추론의 강도가 높지 않았다. '미분가능함수가 최솟값을 가진다' = '극소를 가진다.'라는 조건을 통해
  익히 해왔던 과정들을 하면 됐었고, 적분값이 같다는 조건을 통해 그래프의 결정을 결정 짓는 문항이다.
  잔잔한 느낌을 주는 문항이다.

- 각 구간에서 그래프의 넓이가 같다는 사실을 통해 굳이 적분을 하지 않고, 이차함수의 넓이공식을 사용한다면
  빠르게 문제를 풀어낼 수 있었다.

두 다항함수 $f(x)$, $g(x)$에 대하여 $f(x)$의 한 부정적분을 $F(x)$라 하고 $g(x)$의 한 부정적분을 $G(x)$라 할 때, 이 함수들은 모든 실수 x에 대하여 다음 조건을 만족시킨다.

(가) $\displaystyle\int_1^x f(t)dt = xf(x) - 2x^2 - 1$

(나) $f(x)G(x) + F(x)g(x) = 8x^3 + 3x^2 + 1$

$\displaystyle\int_1^3 g(x)dx$의 값을 구하시오.

(가) $\displaystyle\int_1^x f(t)\,dt = xf(x) - 2x^2 - 1$

"여기서 <u>$x = 1$을 대입</u>해보고, 양변을 <u>x**에 대하여 미분**</u>하면 2개의 조건을 도출할 수 있겠다."

1) $x = 1$을 대입하면 $0 = f(1) - 3$이므로, $f(1) = 3$이다. ⋯ ㉠

2) 양변을 x에 대하여 미분하면 $f(x) = f(x) + xf'(x) - 4x \;\Rightarrow\; xf'(x) = 4x$이므로, $f'(x) = 4$이다. ⋯ ㉡
    (발문에서 $f(x)$는 다항함수라고 하였으므로, 진수조건 $x \neq 0$을 붙일 필요가 없다.)

㉡의 양변을 적분하면 $f(x) = 4x + C$이고, ㉠을 통해 $f(x) = 4x - 1$임을 알 수 있다.

∴ $f(x) = 4x - 1$, $F(x) = 2x^2 - x + C_1$ (C_1은 적분상수)

(나) $f(x)G(x) + F(x)g(x) = 8x^3 + 3x^2 + 1$

"$f(x)$, $F(x)$가 각각 **일차식, 이차식**이니까, $G(x)$, $g(x)$가 각각 **이차식, 일차식**이면 삼차함수가 될 수 있겠네."

$g(x) = 2ax + b$, $G(x) = ax^2 + bx + C_2$라고 두자.

(나)는 x에 대한 항등식이므로 좌변에 다항식들을 대입하면,
$(4x - 1)(ax^2 + bx + C_2) + (2x^2 - x + C_1)(2ax + b) = 8x^3 + 3x^2 + 1$
$\Rightarrow 8ax^3 + (-a + 4b + 2b - 2a)x^2 + (4C_2 - b - b + 2aC_1)x - C_2 + bC_1 = 8x^3 + 3x^2 + 1$이다.

각 항들의 **계수를 비교**하여 미지수를 구하면 다음과 같다.

1) x^3의 계수 : $4a + 4a = 8 \;\Rightarrow\; a = 1$

2) x^2의 계수 : $-a + 4b + 2b - 2a = 6b - 3 = 3 \;\Rightarrow\; b = 1$

3) x의 계수 : $4C_2 - b - b + 2aC_1 = 2C_1 + 4C_2 - 2 = 0$

4) 상수항 : $-C_2 + bC_1 = C_1 - C_2 = 1$

3)과 4)를 연립하면, $C_1 = 1$, $C_2 = 0$

$\therefore\ G(x) = x^2 + x$

따라서, $\displaystyle\int_1^3 g(x)\,dx = G(3) - G(1) = 10$

답: 10

| 무엇으로 학생들을 변별했는가?

1. (나)에서 $g(x)$와 $G(x)$를 미지수로 두고, 항등식을 이용하여 **계수를 비교**할 수 있는가?

| NOTES

- (나)에서 $g(x)$가 이차식일 때에도, 좌변이 사차식이 되더라도
  "사차항들끼리 계산하여 소거되면 **삼차식이 되지 않을까?**"라는 생각이 들 수도 있다.

  하지만, $f(x)$의 최고차항의 계수는 양수이고, 그 적분식인 $F(x)$의 최고차항의 계수도 양수이기 때문에
  그러한 경우는 절대 성립할 수 없다.

  또한, $g(x)$의 최고차항의 계수가 음수라고 하더라도 $G(x)$의 최고차항의 계수도 음수가 되므로
  $f(x)G(x)+g(x)F(x)$의 최고차항의 계수는 음수가 될 뿐, 절대로 소거가 되어 사차식이 삼차식이 될 수는 없다.

- 미적분 선택자라면, (나)를 다음과 같이 접근할 수도 있다.
  (문제풀이에 걸리는 시간은 풀이의 방법과 큰 차이 없다.)

  "곱함수의 미분꼴과 비슷하게 생겼네..? 한번 양변을 **부정적분해보자**."

  $$F(x)G(x) = 2x^4 + x^3 + x + C_3 \ \cdots \ \text{ⓛ}$$

  "$F(x) = 2x^2 - x + C_1$이고, $g(x)$는 다항함수이므로 ⓛ과 비교해보면, $\underline{G(x)}$는 최고차항의 계수가 1인 이차함수네."

  "두 함수 $F(x)$, $G(x)$을 구해야하니, $G(x) = x^2 + ax + C_2$라고 하고 $\underline{F(x)G(x)}$에 대한 식을 세워,
  ⓛ과 **계수를 비교**해보자."

  $$F(x)G(x) = (2x^2 - x + C_1)(x^2 + ax + C_2) = 2x^4 + (2a-1)x^3 + (C_1 + 2C_2 - a)x^2 + (aC_1 - C_2)x + C_1 C_2$$
  $$F(x)G(x) = 2x^4 + x^3 + x + C_3$$

  이후 두 식의 계수를 비교하면 답이 나온다.

두 다항함수 $f(x)$, $g(x)$는 모든 실수 x에 대하여 다음 조건을 만족시킨다.

(가) $\displaystyle\int_1^x tf(t)\,dt + \int_{-1}^x tg(t)\,dt = 3x^4 + 8x^3 - 3x^2$

(나) $f(x) = xg'(x)$

$\displaystyle\int_0^3 g(x)\,dx$의 값은?

① 72　　　　　② 76　　　　　③ 80　　　　　④ 84　　　　　⑤ 88

먼저, (가)를 미분해보면

$xf(x) + xg(x) = 12x^3 + 24x^2 - 6x$이고,

(나)에 따르면 $f(x) = xg'(x)$이므로, $xf(x) + xg(x) = x^2 g'(x) + xg(x) = 12x^2 + 24x - 6x$이고,
양변을 x로 나누면 $xg'(x) + g(x) = 12x^2 + 24x - 6$이다.

이때, 좌변은 $\underline{xg(x)\textbf{의 미분꼴}}$과 같으므로, 양변을 적분해주면
$xg(x) = 4x^3 + 12x^2 - 6x + C$이다. (단, C는 적분상수)

$x = 0$을 넣었을 때, 좌변이 0이므로 $C = 0$이다.

따라서, 다시 한번 양변을 x로 나누면 $g(x) = 4x^2 + 12x - 6$이므로
$$\int_0^3 g(x)\,dx = \int_0^3 (4x^2 + 12x - 6)\,dx = \left[\frac{4}{3}x^3 + 6x^2 - 6x\right]_0^3 = 72$$이다.

답: ①

[빠른 정답]

01. 43

02. ⑤

03. ⑤

04. ④

05. ⑤

06. ⑤

07. 7

08. ①

09. 5

10. ④

11. 8

12. ④

13. 110

14. ④

15. 13

16. ⑤

17. ②

18. 10

19. ①

적분법 | 정적분의 활용

곡선 $y = -2x^2 + 3x$와 직선 $y = x$로 둘러싸인 부분의 넓이가 $\dfrac{q}{p}$일 때, $p+q$의 값을 구하시오.

(단, p와 q는 서로소인 자연수이다.)

이 문제는 **이차함수의 넓이 공식**을 통해 빠르게 답을 구할 수 있다.

우선 $y = -2x^2 + 3x$와 $y = x$는 $x = 0$과 $x = 1$에서 교점을 갖는다.

또한 최고차항의 계수가 -2이므로, 넓이 공식에 의해 값을 구해주면 $S = \dfrac{|-2|}{6}(1-0)^3 = \dfrac{1}{3}$ 이다.

$\therefore \ p+q = 4$

답: 4

| **NOTES**

- 이차함수의 넓이 공식은 다음과 같다.

  최고차항의 계수가 p이면서 x축과의 교점이 α, β라면, 이차함수와 x축으로 둘러싸인 도형의 넓이 S는

  $$S = \frac{|p|}{6}(\beta - \alpha)^3 \ \text{이다.}$$

시각 $t = 0$일 때 동시에 원점을 출발하여 수직선 위를 움직이는 두 점 P, Q의
시각 t $(t \geq 0)$에서의 속도가 각각

$$v_1(t) = 3t^2 + t, \ v_2(t) = 2t^2 + 3t$$

이다. 출발한 두 점 P, Q의 속도가 같아지는 순간 두 점 P, Q 사이의 거리를 a라 할 때,
$9a$의 값을 구하시오.

$v_1(t) = v_2(t)$일 때,
$3t^2 + t = 2t^2 + 3t \ \Rightarrow \ t^2 - 2t = 0 \ \Rightarrow \ t = 2 \ (t > 0)$이다.

"점 사이의 거리를 구하라고? 적분해서 **위치함수**$(x(t))$를 구하라는 거구나."

"적분상수는 줬나? 원점 출발이구나. $C = 0$이네."

$$x_1(t) = t^3 + \frac{t^2}{2}$$
$$x_2(t) = \frac{2}{3}t^3 + \frac{3}{2}t^2$$

$$x_1(2) = 8 + 2 = 10$$
$$x_2(2) = \frac{16}{3} + 6 = \frac{34}{3}$$

"거리는 **두 위치 간의 차이**니까 계산해서 문제를 마무리하자."

$$a = \left| x_1(2) - x_2(2) \right| = \frac{4}{3}$$

$$\therefore \ 9a = 12$$

답: 12

| 무엇을 기준으로 학생들을 변별했는가?

1. 속도함수가 주어져 있을 때 적분을 통해 **위치함수를 구할 수 있는가?**

| NOTES

- 보통 속도함수를 주고 **위치함수를 구하라고 할 때는 적분상수를 구하기 위해 정보를 주기 마련**이다. 문제를 읽으면서 예민하게 반응하자.

- 거리를 구할 때는 **언제나 절댓값을 붙이고 해석**하는 것이 안전하다.

실수 전제의 집합에서 증가하는 연속함수 $f(x)$가 다음 조건을 만족시킨다.

(가) 모든 실수 x에 대하여 $f(x) = f(x-3) + 4$이다.

(나) $\displaystyle\int_0^6 f(x)dx = 0$

함수 $y = f(x)$의 그래프와 x축 및 두 직선 $x = 6$, $x = 9$로 둘러싸인 부분의 넓이는?

① 9   ② 12   ③ 15   ④ 18   ⑤ 21

"(가)에서 $f(x)$는 증가하는 연속함수이고 x축으로 3만큼 평행이동한 뒤 y축으로 4만큼 평행이동한 그래프와 같아야한다.
그렇다면, **주기가 3이고 주기 당 4씩 증가**하는 임의의 곡선을 그려보자."

그런데, (나)를 보면 $\displaystyle\int_0^6 f(x)dx = 0$이다.

우리가 그려본 곡선을 보면, 위아래로 잘 움직여보면(평행이동) $\displaystyle\int_0^6 f(x)dx = 0$을 만들 수 있어보인다.

그 어떤 형태더라도 말이다.

"그렇다면 $f(x)$를 복잡하게 설정할 필요가 없다. 어떤 형태라도 잘 평행이동해서 $\displaystyle\int_0^6 f(x)dx = 0$을 만들 수 있다면,

가장 **간단한 형태인 직선**으로 잡고 풀어봐도 되지 않을까..?"

"한번 $f(x) = \dfrac{4}{3}(x-m)$라고 두고 풀어보자."

"적분구간이 0부터 6인데 적분값이 0이라면, 결국 0과 6의 **중앙에 m이 있어야겠네.**
그렇다면 $m = 3$이겠다."

$$\therefore \int_6^9 \frac{4}{3}(x-3)dx = \int_3^6 \frac{4}{3}x\,dx = \frac{2}{3}\left[x^2\right]_3^6 = 18$$

"혹시 모르니, 검토할 때 이론적으로도 접근해보자."

답: ④

| 무엇을 기준으로 학생들을 변별했는가?

1. 명확히 **특정할 수 없는 함수**가 주어졌을 때, 주어진 함수의 **주기성을 이용**하거나, 주어진 특징들을 만족하는 식을
   임의로 대입하여 적분값을 구할 수 있는가?

| NOTES

- "과연 어떤 형태든지 $\int_6^9 f(x)dx = 18$이 나온다는 가정이 맞을까..? 한번 증명해보자."

먼저, 원점과 점 $(3, 4)$를 지나는 3주기의 증가함수 $g(x)$를 상정해보자.

그리고, $S = \int_0^3 g(x)dx$라고 하자.

주기함수의 한 부분에 해당하는 넓이를 S로 설정해서, **반복성을 직관적으로 나타내기 위함**이다.

그 다음, $g(x)+k = f(x)$라고 하면, $\int_0^6 f(x)dx = 0$이므로 두 주기로 쪼개서 생각해보면

$$\int_0^6 f(x)dx = \int_0^3 \{g(x)+k\}dx + \int_3^6 \{g(x)+k\}dx$$

$$= \int_0^3 \{g(x)+k\}dx + \int_0^3 \{g(x)+k+4\}dx = 2\int_0^3 \{g(x)+k\}dx + 12 = 2S + 6k + 12 = 0$$이다.

$$\therefore\ S = -3k - 6$$

이제, $\int_6^9 f(x)dx$를 구해보자.

$$\int_6^9 f(x)dx = \int_0^3 \{g(x)+k+8\}dx = S + 3k + 24 = 18$$이다.

따라서, $f(x)$가 어떤 형태든지 발문의 조건들만 만족한다면 $\int_6^9 f(x)dx = 18$이 나오게 된다.

- 복잡하게 보일 수 있지만, 결국 이 문제의 본질은 **원점을 지나고 3주기로 4씩 증가하며 반복되는 함수**를,
  잘 평행이동$(+k)$시켜서 $\int_0^6 f(x)dx = 0$이 되도록 만든 것이다.

그렇다면, 한 주기의 넓이(S)만 구하면 나머지 넓이는 S와 k에 대해 표현할 수 있게 된다.

이 문제는 그 과정에서 S와 k가 상쇄되도록 문제를 설계한 것이다.

그런데, 우리는 이 원리를 모두 알고 있을 필요가 없다. 대충, 이렇게 설계되었을 것이라는 **직감이 들면**,
문제의 모든 조건을 만족하는 동시에 **가장 단순한 형태의 $f(x)$를 가정**하고 문제를 들어가면 되는 것이다.

함수 $f(x) = x^2 - 2x$ 에 대하여 두 곡선 $y = f(x)$, $y = -f(x-1) - 1$로 둘러싸인 부분의 넓이는?

① $\dfrac{1}{6}$ ② $\dfrac{1}{4}$ ③ $\dfrac{1}{3}$ ④ $\dfrac{5}{12}$ ⑤ $\dfrac{1}{2}$

두 곡선의 교점을 구하기 위해 다음 방정식을 풀어보자.

$$f(x) = -f(x-1) - 1 \implies f(x) + f(x-1) + 1 = 0$$
$$\implies 2x^2 - 6x + 4 = 2(x-1)(x-2) = 0$$

따라서, 두 곡선의 **교점의** x**좌표**는 각각 $x = 1$, $x = 2$이다.

이때 둘러싸인 도형의 넓이는 $-\displaystyle\int_1^2 \{2x^2 - 6x + 4\}\, dx = -\left[\dfrac{2}{3}x^3 - 3x^2 + 4x \right]_1^2 = \dfrac{1}{3}$ 이다.

(구간 $[1, 2]$에서 그래프의 위치관계를 고려해보면 $y = -f(x-1) - 1$이 $y = f(x)$보다 위에 위치한다.)

또 다른 풀이로는 넓이 공식 $S = \dfrac{|a|}{6}(\beta - \alpha)^3$을 이용해도 좋다.

(a는 최고차항의 계수, α, β는 x축과의 교점)

답: ③

두 함수

$$f(x) = \frac{1}{3}\,x(4-x),\ g(x) = |\,x-1\,|-1$$

의 그래프로 둘러싸인 부분의 넓이를 S라 할 때, $4S$의 값을 구하시오.

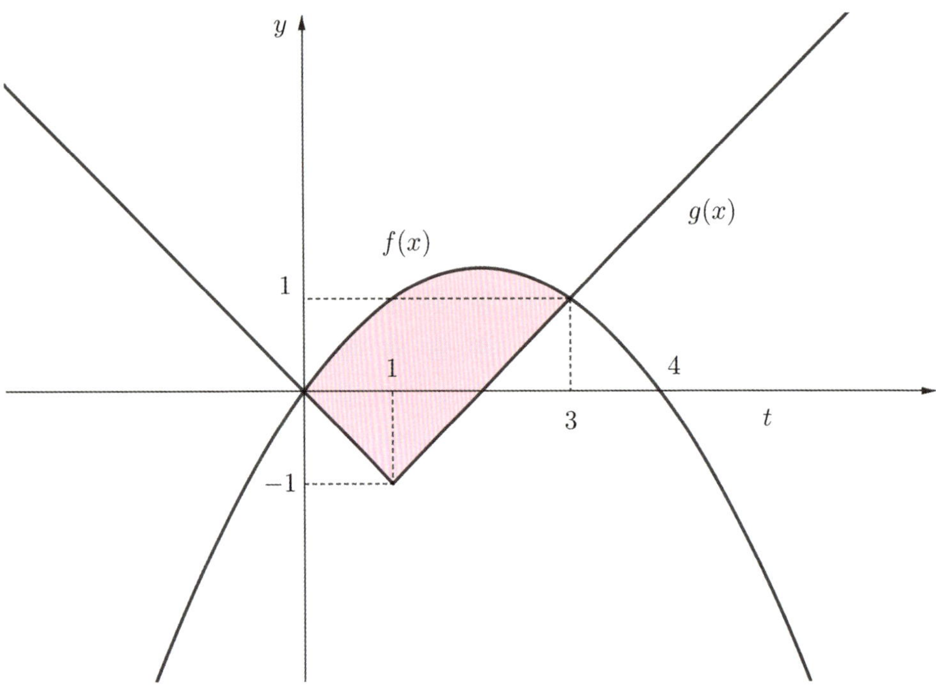

그래프를 그리면 다음과 같다. 따라서 함수가 바뀌는 $x=1$을 기준으로 정적분을 나누어 계산해보자.

$$f(x) = -\frac{1}{3}x^2 + \frac{4}{3}x \text{이고 } g(x) = \begin{cases} x-2 & (x \geq 1) \\ -x & (x < 1) \end{cases} \text{이다.}$$

이때 두 함수가 만나는 교점의 x좌표는 3이다.

따라서 $S = \displaystyle\int_{0}^{1}\left(-\frac{1}{3}x^2 + \frac{7}{3}x\right)dx + \int_{1}^{3}\left(-\frac{1}{3}x^2 + \frac{1}{3}x + 2\right)dx = 14$

답: 14

수직선 위를 움직이는 점 P의 시각 t $(t \geq 0)$에서의 속도 $v(t)$가

$$v(t) = -4t + 5$$

이다. 시각 $t = 3$에서 점 P의 위치가 11일 때, 시각 $t = 0$에서 점 P의 위치는?

① 11　　　　　② 12　　　　　③ 13　　　　　④ 14　　　　　⑤ 15

속도에 관한 식이 주어지고, 시각 $t = 3$에서의 점 P의 위치가 주어졌으므로 부정적분을 통해 위치에 관한 식을 구하자.

위치 $x(t) = -2t^2 + 5t + C$이고 $x(3) = 11$이므로 $C = 14$이다.

$\therefore \ x(0) = C = 14$

답: ④

수직선 위를 움직이는 점 P의 시각 t $(t \geq 0)$에서의 속도 $v(t)$가

$$v(t) = 2t - 6$$

이다. 점 P가 시각 $t = 3$에서 $t = k$ $(k > 3)$까지 움직인 거리가 25일 때, 상수 k의 값은?

① 6　　　　　② 7　　　　　③ 8　　　　　④ 9　　　　　⑤ 10

$v(t) = 2t - 6$이다.

$t = 3$부터 이동 거리를 따져야 한다.
보기 쉽게 변형하자.

$v(t) = 2(t - 3)$

$t = 3$부터 t까지 움직인 거리를 $x(t)$라고 한다면, $(t > 3)$
$x(3) = 0$, $x'(3) = v(3) = 0$이다.

$\therefore \ x(t) = (t - 3)^2$

$x(k) = (k - 3)^2 = 25$이므로, $k = 8$이다.

답: ③

| 무엇을 기준으로 학생들을 변별했는가?

1. 속도에 대한 함수가 주어졌을 때 정적분을 통해 이동 거리를 구할 수 있다.

| NOTES

- $v(t)$에서 3부터 k까지의 이동거리를 구할 때, $v(t + 3)$에서 0부터 $k - 3$까지의 이동거리로 바꿔 생각하고 풀면 조금 더 직관적으로 접근할 수 있다.

  또한 검산을 할 때 여러 계산법을 익혀 놓고 다른 방법으로 검산하면 실수를 할 확률이 줄어든다.

곡선 $y = x^2 - 7x + 10$ 과 직선 $y = -x + 10$ 으로 둘러싸인 부분의 넓이를 구하시오.

"이차함수와 직선으로 둘러싸인 부분의 넓이네. 이차함수에서 직선을 뺀 **차함수도 이차함수**니,
이차함수의 넓이 공식을 쓰면 되겠네."

차함수는 $y = (x^2 - 7x + 10) - (-x + 10) \Rightarrow y = x^2 - 6x$ 이므로,

"구하는 넓이는 $x = 0,\ 6$ 에서 실근을 가지고, 최고차항의 계수가 1 인 **이차함수가 x축과 이루는 넓이**와 같네."

$$\frac{6^3}{6} = 36$$

답: 36

| NOTES

- 최고차항의 계수를 h 라고 할 때, 이차함수의 넓이 공식은 $\dfrac{h|\beta - \alpha|^3}{6}$ 이다. 외워 놓자.

수직선 위를 움직이는 점 P의 시각 t에서의 가속도가

$$a(t) = 3t^2 - 12t + 9 \ (t \geq 0)$$

이고, 시각 $t = 0$에서의 속도가 k일 때, 〈보기〉에서 옳은 것만을 있는 대로 고른 것은?

─────────────── 〈보 기〉 ───────────────

ㄱ. 구간 $(3, \infty)$에서 점 P의 속도는 증가한다.

ㄴ. $k = -4$이면 구간 $(0, \infty)$에서 점 P의 운동 방향이 두 번 바뀐다.

ㄷ. 시각 $t = 0$에서 시각 $t = 5$까지 점 P의 위치의 변화량과 점 P가 움직인 거리가
  같도록 하는 k의 최솟값은 0이다.

① ㄱ   ② ㄴ   ③ ㄱ, ㄴ   ④ ㄱ, ㄷ   ⑤ ㄱ, ㄴ, ㄷ

ㄱ. '점 P의 속도는 증가한다.'

속도가 증가하는지, 감소하는지 확인하려면 **가속도의 부호를 관찰해야 한다**.

$a(t) = 3t^2 - 12t + 9 = 3(t-1)(t-3)$이므로 $t \geq 3$에서 $a(t) \geq 0$이다.
따라서, 구간 $(3, \infty)$에서 점 P의 속도는 증가한다. ⋯ (참)

ㄴ. '점 P의 운동 방향이 두 번 바뀐다.'

운동 방향이 두 번 바뀐다는 것은 **속도의 부호가 두 번 바뀐다**는 것이다.

속도를 $v(t)$라 하면, $a(t) = 3t^2 - 12t + 9$이므로
$v(t) = t^3 - 6t^2 + 9t + k$이다. ($t = 0$에서의 속도는 k)

$k = -4$일 때 $v(t) = t^3 - 6t^2 + 9t - 4 = t(t-3)^2 - 4$이다. 이제 시간-속도 그래프를 그려보자.

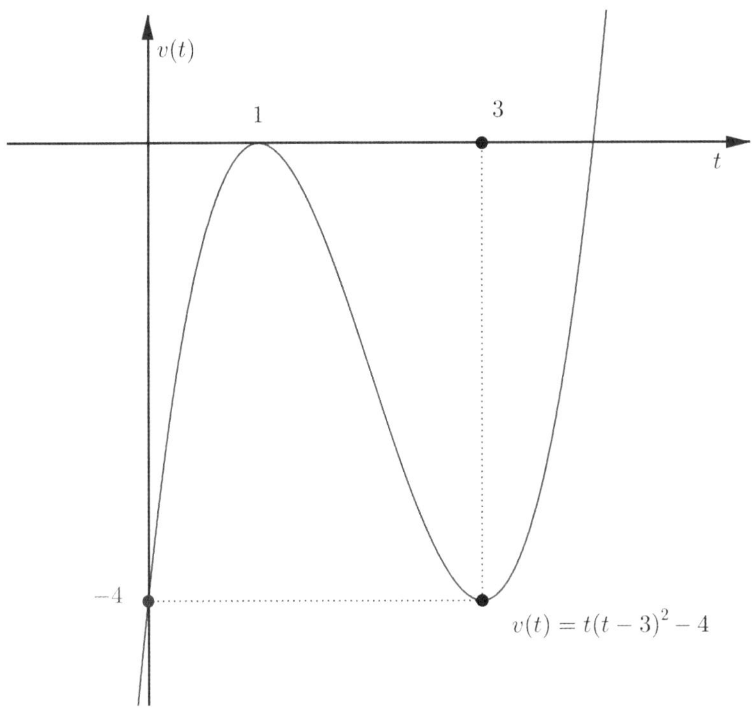

부호 변화를 관찰하면 **부호 변화는 $x=4$에서 한 번 발생한다**는 것을 알 수 있다. ⋯ (거짓)

ㄷ. '시각 $t=0$에서 시각 $t=5$까지 점 P의 위치의 변화량과 점 P가 움직인 거리가 같다.'

위치의 변화량과 움직인 거리가 같으려면 $t=0$에서 $t=5$까지 **속도 $v(t)$의 부호 변화가 발생하지 않아야 한다**.
따라서 $k \geq 0$일 때, $v(t) = t(t-3)^2 + k$이므로 주어진 조건을 만족하는 k의 최솟값은 0이다. ⋯ (참)

답: ④

| 무엇을 기준으로 학생들을 변별했는가?

1. 가속도를 적분하여 속도 함수 $v(t)$를 구할 수 있는가?

2. **위치의 변화량**과 **움직인 거리**의 개념적 차이를 명확히 인지하고 있는가?

수직선 위를 움직이는 점 P의 시각 t $(t>0)$에서의 속도 $v(t)$가

$$v(t) = -4t^3 + 12t^2$$

이다. 시각 $t=k$에서 점 P의 가속도가 12일 때, 시각 $t=3k$에서 $t=4k$까지 점 P가 움직인 거리는? (단, k는 상수이다.)

① 23   ② 25   ③ 27   ④ 29   ⑤ 31

STEP 1.

$v(t) = -4t^3 + 12t^2$ 를 미분하면

$a(t) = -12t^2 + 24t$ 이고, $t=1$일 때 $a(1) = 12$이다.

$\therefore\ k=1$

STEP 2.

이제 $v(t) = -4t^3 + 12t^2$ 를 $t=3$ 부터 $t=4$ 까지 적분하면

$$\int_3^4 v(t)\,dt = \left[-t^4 + 4t^3 \right]_3^4 = -256 + 81 + 4 \times 37 = -27$$

따라서, 점 P가 움직은 거리는 27 이다.

답: ③

수직선 위를 움직이는 점 P의 시각 t에서의 위치 $x(t)$가 두 상수 a, b에 대하여

$$x(t) = t(t-1)(at+b) \ \ (a \neq 0)$$

이다. 점 P의 시각 t에서의 속도 $v(t)$가 $\displaystyle\int_0^1 |v(t)|\,dt = 2$를 만족시킬 때, 〈보기〉에서 옳은 것만을 있는 대로 고른 것은?

〈보 기〉

ㄱ. $\displaystyle\int_0^1 v(t)\,dt = 0$

ㄴ. $|x(t_1)| > 1$인 t_1이 열린구간 $(0,\ 1)$에 존재한다.

ㄷ. $0 \leq t \leq 1$인 모든 t에 대하여 $|x(t)| < 1$이면 $x(t_2) = 0$인 t_2가 열린구간 $(0,\ 1)$에 존재한다.

---

① ㄱ   ② ㄱ, ㄴ   ③ ㄱ, ㄷ   ④ ㄴ, ㄷ   ⑤ ㄱ, ㄴ, ㄷ

$x(t)$는 $t=0$, $t=1$, $t=-\dfrac{b}{a}$에서 실근을 갖는 삼차함수이다.

ㄱ. $\displaystyle\int_0^1 v(t)\,dt = 0$

$\displaystyle\int_0^1 v(t)\,dt = x(1) - x(0) = 0$이다. ⋯ **(참)**

ㄴ. $|x(t_1)| > 1$인 t_1이 열린구간 $(0,\ 1)$에 존재한다.

이를 해석하면, **원점으로부터의 거리가 1보다 큰** t_1이 존재해야한다.

이 때 조건 $\displaystyle\int_0^1 |v(t)|\,dt = 2$을 잘 해석해보아야한다.

이 조건은 **구간 $[0,\ 1]$에서 $x(t)$의 이동거리가 2**임을 의미한다.

그러나, **시작과 끝이 0으로 같은 구간**에서
총 이동거리가 2일 때 어떠한 개형을 갖든 **원점으로부터의 거리의 최댓값은 1이하**이다.
(아래 그림 참고)

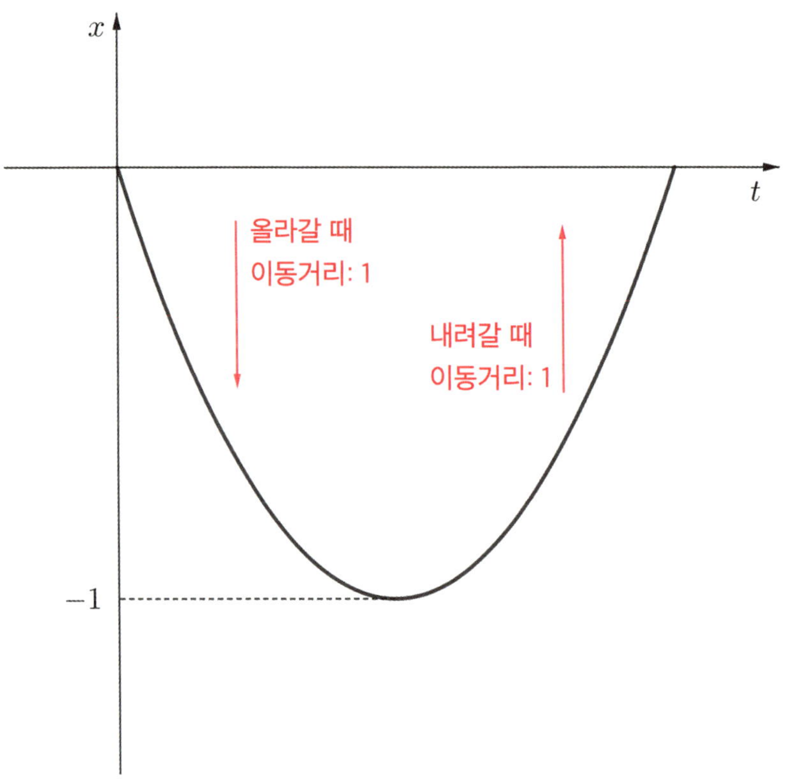

따라서, 어떠한 경우에도 $|x(t_1)| > 1$인 t_1이 열린구간 $(0,\ 1)$에 존재할 수 없다. $\cdots$ (거짓)

ㄷ. $0 \le t \le 1$인 모든 t에 대하여 $|x(t_1)| < 1$이면 $x(t_2) = 0$인 t_2가 열린구간 $(0,\ 1)$에 존재한다.

ㄴ에서의 그림과 같은 경우, $|x(t_1)| = 1$을 만족하는 실수 t_1이 존재한다.

만약 $x(t)$가 구간 $[0,\ 1]$에서 **오직 하나의 극점**을 갖는다면, 어떠한 개형에서도 ㄴ에서의 그림과 같이 $|x(t_1)| = 1$을 만족하는 실수 t_1이 존재할 것이다.

그러나, 선지 ㄷ에서 '$|x(t_1)| < 1$이면' 이라는 조건이 주어졌으므로 $x(t)$는 구간 $[0,\ 1]$에서 두 개 이상의 극점을 가진다.
즉, $x(t)$는 구간 $[0,\ 1]$즉 **극대와 극소**를 가져야한다.
따라서, $x(t)$는 세 개의 근을 가지는 삼차함수이며 필연적으로 극댓값은 양수, 극솟값은 음수이다.

따라서, $x(t)$가 구간 $[0,\ 1]$에서 **극대와 극소를 갖는다면**, 그 사이에 반드시 실근이 존재할 것이다. $\cdots$ (참)

답: ③

| 무엇으로 학생들을 변별했는가?

1. **이동거리가** 2라는 점과 **구간의 시작과 끝이 같다**는 점을 토대로,
   개형에 따라 **원점과의 거리의 최댓값**이 어떻게 변하는지 파악할 수 있다.

시각 $t = 0$일 때 동시에 원점을 출발하여 수직선 위를 움직이는 두 점 P, Q의 시각 t $(t \geq 0)$에서의 속도가 각각

$$v_1(t) = 2 - t, \quad v_2(t) = 3t$$

이다. 출발한 시각부터 점 P가 원점으로 돌아올 때까지 점 Q가 움직인 거리는?

① 16 　　　　　② 18 　　　　　③ 20 　　　　　④ 22 　　　　　⑤ 24

"먼저 점 P가 원점으로 언제 돌아오는지 살펴보아야겠다.
$v_1(t)$는 $0 < t < 2$일 때 원점을 출발하여 양의 방향으로 증가하다가 $t \geq 2$일 때 감소하겠네."

"두 점 P, Q 모두 $t = 0$에서 원점을 지나므로, **적분상수를** 0으로 두고 $v_1(t)$, $v_2(t)$를 전부 **부정적분**하여 위치를 구하자."

두 점의 위치를 각각 $x_1(t)$, $x_2(t)$라고 하면,

$x_1(t) = 2t - \dfrac{1}{2}t^2$, $x_2(t) = \dfrac{3}{2}t^2$이다.

따라서, 점 P가 원점으로 돌아오는 시각은 $x_1(t) = -\dfrac{1}{2}t(t-4) = 0 \ \Rightarrow \ t = 4$

"이제 답을 구해보자. $v_2(t)$의 식을 보면, 점 Q가 이동방향이 바뀌는 일은 없으니 단순히 **위치의 변화량**만 구하면 되겠다."

따라서, 출발한 시각$(t = 0)$부터 점 P가 원점으로 돌아오는 시각$(t = 4)$까지 점 Q가 움직인 거리는

$x_2(4) - x_2(0) = 24$이다.

답: ⑤

수직선 위의 점 $A(6)$과 시각 $t=0$일 때 원점을 출발하여 이 수직선 위를 움직이는 점 P가 있다. 시각 t $(t \geq 0)$에서의 점 P의 속도 $v(t)$를

$$v(t) = 3t^2 + at \ \ (a > 0)$$

이라 하자. 시각 $t=2$에서 점 P와 점 A 사이의 거리가 10일 때, 상수 a의 값은?

① 1 ② 2 ③ 3 ④ 4 ⑤ 5

$v(t) = 3t^2 + at$이고, $a > 0$이므로
속도($v(t)$)는 <u>**0에서부터 계속 증가**</u>할 것이다.

또한, 시각 $t=2$에서 점 P와 점 $A(6)$ 사이의 거리가 10이므로,
$t=2$에서 **점 P의 위치는 16이 되어야한다.**

(점 P는 원점에서 출발하고, 속도가 항상 0 이상이기에 위치가 -4일 수는 없다.)

따라서, $\displaystyle\int_0^2 v(t)dt = \left[t^3 + \dfrac{1}{2}at^2 \right]_0^2 = 16$

$\therefore \displaystyle\int_0^2 v(t)dt = \left[t^3 + \dfrac{1}{2}at^2 \right]_0^2 = 8 + 2a = 16 \ \Rightarrow \ a = 4$이다.

답: ④

상수 k $(k < 0)$에 대하여 두 함수

$$f(x) = x^3 + x^2 - x, \quad g(x) = 4|x| + k$$

의 그래프가 만나는 점의 개수가 2일 때, 두 함수의 그래프로 둘러싸인 부분의 넓이를 S라 하자. $30 \times S$의 값을 구하시오.

$f(x)$와 $g(x)$의 교점을 있는 그대로 파악하는 것보다,
$x^3 + x^2 - x - 4|x| = k$와 같이 **변수를 좌변**에, **상수를 우변**에 놓고 교점을 파악하는 것이 보다 직관적이다.

$h(x) = x^3 + x^2 - x - 4|x|$ 라고 하자.

이에 따라 $y = k$ $(k < 0)$를 움직이다보면,
오직 $h(x)$의 극솟점을 지날 때 교점의 개수가 2개가 됨을 알 수 있다.

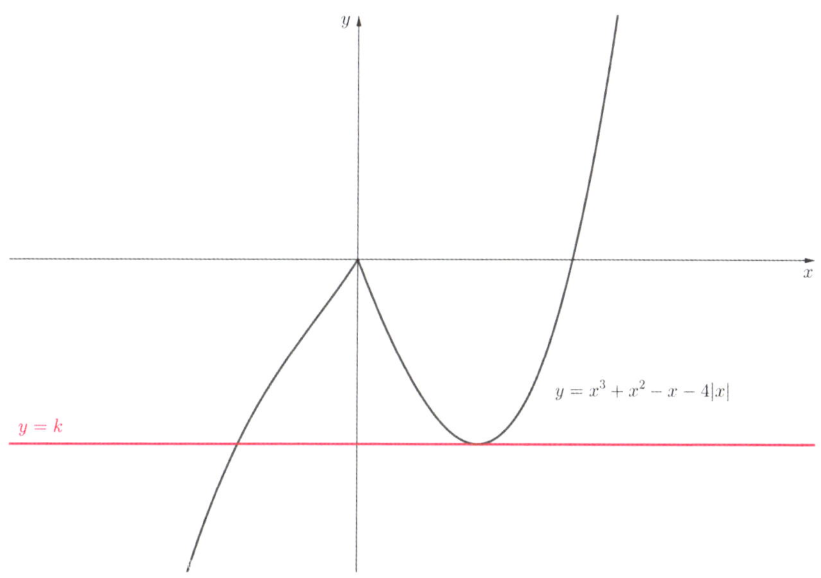

따라서, $h(x) = x^3 + x^2 - 5x$ $(x > 0)$를 미분해보면
$h'(x) = 3x^2 + 2x - 5 = (3x + 5)(x - 1) = 0$ $(x > 0)$

따라서, 이때 **극소점**(오른쪽 교점)은 $(1, \ -3)$이다.

$\therefore \ k = -3$

이제, 극소 외의 **나머지 한 교점**을 살펴보면,
$h(x) = x^3 + x^2 + 3x$ $(x < 0)$와 $y = -3$의 교점일 것이다.
$x^3 + x^2 + 3x + 3 = (x^2 + 3)(x + 1)$이므로, **나머지 한 교점**(왼쪽 교점)은 $(-1, \ -3)$이다.

이제 마지막으로, $\displaystyle\int_{-1}^{1} \{f(x) - g(x)\}dx$를 구해야한다.

$$\int_{-1}^{1}\{f(x)-g(x)\}dx=\int_{-1}^{1}\{x^3+x^2-x-|4x|+3\}dx$$

여기서 적분구간은 $-1\leq x\leq 1$로, y축 대칭이므로 **홀수 제곱꼴 항**(x^{2n-1})**은 소거**된다. (절댓값이 씌인 경우 제외)

$$\int_{-1}^{1}\{x^3+x^2-x-|4x|+3\}dx=2\int_{0}^{1}\{x^2-|4x|+3\}dx=2\left[\frac{1}{3}x^3-2x^2+3x\right]_{0}^{1}=\frac{8}{3}$$

따라서, $S=\dfrac{8}{3}$ 이다.

$$\therefore\ 30\times S=80$$

답: 80

| 무엇을 기준으로 학생들을 변별했는가?

1. $f(x)$와 $g(x)$의 교점이 k**에 따라 어떻게 변화**하는지 파악할 수 있는가?

| NOTES

- 두 함수의 교점의 개수를 다룰 때, x에 대한 모든 항을 왼쪽에, 상수(k)를 오른쪽에 두고
상수를 위아래로 움직여가면서 그 양상을 파악하는 것은 매우 기본적인 접근방법이다.

두 곡선 $y=x^3+x^2$, $y=-x^2+k$와 y축으로 둘러싸인 부분의 넓이를 A, 두 곡선 $y=x^3+x^2$, $y=-x^2+k$와 직선 $x=2$로 둘러싸인 부분의 넓이를 B라 하자. $A=B$일 때, 상수 k의 값은? (단, $4<k<5$)

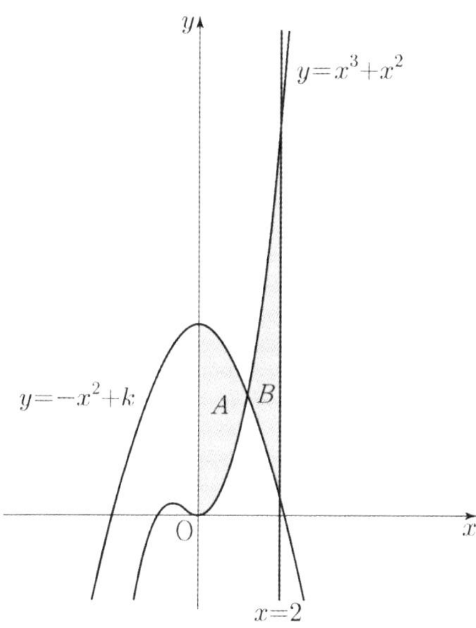

① $\dfrac{25}{6}$　　　② $\dfrac{13}{3}$　　　③ $\dfrac{9}{2}$　　　④ $\dfrac{14}{3}$　　　⑤ $\dfrac{29}{6}$

$f(x)=x^3+x^2$, $g(x)=-x^2+k$라 하자.

이때, $A=B$이므로 $\displaystyle\int_0^2 \{f(x)-g(x)\}dx=0$임을 알 수 있다.

미지수는 k로 한 개이고, 관계식 또한 한 개이므로 k를 구할 수 있다.

$$\int_0^2 \{f(x)-g(x)\}dx=\int_0^2 (x^3+2x^2-k)dx=\left[\frac{1}{4}x^4+\frac{2}{3}x^3-kx\right]_0^2=\frac{28}{3}-2k=0$$

$$\therefore\ k=\frac{14}{3}$$

답: ④

수직선 위를 움직이는 점 P의 시각 t $(t \geq 0)$에서의 속도 $v(t)$와 가속도 $a(t)$가 다음 조건을 만족시킨다.

(가) $0 \leq t \leq 2$일 때, $v(t) = 2t^3 - 8t$이다.

(나) $t \geq 2$일 때, $a(t) = 6t + 4$이다.

시각 $t = 0$에서 $t = 3$까지 점 P가 움직인 거리를 구하시오.

$t \geq 2$일 때, (나)를 적분해보면 $v(t) = 3t^2 + 4t + C$이고 (C는 적분상수),

$v(t)$는 $t = 2$에서 연속이어야하므로
$v(2) = 20 + C = 0 \implies C = -20$이다.

따라서 $v(t) = \begin{cases} 2t^3 - 8t & (0 \leq t \leq 2) \\ 3t^2 + 4t - 20 & (2 \leq t \leq 3) \end{cases}$ 이다.

움직인 거리를 구하기 위해서는 t에 따른 $v(t)$의 부호를 알아야한다.

$2t^3 - 8t = 2t(t-2)(t+2)$이므로 $0 < t < 2$에서 $v(t)$는 **음수**,
$3t^2 + 4t - 20 = (t-2)(3t+10)$이므로 $2 < t < 3$에서 $v(t)$는 **양수**이므로,

$$\therefore \int_0^3 |v(t)| \, dt = -\int_0^2 v(t) \, dt + \int_2^3 v(t) \, dt = 17$$

답: 17

| 무엇을 기준으로 학생들을 변별했는가?

1. 속도는 연속이어야한다는 점을 이용해 **적분상수**를 구할 수 있는가?

| NOTES

- 부정적분 할 때에는, 항상 적분상수를 빼먹지 않도록 주의하자.

양수 k에 대하여 함수 $f(x)$는

$$f(x) = kx(x-2)(x-3)$$

이다. 곡선 $y = f(x)$와 x축이 원점 O와
두 점 P, Q $(\overline{OP} < \overline{OQ})$에서 만난다. 곡선 $y = f(x)$와 선분 OP로 둘러싸인 영역을 A, 곡선
$y = f(x)$와 선분 PQ로 둘러싸인 영역을 B라 하자.

$$(A의\ 넓이) - (B의\ 넓이) = 3$$

일 때, k의 값은?

① $\dfrac{7}{6}$　　　　② $\dfrac{4}{3}$　　　　③ $\dfrac{3}{2}$　　　　④ $\dfrac{5}{3}$　　　　⑤ $\dfrac{11}{6}$

P$(2,\ 0)$, Q$(3,\ 0)$이고, $0 < x < 2$에서 $f(x) > 0$, $2 < x < 3$에서 $f(x) < 0$이므로,

각각의 넓이를 구할 필요 없이 $(A의\ 넓이) - (B의\ 넓이)$는 곧 $\displaystyle\int_0^3 f(x)dx = 3$이다.

(정적분은 부호를 가진 넓이임을 참고하자.)

$$k\int_0^3 (x^3 - 5x^2 + 6x)dx = k\left[\frac{1}{4}x^4 - \frac{5}{3}x^3 + 3x^2\right]_0^3 = \frac{9}{4}k = 3 \implies k = \frac{4}{3}$$

답: ②

실수 a $(a \geq 0)$에 대하여 수직선 위를 움직이는 점 P의 시각 t $(t \geq 0)$에서의 속도 $v(t)$를

$$v(t) = -t(t-1)(t-a)(t-2a)$$

라 하자. 점 P가 시각 $t=0$일 때 출발한 후 운동 방향을 한 번만 바꾸도록 하는 a에 대하여, 시각 $t=0$에서 $t=2$까지 점 P의 위치의 변화량의 최댓값은?

① $\dfrac{1}{5}$ ② $\dfrac{7}{30}$ ③ $\dfrac{4}{15}$ ④ $\dfrac{3}{10}$ ⑤ $\dfrac{1}{3}$

운동 방향이 한 번만 바뀌도록 하려면 $v(t)$의 부호변화가 한 번만 발생해야 한다.

따라서 세 가지 경우가 존재한다.

$i)$ $a=0$일 때, $v(t) = -t^3(t-1)$이므로, $\displaystyle\int_0^2 v(t)dt = -\dfrac{12}{5}$

$ii)$ $a=1$일 때, $v(t) = -t(t-1)^2(t-2)$이므로, $\displaystyle\int_0^2 v(t)dt = \dfrac{4}{15}$

$iii)$ $a=\dfrac{1}{2}$일 때, $v(t) = -t(t-\dfrac{1}{2})(t-1)^2$이므로, $\displaystyle\int_0^2 v(t)dt = -\dfrac{11}{15}$

따라서 $t=0$에서 $t=2$까지 점 P의 위치의 변화량의 최댓값은 $a=1$일 때, $\dfrac{4}{15}$ 이다.

답: ③

두 점 P와 Q는 시각 $t=0$일 때 각각 점 A(1)과 점 B(8)에서 출발하여 수직선 위를 움직인다.
두 점 P, Q의 시각 t $(t \geq 0)$에서의 속도는 각각

$$v_1(t) = 3t^2 + 4t - 7, \ v_2(t) = 2t + 4$$

이다. 출발한 시각부터 두 점 P, Q 사이의 거리가 처음으로 4가 될 때까지 점 P가 움직인 거리는?

① 10   ② 14   ③ 19   ④ 25   ⑤ 32

두 점 P와 Q는 시각 $t=0$일 때 각각 1, 8에서 출발한다.

이 조건은 속도에 대한 식 v_1과 v_2를 부정적분하여 x_1과 x_2를 구할 때,
적분 상수에 대한 정보를 준 것이다.

따라서 v_1, v_2를 부정적분해보면
$x_1(t) = t^3 + 2t^2 - 7t + 1$
$x_2(t) = t^2 + 4t + 8$

두 점 P, Q 사이의 거리를 다음과 같이 정의할 수 있다.
$|x_1(t) - x_2(t)| = |t^3 + t^2 - 11t - 7|$

두 점 P, Q 사이의 거리가 처음으로 4가 될 때는 곧
$|t^3 + t^2 - 11t - 7| = 4$를 만족하는 t 중 가장 작은 값일 때를 뜻한다.

출발점을 보면 P(1), Q(8)이다.
그렇다면, 두 점 사이의 거리가 처음으로 4가 될 때, P(x)라면 Q$(x+4)$일 것이다.
(P(x), Q$(x+4)$는 함수가 아닌 **수직선 위의 좌표**를 뜻한다.)

따라서, $x_1(t) - x_2(t) = x - (x+4) = t^3 + t^2 - 11t - 7 = -4$

정리하여 나온 삼차방정식 $t^3 + t^2 - 11t - 3 = 0$의 해를 구하면 $t = 3$임을 알 수 있다.

문제에서 요구하는 것은 $t = 3$일 때 **점 P가 움직인 거리**를 묻고 있으므로, (변위와 헷갈리지 말자.)

$$\int_0^3 |v_1(t)| \, dt = \int_1^3 v_1(t) \, dt - \int_0^1 v_1(t) \, dt = x_1(3) - 2x_1(1) + x_1(0) = 32$$

답: ⑤

| 무엇으로 학생들을 변별했는가?

1. 두 점 사이의 **거리에 대한 식**을 표현할 수 있는가?

2. 처음 거리가 4가 되는 지점을 해석할 수 있는가?

시각 $t=0$일 때 동시에 원점을 출발하여 수직선 위를 움직이는 두 점 P, Q의 시각 t $(t \geq 0)$에서의 속도가 각각

$$v_1(t) = t^2 - 6t + 5, \ v_2(t) = 2t - 7$$

이다. 시각 t에서의 두 점 P, Q 사이의 거리를 $f(t)$라 할 때, 함수 $f(t)$는 구간 $[0, a]$에서 증가하고, 구간 $[a, b]$에서 감소하고, 구간 $[b, \infty)$에서 증가한다. 시각 $t=a$에서 $t=b$까지 점 Q가 움직인 거리는? (단, $0 < a < b$)

① $\dfrac{15}{2}$ ② $\dfrac{17}{2}$ ③ $\dfrac{19}{2}$ ④ $\dfrac{21}{2}$ ⑤ $\dfrac{23}{2}$

"두 점 사이 거리 함수 $f(t)$를 파악하고, a, b만 구하면 끝나겠다."

시각 $t=0$일 때 두 점 P, Q 둘 다 원점에서 출발을 하므로 각 점의 위치의 함수를 구할 수 있다.
각각 $x_1(t)$, $x_2(t)$라 하면

$x_1(t) = \dfrac{t^3}{3} - 3t^2 + 5t$

$x_2(t) = t^2 - 7t$

$$f(t) = |x_1(t) - x_2(t)| = \left| \dfrac{t^3}{3} - 4t^2 + 12t \right| = \left| \dfrac{t}{3}(t-6)^2 \right| \ \ (t \geq 0)$$

미분해서 $f(t)$의 극점을 구할 수도 있고, 삼차함수의 비율 관계$(1:2)$를 써서 더 빨리 구할 수도 있다.
극대점은 $t=2$일 때, 극소점은 $t=6$일 때로 나온다.

$f(t)$의 개형을 그리면 다음과 같다.

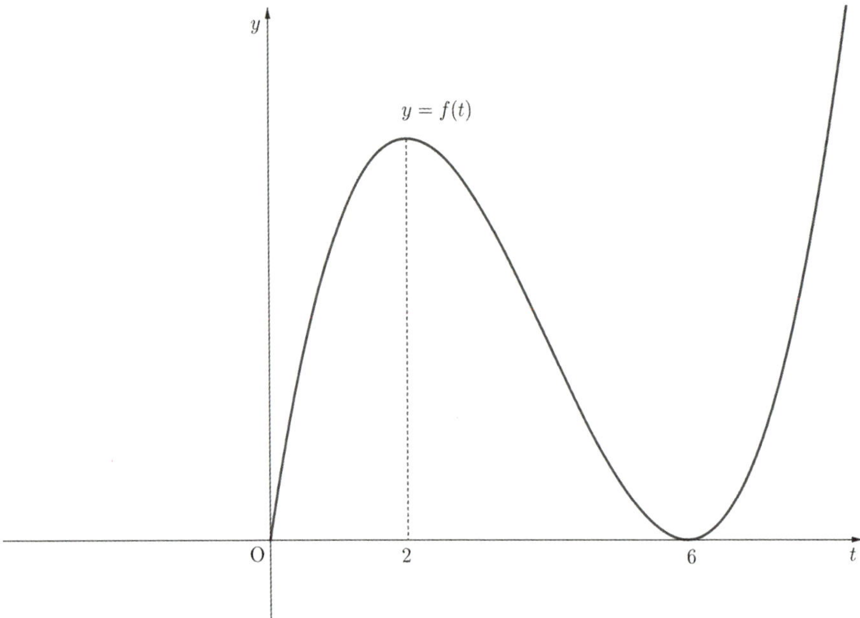

$$\therefore\ a=2,\ b=6$$

"Q가 이동한 거리를 구하려면 $v_2(t)$에 **절댓값을 씌워서 정적분**하던가, **그래프 아래의 넓이**를 구하면 되겠군." $v_2(t)$는 일차함수, 즉 직선이니까 후자가 더 편하겠네.

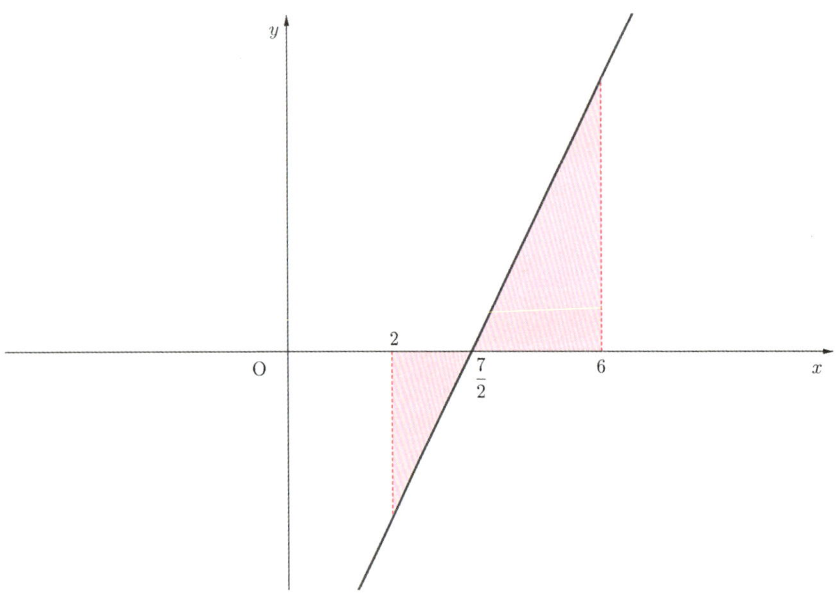

왼쪽 삼각형의 넓이는

$$\frac{1}{2}\times\frac{3}{2}\times3=\frac{9}{4}$$

오른쪽 삼각형의 넓이는

$$\frac{1}{2}\times\frac{5}{2}\times5=\frac{25}{4}$$

따라서 전체 그래프 아래의 넓이는

$$\frac{9}{4}+\frac{25}{4}=\frac{17}{2}$$ 이다.

답: ②

함수 $f(x) = \dfrac{1}{9}x(x-6)(x-9)$와 실수 t $(0 < t < 6)$에 대하여 함수 $g(x)$는

$$g(x) = \begin{cases} f(x) & (x < t) \\ -(x-t)+f(t) & (x \geq t) \end{cases}$$

이다. 함수 $y = g(x)$의 그래프와 x축으로 둘러싸인 영역의 넓이의 최댓값은?

① $\dfrac{125}{4}$ ② $\dfrac{127}{4}$ ③ $\dfrac{129}{4}$ ④ $\dfrac{131}{4}$ ⑤ $\dfrac{133}{4}$

일단 문제 상황에 맞추어 그림을 그려보자.

"$-(x-t)+f(t)$라고..? 아하, 기울기가 -1이고 점 $(t, f(t))$를 지나는 직선이군."

"그럼 $g(x)$는 **연속함수**이고, 점 $(t, f(t))$에서 삼차함수 $f(x)$에서 기울기가 -1인 직선으로 바뀌는 거구나."

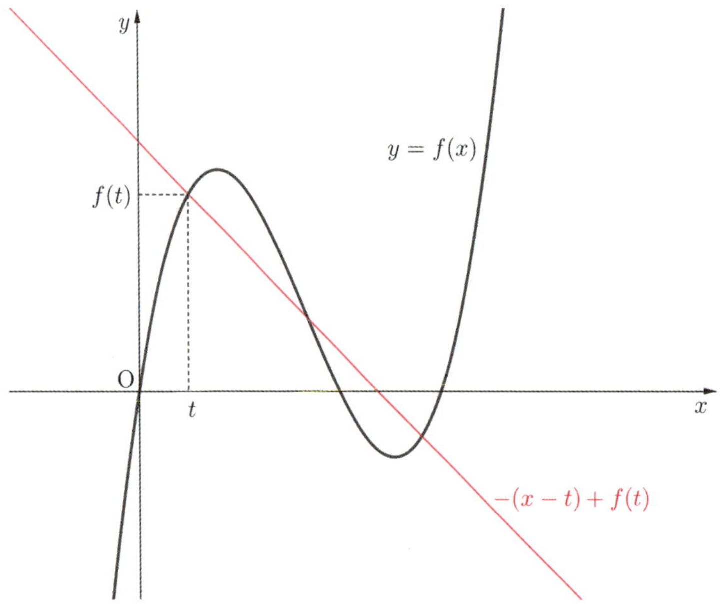

"**직선을 그래프 위에서 점점 오른쪽으로 밀어보니 접할 때가 최대네.**"

"제 1사분면에서 $f(x)$ 위의 점 중 **접선의 기울기가 -1인** 점을 $(a, f(a))$라고 한 뒤 찾아보자."

$$f(x) = \frac{1}{9}x(x-6)(x-9) = \frac{1}{9}(x^3 - 15x^2 + 54x)$$

$$f'(x) = \frac{1}{9}(3x^2 - 30x + 54) = \frac{1}{3}(x^2 - 10x + 18)$$

$$\frac{1}{3}(a^2 - 10a + 18) = -1 \;\Rightarrow\; a^2 - 10a + 21 = (a-3)(a-7) = 0$$

그림 상에서 $0 < x < 6$에서 x축 위에 있으므로,

$a = 3$이고 접점은 $(3, 6)$이다.

그래프를 그려보면 다음과 같다.

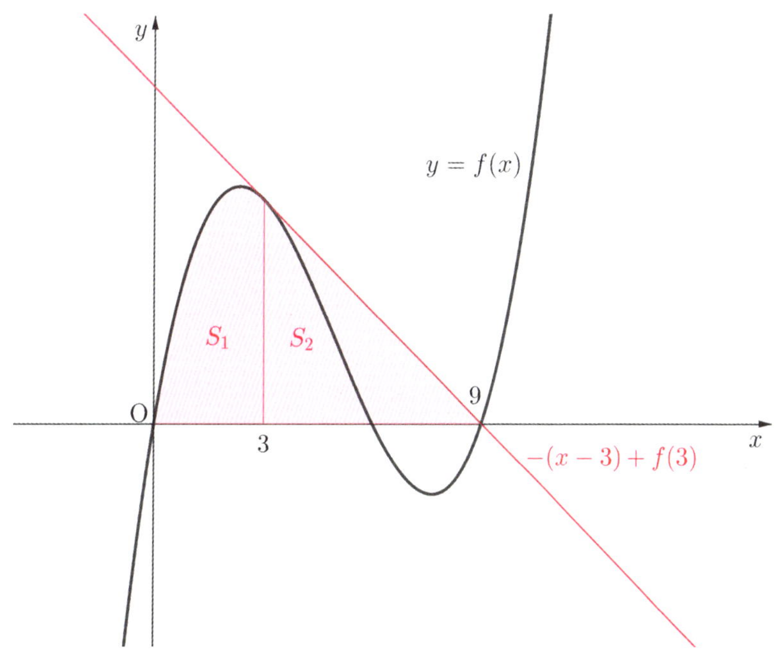

"곡선의 밑넓이, 직선의 밑넓이를 따로따로 구하고 계산하면 끝나겠군."

$$S_1 = \int_0^3 \frac{1}{9}(x^3 - 15x^2 + 54x)\,dx = \frac{1}{9}\left[\frac{x^4}{4} - 5x^3 + 27x^2\right]_0^3 = \frac{57}{4}$$

$$S_2 = \frac{1}{2}\times 6 \times 6 = 18 \text{ (삼각형 넓이 공식)}$$

$$\therefore\; S_1 + S_2 = \frac{129}{4}$$

답: ③

| 무엇을 기준으로 학생들을 변별했는가?

1. 주어진 삼차함수의 개형을 그린 뒤 문제에서 원하는 상황을 찾아낼 수 있는가?

2. 정적분을 통해 주어진 그래프의 밑넓이를 구할 수 있는가?

| NOTES

- 정점을 지나는 직선 방정식의 형태는 직관적으로 반응할 수 있도록 체화해 놓아야 한다.

- 수능에서 최대, 최소 등 특수한 값들을 물어볼 때는 접선, 변곡점 등 특수한 상황부터 먼저 살펴보자.

곡선 $y=\dfrac{1}{4}x^3+\dfrac{1}{2}x$와 직선 $y=mx+2$ 및 y축으로 둘러싸인 부분의 넓이를 A, 곡선 $y=\dfrac{1}{4}x^3+\dfrac{1}{2}x$와

두 직선 $y=mx+2$, $x=2$로 둘러싸인 부분의 넓이를 B라 하자. $B-A=\dfrac{2}{3}$일 때, 상수 m의 값은?

(단, $m<-1$)

① $-\dfrac{3}{2}$　　　　② $-\dfrac{17}{12}$　　　　③ $-\dfrac{4}{3}$　　　　④ $-\dfrac{5}{4}$　　　　⑤ $-\dfrac{7}{6}$

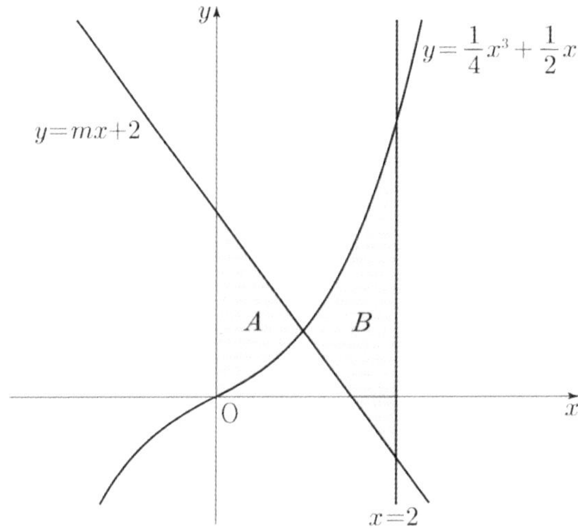

$B-A$의 의미를 파악하는 게 중요하다.

A, B는 '넓이'이므로 항상 양수이지만,

곡선$\left(y=\dfrac{1}{4}x^3+\dfrac{1}{2}x\right)$과 직선$(y=mx+2)$의 차이로 이루어진 정적분 값은

A, B에 대응하는 구간에서 **각각 반대의 부호**를 갖고 있으므로,

$B-A$는 결국 0부터 2까지의 정적분값만 풀면 끝난다.

$$B-A=\int_0^2\left(\frac{1}{4}x^3+\frac{1}{2}x-mx-2\right)dx=\frac{2}{3}$$

$$\Rightarrow \left[\frac{1}{16}x^4+\frac{1}{4}x^2-\frac{m}{2}x^2-2x\right]_0^2=1+1-2m-4=\frac{2}{3}\ \Rightarrow\ m=-\frac{4}{3}$$

답: ③

함수

$$f(x) = \begin{cases} -x^2 - 2x + 6 & (x < 0) \\ -x^2 + 2x + 6 & (x \geq 0) \end{cases}$$

의 그래프가 x축과 만나는 서로 다른 두 점을 P, Q라 하고, 상수 $k\ (k > 4)$에 대하여 직선 $x = k$가 x축과 만나는 점을 R이라 하자. 곡선 $y = f(x)$와 선분 PQ로 둘러싸인 부분의 넓이를 A, 곡선 $y = f(x)$와 직선 $x = k$ 및 선분 QR로 둘러싸인 부분의 넓이를 B라 하자. $A = 2B$일 때, k의 값은? (단, 점 P의 x좌표는 음수이다.)

① $\dfrac{9}{2}$ ② 5 ③ $\dfrac{11}{2}$ ④ 6 ⑤ $\dfrac{13}{2}$

주어진 함수와 조건들을 **그래프로 표현**하면 다음과 같다.

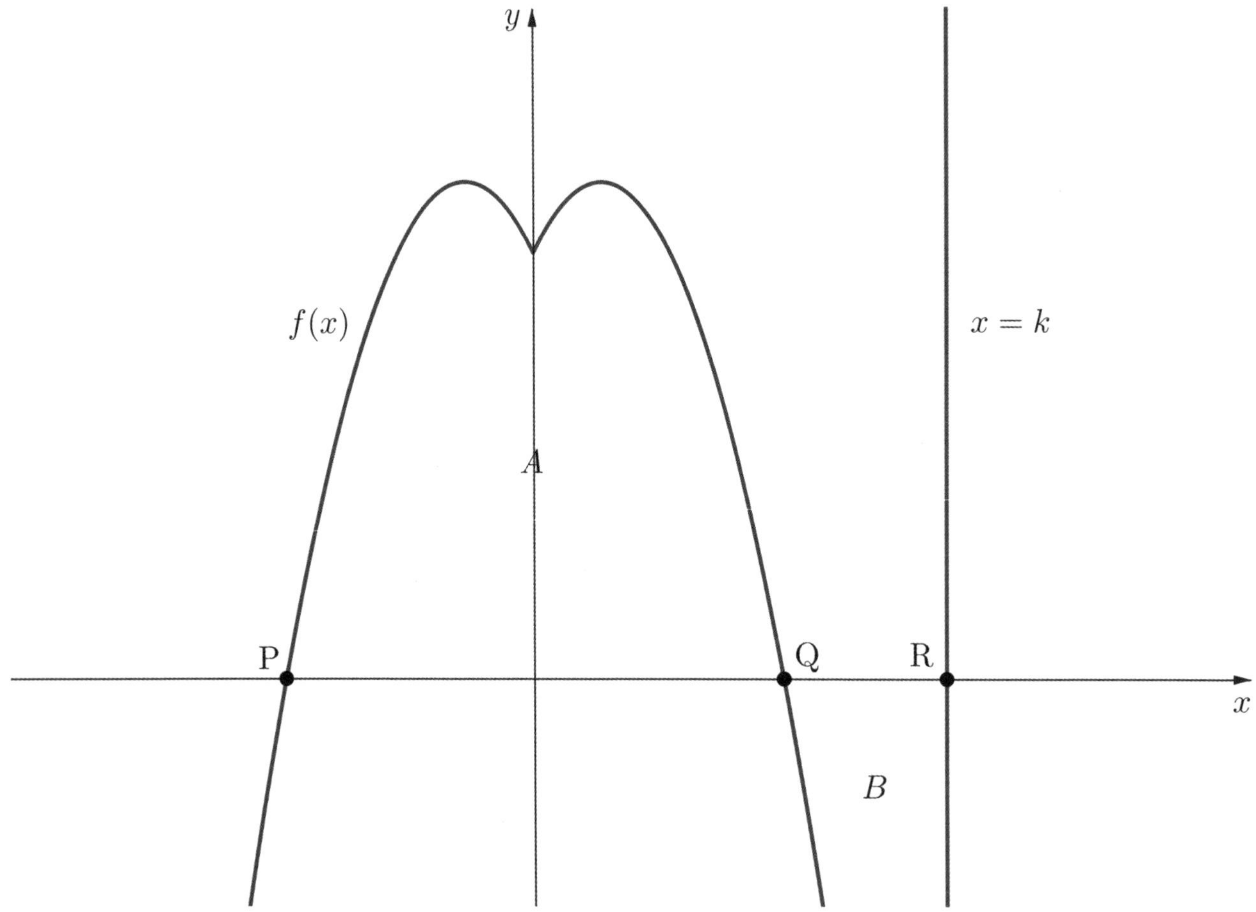

면적 A는 y축을 기준으로 대칭으로, $A = 2B \Rightarrow \dfrac{A}{2} = B$라는 것은

면적 A의 오른쪽 절반(y축을 기준)이 **면적 B와 넓이가 같다**는 소리로 해석될 수 있다.

이를 정적분으로 표현해보면, $\displaystyle\int_0^k (-x^2+2x+6)dx = 0$이다.

(동일한 넓이의 두 면적이 서로 상쇄되어 0부터 k까지의 정적분 값이 0이 된다.)

따라서, $\displaystyle\int_0^k (-x^2+2x+6)dx = \left[-\frac{1}{3}x^3+x^2+6x\right]_0^k = -\frac{1}{3}k(k+3)(k-6) = 0$이다.

$\therefore\ k=6$

답: ④

| 무엇을 변별하였는가?

- $A=2B$를 변형하여 **면적 A의 오른쪽 절반**과 **면적 B와 넓이가 같다**는 결론에 이를 수 있는가?

최고차항의 계수가 1인 삼차함수 $f(x)$가

$$f(1)=f(2)=0,\ f'(0)=-7$$

을 만족시킨다. 원점 O와 점 P$(3, f(3))$에 대하여 선분 OP가 곡선 $y=f(x)$와 만나는 점 중 P가 아닌 점을 Q라 하자. 곡선 $y=f(x)$와 y축 및 선분 OQ로 둘러싸인 부분의 넓이를 A, 곡선 $y=f(x)$와 선분 PQ로 둘러싸인 부분의 넓이를 B라 할 때, $B-A$ 의 값은?

① $\dfrac{37}{4}$　　　② $\dfrac{39}{4}$　　　③ $\dfrac{41}{4}$　　　④ $\dfrac{43}{4}$　　　⑤ $\dfrac{45}{4}$

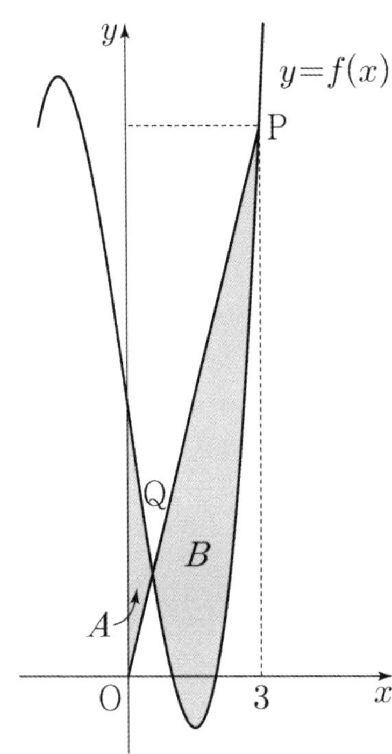

주어진 조건으로부터 $f(x)$에 대한 식을 세워보자.

$f(x)=(x-1)(x-2)(x-a)$,
$f'(x)=(x-1)(x-2)+(x-1)(x-a)+(x-2)(x-a)$
$f'(0)=2+a+2a=-7$이므로, $a=-3$이다.

$\therefore\ f(x)=(x-1)(x-2)(x+3)=x^3-7x+6$

그렇다면, 점 P$(3, f(3))$은 P$(3, 12)$일 것이므로, 직선 OP는 $y=4x$이고,
B $-$ A는 곧 $y=4x$와 $y=f(x)$ **간의 차함수를** 0부터 3까지 **정적분**했을 때의 값과 같으므로,

$$\text{B}-\text{A}=\int_0^3\{4x-f(x)\}\,dx=\int_0^3\{-x^3+11x-6\}\,dx=\left[-\frac{1}{4}x^4+\frac{11}{2}x^2-6x\right]_0^3=-\frac{81}{4}+\frac{99}{2}-18=\frac{45}{4}$$

답: ⑤

| 무엇으로 학생들을 변별했는가?

1. 주어진 조건으로부터 $f(x)$에 대한 식을 세울 수 있는가?

2. $B - A$가 곧 $y = 4x$**와** $y = f(x)$ **간의 차함수**의 정적분 값과 같음을 인지하고, 이를 계산할 수 있는가?

적분법 | 정적분의 활용

[빠른 정답]

01. 4	**21.** ③
02. 12	**22.** ③
03. ④	**23.** ④
04. ③	**24.** ⑤
05. 14	
06. ④	
07. ③	
08. 36	
09. ④	
10. ③	
11. ③	
12. ⑤	
13. ④	
14. 80	
15. ④	
16. 17	
17. ②	
18. ③	
19. ⑤	
20. ②	